TMS320F240x DSP 汇编及 C 语言多功能控制应用

林容益　编著

北京航空航天大学出版社

内 容 简 介

本书从介绍 TMS320F240x DSP 的汇编语言及 C 语言入手，着重介绍 TMS320F240x DSP 的基本寄存器配置及编程特点，并针对 TMS320F240x DSP 的常规控制应用，利用实验方法，针对不同的片上外设，分别设计了不同的实验。内容包括：机电控制结构及开发系统、机电控制的存储器配置结构、CPU 与机电控制结构及状态模块以及控制系统专题制作。

本书适合作为电机与电器、电气工程与自动化、电力电子与电力传动专业及其他相关专业的高年级本科生和研究生的参考书，也可供研究开发 DSP 控制系统的工程技术人员参考。

图书在版编目(CIP)数据

TMS320F240x DSP 汇编及 C 语言多功能控制应用/林容益编著. —北京：北京航空航天大学出版社，2009.5
ISBN 978-7-81077-779-7

Ⅰ. T… Ⅱ. 林… Ⅲ. 数字信号—信息处理系统 Ⅳ. TN911.72

中国版本图书馆 CIP 数据核字(2009)第 070253 号

ⓒ 2009，北京航空航天大学出版社，版权所有。
未经本书出版者书面许可，任何单位和个人不得以任何形式或手段复制或传播本书及其所附光盘内容。
侵权必究。

原书名《TMS320F240xDSP 组合语言及 C 语言多功能控制应用》。本书中文简体字版由台湾全华科技图书股份有限公司独家授权。仅限于中国大陆地区出版发行，不含台湾、香港、澳门。
北京市版权局著作权合同登记号图字：01-2006-0906

TMS320F240x DSP 汇编及 C 语言多功能控制应用
林容益 编著
责任编辑 王慕冰 王平豪 朱胜军
北京航空航天大学出版社出版发行
北京市海淀区学院路 37 号(100191) 发行部电话：010-82317024 传真：010-82328026
http://www.buaapress.com.cn E-mail：emsbook@gmail.com
北京时代华都印刷有限公司印装 各地书店经销
*
开本：787×1092 1/16 印张：37.5 字数：960 千字
2009 年 5 月第 1 版 2009 年 5 月第 1 次印刷 印数：5 000 册
ISBN 978-7-81077-779-7 定价：65.00 元(含光盘 1 张)

前　言

　　小到几十元钱的简易电子玩具，大到自动化控制系统等，除非速度要求极为快速（μs 以内）且需要作相当复杂的运算判别外，大多数是单片机的天下。自从 8051 系列单片机发展应用到今天将近二十年的时光，其变化之大实在令人叹为观止！类同于 PIC 系列单片机以及改良的 8051，不管国内还是国外都陆续地推出，其价格约在人民币 1.5～25 元以内，这使得单片机正式进入战国时代。

　　除了提升速度外，外设接口控制系统不断地扩增，一般通用的数字输入/输出（I/O）端口、多功能 CTC（计数定时器）、PWM、捕捉器（CAP）、比较器（CMPR）、串行 SPI、UART（SCI）及模拟比较器等都是标准配备，另外高速模拟/数字转换 ADC 接口，I^2C 以及近代蓬勃发展的 CAN 或 USB 或 MAC 等接口，则各家都有不同的组合单芯片单片机推出，可确认的都是 RISC 架构，低耗电高输出驱动电流的特性。

　　单芯片单片机以美系来说，主流系统有 Microchip 公司的 PIC 系列外设功能相当齐全，工作稳定，抗噪声性能相当良好，为大多数业界所采用，其缺点是开发系统族系繁杂，内存及外设的寻址麻烦，中断向量配置笼统，国内如义隆电子、和泰以及麦肯半导体等相当多的类同芯片都在陆续的推出。

　　另一个主流是 Atmel 公司所发展的 AVR 单片机，单一周期指令、RISC 架构且速度达 20 MIPS，灵活的寻址模式以及宽广的程序及数据存储器和 I/O 内存配置，是其最大的优点；近年更推出 JTAG 接口作 ICE 除错及 ISP 的刻录和 TAP 系统等，廉价方便的开发系统是其最大的优势。作者最近研发且将推出廉价的 JTAG 外设，发展 ICE 及 ISP 刻录等设备装置，请拭目以待。

　　TI 公司这几年来倾全力发展 DSP，更一统天下成为龙头，虽然市场份额不像 MCU 那么大，但价格高，利润好，挟其 DSP 的威势，更推出廉价的 MP430 系列单片机，显然是 C2000 系列的缩小版，简易及廉价的 JTAG 开发系统，齐全的外设，芯片价格都在 1～3 美元间，更侵吞到 MCU 单片机领域，美系的 MCU 俨然从此三国鼎立。

　　不管 Microchip 公司的 PIC 或 Atmel 公司的 AVR，都是 8 位的 MCU，而 TI 公司的 MSP430 可为 8 或 16 位，另外号称 DSP 系列的 C2000 族系，实际上是控制及通信外设相当齐全的 16 位 MCU，除具有 DSP 运作所需要的高速乘加运算和灵活的寻址运作模式外，在机电控制运作所需要的三相电力控制 SVPWM 接口外设，以及高速 ADC 和 CAN 局域网络控制系统外设，是最为突出的特点而广为工业界的控制系统所采用。齐全的开发应用软硬件及多种选择和价廉的芯片，可以说是当今自动化控制、电力电子机电控制的主要解决方案。

　　TMS320LF2407A 在 C2000 系列中是一种功能相当强的单片机，尤其是 CAN 控制局域网络接口，为机电控制传输的重要功能，具有 2 个三相电路控制的向量空间 SVPWM 功率驱动接口,是 AC 电路控制的重要控制回路。另外,有 2 个 QEP 检测电路作为编码器的位置和速度检测作闭回路控制,16 个信道的高速 12 位 ADC 接口,转换速度达 $0.5\,\mu s$,是对应模拟信号检测相当重要的检测和闭回路检测,搭配 2407 高速乘加运算功能,对应 PID 控制、数字信号检测及处理,TMS320F/C2407 的 144 引脚 LQFP 包装,程序为闪存 $32K \times 16$ 位,由 JTAG 端口作 ICE 实时的软件和硬件除错以及 ISP 刻录,齐全的高阶 C 语言和低阶的汇编语言开发编译软件工具,单价仅为 8 美元,使得 2407 单片机在单芯片 SoC 化的机电控制中是不可或缺的。

本书以 SN-F2407M 实验开发系统配合 CPLD 的 SN-DSP2407P 接口,以简易的 C 语言和快速的汇编语言编写达 20 个以上的范例实验及多个专题制作,主要内容如下:

(1) TMS320LF2407 系列 MCU 的硬件架构、内存配置及指令格式和其运作功能。
(2) C2000 的 CC 或 CCS 程序的编辑、编译及除错等操作。
(3) DSP 搭配 CPLD 作控制系统外设扩充及设计应用以及程序编写、测试及实验。
(4) 事件处理器的 CTC、PWM、捕捉器等外设电路原理及机电控制应用和范例程序。
(5) QEP 定位检测,串行端口 SPI、SCI 外设原理及其机电控制应用范例程序。
(6) ADC/DAC 接口搭配 CPLD 及 I/O 映像外设的专题制作范例程序。
(7) 直流电机定位控制、PLC 机电及温度闭回路控制专题制作范例程序。
(8) CAN 控制系统及三相 IGBT 电力变频交流电机控制专题制作范例程序。

本书所有的运作原理,都以深入浅出的方式,对硬件电路原理搭配程序加以说明,而每个程序段及指令都有备注说明功能,同时对于数学的运算推论都有精辟详尽的推演说明;更重要的是,每个实验的运作前和运作后,或运作的结果,都以表列资料或波形加以检测显示,因此对应每个实验的目的和结果就显得浅显易懂了,这对于教学或初学者是相当有帮助的。

作者曾多次到中国大陆,为大专教师演讲并实际操作示范此 F2407 的机电控制应用。作者以本书在台湾清华大学自强基金会对科学园区、工研院及中科院等多位 FAE,以 CPU 的硬件结构和指令架构交替说明,在 10 个小时以内就把硬件搭配结构对应指令格式了解得一清二楚,这样就有充裕的时间来致力于程序编写的技巧及应用,这也是作者在本系统及本书中最在意、也最卖力的地方。DSP MCU 指令大致相同,只不过多了各种复杂的控制运算以及硬件外设特性详加了解即可。

很多人会说用高阶 C 语言来编写简洁得多,但是用 C 语言编写会使执行效率降低,并浪费内存导致需外加内存,且效能减低,因此必须以实际的应用及环境需求和执行速度来决定。本书中对应 C 语言的编写转成汇编语言都有详尽的分析说明及除错验证,相信如何混合 C 语言及汇编语言的编写才可达高效率的运作,是本书的最大特点。

TMS320LF2407 系列广泛使用于机电自动控制,尤其向量空间 SVPWM 及局域网络 CAN 及高速 QEP 等接口电路,对应于直流、交流伺服电机、无刷电机等的定速定位控制、三相电机定速定位等闭回路精密控制等,需要高速外设以及大量的运算,此芯片是最佳的解决方案,是 TI 公司主力产品中且最廉价(单片最低仅 6~8 美元)高效能,因此特别推荐此系统。从研发 SN-DSP2407 及 510PP 兼容 ICE 除错器等的开发系统及外设电路,到实际的规划设计实用程序,并进行实验测试后才予以编写,前后历时一年半,是高阶机电控制入门者不可或缺的技术,更是专业人员最重要的参考书籍,看过作者所编写的一系列专业书籍,相信本书应是你的最爱。

所附的光盘,内含本书中所有的范例程序以及各种 CPLD 的电路设计结构文件;Data 内含 TMS320LF2407 的数据手册、程序语言集和 TI 公司所提供的一些应用示例及其对应理论、研究报告等;Code Composer 程序为 TI 公司免费软件,可上网取得。各种详尽的专题应用等可在光盘中获取,可见内容相当丰富。

前　言

　　由于台湾掌宇公司吴文和总经理、工程部黄俊能先生和其他同仁的协助规划实验，德州仪器亚洲产品信息中心 DSP 部门提供的诸多信息和热心的帮助，才使得本书得以顺利完成，在此表示衷心的感谢！

　　编撰匆匆！虽一再编校，仍存在诸多的缪误，祈请不吝提供意见指正，不胜感谢！对于全华科技图书股份有限公司编辑部的全力编辑和协助校对，致以由衷的感谢！

　　谨志于

　　正弦电子工业有限公司　　　移动电话：886 - 0939 - 285809

　　　　　　　　　　　　　　　台北市双园街十八巷二号一楼：886 - 02 - 2302 - 2574

　　掌宇公司　　　　　　　　　台北县三重市自强路四段八号五楼：886 - 02 - 22867722

　　　　　　　　　　　　　　　　　　　　　　　　　　　　林容益　敬上

目　录

第1章　机电控制 TMS320F/C2407 结构及开发系统
1.1　TMS320F2407 特性简介 …………………………………………………………… 1
1.2　TMS320F2407 架构 ………………………………………………………………… 2
1.3　SN-DSP2407M 主 CPU 开发系统 ………………………………………………… 9
　　1.3.1　SN-F2407M 存储器配置结构 ……………………………………………… 15
　　1.3.2　SN-F2407M 接口信号配置 ………………………………………………… 17
1.4　SN-DSP2407-MIO 外设控制开发系统 ………………………………………… 23
1.5　SN-DSP2407-PLD 扩充外设控制开发系统 …………………………………… 26
1.6　SN-CPLD8/10 接口电路 …………………………………………………………… 27
　　1.6.1　EPF8282ALC84-4 接口电路 ……………………………………………… 28
　　1.6.2　EPF10K10TC144 及 ACX1K100QC208 接口电路 ………………………… 35
1.7　SN-DSP2407S 开发系统实体结构 ………………………………………………… 40

第2章　TMS320F/C2407 的存储器配置结构
2.1　TMS320LF/C2407 的存储器和映射寄存器及 I/O 的配置 ……………………… 44
2.2　TMS320LF/C2407 的外部存储器及 I/O 的读/写时序设置 ……………………… 52

第3章　2407 的 CPU 结构和寻址模式及指令
3.1　LF2407 的 CPU 体系结构 ………………………………………………………… 57
3.2　CPU 的运算处理体系结构 ………………………………………………………… 59
　　3.2.1　CPU 的乘法器运算处理体系结构 ………………………………………… 60
　　3.2.2　CALU 的多路转接输入移位倍乘器体系结构 …………………………… 62
　　3.2.3　中央算术逻辑单元 CALU 的体系结构 …………………………………… 63
　　3.2.4　辅助寄存器的索引算术操作单元 ARAU 体系结构 ……………………… 66
3.3　存储器寻址方式 …………………………………………………………………… 68
　　3.3.1　立即寻址方式 ………………………………………………………………… 68
　　3.3.2　直接寻址方式 ………………………………………………………………… 69
　　3.3.3　间接寻址方式 ………………………………………………………………… 69
3.4　对应程序存储器 PM 及 I/O 存储器 IM 的读/写指令 …………………………… 71
　　3.4.1　程序存储器的读/写 ………………………………………………………… 71
　　3.4.2　I/O 存储器的读/写 ………………………………………………………… 72
3.5　对应程序存储器 PM 及数据存储器 DM 的交互读/写指令 ……………………… 72
3.6　程序存储器 PM、数据存储器 DM、I/O 存储器读/写及 ALU 运算指令 ……… 73

第 4 章 TMS320F/C2407 的程序分支及控制

- 4.1　程序地址产生器 ·· 78
- 4.2　指令的流水线操作 ·· 81
- 4.3　分支指令的分支、子程序调用及返回主程序操作 ····································· 81
- 4.4　重复单一指令的执行操作 ·· 86
- 4.5　中断操作 ··· 86
- 4.6　外设中断寄存器 ·· 90
- 4.7　系统复位 ··· 93
- 4.8　非法寻址操作检测 ·· 93
- 4.9　外部中断控制寄存器 ··· 93
  - 4.9.1　外部中断 1 控制寄存器 ··· 93
  - 4.9.2　外部中断 2 控制寄存器 ··· 94
- 4.10　中断优先级及其向量表 ·· 95
- 4.11　系统结构控制及状态寄存器 ··· 98
- 4.12　看门狗定时器 ·· 101
  - 4.12.1　看门狗定时器模块的特性 ··· 102
  - 4.12.2　看门狗定时器 WDCNTR ··· 102
  - 4.12.3　看门狗复位锁控寄存器 WDKEY ··· 103
  - 4.12.4　看门狗定时器的控制寄存器 WDCR ·· 104

第 5 章 LF2407 的 CC/CCS 操作及基本 I/O 测试实验

- 5.1　CC 简介 ··· 105
- 5.2　CC 的安装设置 ··· 105
- 5.3　LF2407 系列的 CCS/CC 程序编辑和编译操作 ····································· 107
- 5.4　一般 I/O 的输入/输出应用 ··· 109
- 5.5　基本外设连接测试及实验 ··· 113

第 6 章 事件处理模块

- 6.1　事件处理模块概要 ·· 143
- 6.2　通用定时器 GPT ··· 148
- 6.3　通用定时器的比较器操作 ·· 155
  - 6.3.1　TxPWM 的输出控制操作 ·· 155
  - 6.3.2　TxPWM 的输出控制逻辑电路 ··· 157
- 6.4　完全比较器单元 ·· 159
- 6.5　PWM 与比较器单元的结合电路 ··· 163
  - 6.5.1　事件处理的 PWM 产生能力 ·· 164
  - 6.5.2　可编辑的死区单元 ··· 164
- 6.6　比较器单元的 PWM 波形产生及 PWM 电路 ·· 167
  - 6.6.1　事件管理的 PWM 输出产生 ·· 168
  - 6.6.2　PWM 输出产生的寄存器设置 ·· 168
  - 6.6.3　非对称 PWM 波形的产生 ·· 169

6.6.4	对称PWM波形的产生 ……………………………………………	169
6.7	向量空间PWM ……………………………………………………………	175
6.7.1	三相电力换流器 ……………………………………………………	176
6.7.2	事件处理模块的空间向量PWM波形的产生 ……………………	177
6.8	捕捉单元 …………………………………………………………………	183
6.8.1	捕捉单元的特性 ……………………………………………………	184
6.8.2	捕捉单元的操作 ……………………………………………………	185
6.8.3	捕捉单元的寄存器 …………………………………………………	185
6.8.4	捕捉单元的FIFO栈寄存器 ………………………………………	187
6.8.5	捕捉中断 ……………………………………………………………	188
6.8.6	捕捉应用范例程序 …………………………………………………	188
6.9	四象限编码脉冲电路 ……………………………………………………	191
6.9.1	QEP引脚端 …………………………………………………………	191
6.9.2	QEP电路的计数时钟 ………………………………………………	191
6.9.3	QEP译码电路 ………………………………………………………	191
6.9.4	QEP的通用计数器操作 ……………………………………………	192
6.9.5	通用定时器在QEP操作时的中断及相关比较输出 ……………	193
6.9.6	QEP电路中的寄存器设置 …………………………………………	193
6.9.7	QEP电路应用范例说明(一) ………………………………………	193
6.9.8	QEP电路应用范例说明(二) ………………………………………	195
6.10	事件处理模块的中断 ……………………………………………………	204
6.10.1	EV中断请求及其服务 ……………………………………………	206
6.10.2	EVA中断相关寄存器 ……………………………………………	206
6.10.3	EVB中断相关寄存器 ……………………………………………	211
6.10.4	捕捉器及事件中断的程序应用范例 ……………………………	215
6.11	事件处理外设的简易C语言程序应用 …………………………………	218
6.12	CPU的中断及其空闲模式操作 …………………………………………	230

第7章 模拟/数字转换ADC模块

7.1	ADC模块特性 ……………………………………………………………	243
7.2	ADC转换概述 ……………………………………………………………	244
7.2.1	自动排序：操作原理 ………………………………………………	244
7.2.2	基本操作 ……………………………………………………………	246
7.2.3	排序器用多重的"时序触发"进行"启动/停止"操作 ……………	247
7.2.4	输入触发说明 ………………………………………………………	249
7.2.5	在排序期间的中断操作 ……………………………………………	249
7.3	ADC模块的时钟预分频器 ………………………………………………	251
7.4	ADC转换值的校准 ………………………………………………………	252
7.5	ADC转换的自我测试 ……………………………………………………	252
7.6	寄存器的位功能描述 ……………………………………………………	253

7.6.1 ADC 控制寄存器 1 253
7.6.2 ADC 控制寄存器 2 255
7.6.3 最大转换通道寄存器 259
7.6.4 自动排序状态寄存器 260
7.6.5 ADC 输入通道选择排序控制寄存器 260
7.6.6 ADC 转换结果值的缓冲寄存器（对于双排序模式） 261
7.7 ADC 转换时钟周期 261
7.8 ADC 转换模块的程序应用示例 262

第 8 章 串行通信接口 SCI 模块
8.1 与 C240 的 SCI 接口差别 269
8.1.1 SCI 物理层的描述 269
8.1.2 SCI 的微体系结构 271
8.1.3 SCI 模块 271
8.1.4 多处理器及异步通信模式 272
8.2 SCI 可定义的数据格式 272
8.3 SCI 多处理器通信 273
8.3.1 空闲线多处理器模式 274
8.3.2 寻址位的多处理器模式 276
8.4 SCI 通信格式 277
8.4.1 通信模式的接收信号 277
8.4.2 通信模式的发送信号 278
8.5 SCI 端口的中断 279
8.6 SCI 模块寄存器 280
8.6.1 SCI 通信控制寄存器 SCICCR 281
8.6.2 SCI 控制寄存器 1 SCICTL1 283
8.6.3 SCI 的波特率选择设置寄存器 SCIHBAUD/SCILBAUD 284
8.6.4 SCI 控制寄存器 2 SCICTL2 285
8.6.5 SCI 接收器的状态寄存器 SCIRXST 286
8.6.6 接收器的数据缓冲寄存器 SCIRXEMU 和 SCIRXBUF 288
8.6.7 SCI 的发送数据缓冲寄存器 SCITXBUF 289
8.6.8 SCI 的中断优先级控制寄存器 SCIPRI 289
8.7 SCI 接口的应用程序示例 290
8.8 SCI 外设各寄存器及对应位名称表 303

第 9 章 串行同步通信接口 SPI 模块
9.1 SPI 物理描述 305
9.2 SPI 控制寄存器 306
9.3 SPI 操作 308
9.3.1 SPI 操作引言 308
9.3.2 SPI 主/从连接 308

9.4 SPI 的中断 ··· 310
　9.4.1 SPI 的中断允许位 SPI_INT_ENA(SPICTL.0) ·································· 310
　9.4.2 SPI 的中断标志位 SPI_INT_FLAG (SPISTS.6) ································· 310
　9.4.3 SPI 的接收溢出中断允许位 OVERRUN_INT_ENA (SPICTL.4) ············· 310
　9.4.4 SPI 接收溢出中断标志位 RECEIVE_OVERRUN_FLAG (SPISTS.7) ······· 311
　9.4.5 SPI 中断优先级设置位 SPI_PRIORITY (SPIPRI.6) ··························· 311
　9.4.6 SPI 数据格式 ··· 311
　9.4.7 SPI 波特率及时钟结构 ··· 311
　9.4.8 SPI 时钟结构 ··· 312
　9.4.9 SPI 处于复位时的启动 ··· 313
　9.4.10 适当地使用 SPI 的软件复位来启动 SPI ·· 314
　9.4.11 数据传输示例 ··· 314
9.5 SPI 控制寄存器 ··· 315
　9.5.1 SPI 结构化控制寄存器 SPICCR ··· 316
　9.5.2 SPI 操作控制寄存器 SPICTL ··· 317
　9.5.3 SPI 操作状态寄存器 SPISTS ··· 318
　9.5.4 SPI 波特率寄存器 SPIBRR ··· 319
　9.5.5 SPI 仿真缓冲寄存器 SPIRXEMU ··· 320
　9.5.6 SPI 串行接收缓冲寄存器 SPIRXBUF ··· 321
　9.5.7 SPI 串行发送缓冲寄存器 SPITXBUF ··· 321
　9.5.8 SPI 串行数据寄存器 SPIDAT ··· 322
　9.5.9 SPI 中断优先级控制寄存器 SPIPRI ·· 322
9.6 SPI 操作时序波示例 ·· 323
9.7 SPI 的汇编语言软件应用示例 ·· 325
9.8 SPI 的 C 语言软件应用示例 ··· 335

第 10 章 控制局域网络接口 CAN 模块

10.1 简　介 ·· 351
10.2 CAN 模块的概览 ··· 353
　10.2.1 CAN 模块的协议概览 ·· 353
　10.2.2 CAN 模块传输格式 ··· 353
　10.2.3 CAN 控制器的结构 ··· 355
10.3 CAN 邮箱的布局 ··· 359
　10.3.1 CAN 信息缓冲器 ·· 360
　10.3.2 写入到接收邮箱 RAM ·· 360
　10.3.3 发送邮箱 ··· 361
　10.3.4 接收邮箱 ··· 361
　10.3.5 遥控帧的处理 ··· 362
　10.3.6 接收过滤器 ·· 363
10.4 CAN 控制寄存器 ··· 364

10.4.1 邮箱方向及允许寄存器 365
10.4.2 发送控制寄存器 365
10.4.3 接收控制寄存器 367
10.4.4 主控制寄存器 369
10.4.5 位传输率设置寄存器 371
10.5 CAN 的状态寄存器 373
10.5.1 CAN 的整体状态寄存器 373
10.5.2 CAN 的错误状态寄存器 374
10.5.3 CAN 的错误计数寄存器 375
10.6 CAN 的中断控制 376
10.6.1 CAN 的中断标志寄存器 377
10.6.2 CAN 中断屏蔽寄存器 378
10.7 CAN 的结构配置模式及其传输操作 379
10.8 省电模式 383
10.9 空闲模式 383
10.10 CAN 总线的转换及仲裁和其他 CAN 设备芯片 387
10.10.1 Microchip 公司的 CAN 微控制器 387
10.10.2 Atmel 公司的 CAN 微控制器 388
10.10.3 CAN 总线的接口转换器 389
10.10.4 CAN 总线的仲裁 391
10.11 CAN 模块的应用及其示例程序 394

第 11 章 240x 控制系统专题制作实验示例 A

11.1 PLC 的机电控制应用系统 423
11.1.1 接口原理说明 423
11.1.2 系统操作原理 425
11.1.3 定义简易 PLC 机电控制应用示例 426
11.2 直流伺服电机 PWM 定位控制 438

第 12 章 240x 控制系统专题制作实验示例 B

12.1 实验 12-1 PWM 温度简易反馈控制专题 472
12.2 2407 与 MCU 通过 UART 进行 RTC 传输控制 488
12.2.1 AVR 的接口原理说明 489
12.2.2 实验 12-2 将所设置 RTC 及数据通过 SCI 传输控制专题 492

第 13 章 SPVC 三相电力控制专题应用示例

13.1 SPVC 三相电力驱动电路简介 525
13.2 三相电力控制实验模块电路简介 526
13.3 三相 PWM 空间向量电力控制基本原理 530
13.4 三相 PWM 空间向量恒定 V/Hz 比例电机转速控制基本原理 537
13.5 实验 13-1 PWM 正弦波进行恒定 V/Hz 三相感应电机速度控制专题 539
13.5.1 实验程序 559

  13.5.2 讨 论 …………………………………………………………………………… 562

 13.6 实验 13-2 C 程序的硬件向量空间 SVPWM 产生三相弦波控制 …………… 568

第 14 章 CCS 及 F240x 的 Flash 程序数据 ISP 烧写

 14.1 简 介 ……………………………………………………………………………… 574

 14.2 CCS 的单步调试执行 …………………………………………………………………… 574

 14.3 F240x 的 Flash 程序数据 ISP 烧写 …………………………………………………… 576

  14.3.1 Flash 程序数据 ISP 烧写的 F24xx Flash Plugin V1.10.1 安装 ……………… 576

  14.3.2 F240x 系列的 Flash 程序数据 ISP 烧写 ………………………………………… 578

第1章

机电控制 TMS320F/C2407 结构及开发系统

1.1 TMS320F2407 特性简介

TMS320F2407 是 TI 公司所有 24x 系列中最新、功能最强且价格相当低廉的一种 MCU,除了具有强化的乘加运算可处理 DSP 操作外,实际上与一般的单片机相似。其特性简介如下。

(1) TMS320F2407 内核 CPU:

① 32 位的算术逻辑 ALU 运算单元。

② 一个 32 位的 ACC 累加器。

③ 具有 16×16 位的乘法器,其结果可与累加器 ACC 内相加。

④ 8 个 16 位辅助寄存器 AR0~AR7(类同于 TMS320C54x 系列)。

⑤ 操作并同时处理左右移的乘除 2 次方运算。

(2) TMS320F2407 的存储器:

① 544 字的 B0(PM 的 FE00H~FEFFH=256)、B1(DM 的 300H~3FFH=256)、B2(DM 的 60~6FH=32)等 16 位芯片属性双读取数据存储器 DARAM。

② F2407 内部具有 32K 的 16 位快速闪存(Flash)及 2K×16 位的 SARAM。

③ 总共 218K 字寻址存储器空间,其中涵盖 64K 程序存储器空间、64K 数据存储器空间和 64K 的 I/O 寻址空间。

④ 外部存储器空间的配置。具有可由软件设置的等待状态时序,以便与外部端口连接同步,为 16 位地址总线和 16 位数据总线。

(3) 程序执行控制:

① 4 层的流水线操作(Line Operation)。

② 8 个固定的硬件堆栈。

③ 6 个外部中断、电源保护中断、复位、NMI 及 3 个可屏蔽的中断。

(4) 外设接口电路:

① F2407 有 16 个 PWM,而 F2403 有 8 个 PWM,最重要的是 F2407 可以设置成两组用于 AC 电力控制的三相向量空间 PWM 控制模块,具有 PWM 的死区设置控制。

② F2407 有 4 个 6 种模式的一般用途定时器,包括连续加数、连续加减数、单一加数、单一减数、方向式的加减计数等模式。

③ F2407 有 6 个计数捕捉器、4 个四象限编码器计数接口端口(QEP)。

(5) 双组 10 位模拟/数字转换外设电路 ADC：

F2407 具有 16 个多路转接 ADC 通道，ADC 转换速度约为 500 ns。

(6) 41 个并列 PPIO 可定义双向、双工的输入/输出端口。

(7) 串行同步接口 SCI 端口及 SPI 端口。

(8) 最重要的是 F2407 具有机电控制局域网络的 CAN 外设电路。

(9) 锁相 PLL 的倍频工作时钟。

(10) 实时的中断看门狗 WDT 定时器。

(11) 具有 JTAG 接口作程序调试及闪存程序存储器的擦除及写入。

(12) 指令集为原有的 C2x、C5x 系列指令，仅有一个 ACC 累加器，辅助寄存器 ARx 必须由 MAR 设置 * 所代表的 ARx 操作，或在指令操作的同时设置下一个 ARx 的操作寻址（x＝0～7）。

(13) 单一指令重复运算，硬件区域指令重复操作，位反向寻址作 FFT 的运算应用。

(14) 每一个指令周期为 25 ns（50 MIPS），且大部分指令都是单一指令，仅需一个执行周期。

(15) 具有 4 种省电的工作模式。

(16) 具有 256×16 位的片上 Flash 程序存储器，可执行外部接口的程序载入执行。

1.2　TMS320F2407 架构

TMS320F2407 主架构建立在一个 32 位的累加器 ACC 的基础上，搭配 AR0～AR7 共 8 个辅助寄存器及其 8 种寻址模式来操作。但最重要的还是这 8 个辅助寄存器的指针 ARP(Auxiary Register Pointer)。ARP 位于状态寄存器 ST0 的 3 个位指针，作为不必再重新寻址的运算指针。当然，ALU 的运算必须利用累加器 ACC 来进行，而乘法器则必须由 ARx 指针搭配 T 寄存器作乘法运算，积值存入一个 32 位的 P 寄存器(Product Register)内，然后乘积值 P 再进入 CALU 作加法加回累加器 ACC 内。其内部结构如图 1-1 所示。

对应立即数的操作或立即程序分支，由于数据或程序寻址宽为 16 位，因此 16 位的立即数或寻址设置必须占用 2 个字指令，这个 2 字指令可加入 4 位的(0～15、16)移位指令加入操作。另一个直接寻址方式是采用页次寻址方式，由于程序存储器数据宽为 16 位，除了指令码占用 7～8 位外，直接寻址仅可设置 7 位，另一个位 I 作为直接或间接寻址的设置码，因此 7 位直接寻址必须与状态寄存器 ST0 的 D8～D0 搭配，这 9 位的 A15～A7 作为高 9 位页次寻址组装成 16 位寻址，因此对应 ALU 的直接数据存储器寻址 DMA 与 ACC 操作指令就可组装相当多的指令群，但有些指令如 ADD 等可搭配 4 位的 0～15 或固定 16 位的左移位操作。

TMS320F2407 没有双读取的操作指令，但内部有数据存储器的读 DRDB 和写 DWEB 总线以及程序存储器的 PRDB 程序总线，其内部 CPU 结构如图 1-1 所示。

根据 TMS320F2407 的特性及外设电路，功能方框结构如图 1-2 所示。针对各个方框结构，其对应的外部控制引脚如图 1-3 所示。实际 TMS320F/C2407 的 144 引脚 LQFP 的 PGE 封装引脚如图 1-4 所示，针对各个引脚的名称，其功能列于表 1-1。

第 1 章 机电控制 TMS320F/C2407 结构及开发系统

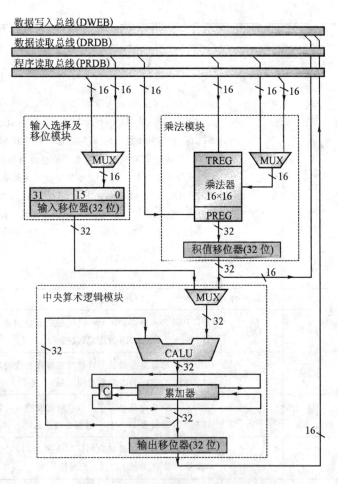

图 1-1 TMS320F24x 系列内部 CPU 结构图

表 1-1 TMS320F/C2407 对应 144 引脚功能说明

名 称	引脚数	状 态	功能说明
外部地址及数据总线			
A0	80		
A1	78		
A2	74		
A3	71		并列地址总线输出端,通过 PS、DS 及 IS 来多路转接寻址输出到外部各个程序/数据存储器及 I/O 空间区域作寻址。若外部 EMU1/OFF 引脚设置为 LOW,则将令所有地址总线及数据总线以及 $\overline{PS}$、$\overline{DS}$、$\overline{IS}$、R/W、W/R、$\overline{WR}$、$\overline{RD}$、$\overline{STRB}$、$\overline{BR}$、XTAL2 等控制信号线都处于高阻抗 Z 状态;否则,EMU1/OFF=1,将令地址总线 A0~A15、数据总线 D0~D15 及控制信号线等使能。若程序执行到省电的 IDLE 模式,则这些总线将保持先前的状态值
A4	68		
A5	64		
A6	61	O/Z	
A7	57		
A8	53		
A9	51		
A10	48		
A11	45		
A12	43		
A13	39		
A14	34		
A15	31		

续表 1-1

名 称	引脚数	状态	功能说明
D0 D1 D2 D3 D4 D5 D6 D7 D8 D9 D10 D11 D12 D13 D14 D15	127 130 132 134 136 138 143 5 9 13 15 17 20 22 24 30	I/O/Z	并列数据总线输出/输入端,通过 PS、DS 及 IS 将工作数据输入/输出到外部各个程序/数据存储器及 I/O 空间,区域通过 R/W、W/R、$\overline{WR}$、$\overline{RD}$、$\overline{STRB}$引脚信号作数据的读/写控制。若外部 EMU1/OFF 引脚设置为 LOW,则将令所有数据总线及地址总线以及 $\overline{PS}$、$\overline{DS}$、$\overline{IS}$、R/W、W/R、$\overline{WR}$、$\overline{RD}$、$\overline{STRB}$、$\overline{BR}$、XTAL2 等控制信号线都处于高阻抗的 Z 状态;否则,EMU1/OFF=1 将令数据总线 D0~D15、地址 A0~A15 及控制信号线等使能。若程序执行到省电的 IDLE 模式,则这些总线将保持先前的状态值
外部地址及数据总线的控制信号			
$\overline{PS}$	84	O/Z	CPU 从外部程序存储器 PM 取指令或读数据时,$\overline{PS}$=0 信号搭配 A0~A15 地址及 D0~D15 数据总线控制
$\overline{DS}$ 数据选择	87	O/Z	CPU 从外部数据存储器 DM 读取或写入数据时,$\overline{DS}$=0 信号搭配 A0~A15 地址及 D0~D15 数据总线控制
$\overline{IS}$ I/O 选择	82	O/Z	CPU 以 I/O 指令从外部存储器映射读取或写入数据时,$\overline{IS}$=0 信号搭配 A0~A15 地址及 D0~D15 数据总线控制
R/W	92	O/Z	CPU 从外部存储器读取数据或写入控制时,对应此引脚发出 R/W=1 的读取或者 R/W=0 的写入控制信号
W/R/IOPC0	19	O/Z	与 IOPC0 多路转接使用,可设置为 IOPC0 输入/输出引脚或控制信号 W/R,当 CPU 从外部存储器读取数据或写入控制时,对应此引脚发出与 R/W 相反的读/写控制信号
$\overline{WE}$	89	O/Z	CPU 从外部存储器写入数据控制时,对应此引脚发出 $\overline{WE}$=0 写入使能信号,搭配 $\overline{STRB}$ 作数据锁存控制
$\overline{RD}$	93	O/Z	CPU 从外部存储器读取数据控制时,对应此引脚发出 $\overline{RD}$=0 读取允许信号,搭配 $\overline{STRB}$ 作读取数据锁存控制
$\overline{STRB}$			对应于外部存储器的读/写控制时,搭配地址线和数据线及其他控制信号作一个时序及加入等待时序 W 的 LOW 动作,以标识数据的锁存允许功能输出控制
READY	120	I	对应于外部存储器的读/写时序,除了由软件 WSGR 寄存器加以设置 n (至少为 1)个等待周期来控制外,此外部 READY 接 LOW 时将自动加入等待的 WAIT 周期,一直到此 READY=1 时才不再加入 WSGR 所设置的等待周期,这个引脚内部有接 HI 电阻来禁用

续表 1-1

名称	引脚数	状态	功能说明
MP/$\overline{MC}$	118	I	微处理器/微控制器操作模式的设置输入。当复位 $\overline{RSET}=0$ 时,若 MP/$\overline{MC}=0$ 为微控制器模式,则程序起始于内部闪存程序存储器的 0000H 地址执行;若 MP/$\overline{MC}=1$ 为微处理器模式,则程序起始于外部程序存储器的 0000H 地址执行,将由状态标志 SCSR2 的 D2=MP/$\overline{MC}$ 读取到其状态。注意此引脚号仅在复位状态才被读取操作
ENA_144	122	I	接 HI 时为动作,将允许外部的存储器接口作读/写控制,内部有接 LOW 电阻;若接 LOW,则将禁用外部存储器的读/写,若程序执行到外部数据存储器 $\overline{DS}=0$,则会产生禁区存储器指令的非屏蔽中断 $\overline{NMI}=0$ 作监测
$\overline{VIS\_OE}$	97	O	可监视的外部存储器数据写入允许输出($\overline{VIS\_OE}=0$)的告知控制信号。当程序进行外部输出作数据写入时,此信号输出用来避免产生数据总线的冲突而损坏
$\overline{BOOT\_EN}$/XF	121	I/O	内部 BOOT_ROM 的程序启动使能
模拟/数字转换 ADC 外设引脚			
ADCIN00	112	I	ADC 模拟输入信号 #0 的引脚端
ADCIN01	110	I	ADC 模拟输入信号 #1 的引脚端
ADCIN02	107	I	ADC 模拟输入信号 #2 的引脚端
ADCIN03	105	I	ADC 模拟输入信号 #3 的引脚端
ADCIN04	103	I	ADC 模拟输入信号 #4 的引脚端
ADCIN05	102	I	ADC 模拟输入信号 #5 的引脚端
ADCIN06	100	I	ADC 模拟输入信号 #6 的引脚端
ADCIN07	99	I	ADC 模拟输入信号 #7 的引脚端
ADCIN08	113	I	ADC 模拟输入信号 #8 的引脚端
ADCIN09	111	I	ADC 模拟输入信号 #9 的引脚端
ADCIN010	109	I	ADC 模拟输入信号 #10 的引脚端
ADCIN011	108	I	ADC 模拟输入信号 #11 的引脚端
ADCIN012	106	I	ADC 模拟输入信号 #12 的引脚端
ADCIN013	104	I	ADC 模拟输入信号 #13 的引脚端
ADCIN014	101	I	ADC 模拟输入信号 #14 的引脚端
ADCIN015	98	I	ADC 模拟输入信号 #15 的引脚端
VREFHI	115		ADC 模拟输入转换的外部参考电压输入 HI 电位端
VREFLO	114		ADC 模拟输入转换的外部参考电压输入 LOW 电位端
V_{CCA}	116	I	ADC 模拟输入转换电路供应 V_{CCA} 电源
V_{SSA}	117	I	ADC 模拟输入转换电路供应 V_{SSA} 地端电源
事件处理 EVA 外设外部引脚			
CAP1/QEP1/IOPA3	83	I/O/Z	多功能 I/O 引脚,可设置为捕捉器 1 的输入端,或者四象限 QEP1 输入信号端,或者一般 I/O=PA3 输入/输出端

续表 1-1

名　称	引脚数	状　态	功能说明
CAP2/QEP2/IOPA4	79	I/O/Z	多功能 I/O 引脚,可设置为捕捉器 2 的输入端,或者四象限 QEP2 输入信号端,或者一般 I/O=PA4 的输入/输出端
CAP3/IOPA5	75	I/O/Z	多功能 I/O 引脚,可设置为捕捉器 3 的输入端,或者一般 I/O=PA5 的输入/输出端
PWM1/IOPA6	56	I/O/Z	多功能 I/O 引脚,可设置为 PWM1 的输出端,或者一般 I/O=PA6 的输入/输出端
PWM2/IOPA7	54	I/O/Z	多功能 I/O 引脚,可设置为 PWM2 的输出端,或者一般 I/O=PA7 的输入/输出端
PWM3/IOPB0	52	I/O/Z	多功能 I/O 引脚,可设置为 PWM3 的输出端,或者一般 I/O=PB0 的输入/输出端
PWM4/IOPB1	47	I/O/Z	多功能 I/O 引脚,可设置为 PWM4 的输出端,或者一般 I/O=PB1 的输入/输出端
PWM5/IOPB2	44	I/O/Z	多功能 I/O 引脚,可设置为 PWM5 的输出端,或者一般 I/O=PB2 的输入/输出端
PWM6/IOPB3	40	I/O/Z	多功能 I/O 引脚,可设置为 PWM6 的输出端,或者一般 I/O=PB3 的输入/输出端
T1PWM/T1CMP/IOPB4	16	I/O/Z	多功能 I/O 引脚,可设置为 T1PWM 的输出端,或者 T1 的比较器输出端,或者一般 I/O=PB4 的输入/输出端
T2PWM/T2CMP/IOPB5	18	I/O/Z	多功能 I/O 引脚,可设置为 T2PWM 的输出端,或者 T2 的比较器输出端,或者一般 I/O=PB5 的输入/输出端
TDIRA/IOPB6	14	I/IO/Z	对应于通用计数器 GPA 的外部方向(=1,加数;=0,减数)的输入设置端,或者一般 I/O=PB6 的输入/输出端
TDCLKINA/IOPB7	37	I/IO/Z	对应于通用计数器 GPA 的外部时钟输入端,或者一般 I/O=PB7 的输入/输出端
事件处理 EVB 外设外部引脚			
CAP4/QEP3/IOPE7	88	I/O/Z	多功能 I/O 引脚,可设置为捕捉器 4 的输入端,或者四象限 QEP3 输入信号端,或者一般 I/O=PE7 输入/输出端
CAP5/QEP4/IOPF0	81	I/O/Z	多功能 I/O 引脚,可设置为捕捉器 5 的输入端,或者四象限 QEP4 输入信号端,或者一般 I/O=PF0 的输入/输出端
CAP6/IOPF1	69	I/O/Z	多功能 I/O 引脚,可设置为捕捉器 6 的输入端,或者一般 I/O=PF1 的输入/输出端
PWM7/IOPE1	65	I/O/Z	多功能 I/O 引脚,可设置为 PWM7 的输出端,或者一般 I/O=PE1 的输入/输出端
PWM8/IOPE2	62	I/O/Z	多功能 I/O 引脚,可设置为 PWM8 的输出端,或者一般 I/O=PE2 的输入/输出端

续表 1-1

名 称	引脚数	状 态	功能说明
PWM9/IOPE3	59	I/O/Z	多功能 I/O 引脚,可设置为 PWM9 的输出端,或者一般 I/O=PE3 的输入/输出端
PWM10/IOPE4	55	I/O/Z	多功能 I/O 引脚,可设置为 PWM10 的输出端,或者一般 I/O=PE4 的输入/输出端
PWM11/IOPE5	46	I/O/Z	多功能 I/O 引脚,可设置为 PWM11 的输出端,或者一般 I/O=PE5 的输入/输出端
PWM12/IOPE6	38	I/O/Z	多功能 I/O 引脚,可设置为 PWM12 的输出端,或者一般 I/O=PE6 的输入/输出端
T3PWM/T3CMP/IOPF2	8	I/O/Z	多功能 I/O 引脚,可设置为 T3PWM 的输出端,或者 T3 的比较器输出端,或者一般 I/O=PF2 的输入/输出端
T4PWM/T4CMP/IOPF3	6	I/O/Z	多功能 I/O 引脚,可设置为 T4PWM 的输出端,或者 T4 的比较器输出端,或者一般 I/O=PF3 的输入/输出端
TDIRB/IOPF4	2	I/O/Z	对应于通用计数器 GPB 的外部方向(=1 加数,=0 减数)的输入设置端,或者一般 I/O=PF4 的输入/输出端
TDCLKINB/IOPF5	89	I/O/Z	对应于通用计数器 GPB 的外部时钟输入端,或者一般 I/O=PF5 的输入/输出端
IOPF6	131	I/O/Z	单独作为一般通用 GPIO 输入/输出端口的 PF6 端
控制局域网络 CAN 及串行通信接口 SCI、串行外设接口 SPI			
SPISIMO/IOPAC2	30	I/O/Z	多功能 I/O 引脚,可设置为 SPI 的从控数据输入主控数据输出传输端,或者一般 I/O=PC2 的输入/输出端
SPISOMI/IOPAC3	32	I/O/Z	多功能 I/O 引脚,可设置为 SPI 的从控数据输出主控数据输入传输端,或者一般 I/O=PC3 的输入/输出端
SPICLK/IOPAC4	35	IO/IO/Z	多功能 I/O 引脚,可设置为 SPI 的数据传输同步时钟输入/输出端,或者一般 I/O=PC4 的输入/输出端
SPISTE/IOPAC5	33	I/O/Z	多功能 I/O 引脚,可设置为 SPI 的从控传输允许输入端,或者一般 I/O=PC5 的输入/输出端
CANTX/IOPC6	72	I/O/Z	多功能 I/O 引脚,可设置为 CAN 的串行输出数据发送端,或者一般 I/O=PC6的输入/输出端
CANRX/IOPC7	70	I/O/Z	多功能 I/O 引脚,可设置为 CAN 的串行输入接收端,或者一般 I/O=PC7 的输入/输出端
SCITXD/IOPA0	25	I/O/Z	多功能 I/O 引脚,可设置为 SCI 的串行输出数据发送端,或者一般 I/O=PA0 的输入/输出端
SCIRXD/IOPA1	26	I/O/Z	多功能 I/O 引脚,可设置为 SCI 的串行输出数据发送端,或者一般 I/O=PA1 的输入/输出端

续表 1-1

名 称	引脚数	状 态	功能说明
外部中断及时钟产生电路引脚端			
$\overline{RS}$	133	I	输入 LOW 将令 CPU 处于复位状态,终止 CPU 的执行而令 PC=0;当转为 HI 电位时,将令 CPU 从内部本身的 0000H 地址的程序存储器开始操作
XTAL1/CLKIN	123	I	可接石英振荡器或直接以 CLKIN 输入到 CPU 的锁相倍频 PLL 工作时钟输入端
XTAL2	124	O	接石英振荡器的另一个输入端,也是 PLL 输出端引脚
PLLV$_{CCA}$	12	I	PLL 锁相回路的供应电压(3.3 V)
XINT1/IOPA2	23	I/IO/Z	多功能 I/O 引脚,可设置为 XINT1 外部中断触发输入端,或者一般 I/O=PA1 的输入/输出端
XINT2/ADCSOC IOPA3	21	I/IO/Z	多功能 I/O 引脚,可设置为 XINT2 外部中断触发输入,或者 ADC 启动转换控制输入,或者一般 I/O=PA3 的输入/输出端
$\overline{PDPINTA}$	7	I	电源驱动保护触发中断输入 $\overline{PDPINTA}$ 端,为下降沿触发。此功能用来避免因驱动电机的过电压或过电流检测触发控制,会令所有的 EVA 的 PWM 输出功率驱动引脚处于高阻抗的输入来作保护
$\overline{PDPINTB}$	137	I	电源驱动保护触发中断输入 $\overline{PDPINTB}$ 端,为下降沿触发。此功能用来避免因驱动电机的过电压或过电流检测触发控制,会令所有的 EVB 的 PWM 输出功率驱动引脚处于高阻抗的输入来作保护
CLKOUT/IOPE0	73	O/IO/Z	多功能 I/O 引脚,可设置为 CPU 的工作时钟输出,或者看门狗定时器 WDT 时钟输出端。它由系统状态控制寄存器 SCSR2 的 D12 位的 CLKSRC 加以选择设置,也可作为一般 I/O=PE0 的输入/输出端
PLLF	11	I	PLL 的滤波输入第 1 个引脚
PLLF2	10	I	PLL 的滤波输入第 2 个引脚
BIO/IOPC1	119	I/IO/Z	多功能 I/O 引脚,可设置为专用状态标志 BIO 的专用输入端,或者一般 I/O=PC1 的输入/输出端
V$_{CCP}$(5 V)	58	I	闪存程序的刻录擦除供应电压。若将其接地 GND,则不能进行快速闪存的定义;若将此接于 5 V 电源端,则可进行快速闪存的烧写。该引脚不可悬空
TP1(Flash)	60	O	快速闪存的原厂测试 1 端,用户不可接用
TP2(Flash)	63	O	快速闪存的原厂测试 2 端,用户不可接用
JTAG 的仿真测试引脚端			
EMU0	90	I	仿真 I/O 的第一个设置输入端,内有接 HI 上拉电阻。当 $\overline{TRST}$ 输入为 1 非复位时,这个引脚可作为仿真系统的中断输入/输出信号端,并被定义为 JTAG 扫描输入/输出引脚
EMU1/OFF	90	I	仿真 I/O 的第二个设置输入端,当接于 LOW 时,将禁用所有 JTAG 扫描的引脚控制功能。当 $\overline{TRST}$ 输入为 1 非复位时,该引脚可作为仿真系统的中断输入/输出信号端

续表 1-1

名称	引脚数	状态	功能说明
TCK	135	I	JTAG 的同步触发转态时钟输入端,内含上拉电阻
TDI	139	I	JTAG 测试数据输入端,内含上拉电阻。在 TCK 上升沿将此 TDI 端的数据移入所设置的指令或数据寄存器内
TDO	142	O	JTAG 测试数据输出端,内含上拉电阻。在 TCK 上升沿将所设置的指令或数据寄存器属性由 TDO 端移出
TMS	144	I	JTAG 测试模式的设置转状态输入端 1,内含上拉电阻。在 TCK 上升沿将所设置的 TMS 状态移入 TAP 控制寄存器
TMS2	36	I	JTAG 仿真模式的设置转状态输入端 2,内含上拉电阻。在 TCK 上升沿将所设置的 TMS2 状态移入 TAP 控制寄存器作指令译码,但只用于测试及仿真控制用。用户应用时该引脚可悬空。若 PLL 为短接模式,则在复位时应令 TMS、TMS2、$\overline{TRST}$ 接于 LOW 端
V_{DD}	29、50、86、129		TMS320F/C2407 的芯片内部工作电压为 3.3 V
V_{DDO}	4、42、67、129、77、95、141		TMS320F/C2407 的芯片 I/O 工作电压为 3.3 V
V_{SS}	28、49、85、128		TMS320F/C2407 的芯片内部接地 LOW 工作电压
V_{SSO}	3、41、66、76、94、125、140		TMS320F/C2407 的芯片 I/O 接地 LOW 工作电压

注:I=输入;O=输出;I/O=可设置为输入/输出;Z=高阻。

1.3 SN-DSP2407M 主 CPU 开发系统

TMS320F/C2xxx 系列特性功能如表 1-2 所列。其中以 TMS320F/C240x 系列功能最好,价格为 U\$3~10,但特性几乎涵盖其他所有芯片,因此了解及应用 F2407 芯片特性非常重要。若需要批量生产,则可采用内含 ROM 的,TMS320C2406 出厂时就将程序刻录于内部 ROM 内,因此不需要外部存储器扩充的 EMIF 引脚,特性与 2407 相同,仅需 100 引脚的 TQFP 封装,而其价格为 U\$5。

目前 TI 或 Spectrum Digital 公司开发有关 2407 的系统,有评估模块(Evaluation Module EVM)以及初学板(DSP Started Kit DSK)和 Spectrum Digital 公司的 eZdsp 模块。这些开发系统以 DSK 及 eZdsp 模块功能较简易且价格低廉,较适合初学者。但 EVM 的装备比较完整,另外作者也设计一个简易的 TMS320F2407 主控制板。下面简单介绍这 3 个系统。

1. TMS320F24x 或 TMS320LF2407 的 EVM

该系统的硬件结构如图 1-4 所示。其组成元件如下:

(1) F24x 或 F2407 EVM 评估板。

(2) XD510PP 的打印机接口硬件仿真器。

(3) C Source 调试器及 C2000 Code Composer 作为应用程序开发、编译及下载调试等使用。

(4) 其他必需的附件。

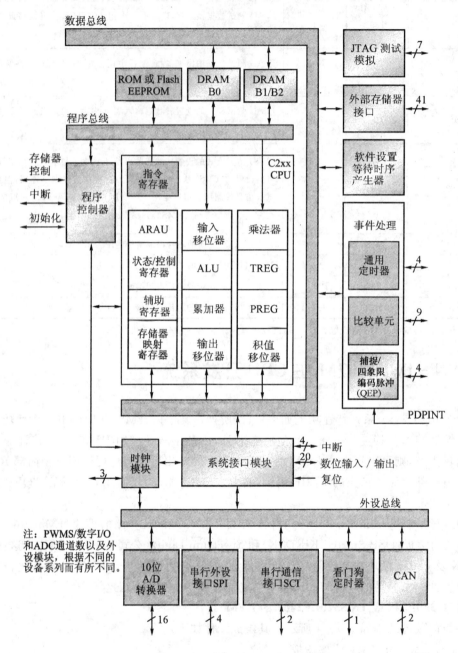

图 1-2 TMS320F2407 的功能方框结构

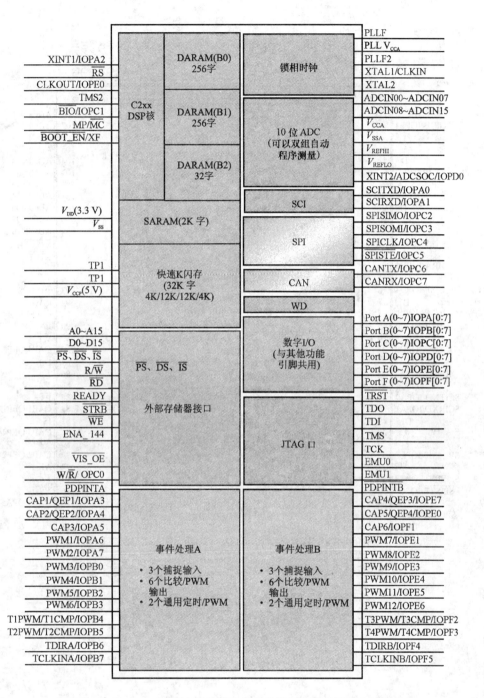

图 1-3　TMS320F/C2407 存储器总线及外设和其对外引脚方框结构图

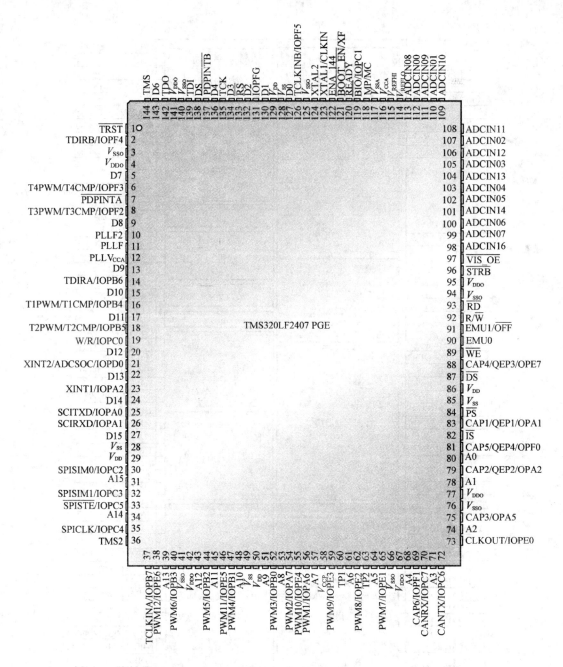

图1-4 TMS320F/C2407 对应 144 引脚 LQFP 的 PGE 封装引脚

第1章 机电控制 TMS320F/C2407 结构及开发系统

表1-2 TI公司的 TMS320F/C 24xxx 系列芯片特性简表

Device 24xx	RAM /×16位	ROM /×16位	FLASH /×16位	EMIF	GPT 数量	WDT 数量	CMP/ PWM	CAP/ QEP	SPI 数	SCI 数	CAN 数量	ADC CTus	I/O 引脚	MIPSM	PACK
F240	544	—	16K	有	3	1	9/12	4/2	1	1	—	16/6.6	28	20	132PQ
C240	544	16K	—	有	3	1	9/12	4/2	1	1	—	16/6.6	28	20	132PQ
F241	544	—	8K		2	1	5/8	3/2	1	1	1	8/0.85	26	20	64PQ /68PL
C242	544	4K	—		2	1	5/8	3/2	—	1		8/0.85	26	20	64PQ /68PL
F243	544	—	8K	有	2	1	5/8	3/2	1	1	1	8/0.5	32	20	144TQ
F2407	2.5K	—	32K	有	4	1	10/16	6/4	1	1	1	16/0.5	41	30/40	144TQ
F2406	2.5K	—	32K	—	4	1	10/16	6/4	1	1	1	16/0.5	41	30/40	100TQ
F2402	544	—	82K		2	1	5/8	3/2	1	1		8/0.5	21	30/40	64PQ
C2406	2.5K	32K	—		4	1	10/16	6/4	1	1	1	16/0.5	41	30/40	100TQ
C2404	1.5K	32K	—		4	1	10/16	6/4	1	1		16/0.5	41	30/40	100TQ
C2102	544	4K	—		2	1	5/8	3/2		1		8/0.5	21	30/40	64PQ

TMS320LF2407 的 EVM 板具有下列特性：

(1) TMS320LF2407 数字信号处理器,工作于 30 MHz。
(2) 64K 字程序存储器、64K 字数据存储器及 32K 字的内部快速闪存程序空间。
(3) EVM 板上具有 4 通道、12 位的数字/模拟转换器(12 位 DAC)。
(4) RS-232 兼容的串行端口(RS-232 接口)。
(5) XDS510/XDS510PP 仿真端口(JTAG 接口)。
(6) 4 个扩充连接槽(I/O、模拟、地址/数据及控制接口)。
(7) 4 个并列的 DIP 开关。
(8) 4 个并列的 LED 显示器。

2. TMS320F24x 或 TMS320LF2407 的 eZdsp

该系统的硬件结构如图 1-5 所示。其配套组成如下：

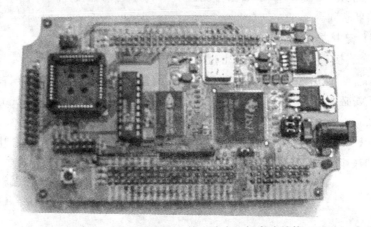

图1-5 SN-F2407M 的实验主机板电路结构

(1) F24x 或 F2407 eZdsp 板(见图 1-6)。
(2) 打印机直接连接接口硬件仿真器。
(3) 专用的 C 调试器及 C2000 Code Composer 作为应用程序开发、编译及下载调试等使用。
(4) 其他必需的附件。

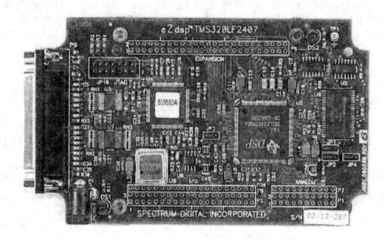

图 1-6　eZdsp TMS320LF2407 的初学板电路结构

TMS320LF2407 的 DSK 板具有下列特性:
(1) TMS320F2407 数字信号处理器,最高工作于 40 MHz。
(2) 32K 字程序存储器、32K 字数据存储器及 32K 字的内部快速闪存程序空间,可设置选择程序及数据存储器空间。
(3) 仿真端口连接插座(JTAG 接口)。
(4) 3 个扩充连接槽(I/O、模拟、地址/数据及控制接口)。

3. SN-F2407M 的 TMS320F2407 主芯片板

该板简易的硬件电路具有如下特性:
(1) TMS320F2407 数字信号处理器,最高工作于 40 MHz。
(2) 32K 字程序存储器、32K 字数据存储器及 32K 字的内部快速闪存程序空间,可设置选择程序及数据存储器空间。
(3) 仿真端口连接插座(JTAG 接口)。
(4) 3 个扩充连接槽(I/O、模拟、地址/数据及控制接口)。
(5) 一个选购的 EPM7064(或 AT2064)CPLD 配置可自行定义的扩充接口。
SN-F2407M 必须搭配 XDS510/XDS510PP 仿真器(JTAG 接口),C2000 Code Composer 或 C2000 Code Composer Studio 作为硬件和软件的应用程序开发、编译及下载调试等使用。
(6) DSP2407B 则具有 CAN 接口转换器及选购的 12 位串行 SPI 的 DAC 接口。
(7) DSP2407C 除了具有 DSP2407B 特性外,其主 CPU F2407 采用插座式。

第1章 机电控制 TMS320F/C2407 结构及开发系统

1.3.1 SN-F2407M 存储器配置结构

SN-F2407M 的电路结构方框图如图 1-7 所示，PCB 电路板的正面元件及信号连接插座如图 1-8 所示。

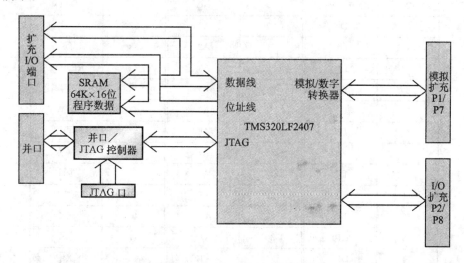

图 1-7 eZdsp TMS320LF2407 的电路结构方框图

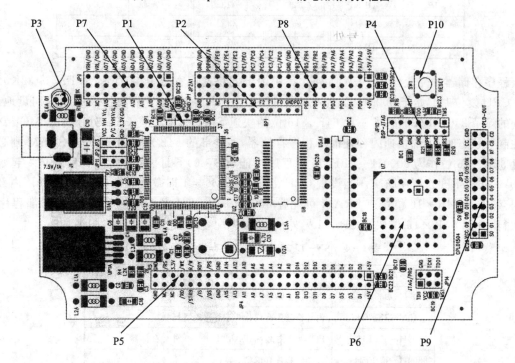

图 1-8 SNF2407M 的 PCB 电路板正面元件及信号连接插座图

图 1-8 中的 P5 为存储器的地址总线和数据总线及控制信号连接插座，对应外部扩充连接槽。其配置引脚如表 1-3 所列。

表 1-3　SN-F2407M 的 P6 存储器配置扩充连接槽配置引脚

引脚数	信号名称	引脚数	信号名称	引脚数	信号名称
1	+5 V	18	D15	35	GND
2	+5 V	19	A0	36	GND
3	D0	20	A1	37	$\overline{PS}$
4	D1	21	A2	38	$\overline{DS}$
5	D2	22	A3	39	READY
6	D3	23	A4	40	$\overline{IS}$
7	D4	24	A5	41	R/W
8	D5	25	A6	42	$\overline{STRB}$
9	D6	26	A7	43	$\overline{WE}$
10	D7	27	A8	44	$\overline{RD}$
11	D8	28	A9	45	3.3 V
12	D9	29	A10	46	XX
13	D10	30	A11	47	$\overline{RS}$
14	D11	31	A12	48	XX
15	D12	32	A13	49	GND
16	D13	33	A14	50	GND
17	D14	34	A15		

程序存储器的配置如表 1-4 所列。其中内部的快速闪存为 0000H~7FFFH 共 32K×16 位。CPU 复位时起始于 0000H,因此在 0000H~003FH 预留为 CPU 复位及中断等向量地址。另外的 SNF2407M 外加载了一片 64K×16 位的快速 SRAM,当设置 CPU 处于 MP/$\overline{MC}$=0 即微控制器状态时,内部快速闪存使能于程序存储器,而外部的 64K×16 位的快速 SRAM 则必须配置 32K×16 位作为 8000H~FFFFH 的程序使能($\overline{PS}$=0)寻址,这时要仿真程序必须起始于 8000H~FFFFH 作程序仿真。当设置 CPU 处于 MP/$\overline{MC}$=1 即微处理器模式时,将禁用内部快速闪存,外部 64K×16 位快速 SRAM 可配置 0000H~7FFFH 等 32K×16 位作为外部程序仿真执行,外部 64K×16 位快速 SRAM 另外的 32K 则配置给数据存储器。归纳如下:

表 1-4　SN-LF2407M 的程序存储器空间配置

程序存储器地址	配置存储器功能说明
0000H~003FH	中断向量地址(处于内部快速闪存内)
0040H~7FFFH	内部快速闪存内作为主程序处理操作
8000H~87FFH	PON=0 内部 SARAM,PON=1 外加存储器
8800H~FDFFH	外加的程序存储器
FE00H~FEFFH	内部 SARAM 存储器映射 B0(CNF=1) 当 CNF=0 时为外加的存储器映射
FF00H~FFFFH	内部 SARAM 存储器映射 B0(CNF=1) 当 CNF=0 时为外加的存储器映射

(1) MP/$\overline{\text{MC}}$=0,程序存储器仿真于 8000H～FFFFH 共 32K×16 位 SRAM 空间。
(2) MP/$\overline{\text{MC}}$=1,程序存储器仿真于 0000H～7FFFH 共 32K×16 位 SRAM 空间。

数据存储器空间同样由 MP/$\overline{\text{MC}}$ 进行设置。TMS320LF2407 内部数据存储空间配置如表 1-5 所列。

表 1-5 SN-F2407M 的数据存储器空间配置

程序存储器地址	配置存储器功能说明
0000H～005FH	内部存储器映射寄存器 IFR、IER、WSGR 等
0060H～007FH	内部 DARAM 双接收存储器 B2 区域
0080H～01FFH	存储器保留区域
0200H～02FFH	内部 DARAM 的 B0(cnf=0)或保留(cnf=1)
0300H～03FFH	内部 DARAM 双接收存储器 B1 区域
0400H～07FFH	存储器保留区域
0800H～0FFFH	内部 DARAM (pon=0)或外部区(pon=1)
1000H～6FFFH	存储器保留区域
7000H～73FFH	外设存储器映射(系统、ADC、SCI、SPI、I/O、中断等)
7400H～743FH	外设存储器映射(EVA 事件 A 的外设接口映射)
7440H～74FFH	存储器保留区域
7500H～753FH	外设存储器映射(EVB 事件 B 的外设接口映射)
7540H～7FFFH	非合法的禁用区域
8000H～FFFFH	外部扩充存储器

外部 64K×16 位快速 SRAM 中另外的 32K 配置给数据存储器。归纳如下：
(1) 数据存储器必须配置于 8000H～FFFFH 共 32K×16 位 SRAM 空间。
(2) 所有的 I/O 存储器空间 0000H～FFFFH 全部配置于外部接口来使用。

对应于 MP/$\overline{\text{MC}}$ 的外部设置,利用 JP11 将 MP/$\overline{\text{MC}}$ 以跳线来设置选择,如表 1-6 所列。若将跳线插接于 1-2 端,则 MP/$\overline{\text{MC}}$=0;若短接于 2-3 端,则 MP/$\overline{\text{MC}}$=1。P10 所标识的为 F2407 系统复位开关,直接对系统复位。

表 1-6 MP/$\overline{\text{MC}}$模式设置(JP4)

跳线位置	功能选择
1-2	MP/$\overline{\text{MC}}$=1,微处理器模式
2-3	MP/$\overline{\text{MC}}$=0,微控制器模式

1.3.2 SN-F2407M 接口信号配置

SN-F2407M 的接口信号如表 1-7 所列,为 ADC 转换接口,配置 P1 和 P7 连接器。

ADC 参考电压可由 JP2 和 JP3 设置,选择工作电压为 3.3 V,或者表 1-7 所列的 VREFHI 和 VREFLO 输入端电压,其设置如表 1-8 所列。

表 1-7 A/D 转换的 ADC 接口

引脚数	引出信号名称	引脚数	引出信号名称	引脚数	引出信号名称
	P1		P1		P7
1	GND	11	GND	1	ADCIN8
2	ADCIN0	12	ADCIN5	2	ADCIN9
3	GND	13	GND	3	ADCIN10
4	ADCIN1	14	ADCIN6	4	ADCIN11
5	GND	15	GND	5	ADCIN12
6	ADCIN2	16	ADCIN7	6	ADCIN13
7	GND	17	GND	7	ADCIN14
8	ADCIN3	18	VREFLO	8	ADCIN15
9	GND	19	GND	9	XX
10	ADCIN4	20	VREFHI	10	XX

表 1-8 参考电压 VREFHI/VREFLO 设置(JP2/JP3)

JP3 跳线位置	VREFLO 选择	JP3 跳线位置	VREFLO 选择
1-2	板子上的电压 GND	1-2	板子上的电压 3.3 V
2-3	P1 引入 VREFLO	2-3	P1 引入 VREFHI

其他各种外设接口,如 SCI、SPI、CAN、EVA、EVB 及 GPIO 等接口信号配置于 P2 及 P8 连接插座上,如表 1-9 所列。对应采用 JTAG 仿真器 XD510PP 等接头,引入作软件及硬件仿真调试的 14 引脚接口信号配置如表 1-10 所列。

表 1-9 SCI、SPI、CAN、JTAG、EVA、EVB 及 GPIO 等(P2、P8)接口信号配置

引脚数	引出信号名称	引脚数	引出信号名称	引脚数	引出信号名称
	P2		P2		P8
1	+5 V	15	T1PWM/T1CMP/PB4	1	+5 V
2	+5 V	16	T2PWM/T2CMP/PB5	2	XINT2/ADCSOC/PD0
3	SCITXD/PA0	17	TDIRA/PB6	3	EMU0/PD1
4	SCIRXD/PA1	18	TCLKA/PB7	4	EMU1/PD2
5	XINT1/PA2	19	GND	5	TCKI/PD3
6	CAP1/QEP1/PA3	20	GND	6	TDI/PD4
7	CAP2/QEP2/PA4	21	WnR/PC0	7	TDO/PD5
8	CAP3/PA5	22	BIO/PC1	8	TMS/PD6
9	PWM1/PA6	23	SPISIMO/PC2	9	TMS2/PD7
10	PWM2/PA7	24	SPISOMI/PC3	10	GND
11	PWM3/PB0	25	SPICLK/PC4	11	CAP5/QEP4/PF0
12	PWM4/PB1	26	SPSTSE/PC5	12	CAP6/PF1
13	PWM5/PB2	39	GND	13	T3PWM/T3CMP/PF2
14	PWM6/PB3	40	GND	20	GND

表 1-10　JTAG 14 引脚接口信号配置

引脚数	引出信号名称	引脚数	引出信号名称	引脚数	引出信号名称
1	TMS	6	电源引脚	11	TCK
2	$\overline{\text{TRST}}$	7	TDO	12	GND
3	TDI	8	GND	13	EMU0
4	GND	9	TCK_RET	14	EMU1
5	PD(+5 V)	10	GND		

另外,JP1 以跳线来选择设置 2407 是否要进行内部快速闪存的烧写。如果进行烧写,则须选择允许加烧写电压 V_{PP},同时选择看门狗定时器的定时 ON,或者跳线都不接而禁用。注意:在进行快速闪存烧写时,必须禁用看门狗定时器,故必须将跳线插接于 2-3 间,其设置如表 1-11 所列。

表 1-11　快速闪存刻录电压 V_{PP} 及看门狗定时使能的设置(JP1)

跳线位置	功能选择
2-3	V_{PP} 使能而看门狗定时禁用
1-2	V_{PP} 禁用而看门狗定时使能

1. SN-F2407M CPU 及存储器电路结构

图 1-9 为 SN-F2407M 的主 CPU 电路连接图。其中 ADC 参考电压 VREFLO 及 VREFHI 由 JP3 及 JP2 设置。选择内部的 V_{DD}=3.3 V 加上 LC 去耦所组成的内部 V_{CCA}=3.3 V 及 GND 电位,或由外部 P2 所设定输入的 VREFHI 及 VREFLO 来设定校正 ADC 的输入模拟/数字转换的参考电压。另外,JP1 对应将 V_{CCP}(P58)输入端设置为+5 V(2-3 端)的快速闪存烧写使能而禁用看门狗定时器,或者接到 GND(1-2 端)来禁用快速闪存烧写而使能看门狗定时器。

图 1-10 为外加载 64K×16 位的 SRAM 存储器,可配置 32K×16 位作为程序存储器的仿真下载及调试,另外的 32K×16 位则配置给外部的数据存储器。注意:其中 SRAM 的 RA15 地址线是接到 CPU 地址总线的 BA14,而 CPU 的 BA15 是空接的。最重要的是,将 CPU 的外部程序存储器使能控制选择线 $\overline{PS}$ 接到 SRAM 的 RA14,此 SRAM 的外部 I/O 存储器选择设定 $\overline{IS}$ 经反相后加入 SRAM 的芯片使能 $\overline{CE}$ 端。也就是说,当对应 I/O 地址作读/写时会令 $\overline{IS}$=0,使得此 SRAM 不动作,而 SRAM 的数据读取输出使能 $\overline{OE}$ 由 ![$(\overline{VIS\_OE} * R/W) * \overline{STRB}$]=$\overline{OE}$ 控制,也即当 CPU 要对应外部存储器写入数据时会输出 $\overline{VIS\_OE}$=0 的响应信号,因此必须令此 SRAM 的数据总线 D15~D0 输出禁用(OE=1),以避免数据冲突而损坏系统。因此当 CPU 要对外部存储器读取数据时,会令 $\overline{VIS\_OE}$=1 且 R/W=1,而在 $\overline{STRB}$ 时序时,将外部存储器的数据 D15~D0 读入,此时因![$(\overline{VIS\_OE} * R/W) * \overline{STRB}$]=![$(1*1)*1$]=0=$\overline{OE}$ 令 SRAM 输出其内含数据。

SRAM 存储器配置是当执行外部程序时会令 $\overline{PS}$=0、$\overline{IS}$=1,这时的 SRAM 配置给程序存储器,而 CPU 的 BA15~BA0 仅使用 BA14~BA0,而 SRAM 的 RA14 接到 $\overline{PS}$,RA15 接到 CPU 的 BA14,因此 SRAM 存储器在程序存储器中的配置是 0000H~3FFFH($\overline{PS}$=0=RA14,RA15=BA14=0)。另外,0400H~7FFFH($\overline{PS}$=0=RA14,RA15=BA14=1)实际上程序存储器仿真空间为 0000H~7FFFH,但 BA15 是空接的,所以也会映射到 8000H~FFFFH,则类似于 MP/$\overline{MC}$ 设置。数据存储器配置会令 $\overline{PS}$=1,故映射寻址也是 0000H~7FFFH 或 8000H~FFFFH,芯片占用 0000H~7FFFH,故寻址 8000H~FFFFH。

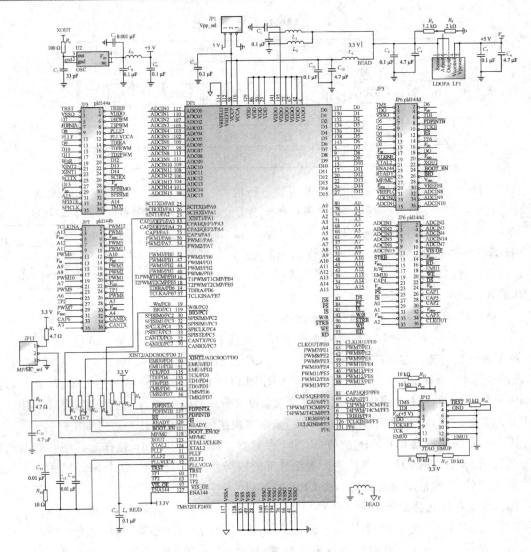

图 1-9　SN-F2407M 的主 CPU 电路连接图

2. 简易的硬件扩充外设及电源供应电路

图 1-11 为选用的并列端口扩充接口及其连接电路,使用 Atmel 公司的 AT1504 或 Altera 公司的 EPM7032/64 等 CPLD,将数据线 PPD0~PPD7 通过 EPLD 的 16V8,使用 I/O 端口的 0000H~7FFFH 寻址译码的 $\overline{CSIOA}$ 作控制设置,由 A0 寻址共可设置 2 个 I/O 端口,分别为 PIO1~PI16 连接到 JP13 的 EXPIO 输入/输出端。

外加 FPGA 的扩充连接,是通过 $\overline{CSIOB}$ 的 I/O 端口寻址配置于 8000H~FFFFH 加以设置控制,同样由 XPPD0 连接 XPPD7 读/写,而握手及控制信号则由信号锁存的 $\overline{STRB}$ 及 I/O 外设的读/写信号 R/$\overline{W}$ 控制。

图 1-10 中的 JP12 作为 F2407 的硬件、软件仿真及调试连接接口,并对应于 PC 连接转成 JTAG 信号与 DSP 连接操作,类同于 XD510PP 的 ICE 仿真下载刻录和调试工具硬件转接面。

图 1-12 为 SN-F2407M 实验板的信号连接输入/输出引脚配置原理图。

第 1 章 机电控制 TMS320F/C2407 结构及开发系统

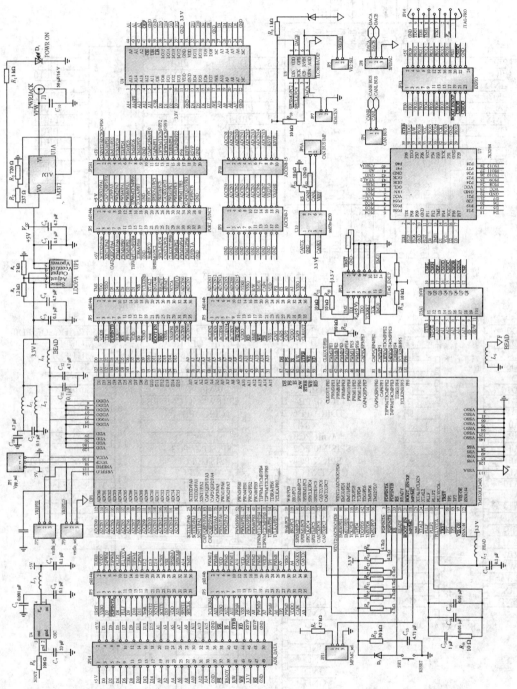

图 1-10　SNF2407M 的外加载 64K×16 位的 SRAM 集合电路连接图

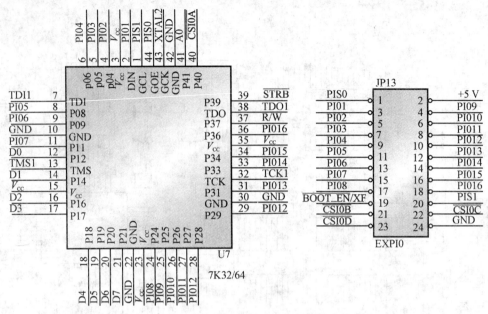

图 1-11 选用的并列端口扩充接口及其连接电路

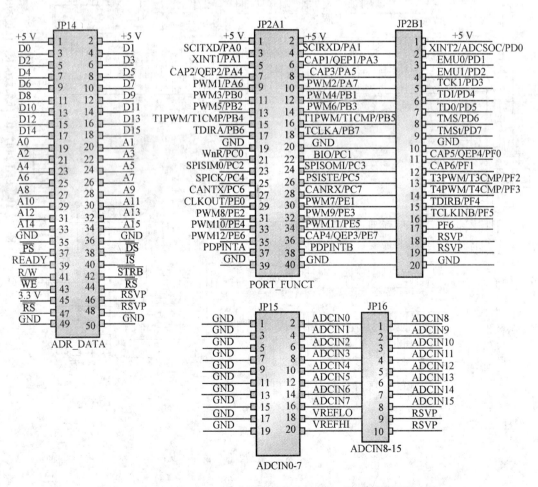

图 1-12 SN-F2407M 实验板的信号连接输入/输出引脚配置电路

图 1-13 为 SN-F2407M 实验板的电源配置电路,最重要的是,此电源输入为稳压调整后的 +5 V,而 LF2407 的 CPU 供应电压为 3.3 V,因此采用 TPS7301 或 TPS7633 等 LDO 稳压及电源监视控制芯片来处理,两组电源配置二组各作 LC 去耦的 3.3 V 供应 CPU 及其他外设芯片的电源,以避免交叉干扰,而电源的瞬息降压监视会令 CPU 产生复位(RESET)作保护驱动器的控制。

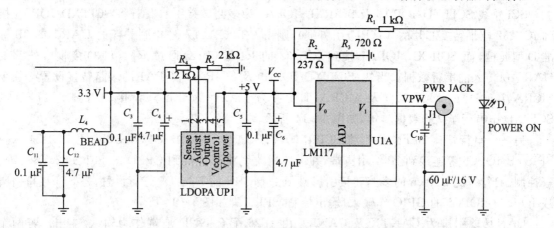

图 1-13 SN-F2407M 实验板的电源配置电路

1.4 SN-DSP2407-MIO 外设控制开发系统

TMS320LF2407A 是一个功能相当强的微控制器,尤其是 CAN 总线接口,提供了机电控制传输的重要功能。具有 2 个用于三相电路控制的向量空间 SVPWM 功率驱动接口,是 AC 电路控制的重要控制循环。另外有 2 个 QEP 检测电路作为编码器的位置和速度检测作闭循环控制。16 个通道的高速 10 位 ADC 接口,转换速度最高达 0.5 μs,是对模拟信号相当重要的检测,搭配 2407 的高速乘加运算功能,对 PID 控制、数字信号的检测及处理,使得 2407 控制器在单芯片 SOC 化的机电控制中是不可或缺的。

TMS320LF2407A 芯片中具有 41 个独立可任意设置为输出或输入的 I/O 引脚,当然是与其他外设接口作输入/输出的双工使用。SN-DSP2407P 外设电路中对应将 CAP5/PF0、CAP6/PF1、T3PWM/PF2、T4PWM/PF3、TDIRB/PF4、TCLKINB/PF5、PF6 以及 BIO/PC1 接到 8 个拨位开关 SW0~SW7。除了 PF6 为专用的双向 I/O 引脚外,其余的都是与接口的 I/O 作双工选择设置。另外的 PC0=SW7 则与专用的条件标志 BIO 输入共用,要使用这些 I/O 作输入时基本上必须将 I/O 多路转接输出控制 MCRC 寄存器,设置 PF0~PF5(MCRC.8~MCRC.13 = 7094H)=00H 的 IOPF 作专用 I/O 端口后,再将 PF 的输入/输出方向及数据写入或读出端口(PFDATDIR=7096H)设置其 F6DIR~F0DIR=(PFDATDIR =D14~D8)=0000000B 作为输入端口设置,然后在(PFDATDIR =D6~D0)=IOPF6~IOPF0 读取输入数据。当然对应 BIO/PC1 则将 MCRB 的 MCRB.1 设置为 0 的 IOPC1,并令 PCDATDIR 的 D9 = 0 设置输入,由 PCDATDIR 的 D1 读取输入值。

另外的 PE7~PE0=IOPE7~IOPE0 则输出接到 ULN2803 的 8 个输入端来驱动 8 个 LED 显示,并以 JPD2 端子输出每一引脚可驱动达 60 V/500 mA 的功率,驱动程序必须将 MCRC 的 MCRC.7~MCRC.0 设置为 0,令 CLKOUT/IOPE0、PWM7/IOPE1、PWM8/IOPE2、PWM9/

IOPE3、PWM10/IOPE4、PWM11/IOPE5、PWM12/IOPE6 以及 CAP4/QEP3/IOPE7 全设置为 IOPF7~IOPF0 的专用输入/输出端口，并令 PFDATDIR 的 F7DIR~F0DIR=D15~D8=FFH 输出，并将要输出的控制值写入 IOPF7~IOPF0=D7~D0 端就会输出到 ULN2803 来驱动，对应 IOPE 及 IOPF 的输入/输出电路如图 1-14 所示。

SCI 总线 SCITXD/IOPA0 及 SCIRXD/IOPA1 为多路转接引脚。若将 SCITXD/IOPA0 接到 ICL232 电平转换芯片的 T1(P11 引脚端)，则由 OT1(P14) 发送接到外部的 UART 的 9P 标准 D 型插槽，而 SCIRXD/IOPA1 接到 ICL232 的 R1 端(P12) 通过 R11(P13) 接收由外部的 UART 所传入的串行数据。当然，SCITXD/IOPA0 及 SCIRXD/IOPA1 的多路转接设置必须令 MCRA(7090H) 的 MCRA.0 及 MCRA.1 设置为 1，以作为专用外设接口引脚 SCITXD 及 SCIRXD 作串行端口的数据传输，如图 1-14 所示。

另一个串行端口 SPI 总线则将 SPISIMO/IOPC2、SPISOMI/IOPC3、SPICLK/IOPC4 以及 $\overline{\text{SPISTE}}$/IOPC5 等连接到 JP22 引脚端，并可使用跳线将其连接到 CPLD 的 P81、P82、P83、P84 等控制。当然，此 IOPCn 的多路转接引脚必须由 MCRB 的 D2~D5 进行设置，是 SPI 接口引脚或 IOPC3~IOPC5 的 GPIO 作输入/输出控制，SPI 引脚如图 1-14 所示。

CAN 传输引脚为 CANTX 及 CANRX 由 JP26 配合 GND 地端作为输入/输出。若两个 LF2407 要作 CAN 传输，则将此 CANTX、CANRX CAN 接口转换器并接即可（F2407B 及 F2407C 模块属性 CAN 接口转换器）。

对应机电控制所必需的 SVPWM 及 QEP 检测和 ADC 检测等控制外设，特别将 PWM1/IOPA6、PWM2/IOPA7、PWM3/IOPB0、PWM4/IOPB1、PWM5/IOPB2、PWM6/IOPB3 等 6 个 AC 三相 PWM 控制外设，以及定时器 1 的 T1PWM/IOPB4 输出和 PB4 输入/输出端口，定时器 2 的 T2PWM/IOPB5 输出和 PB5 输入/输出端口，事件 A 定时器的外部 TDIRA/IOPB6 作为定时器的定数方向设置。另外，TCLKINA/IOPB7 则作为定时器的外部时钟输入计数，其中 IOPB0~IOPB7 这 8 个引脚也可作为一般 I/O 的输入/输出设置控制。另外的 CAP1/QEP1/IOPA3 及 CAP2/QEP2/IOPA4 除了作为 IOPA 的输入/输出端或实时时序捕捉外，最重要的是读取编码器的定位值或速度等检测，作为闭循环操作控制的 PWM 功率输出控制。另外，ADCIN04~ADCIN06 这 3 个 10 位多路转接的 ADC 转换输入端可检测功率控制的电压、电流或相位等模拟信号，检测同样作为闭环操作控制的 PWM 功率输出控制。这些引脚连接到图 1-14 的 JP17(PWMOPT)20 引脚的插座端，以便连接功率驱动闭环控制模块。

以 CPU 的 I/O 存储器映射直接控制的外设电路有以下几个。

(1) 双组 8 位的 DAC 电路，经 GAL16V8 译码其寻址为：

① DACA 的 8800H 以 OUT 指令进行设置。

② DACB 的 8801H 以 OUT 指令进行设置。

③ 如图 1-15 所示以 U4 的 AD7528 芯片连接，由 JP13 引脚端输出。

(2) 含备用电池的 RTC 及 NV 存储器 U9 的 DS12887 芯片，其寻址控制为：

① RTA =8A00H——RTC 寻址锁存控制将 D7~D0 写入 RTC 的 A7~A0。

② $\overline{\text{RTR}}$=8C00H——读取 RTC 属性，如时间或 NVRAM 数据。

③ $\overline{\text{RTW}}$=8E00H——将数据设置写入 RTC 属性，如时间或 NVRAM 数据。

第1章 机电控制 TMS320F/C2407 结构及开发系统

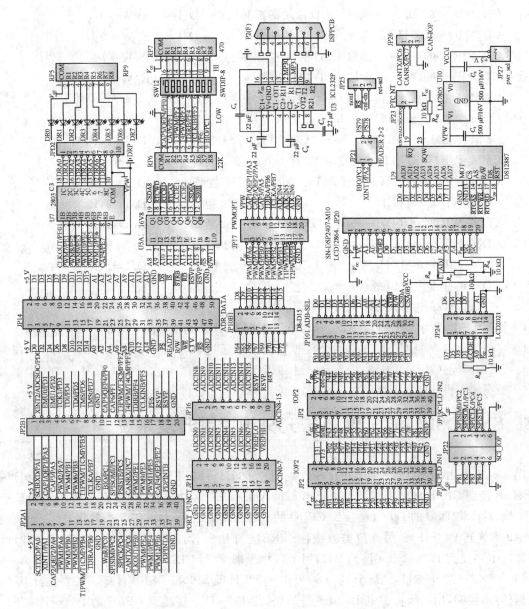

图 1-14 SN-DSP2407P 的接口控制电路

④ RTC 的中断信号以 JP23 将 RTC 的 $\overline{IRQ}$ 信号短接到 XINT2/ADCSOC/IOPD0 作连接控制设置。

(3) 20×2 字体的 LCD 驱动显示器由 JP24 插接：
① LCD_WIR=8600H——写入 LCD 模块的控制指令　D/I=0,R/W=0。
② LCD_WID=8601H——写入 LCD 模块的数据　　　D/I=1,R/W=0。
③ LCD_RIR=8602H——读取 LCD 模块的控制指令　D/I=0,R/W=1。
④ LCD_RID=8603H——读取 LCD 模块的数据　　　D/I=1,R/W=1。

(4) 128×64 绘图型点矩阵 LCD 驱动显示器由 JP20 插接(选用)：
① LCDM_WIR1=840AH——写入 LCDM 模块 CS1 控制指令　D/I=0,R/W=0。
② LCDM_WID1=840BH——写入 LCDM 模块 CS1 数据　　　D/I=1,R/W=0。
③ LCDM_RIR1=841AH——读取 LCDM 模块 CS1 控制指令　D/I=0,R/W=1。
④ LCDM_RID1=841BH——读取 LCDM 模块 CS1 数据　　　D/I=1,R/W=1。
⑤ LCDM_WIR2=840CH——写入 LCDM 模块 CS2 控制指令　D/I=0,R/W=0。
⑥ LCDM_WID2=840DH——写入 LCDM 模块 CS2 数据　　　D/I=1,R/W=0。
⑦ LCDM_RIR2=841CH——读取 LCDM 模块 CS2 控制指令　D/I=0,R/W=1。
⑧ LCDM_RID2=841DH——读取 LCDM 模块 CS2 数据　　　D/I=1,R/W=1。
⑨ LCDM 的亮度由 R40 的 VR 加以调整。

(5) 多通道 ADC 电平调节输入接口电路。
① 如图 1-15 所示，将 10 位 ADC 参考电压 VREFHI 接到稳压的 V_z(2.5 V)上。
② 将 ADCIN0～ADCININ3 这 4 个模拟输入信号通过 JP9～JP12 所选择的外部 VIN0～VIN3，或者内部 V_z(2.5 V)加到 R_{17}～R_{20} 分压调整予以输入。
③ 最高输入模块电压不可超过 3.3 V。

1.5　SN-DSP2407-PLD 扩充外设控制开发系统

图 1-15 中由 GAL16V8 译码的 $\overline{CSIOA}$ 寻址 8000H～80FFH，而 $\overline{CSIOB}$ 则寻址 8100H～81FFH，连接到 CPLD 的使能线。若以 EPF8282ALC84-4 芯片连接，则以双 8 排跳线插接于 JPIO1 端，对应将 DSP 的 D0～D7 接到 CPLD 的 P01～P04、P06～P09 等 8 个数据总线，地址线 A0～A3 则接到 P43～P46，另外数据的锁存 $\overline{STRB}$ 接到 P48，读/写控制使能 R/W 接到 P49，地址使能 $\overline{CSIOA}$ 接到 P50，$\overline{CSIOB}$ 接到 P51，用 I/O 指令来读/写 CPLD 的 8 位外设。以信号 A0～A3 可达 16×2=32 个端口，地址分别为 8000H～800FH 及 8100H～810FH 等。若要进行 16 位的数据读/写控制，则必须将 JPIOB1 以 8 排短路，将 D8～D15 短接到 CPLD 的 P64～P67、P69～P72 等连接。

CPLD 的信号源有 20 MHz 的晶振连接到 CPLD 的 I12(引脚 12)端，RC 两段设置高低频及 R_{12} 可调方波振荡器。频率 1 Hz～100 kHz 连接到 I73(CPLD 的引脚 73)作为可调时钟源，4 个按钮脉冲产生器输入 I31 及 I54 为正向脉冲，另外 PS78 及 PS79 则为负向脉冲输入端。PS78 和 PS79 以 JP21B1 短接到 P78、P79 作信号输入。若将跳线接到 JP21A1，则会将 P78 连接到 DSP 的 CAP1/QEP1/PA3，而将 P79 连接到 DSP 的 CAP2/QEP2/PA4，可将 CPLD 所产生的编码脉冲信号输入到 DSP 的 QEP 电路，作实时的编码计数检测速度及位置，脉冲波 PS78 通过图 1-14

第 1 章　机电控制 TMS320F/C2407 结构及开发系统

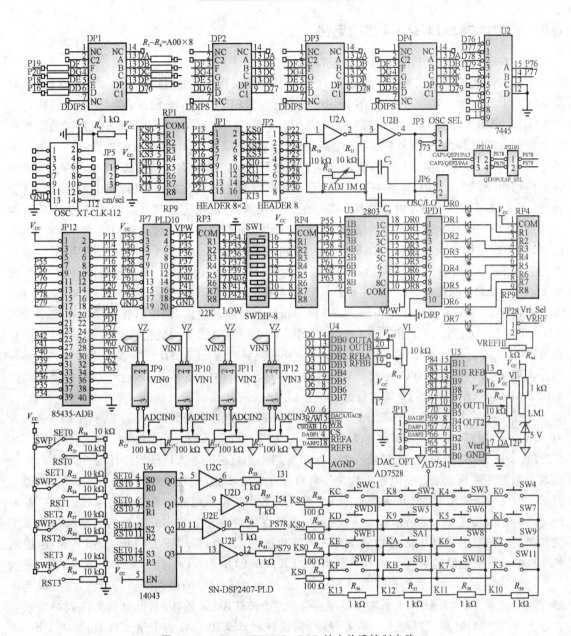

图 1-15　SN-DSP2407-PLD 扩充外设控制电路

的 JP21 可短接到 DSP 的 BIO/PC1,而 PS79 短接到 XINT1/PA2 作中断控制设置实验。

1.6　SN-CPLD8/10 接口电路

图 1-16 为 CPLD 的连接电路,通过图 1-14 的 JP18 及 JP19 连接到 CPLD 扩充控制接口,CPLD 接口芯片可选择 EPF8282ALC84-4、EPF10K10TC144-4 或 EPF1K100QC208-3 这 3 种芯片,现分别介绍如下。

1.6.1　EPF8282ALC84-4 接口电路

SN-CPLDM 为 DSP 的 I/O 控制接口 CPLD 电路。

采用 SN-CPLDM 模块来任意设置 DSP 的 I/O 控制接口电路，选用 Altera 公司的 8K 系列如 EPF8282ALC84-4 主芯片，如图 1-16 电路所示。EPF8282ALC84-4 为 SRAM 结构化的 CPLD，以 AVRAT90S2313 与 PC 的 RS-232 相连，将 PC 在 MAXPLUS2 所开发定义的硬件电路结构载入 CPLD 的 SRAM 内，完成电路的设计结构化以作为 DSP 的硬件外设电路。但若关掉电源，则 CPLD 的电路结构将丧失而必须重新再载入电结构数据于其内部 SRAM 内。为了固化电路结构，必须采用 ROM 或 EEPROM 存录此 CPLD 的结构化数据，这样当电源接通后将会自动由 ROM 或 EEPROM 内读取其 CPLD 的结构化数据，以便完成其电路的结构，也因此电源关掉后虽然 CPLD 的 SRAM 内的结构化数据会消失，但电源再接通时会自动由 ROM 或 EEPROM 内读取结构化数据载入 SRAM 内，故无须再由 PC 载入。图 1-16 电路中不采用引脚繁杂的并列 EPROM（如 27256 等）会占用数据总线 D0~D7 及 A0~A16 的地址总线，以及芯片使能 $\overline{CS}$ 及读取 $\overline{RD}$ 控制线等，或将此并列的 EPROM 通过硬件将其转成串行数据再载入 CPLD 内，就不会占用 CPLD 太多的 I/O 引脚。CPLD 串行载入数据的输入/输出口有 JTAG 串行端口的 TDO、TDI 及 TCLK、TMS 和 $\overline{TRST}$ 等引脚，另外有专用的电路结构数据串行下载引脚，如同步脉冲 DCLK 数据的载入 D0，并有载入启动 $\overline{CONF}$ 和下载状态 $\overline{STA}$ 以及已下载完成的 $\overline{DONE}$ 信号等。由图 1-16 中可见，PC 通过 AVR 转由 MP10=D0，MP11=$\overline{DCLK}$，MP12=$\overline{CONF}$ 以及 MP13=DONE，MP14=$\overline{STA}$ 等进行握手控制载入。

由图 1-16 中可见，以 SEEPROM 作为存录 CPLD 的结构化数据，所采用的 SEEPROM 为 8K×8 位可扩接到 4 只共 32K×8 位等。而一个 EPF8282ALC84-4 的电路结构化数据为 5K×8 位，故一只 SEEPROM 仅能存录一个 CPLD 的结构化数据。本人所研发设计的 SEEPROM 刻录具有数据压缩再刻录并将电路结构文件名对应存录的功能，一般压缩比为 5%~50%，因而一只 8K×8 位的 SEEPROM 可刻录达 5 个电路结构数据。取载电路结构数据可通过 PC 在 Windows 环境下，如图 1-17 所示刻录下载画面，除可在硬盘路径上找出 CPLD 的电路结构化数据文件外，还可通过 RS-232 接口转到 AVR 单片机上，再经过 AVR 的 MP10~MP14 连接到 CPLD 的串行被动结构数据专用载入引脚 DCLK、D0、$\overline{CONF}$、$\overline{STA}$、$\overline{DONE}$ 等 5 条专用线，载入此 CPLD 的电路结构化数据到其内部 SRAM 内，完成此 CPLD 的电路结构。当然，也可将此电路结构化数据文件在 ADD 刻录功能下压缩烧录到 SEEPROM 内，并将此电路文件同时刻录且显示到 SEEPROM 窗口屏幕上。若要删除，则选择好 SEEPROM 的电路文件后，按下 DEL 清除功能按钮，就会将此电路结构化数据及其文件名删除。若要选择存录到 SEEPROM 的压缩电路结构化数据进行读出解压缩载入 CPLD 的 SRAM 内，则只需选择好 SEEPROM 的电路文件后，按下 Configure 功能按钮，就会将此电路结构化数据解压缩载入此 CPLD 的电路结构化数据到其内部 SRAM 内，完成此 CPLD 的电路结构。若选择电源接通后自动选择所需的电路结构进行解压缩载入 CPLD，则只需在 SEEPROM 窗口屏幕上选择好 SEEPROM 的电路文件后，按下 ACT 动作功能按钮即可。

若脱离 PC 连线，则 AVR 将会自动由 SEEPROM 内取 ACT 所设置的电路结构文件，将其解压缩载入 CPLD 内自动完成电路结构化。当然，可以通过 JP6 端即 AVR 的 MP17 输入端进行 OFF/ON/OFF 产生脉冲而按顺序读取 SEEPROM 内电路结构文件。若要详细了解将其解压缩载入 CPLD 内自动完成电路结构化操作及设计,可参照本人所著的相关 CPLD 数字电路设计开发系统的专业书籍。

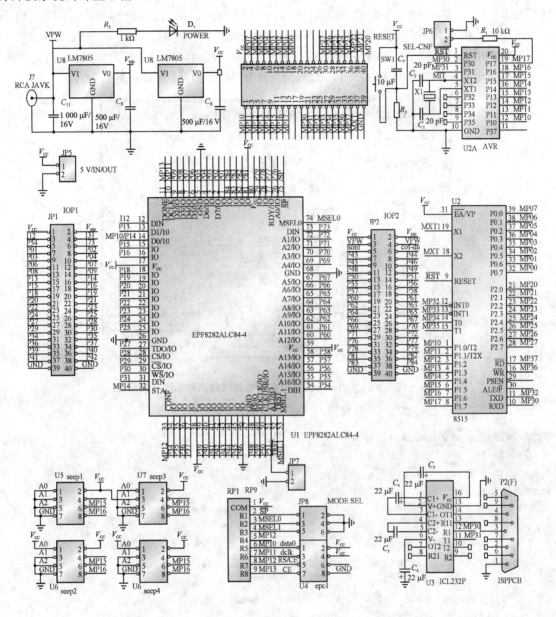

图 1-16　SN-PLD84 之 EPF8282ALC84-4 接口电路

由图 1-16 中可见,在 JP3 的 40 引脚插座是连接到 U2 为控制器 89C52 的所有 I/O 引脚,除了 MP10～MP17 作为 CPLD 的电路结构化控制刻录,P3.0 和 P3.1 作为 RXD 及 TXD 与 PC 作 RS-232 连接通信传输外,其余 P0、P2 及 P3 都可作为微控制器处理并列 I/O 控制。同时因 89C52 内含 8K×8 位的 Flash 存储器,故可分割出约 5K×8 位作为 CPLD 电路结构数据的存录,而 3K×8 位则作为此微控制器的监控程序。这样不但有硬件的 CPLD 电路处理控制,也具有单片机 MCU 控制,因此 89C52 单片机也可更换成高速的 AVR 微控制器 AT90S8515,更具有高驱动电流的并列 I/O,多功能的定时计数器及计数捕捉器、计数比较器和 PWM 等控制接口,更含有可烧写 10 万次的 EEPROM,有 512×8 位、仿真比较器、看门狗定时控制、SCI 同步串行总线及 RS-232 端口,8K×8 位的 EEPROM 具有 ISP 刻录清除功能,但与 89C52 最大的不同是,AVR 的复位是 LOW 动作,因此须将 AVR 的复位极性更改过来。

不管采用 89C52 或 AVR 的 AT90S8515 将 MCU 的控制程序及 CPLD 的电路结构化数据,均一起刻录到其 8 KB 的 EEPROM 内,因此无须外加 SEEPROM 而显得简洁、方便。

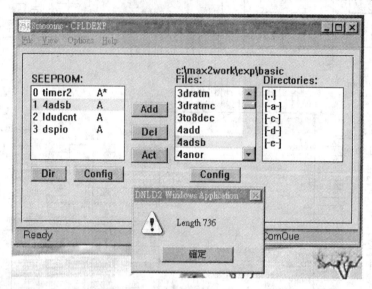

图 1-17 SN-CPLDM 的接口电路结构化数据刻录及下载画面

SN-CPLDM8 的基本 DSP 外设控制电路 DSPIO07.tdf 描述如下:

```
FUNCTION DPWM12(en,clock,clr,s[11..0])
returns (pwm);
function phigen (rcclk,up,go)
returns (phi1,phi0);

SUBDESIGN dspio07
(
    a0,a1,a2,a3,/strb,r/w,/csioa,i[7..0],KIN[3..0],psclk,ssclk,clk:
    INPUT;
    sg[7..0],OPT[6..0],SDP[1..0],sgd[7..0],SKN[3..0],dac[3..0],
    pwmop,ps78,ps79: OUTPUT;
    d[7..0]    :BIDIR;
)

VARIABLE
    dlt[2..0]:lcell;
    op0[7..0]:dff;
    op1[6..0]:dff;
    op2[1..0]:dff;
```

```
op3[7..0],OP4[3..0],OP5[3..0] ,op6[7..0],op7[5..0],ckdv: DFF;
nn[7..0],cs1,cs2,cs:node;
pwmct   ;dpwm12;
sscgn;phigen;

BEGIN
    dlt0 = /strb;
    dlt1 = dlt0;
    dlt2 = dlt1;
    ps78 = sscgn.phi0;
    ps79 = sscgn.phi1;
    sscgn.up = i0;
    sscgn.go = i1;

    ckdv.d = ! ckdv.q;

    ckdv.clk = (ssclk or psclk);
    sscgn.rcclk = ckdv.q;

    cs1 = (! /csioa &(! a0&! a1&! a2&! a3) & r/w );
    cs2 = (! /csioa &( a0&! a1&! a2&! a3) & r/w );
    cs  = (cs1 or  cs2 );
    nn[] = ((cs1 & (i[7..0]))  or (cs2 & (0,0,0,0,KIN[])));

    for j in 0 to 7 generate
    d[j] = tri(nn[j],cs);
    end generate;

    op0[].clk = (! /csioa & (! a0&! a1&! a2&! a3)& ! r/w &! dlt2); % OUTPUT 00 %
    op1[].clk = (! /csioa & ( a0&! a1&! a2&! a3)& ! r/w &! dlt2); % OUTPUT 01 %
    op2[].clk = (! /csioa & (! a0& a1&! a2&! a3)& ! r/w &! dlt2); % OUTPUT 02 %
    op3[].clk = (! /csioa & (a0 & a1&! a2&! a3)& ! r/w &! dlt2); % OUTPUT 03 %
    op4[].clk = (! /csioa & (! a0&! a1& a2&! a3)& ! r/w &! dlt2); % OUTPUT 04 %
    op5[].clk = (! /csioa & ( a0&! a1& a2&! a3)& ! r/w &! dlt2); % OUTPUT 05 %
    op6[].clk = (! /csioa & (! a0& a1& a2& a3)& ! r/w &! dlt2); % OUTPUT 06 %
    op7[].clk = (! /csioa & ( a0& a1& a2&! a3)& ! r/w &! dlt2); % OUTPUT 07 %

    pwmct.clock = clk;
    pwmop = pwmct.pwm;

    op0[].d = d[]; % port(00)   for adch8 %
    sg[] = op0[].q;

    op1[].d = d[6..0];
    opt[] = op1[].q; % PORT(01)   opt7 for pwm output %
```

```
op2[].d = d[1..0]; % PORT(02) %
SDP[1..0] = op2[1..0].q; % scan 2 bit decoder 4 dig 7 seg dsp %

op3[].d = d[];    % 7 seg display anode driver %
sgd[] = op3[].q; % port(03) %

P4[] = d[3..0]; % port(04) %
SKN[] = OP4[].Q; % scan key code output %

OP5[] = d[3..0]; % dac hi 4  bit %
dac[] = OP5[].Q; % port(05) %

op6[].d = d[];
op7[].d = d[5..0];
pwmct.s[7..0] = op6[].q;
pwmct.s[11..8] = op7[3..0].q;
pwmct.en = op75.q;
pwmct.clr = op74.q;
end;
```

CPLD 的引脚号设置如图 1-18 所示,也就是说,依照图 1-15 及图 1-16 的连接加以配置。DSP 的数据线 D0~D7 连接到 P01~P09 端,地址线 A0~A3 连接到 P43~P4 端,而 6 $\overline{STRB}$ = P48,R/W=P49,$\overline{CSIOA}$=P50 作寻址配置。由 DSPIO07.TDF 加以描述设置 8000H 的 8 位输入端口 i0~i7 连接到 P34~P42,再接到图 1-15 的 SW1 作设置输入读取,另一个输入端口 KIN0~KIN3 设置到 CPLD 的 P29~P30 引脚端连接到图 1-15 的矩阵按键输入读取端,其寻址为 8001H。由 DSPIO07.tdf 所设置的输出端口 OPT0~OPT6 经译码寻址为 8001H 设置于 CPLD 的 P55~P62 共 7 位输出,由图 1-15 连接到 ULN2803 驱动 60 V/500 mA 的开集极输出驱动到 RP5 端接续控制。另一个寻址为 8000H 输出端口是 SG0~SG7 输出连接到 CPLD 的 P64~P72,转接到图 1-15 的 U5 芯片 AD7541 的 12 位 DAC 的 B0~B7 低 8 位端,作为将 DSP 内的 12 位数字值转成模拟电压。由 U5 的 Vref=DA12P 输出接到图 1-14 的 JP22 端与双 8 位 DA 一并输出,12 位 DAC 的高 4 位接到 CPLD 的 P81~P84=DAC0~DAC3 是由 DSPIO07.TDF 设置成寻址 8005H 的输出端口。注意:当 12 位 DAC 输入 B0~B11 分成二次设置时,必须先输出 B0~B7 低位的 8000H 后,才输出 8005H 的 B8~B11,会令瞬间的误差减少。必要时,应将 8000H 的 SG0~SG7 先锁存于 CPLD 内部寄存器内,等到 B8~B11 的 8005H 输出时,才将内部的 SG0~SG7 及 B8~B11 一起输出到 B0~B11 作 DAC 输出。

输出端口 8003H 为 SGD0~SGD7 连接到 CPLD 的 P13~P21 输出驱动,如图 1-15 所示的 4 个共阴极七段 LED 显示器的阳极端,而其阴极接到一个 SN7445 译码输出端的 0~3 来连接扫描驱动显示。SN7445 的输入端 A 连接到 CPLD 的 P76,另一个 B 输入端接到 CPLD 的 P77,其余 C、D 则接地,因此当 CPLD 的输出端口 SDP0 和 SDP1 接到 SN7445 的 A、B 端时,其 DSP 控制寻址是 8002H,依次对应 DSP 要显示的 16 位数据进行扫描显示输出。

CPLD 译码寻址 8001H 的 SKN0~SKN3 连接到图 1-15 的 KI0~KI3 的 4×4 矩阵键盘扫描读取,而键盘的扫描码输出则由 CPLD 译码 8004H 的 SKN0~SKN3,接到图 1-15 的 KS0~

KS3进行键盘扫描码输出。CPLD可自行设置成键盘扫描及对应键盘码输出显示,或者由 DSP 来扫描读取键码及显示,或者以硬件监测键盘扫描。若有键盘按键,则 CPLD 监测输出一个中断信号及键盘码,令 DSP 读取执行或对应显示。这个硬件结构及 DSP 软件操作会在实验系统中用实验进行说明。

若 DSP 要与 CPLD 做 16 位数据传输控制,则可将图 1-14 的 JPIOB1 以 8 排跳线插接,令 DSP 的 D8~D15 接到 CPLD 的 P64~P72,这时 P64~P72 必须如同 P01~P09 设置成双向读/写的数据端口。

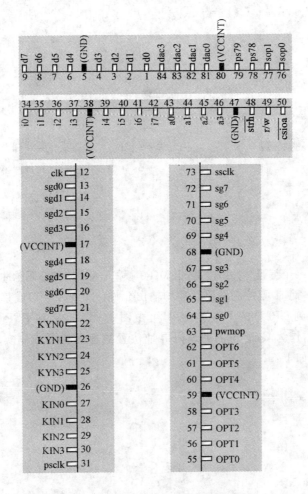

图 1-18 DSPIO07.tdf 的引脚配置图

DSPIO07.tdf 电路结构中涵盖一个 12 位对称型 PWM,此 12 位以 8006H 来设置其低 8 位 PWM0~PWM7,另外高 4 位 PWM8~PWM11 寻址于 8007H。但 8007H 的 D4 设置 PWM 的清除 CLR 控制是 LOW=0 动作,故要此 PWM 工作,则必须令 8007H 的 D4=1。而 8007H 的 D5 设置 PWM 的使能 EN。当然,若要 PWM 允许,则必须令 D5=1,所以 PWM 的正常控制值为(8007H、8006H)=3000H~33FFH 共 12 组来设置 PWM 驱动。PWM 驱动连接到 CPLD 的 P63 连接 LED 显示及 ULN2803 来驱动 60 V/500 mA 的功率。CPLD 的 PWM 电路描述如下列的 DPWM12.tdf 所示。

```
subdesign dpwm12
(en,clock,clr,s[11..0]:input;
pwm:output;)
   variable
      cnt[11..0],sgn:dff;
   begin
      cnt[].clk = clock;
      sgn.clk = clock;
      sgn.clrn = clr;
      cnt[].clrn = clr;
      if en then
         if sgn.q then
            cnt[].d = cnt[].q + 1;
         else cnt[].d = cnt[].q - 1;
         end if;
      else cnt[].d = cnt[].q;
      end if;
if((cnt[].q = = h"ffe" and sgn.q = = 1) or (cnt[].q = = h"001" and sgn.q = = 0))
then sgn.d = ! sgn.q;
else sgn.d = sgn.q;
end if;
if s[] > = cnt[] then pwm = vcc ;
end if;
end;
```

CPLD 内部建立了一个编码脉冲产生器,由 i0(P01)输入端来控制编码脉冲的正向(i0=P01=1)及反向(i0=P01=0)脉冲,而 i1 则控制编码脉冲的输出允许(i1=P02=1)或禁用控制。编码器输出脉冲 PS78 和 PS79 接到 CPLD 的 P78 和 P79,可由图 1 - 15 连接到 DSP 的 CAP1/QEP1/PA3 及 CAP2/QEP2/PA4,作为 QEP 电路的编码寻址位置或速度检测控制实验。编码器脉冲产生器 PHIGEN.tdf 描述如下:

```
SUBDESIGN phigen
(    rcclk,up,go      : INPUT;
     phi1,phi0        : OUTPUT;)

VARIABLE
st[1..0]    : DFF;
BEGIN

st[].clk = rcclk;

IF GO THEN
   CASE st[] IS
   WHEN B"00" =>
       IF(up) THEN st[] = B"01"; ELSE st[] = B"10"; END IF;
   WHEN B"01" =>
       IF(up) THEN st[] = B"11"; ELSE st[] = B"00"; END IF;
   WHEN B"11" =>
```

```
        IF(up) THEN st[] = B"10"; ELSE st[] = B"01"; END IF;
    WHEN B"10" =>
        IF(up) THEN st[] = B"00"; ELSE st[] = B"11"; END IF;
    END CASE;
ELSE st[] = st[];
END IF;

(phi1,phi0) = st[];

END;
```

将 DSPIO07.tdf 对应 CPLD 与 DSP 连接的控制端口列于表 1-12 中。

表 1-12 对应 CPLD 与 DSP 连接的各输出端口地址和功能

DSP 端口地址	CPLD 引脚	DSP 接口输入/输出功能说明
输入端口 8000H	i0~i7=P34~P42	SW1 的 8 个拨位开关作输入
输入端口 8001H	KIN0~KIN3=P27~P30	4×4 矩阵键盘的扫描读取检测
输出端口 8000H	SG0~SG7=P64~P72	驱动 DAC12 的低 8 位输入端口
输出端口 8001H	OPT0~OP6=P55~P62	U7 的 2803 输出驱动及 LED 显示
输出端口 8002H	SDP0~SDP1=P76~P77	接 7445 驱动 4 位 7 段 LED 阴极扫描
输出端口 8003H	SGD0~SGD7=P13~P21	输出驱动 4 位 7 段 LED 阳极扫描
输出端口 8004H	SKN0~SKN3=P22~P25	4×4 矩阵键盘的扫描码输出
输出端口 8005H	DA0~DA3=P81~P84	驱动 DAC12 的高 4 位输入端口
输出端口 8006H	PWM0~PWM7(内接)	驱动 12 位 PWM 的低 8 位输入
输出端口 8007H	PWM8~PWM11(内接)	驱动 12 位 PWM 的高 4 位输入及 D4=CLR,D5=EN 控制信号

1.6.2 EPF10K10TC144 及 ACX1K100QC208 接口电路

另一个主开发电路是多门数的 CPLD 可编辑各种复杂及高速 DSP 执行外设开发设计电路，如图 1-19 所示。

标准是以 EPF10K10TC144-4 为主的 CPLD，配合外加的 SEEPROM 内含 32K×8 位具有文件记录、数据压缩及刻录功能，并可解压缩载入 CPLD 作动态独立的 CPLD 电路结构可编程的建构，可烧写清除并有文件管理等电路多达 10 个以上，而此 SEEPROM 刻录及清除达 10 万次以上，采用简易的 RS-232 连接进行 ISP 烧写而无须外加电路或器具，简洁、方便，是本公司的专利开发电路。

另外，对应大系统或高速 DSP 的硬件实现，可选购 ACEX1K100QC208-3 主芯片 FPGA 开发系统电路与 VC33 DSK 连接开发。图 1-20 为 ACEX1K100 的开发电路板。

这两个多门数及多数量引脚 CPLD/FPGA 开发系统，与 1.6.1 小节的 EPF8282ALC84 相同，可通过图 1-14 中的 JP18 及 JP19 连接，只是引脚号稍有改变，同样具有如表 1-12 所列的输入/输出功能接口，但因引脚数与门数增加，故可加入其他更多的外设接口，多出的引脚则由图 1-21 中的 JP4 及 JP4A 引出。1K100 的 208 引脚输入/输出更多，可进行 16 位外设操作

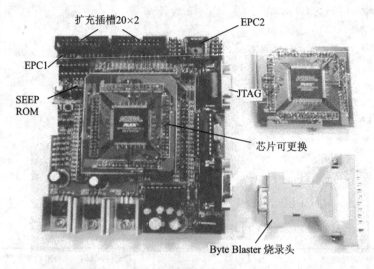

图1-19　DSP扩充开发外设可编程高速硬件DSP处理的标准CPLD10K10电路板

图1-20　ACEX 1K100 QPF208-3主机实验板外观图

控制。

所用CPLD/FPGA的EPF10K10TC144-4主芯片开发电路如图1-21所示。

EPF10K10TC144-4中CPLD芯片的电路结构描述文件为DSPIO107.tdf，对应引脚可参照文件内的引脚号设置。

CPLD键盘扫描输出显示的测试电路描述文件为DSPSKD17.tdf，有按键时会输出INTD中断信号，并将键码输出到det[3：0]端。

第1章 机电控制 TMS320F/C2407 结构及开发系统

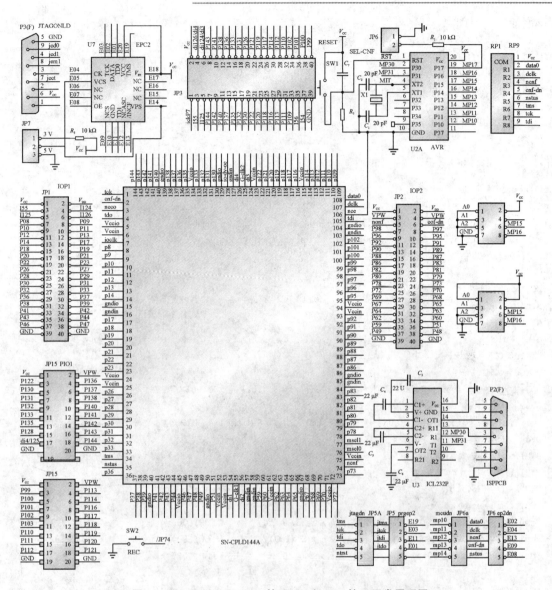

图 1-21 SN-CPLD10K 的 FPGA/CPLD 接口开发原理图

另一个 CPLD 描述文件是 DSPSKI07.tdf,用于检测键盘,有按键时产生 INTD 中断输出,告知 DSP 并将键值输出到 DET[3:0]端显示,存入 dil[3:0]内部 8002H 地址,然后由 DSP 读取。DSP 将数据输出到 CPLD 控制的 4 位七段 LED 扫描显示时,只要将 16 位数据分成 8005H 及 8006H 两个 8 位输出到 CPLD 接口后,CPLD 自动执行 DSP 所写入 CPLD 的 8005H(高 8 位)及 8006H(低 8 位)地址的数据并译码扫描显示。注意:CPLD144 主机板上已内接 20 MHz 的 OSC,因此须将图 1-15 或图 1-22 的 OSC 取下。DSPSKI07.tdf 的电路结构描述文件如下:

```
function keybop (clk,col[3..0])
        returns(row[3..0],d[3..0],strobe,pck4,dps);
FUNCTION DPWM12(en,clock,clr,s[11..0])
returns (pwm);
```

```
subdesign dspski17
(clk,colk[3..0],a3,a2,a1,a0,/csioa,/iostb,r/w,di[7..0],dil[1..0],
pclk:input;
rowk[3..0],s[6..0],det[3..0],selout[1..0],INTD,opt1[7..0],
opt2[2..0],PWMOP:output;

  d[7..0]:BIDIR; )

variable
sft[15..0] :dff;
key :keybop;
PWM1:dpwm12;
divd[5..0],op1[7..0],op2[2..0],op3[7..0],op4[5..0]:dff;
sel[1..0],cntout[3..0],cs5,cs6,cs0,CS1,cs3,cs,nn[7..0]:node;
dlt[2..0]:lcell;

begin
  dlt0 = /iostb;
  dlt1 = dlt0;
  dlt2 = dlt0;
  PWM1.CLOCK = pclk;
  PWMOP = PWM1.PWM;
  op3[].clk = (! /csioa & (a0&a1&! a2&! a3)&! r/w & dlt2); % OUTPUT 03 PWM1   HI %
  OP3[].d = d[];
  op4[].clk = (! /csioa & (! a0&! a1& a2&! a3)&! r/w & dlt2); % OUTPUT 04 PWM1   LOW %
  OP4[].d = d[5..0];
  PWM1.s[7..0] = op3[].q;
  PWM1.s[11..8] = op4[3..0].q;
  PWM1.en = op45.q;
  PWM1.clr = op44.q;
   cs0 = (! /csioa &(! a0&! a1&! a2&! a3) & r/w & dlt0);        % PORT(00) %
   cs1 = (! /csioa &(a0&! a1&! a2&! a3) & r/w & dlt0);          % PORT(00) %
   cs3 = (! /csioa &( a0&a1&! a2&! a3) & r/w & dlt0);           % PORT(03) %

   cs = cs0 or cs1 or cs3;
   nn[] = ((di[] & cs0 ) or ((0,0,0,0,key.d[]) & cs3 )or ((0,0,0,0,0,0,dil[])&cs1) );

   for j in 0 to 7 generate
   d[j] = tri(nn[j],cs);
   end generate;

op1[].clk = (! /csioa & (a0&! a1&! a2&! a3)&! r/w & dlt2); % OUTPUT 01 %
op1[].d = d[];
opt1[] = op1[];

op2[].clk = (! /csioa & (! a0& a1&! a2&! a3)&! r/w & dlt2); % OUTPUT 02 %
op2[].d = d[2..0];
opt2[] = op2[];
```

```
cs5 = (! /csioa & (a0&! a1&a2&! a3)& ! r/w & dlt0);  % OUTPUT 05 %
cs6 = (! /csioa & ( ! a0& a1& a2&! a3)& ! r/w & dlt0);  % OUTPUT 06 %

sft[15..8].clk = cs5;
sft[7..0].clk = cs6;
sft[15..8].d = d[];
sft[7..0].d = d[];

det[] = key.d[];
key.clk = clk;
key.col[] = colk[];
rowk[0..3] = key.row[];

INTD = ! key.dps;
divd[].clk = clk;
divd[] = divd[] + 1;
sel[1..0] = divd[5..4];
case sel[] is
    when 0 => selout[] = b"00";
             cntout[] = sft[15..12];
    when 1 => selout[] = b"01";
             cntout[] = sft[11..8];
    when 2 => selout[] = b"10";
             cntout[] = sft[7..4];
    when 3 => selout[] = b"11";
             cntout[] = sft[3..0];
  end case;

TABLE
      cntout[]    =>    s0,s1,s2,s3,s4,s5,s6;
       H"0"       =>    1, 1, 1, 1, 1, 1, 0;
       H"1"       =>    0, 1, 1, 0, 0, 0, 0;
       H"2"       =>    1, 1, 0, 1, 1, 0, 1;
       H"3"       =>    1, 1, 1, 1, 0, 0, 1;
       H"4"       =>    0, 1, 1, 0, 0, 1, 1;
       H"5"       =>    1, 0, 1, 1, 0, 1, 1;
       H"6"       =>    1, 0, 1, 1, 1, 1, 1;
       H"7"       =>    1, 1, 1, 0, 0, 0, 0;
       H"8"       =>    1, 1, 1, 1, 1, 1, 1;
       H"9"       =>    1, 1, 1, 1, 0, 1, 1;
       H"A"       =>    1, 1, 1, 0, 1, 1, 1;
       H"B"       =>    0, 0, 1, 1, 1, 1, 1;
       H"C"       =>    1, 0, 0, 1, 1, 1, 0;
       H"D"       =>    0, 1, 1, 1, 1, 0, 1;
       H"E"       =>    1, 0, 0, 1, 1, 1, 1;
       H"F"       =>    0, 0, 0, 0, 0, 0, 1;
   END TABLE;
   end;
```

1.7 SN-DSP2407S 开发系统实体结构

图 1-22 所示为 SN-DSP2407S 外设及信号连接电路面板图。

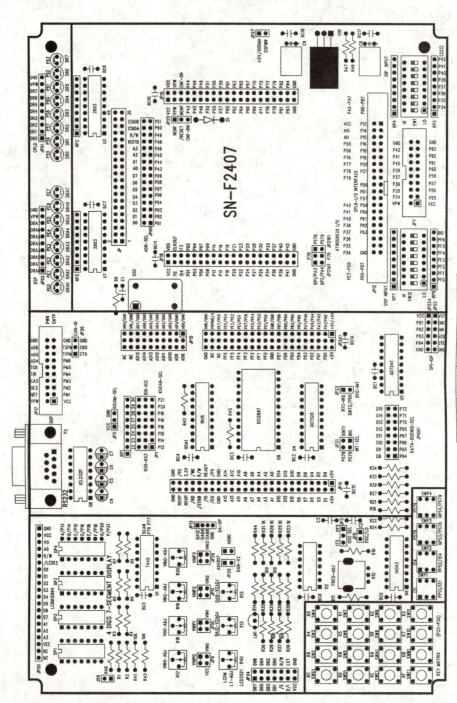

图 1-22 SN-DSP2407S 外设及信号连接电路面板图

图 1-23 所示为 SN-DSP2407MK 整个系统电路布局图,含 SN-F2407M、2407S、CPLD10K 及 SN-510PP 四个主体。图 1-24 所示为 SN-DSP2407M8 的分体图,包括 2407M、2407S、CPLD8K 及 SN-510PP 四个主系统电路实体图,该系统可单独进行 CPLD 的测试实验及开发应用测试。

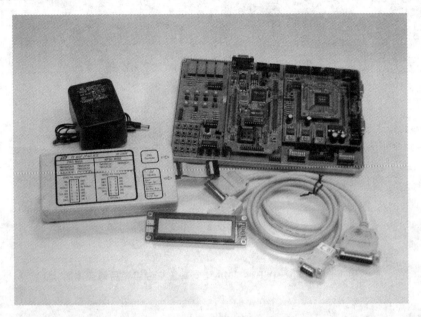

图 1-23　SN-DSP2407MK 实体图含 2407M、2407P、CPLD10K 及 510PP 四个主体

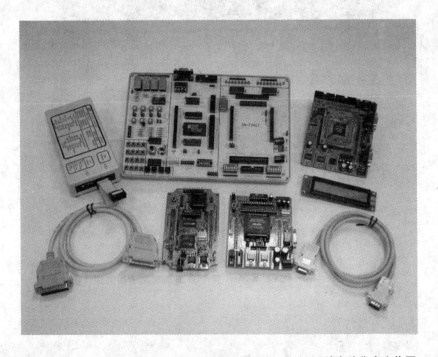

图 1-24　SN-DSP2407S+2407P+CPLD 及 SN-510PP 系统电路集合实体图

整个系统集合组装后的实体图如图1-25和图1-26所示，SN-DSP2407C和DSP2407B实体图如图1-27和图1-28所示。

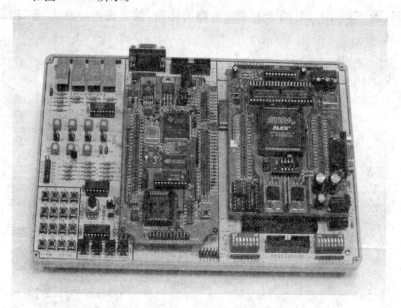

图1-25　SN-DSP2407M8整个系统集合组装后的实体图

图1-26　SN-DSP2407MK整个系统集合组装后的实体图

第1章 机电控制 TMS320F/C2407 结构及开发系统

图 1-27　SN-DSP 2407B 主 CPU 结构板电路实体图

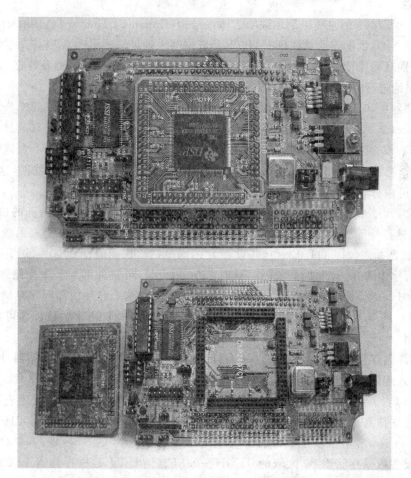

图 1-28　SN-DSP 2407C 主 CPU 结构板电路实体图

第 2 章

TMS320F/C2407 的存储器配置结构

2.1 TMS320LF/C2407 的存储器和映射寄存器及 I/O 的配置

TMS320F/C240x 的总线采用增强哈佛体系结构(Enhanced Harvard Architecture),利用程序地址总线(PAB)、数据读取总线(DRAB)以及数据写入地址总线(DWAB),三个并行操作的地址总线,可分别对程序读取数据总线(PRDB)、数据读取数据总线(DRDB)及数据写入数据总线(DWEB)独立地进行存储器空间操作。各存储器空间配置如图 2-1 所示。

程序存储器中,0000~003FH 为中断向量空间。内部快速闪存,总计有 32K 分成 4 个区域:第一个区域 sector 0,地址为 0000H~0FFFH,第二个区域 sector 1,地址为 1000H~3FFFH 共 4K×3=12K;第三区域 sector 2,地址为 4000H~7FFFH 也是 12K;第 4 个区域 8000H~87FFH 是 4K,总计 32K,写入时可依此区域来设置。另外一个是特别存储器区,这个存储器区是 SARAM,可由标志位 pon 来设置:pon=1,内部;pon=0 外部。

特别注意:当外部引脚 MP/$\overline{MC}$=0 且标志位 MP/$\overline{MC}$ 也设置为 0 时,内部的快速闪存是启动允许的,这时若外部引脚 XF/BOOT_EN 接低电平,当 CPU 复位后会读入系统控制寄存器 SCSR2.3 的状态标志位 $\overline{BOOT\_EN}$ 位,并设置为 0,而令内部快速闪存 0000~00FFH 禁用,转由内部的装载程序 BOOT_ROM 启动操作,这时若令 pon=1,可将外部的程序存储器内容载入第 3 区域的 8000H~87FFH 的单读取 SARAM 来执行程序。这个芯片内部程序存储器不管 MP/$\overline{MC}$ 的设置为 0 或 1,是所有系统中都可使用的读/写程序存储器,这个区域程序可直接载入读/写及仿真使用。

另外,内部闪存程序存储器 0040H~0043H 这 4 个字,用来作为程序存储器外部读取密码存放地址,存入程序被复制的保护码。

程序存储器 8800H~FDFFH 是外部的程序存储器,作为外部扩充程序或建表数据使用,或者作为外部程序仿真扩充使用。另外,当设置 CNF=1 时,内部程序存储器 FE00H~FEFFH 及 FF00~FFFFH 这 2 个在实质上相等的区域,是双读取 DARAM 的 B0 区域;若令 CNF=0,则此存储器区域设置数据存储器 B0 区域的 0200H~02FFH 寻址,而数据存储器 FE00H~FFFFH 则为保留区。数据存储器 DM 的 0000H~003FH 作为存储器映射寄存器 MMR(Memory Maping Register),LF2407 设置 0004H 为中断屏蔽寄存器 IMR,0006H 为中断标志寄存器 IFR,而 0007H~005FH 则为仿真用的寄存器和保留将来系统芯片更新或增强所需的 MMR 寄存器。

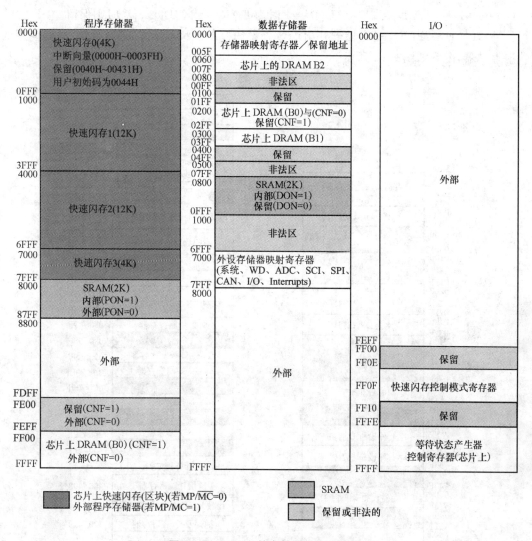

图 2-1 LF2407 的存储器空间配置图

0060H～007FH 为内部数据存储器的 B2 区域，是双读取存储器 DARAM，对应程序执行时，作运算存储器相当快速；0080H～00FFH 为禁用存储器。若使用到禁用存储器，则 CPU 会自动产生 NMI 中断处理作为系统保护用；0100H～01FFH 为保留区；0200H～02FFH 与程序存储器共用配置，当标志位 CNF＝0 时，为 B0 区域双读取存储器 DARAM；若 CNF＝1，则为保留区而设置给程序存储器；0300H～03FFH 是 B1 区域双读取存储器 DARAM；0400H～04FFH 为保留区；0500H～07FFH 为禁用区；0800H～0FFFH 共 2K 字，当设置标志位 don＝1 时，为操作数据存储器，若 don＝0，则是保留区；对应 1000H～6FFFH 则是禁用区。由上可以看出，使用 LF2407 的数据存储器操作时，可用的数据存储器如下：

(1) 0060H～007FH 共 32 字 DARAM 的 B2 区。

(2) 0200H～02FFH 共 256 字，当 CNF＝0 时，为数据存储器 DARAM，且 B0CNF＝1，保留设置给程序存储器 PM 的 EF00H～EFFFH 或 FF00H～FFFFH 区。

(3) 0300H～03FFH 共 256 字 DARAM 的 B1 区。

(4) 0800H～0FFFH 共 2K 字，DON=1 时为 DARAM 区，DON=0 时则保留。

另外，7000H～7FFFH 是存储器映射 I/O 外设的控制或状态标志，或数据读/写等使用的外设映射存储器，配置如图 2-2 所示。

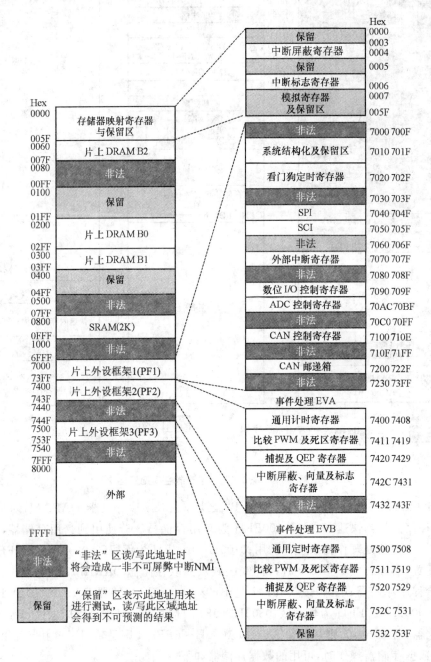

图 2-2 数据存储器 DM 的 7000H～7FFFH 的片上外设存储器映射

存储器映射外设共分成 2 个外设体系结构区。第一个区域 PF1 是 7000H～73FFH，作为系统及外设接口如 SCI、SPI、ADC、CAN、EVA 等的控制设置，状态及对应数据等存储器映射寄存器。第 2 区域为 LF2407 特有的 EVB 的事件 B 外设接口存储器映射寄存器，PF1 区中的 7000H

第 2 章 TMS320F/C2407 的存储器配置结构

~700FH 为非法区，使用时会产生 NMI 中断。实际由 7010H 开始，如外设中断请求寄存器 PIRQR0~PIRQR2 = 7010H~7012H 作外设的接口中断请求设置，对应中断请求应答 PIACKR0~PIACKR2 = 7014H~7016H 等中断设置握手，系统控制及状态标志 SCSR1 = 7018H 及 SCSR2=7019H 对应系统工作状态的设置及对应标志信息寄存器。另外还有芯片设备识别寄存器 DINR=701CH 等，其他数据或控制设置状态和标志等的 X2407.ini 作为存储器映射寄存器的初始化文件。编辑程序时必须将其引用，分别列出如图 2-3 所示的 X2407.ini 文件如下：

```
;LF/C2407 芯片内部存储器映射寄存器及外设映射寄存器定义及说明

IMR            .set0004h        ;中断屏蔽
GREG           .set0005h        ;Global memory allocation
IFR            .set0006h        ;中断标志
ABRPT          .set01fh         ;Analysis BreakPoint
WSGR           .set0FFFFh       ;等待状态周期设置控制寄存器(I/O 空间映射)

;系统模块
PIRQR0         .set7010h        ;外设中断请求寄存器 0
PIRQR1         .set7011h        ;外设中断请求寄存器 1
PIRQR2         .set7012h        ;外设中断请求寄存器 2
PIACK0         .set7014h        ;外设中断应答信号寄存器 0
PIACK1         .set7015h        ;外设中断应答信号寄存器 1
PIACK2         .set7016h        ;外设中断应答信号寄存器 2
SCSR1          .set07018h       ;系统控制及状态标志 0
SCSR2          .set07019h       ;系统控制及状态标志 1
DIN            .set0701Ch       ;芯片设备识别或加密寄存器
SYSIVR         .set701Eh        ;系统外设中断向量寄存器

;看门狗定时器/实时时钟中断 Int(RTI)/锁相环(PLL)寄存器
RTI_CNTR       .set07021h       ;RTI 计数寄存器
WD_CNTR        .set07023h       ;WD 计数寄存器
WD_KEY         .set07025h       ;WD 解密寄存器
RTI_CNTL       .set07027h       ;RTI 控制寄存器
WD_CNTL        .set07029h       ;WD 控制寄存器
PLL_CNTL1      .set0702Bh       ;PLL 锁相控制寄存器 1
PLL_CNTL2      .set0702Dh       ;PLL 锁相控制寄存器 2

;串行外设接口(SPI)寄存器
SPI_CCR        .set07040h       ;SPI 结构化控制寄存器
SPI_CTL        .set07041h       ;SPI 操作控制寄存器
SPI_STS        .set07042h       ;SPI 状态寄存器
SPI_BRR        .set07044h       ;SPI 波特率控制寄存器
SPI_EMU        .set07046h       ;SPI 仿真缓冲寄存器
SPI_RXBUF      .set07047h       ;SPI 串行输入缓冲寄存器
SPI_TXBUF      .set07048h       ;SPI 串行输出缓冲寄存器
SPI_DAT        .set07049h       ;SPI 串行数据寄存器
```

SPI_PRI	.set0704Fh	;SPI 串行优先级控制寄存器

;串行通信接口(SCI)寄存器

SCICCR	.set07050h	;SCI 通信控制寄存器
SCICTL1	.set07051h	;SCI 控制寄存器 1
SCIHBAUD	.set07052h	;SCI 高位波特率控制寄存器
SCILBAUD	.set07053h	;SCI 低位波特率控制寄存器
SCICTL2	.set07054h	;SCI 控制寄存器 2
SCIRXST	.set07055h	;SCI 接收状态寄存器
SCI_RX_EMU	.set07056h	;SCI 接收仿真数据缓冲寄存器
SCIRXBUF	.set07057h	;SCI 接收数据寄存器
SCITXBUF	.set07059h	;SCI 发送数据缓冲寄存器
SCIPRI	.set0705Fh	;SCI 优先级控制寄存器

;外部中断结构化控制设置寄存器

XINT1_CR	.set7070h	;外部 XINT1 中断结构化控制设置寄存器
XINT2_CR	.set7071h	;外部 XINT2 中断结构化控制设置寄存器

;数字通用多路转接 I/O 的设置控制

MCRA	.set07090h	;多路转接 I/O 控制 A 群的 IOPA、IOPB 设置寄存器
MCRB	.set07092h	;多路转接 I/O 控制 B 群的 IOPC、IOPD 设置寄存器
MCRC	.set07094h	;多路转接 I/O 控制 C 群的 IOPE、IOPF 设置寄存器
PADATDIR	.set07098h	;端口 A 的输入/输出方向设置及输入/输出数据寄存器
PBDATDIR	.set0709Ah	;端口 B 的输入/输出方向设置及输入/输出数据寄存器
PCDATDIR	.set0709Ch	;端口 C 的输入/输出方向设置及输入/输出数据寄存器
PDDATDIR	.set0709Eh	;端口 D 的输入/输出方向设置及输入/输出数据寄存器
PEDATDIR	.set07095h	;端口 E 的输入/输出方向设置及输入/输出数据寄存器
PFDATDIR	.set07096h	;端口 F 的输入/输出方向设置及输入/输出数据寄存器

;ADC 转换控制设置寄存器

ADCL_CNTL1	.set070A0h	;ADC Control reg 1
ADCL_CNTL2	.set070A1h	;ADC Control reg 2
MAXCONV	.set070A2h	;自动依序列转换的最大转换通道设置寄存器
CHSELSEQ1	.set070A3h	;ADC 的 1 通道区(3,2,1,0)选择设置
CHSELSEQ2	.set070A4h	;ADC 的 2 通道区(7,6,5,4)选择设置
CHSELSEQ3	.set070A5h	;ADC 的 3 通道区(11,10,9,8)选择设置
CHSELSEQ4	.set070A6h	;ADC 的 4 通道区(15,14,13,12)选择设置
AUTO_SEQ_SR	.set070A7h	;自动依序列转换状态寄存器
ADC_RESULT0	.set070A8h	;转换结果值 0
ADC_RESULT1	.set070A9h	;转换结果值 1
ADC_RESULT2	.set070Aah	;转换结果值 2
ADC_RESULT3	.set070Abh	;转换结果值 3
ADC_RESULT4	.set070Ach	;转换结果值 4
ADC_RESULT5	.set070Adh	;转换结果值 5
ADC_RESULT6	.set070Aeh	;转换结果值 6

```
ADC_RESULT7       .set070Afh        ;转换结果值 7
ADC_RESULT8       .set070B0h        ;转换结果值 8
ADC_RESULT9       .set070B1h        ;转换结果值 9
ADC_RESULT10      .set070B2h        ;转换结果值 10
ADC_RESULT11      .set070B3h        ;转换结果值 11
ADC_RESULT12      .set070B4h        ;转换结果值 12
ADC_RESULT13      .set070B5h        ;转换结果值 13
ADC_RESULT14      .set070B6h        ;转换结果值 14
ADC_RESULT15      .set070B7h        ;转换结果值 15
CALIBRATION       .set070B8h        ;ADC 转换校正设置寄存器

;CAN 控制局域网络设置控制及状态和数据寄存器
CANMDER           .set7100H         ;CAN 邮箱方向及使能寄存器
CANTCR            .set7101H         ;CAN 发送控制寄存器
CANRCR            .seL7102H         ;CAN 接收控制寄存器
CANMCR            .set7103H         ;CAN 主控制寄存器
CANBCR2           .set7104H         ;CAN 位结构化设置寄存器 2
CANBCR1           .set7105H         ;CAN 位结构化设置寄存器 1
CANESR            .set7106h         ;CAN 错误状态寄存器
CANGSR            .set7107h         ;CAN 全区状态寄存器
CANCEC            .set7108h         ;CAN 发送及接收的错误计数寄存器
CANIFR            .set7109h         ;CAN 中断标志寄存器
CANIMR            .set710ah         ;CAN 中断屏蔽寄存器
CANLAM0H          .set710bh         ;CAN 当地接收屏蔽邮箱(0,1)高字
CANLAM0L          .set710ch         ;CAN 当地接收屏蔽邮箱(0,1)低字
CANLAM1H          .set710dh         ;CAN 当地接收屏蔽邮箱(2,3)高字
CANLAM1L          .set710eh         ;CAN 当地接收屏蔽邮箱(2,3)低字

CANMSGID0L        .set7200h         ;CAN 邮箱 0 的信息加密码低字
CANMSGID0H        .set7201h         ;CAN 邮箱 0 的信息加密码高字
CANMSGCTRL0       .set7202h         ;CAN 邮箱 0 的信息控制及数据长度设置低字
CANMBX0A          .set7204h         ;CAN 邮箱 0 的 A 群的二个 8 位字数据
CANMBX0B          .set7205h         ;CAN 邮箱 0 的 B 群的二个 8 位字数据
CANMBX0C          .set7206h         ;CAN 邮箱 0 的 C 群的二个 8 位字数据
CANMBX0D          .set7207h         ;CAN 邮箱 0 的 D 群的二个 8 位字数据
CANMSGID1L        .set7208h         ;CAN 邮箱 1 的信息加密码低字
CANMSGID1H        .set7209h         ;CAN 邮箱 1 的信息加密码高字
CANMSGCTRL1       .set720ah         ;CAN 邮箱 1 的信息控制及数据长度设置低字
CANMBX1A          .set720ch         ;CAN 邮箱 1 的 A 群的二个 8 位字数据
CANMBX1B          .set720dh         ;CAN 邮箱 1 的 B 群的二个 8 位字数据
CANMBX1C          .set720eh         ;CAN 邮箱 1 的 C 群的二个 8 位字数据
CANMBX1D          .set720fh         ;CAN 邮箱 1 的 D 群的二个 8 位字数据
CANMSGID2L        .set7210h         ;CAN 邮箱 2 的信息加密码低字
CANMSGID2H        .set7211h         ;CAN 邮箱 2 的信息加密码高字
CANMSGCTRL2       .set7212h         ;CAN 邮箱 2 的信息控制及数据长度设置低字
```

CANMBX2A	.set 7214h	;CAN 邮箱 2 的 A 群的二个 8 位字数据
CANMBX2B	.set 7215h	;CAN 邮箱 2 的 B 群的二个 8 位字数据
CANMBX2C	.set 7216h	;CAN 邮箱 2 的 C 群的二个 8 位字数据
CANMBX2D	.set 7217h	;CAN 邮箱 2 的 D 群的二个 8 位字数据
CANMSGID3L	.set 7218h	;CAN 邮箱 3 的信息加密码低字
CANMSGID3H	.set 7219h	;CAN 邮箱 3 的信息加密码高字
CANMSGCTRL3	.set 721ah	;CAN 邮箱 3 的信息控制及数据长度设置低字
CANMBX3A	.set 721ch	;CAN 邮箱 3 的 A 群的二个 8 位字数据
CANMBX3B	.set 721dh	;CAN 邮箱 3 的 B 群的二个 8 位字数据
CANMBX3C	.set 721eh	;CAN 邮箱 3 的 C 群的二个 8 位字数据
CANMBX3D	.set 721fh	;CAN 邮箱 3 的 D 群的二个 8 位字数据
CANMSGID4L	.set 7220h	;CAN 邮箱 4 的信息加密码低字
CANMSGID4H	.set 7221h	;CAN 邮箱 4 的信息加密码高字
CANMSGCTRL4	.set 7222h	;CAN 邮箱 4 的信息控制及数据长度设置低字
CANMBX4A	.set 7224h	;CAN 邮箱 4 的 A 群的二个 8 位字数据
CANMBX4B	.set 7225h	;CAN 邮箱 4 的 B 群的二个 8 位字数据
CANMBX4C	.set 7226h	;CAN 邮箱 4 的 C 群的二个 8 位字数据
CANMBX4D	.set 7227h	;CAN 邮箱 4 的 D 群的二个 8 位字数据
CANMSGID5L	.set 7228h	;CAN 邮箱 5 的信息加密码低字
CANMSGID5H	.set 7229h	;CAN 邮箱 5 的信息加密码高字
CANMSGCTRL5	.set 722ah	;CAN 邮箱 5 的信息控制及数据长度设置低字
CANMBX5A	.set 722ch	;CAN 邮箱 5 的 A 群的二个 8 位字数据
CANMBX5B	.set 22dh	;CAN 邮箱 5 的 B 群的二个 8 位字数据
CANMBX5C	.set 722eh	;CAN 邮箱 5 的 C 群的二个 8 位字数据
CANMBX5D	.set 722fh	;CAN 邮箱 5 的 D 群的二个 8 位字数据

;A 事件处理 EV 及事件处理 EVA 的寄存器

GPTCONA	.set 07400h	;通用定时器 A 控制寄存器
T1CNT	.set 07401h	;T1 计数寄存器
T1CMPR	.set 07402h	;T1 计数比较值寄存器
T1PR	.set 07403h	;T1 周期设置寄存器
T1CON	.set 07404h	;T1 控制寄存器
T2CNT	.set 07405h	;T2 计数寄存器
T2CMPR	.set 07406h	;T2 计数比较值寄存器
T2PR	.set 07407h	;T2 周期设置寄存器
T2CON	.set 07408h	;T2 控制寄存器
COMCONA	.set 07411h	;比较器 A 群的控制寄存器
ACTRA	.set 07413h	;比较器的输出功能控制寄存器
DBTCONA	.set 07415h	;比较器 A 群的输出死区控制寄存器
CMPR1	.set 07417h	;比较器的比较值设置寄存器 1
CMPR2	.set 07418h	;比较器的比较值设置寄存器 2
CMPR3	.set 07419h	;比较器的比较值设置寄存器 3
CAPCONA	.set 07420h	;捕捉器 A 群的捕捉控制寄存器
CAPFIFOA	.set 07422h	;捕捉器 A 群的 FIFO 状态寄存器
CAP1FIFO	.set 07423h	;二层次捕捉器 1 的 FIFO 顶端值

CAP2FIFO	.set07424h	;二层次捕捉器 2 的 FIFO 顶端值
CAP3FIFO	.set07425h	;二层次捕捉器 3 的 FIFO 顶端值
CAP1FBOT	.set07427h	;二层次捕捉器 1 的 FIFO 底端值
CAP2FBOT	.set07428h	;二层次捕捉器 2 的 FIFO 底端值
CAP3FBOT	.set07429h	;二层次捕捉器 3 的 FIFO 底端值
EVAIMRA	.set0742Ch	;A 事件处理器的 A 群中断屏蔽寄存器
EVAIMRB	.set0742Dh	;A 事件处理器的 B 群中断屏蔽寄存器
EVAIMRC	.set0742Eh	;A 事件处理器的 C 群中断屏蔽寄存器
EVAIFRA	.set0742Fh	;A 事件处理器的 A 群中断标志寄存器
EVAIFRB	.set07430h	;A 事件处理器的 B 群中断标志寄存器
EVAIFRC	.set07431h	;A 事件处理器的 C 群中断标志寄存器

;B 事件处理 EV 及事件处理 EVB 的控制设置寄存器

GPTCONB	.set07500h	;通用定时器 B 群控制寄存器
T3CNT	.set07501h	;T3 计数寄存器
T3CMPR	.set07502h	;T3 计数比较值寄存器
T3PR	.set07503h	;T3 周期设置寄存器
T3CON	.set07504h	;T3 控制寄存器
T4CNT	.set07505h	;T4 计数寄存器
T4CMPR	.set07506h	;T4 计数比较值寄存器
T4PR	.set07507h	;T4 周期设置寄存器
T4CON	.set07508h	;T4 控制寄存器
COMCONB	.set07511h	;比较器 B 群的控制寄存器
ACTRB	.set07513h	;比较器 B 群的输出功能控制寄存器
DBTCONB	.set07515h	;比较器 B 群的输出死区控制寄存器
CMPR4	.set07517h	;比较器的比较值设置寄存器 4
CMPR5	.set07518h	;比较器的比较值设置寄存器 5
CMPR6	.set07519h	;比较器的比较值设置寄存器 6
CAPCONB	.set07520h	;捕捉器的 B 群捕捉控制寄存器
CAPFIFOB	.set07522h	;捕捉器的 B 群 FIFO 状态寄存器
CAP4FIFO	.set07523h	;二层次捕捉器 4 的 FIFO 顶端值
CAP5FIFO	.set07524h	;二层次捕捉器 5 的 FIFO 顶端值
CAP6FIFO	.set07525h	;二层次捕捉器 6 的 FIFO 顶端值
CAP4FBOT	.set07527h	;二层次捕捉器 4 的 FIFO 底端值
CAP5FBOT	.set07528h	;二层次捕捉器 5 的 FIFO 底端值
CAP6FBOT	.set07529h	;二层次捕捉器 6 的 FIFO 底端值
EVBIMRA	.set0752Ch	;B 事件处理器的 A 群中断屏蔽寄存器
EVBIMRB	.set0752Dh	;B 事件处理器的 B 群中断屏蔽寄存器
EVBIMRC	.set0752Eh	;B 事件处理器的 C 群中断屏蔽寄存器
EVBIFRA	.set0752Fh	;B 事件处理器的 A 群中断标志寄存器
EVBIFRB	.set07530h	;B 事件处理器的 B 群中断标志寄存器
EVBIFRC	.set07531h	;B 事件处理器的 C 群中断标志寄存器

图 2-3 TMS320LF/C2407 的存储器映射寄存器的 X2407.ini 文件

注意：数据存储器 1000H～6FFFH 是非法禁用区，7000H～7FFFH 是各种片上外设映射存储器区,8000H～FFFFH 是外端口的数据存储器扩充区。

I/O 存储器配置区为 0000H～FEFFH,FF00H～FF0EH 是保留区,FF0FH 为内部快速闪存的写入及程序保护等控制寄存器,FF10H～FFFEH 是保留区,而最后的 FFFFH 是所有存储器执行速度等待时序脉冲数设置控制寄存器 WSGR,必须用 OUT 指令读/写。

当设置内部 MP/$\overline{MC}$=0 时,内部整个存储器空间容量如下:

(1) 64K 字的程序存储器空间(64K-word program space)。

(2) 64K 字的数据存储器空间(64K-word local data space)。

(3) 64K 字的输入/输出 I/O 存储器空间(64K-word i/o space)。

2.2 TMS320LF/C2407 的外部存储器及 I/O 的读/写时序设置

I/O 的 FFFFH 地址是等待状态产生控制寄存器 WSGR(Wait-State Generator control Register),此寄存器可用来设置外部数据总线和地址总线作为内部执行程序或数据的输出监视检测总线,用于外部程序或存储器或 I/O 等存储器或存储器映射片上外设的读/写时序产生等待时序数的设置,为了更好地进行匹配,可方便地设置各种不同存储器或片上外设的读/写速度,WSGR 必须用 OUT 指令来设置。WSGR 各位功能设置如表 2-1 所列。

表 2-1 WSGR 各字节的设置功能

D15～D11	D10～D9	D8～D6	D5～D3	D2～D0
保留位	BVIS	ISWS	DSWS	PSWS

(1) D10～D9:BVIS 总线监视模式,对应于芯片的 A15～A0 及 D15～D0 等地址和数据总线,可由 BVIS 字节来设置监视内部程序或数据的存储器地址和数据操作状态。这种模式可用来追踪内部存储器的操作状态。模式设置如下:

D10	D9	总线监视模式
0	0	总线监视输出关(可减少功耗及噪声)
0	1	总线监视输出关(可减少功耗及噪声)
1	0	内部执行的数据存储器地址输出到外部 A15～A0
		内部执行的数据存储器数据输出到外部 D15～D0
1	1	内部执行的程序存储器地址输出到外部 A15～A0
		内部执行的程序存储器数据输出到外部 D15～D0

(2) D8～D6:ISWS I/O 空间存储器的等待周期数设置字。

这 3 位设置 CPU 对应外部 I/O 存储器空间的读取或写入等操作的地址线、数据线和控制信号等加入 000～111=0～7 个等待 CPU 工作周期数。

(3) D5～D3:DSWS 数据存储器空间的等待周期数设置字。

这 3 位设置 CPU 对应外部数据存储器空间的读取或写入等操作的地址线、数据线和控制信号等加入 000～111=0～7 个等待 CPU 工作周期数。

(4) D2～D0:PSWS 程序存储器空间的等待周期数设置字。

这 3 位设置 CPU 对应外部程序存储器空间的读取或写入等操作的地址线、数据线和控制信号等加入 000～111=0～7 个等待 CPU 工作周期数。

等待周期设置如表 2-2 所列。

注意：当外部的 READY 信号线仍然拉到低电平的插入等待时序时，会自动加入等待时序，直到 READY 恢复高电平状态后，再依照 WSGR 的 ISWS、DSWS 及 PSWS 设置等状态时序来操作。例如，若操作某个外部存储器空间需要 m 个时钟周期，等待时序的设置为 w 个周期，则操作此外部存储器空间的总时序数为 $(m+k)$ 个时钟周期。

表 2-2 各位时序等待的设置

ISWS	I/O 等待数	DSWS	DM 等待数	PSWS	PM 等待数
D 8 7 6		D 5 4 3		D 2 1 0	
0 0 0	0	0 0 0	0	0 0 0	0
0 0 1	1	0 0 1	1	0 0 1	1
0 1 0	2	0 1 0	2	0 1 0	2
0 1 1	3	0 1 1	3	0 1 1	3
1 0 0	4	1 0 0	4	1 0 0	4
1 0 1	5	1 0 1	5	1 0 1	5
1 1 0	6	1 1 0	6	1 1 0	6
1 1 1	7	1 1 1	7	1 1 1	7

另外一个特殊的 I/O 存储器空间寄存器地址为 FF0FH，是芯片快速闪存控制寄存器 FCMR。

当 CPU 复位时，WSGR 等待时序数设置为 111 即最高 7 个等状态时序，这是必要的；否则，一开始对应低速的外部存储器将无法进行读/写控制。当为较高速的外部存储器时，为了提高执行效率，必须重新设置读/写数据的等待时序数。

对应外部存储器的读/写时序控制，除了上述的 WSGR 设置外，也可以用外部 READY 引脚的设置加以控制。图 2-4 为对应外部程序存储器($\overline{PS}=0$)或数据存储器($\overline{DS}=0$)或 I/O 空间存储器($\overline{IS}=0$)允许操作写入的时序图。地址线 A15~A0 及数据线 D15~D0 对应于控制信号 $R/\overline{W}$、$W/\overline{R}$ 和 $\overline{STRB}$ 的数据锁存控制信号，$\overline{WE}$ 是针对存储器的写入允许锁存控制，一般都接到 RAM 的 $\overline{WE}$ 信号，此信号在 $\overline{STRB}$ 信号的上升沿对应于数据线及地址线作有效的锁存控制。由图中可见，当外部 $\overline{VIS\_OE}$ 设置为低电平时，允许内部存储器操作数据。当地址总线输出到外部的地址和数据总线引脚供监测使用时，必须跟随 ENA_144=LOW，以禁用外部存储器的总线读/写控制，包括外部存储器操作的数据及地址总线信号。

图 2-5 为外部存储器空间的数据读取时序图。若读取数据需要作锁存，则也可以由 $\overline{STRB}$ 信号来控制，当外加一个 READY 等待信号控制输入时，图 2-5 为与外部存储器数据读取对应的时序图。

图 2-6 是对应软件设置 WSGR 控制外部存储器写入(Write)的等待时序以及外加一个 READY 握手信号等待数据读取时序图。

图 2-7 是对应软件设置 WSGR 控制外部存储器读取(Read)的等待时序图，以及外加一个 READY 握手信号等待数据读取时序图。

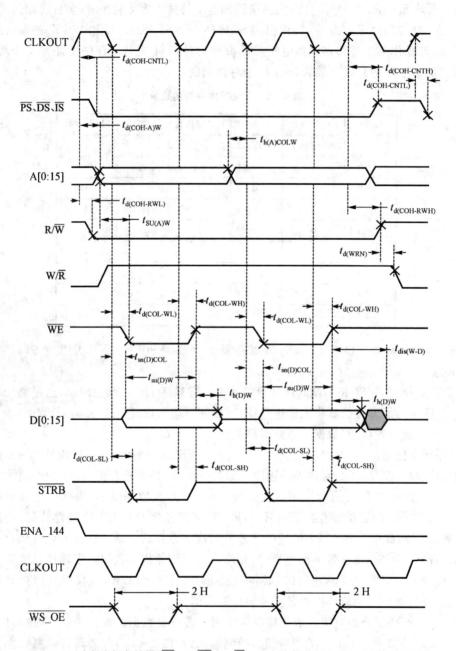

图 2-4 对应外部存储器($\overline{PS}=0$、$\overline{DS}=0$、$\overline{IS}=0$)允许操作写入(Write)的时序图

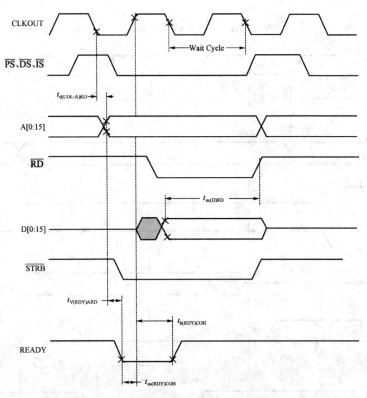

图 2-5　外部存储器空间加入一个 READY 握手信号等待数据读取(Read)时序图

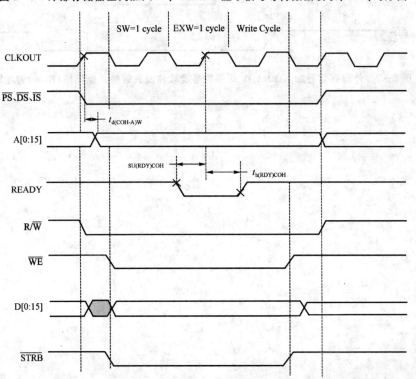

图 2-6　外部存储器加入 READY 握手信号及软件设置等待数据写入(Write)时序图

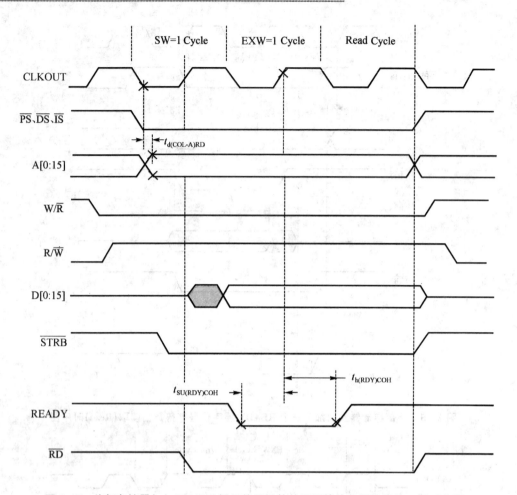

图 2-7 外部存储器加入 READY 握手信号及软件设置等待数据读取（Read）时序图

第 3 章
2407 的 CPU 结构和寻址模式及指令

3.1 LF2407 的 CPU 体系结构

基本上来看，TMS320F/C24xx 系列与一般的单片机几乎有 80% 是相同的，重要的特点是在软件方面具有部分 DSP 处理器所需要的操作指令，硬件方面多出了 CAN 总线接口，及三相向量空间 PWM 电力控制和 QEP 等接口电路，但芯片的价格却高一些，对应于一般使用量较多的控制系统而言几十元台币的单芯片已足够。

TMS320F/C24xx 系列对应于 DSP 操作所需要的硬件操作指令，在整体上还是遵循 TMS320F/C5x 系列，这对近代所需的数字信号处理操作稍嫌不足，TMS320LF2407 的 CPU 指令体系结构如图 3-1 所示。内部数据总线 D15~D0 及地址总线 A15~A0 对应于外部存储器的读/写控制，以及由 BVIS 所设置的内部存储器的数据总线及地址总线输出到外部的监视。CPU 采用内部固定的栈指针及固定 8 层的栈寄存器；也就是说，CALL 或 RET 或 PUSH 及 POP 的次数不可超过 8 次，否则将造成错误的数据存取。图中 PAR 为现行程序存储器的程序执行地址总线存放寄存器，直到此程序地址执行完成才更换为下一个程序地址总线。NPAR 为下一个程序存储器的寻址存放寄存器，MSTACK（Micro Stack）提供存储下一个指令要依次由数据存储器提取数据的程序执行地址产生逻辑操作器。PCTRL 是程序控制器，对应执行程序指令译码、处理流水线、存储状态标志及条件指令状态等操作功能。

16 位的存储器寻址，对应 2 个字指令码的立即寻址或立即数据的写入，需要开销 2 倍程序存储器及执行时序，运算功能较多采用单一 16 位的指令码格式。采用每页 128 个字的 7 位地址 A6~A0 来直接寻址，这时的页由状态寄存器 ST0 的 D8~D0 设置高位的 A15~A7 为页设置。这个寻址指令格式如表 3-1 所列。这种 7 位的存储器寻址操作模式，最重要的是要正确设置 DP 值，否则执行到禁区寻址的存储器时会产生 NMI 的中断到向量 0024H。这时可由仿真器的栈顶端内容地址 TOS（Top Of Stack）得知是哪个程序地址指令错误而产生 NMI 中断。标志 ST0 内容如表 3-2 所列，DP 值在指令中可独立设置，ARP 用 AR0~AR7 作为运算子指定操作指针 0~7 的自动设置，OV 为运算后的溢位标志位，而 OVM 则是设置在操作时产生溢位的处理模式设置，当设置 OVM=0 时，若运算产生溢位，则累加器会被填入最大正值或最大负值。INTM 是设置所有可屏蔽中断的中断允许总开关，设置 0 值时为允许。

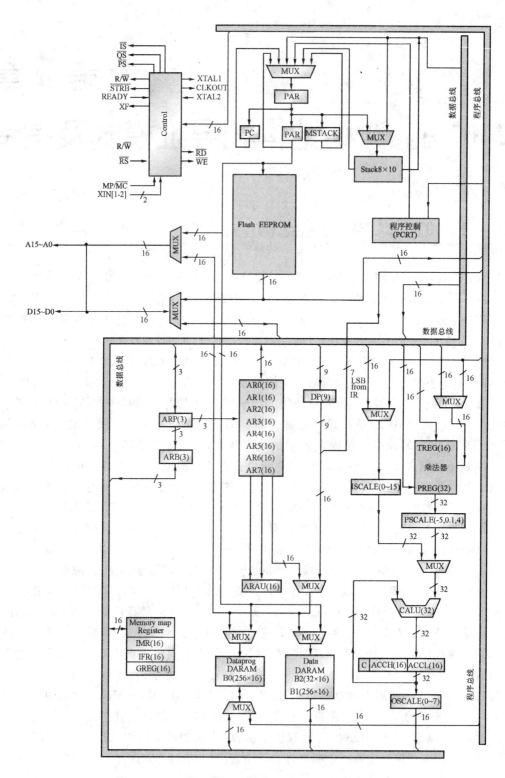

图 3-1 TMS320LF2407 的 CPU 内部操作结构方框图

直接寻址的设置，一般是将直接寻址 LADDR 的高 9 位左移 1 位而得到 000～1FFH 值，可用指令"SPLK DP,♯LADDR≫7"直接设置。

表 3-1 直接 7 位寻址操作指令码

D15～D8	D7	D6～D0
指令码或内容 4 位移位码	I(=0)直接	7 位的立即寻址

表 3-2 状态标志 ST0 各位功能定义

D15～D13	D12	D11	D10	D9	D8～D0
ARP	OV	OVM	1	INTM	DP (A15～A8)

间接的寻址模式，最重要的是 ARx 的 8 种寻址索引模式。这 8 种寻址模式占用 3 位指令，以及一个指针位 N(Next)=1，代表要设置下一个辅助寄存器指针码需要 3 个位，以 NAR(Next Auxillary Register)标识。当然，因是间接寻址，故 I=1 是其标识码。这个指令格式如表 3-3 所列。

表 3-3 ARx 间接索引寻址操作指令码

D15～D8	D7	D6～D4	D3	D2～D0
单独的指令码或指令及含 0～16 移位码	I(=1)间接	ARU 索引模式	N(0,1)	NAR(下一个辅助指针)

ARU 的索引寻址模式是以 D6～D4 共 3 位，设置 8 种间接寻址的索引模式，如表 3-4 所列。

表 3-4 ARU 对应 ARP 寻址指针的索引操作模式

ARU 寻址码(D6～D4)			对应于 ARP 寻址模式的索引运算
0	0	0	仍为原来 ARP 所指的 ARx，指针并未改变 *ARx
0	0	1	操作后 ARP 寻址指针减 1，即 ARx−1＞ARx *ARx+
0	1	0	操作后 ARP 寻址指针加 1，即 ARx+1＞ARx *ARx−
0	1	1	保留
1	0	0	ARP 指针作位反转减 AR0，ARx−BAR0＞ARx[*ARx−BR0]
1	0	1	ARP 指针减 AR0，即 ARx−AR0＞ARx [ARx+0]
1	1	0	ARP 指针加 AR0，即 ARx+AR0＞ARx [ARx−0]
1	1	1	ARP 指针作位反转加 AR0，ARx+BAR0＞ARx[*ARx+BR0]

3.2　CPU 的运算处理体系结构

　　CPU 的运算处理器，除了和一般的 CPU 同样具有 ALU 运算处理功能外，更具有 DSP 处理器所必需的乘法器、乘加器及乘减器等。灵活的索引寻址模式、有效数的桶状移位器(Barrel Shift)等是一般微控制器所没有的操作体系结构。整个 CPU 运算电路方框结构如图 3-2 所示，下面分别介绍。

3.2.1 CPU 的乘法器运算处理体系结构

CPU 的 ALU 运算器,由于具有独立的乘法器,而一般存储器及寄存器的位宽为 16 位,因此处理 16 位乘以 16 位的积值为 32 位,使用 2 个存储器来存放不方便,24xx 系统采用一个积值寄存器 PREG(Product Register)来置放乘法器的运算积值,故此 PREG 为 32 位。该乘法器的 2 个输入端,不可以任意 2 个存储器的寻址内容来运算,这是因为 24xx 没有双读取存储器的寻址操作,因此乘法器的一个输入端必须固定先载入一个临时寄存器 TREG(Tempory Register),而另一个输入就可以是直接寻址或间接寻址的数据存储器 DRDB 总线上内容,或者将程序存储器的 PRDB 内容进行乘法运算。CPU 运算结构如图 3-2 所示。

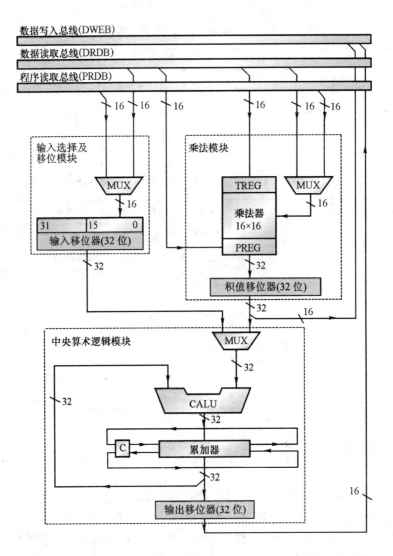

图 3-2 TMS320F/C24xx 的 CPU 处理 ALU 及乘、加、减运算方框结构

图 3-3 为单独乘法器的方框图。图中一个很重要的体系结构是积值移位器。由于积值是 32 位,为了取运算后的有效值,必须使用积值移位器。这个移位器的移位模式事先必须在状态

标志 ST1 的 PM(D1,D0)这 2 位来设置，积值 PREG 也可以由数据存储器内的 16 位数据载入其高 16 位内，进行移位后的 CALU 中央算数逻辑运算处理。

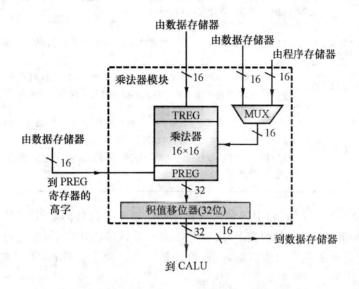

图 3-3 TMS320F/C24xx 系列的乘法运算处理方框图

乘法器组成部分如下：

（1）一个 16 位的 TREG 临时寄存器，可以载入被乘数。

（2）一个乘法器，执行 TREG 输入的被乘数和来自 DM 数据存储器，或者 PM 程序存储器的内容进行 16×16＝32 位积值。

（3）一个 32 位的 PREG 积值寄存器，将乘法器运算后的积值载入。

（4）一个积值移位器，可以将积值移位后发送到 CALU 中央算数逻辑单元。

1. 乘法器

乘法器是 16 位乘 16 位的高速硬件乘法器，在一个 CPU 的执行周期完成带符号或不带符号的 32 位积值乘法运算。除了不带符号的 MPYU 指令外，都是进行 2 的补码值运算。乘法器输入/输出描述如下：

被乘数及乘数输入端

TREG 临时寄存器：由 DRDB 数据存储器总线读取。

另一个乘数输入端：有 2 个多路转接选择来源，一个直接由 DRDB 数据存储器总线读取；另一个则直接由 PRDB 程序存储器总线读取立即数据。

积值输出端

32 位的积值载入积值寄存器 PREG 内，此 PREG 连接到一个 32 位值的移位器，由 ST1 的 PM 设置。经过移位器后，便将其载入中央算术逻辑操作单元 CALU 执行进一步的运算处理，此积值 PREG 可取其高或低的 16 位值写回数据存储器内。

2. 乘积移位寄存器

32 位的积值，为了取有效数，必须采用并行处理的桶状移位器进行所需的左右移倍乘，移位器的移位并不影响原来的 PREG 值，ST1 的 PM(D1,D0)乘积移位设置模式如表 3-5 所列。

表 3-5 乘积移位设置模式

PM 模式值	移位数	功能说明
00	没有移位	将积值 PREG 直接载入 CALU 单元内
01	左移 1 位	将执行 2 补码的 32 位 Q31 积值左移 1 位,也就是将最高位的正负符号值去掉
10	左移 4 位	若执行有效 13 位乘以 16 位运算后,产生有效的 Q31 位,则可进行 Q31 积值左移 4 位,也就是将积值左移后得到不带符号的有效数置于最高位
11	右移 6 位	在 DSP 的处理运算中,最重要的是处理循环式的乘、加运算,这时可能会产生溢位而降低运算的有效数,因此可将此积值右移 6 位除以 128,将有效数置于低位后载入 CALU 做加以运算时,允许最多 128 次乘加运算,保持最佳的有效数于高位

注意:在 C2000 或 C5x 系列中的乘加运算与往后较先进改善的 DSP 芯片不同。

必须先将累加器 ACC 与乘积值 P,依照 PM 的设置,移位 ACC 后,才进行乘法器运算移位。也就是说,先进行前次的积值加或减运算后,再进行这次的乘法运算,并不是先做乘法运算后再加入累加器 ACC。

3.2.2 CALU 的多路转接输入移位倍乘器体系结构

类同于乘积器的移位倍乘器,对应于 CALU 操作的另一个输入端也需要 32 位数据,但从 PRDB 程序总线及 DRDB 数据总线多路转接器选择所读取到的是 16 位数据,因此以移位倍乘器将其移位成 32 位加入 CALU 运算,CALU 的多路转接选择输入移位倍乘器体系结构如图 3-4 所示。这个多路转接选择倍乘器是程序存储器及数据存储器进行 CALU 操作的路径,将输入/输出及移位操作功能分别说明如下。

1. 输入端

输入移位寄存器的 16 位数据 D15~D0 将从下列两个来源作指令译码时的多路转接选择:

(1) DRDB 数据存储器的读取数据总线,数据存储器的指令寻址由直接寻址或间接寻址来读取数据,读取移位后的值会大于 16 位,因此必须载入 32 位的累加器 ACC 内,例如"LACC *,8"或"LACC 25,12"等寻址移位载入。其格式如表 3-1

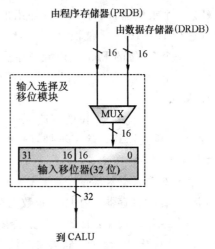

图 3-4 CALU 的多路转接输入倍乘器结构

及表 3-3 所列的指令格式,虽然是 4 位可设置 0~15 位的移位,但对应 16 位的移位设置是包含在指令码内的,因此实际可移位的设置值是 0~16 位。

(2) PRDB 程序存储器的读取数据总线,程序存储器的指令寻址由直接寻址或间接寻址来读取数据,但间接的寻址读取是以 ACC 累加器内容低 16 位寻址读取值,存放于间接或以页直接寻址来存放,而此CALU的载入值必须以立即的16位寻址值来移位载入ACC累加器内,例如"LACC♯1234,8"指令是将预存在PM的1234H值左移8位移位载入ACC内。

2. 输出端

由于进行0～16的左移位,因此又称为倍乘器,将16位数据左移后转换成32位,以便与PREG的输出移位值作ALU的运算。当进行左移位时,是将0值由最低位LSB输入左移,至于最高位的符号位,则必须根据ST1的符号扩充设置位SXM来操作。假如SXM=0,则设置时要将数据AF12H值左移8位载入ACC内,移位后的32位值是00AF1200H;假如SXM=1,则移位时为了保持2补码的带符号值,因AF12H最高位是D15=1,代表负值,左移8位后没有被移到的高位值,故必须补1值,成为代表负值的2补码值,即为FFFFA1200H值。

3. 左移位数

左移位数除了间接或页直接寻址的指令码D11～D8中4位,所设置SHIFT量的0～15数值或另一个固定16位左移指令外,也可由TREG寄存器内所固定的D3～D0值作为左移位量设置。例如"LACT 15H"指令中将DP=04及数据存储器地址0215H的低7位,依照SXM设置做带符号扩充,以TREG的D3～D0值作0～15位左移载入ACC内,假如0215H数据存储器的低7位为02FBH,TREG的低7位为3BCAH,因D3～D0=AH,而SXM=0或1,因02FBH为正值,故不会影响到移位结果值为17D8000H。

3.2.3 中央算术逻辑单元CALU的体系结构

中央算术逻辑单元CALU的主体系结构如图3-5所示,包含如下。

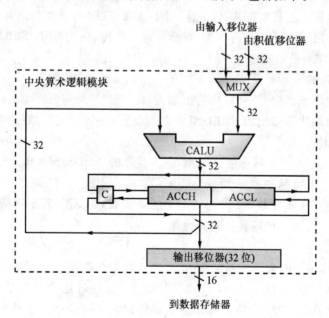

图3-5 中央算术逻辑单元CALU的主体系结构

(1) 中央算术逻辑操作单元CALU:进行算术及逻辑操作功能。

(2) 32位的ACC累加器:将CALU操作后的结果值经过含进位标志C执行位移位操作后,载入此32位的ACC累加器。累加器分成ACCH高16位及ACCL低16位。

(3) CALU 的运算必须与累加器位宽作运算,运算后的值也固定存载入累加器内。另外一个输入端是由乘法器 PREG 移位后的值,或由 DM 及 PM 所选择的移位倍乘器做多路转接选择输入与 ACC 作 CALU 运算。

(4) 输出移位倍乘器,将累加器内的 ACCH 或 ACCL 默认值载入 32 位的移位器内,进行数据的位移后,再输出写入数据存储器。

1. 中央算术逻辑单元 CALU 操作功能

可进行 32 位的算术逻辑运算,大部分的指令都在一个时钟周期内执行完成,功能分为以下 4 类。

(1) 32 位的加法运算:如"ADD dma [,shift]",其中 dma 为页的数据存储器直接寻址。间接寻址的"ADD ind [,shift[,ARn]"指令中以现行的 ARp 作为间接寻址的存储器内容,先作 shift 左移位后与 ACC 相加载入 ACC 内,并将下一个 ARp 更改为 ARn,例如"ADD 12H,4"就是将 DP=04 的 0212H 存储器内容若为 1234H 先左移 4 位成为 12340H 后,与 ACC 内容 56780H 相加后存回 ACC 内成为 68AC0H 值。若要与程序存储器数据的位宽立即数据作 CALU 操作,则这个程序存储器的立即数据存放在程序指令码内,可为短 8 位数据(单一指令)或 16 位双指令码,例如指令"ADD ♯3456H,8",若 ACC=123456H,则这个指令的执行是将 PM 数据 3456H 左移 8 位成为 345600H 后,与原来 ACC=123456H 相加,得到 468C00H 再存入 ACC 内,另外 APAC 则只是将积值加入累加器内,可进行 DSP 的乘加运算。

(2) 32 位的减法运算:操作数与加法器的定义模式相同,指令有 SUB 累加器的减法运算,SPAC 将累加器 ACC 减掉乘法器的积值后写回累加器。

(3) 布尔逻辑运算:与累加器 ACC 进行 AND、OR、XOR 等的逻辑运算。

(4) 位检测、左移位、左循环或右移位、右循环操作处理,例如 SFL、SFR、ROL、ROR 及操作后累加器 ACC 内容作为位检测条件。

2. CALU 的输入端

(1) 一个固定由原来累加器 ACC 内容所加入。

(2) 另一个是由乘法器输出的 PREG 移位器,或经多路转接选择数据存储器或程序存储器经移位器所选的 32 位数据输入。

加法器有不带 C 标志或带标志的 ADDC,或带符号的 ADDS 等运算。SUBB 和 SUBS 等减法器指令中有一个相当特殊的减法指令 SUBC,当 ACC 内容与存储器移位后的值相减载入 ACC 后,若够减,则将 ACC 左移(乘 2)再加上 1 的商值载入 ACC,若不够减,则将原来 ACC 值左移乘 2,实际上是进行 2 进位的移位减法运算。

3. CALU 的输出端

CALU 运算后的结果值会载入累加器 ACC 内。此累加器具有将其默认值作单一位的移位功能。此累加器 ACC 连接到一个 32 位的移位倍乘器,经过这个移位倍乘器,可将 ACC 的 ACCH 高 16 位值或 ACCL 低 16 位值写回数据存储器内。指令格式中移位设置指令仅允许 3 位寻址的 0~7 位作左移 0~128 的倍乘,例如"SACH 10,4(DP=4)",若累加器 ACC=14208001H 的 AH 值,左移 4 位成为 4208H(乘以 16)载入 210H 存储器内。

累加器运算后的值会直接影响到 ST0 及 ST1 状态标志内的 C 进位标志、OV 溢出标志、OVM 溢出模式位以及测试位 TC 标志。ST1 状态标志如表 3-6 所列,各位说明如下。

第3章 2407的CPU结构和寻址模式及指令

表 3-6 状态寄存器 ST1 各位功能定义

D15~D13	D12	D11	D10	D9	D8~D5	D4	D3~D2	D1~D0
ARB	CNF	TC	SXM	C	1111	XF	11	PM

(1) ARB(D15~D13)：辅助寄存器指针缓冲暂存位。配合 ST0 的 ARP(D15~D13) 的辅助寄存器当前操作指针重新设置载入，原来 ARP 将被移到此 ARB 存放，要读取此 ARB 必须用 "LST #01,50H"，若 DP=04，则会将 0250H 内容写入 ST1 内，这时 ST0 的 ARP 同样会根据被载入的 ARB 值复制到 ARP。

(2) CNF(D12)：设置片内 DARAM 区域 B0 是定义成数据或程序存储器空间，可以单独设置 SETC CNF 或清除 CLRC CNF 指令来设置。

    CNF=0，将此 B0 区域 DARAM 定义为 0200H~02FFH 的数据存储器空间；

    CNF=1，将此 B0 区域 DARAM 定义为 FE00H~FEFFH 的程序存储器空间。

(3) TC(D11)：测试控制标志位。此位同样可以用 SETC 及 CLRC 设置，用 BIT 或 BITT 指令将数据存储器内容的第 b 位载入 TC 标志位。注意：所有 TI 公司的 DSP 位数算法都是由最高位算起，因此若 D5 位为选择的位，则指令码是 15-5=10，必须设置指令码的 b 值为 D3~D0=AH，指令 BITT 则是以 TREG 临时寄存器的 D3~D0 所设置的位值将其载入 TC 标志位，这个以 BIT 指令载入 TC 可做各种布尔位操作或程序分支的条件判别。

(4) SXM(D10)：符号扩充模式设置标志。同样可以用 SETC 及 CLRC 设置。所有的算数运算中，此 SXM 决定运算是否为带符号扩充设置：若 SXM=0，则为不带符号扩充运算，因此任何运算都不需要做符号扩充；若 SXM=1，则当对应于累加器 ACC 数据的载入带移位操作指令时，会产生符号扩充操作。例如 "LACC 6,1（DP=4）" 会将数据存储器的 206H 内容作如下运算：假如 0F000G 左移 1 位成为 1E000H 值，由于原值的最高位 D15=1 代表负值，而 SXM=1 必须做符号扩充，成为 32 位的 FFFFE000H 载入 ACC 内；当 SXM=0 时，若 ARP=2 而 AR2=300H，数据存储器 300H 内容为 0FFH 时，指令 "LACC *,4" 执行时，将 0FFH 左移 4 位成为 0FF0H，不需要做符号扩充，因此将 0000 0FF0H 载入 ACC 内，LACT 指令则是以 TREG 的 D3~D0 设置为左移位量，0~15 将数据存储器内容载入 ACC，是否带符号扩充则由 SXM 设置。

(5) C(D9) 进位或借位标志：同样可以用 SETC 及 CLRC 设置。

    当 CPU 进行算数运算，如加或减带进位、借位、标志时，运算结果都会影响此 C 标志。C 标志是分支指令判别条件的一个重要运算判别位，带符号的循环 ROR、ROL 等指令也会将此 C 标志连同循环入 ACC 内，并会将 ACC 内容的 D15 或 D0 转入此 C 标志而改变。

(6) XF(D4)：DSP 外部 XF 输出引脚值的设置，同样可以用 SETC 及 CLRC 设置。

(7) PM(D1~D0)：乘法器积值移位模式设置，可单独用 SPM K(0~3) 指令设置。

表 3-2 中 ST0 的 OV、OVM 和 INTM 标志说明如下。

(1) OV(D12) 运算溢出标志位：不可单独设置此标志位值，完全由 CALU 算数运算后的结果值或 "LST #0" 指令载入设置。一旦 CALU 运算产生溢出，便会将 OV 设置为 1。

(2) OVM(D11) 溢出模式设置位：同样可以用 SETC 及 CLRC 设置。其模式如下：

    ① OVM=0：运算结果值不管溢出与否都将载入 ACC 内。

    ② OVM=1：若运算结果产生溢出，则累加器 ACC 将被载入特定最大正负值。

③ 该位为正值时，累加器 ACC 被填入最大正值 7FFF FFFFH。

④ 该位为负值时，累加器 ACC 被填入最大负值 8000 0000H(2 的补码 7FFF FFFFH)。

(3) INTM(D9)：可屏蔽的中断总允许位，同样可以用 SETC 及 CLRC 设置，若所有的可屏蔽中断被允许，则此 INTM 为可屏蔽中断，总开关必须为 0 才能允许产生任何可屏蔽的中断，不可屏蔽的中断如 $\overline{RS}$ 或 $\overline{NMI}$ 及软件中断 TRAP n 等不受此 INTM 影响，系统复位时此 INTM＝1 禁用。

3.2.4 辅助寄存器的索引算术操作单元 ARAU 体系结构

CPU 除了 CALU 中央算数逻辑单元处理操作外，另一个可独立与 CALU 并行操作的辅助寄存器寻址算术单元 ARAU，采用专用 8 个辅助寄存器 AR0～AR7。图 3-6 所示为辅助寄存器算术单元 ARAU 的体系结构。

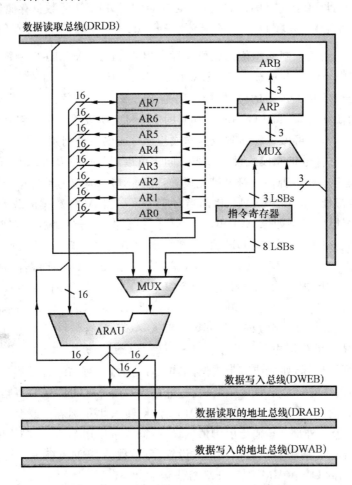

图 3-6 辅助寄存器算术单元 ARAU 的体系结构图

AR0～AR7 作为间接寻址模块，具有如表 3-4 所列的 8 种寻址算数运算功能；寻址操作后，可将 ARx 寻址递增或递减，或者以 AR0 值作为基值的增减寻址算术操作，没有环形寻址运算，但有与 AR0 作寻址位反转的加减运算。ARx 运算的模式共需要 3 位指令，由指令表中可见，并没有设置目前的操作辅助寄存器，而是预先设置 ST0 的 ARP 作为目前操作辅助寄存器，但指令表中(N=1)可以设置下一个操作的辅助寄存器,也可不设置下一次操作辅助寄存器(N=0)。辅助寄存器是一个相当灵活的存储器间接寻址操作寄存器。目前辅助寄存器可用前面指令预先设置,也可以用辅助寄存器指令"MAR *,ARx"加以设置。

从图 3-6 中可见,由 ARP 寻址选择 AR0～AR7 中的任一个 ARx,假如指令是以 ARx 作为存储器间接寻址数据存储器的读取,ARx 将被送到数据读取的地址总线 DRAB(Data Read Address Bus),若要将数据写入 ARP 所指的 ARx 寻址存储器,则此 ARP 所指定的 ARx 内容将被送到数据写入的地址总线 DWAB(Data Write Address Bus),当依照 ARx 寻址做读/写存储器操作后的 ARP 将被转入 ARB 中,同时将新设置的下一个辅助寄存器 NAR 依照指令码的运算模式,由 ARAU 进行寻址运算,新值写回 ARx 的新寻址值,这种 CARU 运算是不带符号的。

1. ARAU 辅助寄存器的算数操作

(1) 除了如表 3-4 所列的 8 种运算外,另一个是将 ARx 与 8 位立即数做相加寻址。列举指令如下:

SPLK AR2,#1000H	;立即值 1000H 载入 AR2 存储器 1000H,若内容为 1234H,
SPLK AR0,#10H	;将立即值 10H 载入 AR0。
MAR *,AR2	;设置目前的辅助寄存器为 AR2。
LACC *+0,AR0	;将 AR2 所指存储器内容 1234H 载入 ACC 同时做。
	;AR2+AR0=1010H 写回 AR2 并转成 ARP=AR0。
ADRK #80H	;将 AR0 加上 80H 成为 90H 写入 AR0。

(2) 递增减的操作及 0 值比较分支操作指令如下:

BANZ PMADR	;执行判别 ARP 默认值是否为 0,若不为 0,则跳
	;到 PMADR 地址执行,并将 ARP 所指的 ARx
	;减 1 后写回 ARx。
BANZ PMADR,*−0B,AR4	;若 ARP 所指的 ARx 不为 0,则分支到 PMADR,并修
	;饰将 ARx+AR0 做位反转运算写回 ARx,并令
	;新的 ARP 为 4。

(3) 对应 ARP 所指的 ARx 与 AR0 做 4 种模式 PM 设置的比较,若比较条件成立,则令 TC 标志为 1 的 CMPR 指令操作,PM 由指令 D1、D0 设置如下:

PM=00 测试是否 ARx=AR0;
PM=01 测试是否 ARx<AR0;
PM=10 测试是否 ARx>AR0;
PM=11 测试是否 ARx!=AR0。

指令列举如下:

CMPR 2	;若 ARx=AR5=200H,而 AR0=100H,因 PM=10,故 AR5>AR0 成立。
	;令 TC=1。

2. 辅助寄存器

AR0～AR7 除了可作为存储器的间接寻址数据操作外,还具有在指令操作的同时做各种寻址算数运算的功能：

（1）利用 CMPR 指令将数值载入 ARx 及 AR0 内，做各种数值的比较测试设置 TC 标志，以便作为程序的条件分支操作。

（2）利用辅助寄存器的寻址作连续性的数据读/写或运算处理操作，如 LAR 指令将常数值或数据存储器内容载入 ARx 所指的存储器内，运算后可以 SAR 指令将其回写入 ARx 所指的存储器内。

（3）以 ARx 所指的 AR0～AR7 作为软件循环执行计数判别操作，如 BANZ 指令等。

3.3 存储器寻址方式

TMS320C5x 系列及 TMS320F/C24xx 系列指令的寻址都相同，有三种方式。

（1）立即寻址：指令中的 #LK 由程序存储器读取作为寻址设置操作，LK 分成 16 位的长立即寻址及 8/9/13 位的短立即寻址两种。

（2）直接寻址：以 DP 设置的页，以 7 位指令作为存储器的立即寻址。

（3）间接寻址：以 8 个辅助寄存器 AR0～AR7 的内容作为存储器的寻址，并可同时修正此辅助寄存器算术运算。

分别说明并举例如下。

3.3.1 立即寻址方式

指令中将立即寻址值载入程序存储器内，因此这个立即寻址值必须由程序存储器的程序地址总线 PRAB 寻址后，由 PRDB 总线读取到立即寻址载入数据存储器或 I/O 存储器的地址总线上，读取其内容数据做运算处理操作。又分成短立即寻址和长立即寻址两种。

（1）短立即寻址：与指令码一起的短 8、9、13 位立即寻址，优点是仅需要单一组字的指令，当然执行的速度是快得多。此立即寻址或常数必须用 #KK 标识。

（2）长立即寻址：必须另外加入一个 16 位的常数值编辑于指令中的操作位，也就是两个程序存储器的下一个，这个常数值可为绝对值常数或者 2 的补码值，代表数据存储器的立即寻址或运算用的常数值，必须用 #KKKK 标识。长立即寻址或常数的载入尽量在程序的起始就设置好，或者编辑程序时预先载入；否则，在主程序循环中这个指令将因需要 2 个执行周期进行程序等待而消耗较长的时间。

对应上述的立即寻址指令操作体系结构，举例说明如下：

（1）ADD #1234H,4　　　;指令码为 BF9[4] 1234 两个字指令 2 个执行周期，将
　　　　　　　　　　　　;1234H 左移 4 位成为 12340H 加入累加器 ACC 内。

（2）DP=#04，LACC 9,8　;指令码为 1[8] (SHFT),[09] (DMA)，将数据存储器
　　　　　　　　　　　　;DMA=0209H 内容(1234H)左移 8 位成为 123400H
　　　　　　　　　　　　;载入 ACC 内。

（3）RPT #9AH　　　　　;指令码为 BB[9A]，单一指令字将下一个指令重复执行
　　　　　　　　　　　　;9AH+1=9ABH 次。

3.3.2 直接寻址方式

将64K寻址的存储器分成512页,用ST0的DP中的9位来设置A15～A7高地址,另外的7位就可以在单一指令中直接寻址运算。因此指令中必须正确地设置高位地址,然后就可以在同一页内的存储器直接以单一指令操作,不同页的存储器必须重新设置DP,这时DP用指令"SPLK ♯LADR≫7"设置,而不需要自己来计算DP值。一般DP值换算到整个寻址地址时,须将长16位LADR的A15～A8直接乘以2再加上A7值就可得到高9位的DP值。例如,寻址929AH时将92×2+1=125H,若要依照DP值来换算LADR地址,就将DP值除以2,若有余数就加上(A7值)80H。例如,DP=125H除以2,得到92H余数为1,因此用@35H的直接寻址是92B5H,列举如下:

(1) LDP ♯23H　　　　　　　;设置DP值为0 0010 0011=A15～A7。
(2) ADD 9,5　　　　　　　　;指令码为2[5][09],没有"♯"符号代表7位的直接寻址,
　　　　　　　　　　　　　　;结合DP寻址1189H,将其存储器内容[5678H]左移5位
　　　　　　　　　　　　　　;加入ACC内,若ACC=16AD0H,则 ACC=16AD0+
　　　　　　　　　　　　　　;ACF00H=C19D0H,仅有ADD及SUB指令具有0～15
　　　　　　　　　　　　　　;及16的移位运算。
(3) LDP ♯500　　　　　　　 ;设置DP值为500=1F4H=1 111 1 0100=A15～A7。
(4) ADDC 6H　　　　　　　　;将A=C19D0H加上存储器FA06H内容及C标志值
　　　　　　　　　　　　　　;加入ACC。
(5) LDP ♯PEDATDIR≫7　　　 ;将PEDATDIR地址右移7位载入DP设置。
(6) LACL PEDATDIR　　　　　;将直接寻址的PEDATDIR内容载入ACC。
(7) SACL PFDATDIR　　　　　;将ACC值写入PFDATDIR输出。

3.3.3 间接寻址方式

采用AR0～AR7这8个寄存器作为间接寻址,是LF2407相当重要的间接寻址存储器数据操作。寻址操作的指令方式如表3-3所列,除了以先前所设置的ARP设置选择AR0～AR7中的0～7作为间接寻址,同时可设置ARP这个选定的间接寻址指针作如表3-4所列的8种ARAU的递增(*ARx+)、递减(*ARx-)、加(*ARx+0)、减(*ARx-0) AR0的基值,或者对应以AR0值的(*ARx+0B)位反转加、对应AR0的(*ARx-0B)减位反转操作,或者不作改变(*ARx)等7种ARAU操作。指令操作中由N来判别是否要重新设置下一个新的ARP操作位:若N=0,则不改变,而维持原来的ARP;若N=1,则由指令码中的NARU这3位重新设置下次要操作的新ARP值,原来的AR0会被复制到ST1的ARB内,对应间接寻址操作列举程序说明。

(1) MAR *+,AR7:指令码为8B[1,ARU,N,NAR]=8B[1,010,1,111]=8BAFH,若原来ARP=3,则将AR3内容加1[7635H+1]后写回AR3,并将ARP载入新的7指针值,而原来ARP=3载入ARB内。

(2) MPY *0+,AR4:指令码为54[1,ARU,N,NAR]=54[1,110,1,100]=54ECH,若原来ARP=7,则将AR7内容加AR0[ABCDH+AR0]后写回AR7,并将ARP载入新的4指针值,而原来ARP=7载入ARB内,若T=1234H,则将原来AR7=0100H所指存储器地址内容

[0100H]＝0020H 与 T＝1234H 相乘 T＊AR7＝1234H＊0080H＝24680H 载入 P 寄存器。

(3) MACD 0FE00H，＊－：指令码为 A3[1,001,0,000] FE00H，若 ARP＝6 且 AR6 内容为 0200H，P 寄存器内容为 24680H，ACC＝12340H，PM＝0，则依 PM 将 P 移位后，ACC＝12340H ＋24680H＝369C0H 进行 P＝DMA[0200H]＊PMA[FE00H]＝4567H＊10H＝45670H，接着将[0200H]内容载入[0201H]内，并将 AR6＝0200H＋1 指令在重复循环执行时仅需要 1 个执行周期，且会令 PMA＝FE00H 加 1 成为 FE01H，这个指令是针对 FIR 运算用的，DMA 为数据存储器地址，而 PMA 是程序存储器的地址。

(4) MPYA ＊0＋B，AR6：若 TREG＝5678H，而 ARP＝4，且 AR4＝031DH，数据存储器 [031DH]＝20H，则将前次积寄存器 P＝♯5500H 加入累加器 ACC＝2346H 成为 7846H，载入 ACC 后将 T＊MAR＝5678H＊20H＝ACF00H＝P，同时作 ARP 索引运算，若 AR0＝7，则 AR4 ＝031DH＋07H(B)＝0319H，令 ARP＝6，ARB＝4。

在单纯的加 ADD 或减 SUB 运算指令中，对应于直接寻址或间接寻址，其指令码并不是 8 位，而缩小成 4 位，剩下的 4 位作为 0～15 的左移操作及固定的左移 16 位指令，将直接寻址 DMA 或间接寻址 IND 存储器内容，进行 0～16 位的左移位后再与 ACC 相加减，写回 ACC 内，但对应短立即寻址的单一字指令就不可加入移位设置，但若是 2 字指令的长寻址运算，则尚有指令空间，加入移位操作设置运算，指令格式如表 3－7 所列。

表 3－7 进行 2 补码的单纯加 ADD、减 SUB 运算单一字指令格式

ADD dma[,shift]

15	14	13	12	11	10	9	8	7	6	5	4	3	2	1	0
0	0	1	0	\multicolumn{4}{c}{shift}	0	\multicolumn{8}{c}{dma}

ADD dma,16

15	14	13	12	11	10	9	8	7	6	5	4	3	2	1	0
0	1	1	0	0	0	0	1	0				dma			

ADD ind[,shift[,ARn]]

15	14	13	12	11	10	9	8	7	6	5	4	3	2	1	0
0	0	1	0		shift			1		ARU		N		NAR	

注：ARU，N 及 NAR 如表 3－3 所定义 Mode。

ADD ind,16[,ARn]

15	14	13	12	11	10	9	8	7	6	5	4	3	2	1	0
0	1	1	0	0	0	0	1	1		ARU		N		NAR	

注：ARU，N 及 NAR 如表 3－3 所定义 Mode。

SUB dma[,shift]

15	14	13	12	11	10	9	8	7	6	5	4	3	2	1	0
0	0	1	1		shift			0				dma			

续表 3-7

SUB dma,16

15	14	13	12	11	10	9	8	7	6	5	4	3	2	1	0
0	1	1	0	0	0	0	1	0	dma						

SUB ind[,shift[,ARn]]

15	14	13	12	11	10	9	8	7	6	5	4	3	2	1	0
0	0	1	1	shift				1	ARU			N	NAR		

注：ARU,N 及 NAR 如表 3-3 所定义 Mode。

SUB ind,16[,ARn]

15	14	13	12	11	10	9	8	7	6	5	4	3	2	1	0
0	0	1	0	0	1	0	1	1	ARU			N	NAR		

注：ARU,N 及 NAR 如表 3-3 所定义 Mode。

(5) ADD *0-,8,AR5：若 ACC=5698H,而 ARP=7,且 AR7=02A0H,存储器 02A0H 默认值为 1234H,则进行 ACC+[AR7]≪8=5698H+123400H=128A98H,没有进位 C=0 同时进行 ARAU 运算,若 AR0=09H,则令 AR7=AR7−AR0=02A0H−09H=0297H,将 ARP=7 载入 ARB=7,并令新的 ARP=NAR=5。

(6) SUB *0+,4,AR6：若 ACC=5698H,而 ARP=2,且 AR2=02A0H,存储器 02A0H 默认值为 1234H,则进行 ACC−[AR2]≪4=5698H−12340H=FFFF 3358H,有借位则因进行 2 补码相加作减法运算,因此令 C=0(借位),同时进行 ARAU 运算,若 AR0=09H,则令 AR2=AR2+AR0=02A0H+09H=02A9H,将 ARP=2 载入 ARB=2,并令新的 ARP=NAR=6。

3.4 对应程序存储器 PM 及 I/O 存储器 IM 的读/写指令

程序存储器 PM 及 I/O 存储器 IM 的寻址与前面所介绍的数据存储器寻址方式都相同,但执行读/写的指令不同,必须先将程序存储器 PM 或 I/O 存储器 IM 的内容以特别指令读到数据存储器内进行运算后,再写回程序存储器 PM 或 I/O 存储器 IM 内。程序存储器 PM 或 I/O 存储器 IM 的内容读/写指令说明如下。

3.4.1 程序存储器的读/写

程序存储器的读/写,都可视为建表数据的读/写,因此以 TABLE 指令来标识,仅可为单一字指令,因此数据存储器的寻址也只有单纯的页 DMA 寻址及 ARx 的间接寻址两种,而程序存储器的寻址则固定由 ACC 的低 16 位 ACL 来寻址。现列举说明如下。

(1) TBLR 27H：若 ACC=800H,而 DP=04H,则将 ACC=800H 寻址于程序存储器的地址线 PAB,将 PRDB 数据写入 DAB 数据存储器地址线 0227H 所寻址的数据,通过写入总线 DWEB 写入数据存储器内。

(2) TBLR *+,AR1：若 ACC=900H,而 ARP=4H,则将 ACC=900H 寻址于程序存储器的地址线 PAB,将 PRDB 数据读出；若 AR4=0270H,则将其写入数据存储器 0270H 内,并令 AR4=AR4+1=0271H,重新设置 ARP=1 且 ARB=4。

在读入程序存储器时,若内部快速闪存不可以直接写入,除非是外部的 RAM 作程序存储器配置,或者将内部 B0 的 DARAM 设置 CNF=1 时成为程序存储器的配置,则当寻址于 FF00H~FFFFH 或 PON=1 时,如果内部 SARAM 的 8000H~87FFH 设置为程序存储器,就可用 TABLE 指令来写入,同样以 ACC 的低 16 位 ACL 来寻址。现分别列举说明如下。

(1) TBLW 38H:若 ACC=FE80H,而 DP=06H,则将数据存储器地址线 03387H 所寻址的数据读出,写入 ACC=FE80H 寻址于程序存储器地址线 PAB,将数据写入程序存储器内。

(2) TBLW *+:若 ACC=FE80H,而 ARP=4H,AR4=0270H,则将数据存储器所寻址的数据读出,写入 ACC=FE80H 寻址于程序存储器地址线 PAB,将数据写入程序存储器内,AR4=0270H+1=0271H,而 ARP 和 ARB 不变。

3.4.2 I/O 存储器的读/写

对应于 I/O 的 64K 字读/写寻址,仅有 IN 和 OUT 两个指令对数据存储器的直接寻址或间接寻址作读/写控制,而 I/O 的寻址不像程序存储器由 ACL 来预先设置,此 I/O 的寻址必须以立即数据 16 位来寻址,因此是 2 个字指令。现列举说明如下。

(1) IN 30H,8080H:将外部存储器映射设备 I/O 地址 8080H 读出并写入数据存储器中,若 DP=06H,则将其写入数据存储器 330H 内。

(2) IN *−,AR5,8002H:将外部存储器映射设备的 I/O 地址 8002H 读出并写入数据存储器中,若 ARP=6 且 AR6=26AH,则将其写入数据存储器 026AH 内,并进行 AR6=26AH−1=269H,令 ARP=5,ARB=6。

(3) OUT 70H,8020H:若 DP=06H,则将数据存储器 0370H 作为默认值;若为 00FCH,则将其写入 I/O 地址 8020H 外部存储器映射设备中。

(4) OUT *0−,AR1,8040H:若 ARP=02H 且 AR2=03C0H,则将数据存储器 03C0H 作为默认值;若为 00A5H,则将其写入 I/O 地址 8040H 外部存储器映射设备中;若 AR0=3 且 AR6=3C0H−3=3BDH,则令 ARP=1,ARB=2。

3.5 对应程序存储器 PM 及数据存储器 DM 的交互读/写指令

若数据存储器之间要交互读/写移动,以一般的读/写指令需要进行一个读取后再执行一个写入等两个指令功能,则 C2000 及 C5x 系列具备了数据存储器的区间数据读/写指令 BLDD 单一指令操作。

若要将程序存储器的内容建表值读取后写入数据存储器内,则也有单一指令来进行一个读取及一个写入的操作,指令 BLPD 就是将程序存储器 P 读出再写入数据存储器 D 内。注意:这时的数据存储器或程序存储器的同时寻址,一个必须以立即寻址方式来寻址,而另一个就可以和指令码以 DMA 直接寻址或 IND 间接寻址的 7 位码来设置。

DSP 操作中需要将数据延迟的 Z^{-1} 运算或在进行移位存放的数据存储器移动时,直接将 7 位寻址的 DMA 直接寻址或 IND 间接寻址的内容数据往下一个存储器地址载入,但本身寻址值并不改变 DMOV 指令。现列举说明如下。

"BLDD(BLPD)SRC,DST"指令模式中的 SRC 为源操作数,而 DST 为目标操作数,其中一个为 16 位长立即寻址,另一个必须为 7 位寻址的 DMA 直接寻址或 IND 间接寻址。

(1) BLDD #08A0H,7FH：将数据存储器 08A0H 地址内容 1234H（假定）读出，若 DP=06 页，则将其写入 037FH 的数据存储器内。

(2) BLDD #08C0H,*-,AR4：将数据存储器 08C0H 地址内容 5678H（假定）读出，若 ARP=6 而 AR6=0366H，则将其写入 0366H 数据存储器内，并令 AR6=0366H-1=0265H，更新 ARP=4,ARB=6。

(3) BLDD 6AH,#09C0H：若 DP=06 页，则将 037FH 地址数据存储器内容 AAAAH（假定）写入数据存储器 09C0H 地址内。

(4) BLDD *,#0AC0H：若 ARP=03 而 AR3=03C4H，则将 03C4H 地址的数据存储器内容 5555H（假定）写入数据存储器 0AC0H 地址内，ARP 和 ARB 不更新。

(5) BLPD #0FFE0H,45H：将程序存储器 0FFE0H 地址内容 1234H（假定）读出，若 DP=06 页，则将其写入 0345H 的数据存储器内。

(6) BLPD #03D0H,*+,AR5：将程序存储器 03D0H 地址内容 5678H（假定）读出，若 ARP=4 而 AR4=0377H，则将其写入 0377H 的数据存储器内，并令 AR4=03D0H+1=03D1H，更新 ARP=5,ARB=4。

(7) BLPD 3EH,#0560H：若 DP=06 页，则将 033EH 地址程序存储器内容 AA55H（假定）写入数据存储器 0560H 地址内。

(8) BLDD *-,AR7,#0AF0H：若 ARP=06 而 AR6=0440H，则将 0440H 地址的程序存储器内容 8899H（假定）写入数据存储器 0AF0H 地址内，AR6=AR6-1=0443H，更新 ARP=7,ARB=6。

(9) DMOV 56H：若 DP=06，则将 0356H 数据存储器内容 56ABH（假定）写入下一个存储器 0357H 内。

(10) DMOV *+,AR1：若 ARP=2 且 AR2=0567H，则将 0567H 数据存储器内容 0ACDBH（假定）写入下一个存储器 0568H 内，AR2=0567+1=0568H，更新 ARP=1,ARB=2。

3.6 程序存储器 PM、数据存储器 DM、I/O 存储器读/写及 ALU 运算指令

前面已介绍过程序存储器 PM、数据存储器 DM 及 I/O 存储器的寻址模式，以及 CPU 对应的 ALU 运算功能，现将此功能指令列于表 3-8～表 3-11 中。

先介绍 DSP 的操作位，操作位中最灵活的是 GPADR1，可操作模式如下：

dma,[,shift]   dma 为存储器的 7 位直接寻址，shift 是左移位量 0～16
ind,[,shift [,ARn]]   ind 为存储器的 7 位间接寻址，ARn 为下一个 ARP 设置
#K   为 8 位短立即寻址
#LK   为 16 位长立即寻址

不带移位量的寻址操作为 GPADR2，可操作模式如下：

dma   dma 为存储器的 7 位直接寻址
ind [,ARn]   ind 为存储器的 7 位间接寻址，ARn 为下一个 ARP 设置
#K   为 8 位短立即寻址
#LK   为 16 位长立即寻址

不带移位量及短立即寻址的寻址操作为 GPADR3，可操作模式如下：

dma   dma 为存储器的 7 位直接寻址
ind [,ARn]   ind 为存储器的 7 位间接寻址，ARn 为下一个 ARP 设置
#K   为 8 位短立即寻址

仅有直接和间接寻址的操作位为 GPADR4，可操作模式如下：

dma   dma 为存储器的 7 位直接寻址
ind [,ARn]   ind 为存储器的 7 位间接寻址，ARn 为下一个 ARP 设置

直接和间接寻址对应的操作位为 GPADR5，可操作模式如下：

dma,[,shift]   dma 为存储器的 7 位直接寻址，shift 是左移位量 0~16
ind,[,shift][,ARn]   ind 为存储器的 7 位间接寻址，ARn 为下一个 ARP 设置

程序存储器 PAM 对应数据存储器的直接和间接寻址的操作位为 GPADR6，可操作模式如下：

pam, Dma   pam 为程序存储器立即寻址，dma 为存储器的 7 位直接定址
pam, ind [,ARn]   ind 为存储器的 7 位间接寻址，ARn 为下一个 ARP 设置

操作数中分成源 SRC 及目的 DST 两个，当一边是上述的操作数时，另一边可能是 ACC 或 8 位短立即数据#K，或 16 位长立即数据#LK。PAB 为程序存储器寻址，而 PRDB 为程序存储器读取值，DWEB 是数据存储器的写入值，DAB 为数据存储器的地址值，DRDB 是数据存储器的读取数据，DM 为数据存储器，PM 为程序存储器，IM 为 I/O 存储器。

将指令功能分成下列 5 种，而前 4 种分别列于表 3-8~表 3-11 中。
（1）存储器的读/写移动指令。
（2）累加器的算数及逻辑运算 CALU。
（3）辅助寄存器的操作。
（4）TREG 和 PREG 的乘及对应 ACC 的加减运算。
（5）分支及控制指令。

表 3-8 存储器的读/写移动指令

指 令	简易功能说明	源 SRC	目的 DST
SPLK	将数据存储器载入 16 位长立即数据	#LK	GPADR4
BLDD	将数据存储器读取载入数据存储器内	#LK/GPADR4	#LK/GPADR4
BLPD	将程序存储器读取载入数据存储器内	#LK/GPADR4	#LK/GPADR4
DMOV	数据存储器读取载入下一个数据存储器内	GPADR4	XX
TBLR	将 ACC 寻址 PAB 读取 PRDB 载入 DWEB	PM	GPADR4
TBLW	将 DRDB 写入 ACC 寻址 PAB 的 PWDB	GPADR4	PM
IN	将#LK 的 I/O 寻址读取内容写入 DM	#LK	GPADR4
OUT	将 DM 寻址内容输出到#LK 的 IM	GPADR4	#LK

表 3-9 累加器的算数及逻辑运算 CALU 指令

指 令	简易功能说明	源 SRC	目的 DST
ABS	将 ACC 内容取绝对值写回 ACC 内	ACC	ACC
CMPL	ACC 内容取位反转 1 补码写回 ACC 内	ACC	ACC
NEG	ACC 内容取 2 的补码写回 ACC 内	ACC	ACC
NORM	ACC 内 32 位正规化判别最高位位置数 n 载入 ind 存储器内	ACC	ind
SFR	ACC 内容右移,若 SXM=0,则 D31 以 0 移入 若 SXM=1,则 D31=D31 将 0 由 D30 移入	ACC	ACC
SFL	ACC 内容左移,由 D0 以 0 移入	ACC	ACC
ROR	ACC 连同 C 标志右移,C≫D31,D0≫C	ACC	ACC
ROL	ACC 连同 C 标志左移,C≫D0,D31≫C	ACC	ACC
ADD	数据存储器内容与 ACC 做 ADD 运算载入 ACC	GPADR1	ACC
ADDC	数据存储器内容与 ACC 及 C 标志做 ADD 运算	GPADR4	ACC
ADDS	数据存储器内容与 ACC 做带符号的 ADD 运算	GPADR4	ACC
ADDT	数据存储器内容与 ACC 依 TREG 的 D3~D0 做左移位后的值再进行 ADD 运算后写回 ACC	GPADR4	ACC
SUB	将 ACC 与 DM 做 2 补码 SUB 运算写回 ACC	GPADR1	ACC
SUBB	将 ACC 与 DM 做 2 补码及 B(/C)SUB 运算	GPADR4	ACC
SUBS	将 ACC 与 DM 做 2 补码带符号 SUB 运算	GPADR4	ACC
SUBT	ACC 依 T 移位与 DM 做 2 补码 SUB 运算	GPADR4	ACC
SUBC	将 ACC 内容减 DM * 2^{-15} 内容,若够减,则将 ACC * 2+1>ACC,否则仅做 ACC * 2>ACC	GPADR4	ACC
AND	数据存储器内容与 ACC 做 AND 运算载入 ACC	GPADR2	ACC
OR	数据存储器内容与 ACC 做 OR 运算载入 ACC	GPADR2	ACC
XOR	数据存储器内容与 ACC 做 XOR 运算载入 ACC	GPADR2	ACC
LACC	将数据存储器或程序存储器内容载入 ACC	GPADR1	ACC
LACL	DM 或短立即数据载入 ACL,并清除 ACH	GPADR4/#k	ACC
LACT	将 ACC 依 TREG 的 D3~D0 左移载入 ACC	GPADR4	ACC
SACH	ACC 依移位量移位后高 16 位载入 DM	GPADR5	ACC
SACL	ACC 依移位量移位后低 16 位载入 DM	GPADR5	ACC
ZALR	将 DM 内容载入 ACH,并将 ACL 加 8000H 后,清除 ACL(round 指令的四舍五入)	GPADR4	ACC

表 3-10 TREG 和 PREG 的乘及对应 ACC 的加减运算指令

指令	简易功能说明	源 SRC	目的 DST
LT	将数据存储器内容载入 TREG 寄存器	GPADR4	TREG
LTA	将 DM 载入 TREG,并将 P 积值依照 PM 设置移位加入 ACC 内	GPADR4	TREG
LTS	将 DM 载入 TREG,并将 ACC 减去 P 积值依照 PM 设置移位后的值,再写回 ACC 内	GPADR4	TREG ACC
LTD	将 DM 载入 TREG,并将 P 积值依 PM 设置移位加入 ACC 内,DM 内容复制到下一个 DM 内	GPADR4	TREG
LTP	将 DM 内容载入 TREG,并将积值 P 写入 ACC	GPADR4	TREG/P
MPY	T 内容与 DM 或 13 位常数相乘后载入 P	GPADR4/#K3	PREG
MPYU	T 内容与 DM 作不带符号相乘后载入 P	GPADR4	PREG
MPYA	将 ACC 加上次 P 值,依 PM 移位后载入 ACC,并同时进行 T 内容与 DM 相乘后载入 P	PREG/ACC GPADR4	ACC PREG
MPYS	将 ACC 减去上次 P 值,依 PM 移位后载入 ACC,并同时进行 T 内容与 DM 相乘后载入 P	PREG/ACC GPADR4	ACC PREG
MAC	将 ACC 加上次 P 值,依 PM 移位后载入 ACC,并进行 DM 载入 T 与 PM 相乘后载入 P	PREG/ACC GPADR4,PM	ACC PREG
MACD	ACC 加上次 P 值,依 PM 移位后载入 ACC,并将 DM 载入 T 与 PM 相乘后载入 P,同时将 PAB 加 1 及 DM 内容复制到下一个 DM 内	PREG/ACC GPADR4,PM	ACC PREG
PAC	将积值 PREG 载入 ACC 内	PREG	ACC
APAC	将积值 PREG 加入 ACC 内	PREG	ACC
SPAC	将 ACC 减积值 PREG 载入 ACC 内	PREG	ACC
SQRA	将 ACC 加上次 P 值,依 PM 移位后载入 ACC,并进行 DM 内容平方后载入 P	PREG GPADR4	ACC PREG
LT	将数据存储器内容载入 TREG 寄存器	GPADR4	TREG
SQRS	将 ACC 减上次 P 值,依 PM 移位后载入 ACC,并进行 DM 内容平方后载入 P	PREG GPADR4	ACC PREG
SPH	将 PREG 依 PM 移位,取高 16 位载入 DM。若 PM=3,选择右移 6 位方式时须采用符号扩充;若左移,则低 16 位以 0 移入后高 16 位载入 DM	PREG GPADR4	ACC PREG
SPL	将 PREG 依 PM 移位,取低 16 位载入 DM,若 PM=3,选择右移 6 位方式时须采用符号扩充;若左移,则低 16 位以 0 移入后载入 DM	PREG GPADR4	ACC PREG

表 3-11 辅助寄存器的操作指令

指 令	简易功能说明	源 SRC	目的 DST
LAR	数据存储器内容载入辅助寄存器 ARx	GPADR2	ARn
SAR	辅助寄存器 ARx 载入 16 位长立即数据	ARn	GPADR4
ADRK	将短立即数据加入 ARn 做补充位移	♯K	ARn
SBRK	将 ARn 减掉短立即数据做补充位移	♯K	ARn
MAR	仅作 ARn 的索引 ARAU 操作	ind[,ARn]	ind[,ARn]
BANZ	若 ARn 值不为 0,则分支并将 ARn 减 1	ARP	♯LK
CMPR	依指令设置 CM=0～3,将 ARn 与 AR0 比较来设置 TC 标志	ARn AR0	TC 标志

最后的分支及控制指令将在第 4 章介绍。

第 4 章

TMS320F/C2407 的程序分支及控制

TMS320F/C2407 采用 4 层流水线操作,多数是一个字指令,也是一个执行周期执行完成,最高执行速度为 40 MIPS。本章主要介绍程序地址产生器、程序分支 BRANCH 及子程序分支 CALL 返回主程序,或单一指令的硬件控制重复执行等软硬件中断控制,外部硬件中断向量分支、CPU 的中断执行和对应中断寄存器的设置等。

4.1 程序地址产生器

程序地址产生器由一个程序计数器 PC 设置控制,当目前的程序指令被取出(Fetch)并进行译码(Decode)及读取数据执行(Execute),然后将执行结果写回(Write)时,需要微处理器判别产生下一个程序执行的地址。TMS320F/C2xxx 的程序执行流程如图 4-1 所示。

从图 4-1 中可见,需要一个程序计数器 PC(Program Counter)及产生下一个程序地址的顺序递加器。另一个是产生下一个程序地址的寄存器 NPAR。译码执行后改变程序地址寄存器 PAR(Program Address Register)。程序地址栈指针 STACK 是 8 个 16 位深的栈寄存器,一个不可读取仅可写入的栈顶端指针 TOS(Top Of Stack),另一个微栈 MSTACK 用来作为程序表格区域或区域数据移动作往返的微栈器(Micro Stack),以及用作硬件控制程序重复执行的重复计数器 Repeat Counter)等,分别说明如下。

1. 程序计数器(PC)

程序地址产生电路中,使用一个 16 位的程序计数器用以指定内部或外部的程序存储器的地址,PC 内容为下一条指令地址;经过程序地址总线(PAB)的操作,在程序存储器中这个地址的指令及操作码将被获取,然后载入指令寄存器(IR)内。当指令寄存器被载入后,PC 会再被写入下一条指令要执行的地址。一般 CPU 的 PC 包括依序不变地取下一个地址的顺序执行,或因执行到分支 BRANCH 指令,译码执行后被载入分支程序地址,或执行子程序指令时被载入子程序地址;而原来下一个顺序执行的程序地址被推入栈指针所指的栈寄存器,并令栈指针加 1,以便下一个子程序执行可再被推入新的主程序地址,在子程序中执行完成后,最后以 RET 返回主程序;而将栈自动减 1 再从栈指针所指的栈寄存器取出,载入程序存储器便可回到主程序。

软件及硬件或外设所发生的实时事件,条件设置成立时会自动分支到预先设置的固定向量地址,并把发生向量前的程序顺序执行地址,如同调用子程序一样载入栈寄存器存放,同样以 RET 可退出中断向量的执行回主程序。另外,以 ACC 累加器内容可任意设置分支地址的指令,是一种灵活的程序分支。程序计数器的执行顺序如表 4-1 所列。

第 4 章 TMS320F/C2407 的程序分支及控制

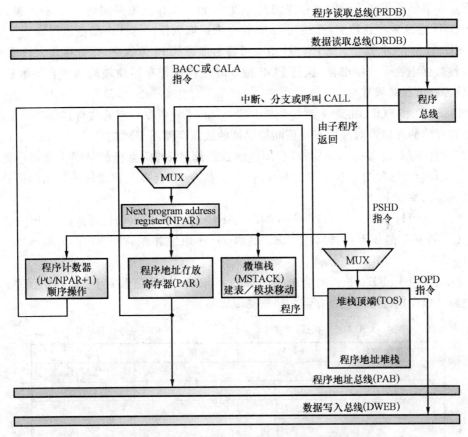

图 4-1 TMS320F/C24xx 系列的程序地址产生器方框图

表 4-1 地址载入程序计数器 PC 的操作流程表

程序码操作	地址载入 PC 的操作
顺序执行	若目前所获取的指令是一个字,则 PC 将会被自动加 1;若是二个字,则会被自动加 2
分支(Branch)	将立即的长常数立即值直接载入 PC 或将 ACL 内容载入 PC
子程序调用(Call)及回主程序 RET	执行子程序指令时被载入子程序地址,而原来下一个顺序执行的程序地址被推入栈指针所指的栈寄存器,当执行 RET 回主程序时,会自动从栈寄存器的顶端载入 PC 而回主程序
硬件或软件中断	将适当的预设中断向量地址载入 PC,并如同调用子程序一样将原来主程序的下一个顺序程序地址写入栈寄存器的顶端,以便执行 RET 指令时回主程序

2. 栈指针及栈寄存器(STACK)

所有的 24xx 系列微控制器,内部建立一个 16 位宽、8 层深的栈寄存器,栈指针不可被读/写。当程序执行子程序或发生中断时,程序存储器产生器会将主程序中要返回的地址载入栈寄存器中,8 层深的栈寄存器会自动往下推移,将上次或上上次等推入的主程序地址往下移存,最后推入的地址存放于栈寄存器 8 层中的最顶端(TOS)。这种功能不需要额外执行周期,在流水线执行中自动对应执行,当子程序或中断向量服务程序执行完成后,一个返回 RET 指令会从栈顶端移出发送到程序计数器内,其他存在栈寄存器的地址值会依次往上推移。

栈寄存器群除了可作为返回主程序的栈存放外,也可以作其他存储器使用,将数据或地址利用推入 PUSH 指令来存放数据,而使用 POP 指令来提取数据。这两个指令说明如下。

(1) PUSH 和 POP 指令:此 PUSH 指令可将累加器低 16 位数据 ACL 存放入栈顶端 TOS,而原先的栈数据则往下一层堆存;执行 POP 指令时会将栈寄存器顶端的栈内容提取载入 ACL 内,并将栈原存值往高级移存。

(2) PUSHD 和 POPD 指令:此指令与 PUSH 和 POP 指令对应的栈寄存器功能是相同的,只是与栈寄存器的存取是对应以直接或间接寻址的数据存储器 DM 的内容。

栈寄存器仅有 8 层,假如 CALL 或中断连续执行超过 8 次,会将最早推入栈寄存器最低级数据遗失。当然,连续超过 8 次返回主程序的 RET 指令,也会提取到错误的数据而回到错误的地址。栈操作列举如下。

(1) PC=500H:CALL 591H,*+,AR3;ARP=5,AR5=200H,则执行时 PC+2=502H 会载入 TOS(栈顶端的栈寄存器),程序 PC 跳到 591H 地址并作 ARx 修正,AR5=201H,ARP=3,ARB=5。

(2) PC=5A0H:RET 执行时会由栈顶端 TOS 取出 502H 值载入 PC 回到主程序。

上述两个程序执行对应栈寄存器的操作如下表所示:

CALL 指令执行后		RET 指令执行时	
栈器顶端 TOS	502H	栈器顶端 TOS	282H
	282H		AA55H
	AA55H		4567H
	4567H		1234H
	1234H		380H
	380H		298H
	298H		9876H
栈器底端 BOS	9876H	栈器底端 BOS	9876H

(3) PUSH:将 ACC 的 ACL 低 16 位数据 1234H 推入栈寄存器 TOS 存放。

(4) POPD 28H:将栈寄存器 TOS 的内容提取出载入 DP=06 的 328H 存储器内。

(5) PUSHD *+,AR7:ARP=5,AR5=380H 内容 589AH 推入栈寄存器的 TOS 存放,令 AR5=381H,ARB=5,ARP=7。

(6) PUSHD 28H:将 DP=06 的 328H 存储器内容推入栈寄存器的 TOS 存放。

PUSH 指令执行		POPD 指令执行		PUSHD 指令执行	
栈顶端 TOS	1234H	栈顶端 TOS	02H	栈顶端 TOS	502H
	502H		282H		282H
	282H		AA55H		AA55H
	AA55H		4567H		4567H
	4567H		1234H		1234H
	1234H		380H		380H
	380H		298H		298H
栈底端 BOS	298H	栈底端 BOS	298H	栈底端 BOS	9876H

3. 微栈器(Microstack MSTACK)

TMS320F/C24xx系列具有硬件的重复执行操作。若碰到双操作数的双字指令,则这些指令在重复操作指令下,重复指令执行完成后必须继续执行到PC+2地址。有些指令必须在PC+1地址提取到指令的第二个操作数来作为存储器的立即常数寻址,这时的PC+2必须存放到此16位一层深的微栈寄存器内;否则指令执行时将会对PC+1所取得的长常数立即寻址,载入PC内来读取程序存储器内数据进行运算。这些指令有BLDD、BLDP、MAC、MACD、TBLR和TBLW等。重复执行这些2字指令时,PC被长常数立即寻址来载入读取数据,以便重复执行此指令操作,当重复指令执行完毕后,就可以由MSTACK取出下一个指令地址继续执行下去,这个MSTACK不可被读/写或操作。

4.2 指令的流水线操作

TMS320F/C24xx系列具有4层指令流水线操作(Line Operation),一个指令的执行分成4个步骤执行:a. 指令获取(Instruction Fetch);b. 指令译码(Instruction Decode);c. 操作数读取(Operand Fetch);d. 指令执行及写回(Instruction Execute)。这4个步骤依序进行,但每个时序都在对应不同指令同时进行,因此每一个时序周期就会执行完成一个指令。若一个时序仅进行一个操作,则需要4个时序完成。若一个时序同时进行不同指令的分序操作,则执行效率就可达一个周期一个指令。表4-2为单一字的指令流水线操作程序。

表4-2 单一字的指令流水线操作程序

PC=100	PC=101	PC=102	PC=103	PC=104	PC=105	PC=106	PC=107	PC
IF(100H)	IF(101H)	IF(102H)	IF(103H)	IF(104H)	IF(105H)	IF(106H)	IF(107H)	获取
ID(0FFH)	ID(100H)	ID(101H)	ID(102H)	ID(103H)	ID(104H)	ID(105H)	ID(106H)	译码
OF(0FEH)	OF(0FFH)	OF(100H)	OF(101H)	OF(102H)	OF(103H)	OF(104H)	OF(105H)	读取
EX(0FDH)	EX(0FEH)	EX(0FFH)	EX(100H)	EX(101H)	EX(102H)	EX(103H)	EX(104H)	执行

4.3 分支指令的分支、子程序调用及返回主程序操作

指令分支是所有CPU必需的指令,而分支指令又分成子程序执行CALL指令,或单纯的中断发生的中断固定向量分支。但此子程序是公共使用程序,必须回到各自调用程序的主程序,而用RET指令返回。这些执行程序分成有条件分支或无条件分支。有条件的分支是程序操作判别的重要控制指令,CALL和RET及中断等都会使用到栈寄存器来存放主程序地址,或者取出主程序地址而返回主程序。这些分支指令简略说明如下。

1. 无条件分支

这些无条件分支B(Branch)、子程序执行CALL、返回主程序RET和不可屏蔽的软件中断等,只要程序执行到就会将程序计数器PC预载入设置而分支。无条件分支指令有以下几种:

(1) 无条件分支(Branch)指令。B(Branch)♯LK立即寻址分支,BACC分支到累加器ACL内容地址。

(2) 无条件调用子程序执行(Call)指令。CALL♯LK立即寻址子程序,CALA调用到累加

器 ACL 内容地址子程序。

(3) 无条件中断子程序执行指令。不可屏蔽的中断执行,如 NMI、TRAP 等指令,及用户定义的中断 INT8～INT16、INT20～INT31 等。

无条件程序分支、子程序调用及返回主程序和中断等指令,在流水线的操作中,当到达此指令的第 4 层指令执行(EX)时,已经获取到后 3 个指令,其中一个指令已被译码(ID),另一个已经作操作数读取(OF),这时分支指令执行必须将这 2 个指令去除掉,不可继续到分支程序地址进行流水线处理操作,而程序自动由分支程序地址开始进行流水线的指令获取,而在分支前紧跟着的指令在执行阶段(EX)是连续 2 个不执行,而以 NOP 或 IDLE 来操作。

2. 有条件分支

有条件分支 BCND(Branch)、子程序执行 CC (CALL Condition)、返回主程序 RETC 和可屏蔽的软件中断等,只要程序执行到且条件成立,就会将程序计数器 PC 载入设置而分支。条件分支指令中的条件如表 4-3 所列。由表可见,对于 ACC 累加器做 ALU 的运算后,都会影响到 C、OV 的标志以及 ACC 值的结果判别,另外的测试控制标志 TC 则可用 BIT 或 BITT 指令,将直接或间接寻址的存储器内容的任何一个位值来对应 TC 作映射载入,然后再使用 TC 标志做条件判别执行。TI 所有的 DSP 都有一个外部的 $\overline{\text{BIO}}$ 输入引脚,该引脚输入会自动反映到 BIO 值作为条件判别执行。

表 4-3 CALL、BCND 及 RETC 条件分支指令中的条件表

操作元符号	条件	条件说明	操作元符号	条件	条件说明
EQ	ACC=0	累加器 ACC 默认值等于 0	NC	C=0	进位标志位为 0
NEQ	ACC≠0	累加器 ACC 默认值不等于 0	OV	OV=1	累加器的溢出标志 OV 位为 1
LT	ACC<0	累加器 ACC 默认值小于 0	NOV	OV=0	累加器的溢出标志 OV 位为 0
LEQ	ACC≤0	累加器 ACC 默认值小于或等于 0	BIO	外部$\overline{\text{BIO}}$=0	外部$\overline{\text{BIO}}$引脚输入为低电平
GT	ACC>0	累加器 ACC 默认值大于 0	TC	TC=1	测试控制标志位 TC=1
GEQ	ACC≥0	累加器 ACC 默认值大于或等于 0	NTC	TC=0	测试控制标志位 TC=0
C	C=1	进位标志位为 1			

条件中也可以设置多重条件汇编。条件分支指令具有 3 个条件码,以 BCND 指令格式为例进行说明,如表 4-4 所列。

表 4-4 条件分支指令码 BCND

指令码 D15～D10	测试码 TP D9～D8	条件码 ZLVC/D7～D4	条件码 ZLVC/D3～D0
xxxxxx	$\overline{\text{BIO}}$,TC 状态	Zero,Lt,Ov,C	Zero,LT,OV,C
111000	B(0),TC,NTC,NN	Z(7),L(6),V(5),C(4)	Z(3),L(2),V(1),C(0)

由指令码中可见,最多可设置 3 组条件,但这 3 组条件不能相互冲突,因此指令条件分成 2 群,如表 4-5 所列,多重的条件必须来自不同群族及不同类别。

第4章　TMS320F/C2407 的程序分支及控制

表 4-5　条件分族

族群 1		族群 2		
类别 A	类别 B	类别 A	类别 B	类别 C
EQ,NEQ	OV	TC	C	BIO
LT,LEQ	NOV	NTC	NC	
GT,GEQ				

条件分支 B(Branch)、子程序执行 CALL、返回主程序 RET 和可屏蔽的软件中断等，只要程序执行到且所设置的条件成立，就会设置程序计数器 PC 产生分支。条件分支指令有以下几种：

(1) 条件分支(Branch)指令。BCND(Condition) #LK,CC 立即寻址分支到 LK 地址。
(2) 条件子程序执行(Call)指令。CC #LK,CC 立即寻址子程序，RETC 回主程序。
(3) 条件中断子程序执行指令。可屏蔽的中断执行，如 XINT、INT1~INT6 等指令。

条件程序分支、调用子程序及返回主程序和中断等指令在流水线的操作中，当到达此指令的第 4 层的指令执行(EX)时，已经获取的后 3 个指令中，一个指令已被译码(ID)，另一个已经做操作数读取(OF)，这时分支指令执行必须将这 2 个指令去除掉，不可继续到分支程序地址进行流水线处理操作，而程序自动由分支程序地址开始作流水线取指令，而在分支前紧跟着的指令在执行阶段(EX)是连续 2 个不做执行，而以 NOP 或 IDLE 来操作。

对于外设或者 GPIO 或任何存储器内容某个位值的判别，作为条件分支，是一个相当重要的指令。DSP 以 BIT 指令对应存储器的直接或间接寻址内容的 b(0~15) 位来用作测试控制标志 TC，并以 TC 条件来做分支执行控制，另外一个以 T 寄存器的 D3~D0 位作为存储器位设置测试指令 BITT，可灵活地依变量来作存储器位值的检测及条件分支。

对于循环判别执行，DSP 有两种模式。其中一种是硬件计算判别的单一指令重复操作指令，这个操作指令以一个硬件计数器 RTPC 来控制 PC 的程序重复执行；当重复执行完毕，便会回到正常的顺序执行。其最大的优点是，必须执行一个软件重复数的判别，因此对于执行上少了一个指令，便使得速度上快了 2 倍。这个指令是 RTP #K 重复数为 (0~255)+1=1~256，而且这个指令会使重复执行的单一指令在流水线操作中比原来单独执行快达 1 倍的速度。

对于局部程序的循环控制执行，TMS320F/C2407 提供了一个相当简洁的指令，即将间接寻址的辅助寄存器内容做是否为 0 值的判别：若不为 0，则将自动修正辅助寄存器内容减 1，然后分支到立即长寻址地址，或者重新修正辅助寄存器内容。这个指令在循环执行的应用控制上是相当重要的。

这些程序分支控制指令如表 4-6 所列，状态标志及测试控制 TC 标志的指令操作如表 4-7 所列，并对应其简易功能说明。分支指令及控制指令的执行流程及应用，列举一些范例加以说明。

表 4-6　程序分支控制操作指令

指　令	简易功能说明	源 SRC	目的 DST
B pma	无条件分支到 pma 立即长寻址地址		pma
BACC	无条件分支累加器 ACC 内低 16 位地址		ACL
BCND	可多重条件设置成立时就分支到 pma 地址	cnd1,2,3	pma
CALL pma	无条件分支到 pma 地址的子程序		pma/stack
CALA	无条件分支到 ACL 内容地址的子程序		ACL/stack
CC	多重条件成立时分支到 pma 地址子程序	cnd1,2,3	pma/stack
RET	由栈顶端取回主程序载入 PC 回主程序	STACK	PC
RETC	多重条件成立时由栈顶端取得地址回主程序	cnd1,2,3/stack	PC
RTP#K	令 PC 一直分支重复执行下一个单指令 K 次	rptc/mstack	PC
INTRn	软件中断子程序执行,分支到固定的向量	n=0~31	STACK
TRAP	软件中断子程序执行,固定在地址 0022H 处	PC=0022H	STACK
NMI	不可屏蔽中断,指令或错误寻址执行产生	PC=0024H	STACK
BANZ	若 ARn 值不为 0,则分支并将 ARn 减 1	ARP	#LK
RPT K/Mn	此指令下的单一指令重复执行 K/Mn 次	GPADR3	PC−1/PC

表 4-7　状态标志及测试控制 TC 的指令操作

指　令	简易功能说明	源 SRC	目的 DST
CLRC	清除进位标志 C=0	C	C
SETC	设置进位标志 C=1	C	C
BIT	直接、间接寻址存储器 b 位复制到 TC	GPADR3/Mb	TC
BITT	存储器 T 的 d3~d0 设置位复制到 TC	Treg/Mb	TC
CMPR cc	将 ARP 所指 ARx 与 AR0 比较结果设置 TC	ARx,AR0	TC
IDLE	程序空闲不执行,必须由中断唤醒	PC	中断
LDP	ST0 的 DP 页作直接寻址 A15~A7 载入	GPADR3	ST1/DP
SPM	ST1 D1/D0 的 PM 积值移位模式载入	00~11	ST0/PM
LST 0,1	状态标志寄存器 ST0/ST1 载入数据存储器 DM	ST0/ST1	GPADR4
SST 0,1	数据存储器 DM 载入状态标志寄存器 ST0/ST1	GPADR4	ST0/ST1

　　程序中断分支时,除了软件中断及 IDLE 空闲执行外,其发生的中断源地址是不可预测的。因此在执行中断服务程序时,可能会破坏到一些主程序的主要程序,在中断服务程序中所有被更新到存储器以及标志寄存器都必须先被存储,回主程序时,必须再被写回。这其中最麻烦的是状态标志寄存器 ST0、ST1 及累加器 ACC,因此必须先将标志寄存器存储在一个未被用到的数据存储器。用到存储器时的 ARP、ARB 及 DP 和其他标志寄存器等都事先要存储,但 ST0、ST1 不是存储器映射寄存器,故需要用特殊指令来操作,SST0 或 SST1 就是将 ST0 或 ST1 存储在存储

器内,而 LST0 或 LST1 是将 ST0 或 ST1 由存储器取写入的指令。

1. 选择分支执行结构

(1) LACC ♯1234H	;令累加器 ACC=1234H。
(2) SUB 28H	;若 DP=06,则将 ACC 内容与 328H 存储器内容相减。
(3) BCND loop1,LEQ	;运算后,若 ACC 内容小于或等于 0,则分支到 loop1。
(4) B next	;若 ACC 内容大于 0,则分支到 next。
loop1:	
(5) LACC 29H	;令累加器 ACC 保存存储器 329H 内容。
(6) SUB ♯5678H	;将 ACC 内容与立即数据 5678H 相减。
(7) BCND loop2,NEQ	;运算后,若 ACC 内容等于 0,则分支到 loop2。
next:	
(8) RETC BIO	;若外部的 $\overline{BIO}$ 引脚输入低电平,则回主程序。
(9) B loop3	;分支到 loop3 地址。
loop2:	
(10) RET	;无条件由栈顶端取得地址回主程序。

上述程序中,采用 ACC 的 ALU 运算后的结果值标志来作为比较值执行判别分支。TMS320F/C24xx 系列有一个比较指令,是将辅助寄存器值 ARx 与辅助寄存器 AR0 值进行比较的 CMPR cc 指令。这个比较指令并不需要作运算,且比较后不会影响辅助寄存器值。下面程序为采用 CMPR 指令示例。

(1) LAR AR3,♯1234H	;令辅助寄存器 AR3=♯1234H。
(2) LAR AR0,♯1000H	;令辅助寄存器 AR0=♯1000H。
(3) MAR *,AR3	;设置 ARP=2。
(4) CMPR 2	;0/ARx=AR0,1/ARx<AR0,2/ARx>AR0,3/ARx≠AR0。
(5) BCND loop1,TC	;若 AR3>AR0,则 TC=1 会分支到 loop1。
(6) B next	;若 AR3≤AR0,则 TC = 0 分支到 next。

2. 重复选择分支执行结构

局部指令重复执行,是 DSP 相当重要的运算,因此循环的计数及判别分支操作相当重要。虽然可用累加器内容来计数作判别,但相当不方便且效率低。可以使用 CMPR 指令,但 DSP 有一个专为循环执行分支判别的指令 BANZ,将判别 ARP 所设置的 ARx 默认值是否为 0,若不为 0(Branch if None Zero),则分支,并将 ARx 递减 1 或修正原来 ARP 且更新 ARP 值。这个 BANZ 指令对应循环指令的重复执行是相当有效的重要指令。列举指令说明如下。

假如要进行运算式 $P = \sum_{i,j=0}^{99} X_i \times Y_j$ 的运算,将 X_i 及 Y_j 参变量存在存储器的 X 及 Y 寻址起始地址时,可执行下列的程序操作。

(1) LACC ♯0	;将 ACC 载入起始的 0 值。
(2) MAR *,AR3	;令 ARP=3。
(3) LAR AR3,♯X	;令 AR3 寻址 X 立即地址。
(4) LAR AR4,♯Y	;令 AR4 寻址 Y 立即地址。
(5) LAR AR6,♯99	;令 AR6 的值为执行运算的循环数。

(6) Mul LT *+,AR3   ;将 AR3 寻址的存储器内容载入 T 寄存器并设置新 ARP=3。
(7) MYP *+,AR6   ;将 AR3(X 内容)与 T 寄存器(Y 内容)相乘载入 P,更新
                           ;ARP=6。
(8) APAC   ;将积值 P 加入 ACC 累加器内。
(9) BANZ Mul,*-,AR3   ;判别 AR6 值是否为 0,不为 0 则递减 1 分支到 Mul。
(10) RET   ;直到循环执行 100 次后,完成 P 的运算值回主程序。

4.4 重复单一指令的执行操作

另外一个重复指令 RPT,使用一个硬件的重复计数器 RPTC。当指令执行 RPT 时,紧跟着的操作数有 8 位立即数据,或者直接或间接寻址的数据存储器内容作重复次数设置而写入 RPTC,此重复执行数为 RPTC+1。执行重复单一指令时,每执行一次指令后,会检测 RPTC 是否为 0,不为 0 则控制 PC 再次执行此单一指令,直到 RPTC 递减到 0 值才完成,而 PC 会继续往下执行。RPTC 是一个 16 位计数器,假如指令中的重复执行次数是由直接或间接寻址的数据存储器内容来设置的,是 16 位计数值,若直接立即设置,则由于指令仅是一个字,所以只能设置到 8 位的 256 最大重复执行次数。

一些指令,如 MACD(乘加后积值移位加入 ACC 及数据移动处理)的指令、NORM(正规化累加器)指令、SUBC(移位相减的状态减运算)指令,当以 RPT 重复执行这些指令时,程序存储器的地址总线及数据总线在取第二个操作数时,与数据存储器的地址总线及数据总线同时并行操作,也就是说,会因为重复执行在硬件检测的重复流水线的操作数获取(OF)及执行周期(EXE)同时进行,使得 MACD 及 BLDP 这两个指令同时进行程序存储器取指第二个操作数和数据存储器的读取数据,操作数的获取与数据存储器的寻址和数据的读/写同时进行,因而在 RPT 指令下会令这些指令本来需要 2 个执行周期,变成更有效率的操作而被简化改善成 1 个执行周期,尤其对应多点乘加运算的 FIR 操作,仅 1 个执行周期即可,这就大大提高了运算速度。

4.5 中断操作

DSP 具有硬件中断及软件中断两种模式功能。硬件的中断有 INT1~INT6 及 NMI 和 TRAP 与 $\overline{RS}$ 等,用来提供更灵活、方便的中断方法;软件中断则以 INTn 指令来设置处理中断,共有 INT0~INT6、INT8~INT16 及 INT20~INT31 等共有 32 个软件中断的程序定义操作,并会分别执行到不同向量的服务程序。表 4-8 为 24xx 系列的中断向量地址、名称及优先级及中断功能模式。DSP 24xx 系列具有非常多的接口外设,为了提高 DSP 的操作效率,当这些外设接口执行完成 CPU 所设置的事件时,必须以产生中断信号来请求与 CPU 执行连接,进行数据的传递或新事件的处理。这些非常多的外设事件中断请求都被设置在可屏蔽的 INT1~INT6 中断向量内,外设接口对应中断请求会自动被配置在一个外设中断向量寄存器(Peripheral Interrupt Vector Register)PIVR 内。对应各种外设接口的中断向量配置执行时,便可对应于 PIVR 的设置位加以判别后,再分支到各个外设的中断服务程序执行。可屏蔽的中断,其屏蔽是由一个中断屏蔽寄存器 IMR(Interrupt Mask Register)来对应设置控制。对应于各个可屏蔽中断所产生的对应状态标志位,会自动反映到一个中断标志位寄存器 IFR(Interrupt Flag Register)。可

屏蔽的中断控制,除了对应在中断屏蔽寄存器 IMR 加以设置 1 为允许、0 为禁用外,还设置有一个中断总开关 INTM 位,这个位设置在系统状态标志寄存器 ST0 内。若要令可屏蔽中断发生,则必须先令 INTM 设置为 0 允许,才会对应于中断屏蔽寄存器中已被设置为 1 的中断允许并对应产生中断执行。下面分别说明中断屏蔽寄存器 IMR 及中断标志位寄存器 IFR。

表 4-8 24xx 系列的中断向量地址及优先级

K	向量地址	名 称	优先级	功能说明
0	0000H	$\overline{RS}$复位	1(最高)	硬件复位(不可屏蔽)
1	0002H	INT1	4	可屏蔽中断#1兼具外设接口中断向量
2	0004H	INT2	5	可屏蔽中断#2兼具外设接口中断向量
3	0006H	INT3	6	可屏蔽中断#3兼具外设接口中断向量
4	0008H	INT4	7	可屏蔽中断#4兼具外设接口中断向量
5	000AH	INT5	8	可屏蔽中断#5兼具外设接口中断向量
6	000CH	INT6	9	可屏蔽中断#6兼具外设接口中断向量
7	000EH		10	保留
8	0010H	INT8	—	用户可自行定义的软件中断
9	0012H	INT9	—	用户可自行定义的软件中断
10	0014H	INT10	—	用户可自行定义的软件中断
11	0016H	INT11	—	用户可自行定义的软件中断
12	0018H	INT12	—	用户可自行定义的软件中断
13	001AH	INT13	—	用户可自行定义的软件中断
14	001CH	INT14	—	用户可自行定义的软件中断
15	001EH	INT15	—	用户可自行定义的软件中断
16	0020H	INT16	—	用户可自行定义的软件中断
17	0022H	TRAP	—	软件 TRAP 的指令向量
18	0024H	NMI	3	软件及硬件的不可屏蔽中断
19	0026H		2	保留
20	0028H	INT20	—	用户可自行定义的软件中断
21	002AH	INT21	—	用户可自行定义的软件中断
22	002CH	INT22	—	用户可自行定义的软件中断
23	002EH	INT23	—	用户可自行定义的软件中断
24	0030H	INT24	—	用户可自行定义的软件中断
25	0032H	INT25	—	用户可自行定义的软件中断
26	0034H	INT26	—	用户可自行定义的软件中断
27	0036H	INT27	—	用户可自行定义的软件中断
28	0038H	INT28	—	用户可自行定义的软件中断
29	003AH	INT29	—	用户可自行定义的软件中断
30	003CH	INT30	—	用户可自行定义的软件中断
31	003EH	INT31	—	用户可自行定义的软件中断

1. 中断标志位寄存器 IFR

中断标志位寄存器 IFR 是一个 16 位的存储器映射寄存器(MMR),寻址于数据存储器的 0006H 处。此寄存器仅被用来判断中断事件是否传递到 CPU,而对应标志在此中断标志位寄存器 IFR 内。当可屏蔽的中断事件发生且被请求时,相应的中断标志位寄存器 IFR 位会被设置标识应答,这时中断屏蔽寄存器 IMR 被软件设置为 1 且 CPU 已接收到,会将相应的中断标志位寄存器 IFR 设置为 1,同时中断总开关 INTM 被软件也设置为 1 允许,就会执行如表 4-8 所列的中断向量服务程序。假如仅是中断标志位寄存器 IFR 的对应位被设置为 1,则表示中断正在等候判定(Pending)、等待(Waiting For)或在认可(Acknowledgement)中,可以读取 IFR 的默认值,以判断是否正处于等待中断的状态。当然,若不想执行中断服务程序,则可以使用"1"写入对应的 IFR 位内将其清除。假如有一个或一个以上的中断发生或等待时,要清除所有的中断标志位,可以将 IFR 读取后再将其写回,这时 IFR 内已设置为 1 的标志位会被再用"1"写回而清除,这样可以清除所有的中断标志位。当然,若这个中断的屏蔽被设置允许且 INTM=0,则 CPU 会对应分支到中断向量地址,这时对应中断标志位会被清除。IFR 标志位要清除时的处理如下:

(1) CPU 认可此中断且分支到中断向量。

(2) 芯片被复位时。

处理中断标志位 IFR 必须注意如下几点:

(1) 清除对应的 IFR 标志位,必须以"1"写入清除为 0,而非写入"0"来清除。

(2) 一个可屏蔽的中断被认可而执行的同时,仅这个中断标志位会被自动清除,而对应的中断屏蔽位并不会被清除,若要清除这个对应中断屏蔽位,则必须以软件的"0"写入来清除作禁用设置控制。

(3) INT0~INT6 也可以用软件设置来进行中断控制。若中断请求来自 INTR 这个用户自定义的软件中断,且对应的屏蔽控制位被允许,则当中断服务向量执行时,CPU 并不会自动将对应中断标志位清除,这时若需要清除这个中断标志位,则必须以软件写入"1"值来清除。

IFR 寄存器各位名称如表 4-9 所列,对应各位功能及操作说明如下。

表 4-9 中断标志位寄存器 IFR 各位的标志位(MMR=0006H)

D15~D6	D5	D4	D3	D2	D1	D0
保留	INT6	INT5	INT4	INT3	INT2	INT1

(1) D15~D6:保留位。

(2) D5/INT6:此位连接到 INT6 层的中断标志位。

  0=INT6,代表 INT6 并没有发生,或中断向量已执行完成。

  1=INT6,代表 INT6 发生且处于等待的状态,将 1 写入此位时,可以将它清除为 0,并清除中断请求。

(3) D4/INT5:此位连接到 INT5 层的中断标志位。

  0=INT5,代表 INT5 并没有发生,或中断向量已执行完成。

  1=INT5,代表 INT5 发生且处于等待的状态,将 1 写入此位时,可以将它清除为 0,并清除中断请求。

(4) D3/INT4:此位连接到 INT4 层的中断标志位。

  0=INT4,代表 INT4 并没有发生,或中断向量已执行完成。

1=INT4，代表 INT4 发生且处于等待的状态，将 1 写入此位时可以将它清除为 0，并清除中断请求。

(5) D2/INT3：此位连接到 INT3 层的中断标志位。

0=INT3，代表 INT3 并没有发生，或中断向量已执行完成。

1=INT3，代表 INT3 发生且处于等待的状态，将 1 写入此位时，可以将它清除为 0，并清除中断请求。

(6) D1/INT2：此位连接到 INT2 层的中断标志位。

0=INT2，代表 INT2 并没有发生，或中断向量已执行完成。

1=INT2，代表 INT2 发生且处于等待的状态，将 1 写入此位时，可以将它清除为 0，并清除中断请求。

(7) D0/INT1：此位连接到 INT1 层的中断标志位。

0=INT1，代表 INT1 并没有发生，或中断向量已执行完成。

1=INT1，代表 INT1 发生且处于等待的状态，将 1 写入此位时，可以将它清除为 0，并清除中断请求。

2. 中断屏蔽寄存器 IMR

中断屏蔽寄存器 IMR 也是一个 16 位存储器映射寄存器(MMR)，寻址于数据存储器的 0004H 处。此寄存器仅被用来设置控制那些 INT1～INT6 的可屏蔽中断事件发生的执行中断子程序，但是 RS 及 NMI 并没有被包含在 IMR 的设置控制中而成为不可屏蔽的中断。可以读取 IMR 内容来判断对应的中断屏蔽位是否不被屏蔽允许(1)或被屏蔽禁用(0)。当中断被屏蔽时，不管 INTM 的设置为何值，中断事件发生且被请求时，相应中断标志位寄存器 IFR 位被设置标识，CPU 也不会执行对应中断向量服务程序。假如仅是中断标志位寄存器 IFR 的对应位被设置为 1 的标识时，可以读取 IFR 的默认值以判断是否正处于等待中断的状态。当然，若不想执行中断服务程序，则可以使用"1"写入对应的 IMR 位内将屏蔽禁用。系统复位时，IMR 所有位都被设置为 0，这使得所有的可屏蔽中断 INT1～INT6 都被屏蔽禁用。

如中断已发生或等待时，清除的中断屏蔽禁用无法中止中断的进行，只可以禁止下一次的中断。当然，若中断的屏蔽被设置允许，且中断总开关 INTM=0 允许，当中断事件发生且令对应的中断标志位被设置为 1 标识告知时，CPU 就会执行对应中断向量服务程序。

IMR 寄存器各位定义如表 4-10 所列，对应各位功能及操作说明如下。

表 4-10 中断屏蔽寄存器 IMR 各位的标志位(MMR=0004H)

D15～D6	D5	D4	D3	D2	D1	D0
保留	INTM6	INTM5	INTM4	INTM3	INTM2	INTM1

(1) D15～D6：保留位。

(2) D5/INTM6：此位可被设置 INT6 中断屏蔽与否。

0=INTM6，代表 INT6 中断不被屏蔽而且是允许的。

1=INTM6，代表 INT6 中断被屏蔽而是禁用的。

(3) D4/INTM5：此位可被设置 INT5 中断屏蔽与否。

0=INTM5，代表 INT5 中断不被屏蔽而且是允许的。

1=INTM5，代表 INT5 中断被屏蔽而且是禁用的。

(4) D3/INTM4：此位可被设置 INT4 中断屏蔽与否。

0＝INTM4，代表 INT4 中断不被屏蔽而且是允许的。

1＝INTM4，代表 INT4 中断被屏蔽而且是禁用的。

(5) D2/INTM3：此位可被设置 INT3 中断屏蔽与否。

0＝INTM3，代表 INT3 中断不被屏蔽而且是允许的。

1＝INTM3，代表 INT3 中断被屏蔽而且是禁用的。

(6) D1/INTM2：此位可被设置 INT2 中断屏蔽与否。

0＝INTM2，代表 INT2 中断不被屏蔽而且是允许的。

1＝INTM2，代表 INT2 中断被屏蔽而且是禁用的。

(7) D0/INTM1：此位可被设置 INT1 中断屏蔽与否。

0＝INTM1，代表 INT1 中断不被屏蔽而且是允许的。

1＝INTM1，代表 INT1 中断被屏蔽而且是禁用的。

4.6 外设中断寄存器

外设接口依附在可屏蔽的 INT1～INT6 中，用 PIVR 的设置值来对应判断哪个外设接口处于中断请求。LF2407 设有 3 个外设接口中断请求的允许设置控制寄存器(Peripheral Interrupt Request Register) PIRQR0～PIRQR2，以及 3 个外设接口中断标示寄存器(Peripheral Interrupt Acknowledge Register) PIACKR0～PIACKR2，详细说明如下。

外设中断寄存器包含如下：

(1) 外设中断向量寄存器 PIVR(Peripheral Interrupt Vector Register)。

(2) 外设中断请求寄存器 0 PIRQR0(Peripheral Interrupt Request Register 0)。

(3) 外设中断请求寄存器 1 PIRQR1(Peripheral Interrupt Request Register 1)。

(4) 外设中断请求寄存器 2 PIRQR2(Peripheral Interrupt Request Register 2)。

(5) 外设中断应答寄存器 0 PIACKR0(Peripheral Interrupt Acknowledge Register)。

(6) 外设中断应答寄存器 1 PIACKR1(Peripheral Interrupt Acknowledge Register)。

(7) 外设中断应答寄存器 2 PIACKR2(Peripheral Interrupt Acknowledge Register)。

外设中断向量寄存器 PIVR 是一个 16 位的只读寄存器，寻址于 701EH，在外设中断应答周期内，PIVR 被高优先级并已悬置的中断激活，配合已经被应答的 CPU 中断 INTn 中断向量载入。外设中断向量寄存器 PIVR 各位如表 4－11 所列。

表 4－11 外设中断向量寄存器(PIVR 701EH)

D15/D7	D14/D6	D13/D5	D12/D4	D11/D3	D10/D2	D9/D1	D8/D0
V15	V14	V13	V12	V11	V10	V9	V8
R－0	R－0	R－0	R－0	R－0	R－0	R－0	R－0
V7	V6	V5	V4	V3	V2	V1	V0
R－0	R－0	R－0	R－0	R－0	R－0	R－0	R－0

外设中断请求寄存器 n(0～2)被读取，以了解各对应的外设是否已经产生或空闲。将 1 写入时，会对应产生一个中断请求而送出；将 0 写入是不影响的。外设中断请求寄存器 n(0～2)的各位如表 4

-12所列。读取的位若为1,则代表对应的外设中断是空闲的;若为0,则对应的外设中断并没有空闲着。外设中断应答寄存器n则代表各种外设的中断操作情况,如表4-13所列。一般仅用来作为中断执行情况的检测,将1写入时,会对应送出其中断的应答信息,同时将对应外设中断请求寄存器n(0~2).b位清除,对应一些外设的中断向量处于对应的INTn有些具有其个别的中断优先级设置,因此分别可处于二种不同的INTn及INTm层次。外设中断请求寄存器PIRQRn及外设中断应答寄存器PI-ACKRn各对应位所代表的外设中断请求或应答如表4-14~表4-16所列。

表4-12 外设中断请求寄存器 n(PIRQR n 7410H~7412H)

D15/D7	D14/D6	D13/D5	D12/D4	D11/D3	D10/D2	D9/D1	D8/D0
IRQn.15	IRQn.14	IRQn.13	IRQn.12	IRQn.11	IRQn.10	IRQn.9	IRQn.8
RW-0	RW-0	RW-0	RW-0	RW-0	RW-0	RW-0	RW-0
IRQn.7	IRQn.6	IRQn.5	IRQn.4	IRQn.3	IRQn.2	IRQn.1	IRQn.0
RW-0	RW-0	RW-0	RW-0	RW-0	RW-0	RW-0	RW-0

表4-13 外设中断应答寄存器 n(PIACKR n 7414H~7416H)

D15/D7	D14/D6	D13/D5	D12/D4	D11/D3	D10/D2	D9/D1	D8/D0
IAKn.15	IAKn.14	IAKn.13	IAKn.12	IAKn.11	IAKn.10	IAKn.9	IAKn.8
RW-0	RW-0	RW-0	RW-0	RW-0	RW-0	RW-0	RW-0
IAKn.7	IAKn.6	IAKn.5	IAKn.4	IAKn.3	IAKn.2	IAKn.1	IAKn.0
RW-0	RW-0	RW-0	RW-0	RW-0	RW-0	RW-0	RW-0

由表4-14~表4-16中可见,对应于ADCINT、XINT1、XINT2、SPINT、RXINT、TXINT、CANMBINT和CANERINT这8个外设中断在不同的中断优先级设置下,分别处于INT1和INT3的中断向量层次,以供用户选择应用。

表4-14 外设中断请求/应答寄存器 0(PIRQR0.b/PIACKR0.b)各位功能

位的位置	中断产生	中断描述	中断层次
IRQ/IAK0.0	PDPINTA	电源设备保护A中断检测输入引脚请求或应答	INT1
IRQ/IAK0.1	ADCINT	ADC的中断请求或应答,高优先级	INT1
IRQ/IAK0.2	XINT1	外部引脚XINT1的中断请求或应答,高优先级	INT1
IRQ/IAK0.3	XINT2	外部引脚XINT2的中断请求或应答,高优先级	INT1
IRQ/IAK0.4	SPINT	SPI的中断请求或应答,高优先级	INT1
IRQ/IAK0.5	RXINT	SCI的接收中断请求或应答,高优先级	INT1
IRQ/IAK0.6	TXINT	SCI的发送中断请求或应答,高优先级	INT1
IRQ/IAK0.7	CANMBINT	CAN邮箱的中断请求或应答,高优先级	INT1
IRQ/IAK0.8	CANERINT	CAN产生错误的中断请求或应答,高优先级	INT1
IRQ/IAK0.9	CMP1INT	比较器1的中断请求或应答	INT2
IRQ/IAK0.10	CMP2INT	比较器2的中断请求或应答	INT2
IRQ/IAK0.11	CMP3INT	比较器3的中断请求或应答	INT2
IRQ/IAK0.12	T1PINT	定时器1的周期中断请求或应答	INT2
IRQ/IAK0.13	T1CINT	定时器1的比较中断请求或应答	INT2
IRQ/IAK0.14	T1UFINT	定时器1的欠位中断请求或应答	INT2
IRQ/IAK0.15	T1OFINT	定时器1的溢出中断请求或应答	INT2

表 4-15 外设中断请求/应答寄存器 1(PIRQR1.b/PIACKR1.b)各位功能

位的位置	中断产生	中断描述	中断层次
IRQ/IAK1.0	T2PINT	定时器 2 的周期中断请求或应答	INT3
IRQ/IAK1.1	T2CINT	定时器 2 的比较中断请求或应答	INT3
IRQ/IAK1.2	T2UFINT	定时器 2 的欠出中断请求或应答	INT3
IRQ/IAK1.3	T2OFINT	定时器 2 的溢位中断请求或应答	INT3
IRQ/IAK1.4	CAP1INT	捕捉器 1 的中断请求或应答	INT3
IRQ/IAK1.5	CAP2INT	捕捉器 2 的中断请求或应答	INT3
IRQ/IAK1.6	CAP32INT	捕捉器 3 的中断请求或应答	INT3
IRQ/IAK1.7	SPINT	SPI 的中断请求或应答,低优先级	INT3
IRQ/IAK1.8	RXINT	SCI 的接收中断请求或应答,低优先级	INT3
IRQ/IAK1.9	TXINT	SCI 的发送中断请求或应答,低优先级	INT3
IRQ/IAK1.10	CANMBINT	CAN 邮箱的中断请求或应答,低优先级	INT3
IRQ/IAK1.11	CANERINT	CAN 产生错误的中断请求或应答,低优先级	INT3
IRQ/IAK1.12	ADCINT	ADC 的中断请求或应答,低优先级	INT3
IRQ/IAK1.13	XINT1	外部引脚 XINT1 的中断请求或应答,低优先级	INT3
IRQ/IAK1.14	XINT2	外部引脚 XINT2 的中断请求或应答,低优先级	INT3

表 4-16 外设中断请求/应答寄存器 2(PIRQR2.b/PIACKR2.b)各位功能

位的位置	中断产生	中断描述	中断层次
IRQ/IAK2.0	PDPINTB	电源设备 B 保护中断检测输入引脚请求或应答	INT1
IRQ/IAK2.1	CMP4INT	比较器 4 的中断请求或应答	INT2
IRQ/IAK2.2	CMP5INT	比较器 5 的中断请求或应答	INT2
IRQ/IAK2.3	CMP6INT	比较器 6 的中断请求或应答	INT2
IRQ/IAK2.4	T3PINT	定时器 3 的周期中断请求或应答	INT2
IRQ/IAK2.5	T3CINT	定时器 3 的比较中断请求或应答	INT2
IRQ/IAK2.6	T3UFINT	定时器 3 的借位中断请求或应答	INT2
IRQ/IAK2.7	T3OFINT	定时器 3 的溢出中断请求或应答	INT2
IRQ/IAK2.8	T4PINT	定时器 4 的周期中断请求或应答	INT3
IRQ/IAK2.9	T4CINT	定时器 4 的比较中断请求或应答	INT3
IRQ/IAK2.10	T4UFINT	定时器 4 的借位中断请求或应答	INT3
IRQ/IAK2.11	T4OFINT	定时器 4 的溢出中断请求或应答	INT3
IRQ/IAK2.12	CAP4INT	捕捉器 4 的中断请求或应答	INT4
IRQ/IAK2.13	CAP5INT	捕捉器 5 的中断请求或应答	INT4
IRQ/IAK2.14	CAP6INT	捕捉器 6 的中断请求或应答	INT4

4.7 系统复位

240x 系列设备有两个复位来源：
（1）外部复位引脚（$\overline{\text{RS}}$）。
（2）看门狗定时时间到而溢出时。

外部的 $\overline{\text{RS}}$ 复位引脚是一个 I/O 引脚，假如内部的看门狗定时时间到而溢出时，会产生内部程序存储器的寻址复位，这时 $\overline{\text{RS}}$ 引脚自动成为输出引脚模式，并输出低电平，用来应答并指出此 240x 设备正在复位。

外部的复位引脚输入与内部的看门狗定时器溢出控制作 OR 连接，用来驱动 CPU 进入复位模式。

4.8 非法寻址操作检测

寻址译码器的逻辑电路具有检测所有非法寻址的功能（所以并没有对应于设备的每个外设所映射存储器涵盖的保留专用寄存器），例如图 2-1 及图 2-2 的非法寻址（Illegal）映射。若程序执行中检测到这种非法映射存储器的寻址操作发生，则会自动设置系统控制及状态寄存器 SCSR1 的 ILLADDR 位为 1。这种非法寻址的检测会产生一个不可屏蔽的 NMI 中断。也就是说，任何时候这种非法寻址被接收到时，非法寻址状态就会被提出。随着非法寻址的检测，此非法寻址标志的设置要一直到用软件将其清除为止。此非法寻址的检测仅限于数据存储器的空间范围。

由于非法寻址所造成的 NMI 中断，使得用户很容易由 CC 或 CCS 的调试软件中查看，在进入 NMI 中断向量时的栈顶端 TOP 地址，就可以得知程序是在哪个地址的执行遇到非法寻址而中断，从而可知哪一行程序有非法寻址的操作。这是相当有效且非常重要的调试功能。

4.9 外部中断控制寄存器

240x 设备具有两个外部硬件信号的状态检测控制中断引脚。一般需要较快速反应的操作就必须将其连接到这两个实时的外部信号检测控制，例如键盘的检测、编码器移动的检测等。最快的反应操作是经过 XINT1 和 XINT2 这两个的信号检测引脚而产生中断来对应实时的处理。这两个外部中断检测控制的模式则由对应的 XINT1CR 和 XINT2CR 等寄存器加以设置控制，分别说明如下。

4.9.1 外部中断 1 控制寄存器

外部中断 1 控制寄存器 XINT1CR 各位如表 4-17 所列，对应各位功能及操作说明如下。

表 4-17 外部中断 1 控制寄存器 XINT1CR(寻址于 7070H)

D15	D14～D3	D2	D1	D0
XINT1 标志	保留	XINT1 极性	XINT1 优先级	XINT1 允许
RC-0	R-0	RW-0	RW-0	RW-0

(1) D15：XINT1 标志。

这个标志指出是否设置选择 XINT1 引脚的信号输入检测到。此标志被设置与否，由此中断允许位 D0 的设置来决定。清除这个位可借由对应的中断应答，用软件将 1 写入此位将其清除（写入 0 是无效的），或系统复位时也会将此标志清除。

① 0：XINT1 引脚没有检测到所设置的转状态。

② 1：XINT1 引脚有检测到所设置的转状态。

(2) D14～D3：保留位。写入无效，读取值为 0。

(3) D2：XINT1 极性。

这个位用来决定 XINT1 引脚的对应输入信号是在上升沿或下降沿的检测，产生对应的中断状态条件的设置。

① 0：XINT1 引脚信号在下降沿的 High-to-Low 状态产生中断条件。

② 1：XINT1 引脚信号在上升沿的 Low-to-High 状态产生中断条件。

(4) D1：XINT1 的中断优先级设置。

这个位用来设置此 XINT1 中断的优先级，具有高优先级及低优先级，分别处于不同的 INT1 和 INT3 层次。这个位的设置会被外设中断扩充控制器译码而进入其对应的主中断向量，用户根据需要来设置高优先级的 INT1 或低优先级的 INT3。

① 0：高优先级。

② 1：低优先级。

(5) D0：XINT1 的中断允许。

这个可读/写的位用来设置控制 XINT1 的外部中断是否允许。

① 0：禁用 XINT1 中断。

② 1：允许 XINT1 中断。

4.9.2　外部中断 2 控制寄存器

外部中断 2 控制寄存器 XINT2CR 各位如表 4-18 所列，对应各位功能及操作说明如下。

表 4-18 外部中断 2 控制寄存器 XINT2CR(寻址于 7071H)

D15	D14～D3	D2	D1	D0
XINT2 标志	保留	XINT2 极性	XINT2 优先级	XINT2 允许
RC-0	R-0	RW-0	RW-0	RW-0

(1) D15：XINT2 标志。

这个标志指出是否被设置选择的 XINT2 引脚信号状态输入检测到。此标志被设置与否，由此中断允许位 D0 的设置来决定，清除这个位可借由对应适当的中断应答，用软件将 1 对应写入此位将其清除(写入 0 是无效的),或系统复位时也会将此标志清除。

① 0:XINT2 引脚没有检测到所设置的状态模式。

② 1:XINT2 引脚检测到所设置的状态模式。

(2) D14~D3:保留位,写入无效,读取值为 0。

(3) D2:XINT2 极性。

这个位用来决定 XINT2 引脚的对应输入信号,是在上升沿或下降沿产生对应的中断的状态条件设置。

① 0:XINT2 引脚信号在下降沿的 High-to-Low 状态产生中断条件。

② 1:XINT2 引脚信号在上升沿的 Low-to-High 状态产生中断条件。

(4) D1:XINT2 的中断优先级设置。

这个位用来设置此 XINT2 中断的优先级,具有高优先级及低优先级,分别处于不同的 INT1 和 INT3 层次。这个位的设置会被外设中断扩充控制器译码而进入其对应的主中断向量,用户根据需要来设置高优先级的 INT1 或低优先级的 INT3。

① 0:高优先级。

② 1:低优先级。

(5) D0:XINT2 的中断允许。

这个可读/写的位用来设置控制 XINT2 的外部中断是否允许。

① 0:禁用 XINT2 中断。

② 1:允许 XINT2 中断。

4.10 中断优先级及其向量表

CPU 提供 6 个可屏蔽的中断 INT1~INT6 中断控制及向量,这是中心中断扩充结构,是为了达到能处理更大量的外设中断设计的体系结构。表 4-19 列出了中断源优先级以及对应 240x 设备的外设中断向量地址等。

表 4-19 240x 中断源优先级及向量

所有的中断优先级	中断名称	CPU 中断向量	外设中断向量 PIVR	屏蔽	来源外设	说 明
1	Reset	RSN 0000H	N/A	N	$\overline{RS}$看门狗	由$\overline{RS}$引脚或看门狗定时溢出产生
2	保留	0026H	N/A	N	CPU	仿真器的门限
3	$\overline{NMI}$	0024H	N/A	N	CPU	不可屏蔽的中断
INT1(电平 1)						
4	PDPINTA	INT1 0002H	0020H	Y	EVA	电源设备 A 保护中断检测输入引脚

续表 4-19

所有的中断优先级	中断名称	CPU 中断向量	外设中断向量 PIVR	屏蔽	来源外设	说明
5	PDPINTB	INT1 0002H	0019H	Y	EVA	电源设备 B 保护中断检测输入引脚
6	ADCINT	INT1 0002H	0004H	Y	ADC	ADC 的中断,高优先级
7	XINT1	INT1 0002H	0001H	Y	外部中断 1	外部引脚 XINT1 的中断,高优先级
8	XINT2	INT1 0002H	0011H	Y	外部中断 2	外部引脚 XINT2 的中断,高优先级
9	SPINT	INT1 0002H	0005H	Y	SPI	SPI 的中断,高优先级
10	RXINT	INT1 0002H	0006H	Y	SCI	SCI 接收的中断,高优先级
11	TXINT	INT1 0002H	0007H	Y	SCI	SCI 发送的中断,高优先级
12	CANMBINT	INT1 0002H	0040H	Y	CAN	CAN 邮箱中断,高优先级
13	CANERINT	INT1 0002H	0041H	Y	CAN	CAN 产生错误的中断,高优先级
INT2(电平 2)						
14	CMP1INT	INT2 0004H	0021H	Y	EVA	比较器 1 的中断
15	CMP2INT	INT2 0004H	0022H	Y	EVA	比较器 2 的中断
16	CMP3INT	INT2 0004H	0023H	Y	EVA	比较器 3 的中断
17	T1PINT	INT2 0004H	0027H	Y	EVA	定时器 1 的周期中断
18	T1CINT	INT2 0004H	0028H	Y	EVA	定时器 1 的比较中断
19	T1UFINT	INT2 0004H	0029H	Y	EVA	定时器 1 的欠位中断
20	T1OFINT	INT2 0004H	002AH	Y	EVA	定时器 1 的溢出中断
21	CMP4INT	INT2 0004H	0024H	Y	EVB	比较器 4 的中断

续表 4-19

所有的中断优先级	中断名称	CPU中断向量	外设中断向量 PIVR	屏蔽	来源外设	说明
22	CMP5INT	INT2 0004H	0025H	Y	EVB	比较器 5 的中断
23	CMP6INT	INT2 0004H	0026H	Y	EVB	比较器 6 的中断
24	T3PINT	INT2 0004H	002FH	Y	EVB	定时器 3 的周期中断
25	T3CINT	INT2 0004H	0030H	Y	EVB	定时器 3 的比较中断
26	T3UFINT	INT2 0004H	0031H	Y	EVB	定时器 3 的欠位中断
27	T3OFINT	INT2 0004H	0032H	Y	EVB	定时器 3 的溢出中断
INT3（电平 3）						
28	T2PINT	INT3 0006H	002BH	Y	EVA	定时器 2 的周期中断
29	T2CINT	INT3 0006H	002CH	Y	EVA	定时器 2 的比较中断
30	T2UFINT	INT3 0006H	002DH	Y	EVA	定时器 2 的欠位中断
31	T2OFINT	INT3 0006H	002EH	Y	EVA	定时器 2 的溢出中断
INT4（电平 4）						
32	T4PINT	INT3 0006H	0039H	Y	EVB	定时器 4 的周期中断
33	T4CINT	INT3 0006H	003AH	Y	EVB	定时器 4 的比较中断
34	T4UFINT	INT3 0006H	003BH	Y	EVB	定时器 4 的欠位中断
35	T4OFINT	INT3 0006H	003CH	Y	EVB	定时器 4 的溢出中断
39	CAP4INT	INT4 0008H	0036H	Y	EVB	捕捉器 4 的中断
40	CAP5INT	INT4 0008H	0037H	Y	EVB	捕捉器 5 的中断

续表 4-19

所有的中断优先级	中断名称	CPU中断向量	外设中断向量 PIVR	屏蔽	来源外设	说明
41	CAP6INT	INT4 0008H	0038H	Y	EVB	捕捉器6的中断
INT5（电平5）						
27	SPINT	INT5 000AH	0005H	Y	SPI	SPI的中断，低优先级
28	RXINT	INT5 000AH	0006H	Y	SCI	SCI接收的中断，低优先级
29	TXINT	INT5 000AH	0007H	Y	SCI	SCI发送的中断，低优先级
30	CANMBINT	INT5 000AH	0040H	Y	CAN	CAN邮箱中断，低优先级
31	CANERINT	INT5 000AH	0041H	Y	CAN	CAN产生错误的中断，低优先级
INT6（电平6）						
32	ADCINT	INT6 000CH	0004H	Y	ADC	ADC的中断，低优先级
33	XINT1	INT6 000CH	0001H	Y	XINT1	外部引脚XINT1的中断，低优先级
34	XINT2	INT6 000CH	0001H	Y	XINT2	外部引脚XINT2的中断，低优先级
	保留	000EH	N/A	Y	CPU	分析中断
N/A	TRAP	0022H	N/A	N/A	CPU	TRAP指令的中断
N/A	未定的中断向量	N/A	0000H	N/A	CPU	未定的中断向量

4.11　系统结构控制及状态寄存器

对应各个外设的操作时钟，设置有系统控制及状态寄存器 SCSR1，系统锁相控制的工作频率设置，以及对外的 CLKOUT 引脚输出频率选择，省电的低功耗工作模式设置等，都可以由 SCSR1 寄存器加以控制。而非法寻址的标志 ILLADR 则为 SCSR1 的 D0 位读出其状态。SCSR1 寄存器各位名称如表 4-20 所列，对应各位功能及操作说明如下。

表 4－20 系统控制及状态寄存器 1 SCSR1(7018H)

D15/D7	D14/D6	D13/D5	D12/D4	D11/D3	D10/D2	D9/D1	D8/D0
OSC_Fail Flage	CLKSRC	LPM1	LPM0	CLK_PS2	CLK_PS1	CLK_PS0	OSC_Fail RESET
RW－0	RW－0	RW－0	RW－0	RW－0	RW－0	RW－0	RW－0
ADC_CLKEN	SCI_CLKEN	SPI_CLKEN	CAN_CLKEN	EVB_CLKEN	EVA_CLKEN	保留	ILLADR
RW－0	RW－0	RW－0	RW－0	RW－0	RW－0	R－0	RW－0

(1) D15　OSC_Fail Flage：振荡频率操作失效。

当此标志被设置为 1 时，表示当比较内部的参考振荡器时，其外部参考（振荡器或石英振荡器）工作频率过低而无法操作其对应功能，电源接通时的复位状态此标志值自动归零。

① 1：工作于过低的频率。

② 0：工作频率正常。

(2) D14　CLKSRC：外部 CLKOUT 引脚的输出频率源选择。

① 0：CLKOUT 引脚输出 CPU 的时钟（在 30 MHz 设备上输出 30 MHz 频率）。

② 1：CLKOUT 引脚输出看门狗定时器的时钟。

(3) D13～D12　LPM1～LPM0：低功耗操作模式的设置。

(4) 当 CPU 执行 IDLE 指令时，这些位用来标识出哪一种低功耗操作模式要进入。表 4－21 为各种模式的设置。

表 4－21 低功耗操作模式的设置

LPM(1：0)	低功耗模式的选择设置
00	IDLE1(LPM0)
01	IDLE2(LPM1)
1x	IDLE3(LPM2)

(5) D11～D9　CLK_PS2～CLK_PS0：锁相时钟的预分频器设置位。

这些位用来选择设置 PLL 倍频因子，作为工作输入时钟，设置如表 4－22 所列。

表 4－22 锁相时钟的预分频器设置选择

CLK_PS2	CLK_PS1	CLK_PS0	系统时钟频率	CLK_PS2	CLK_PS1	CLK_PS0	系统时钟频率
0	0	0	$4 \times f_{IN}$	1	0	0	$0.8 \times f_{IN}$
0	0	1	$2 \times f_{IN}$	1	0	1	$0.66 \times f_{IN}$
0	1	0	$1.33 \times f_{IN}$	1	1	0	$0.57 \times f_{IN}$
0	1	1	$1 \times f_{IN}$	1	1	1	$0.5 \times f_{IN}$

(6) D8　OSC_Fail RESET：将振荡器工作失效的标志启动功能复位。

① 0：假如一个系统时钟工作不好，失效被检测到时系统复位不被启动。

② 1：假如一个系统时钟工作不好，失效被检测到时系统复位会被启动。

(7) D7　ADC_CLKEN：对应于 ADC 外设模块的工作时钟允许控制。

① 0：对应于 ADC 外设模块的工作时钟关掉而禁用（用以省电）。

② 1：对应于 ADC 外设模块的工作时钟打开而允许其正常操作。

(8) D6　SCI_CLKEN：对应于 SCI 外设模块的工作时钟允许控制。

① 0：对应于 SCI 外设模块的工作时钟关掉而禁用(用以省电)。
② 1：对应于 SCI 外设模块的工作时钟打开而允许其正常操作。

(9) D5　SPI_CLKEN：对应于 SPI 外设模块的工作时钟允许控制。
① 0：对应于 SPI 外设模块的工作时钟关掉而禁用(用以省电)。
② 1：对应于 SPI 外设模块的工作时钟打开而允许其正常操作。

(10) D4　CAN_CLKEN：对应于 CAN 外设模块的工作时钟允许控制。
① 0：对应于 CAN 外设模块的工作时钟关掉而禁用(用以省电)。
② 1：对应于 CAN 外设模块的工作时钟打开而允许其正常操作。

(11) D3　EVB_CLKEN：对应于 EVB 事件处理外设模块的工作时钟允许控制。
① 0：对应于 EVB 事件处理外设模块的工作时钟关掉而禁用(用以省电)。
② 1：对应于 EVB 事件处理外设模块的工作时钟打开而允许其正常操作。

(12) D2　EVA_CLKEN：对应于 EVA 事件处理外设模块的工作时钟允许控制。
① 0：对应于 EVA 事件处理外设模块的工作时钟关掉而禁用(用以省电)。
② 1：对应于 EVA 事件处理外设模块的工作时钟打开而允许其正常操作。

(13) D1　保留位。

(14) D0　ILLADR：非法寻址操作的检测标志。

假如一个非法的寻址执行被检测到，则此标志位会被设置为 1，紧跟着一个非法寻址执行被检测到时，这个位必须以软件来加以清除。注意：这个标志的设置会引起 NMI 中断。

SCSR2 控制及标志寄存器主要控制着看门狗的定时禁用与否。XMIF 外部存储器控制引脚信号的状态，开机预载程序的允许控制($\overline{BOOT\_EN}$)以及微处理器/微控制器 MP/$\overline{MC}$ 的模式设置，以及 SARAM 程序/数据存储器等的设置。SCSR2 寄存器各位名称如表 4-23 所列，对应各位功能及操作说明如下。

表 4-23　系统结构控制及状态寄存器 2 SCSR2(7019H)

D15/D7	D14/D6	D13/D5	D12/D4	D11/D3	D10/D2	D9/D1	D8/D0
保留位							
RW-0							
保留位	WD OVERRIDE	XMIFHI-Z	$\overline{BOOT\_EN}$	MP/$\overline{MC}$	DON	PON	
D7-D6　RW-0	RW-1	RW-0	RW-$\overline{BOOT\_EN}$ 引脚	RW-MP/$\overline{MC}$ 引脚	RW-1	RW-1	

(1) D15~D6：保留位，写入无效，读取值为 0。

(2) D5：看门狗撤销(WD 的保护位)。

复位时，此位使用户利用软件(设置 WDCR 寄存器的 WDDIS＝1 位)来禁用 WD 的功能。该位仅可被清除，同时在复位后的预定值为 1 以便可以清除(将 1 写入得以清除)。

① 0：保护看门狗 WD 免除被软件禁用的操作。这个位是不可用软件加以设置的，仅可经过 1 的写入将其清除。

② 1：复位后的预设值，并允许用户用设置 WDCR 寄存器的 WDDIS＝1 位来禁用 WD 的功

能。一旦此位被清除，便无法用软件将其设置为1，因此须保护此 WD 定时器的完善功能。

（3）D4：XMIF_HI_Z 控制。

此位控制着外部存储器接口控制信号的状态。

① 0：XMIF 信号线处于一般正常操作状态，也就是非高阻隔离状态。

② 1：所有外部存储器的控制信号线处于高阻隔离状态。

（4）D3：外部加载允许（$\overline{BOOT\_EN}$）。

复位时，此位反映出外部 $\overline{BOOT\_EN}$/XF 引脚的状态。复位后及此设备被外载程序后，此位可以由软件加以改变，用来进行重新允许内部快速闪存的能见度，或回到启动外部加载 ROM 操作。

① 0：允许外部加载 ROM 程序操作，这时地址空间 0000H～00FFH 被芯片内部的加载 ROM 区域所占用，以执行启动预载程序的操作。在这个模式下，内部的快速闪存完全被禁用操作。

注意：不同于 LF240x 设备，LC240x 系列设备内部是没有 ROM 预载程序执行区的。

② 1：禁用外载 ROM 程序操作。这时，地址空间若是 LF2406/07，则内部快速闪存为 0000H～7FFFH；若是 LF2402，则快速闪存空间为 0000H～1FFFH。

（5）D2：微处理器/微控制器模式。

复位时，此位反映出外部 MP/$\overline{MC}$ 引脚的状态。此位可以由软件加以改变，用来进行存储器映射为内部或外部存储器的使用。

① 0：设置为微控制器模式。程序存储器寻址范围为 0000H～7FFFH 映射到内部的快速闪存（LF2407）或 ROM（LC2407）。

② 1：设置为微处理器模式。程序存储器寻址范围为 0000H～7FFFH 映射到外部存储器（用户必须外加载存储器）。

注意：此 MP/$\overline{MC}$ 引脚只在 LF2407 才有用。

（6）D1～D0：SARAM 程序/数据的选择设置。

DON	PON	SARAM 的状态
0	0	SARAM 不被映射（禁用）地址空间处于外部存储器
0	1	SARAM 被映射到内部的程序存储器空间
1	0	SARAM 被映射到内部的数据存储器空间
1	1	SARAM 同时被映射到内部的程序及数据存储器空间，这是原设状态及复位后的模式设置

此表可对照第 2 章的图 2-1 及图 2-2 的存储器配置图进行理解。

4.12 看门狗定时器

看门狗定时器（Watchdog Timer）外设监视着系统软件的执行，也就是在编写程序中，在看门狗定时器还没有到，随时将定时溢出前插入一个清除看门狗定时器清除的软件操作，此时 CPU 在正常的编写程序执行范围内，定时器是永远无法定时溢出的。假如用户由于编写程序的错误而跳转到不可预期的程序区间，或由于 CPU 受到干扰而混乱死机，或跳到无穷循环时，在控制系统中相当危险，因为 CPU 执行不可预测的程序会造成控制失控。有了看门狗定时器的监控，当 CPU 失控执行到非定义的程序区间，或无穷循环时，这些非定义的程序或乱码指令应该不会正好有清除看门狗的指令执行。这时只要超过看门狗定时器的定时时间就会产生看门狗溢出，此看门狗的功能是将 CPU 进入复位状态。这种看门狗的监控功能增加了 CPU 的可靠度及稳定性，从而保证系统的完整性。

看门狗定时器的定时时钟及定时时间都可以由用户来定义，当然是看系统所能容忍的脱序时间。因此在系统开始的复位程序起始端，必须要先判断此复位程序进行是正常的开机执行还是因看门狗的定时溢出而被复位。若是看门狗的定时溢出的复位，则必须采取必要的安全措施，做对应的外设控制及警示。因此看门狗定时器必须有控制设置寄存器及其对应的标志，以便处理看门狗定时时间，看门狗的清除或允许禁用控制及其相对标志，分别简介如下。

4.12.1 看门狗定时器模块的特性

此 WD 模块具有下列特性：
(1) 8 位的 WD 计数器，当计数溢出时会产生一个系统复位。
(2) 6 位自由振荡计数器，通过 WD 预分频器设置加入 WD 计数器作为计数时钟。
(3) 一个 WD 复位锁控（WDKEY）寄存器，当正确的汇编值（依序为 55H，AAH）被写入时，会清除 WD 计数器。若写入的不是正确的汇编值，则会产生一个复位信号来复位系统。
(4) 假如 WD 定时器被破坏，则 WD 检测位会启动一个系统复位。
(5) 一旦系统复位放开，则会自动启动激活 WD 操作。
(6) WD 由 6 位的自由操作振荡器进行 6 种预分频器的选择。

WD 模块电路方框结构图如图 4-2 所示。由图 4-2 中可见，WD 控制寄存器 WDCR 中 D2~D0 的 WDPS2~WDPS0 控制选择 WD 的预分频器，共 6 种模式来设置选择 WD 定时器的定时时间。而 D6=WDDIS 则控制设置 WD 的禁用，WDCR 的 D5~D3 = WDCHK2~WDCHK0 则作为 WD 的检测码，比较检测值固定为 101，因此必须设置为 101；否则将自动产生一个系统复位信号。WDCR 的 D7=WD_FLAG 是此 WD 系统是否产生系统复位的检测标志，WD 锁控寄存器 WDKEY 则作为 WD 的复位及禁用的写入程序码作检测控制；另一个则是 WD 的计数寄存器 WDCNT，此 WDCNT 的时钟由系统 CPU 的 CLKOUT 除 512 后载入，保证 CPU 在空闲 IDLE1 和 IDLE2 模式下，WD 仍可继续计数作为唤醒 CPU 的省电操作。因此，WD 模块共有 3 个寄存器用作 WD 的控制及监视，分别简介如下。

4.12.2 看门狗定时器 WDCNTR

8 位的 WD 计数器 WDCNTR 作为 WD 模块的定时器，由 WD 控制寄存器 WDCR 所设置选择的时钟依次做递增计数。当 WDCNTR 定时溢出时，一个附加的单一周期延迟（可能是 WDCLK 或 WDCLK 经预分频器分频的周期），在系统复位前会被启动起来，对应于 WD 的清除锁控寄存器 WDKEY 依序写入 55H 和 AAH 码后，将会自动清除此看门狗定时器 WDCNTR，以防止 WD 的定时溢出而将系统复位。WDCNTR 各位及其功能如表 4-24 所列。

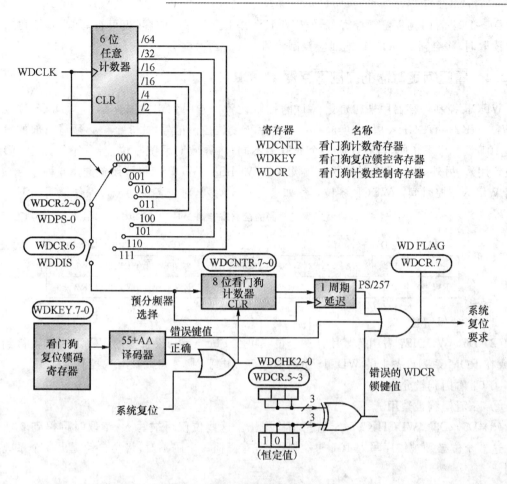

图4-2 WD模块的电路方框结构图

表4-24 看门狗定时器 WDCNTR(7023H)

D7	D6	D5	D4	D3	D2	D1	D0
D7	D6	D5	D4	D3	D2	D1	D0
R-0	R-0	R-0	R-0	R-0	R-0	R-0	R-0

D7~D0：看门狗定时器的定时值，仅可被读取，写入是无效的。

4.12.3 看门狗复位锁控寄存器 WDKEY

当将 55H、AAH 码依序写入此看门狗复位锁控寄存器 WDKEY 时，会解开看门狗定时器的定时复位控制，而将其复位清除。注意：必须先是 55H 接着是 AAH 这两个译码，CODE 才可打开复位控制，这个 55H 接续着 AAH 码在程序乱掉时产生乱码执行的概率相当低，因此用作看门狗定时清除的锁控码。WDKEY 各位及其功能如表4-25所列。

表4-25 看门狗复位锁控寄存器 WDKEY(7025H)

D7	D6	D5	D4	D3	D2	D1	D0
D7	D6	D5	D4	D3	D2	D1	D0
RW-0	RW-0	RW-0	RW-0	RW-0	RW-0	RW-0	RW-0

D7～D0：看门狗复位锁控寄存器 WDKEY 的锁控码写入内容，仅可被写入，是不可被读取的。读取时，将会得到 WDCR 的回应控制码值。

4.12.4 看门狗定时器的控制寄存器 WDCR

WDCR 控制寄存器用来初始化 WD 的控制设置。看门狗定时操作禁用 WDDIS 位及检测位 WDCHK2～WDCHK0 用来实时提出一个系统复位控制信号，这 3 个位必须与内部的预设比较值 101 设置写入相同，若有任何一个或以上不同，将导致对系统复位控制（不管此 WDDIS 是否被禁用）。另外，WD 定时时钟预分频设置位 WDPS2～WDPS0 将可设置选择 6 种预分频值来控制 WD 的监控时间。WDCR 各位名称如表 4－26 所列，对应各位功能及操作说明如下。

表 4－26 看门狗定时器的控制寄存器 WDCR(7029H)

D7	D6	D5	D4	D3	D2	D1	D0
保留	WDDIS	WDCHK2	WDCHK1	WDCHK0	WDPS2	WDPS1	WDPS0
RW－0	RW－0	RW－0	RW－0	RW－0	RW－0	RW－0	RW－0

（1）D7　保留位。

（2）D6　WDDIS：看门狗禁用。这个位只可在 Flash 系列设备上的 VCCP 引脚被接到高电平，或在 ROM 系列设备上的 WDDIS 引脚被接到高电平时，才可以被写入控制。

① 0：看门狗被允许。

② 1：看门狗被禁用。

（3）D5～D3　WDCHK2～0：看门狗检测位。这些位仅可被写入；读取时将得到 0 值的回应。这 3 个位必须被依序写入 101 的检测码，若有任何一个码不对，将会自动提出一个系统复位控制。

（4）D2～D0　WDPS2～0：看门狗定时器的定时时钟预分频设置控制。

假如系统时钟为 30 MHz，则对应进入看门狗预分频器的频率是经过除 512 而得到最短的时钟 58 593.8 Hz，因此对应此 WDPS2～WDPS0 三个位所选择的预分频器值分别为 1/2/4/8/16/32/64 七种预分频值。其设置控制码及其对应的溢出频率和最小的溢出时间如表 4－27 所列，在 WD 定时溢出前，WD 计时器要计数 257 个时钟周期才会发生。

表 4－27　WDPS2～WDPS0 设置控制码及其对应的溢出频率和最小的溢出时间

看门狗定时器的预分频选择位			WDCLK＝59 583.8 kHz		
WDPS2	WDPS1	WDPS0	WDCLK 除值	溢位频率/Hz	最小的溢出时间/ms
0	0	x	1	228.9	4.36
0	1	0	2	114.4	8.7
0	1	1	4	57.2	17.5
1	0	0	8	28.6	35
1	0	1	16	14.3	69.9
1	1	0	32	7.15	139.8
1	1	1	64	3.6	279.6

第 5 章

LF2407 的 CC/CCS 操作及基本 I/O 测试实验

5.1 CC 简介

CC 全名为 Code Composer,意为 C 代码的设计者工作室。这是全窗口操作软件,是编辑器(Editor)、编译器(Compiler,Assembler)、链接器(Linker)、调试器(Debuger)以及转码器(HEX500.EXE)等的集成。对于编译好的程序,也可载入 CC 中运行电路驱动程序,以进行硬件调试、软件仿真、修改程序、修正寄存器和存储器内容,以及载入符号文件等;对于程序或数据,可以用示波器或频谱分析仪进行图形显示,程序的调试与 Code Exploer 相同,但在视图方面改善很多;对于程序指令的 Pipline,会以实时的对应功能实现,这样不会发生因程序指令的 Pipline 发生错误而无法得知。

CC 同时可接受 C 语言、数据库、文件函数库等。由于新一代的 C54x 系列内部 ROM 具有 DSP/BIOS,因此可在线调试,与 PC 在线互换或更新存储器数据等,内建的 DSP/BIOS 可供调用执行程序,同时具有在线数据交换 RTDS 功能,是一个相当先进的开发软件。在此,针对 CC 的一些 DSP 的算法语言的编辑、编译及仿真或调试等,限于篇幅关系,仅对与本书有关的一些必要的基本操作加以介绍说明。

5.2 CC 的安装设置

LF2407 的 CC 安装包含硬件在线仿真(Emulator)和软件仿真(Simulator),分有专业版和 30 天有效的试用版。若采用 Ezdsp2407 的专用 CCS 软件,则 SN-F2407M 实验版必须使用专业版来安装。安装完成后,会出现三个桌面的执行快捷方式,如图 5-1 所示。

在安装后出现对应 CC 所要执行的 DSP 系列芯片、硬件仿真和软件仿真,而硬件仿真则可选择 Ezdsp 连接或以 SN-F2407M 为基础由 JTAG 或一般调试接线连接。注意:若在 DSK 环境下,则执行时必须在 SDConfigure 中对并列端口地址 378H 进行设置,以选择 XDS510PP_PLUS 软件及硬件仿真结构。若使用 SN-F2407M,则需要选择 XD510PP 的硬件仿真结构,将 SN2407M 或 DSK 加上电源后,取所附的连接线(25PIN 的 D 型

图 5-1 CCS 安装后所建立的执行快捷方式图

座),并选择仿真的 TEST 操作检测,若正常,则将检测到此 DSK 硬件并标示其识别码。其设置操作如图 5-2 所示。

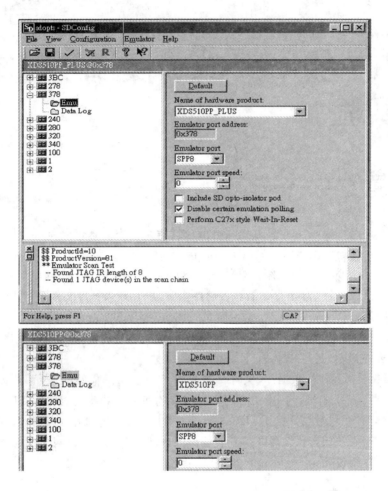

图 5-2 SN-F2407M 及 Ezdsp 2407 的 CCS 设置操作画面

接着执行此 CC 的硬件驱动程序载入,这时必须选择 Install a Device Driver,并在安装 CC 后加到驱动(Driver)路径上。若是 DSK,则选择 eZdsp2407 port 0x378 选项的软件;若是 SN-F2407M,则加入 SDGO2xx。安装设置如图 5-3 所示。注意:若安装 eZdsp 的 CCS 及正版的通用 CCS,则 eZdsp 的 CCS 必须选择设置 XDS510PP_PLUS;若是 SN-510PP 的 SN-F2407M,则采用正版通用 CCS 选择设置 XDS510PP。

最近的 Code Composer(CC)是一个免费的 DSP 编辑、编译及调试操作的软件,功能更强,当然,可进行 C 及汇编语言单步执行以及自动 Flash 烧写的 Code Composer Studio(CCS)则是最佳的开发软件工具。在没有 CCS 时,可选择 CC 软件,将附在本书的光盘中,或直接到 TI 公司的网站下载即可。

第5章 LF2407的CC/CCS操作及基本I/O测试实验

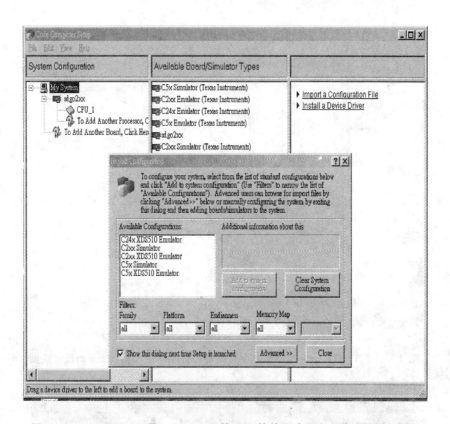

图5-3 SN-F2407M及eZdsp 2407的CCS软件驱动程序安装设置操作画面

5.3 LF2407系列的CCS/CC程序编辑和编译操作

以24xx的汇编语言来编辑，首先是在Project选项下打开一个*.asm的文件，其编辑存储器或数据存储器必须另外编辑一个cmd文件，开始在File选项下选择New的源文件(Source)，并开始编辑程序，操作如图5-4所示。F7PIOT1.mak编辑如图5-4所示。注意：24xx系列的外设接口寄存器是存储器映射的MMR，其地址为7000H～753FH，因此对应这些以符号来编辑设置的外设，必须如第2章图2-3的x24x_app.h引入设置；中断向量设置也另外编辑vector.h加以引入，如图5-4所示。这些文件会在下节加以介绍。

当编辑好后，必须再打开一个新的.cmd文件来配置程序存储器，以便在链接(Link)时进行存储器的配置。简单的方法是，将F7PIOT1.asm存储器配置为GPIO1.cmd文件。编辑完成后，必须在Project选项下的Options设置链接器(Linker)，如图5-5所示。

当一切设置好后，便可进行编译链接；也就是在Project选项下执行Build All。若都没有错误，则将出现如图5-6所示的信息。

编译后，若没有错误，则可在File选项下选择Load Program执行，并设置选择F7PIOT1.out输出文件予以载入，将出现如图5-7所示的操作画面。

图5-7中对应View选项下打开CPU Registers的操作寄存器，对应存储器作映射的存储器(Memory)地址打开监测，将CPU Registers的操作寄存器浮贴到屏幕左上方，并与存储器内

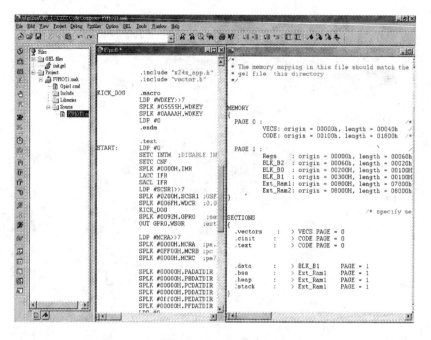

图 5-4 F7PIOT1.mak 主测试程序的编辑和引入文件(GPIO1.cmd)操作画面

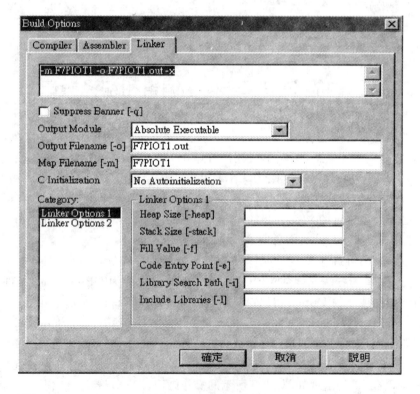

图 5-5 F7PIOT1.mak 主测试程序编译建构选项(Build Options)操作画面

第 5 章 LF2407 的 CC/CCS 操作及基本 I/O 测试实验

```
TMS320C1x/C2x/C2xx/C5x COFF Assembler     Version 7.00
Copyright (c) 1987-1999  Texas Instruments Incorporated

PASS 1
PASS 2

No Errors, No Warnings

dsplnk F7PIOT1.mak
TMS320C1x/C2x/C2xx/C5x COFF Linker        Version 7.00
Copyright (c) 1987-1999  Texas Instruments Incorporated

Build Complete,
  0 Errors, 0 Warnings.
```

图 5-6 F7PIOT1.mak 程序的编译及链接操作信息

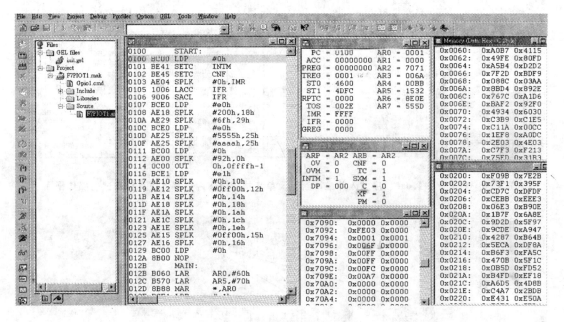

图 5-7 对 F7PIOT1.out 主测试程序的载入并进行实体仿真和测试的操作画面

容排好序。在 CCS 上的各个寄存器和存储器都是可编辑修改的,由于仿真测试程序在 GPIO1.cmd 中设置复位起始地址为 RSVECT=0000H,因此必须先执行单步操作,将 PC 执行到 0100H 地址,才可以看到主测试程序的汇编语言、对应的配置 PC 程序存储器地址和机械指令码。

在图 5-7 中可对应程序进行单步或多步执行及各种断点设置操作,操作如图 5-8 所示。CCS 的调试及仿真操作功能大都是相同的,可参照 TI 公司相关的使用手册或光盘所附文件。将 CCS 的简易调试操作按钮列于图 5-9 中并对应说明。

第 3 章所介绍的各种指令都可在此环境下进行仿真操作,观察其操作结果以进行验证。

详细的 CCS 软件安装和操作及 SN-510PP 的设置驱动和规范请参照本书所附光盘。

5.4 一般 I/O 的输入/输出应用

F2407 所有的 8 位通用 I/O 引脚大都与接口外设特殊功能引脚共用。是否设置为通用 I/O

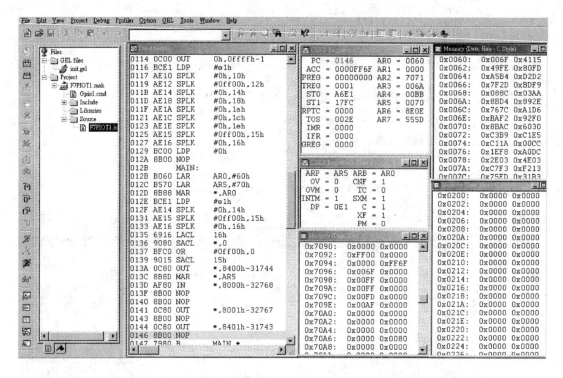

图 5-8 将 F7PIOT.out 程序载入并进行断点及单步执行快速闪存实体仿真和测试的操作画面

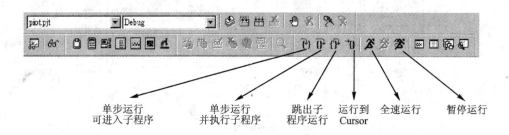

图 5-9 CCS 的单步执行及中断设置和执行按钮画面

或接口外设特殊功能引脚,使用三个多路转接控制寄存器 MCRA(7090H)设置端口 A(IOPA0～IOPA7)及端口 B(IOPB0～IOPB7)的功能引脚设置,MCRB(7092H)设置端口 C(IOPC0～IOPC7)及端口 D(IOPD0)的功能引脚设置。MCRC(7094H)设置端口 E(IOPE0～IOPE7)及端口 F(IOPF0～IOPF5)的功能引脚设置,当 MCRX 对应位被设置为 0 时为一般 I/O 引脚,这时必须通过个别端口数据方向控制寄存器 PYDATDIR(Y=A,B,C,D,E,F)设置为输入或输出以及数据读取或输出数据的载出。

CPU 复位时,除了 MCRB 的 D15～D9 设置为 1 的 JTAG 特殊引脚外,所有 MCRX 都被设置为 0 的通用 I/O 功能引脚。因此,若要设置使用 MCU 外设接口特殊功能引脚,除了固定的 $\overline{BIO}$ 输入及 XF 输出引脚外,必须先设置各对应的 MCRX 快速闪存位为 1,当设置为一般通用 I/O 引脚时,必须将 PYDATDIR 高 8 位的 Y7DIR～Y0DIR 设置为 1 是输出,设置为 0 则是输入后,再由对应的低 8 位 IOPY7～IOPY0 作输入的数据读取或输出的数据写入对应端口,数据及方向设置有 PADATDIR(7098H)、PBDATDIR(709AH)、PCDATDIR(709CH)、PDDATDIR(709EH)、PEDATDIR(7095H)及 PFDATDIR(7096H)。

MCRX 各寄存器的各位设置功能如表 5-1～表 5-3 所列,而对应 PYDATDIR 设置寄存器如表 5-4 所列,MCRX 及 PYDATDIR 寄存器的设置控制方框结构如图 5-10 所示。

表 5-1 多路转接控制寄存器 MCRA(7090H)

位	位名称	引脚功能选择	
		MCA.n=1(主功能)	MCA.n=0(次功能)
D0	MCRA.0	SCITXD	IOPA0
D1	MCRA.1	SCIRXD	IOPA1
D2	MCRA.2	XINT1	IOPA2
D3	MCRA.3	CAP1/QEP1	IOPA3
D4	MCRA.4	CAP2/QEP2	IOPA4
D5	MCRA.5	CAP3	IOPA5
D6	MCRA.6	CMP1	IOPA6
D7	MCRA.7	CMP2	IOPA7
D8	MCRA.8	CMP3	IOPB0
D9	MCRA.9	CMP4	IOPB1
D10	MCRA.10	CMP5	IOPB2
D11	MCRA.11	CMP6	IOPB3
D12	MCRA.12	T1CMP	IOPB4
D13	MCRA.13	T2CMP	IOPB5
D14	MCRA.14	TDIRA	IOPB6
D15	MCRA.15	TCLKINA	IOPB7

表 5-2 多路转接控制寄存器 MCRB(7092H)

位	位名称	引脚功能选择	
		MCB.n=1(主功能)	MCB.n=0(次功能)
D0	MCRB.0	W/R	IOPC0
D1	MCRB.1	$\overline{BIO}$	IOPC1
D2	MCRB.2	SPISIMO	IOPC2
D3	MCRB.3	SPISOMI	IOPC3
D4	MCRB.4	SPICLK	IOPC4
D5	MCRB.5	$\overline{SPISTE}$	IOPC5
D6	MCRB.6	CANTX	IOPC6
D7	MCRB.7	CANRX	IOPC7

续表 5-2

位	位名称	引脚功能选择	
		MCB.n=1(主功能)	MCB.n=0(次功能)
D8	MCRB.8	XINT2/ADCSOC	IOPD0
D9	MCRB.9	EMU0	保留
D10	MCRB.10	EMU1	保留
D11	MCRB.11	TCK	保留
D12	MCRB.12	TDI	保留
D13	MCRB.13	TDO	保留
D14	MCRB.14	TMS	保留
D15	MCRB.15	TMS2	保留

表 5-3 多路转接控制寄存器 MCRC(7096H)

位	位名称	引脚功能选择	
		MCC.n=1(主功能)	MCC.n=0(次功能)
D0	MCRC.0	CLKOUT	IOPE0
D1	MCRC.1	PWM7	IOPE1
D2	MCRC.2	PWM8	IOPE2
D3	MCRC.3	PWM9	IOPE3
D4	MCRC.4	PWM10	IOPE4
D5	MCRC.5	PWM11	IOPE5
D6	MCRC.6	PWM12	IOPE6
D7	MCRC.7	CAP4/QEP3	IOPE7
D8	MCRC.8	CAP5/QEP4	IOPD0
D9	MCRC.9	CAP6	IOPD1
D10	MCRC.10	T3PWMT/T3CMP	IOPD2
D11	MCRC.11	T4PWMT/T4CMP	IOPD3
D12	MCRC.12	TDIRB	IOPD4
D13	MCRC.13	TCLKINB	IOPD5
D14	MCRC.14	保留	IOPD6
D15	MCRC.15	保留	IOPD7

表 5-4 一般 I/O 端口的数据及输入/输出方向设置寄存器 PYDATDIR(Y=A,B,C,D,E,F)

Y7DIR	Y6DIR	Y5DIR	Y4DIR	Y3DIR	Y2DIR	Y1DIR	Y0DIR
RW_0	RW_0	RW_0	RW_0	RW_0	RW_0	RW_0	RW_0
IOPY7	IOPY6	IOPY5	IOPY4	IOPY3	IOPY2	IOPY1	IOPY0
RW_0	RW_0	RW_0	RW_0	RW_0	RW_0	RW_0	RW_0

注：存储器映射地址分别为 7098H、709AH、709CH、709EH 及 7095H、7096H。YiDIR 中设置 0 为输出,而 1 为输入方向。

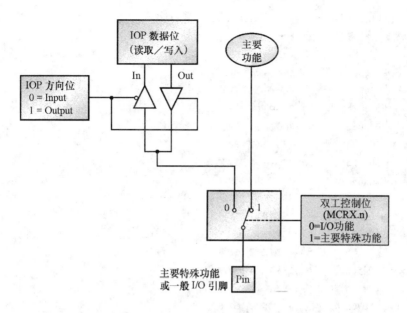

图 5-10 MCRX 及 PYDATDIR 寄存器的设置控制方框结构图

下面介绍将 MCU 的一般通用 I/O 端口及通过 CPLD 进行 I/O 存储器映射的 I/O 输入/输出设置控制实验。

5.5 基本外设连接测试及实验

用 SN-DSP247M 的 I/O 存储器来映射 CPLD 的 EPF8282ALC84-4 或 EPF10K10TC144-4 的外设电路连接控制,使用下面几个简单的范例进行测试实验加以说明。

实验 5.1 基本输入/输出读取控制及电路测试实验

(一) 实验功能及说明

本实验主要目的在于如何以芯片的 GPIO 作直接读/写控制,并通过 CPLD 进行 I/O 存储器的寻址映射以扩充 I/O 端口的输入/输出控制。

本实验主要操作是将端口 PF0～PF6 及 BIO 的 8 个拨位开关输入读取到存储器内,再分别输出到 PE0～PE7 端以输出驱动 500 mA/60 V LED 显示,并发送到 8400H 的 8 位 D/A 端口 A 转换端以锁存输出仿真电压,同时对应将 CPLD 所定义的 I/O 存储器 8000H 地址的 8 个拨位开关输入读取后,再输出到 CPLD 所定义的 I/O 存储器 8001H 地址输出,并驱动 500 mA/60 V LED 显示,同时发送到 8401H 的 8 位 D/A 端口 B 转换端以锁存输出仿真电压,依次循环控制。程序及对应说明如下。

F7PIOT1.asm 的主要测试程序编写如图 5-11 所示。

```
        .title "2407X GPIO"
        .bss GPR0,1
        .data           ;load data@300h in data memory
        .word 0fffeh    ;turn-on GPIO0
        .word 0fffdh    ;turn-on GPIO1
        .word 0fffbh    ;turn-on GPIO2
```

```
            .word 0fff7h          ;turn-on GPIO3
            .word 0ffefh          ;turn-on GPIO4
            .word 0ffdfh          ;turn-on GPIO5
            .word 0ffbfh          ;turn-on GPIO6
            .word 0ff7fh          ;turn-on GPIO7
            .word 0003Fh          ;7SEGMENT DSP 0  ;308H
            .word 00006h          ;7SEGMENT DSP 1
            .word 0005Bh          ;7SEGMENT DSP 2
            .word 0004Fh          ;7SEGMENT DSP 3
            .word 00066h          ;7SEGMENT DSP 4
            .word 0006Dh          ;7SEGMENT DSP 5
            .word 0007Dh          ;7SEGMENT DSP 6
            .word 00007h          ;7SEGMENT DSP 7
            .word 0007Fh          ;7SEGMENT DSP 8
            .word 0006Fh          ;7SEGMENT DSP 9
            .word 00077h          ;7SEGMENT DSP A
            .word 0007Ch          ;7SEGMENT DSP B
            .word 00039h          ;7SEGMENT DSP C
            .word 0005Eh          ;7SEGMENT DSP D
            .word 00079h          ;7SEGMENT DSP E
            .word 00071h          ;7SEGMENT DSP F

            .word 0               ;通用寄存器0
LCDDATA:    .set 0320H
LCDINST:    .set 0321H
BUSYFLG:    .set 0322H
DATABUF:    .set 0323H
TEMP:       .set 0324H
RTC_RGA:    .set 0325H            ;UIP,DV2-DV0,RS3-RS0 = 20H
RTC_RGB:    .set 0326H            ;SET,PIE,AIE,UIE,SQW,DM,24/12,DSE
ADC_DATA:   .set 0327H
TXDBUF:     .set 0380H
RXDBUF:     .set 03A0H
TEMPB:      .set 03E0H
TEMPSP:     .set 03E1H

RTC_AS:     .set 08500H           ;实时定时器的地址输入锁存设置地址
RTC_RD:     .set 08600H           ;实时定时器的数据读取地址
RTC_WR:     .set 08700H           ;实时定时器的数据写入地址

OFFSET:     .word 600
scale:      .word 19218           ;0.58651x32768
            .include "x24x_app.h" ;LF2407的外设接口存储器映射MMR定义
            .include "vector.h"   ;LF2407的中断向量设置
```

```
KICK_DOG     .macro                      ;清除看门狗定时控制的微程序
             LDP #WDKEY≫7                ;令 DP 设置于 WDKEY 看门计数器的寻址 A15～A7
             SPLK #05555H,WDKEY           ;设置 WDKEY 寄存器为 5555H
             SPLK #0AAAAH,WDKEY           ;设置 WDKEY 为 AAAAH,清除 WDT 禁用
             LDP #0                      ;将 DP 设置于 0 页
    .endm

             .text                        ;程序起始于 0100H 地址
START:       LDP #0                      ;将 DP 设置于 0 页
             SETC INTM                    ;将中断总开关设置为 1 禁用 INTM = 1
             SETC CNF                     ;令 CNF = 1 设置 B0 为内部 200H～2FFH 数据存储器
             SPLK #0000H,IMR              ;IMR = 0 禁用所有的可屏蔽中断 INT1～INT6
             LACC IFR                     ;读取中断标志到 ACC
             SACL IFR                     ;将 ACC 的 IFR 再写回 IFR,令其中为 1 的标志清除
             LDP #SCSR1≫7                 ;DP 设置 SCSR1 系统控制寄存器寻址 A15～A7
             SPLK #0200H,SCSR1            ;设置 2407 的 PLL 倍频为 1 的工作频率 10 MHz
             SPLK #006FH,WDCR             ;令看门狗定时器 WDCR 为 6FH 禁用
             KICK_DOG                     ;载入看门狗定时器的清除微程序
             SPLK #0092H,GPR0             ;设置通用寄存器 GPR0 = 0092H
             OUT GPR0,WSGR                ;外部的等待周期设置为 7,设置 0 10 01 0 010 = 092
             LDP #MCRA≫7                  ;DP 设置于 MCRA 多路转接 I/O 控制寄存器寻址 A15～A7
             SPLK #0000H,MCRA             ;MCRA 寄存器为 0 令 PA,PB 为一般输入/输出端口
             SPLK #0FF00H,MCRB            ;MCRB 寄存器为 0 令 PC,PD 为一般输入/输出端口
             SPLK #0000H,MCRC             ;MCRC 寄存器为 0 令 PE,PF 为一般输入/输出端口
             SPLK #00000H,PADATDIR        ;令 PA 的数据及输入/输出方向设置为 0
             SPLK #00000H,PBDATDIR        ;令 PB 的数据及输入/输出方向设置为 0
             SPLK #00000H,PCDATDIR        ;令 PC 的数据及输入/输出方向设置为 0
             SPLK #00000H,PDDATDIR        ;令 PD 的数据及输入/输出方向设置为 0
             SPLK #0ff00H,PEDATDIR        ;令 PE 的数据及输入/输出方向设置为 0
             SPLK #00000H,PFDATDIR        ;令 PF 的数据及输入/输出方向设置为 0
             LDP #0                      ;将 DP 设置于 0 页
             NOP
MAIN:        LAR AR0,#60H                 ;令 AR0 定值为 0060H 的存储器地址
             LAR AR5,#70H                 ;令 AR5 定值为 0070H 的存储器地址
             MAR *,AR0                    ;设置 ARP 为 0 值得 AR0 操作
             LDP #MCRC≫7                  ;DP 设置 MCRA 多路转接 I/O 控制寄存器寻址 A15～A7
             SPLK #0000H,MCRC
             SPLK #0ff00H,PEDATDIR        ;PE(D15～D8)为输出端口输出数据 00(D7～D0)
             SPLK #00000H,PFDATDIR        ;PF(D15～D8)为输入端口输入数据 00(D7～D0)
             LACL PFDATDIR                ;读取 PFDATDIR 值写入 ACL
             SACL *                       ;将 ACL 值写入 ARP 的 *AR0 = 0060H 存储器内
             OR #0ff00h                   ;读取的数据为 D7～D0,故将方向设置的 D15～D8 值写回
             SACL PEDATDIR                ;原来方向设置 FFH 及读取值 D7～D0 输出到 PF 端口
             out *,8400h                  ;将读取 PF 的值输出锁存到 8 位 DA 端口 A
             MAR *,AR5                    ;设置 ARP = 5 当前工作辅助寄存器为 AR5
```

```
            IN ,08000H              ;读取 CPLD 设置输入端口 8000H 的 I/O 端口读取入 * AR5
            NOP
            NOP
            OUT ,08001H             ;将读取到的 * AR5 输出到 8001H 的 I/O 驱动 LED 及显示
            nop

            out * ,08401h           ;将读取 I/O 的 8000H 的值输出锁存到 8 位 DA 端口 B
            NOP
            BMAIN                   ;跳回 MAIN 继续监督及输出控制

PHANTOM：   KICK_DOG                ;中断向量的设置
            B PHANTOM

GISR1：     RET
GISR2：     RET
GISR3：     RET
GISR4：     RET
GISR5：     RET
GISR6：     RET
```

图 5-11 基本 F7PIOT1.asm 对应 CPLD 的 I/O 端口读/写控制程序

CCS 中打开一个 F7PIOT1.mak 文件后，加入 F7PIOT1.asm 及一个存储器配置的 GPIO1.cmd 文件，如图 5-12 所示。

```
MEMORY
{VECTOR: org = 0x809FC0 len = 0x40      /* vectors */
RAM2:    org = 0x800000 len = 0x4000    /* RAM2 16K words */
RAM3:    org = 0x804000 len = 0x4000    /* RAM3 16K words */
MMRS:    org = 0x808000 len = 0x0100    /* MMRS on peripheral bus */
RAM0:    org = 0x809800 len = 0x400     /* RAM0 1K word */
RAM1:    org = 0x809c00 len = 0x3C0     /* RAM1 1K word */
}
/* SPECIFY THE SECTIONS ALLOCATION INTO MEMORY */

SECTIONS
{.vectors  > VECTOR             /* Reset/Interrupt vectors */
 .text:    > RAM2               /* CODE */
 .cinit:   > RAM0               /* INITIALIZATION TABLES */
 .const:   > RAM0               /* CONSTANTS */
 .stack:   > RAM0               /* SYSTEM STACK */
 .sysmem:  > RAM0               /* DYNAMIC MEMORY - DELETE IF NOT USED */
 .bss:     > RAM0               /* VARIABLES */
}
```

图 5-12 程序及数据存储器配置设置 GPIO1.cmd 内容

中断向量的设置 VECTOR.h 文件如图 5-13 所示。

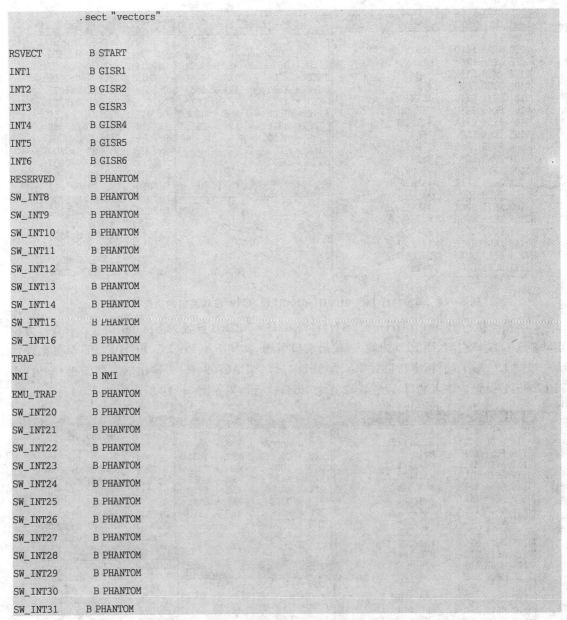

图 5-13 程序中断向量的设置文件 VECTOR.h 内容

(二) 载入 CCS 作仿真测试实验程序

(1) 将上述的 F7PIOT1.mak 建构好后,打开 F7PIOT1.asm 及对应存储器内容和 CPU 内部寄存器视图、编译和连接;也就是执行 BUILD 或 BUILD ALL 后,一切无误则将按原设置的路径载入 F7PIOT1.out 文件,如图 5-5 所示。分别单步执行或断点设置执行来检测程序的操作状态并调试。

(2) 由图 5-14 中可观察到程序执行 PC=0100H~010CH 的指令后,会将立即数据 7018H 快速闪存 SCR1 设置为 200H,DP=E0H(7000H~707FH 页),而 WDCR=7029H 设置为 6FH>C7H,执行结果如图 5-14 所示。

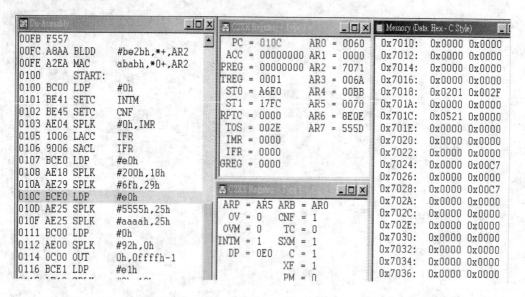

图 5-14 单步执行 PC=0100H~010CH 程序后对应结果值的执行视图画面

(3) 接着执行 PC=010DH~012AH，将 7092H=MCRB 设置为 FF00H 快速闪存 PC 为特定功能 I/O 端口引脚，而 PD0 为输入/输出端口引脚，其他 PA、PB、PC、PD、PE、PF 都再次设置为一般的 I/O 输入端口，重新设置 PA 为 0FF00H，令 PA(7094H) 为输出端口并输出 00 值，而 PB(7095H) 设置为输入端口，设置读取值为 00H，执行结果如图 5-15 所示。

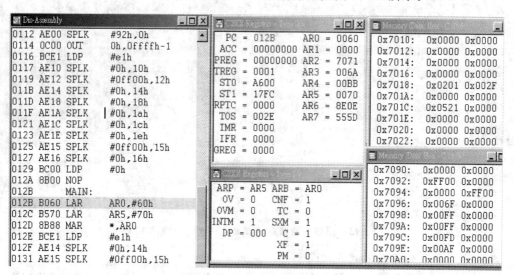

图 5-15 单步执行 PC=010DH~012AH 程序的执行视图画面

(4) 执行 PC=012BH~013AH，将 AR0 和 AR5 分别定值为 0060H 和 0070H 存储器地址；重新设置 MCRC=0000H，PE、PF 为一般 I/O 端口，并令 PEDATDIR=7095H，设置为 0FF00H 快速闪存 PE0~PE7 为输出端口，并令输出为 00H；而 PFDATDI=7096H，设置为 0000H 的 PF0~PF6 输入端口，并设置读取值为 00H。将 PF0~PF6 的拨位开关读入 *AR0 的数据存储器 0060H 地址，载入 ACL 内观察到 DM 中 0060H 的值，该值将反映拨位开关的输入设置值，例如 0069H,则被载入的 ACL 值为 0069H。因为要在输出到 PE 的 PEDATDIR＝7095H 内容输入/输出方向上设置(D15～D8)为写回入方式,所以将 ACL 与 0FF00H 做 OR 运算得到 FF69H,输出到 DP＝E1H＝70H 加 80H 的页 7095H＝PEDATDIR 端的 PE 输出用来驱动显示,同时将 *AR0 内容 PF0～PF6 拨位开关读取值输出到 CPLD 所定义 8400H 的 8 位 D/A 转换值锁存,分别单步执行后的视图画面如图 5-16 所示。

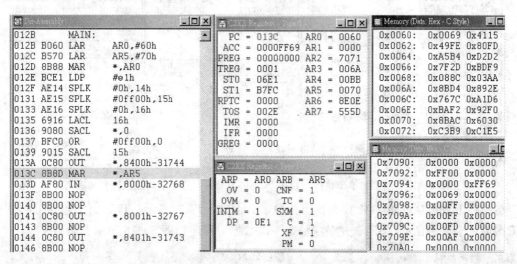

图 5-16　单步执行 PC＝012BH～013AH 程序后对应执行视图画面

（5）实体检测硬件执行的结果,是否将 SW12 的位置设置值对应输出到 PE0～PE7,并通过 ULN2803 驱动 500 mA/60 V 的 JPD2 端输出 LED 显示,这时在 DA_OP 测试端测量得到 DA8A 仿真电压值多大？注意：此 D/A 的参考电压与 R13 的设置调整是相关的,必须做适当的调整来设置所需的转换比例值。

（6）接着对应于 CPLD 的 I/O 存储器映射外设的 8000H 地址读取 SW1 的 8 个拨位开关输入设置值到 AR5 所指的数据存储器 0070H 内,并对应将这个读取值输出到 CPLD 所定义 I/O 地址 8001H 的 DR0～DR7 对应于 P55～P62 输出端；再通过 ULN2803 芯片驱动 500 mA/60 V 的 JPD1 端输出,并驱动对应 8 个 LED 显示,同时将 *AR5 内容 SW1 拨位开关读取值输出到 CPLD 所定义 8401H 的 8 位 D/A 转换值锁存,这时在 DA_OP 测试端测得的 DA8B 仿真电压值多大？分别单步执行后的视图画面如图 5-17 所示。

（7）跳回 MAIN 会快速反映读取两组拨位开关值,再对应输出到两组 LED 显示及驱动端输出控制,同时也将读取值输出到对应的两组 8 位 D/A 电路锁存并将输出转换为仿真电压。

实验 5.2　CPLD 的 I/O 扩充 RTC 读取及 4 位七段 LED 扫描显示实验

（一）实验功能及说明

这个应用范例程序共有三段：

（1）读取 DM 数据依序输出到 PE 端口显示。

（2）将数据存储器 DM 由 AR5 寻址内容 4 次七段 LED 显示码数据,输出到 CPLD 的接口来驱动 4 位七段 LED 扫描显示。

（3）设置实时定时器的 RTC 模块,并开始读取 RTC 的计时值,作为分及秒计时的输出值,经七段译码后接到 4 位七段 LED 扫描显示。

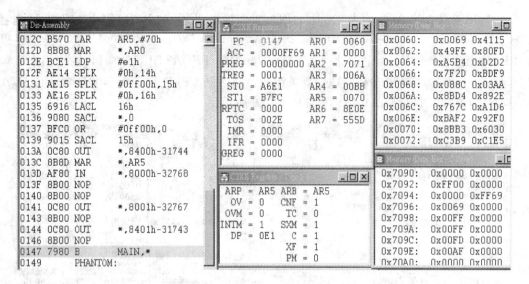

图 5-17 连续的单步执行到程序 PC=013CH～0147H 后对应执行视图画面

将预存于数据存储器 DM 数据读出并输出到 PE0～PE7,显示一段延迟子程序 DELAY 后再依次取值来输出显示,共读取并对应输出 8 次数据。程序如图 5-18 所示。

```
              .text              ;程序起始于 0100H 地址
START:   LDP #0                  ;将 DP 设置为 0 页
         SETC INTM               ;将中断总开关设置为 1 禁用,INTM=1
         SETC CNF                ;令 CNF=1 设置 B0 为内部 200H～2FFH 数据存储器
         SPLK #0000H,IMR         ;IMR=0 禁用所有的可屏蔽中断 INT1～INT6
         LACC IFR                ;读取中断标识标志到 ACC
         SACL IFR                ;将 ACC 的 IFR 再写回 IFR,令其中为 1 的标志清除
         LDP #SCSR1≫7            ;DP 设置 SCSR1 系统控制寄存器寻址 A15～A7
         SPLK #0200H,SCSR1       ;设置 2407 的 PLL 倍频为 1 的工作频率 10 MHz
         SPLK #006FH,WDCR        ;令看门狗定时器 WDCR 为 6FH 禁用
         KICK_DOG                ;载入看门狗定时器的清除微程序
         SPLK #0092H,GPR0        ;设置通用寄存器 GPR0=0092H
         OUT GPR0,WSGR           ;外部的等待周期设置为 7,设置 0 10 01 0 010=092
         LDP #0                  ;将 DP 设置为 0 页
         LAR AR1,#300H           ;令 AR3 定值为 B1 区域的 0300H 的存储器地址
         LAR AR3,#7              ;令 AR3 定值为 007H 作次数计数
LOOP:    MAR *,AR1               ;设置 ARP=1,令目前的操作辅助寄存器为 AR1
         LACL *+,AR2             ;AR1 寻址的 DM 数据载入 ACL 并设置新 ARP=2
         LDP #PEDATDIR≫7         ;DP 设置 PEDATDIR 寄存器寻址 A15～A7
         SACL PEDATDIR           ;将读取的 ACL 数据输出到 PEDATDIR 驱动显示
         CALL DELAY              ;执行 DELAY 延迟子程序
         MAR *,AR3               ;将 ARP 复位定为 AR3
         BANZ LOOP               ;视图 AR3 是否为 0,不为 0 则将 AR3 减 1 分支回 LOOP
         NOP
DELAY:   LAR AR2,#07FFFH         ;将 AR2 设置为 7FFFH 作延迟循环计数
D_LOOP:  RPT #0FFH               ;重复执行 NOP 指令共 0FFH+1=256 次
```

第 5 章　LF2407 的 CC/CCS 操作及基本 I/O 测试实验

	NOP	
	LDP #WDCR≫7	;令 DP 设置 WDKEY 看门狗计数器的寻址 A15～A8
	SPLK #006FH,WDCR	;令看门狗定时器 WDCR 为 6FH 禁用
	SPLK #05555H,WDKEY	;设置 WDKEY 寄存器为 5555H
	SPLK #0AAAAH,WDKEY	;WDKEY 为 AAAAH 清除 WDT 禁用
	LDP #0	;将 DP 设置为 0 页
	nop	
	BANZ D_LOOP	;AR2 是否为 0,不为 0 则将 AR2 减 1 分支回 D_LOOP
	RET	;回主程序
;编辑 DM 地址 0300H(B1)的显示数据		
	.data	;载入 @300h 数据存储器的编辑设置
	.word 0fffeh	;令 D0 的 GPIO0 亮 = 1 = ON
	.word 0fffdh	;令 D1 的 GPIO1 亮 = 1 = ON
	.word 0fffbh	;令 D2 的 GPIO2 亮 = 1 = ON
	.word 0fff7h	;令 D3 的 GPIO3 亮 = 1 = ON
	.word 0ffefh	;令 D4 的 GPIO4 亮 = 1 = ON
	.word 0ffdfh	;令 D5 的 GPIO5 亮 = 1 = ON
	.word 0ffbfh	;令 D6 的 GPIO6 亮 = 1 = ON
	.word 0ff7fh	;令 D7 的 GPIO7 亮 = 1 = ON

图 5-18　读取 DM 数据依次输出到 PE 端口显示

4 位七段 LED 显示扫描控制中,4 位七段 LED 并列阳极由 CPLD 的 I/O 端口 8003H 地址输出设置,阴极则由 I/O 端口 8002H 来扫描,将 AR5 所寻址的数据存储器内容 8 位数据直接输出到 4 位的 7 段 LED 输出扫描显示。DSP7S.asm 编辑程序如图 5-19 所示。

DSP7S:	LAR AR5,#308H	;AR5 定值 0308H 的 4 位七段 LED 显示数据存储器地址
DSP7SN:	LAR AR7,#0FFFFH	;将 AR7 设置为 FFFFH 作循环计数
	NOP	
REDSP:	CALL DSP7S1	;调用子程序 DSP7S1 将 AR5 所指存储器内容扫描显示
	MAR *,AR7	;将 ARP 复位定为 AR7
	BANZ REDSP	;AR7 是否为 0,不为 0 则将 AR7 减 1 回 REDSP 再显示
	NOP	
	RET	;回主程序
DSP7S1:	LAR AR6,#006AH	;令 AR6 定值为 006AH 的存储器地址
	LACL #4	;将 ACL 设置为 4 的共阴极译码扫描输出
REDSP1:	MAR *,AR6	;将 ARP 复位定为 AR6
	SUB #1	;将 ACL 减 1
	SACL *	;减 1 后的 ACL 值写回 AR6 所指的 DM 存储器
	OUT *,08002H	;将 AR6 内容阴极扫描码输出到 8002H 控制显示
	MAR *,AR5	;将 ARP 复位定为 AR5 为扫描显示的数据存放地址
	OUT +,08003H	;将 *AR5 内容数据输出到 08003H
	RPT #0FFH	;重复执行 NOP 指令共 0FFH + 1 = 256 次
	NOP	

```
        BCND REDSP1,NEQ        ;若 ACL 递减不为 0,则分支回 REDSP1 再显示
        MAR  * -               ;显示扫描完成后,令 ARP 值减 4 后回到原设置值,以便
                               ;再次显示
        MAR  * -
        MAR  * -
        MAR  * -
        NOP
        RET                    ;回主程序
        .word 0003Fh           ;7 段显示的七段码 0 ;308H 地址
        .word 00006h           ;7 段显示的七段码 1
        .word 0005Bh           ;7 段显示的七段码 2
        .word 0004Fh           ;7 段显示的七段码 3
        .word 00066h           ;7 段显示的七段码 4
        .word 0006Dh           ;7 段显示的七段码 5
        .word 0007Dh           ;7 段显示的七段码 6
        .word 00007h           ;7 段显示的七段码 7
        .word 0007Fh           ;7 段显示的七段码 8
        .word 0006Fh           ;7 段显示的七段码 9
        .word 00077h           ;7 段显示的七段码 A
        .word 0007Ch           ;7 段显示的七段码 B
        .word 00039h           ;7 段显示的七段码 C
        .word 0005Eh           ;7 段显示的七段码 D
        .word 00079h           ;7 段显示的七段码 E
        .word 00071h           ;7 段显示的七段码 F
```

图 5-19 DSP7S.asm 的驱动程序及其对应说明

DSALLAS 公司的 DS12887 芯片是一个万年历的实时时钟,背附电池可维持 10 年的数据记存及工作,具有年、月、日、星期、时、分、秒的万年历计时器,数据码可设置为二进位或十进位值,可设置闹铃功能,12 或 24 小时及上、下午的 AM/PM 操作,内容 128 个 RAM 分配为 14 字的时钟控制寄存器,114 字的通用无须供应电压的 RAM,输出可定义的方波时钟及计时的中断请求信号输出。具有 3 个可屏蔽的中断软件设置及可测试功能,分别为:(1)每天为一次或二次的闹铃设置中断;(2)122US-500MS 的周期性中断;(3)时钟更新退出后产生中断。

年、月、日、星期的设置以及时、分、秒及其对应的闹铃设置等分别为寄存器 9~0 共 10 个,其他的寄存器 A、B、C、D 则是此万年历的实时时钟控制设置寄存器,如表 5-5 所列。

DS12887 芯片具有 $\overline{CS}$ 芯片选择允许控制,对应于总线 AD0~AD7 是数据与地址共用的,因此对应于芯片内的 14 个复位及数据寄存器及 114 字的通用 RAM 存储器的读/写设置,必须先设置地址线后再进行数据的读/写,通过 AS(Address Strobe)引脚的设置 HI 时作 AD7~AD0 的地址线锁存输入设置,然后再根据 R/W 的输入信号进行 AD0~AD7 的数据锁存设置 DS(Data Strobe)读/写的 Motorola 接口,或若单纯数据读取 $\overline{RD}$(DS)及数据写入 $\overline{WR}$(R/W)的 Intel 模式等两种握手控制模式。

RTC 地址锁存控制以 I/O 地址的 RTC_AS=8500H 作地址线的设置,RTC_RD=8600H 作数据读取地址,而 RTC_WR=8700H 则作为数据写入的控制地址。任何 RTC 的时钟模式或存储器的读/写时,必须先对 RTC_AS 地址写入寄存器或 RAM 存储器地址;读取数据时的地址

是 RTC_RD,而写入数据的地址是 RTC_WR。

表 5-5　DALLAS 的 DS12887 内部时钟闹钟的寄存器设置表

地址	功能	十进位范围	二进位范围	地址	功能	十进位范围	二进位范围
0	时钟 秒	00～59	00～3BH	5	闹钟 12 小时模式	00～12	00～0CH
1	闹钟 秒	00～59	00～3BH		闹钟 24 小时模式	00～24	00～17H
2	时钟 分	00～59	00～3BH	6	星期数(1 为星期天)	00～06	00～06H
3	闹钟 分	00～59	00～3BH	7	每月的日期	00～28/29/30/31	00～1C/1D/1E/1F
4	时钟 12 小时模式	00～12	00～0CH	8	月份	00～12	00～0CH
	时钟 24 小时模式	00～24	00～17H	9	年份	00～99	00～63H

控制寄存器 A 是一个控制设置及状态标志寄存器,各位如表 5-6 所列。

表 5-6　控制寄存器 A 的控制设置及状态标志位

D7	D6	D5	D4	D3	D2	D1	D0
UIP	DV2	DV1	DV0	RS3	RS2	RS1	RS0

UIP 是一个仅可读的系统是否正进行更新的状态标志。DV2～DV0 振荡器 ON/OFF 设置及复位减数计数值,设置为 010 则将振荡器 ON 操作并允许 RTC 保持时钟值。另外的 RS3～RS0 则是设置 RTC 的 SQW 方波输出的周期时钟,为 0000 时设置 SQW 不输出,其次则依照 256/128 Hz 及对应 8.192 kHz 开始除 2 递减频率输出到最低 2 Hz。

控制寄存器 B 也是一个控制设置寄存器,SET 时钟闹铃的设置允许,对应周期中断 PIE、闹钟中断允许 AIE 及更新退出的允许 UIE 等 3 种计时和闹钟的中断设置允许及方波输出 SQW 的 ON/OFF 和日期 DM、24/12 小时设置、DSE 换日线的设置允许等,各位如表 5-7 所列。

表 5-7　控制寄存器 B 的控制设置及状态标志位

D7	D6	D5	D4	D3	D2	D1	D0
SET	PIE	AIE	UIE	SQWE	DM	24/12	DSE

控制寄存器 C 是针对寄存器 B 的中断标志位寄存器,具有 IRQF 中断发生总标志位、周期中断标志位 PF、闹钟中断标志位 AF 及更新退出的标志位 UF 等,各位如表 5-8 所列。

表 5-8　控制寄存器 C 的控制设置及状态标志位

D7	D6	D5	D4	D3	D2	D1	D0
IRQF	PF	AF	UF	0	0	0	0

寄存器 D 仅有一个 D7 位 VRT,此位只可以读取:VRT=1,代表 RAM 及时钟计数有效；VRT=0,则代表背附电池已没有电,而 RAM 及时钟计数内容无效。

根据 RTC 的功能及第 1 章所介绍的 RTC 接口电路,将先设置 RTC 的控制操作功能,并设置时间后再连续读取时钟的分及秒时,读取值则将其转换成七段 LED 显示码予以输出扫描显示在 4 位七段 LED 上。对应上述的功能程序如图 5-20 所示。

;设置 RTC 为 SQW = 0 端口输出方波,DM = 0 一般日期,24/12 = 0 为 12 小时格式,DSE = 0
IniRTC: LACL #0AH   ;将 ACL 载入 0AH 作为控制寄存器 A 的寻址
        LDP #RTC_RGA≫7   ;DP 设置 RTC_RGA 寄存器寻址 A15～A7
        SACL RTC_RGA   ;将 ACL 写入 DM 存储器 RTC_RGA 寄存器内
        OUT RTC_RGA,RTC_AS   ;将 RTC_RGA 输出到 RTC_AS(A)设置地址
        LACL #20H   ;令 ACL = UIP,DV2～DV0,RS3～RS0 = 20H(DV2～DV0 = 010)
        SACL RTC_RGA   ;将 ACL 写入 DM 存储器 RTC_RGA(A)寄存器内
        OUT RTC_RGA,RTC_WR   ;RTC_RGA 值输出到 RTC_WR 写入数据
        LACL #0BH   ;将 ACL 载入 0BH 作为控制寄存器 B 的寻址
        SACL RTC_RGA   ;将 ACL 写入 DM 存储器 RTC_RGA 寄存器内
        OUT RTC_RGA,RTC_AS   ;将 RTC_RGA 输出到 RTC_AS(B)设置地址
        LACL #80H   ;ACL = SET(1),PIE,AIE,UIE,SQW,DM,24/12,DSE = 80H
        SACL RTC_RGA   ;ACL 写入 DM 存储器 RTC_RGA 寄存器作时钟设置
        OUT RTC_RGA,RTC_WR   ;RTC_RGA 值输出到 RTC_WR 写入数据
        CALL CLRTC   ;调用 CLRTC 清除时钟值
        LACL #0BH   ;将 ACL 载入 0BH 作为控制寄存器 B 的寻址
        SACL RTC_RGA   ;将 ACL 写入 DM 存储器 RTC_RGA 寄存器内
        OUT RTC_RGA,RTC_AS   ;将 RTC_RGA 输出到 RTC_AS(B)设置地址
        LACL #12H   ;SET(0),PIE,AIE,UIE(EN),SQW,DM,24/12(24),
                               ;DSE = 12H
        SACL RTC_RGA   ;将 ACL 写入 DM 存储器 RTC_RGA 寄存器内
        OUT RTC_RGA,RTC_WR   ;RTC_RGA 值输出到 RTC_WR 写入数据
        RET   ;回主程序

        ;清除所有的 RTC 时钟及闹钟值
CLRTC: LAR AR0,#09   ;令 AR0 定值为 9 作为清除时钟寄存器数的计数
        LAR AR1,#0327H   ;令 AR1 寻址为 0327H 作为 DM 寻址
        MAR *,AR   ;令 ARP = 1
        LACL #0   ;ACL = 0
        SACL *   ;将 ACL = 0 写入 *AR1 的 DM = 0327H 地址内
RECLR: MAR *,AR1   ;令 ARP = 1
        LACL *   ;读取 *AR1 的内容载入 ACL
        SACL RTC_RGA   ;将 ACL 写入 RTC_RGA 存储器内
        OUT RTC_RGA,RTC_AS   ;将 RTC_RGA 输出到 RTC_AS(n)设置地址
        LACL #0   ;ACL = 0
        SACL RTC_RGA   ;将 ACL 写入 RTC_RGA 存储器内
        OUT RTC_RGA,RTC_WR   ;RTC_RGA 的 0 值输出到 RTC_WR 写入
        LACL *   ;读取 *AR1 的内容载入 ACL
        ADD #1   ;将 ACL 加 1
        SACL *,AR0   ;将 ACL = 0 写入 *AR1 的 DM 地址内,令 ARP = 0
        BANZ RECLR   ;AR0 是否为 0,不为 0 则将 AR0 减 1 回 RECLR 再清除
        RET   ;回主程序

;读取 RTC 的分(02 地址)及秒(00 地址)的时钟值以对应显示到 4 位七段 LED
RTC_RWT:

```
            LAR AR4,#0330H        ;令AR4 寻址为 0330H 作为 RTC 读取数据存放
            LAR AR5,#0340H        ;令AR5 寻址为 0350H 作为 RTC 内部存储器地址
RTCRPT:     MAR *,AR5             ;令ARP=5 作为目前操作辅助寄存器
            LACC #0               ;ACC=0
            SACL *                ;将ACL=0 载入*AR5 作为 RTC 的寻址(秒时钟)
            NOP
            CALL RTCRDT           ;将*AR5 写入 RTC 的地址并读取数据载入*AR5+1
            NOP                   ;读取 16 位,仅取低 8 位载入 ACL(秒时钟)
            SACL +,AR5            ;读取值 ACL(秒值)写入*AR4,并令 AR4+1 及 ARP=5
            LACC #02              ;令ACC=#2(分的读取或写入值)
            SACL *                ;将ACL=2 载入*AR5 作为 RTC 的寻址(分时钟)
            CALL RTCRDT           ;将*AR5 写入 RTC 的地址并读取数据载入*AR5+1
            NOP                   ;读取 16 位,仅取低 8 位载入 ACL(秒时钟)
            SACL *-,AR5           ;读取值 ACL(分值)写入*AR4,并令 AR4-1 及 ARP=5
            NOP
            CALL RTCDSP           ;将读取 AR4 所指的 330H 及 331H 内容秒、分值显示
            NOP                   ;到 4 位七段 LED
            RET                   ;回主程序

RTCWRT:     OUT *+,RTC_AS         ;将AR5 输出到 RTC 写入 RTC_AS 地址作锁定 AR5+1
            NOP
            OUT *-,RTC_WR         ;将AR5+1 内容写入 AR5 所指 RTC 存储器地址内
            RET                   ;回主程序

RTCRDT:     OUT +,RTC_AS          ;将AR5 输出到 RTC 写入 RTC_AS 地址作锁定 AR5+1
            NOP
            IN *,RTC_RD           ;读取 RTC 值载入 AR5+1 存储器地址内
            LACL *-,AR4           ;读取的 RTC 值载入 ACL 并令 AR5-1
            AND #00FFH            ;将读取值仅取低 8 位
            RET                   ;回主程序

RTCDSP:     LAR AR3,#330H         ;令AR3 寻址为 0330H 作为 4 位七段 LED 显示内容
DSPAR3:     LAR AR2,#350H         ;令AR2 寻址为 0350H 作存放七段 LED 显示转换码
            MAR *,AR3             ;令ARP=3 作为存放显示数据的寻址操作辅助寄存器
            LACC *,AR2            ;将要显示的数据载入 ACC 并令 ARP=2 寻址转换码
            CALL HEX7S            ;ACC 内容转换成七段 LED 码(2 位)载入*AR2(AR2+1)
            LACC *,AR2            ;将要显示的数据载入 ACC 并令 ARP=2 寻址转换码
            CALL HEX7S            ;ACC 内容转换成七段 LED 码(2 位)载入*AR2(AR2+1)
            LAR AR5,#350H         ;令AR5 寻址为 350H 的 DM 内容显示数据
            CALL DSP7SN           ;执行将 AR5 所寻址 4 位七段 LED 显示数据作扫描显示
            CALL DSP7SN           ;执行将 AR5 所寻址 4 位七段 LED 显示数据作扫描显示
            CALL DSP7SN           ;执行将 AR5 所寻址 4 位七段 LED 显示数据作扫描显示
            NOP
            RET                   ;回主程序
```

```
HEX7S:   AND #00FH           ;将 ACC 与 00FH 作 AND 运算并取低 8 位值
         ADD #TAB7S          ;ACC 内容低 8 位值加上七段 LED 转换表存放起始值
         TBLR *+,AR3         ;ACC 读表值地址读取七段 LED 码载入 *AR2 内,AR2+1
         LACC *+,AR2         ;*AR3 内容要显示数据载入 ACC,并令 AR3+1,ARP=2
         AND #00F0H          ;将 ACC 与 00F0H 作 AND 运算并取高 8 位值
         RPT #3              ;将 ACC 内容连续右移位 3+1 次显示值转移入低 8 位
         SFR                 ;ACC 右移位
         ADD #TAB7S          ;ACC 内容低 8 位值加上七段 LED 转换表存放起始值
         TBLR *+,AR3         ;ACC 读表值地址读取七段 LED 码载入 *AR2 内,AR2+1
         RET                 ;回主程序
```

图 5-20 RTCDPS.asm 的驱动程序及其对应说明

将三段程序汇编后成为 F7PIOT2.asm,如图 5-21 所示。

```
            .title "2407X GPIO"
            .bss GPR0,1
            .data              ;load data@300h in data memory
            .word 0fffeh       ;turn-on GPIO0
            .word 0fffdh       ;turn-on GPIO1
            .word 0fffbh       ;turn-on GPIO2
            .word 0fff7h       ;turn-on GPIO3
            .word 0ffefh       ;turn-on GPIO4
            .word 0ffdfh       ;turn-on GPIO5
            .word 0ffbfh       ;turn-on GPIO6
            .word 0ff7fh       ;turn-on GPIO7
            .word 0003Fh       ;7SEGMENT DSP 0 ;308H
            .word 00006h       ;7SEGMENT DSP 1
            .word 0005Bh       ;7SEGMENT DSP 2
            .word 0004Fh       ;7SEGMENT DSP 3
            .word 00066h       ;7SEGMENT DSP 4
            .word 0006Dh       ;7SEGMENT DSP 5
            .word 0007Dh       ;7SEGMENT DSP 6
            .word 00007h       ;7SEGMENT DSP 7
            .word 0007Fh       ;7SEGMENT DSP 8
            .word 0006Fh       ;7SEGMENT DSP 9
            .word 00077h       ;7SEGMENT DSP A
            .word 0007Ch       ;7SEGMENT DSP B
            .word 00039h       ;7SEGMENT DSP C
            .word 0005Eh       ;7SEGMENT DSP D
            .word 00079h       ;7SEGMENT DSP E
            .word 00071h       ;7SEGMENT DSP F

            .word 0            ;gen purp reg

LCDDATA:    .set 0320H
LCDINST:    .set 0321H
```

```
BUSYFLG:         .set 0322H
DATABUF:         .set 0323H
TEMP:            .set 0324H
RTC_RGA:         .set 0325H          ;UIP,DV2-DV0,RS3-RS0 = 20H
RTC_RGB:         .set 0326H          ;SET,PIE,AIE,UIE,SQW,DM,24/12,DSE
ADC_DATA:        .set 0327H

TXDBUF:          .set 0380H
RXDBUF:          .set 03A0H
TEMPB:           .set 03E0H
TEMPSP:          .set 03E1H
LCD_WIR:         .set 08300H         ;A1 = R/W = 0A0 = D/I = 0OUT
LCD_RIR:         .set 08302H         ;A1 = R/W = 1A0 = D/I = 0IN
LCD_WDR:         .set 08301H         ;A1 = R/W = 0A0 = D/I = 1OUT
LCD_RDR:         .set 08303H         ;A1 = R/W = 1A0 = D/I = 1IN

RTC_AS:          .set 08500H
RTC_RD:          .set 08600H
RTC_WR:          .set 08700H
OFFSET:          .word 600
scale:           .word 19218         ;0.58651x32768

                 .include "x24x_app.h"
                 .include "vector.h"
KICK_DOG .macro
                 LDP #WDKEY≫7
                 SPLK #05555H,WDKEY
                 SPLK #0AAAAH,WDKEY
                 LDP #0
                 .endm


                 .text
START:           LDP #0                  ;将 DP 设置为 0 页
                 SETC INTM               ;将中断总开关设置为 1 禁用,INTM = 0
                 SETC CNF                ;令 CNF = 1 设置 B0 为内部 200H~2FFH 数据存储器
                 SPLK #0000H,IMR         ;IMR = 0 禁用所有的可屏蔽中断 INT1~INT6
                 LACC IFR                ;读取中断标识标志到 ACC
                 SACL IFR                ;将 ACC 的 IFR 再写回 IFR,令其中为 1 的标志清除
                 LDP #SCSR1≫7           ;DP 设置 SCSR1 系统控制寄存器寻址 A15~A7
                 SPLK #0200H,SCSR1       ;设置 2407 的 PLL 倍频为 1 的工作频率 10 MHz
                 SPLK #006FH,WDCR        ;令看门狗定时器 WDCR 为 6FH 禁用
                 KICK_DOG                ;载入看门狗定时器的清除微程序
                 SPLK #0092H,GPR0        ;设置通用寄存器 GPR0 = 0092H
                 OUT GPR0,WSGR           ;外部的等待周期设置为 7,设置 0 10 01 0 010
                                         ;- 092
```

```
            LDP #0                  ;将 DP 设置为 0 页
            LAR AR1,#300H           ;令 AR3 定值为 B1 区域的 0300H 的存储器地址
            LAR AR3,#7              ;令 AR3 定值为 007H 作次数计数
LOOP:       MAR *,AR1               ;设置 ARP=1,令目前的操作辅助寄存器为 AR1
            LACL *+,AR2             ;AR1 寻址的 DM 数据载入 ACL 并设置新 ARP=2
            LDP #PEDATDIR>>7        ;DP 设置 PEDATDIR 寄存器寻址 A15～A7
            SACL PEDATDIR           ;将读取的 ACL 数据输出到 PEDATDIR 驱动显示
            CALL DELAY              ;执行 DELAY 延迟子程序
            MAR *,AR3               ;将 ARP 复位定为 AR3
            BANZ LOOP               ;视图 AR3 是否为 0,不为 0 则将 AR3 减 1 分支回
                                    ;LOOP
            NOP

            LDP #0                  ;将 DP 设置为 0 页
MAIN:       CALL IniRTC             ;调用 RTC 模块的初始化设置
            NOP
            CALL DSP7S              ;调用 DSP7S 显示 RTC 时间
            NOP
            CALL RTC_RWT            ;调用 RTC_RWT 读取 RTC 的时、分显示
            NOP
            MAR *,AR4               ;将 ARP 复位定为 AR4
            LAR AR4,#0005H          ;令 AR4 定值 5 作为循环计数
DLTN:       MAR *,AR2               ;将 ARP 复位定为 AR2
            NOP
            CALL DELAY              ;调用单位延迟子程序
            MAR *,AR4               ;将 ARP 复位定为 AR4
            BANZ DLTN               ;若 AR4 减 1 不为零,则跳回 DLTN
            B MAIN                  ;若延迟完成,则跳回主程序
DELAY:      LAR AR2,#07FFFH         ;将 AR2 设置为 7FFFH 作延迟循环计数
D_LOOP:     RPT #0FFH               ;重复执行 NOP 指令共 0FFH+1=256 次
            NOP
            LDP #WDCR>>7            ;令 DP 设置 WDKEY 看门狗计数器的寻址
                                    ;A15～A8
            SPLK #006FH,WDCR        ;令看门狗定时器 WDCR 为 6FH 禁用
            SPLK #05555H,WDKEY      ;设置 WDKEY 寄存器为 5555H
            SPLK #0AAAAH,WDKEY      ;WDKEY 为 AAAAH 清除 WDT 禁用
            LDP #0                  ;将 DP 设置为 0 页
            nop
            BANZ D_LOOP             ;AR2 是否为 0,不为 0 则将 AR2 减 1 分支回
                                    ;D_LOOP
            RET                     ;回主程序
DSP7S:      LAR AR5,#308H           ;AR5 定值 0308H 的 4 位七段 LED 显示数据存储器地址

DSP7SN:     LAR AR7,#0FFFFH         ;将 AR7 设置为 FFFFH 作循环计数
            NOP
```

第5章 LF2407 的 CC/CCS 操作及基本 I/O 测试实验

```
REDSP:    CALL DSP7S1              ;调用子程序 DSP7S1,将 AR5 所指存储器内容扫描显示
          MAR *,AR7                ;将 ARP 复位定为 AR7
          BANZ REDSP               ;AR7 是否为 0,不为 0 则将 AR7 减 1 回 REDSP 再显示
          NOP
          RET                      ;回主程序

DSP7S1:   LAR AR6,#006AH           ;令 AR6 定值为 006AH 的存储器地址
          LACL #4                  ;将 ACL 设置为 4 的共阴极译码扫描输出
REDSP1:   MAR *,AR6                ;将 ARP 复位定为 AR6
          SUB #1                   ;将 ACL 减 1
          SACL *                   ;减 1 后的 ACL 值写回 AR6 所指的 DM 存储器
          OUT *,08002H             ;将 AR6 内容阴极扫描码输出到 8002H 控制显示
          MAR *,AR5                ;将 ARP 复位定为 AR5 为扫描显示的数据存放地址
          OUT +,08003H             ;将 *AR5 内容数据输出
          RPT #0FFH                ;重复执行 NOP 指令共 0FFH+1=256 次
          NOP
          BCND REDSP1,NEQ          ;若 ACL 递减不为 0,则分支回 REDSP1 再显示
          MAR *-                   ;显示扫描完成后,令 ARP 值减 4 后回到原设置值,
                                   ;以便再次显示
          MAR *-
          MAR *-
          MAR *-
          NOP
          RET                      ;回主程序

IniRTC:   LACL #0AH                ;将 ACL 载入 0AH 作为控制寄存器 A 的寻址
          LDP #RTC_RGA≫7           ;DP 设置 RTC_RGA 寄存器寻址 A15~A7
          SACL RTC_RGA             ;将 ACL 写入 DM 存储器 RTC_RGA 寄存器内
          OUT RTC_RGA,RTC_AS       ;将 RTC_RGA 输出到 RTC_AS(A)设置地址
          LACL #20H                ;令 ACL=UIP,DV2~DV0,RS3~RS0=20H
          SACL RTC_RGA             ;将 ACL 写入 DM 存储器 RTC_RGA(A)寄存器内
          OUT RTC_RGA,RTC_WR       ;RTC_RGA 值输出到 RTC_WR 写入数据
          LACL #0BH                ;将 ACL 载入 0BH 作为控制寄存器 B 的寻址
          SACL RTC_RGA             ;将 ACL 写入 DM 存储器 RTC_RGA 寄存器内
          OUT RTC_RGA,RTC_AS       ;将 RTC_RGA 输出到 RTC_AS(B)设置地址
          LACL #80H                ;令 ACL=SET,PIE,AIE,UIE,SQW,DM,24/12,DSE=80H
          SACL RTC_RGA             ;将 ACL 写入 DM 存储器 RTC_RGA 寄存器内
          OUT RTC_RGA,RTC_WR       ;RTC_RGA 值输出到 RTC_WR 写入数据
          CALL CLRTC               ;调用 CLRTC 清除时钟值
          LACL #0BH                ;将 ACL 载入 0BH 作为控制寄存器 B 的寻址
          SACL RTC_RGA             ;将 ACL 写入 DM 存储器 RTC_RGA 寄存器内
          OUT RTC_RGA,RTC_AS       ;将 RTC_RGA 输出到 RTC_AS(B)设置地址
          LACL #12H                ;SET,PIE,AIE,UIE(EN),SQW,DM,24/12(24),DSE=12H
          SACL RTC_RGA             ;将 ACL 写入 DM 存储器 RTC_RGA 寄存器内
          OUT RTC_RGA,RTC_WR       ;RTC_RGA 值输出到 RTC_WR 写入数据
```

```
                RET                     ;回主程序

        ;清除所有的 RTC 时钟及闹钟值
CLRTC:  LAR AR0,#09             ;令 AR0 定值为 9 作为清除时钟寄存器数的计数
        LAR AR1,#0327H          ;令 AR1 定值为 0327H 作为 DM 寻址
        MAR *,AR1               ;令 ARP=1
        LACL #0                 ;ACL=0
        SACL *                  ;将 ACL=0 写入 *AR1 的 DM=0327H 地址内

RECLR:  MAR *,AR1               ;令 ARP=1
        LACL *                  ;读取 *AR1 的内容载入 ACL
        SACL RTC_RGA            ;将 ACL 写入 RTC_RGA 存储器内
        OUT RTC_RGA,RTC_AS      ;将 RTC_RGA 输出到 RTC_AS(n)设置地址
        LACL #0                 ;ACL=0
        SACL RTC_RGA            ;将 ACL 写入 RTC_RGA 存储器内
        OUT RTC_RGA,RTC_WR      ;RTC_RGA 的 0 值输出到 RTC_WR 写入
        LACL *                  ;读取 *AR1 的内容载入 ACL
        ADD #1                  ;将 ACL 加 1
        SACL *,AR0              ;将 ACL=0 写入 *AR1 的 DM 地址内,令 ARP=0
        BANZ RECLR              ;AR0 是否为 0,不为 0 则将 AR0 减 1 回 RECLR 再清除
        RET                     ;回主程序

;读取 RTC 的分(02 地址)及秒(00 地址)的时钟值以对应显示到 4 位七段 LED
RTC_RWT:
        LAR AR4,#0330H          ;令 AR4 寻址为 0330H 作为 RTC 读取数据存放
        LAR AR5,#0340H          ;令 AR5 寻址为 0350H 作为 RTC 的内部存储器地址

RTCRPT: MAR *,AR5               ;令 ARP=5 作为当前操作辅助寄存器
        LACC #0                 ;ACC=0
        SACL *                  ;将 ACL=0 载入 *AR5 作为 RTC 的寻址(秒时钟)
        NOP
        CALL RTCRDT             ;将 *AR5 写入 RTC 的地址并读取数据载入 *AR5+1
        NOP                     ;读取 16 位,仅取低 8 位载入 ACL(秒时钟)
        SACL +,AR5              ;读取值 ACL(秒值)写入 *AR4,并令 AR4+1 及 ARP=5
        LACC #02                ;令 ACC=#2(分的读取或写入值)
        SACL *                  ;将 ACL=2 载入 *AR5 作为 RTC 的寻址(分时钟)
        CALL RTCRDT             ;将 *AR5 写入 RTC 的地址并读取数据载入 *AR5+1
        NOP                     ;读取 16 位,仅取低 8 位载入于 ACL(秒时钟)
        SACL *-,AR5             ;读取值 ACL(分值)写入 *AR4,并令 AR4-1 及 ARP=5

        NOP
        CALL RTCDSP             ;将读取 AR4 所指的 330H 及 331H 内容秒、分值显示
        NOP                     ;到 4 位七段 LED
        RET                     ;回主程序
```

```
RTCWRT:    OUT *+,RTC_AS        ;将 AR5 输出到 RTC 写入 RTC_AS 地址作锁定 AR5+1
           NOP
           OUT *-,RTC_WR        ;将 AR5+1 内容写入 AR5 所指 RTC 存储器地址内
           RET                  ;回主程序

RTCRDT:    OUT +,RTC_AS         ;将 AR5 输出到 RTC 写入 RTC_AS 地址作锁定 AR5+1
           NOP
           IN *,RTC_RD          ;读取 RTC 值载入 AR5+1 存储器地址内
           LACL *-,AR4          ;读取的 RTC 值载入 ACL 并令 AR5-1
           AND #00FFH           ;将读取值仅取低 8 位
           RET                  ;回主程序

RTCDSP:    LAR AR3,#330H        ;令 AR3 寻址为 0330H 作为 4 位七段 LED 显示内容

DSPAR3:    LAR AR2,#350H        ;令 AR2 寻址为 0350H 作为存放七段 LED 显示转换码
           MAR *,AR3            ;令 ARP=3 作为存放显示数据的寻址操作辅助暂存器
           LACC *,AR2           ;将要显示的数据载入 ACC 并令 ARP=2 寻址转换码
           CALL HEX7S           ;ACC 内容转换成七段 LED 码(2 位)载入 *AR2(AR2+1)
           LACC *,AR2           ;将要显示的数据载入 ACC 并令 ARP=2 寻址转换码
           CALL HEX7S           ;ACC 内容转换成七段 LED 码(2 位)载入 *AR2(AR2+1)
           LAR AR5,#350H        ;令 AR5 寻址为 350H 的 DM 内容显示数据
           CALL DSP7SN          ;执行将 AR5 所寻址 4 位七段 LED 显示数据作扫描显示
           CALL DSP7SN          ;执行将 AR5 所寻址 4 位七段 LED 显示数据作扫描显示
           CALL DSP7SN          ;执行将 AR5 所寻址 4 位七段 LED 显示数据作扫描显示
           NOP
           RET                  ;回主程序

HEX7S:     AND #00FH            ;将 ACC 与 00FH 作 AND 运算取低 8 位值
           ADD #TAB7S           ;ACC 内容低 8 位值加上七段 LED 转换表存放起始值
           TBLR *+,AR3          ;ACC 读表值地址读取七段 LED 码载入 *AR2 内,AR2+1
           LACC *+,AR2          ;*AR3 内容要显示数据载入 ACC 并令 AR3+1,ARP=2
           AND #00F0H           ;将 ACC 与 00F0H 作 AND 运算取高 8 位值
           RPT #3               ;将 ACC 内容连续右移位 3+1 次显示值转移入低 8 位
           SFR                  ;ACC 右移位
           ADD #TAB7S           ;ACC 内容低 8 位值加上七段 LED 转换表存放起始值
           TBLR *+,AR3          ;ACC 读表值地址读取七段 LED 码载入 *AR2 内,AR2+1
           RET                  ;回主程序

PHANTOM:   KICK_DOG
           B PHANTOMGISR1:
           RET
GISR2:     RET
GISR3:     RET
GISR4:     RET
GISR5:     RET
```

```
GISR6:          RET
TABLDAT1:       .byte "WELCOME TO -- DSP2407"
TABLDAT2:       .byte "SN-DP2407 EXP SYSTEM"
TABLDAT3:       .word
07h,01h,02h,03h,04h,05h,06h,07h,08h,09,0AH,0BH,0CH,0DH,0EH,0FH,00,00
TABLDAT4:       .byte "232E 456789"
TABLTEST:       .byte 0AAH
                .word 00H,00H
TAB7S:          .word 0003Fh;7SEGMENT DSP 0
                .word 00006h;7SEGMENT DSP 1
                .word 0005Bh;7SEGMENT DSP 2
                .word 0004Fh;7SEGMENT DSP 3
                .word 00066h;7SEGMENT DSP 4
                .word 0006Dh;7SEGMENT DSP 5
                .word 0007Dh;7SEGMENT DSP 6
                .word 00007h;7SEGMENT DSP 7
                .word 0007Fh;7SEGMENT DSP 8
                .word 0006Fh;7SEGMENT DSP 9
                .word 00077h;7SEGMENT DSP A
                .word 0007Ch;7SEGMENT DSP B
                .word 00039h;7SEGMENT DSP C
                .word 0005Eh;7SEGMENT DSP D
                .word 00079h;7SEGMENT DSP E
                .word 00071h;7SEGMENT DSP F
                .end
```

图 5-21 F7PIOT2.asm 驱动程序及其对应功能说明

（二）实验程序

（1）编写上述程序，编译后载入 SN-DSP2407 系统中。

注意：本实验的 CPLD 外设使用 DSPIO07.tdf 必须预先载入。

（2）单步执行各个程序的意义及功能，并对应指令执行结果加以验证。

（3）执行第一段程序读取 DM 数据依次输出到 PE 端口显示，修改 0300H 的 DM 数据变化数据及数据的长度，使得将 0300H 的 DM 数据、内容 16 或 32 个建表数据依次进行读取输出显示控制。改变 DELAY 延迟子程序的时间，显示输出变化又如何？

（4）第二段程序是将数据存储器 DM 由 AR5 寻址内容 4 次七段 LED 显示码数据，输出到 CPLD 的接口来驱动 4 位七段 LED 扫描显示。单步执行各段程序的意义及功能，并对应指令执行结果加以验证。

（5）改变 DM 存储器内容或 AR5 寻址地址，输出驱动 4 位七段 LED 扫描显示如何？

（6）第三段程序是设置 RTC 的工作模式，并读取 RTC 计时的分、秒值，将读取值载入数据存储器 DM 并由 AR5 寻址内容 4 次七段 LED 显示码数据，若输出连续执行读取 RTC 计时的分、秒值，并转换成 4 位七段 LED 予以扫描显示，读取的分、秒值显示如何？是否正确？

（7）将 RTC 的驱动程序中改成读取时及分的时钟计时值，显示又如何？可否设置时钟值？试编写程序并编译，载入实验并测试记录。

(8) 设置闹铃时间,并进行时间的中断监控,测试闹铃操作情形,试编写程序并编译,载入实验并测试记录。

(9) 用 BIO 输入状态来设置 RTC 时钟的读取显示设置,BIO=0 读取显示 RTC 的日及时的计时扫描显示,BIO=1 则读取显示 RTC 分及秒的计时扫描显示,试编写程序并编译,载入实验并测试记录。

实验 5.3 用 C 语言编写 DAC8 函数信号输出控制实验

对应程序的操作不要求太快时,使用 C 语言来编写程序则方便、简洁且易懂,但对应 DSP 的位设置指令,用 C 语言编写相当麻烦,且编译后的程序显得效率极低,因此建议直接以.asm 指令编写即可。使用 C 语言对应于运算或判别等的编写极为容易,但由于操作使用的寄存器或存储器一般会以.cmd 文件设置到 8000H～87FFH 区域,并以栈的指针来存取,且占用 ARx,因此与汇编语言一起编写时就要特别注意。对应 2407 的外设寻址则采用 ADRK 及 SBRK 的 K 参数基地址来操作,因此一般的指令编写就要特别注意。

对应于 CPU 的系统及一些 I/O 等的设置,可编写固定的子程序 IOW7.c 引入即可。若要修改系统或 I/O 特性,则可直接修改 IOW7.c 或在主程序中重新设置。一般的 IOW7.c 程序描述如下:

```
/* ================================================== */
/* Filename : IOW7.c                                   */
/* ================================================== */
#include "f2407regs.h"

/*************SETUP for the MCRA - Register*****************/
#define MCRA15    0    /* 0 : IOPB7    1 : TCLKIN       */
#define MCRA14    0    /* 0 : IOPB6    1 : TDIR         */
#define MCRA13    0    /* 0 : IOPB5    1 : T2PWM        */
#define MCRA12    0    /* 0 : IOPB4    1 : T1PWM        */
#define MCRA11    0    /* 0 : IOPB3    1 : PWM6         */
#define MCRA10    0    /* 0 : IOPB2    1 : PWM5         */
#define MCRA9     0    /* 0 : IOPB1    1 : PWM4         */
#define MCRA8     0    /* 0 : IOPB0    1 : PWM3         */
#define MCRA7     0    /* 0 : IOPA7    1 : PWM2         */
#define MCRA6     0    /* 0 : IOPA6    1 : PWM1         */
#define MCRA5     0    /* 0 : IOPA5    1 : CAP3         */
#define MCRA4     0    /* 0 : IOPA4    1 : CAP2/QEP2    */
#define MCRA3     0    /* 0 : IOPA3    1 : CAP1/QEP1    */
#define MCRA2     0    /* 0 : IOPA2    1 : XINT1        */
#define MCRA1     0    /* 0 : IOPA1    1 : SCIRXD       */
#define MCRA0     0    /* 0 : IOPA0    1 : SCITXD       */
/*********************************************************/
/*************SETUP for the MCRB - Register*****************/

#define MCRB8     0    /* 0 : IOPD0    1 : XINT2/EXTSOC */
#define MCRB7     0    /* 0 : IOPC7    1 : CANRX        */
```

```c
#define MCRB6        0    /* 0 : IOPC6         1 : CANTX              */
#define MCRB5        0    /* 0 : IOPC5         1 : SPISTE             */
#define MCRB4        0    /* 0 : IOPC4         1 : SPICLK             */
#define MCRB3        0    /* 0 : IOPC3         1 : SPISOMI            */
#define MCRB2        0    /* 0 : IOPC2         1 : SPISIMO            */
#define MCRB1        0    /* 0 : BIO           1 : IOPC1              */
#define MCRB0        0    /* 0 : XF            1 : IOPC0              */
/****************************************************************/
/*****************SETUP for the MCRC - Register*****************/

#define MCRC13       0    /* 0 : IOPF5         1 : TCLKIN2            */
#define MCRC12       0    /* 0 : IOPF4         1 : TDIR2              */
#define MCRC11       0    /* 0 : IOPF3         1 : T4PWM/T4CMP        */
#define MCRC10       0    /* 0 : IOPF2         1 : T3PWM/T3CMP        */
#define MCRC9        0    /* 0 : IOPF1         1 : CAP6               */
#define MCRC8        0    /* 0 : IOPF0         1 : CAP5/QEP3          */
#define MCRC7        0    /* 0 : IOPE7         1 : CAP4/QEP2          */
#define MCRC6        0    /* 0 : IOPE6         1 : PWM12              */
#define MCRC5        0    /* 0 : IOPE5         1 : PWM11              */
#define MCRC4        0    /* 0 : IOPE4         1 : PWM10              */
#define MCRC3        0    /* 0 : IOPE3         1 : PWM9               */
#define MCRC2        0    /* 0 : IOPE2         1 : PWM8               */
#define MCRC1        0    /* 0 : IOPE1         1 : PWM7               */
#define MCRC0        0    /* 0 : IOPE0         1 : CLKOUT             */
/****************************************************************/
/*****************SETUP for the WDCR - Register*****************/

#define WDDIS        1    /* 0 : Watchdog enabled   1 : disabled      */
#define WDCHK2       1    /* 0 : System reset       1 : Normal OP     */
#define WDCHK1       0    /* 0 : Normal Oper.       1 : sys reset     */
#define WDCHK0       1    /* 0 : System reset       1 : Normal OP     */
#define WDSP         7    /* Watchdog prescaler     7 : div 64        */
/****************************************************************/
/*****************SETUP for the SCSR1 - Register****************/

/#define CLKSRC      0    /* 0 : internal                             */
#define LPM          0    /* 0 : Low power mode     0 if idle         */
#define CLK_PS       0    /* 0~7 : PLL CPUCLK = CLKIN * 4 = 40 MHz    */
#define ADC_CLKEN    0    /* 0 : No ADC - service in this test        */
#define SCI_CLKEN    0    /* 0 : No SCI - service in this test        */
#define SPI_CLKEN    0    /* 0 : No SPI - servide in this test        */
#define CAN_CLKEN    0    /* 0 : No CAN - service in this test        */
#define EVB_CLKEN    0    /* 0 : No EVB - Service in this test        */
#define EVA_CLKEN    0    /* 1 : No EVA - Service in this test        */
#define ILLADR       1    /* 1 : Clear ILLADR during startup          */
```

```
/*********************************************************/
/****************SETUP for the WSGR - Register *****************/

#define BVIS    0    /* 10~9 : 00 Bus visibility OFF           */
#define ISWS    7    /* 8~6 : 000 0 Waitstates for IO          */
#define DSWS    0    /* 5~3 : 000 0 Waitstatesdata             */
#define PSWS    0    /* 2~0 : 000 0 Waitstaes code             */
/*********************************************************/
void Delay(unsigned count);
/*-------------------------------------------------*/
/*---- 禁止中断设置 Disable interrupts ----*/
/*-------------------------------------------------*/
void inline disable(void)
{
asm(" setc INTM");
}


/*-------------------------------------------------*/
/*-------- 允许中断 Enable interrupts ---------*/
/*-------------------------------------------------*/
void inline enable()
{
asm(" clrc INTM");
}
/*-------------------------------------------------*/
/*---- 禁用看门狗操作 Disable watcdog function----*/
/*-------------------------------------------------*/
void watchdog_reset(void)
{
WDKEY = 0x5555;
WDKEY = 0xAAAA;
}
/*-------------------------------------------------*/
/*--- 中断向量的不回应操作 Do noting interrupts ---*/
/*-------------------------------------------------*/
void interrupt nothing()
{
return;
}
/*-------------------------------------------------*/
/*----C 语言的延迟功能程序 delayfuction ----*/
/*-------------------------------------------------*/
void Delay(unsigned count)/* 不带符号的 16 位计数 0000~65535 */
{
```

```
while(count>0)
count -- ;
}

/*---------------------------------------*/
/*----- CPU 内核操作定义  core defination -----*/
/*---------------------------------------*/
void InitCPU(void)
{
    asm (" setc INTM");          /* Disable all interrupts */
    asm (" clrc SXM");           /* Clear Sign Extension Mode bit */
    asm (" clrc OVM");           /* Reset Overflow Mode bit */
    asm (" clrc CNF");           /* Configure block B0 to data mem. */

watchdog_reset(); /* 禁止看门狗定时 */
/* 各外设寄存器的各位连接描述 */
WSGR = ((BVIS<<9) + (ISWS<<6) + (DSWS<<3) + PSWS);
    /* set the external waitstates WSGR */
WDCR = ((WDDIS<<6) + (WDCHK2<<5) + (WDCHK1<<4) + (WDCHK0<<3) + WDSP);
    /* Initialize Watchdog - timer */
SCSR1 = ((CLKSRC<<14) + (LPM<<12) + (CLK_PS<<9) + (ADC_CLKEN<<7) +
        (SCI_CLKEN<<6) + (SPI_CLKEN<<5) + (CAN_CLKEN<<4) +
        (EVB_CLKEN<<3) + (EVA_CLKEN<<2) + ILLADR);
    /* Initialize SCSR1 */
    /* 定义 IOPE 及 IOPF */
MCRC = ((MCRC13<<13) + (MCRC12<<12) + (MCRC11<<11) + (MCRC10<<10)
      + (MCRC9<<9) + (MCRC8<<8) + (MCRC7<<7) + (MCRC6<<6)
      + (MCRC5<<5) + (MCRC4<<4) + (MCRC3<<3) + (MCRC2<<2)
      + (MCRC1<<1) + MCRC0);
    /* Initialize master control register C */
    /* 定义 IOPC 及 IOPD */
MCRB = ((MCRB8<<8) +
       (MCRB7<<7) + (MCRB6<<6) + (MCRB5<<5) + (MCRB4<<4) +
       (MCRB3<<3) + (MCRB2<<2) + (MCRB1<<1) + MCRB0);
                /* Initialize master control register B */
    /* 定义 IOPA 及 IOPB */
MCRA = ((MCRA15<<15) + (MCRA14<<14) + (MCRA13<<13) + (MCRA12<<12) +
       (MCRA11<<11) + (MCRA10<<10) + (MCRA9<<9) + (MCRA8<<8) +
       (MCRA7<<7) + (MCRA6<<6) + (MCRA5<<5) + (MCRA4<<4) +
       (MCRA3<<3) + (MCRA2<<2) + (MCRA1<<1) + MCRA0);
}
```

程序 IOW7.c 的 2407 系统及 GPIO 的引脚起始设置程序

当使用到非 2407 的片上外设,而使用自行设置的 I/O 地址或以其他如 CPLD 的外设接口时,将其编写置于 SN2407.h 函数库中,如下列 SN2407.h 所述。其中的 CPLD 有两个基本接口电路：一个是 DSPIO7.tdf；另一个是 DSPSKYI7.tdf。其对应的外设寻址分别如下：

```
/******************************************************/
/* File name : SN2407.h */
/******************************************************/
/* DSPIO07.tdf */
#define DIPIN0      port8000      /* DIP SWITCH0 address */
#define SKEYIN      port8001      /* SCAN KEY READ IN1 address */
#define SKEYOUT     port8004      /* SCAN KEY CODE OUT1 address */
#define SEGD7K      port8002      /* 7 SEGMENT CATHODE address 00～03 */
#define SEGD7A      port8003      /* 7 SEGMENT ANODE address */
#define DAPC4       port8005      /* DIGITAL PULSEoutput */
#define PWML        port8006      /* PWM Low CONTROL address */
#define PWMH        port8007      /* PWM High CONTROL address */


/* DSPSKYI7.tdf */

#define DIPIN2      port8002      /* DIP DEL 8I/822 address */
#define KEYCODE     port8003      /* KEYIN CODE READ address */
#define YPWML       port8003      /* PWM Low OUT CONTROL address */
#define YPWMH       port8004      /* PWM High OUT CONTROL address */
#define SEGD7L      port8005      /* 7 SEGMENT 1 address */
#define SEGD7H      port8006      /* 7 SEGMENT 2 address */

#define DAX         port800a      /* Xset DAC output */
#define DAY         port800b      /* Yset DAC output */

#define LCD_WIR     port8600      /* A1 = R/W = 0    A0 = D/I = 0 OUT */
#define LCD_RIR     port8602      /* A1 = R/W = 1    A0 = D/I = 0 IN */
#define LCD_WDR     port8601      /* A1 = R/W = 0    A0 = D/I = 1 OUT */
#define LCD_RDR     port8603      /* A1 = R/W = 1    A0 = D/I = 1 IN */
/* LCDM12864 */
/* R/W = A4,D/I = A0 E = LCDM2,CS1 = A1,CS2 = A2,A3 = /RST = HI A3 = 1,CS2,CS1,D/I,R/W */
#define LCDM_WIR1   port840A
/* A4 = R/W = 0,A3 = /RST = 1,A2 = CS2 = 0,A1 = CS1 = 1,A0 = D/I = 0 */
#define LCDM_RIR1   port841A
/* A4 = R/W = 1,A3 = /RST = 1,A2 = CS2 = 0,A1 = CS1 = 1,A0 = D/I = 0 */
#define LCDM_WDR1   port840B
/* A4 = R/W = 0,A3 = /RST = 1,A2 = CS2 = 0,A1 = CS1 = 1,A0 = D/I = 1 */
#define LCDM_RDR1   port841B
/* A4 = R/W = 1,A3 = /RST = 1,A2 = CS2 = 0,A1 = CS1 = 1,A0 = D/I = 1 */

#define LCDM_WIR2   port840C
/* A4 = R/W = 0,A3 = /RST = 1,A2 = CS2 = 1,A1 = CS1 = 0,A0 = D/I = 0 */
#define LCDM_RIR2   port841C
/* A4 = R/W = 1,A3 = /RST = 1,A2 = CS2 = 1,A1 = CS1 = 0,A0 = D/I = 0 */
```

```c
#define LCDM_WDR2      port840D
/* A4=R/W=0,A3=/RST=1,A2=CS2=1,A1=CS1=0,A0=D/I=1 */
#define LCDM_RDR2      port841D
/* A4=R/W=1,A3=/RST=1,A2=CS2=1,A1=CS1=0,A0=D/I=1 */
#define LCDM_RST       port8406
/* A4=R/W=0,A3=/RST=0,A2=CS2=1,A1=CS1=1,A0=D/I=0 */

#define DAC8A          port8800/* 8800H A0=DACA/DACB */
#define DAC8B          port8801/* 8801H */

#define RTC_AS         port8A00
#define RTC_RD         port8C00
#define RTC_WR         port8E00

ioport unsigned int port8000;
ioport unsigned int port8001;
ioport unsigned int port8002;
ioport unsigned int port8003;
ioport unsigned int port8004;
ioport unsigned int port8005;
ioport unsigned int port8006;
ioport unsigned int port8007;
ioport unsigned int port8008;
ioport unsigned int port8009;
ioport unsigned int port800a;
ioport unsigned int port800b;
ioport unsigned int port800c;
ioport unsigned int port800d;
ioport unsigned int port800e;
ioport unsigned int port800f;

ioport unsigned int port8600;
ioport unsigned int port8601;
ioport unsigned int port8602;
ioport unsigned int port8603;
ioport unsigned int port840A;
ioport unsigned int port841A;
ioport unsigned int port840B;
ioport unsigned int port841B;
ioport unsigned int port840C;
ioport unsigned int port841C;
ioport unsigned int port840D;
ioport unsigned int port841D;
ioport unsigned int port8406;
```

```
ioport unsigned int port8800;
ioport unsigned int port8801;
ioport unsigned int port8A00;
ioport unsigned int port8C00;
ioport unsigned int port8E00;
```

程序 SN2407.h 的系统及外设起始设置

(一) 实验程序说明

本程序主要是将建表值输出到 PF、SN-DSP2407 外设的 ULN2803 每一个端口可驱动 500 mA/60 V 以及 LED 显示,并对应输出到 I/O 外设的 0x8800 和 0x8801 的两个 8 位 DAC8A 及 DAC8B 端口输出,而建表值为 0~360°的正弦波函数值,因此对应 90°相位的正弦波值输出到 DAC8A/8B 端作正弦波及余弦波的函数输出,输出的周期则由 PF0~PF6 开关输入作设置来控制弦波的输出频率。应用示例的 C 语言程序如下:

```
/***************** DAC3.c *********************************/
/*       功能:以列表方式由 PA 输出正弦波三角函数数据到 DAC 输出正余弦波      */
/************************************************************/
#include "f2407regs.h"
#include "SN2407.h"
unsigned char sine_table[] =
{
120,130,132,134,136,139,141,143,145,147,  /*0~9*/
150,152,154,156,158,160,163,165,167,169,  /*10~19*/
171,173,175,177,179,181,183,185,187,189,  /*20~29*/
191,193,195,197,199,200,202,204,206,207,  /*30~39*/
209,211,212,214,216,217,219,220,222,223,  /*40~49*/
225,226,228,229,230,232,233,234,235,236,  /*50~59*/
237,239,240,241,242,243,244,245,246,247,  /*60~69*/
248,248,249,250,250,251,251,252,252,253,  /*70~79*/
253,253,254,254,254,254,254,254,254,254 , /*80~89*/

255,254,254,254,254,254,254,254,253,253,  /*90~99*/
253,252,252,251,251,250,250,249,248,248,  /*100~109*/
247,246,245,244,244,243,242,241,240,239,  /*110~119*/
237,236,235,234,233,232,230,229,228,226,  /*120~129*/
225,223,222,220,219,217,216,214,212,211,  /*130~139*/
209,207,206,204,202,200,199,197,195,193,  /*140~149*/
191,189,187,185,183,181,179,177,175,173,  /*150~159*/
171,169,167,165,163,160,158,156,154,152,  /*160~169*/
150,147,145,143,141,139,136,134,132,130,  /*170~179*/

128,125,123,121,119,116,114,112,110,108,  /*180~189*/
105,103,101, 99, 97, 95, 92, 90, 88, 86,  /*190~199*/
 84, 82, 80, 78, 76, 74, 72, 70, 68, 66,  /*200~209*/
 64, 62, 60, 58, 56, 55, 53, 51, 49, 48,  /*210~219*/
```

```
46, 44, 43, 41, 39, 38, 36, 35, 33, 32,              /* 220~229 */
30, 29, 27, 26, 25, 23, 22, 21, 20, 19,              /* 230~239 */
18, 16, 15, 14, 13, 12, 11, 11, 10, 9,               /* 240~249 */
8, 7, 7, 6, 5, 5, 4, 4, 3, 3,                        /* 250~259 */
2, 2, 2, 1, 1, 1, 1, 1, 1, 0,                        /* 260~269 */

0, 0, 1, 1, 1, 1, 1, 1, 2, 2,                        /* 270~279 */
2, 3, 3, 4, 4, 5, 5, 6, 7, 7,                        /* 280~289 */
8, 9, 10, 11, 11, 12, 13, 14, 15, 16,                /* 290~299 */
18, 19, 20, 21, 22, 23, 25, 26, 27, 29,              /* 300~309 */
30, 32, 33, 35, 36, 38, 39, 41, 43, 44,              /* 310~319 */
46, 48, 49, 51, 53, 55, 56, 58, 60, 62,              /* 320~329 */
64, 66, 68, 70, 72, 74, 76, 78, 80, 82,              /* 330~339 */
84, 86, 88, 90, 92, 95, 97, 99, 101, 103,            /* 340~349 */
105, 108, 110, 112, 114, 116, 119, 121, 123, 125,    /* 350~359 */
};

main()
{
int unsigned i;                                      /* 角度 */
InitCPU();                                           /* 定义 CPU 的工作环境 */
{ while(1)                                           /* 重复执行 */
for(i = 0; i<360; i += 1)                            /* 0~359° */
{
PEDATDIR = sine_table[i] | 0xFF00;                   /* 正弦值由 PE 输出 */
DAC8A = sine_table[i];                               /* 正弦值由 DAC8A 输出 */
DAC8B = sine_table[(i + 90) % 360];                  /* 正弦值相位差 90°由 DAC8B 输出 */
Delay(PFDATDIR & 0x007F);
    /* 延时程序最短为 MIN = 01 约 1 ms,最长 MAX = 7FH 约 10 ms */
}
}
}
```

程序 DAC3.c 对应一般 I/O 的输入/输出控制程序

（二）实验程序

（1）编写上述程序 DAC3,编译后载入 SN-DSP2407 主实验模板中。注意：本实验的 CPLD 外设使用 DSPSKYI7.tdf 必须预先载入。

（2）载入程序后开始执行,观察 PE0~PE7 的 LED 显示是否为建表传输数据？由 DAC8A 及 DAC8B 端输出波形如何？

（3）试分别单步执行及设置断点来观察记录其操作情形及工作原理,并讨论实验测试记录。

（4）试改变程序中的 PE0~PE6 开关位置设置 01H 值时,输出的最高频率及波形如何？当 PE0~PE6 开关位置设置 7FH 值时,输出的最低频率及波形如何？并讨论实验测试记录。

（5）将建表值改成任何控制数据,例如步进电机的控制数据或微步数据时,试重新编辑、编译并载入,并讨论实验测试记录。

实验 5.4　C 语言步进电机运转控制实验

（一）程序说明

步进电机各种控制码，如全步二极驱动、全步单极驱动或半步的单双极驱动等，只要改变建表参数及操作循环参数 i 即可。与上述程序相似，STEPD1.c 程序如下：

```c
/* ************ STEPD1.c ***************************************** */
/* 功能：将驱动数码存在列表数据内，再令 PE 输出来驱动步进电机 */
/* 步骤：改变 PF0～PF6 内容为 00～7FH,可以改变步进电机的运转速度 */
/*       观察 PF 引脚输出的 LED 变化得知输出控制状态 */
/* 引脚：PF0 = 控制正反转,0 = 正转,1 = 反转 */
/*       PF1 = 控制运转/停止,1 = 运转,0 = 停止 */
/* 步进电机输出：PE0 = PB0 = A,PE1 = PB1 = B,PE2 = PB2 = Ā,PE3 = PB3 = B̄ */
/* ******************************************************************* */
# include "f2407regs.h"
void run_delay(void);
static const unsigned char run_Table[]      /* 驱动数码 */
= {0x33,0x66,0xCC,0x99};
int i = 0;                                  /* 定义数据计数 = 0 */


main()
{
InitCPU();                                  /* 定义 CPU 的工作环境 */
PFDATDIR = 0x0000;                          /* PF3～PF0 = 0000 */
while(1)
{
  if ((PFDATDIR & 0x0001) == 0)             /* 若 PF0 = 0,则电机正转 */
  {
if (i>3) i = 0;                             /* 若数据计数>3,则从 0 开始 */
PEDATDIR = run_Table[i] | 0xFF00;           /* 读取驱动数码由 PE 输出 */
PBDATDIR = run_Table[i] | 0xFF00;           /* 读取驱动数码由 PB 输出 */
run_delay();                                /* 每一步的延时时间 */
i++;                                        /* 数据计数 + 1 */
}
  else                                      /* 若 PF0 = 1,则电机反转 */
  {
if (i<0) i = 3;                             /* 若数据计数<0,则从 3 开始 */
PEDATDIR = run_Table[i] | 0xFF00;           /* 读取驱动数码由 PE 输出 */
PBDATDIR = run_Table[i] | 0xFF00;           /* 读取驱动数码由 PB 输出 */
run_delay();                                /* 每一步的延时时间 */
i--;                                        /* 数据计数 - 1 */
  }
}
}
```

```c
void run_delay()                          /* 每一步的延时时间 */
{
unsigned long int dly = 1000 * (PFDATDIR & 0x007F);/* */
while(dly>0)
{
dly--;
while ((PFDATDIR & 0x0002) == 0);         /* 若 PF1 = 0,则停止运转 */
}
}
```

程序 STEP1.c 控制步进电机的驱动程序及其对应说明

(二)实验程序

(1)编写上述程序 STEP1,编译后载入 SN-DSP2407 主实验模板中。

注意:本实验的 CPLD 外设使用 DSPSKYI7.tdf 必须预先载入。

(2)载入程序后开始执行,观察 PE0~PE3 的 LED 显示是否为建表传输数据?由 PE0 及 PE1 端输出波形如何?

(3)试分别单步执行及设置断点来观察记录其操作情形及工作原理,并讨论实验测试记录。

(4)试改变程序中的 PE0~PE6 拨位开关设置 01H 值时,输出控制步进电机最高频率及波形如何?当 PE0~PE6 拨位开关设置 7FH 值时,输出的最低运转频率及波形如何?并讨论实验测试记录。

(5)将建表值改成任何控制数据,例如步进电机的单双极全步控制数据或微步数据,试重新编辑、编译并载入,并讨论实验测试记录。

第 6 章

事件处理模块

TMS320F/C240x 系列有两组事件处理模块,其电路功能如下:
(1) 一般用途的定时器 GPT,可设置为加减计数,可用作计数预载计数。
(2) GP 定时器的比较设置控制输出。
(3) 使用定时器作为比较和 PWM 控制输出。
(4) 向量空间脉冲宽度调制(Space - Vector PWM,SVPWM)。
(5) 使用 GPT 作为外部及内部信号的捕捉定时。
(6) 四象限编码脉冲计数(Quardrature Encoder Pulse,QEP)电路。
(7) 事件处理模块的中断控制。

6.1 事件处理模块概要

2407 系列的事件处理模块有两组:EVA 事件处理模块 A 为数据存储器映射外设寄存器,起始地址为 7400H;EVB 事件处理模块 B 起始地址为 7500H。各模块涵盖处理控制功能如表 6-1 所列。

表 6-1 TMS320F/C 240x 系列事件处理模块及信号名称

事件处理模块	EVA		EVB	
	模块	信号引脚	模块	信号引脚
通用定时器 GP Timer	Timer1 Timer2	T1PWM/T1CMP/PB4 T2PWM/T2CMP/PB5	Timer3 Timer4	T3PWM/T3CMP/PF2 T4PWM/T4CMP/PF3
比较器单元 CMP	Compare1 Compare2 Compare3	PWM1/2/PA6/PA7 PWM3/4/PB0/PB1 PWM5/6/PB2/PB3	Compare4 Compare5 Compare6	PWM7/8/PE1/PE2 PWM9/10/PE3/PE4 PWM11/12/PE5/PE6
捕捉器单元 CAP	Capture1 Capture2 Capture3	CAP1/QEP1/PA3 CAP2/QEP2/PA4 CAP3/PA5	Capture4 Capture5 Capture6	CAP4/QEP3/PE7 CAP5/QEP4/PF0 CAP6/PF1
四象限编码计数器 QEP	QEP1 QEP2	QEP1/ACP1/PA3 QEP2/CAP2/PA4	QEP3 QEP4	QEP3/CAP4/PE7 QEP4/CAP5/PF0
外部引脚输入	定时方向 定时脉冲波	TDIRA/PB6 TCLKINA/PB7	定时方向 定时脉冲波	TDIRB/PF4 TCLKINB/PF5

表 6-1 中的信号引脚都是与一般的 I/O 引脚多路转接选择设置的,如第 1 章所列。起始复位时,这些引脚是一般 I/O 的输入,这个多路转接用作一般 I/O 的输入/输出及特殊功能的输入/输出引脚设置,分别由 I/O 多路转接控制寄存器 MCRN 设置选择：MCRA 设置 PA/PB, MCRB 设置 PC/PD, MCRC 设置 PE/PF。各位设置为 0 时,为一般 I/O 端口；设置为 1 时,为特殊功能外设的输入/输出引脚。

由图 6-1 中可见, GP 定时器 1/2 的实时时钟有内部的 CPU 时钟 CLKOUT 或外部的

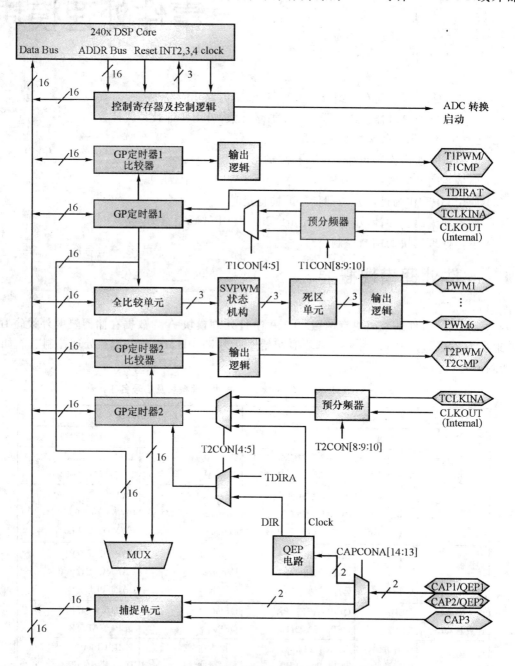

图 6-1 事件处理器的电路功能方框结构

第6章 事件处理模块

TCLKINA 输入预分频器作预分频,而计数方向则可由外部 TDIRA 设置。这些设置选择由事件控制寄存器 T1CON 及 T2CON 设置选择。Timer1/2 具有捕捉器的功能,可由外部的 CAP1/2/3 设置捕捉 Timer1/2 的实时对应值到内部的捕捉寄存器内,这个捕捉控制设置由捕捉控制寄存器 CAPCON 设置控制;但 Timer2 单独可将 CAP1/2 设置成为四象限编码器的方向计数做定位值的计数。Timer1/2 分别具有可设置比较值的比较寄存器 T1CMPR/T2CMPR,由比较控制寄存器 COMCON 设置控制,将设置值输入设置后,定时器定时值对应比较值会实时对应输出比较结果到 T1CMP/T2CMP 端,并对应设置定时器定时周期 T1PR/T2PR 进行比较设置后输出对应的脉冲宽度调制输出 T1PWM/T2PWM。

Timer1 更具有一个向量空间 PWM(SVPWM),同时具有三相时差的 PWMn 输出,内部有三个比较寄存器 CMPR1/2/3 设置,将该值与 Timer1 比较输出 PWMn,再经过一个死区控制(Dead Band)而输出成 PWM1~PWM6 的三相桥式功率驱动控制时序脉冲,这个 SVPWM 的设置控制由比较功能控制寄存器 ACTR 及死区定时控制寄存器 DBTCONA 设置控制。

整个事件处理器 EVA 具有一个通用定时控制寄存器 GPTCONA,以设置控制连接 Timer2 的定时状态来启动 ADC 的转换控制以及 Timer1/2 的定时状态。每个事件发生都备有可屏蔽的中断控制。整个事件 A 需要用到的外设寄存器如表 6-2~表 6-4 所列。

表 6-2 A 事件处理 EVA 的定时器及比较控制寄存器

寄存器名称	地址	位名称(D15~D8)	位名称(D7~D0)
GPTCONA	07400h	X,T2/T1STAT,T1STAT,XX,T2/1ADC	TCOMPOE,XX,T2/1PIN(3~0)
T1CNT	07401h	T1CNT15 ~ T1CNT8	T1CNT7 ~ T1CNT0
T1CMPR	07402h	T1CMPR15 ~ T1CMPR8	T1CMPR7 ~ T1CMPR0
T1PR	07403h	T1PR15 ~ T1PR8	T1PR7 ~ T1PR0
T1CON	07404h	Free,Soft,X,Tmode1/0,TPS2/0	X,TENA,TCLKS1/0 TCLD1/0,TECMPR,X
T2CNT	07405h	T2CNT15~T2CNT8	T2CNT7~T2CNT0
T2CMPR	07406h	T2CMPR15~T2CMPR8	T2CMPR7~T2CMPR0
T2PR	07407h	T2PR15~T2PR8	T2PR7~T2PR0
T2CON	07408h	Free,Soft,X,Tmode1/0,TPS2/0	T2SWT1,TENA,TCLKS1/0 TCLD1/0,TECMPR,SELT1PR
COMCONA	07411h	CEN,CLD1/0,SVEN,ACTRLD/0	FCOMPOE,X,XXXXXXXX
ACTRA	07413h	SVDIR,D2~D0,CMP6/5ACT1/0	CMP4/3/2/1ACT1/0
DBTCONA	07415h	XXXX,DBT3~DBT0(0~F)	EDBT3/2/1,DBTPS1/0,XX
CMPR1	07417h	CMPR1.15~CMPR1.8	CMPR1.7~CMPR1.0
CMPR2	07418h	CMPR2.15~CMPR2.8	CMPR2.7~CMPR2.0
CMPR3	07419h	CMPR3.15~CMPR3.8	CMPR3.7~CMPR3.0

表6-3 A事件处理EVA的捕捉器寄存器

寄存器名称	地址	位名称(D15~D8)	位名称(D7~D0)
CAPCONA	07420h	Capres,CapQepn,Cap3en,X,Cap3tsel	Cap12sel,Cap3toadc,Cap3/2/1edge
CAPFIFOA	07422h	XX,CAP3/2/1FIFO	XXXXXXXX
CAP1FIFO	07423h	CAP1FIFOD15~CAP1FIFOD8	CAP1FIFOD7~CAP1FIFOD0
CAP2FIFO	07424h	CAP2FIFOD15~CAP2FIFOD8	CAP2FIFOD7~CAP2FIFOD0
CAP3FIFO	07425h	CAP3FIFOD15~CAP3FIFOD8	CAP3FIFOD7~CAP3FIFOD0
CAP1FBOT	07427h	CAP1FBOTD15~CAP1FBOTD8	CAP1FBOTD7~CAP1FBOTD0
CAP2FBOT	07428h	CAP2FBOTD15~CAP2FBOTD8	CAP2FBOTD7~CAP2FBOTD0
CAP3FBOT	07429h	CAP3FBOTD15~CAP3FBOTD8	CAP3FBOTD7~CAP3FBOTD0

表6-4 A事件处理EVA的中断允许及中断屏蔽寄存器

寄存器名称	地址	位名称(D15~D8)	位名称(D7~D0)
EVAIMRA	0742Ch	XXXX,T1OFIE,T1UFIE,T1CIE	T1PIE,XXX,CMP3/2/1IE,PDPIE
EVAIMRB	0742Dh	XXXXXXXX,XXXX	T2OFIE,T2UFIE,T2CIE,T2PIE
EVAIMRC	0742Eh	XXXXXXXX	XXXXXCAP3IE,CAP2IE,CAP1IE
EVAIFRA	0742Fh	XXXX,T1OFIF,T1UFIF,T1CIF	T1PIF,XXX,CMP3/2/1IF,PDPIF
EVAIFRB	07430h	XXXXXXXX,XXXX	T2OFIF,T2UFIF,T2CIF,T2PIF
EVAIFRC	07431h	XXXXXXXX	XXXXXCAP3IF,CAP2IF,CAP1IF

由上面的介绍分析得知EVA用到的引脚及功能名称如表6-5所列。

表6-5 EVA用到的引脚及功能名称

引脚名称	功能说明
CAP1/QEP1/PA3	捕捉器单元1输入、QEP1电路输入及一般I/O的IOPA3
CAP2/QEP2/PA4	捕捉器单元2输入、QEP2电路输入及一般I/O的IOPA4
CAP3/PA5	捕捉器单元3输入及一般I/O的IOPA5
PWM1/PA6	比较器单元1的PWM输出及一般I/O的IOPA6
PWM2/PA7	比较器单元2的PWM输出及一般I/O的IOPA7
PWM3/PB0	比较器单元3的PWM输出及一般I/O的IOPB0
PWM4/PB1	比较器单元4的PWM输出及一般I/O的IOPB1
PWM5/PB2	比较器单元5的PWM输出及一般I/O的IOPB2
PWM6/PB3	比较器单元6的PWM输出及一般I/O的IOPB3
T1PWM/T1CMP/PB4	T1定时比较CMP1,PWM输出及一般I/O的IOPB4
T2PWM/T2CMP/PB5	T2定时比较CMP2,PWM输出及一般I/O的IOPB5
TCLKINA/PB6	T1定时器的外部时钟输入及一般I/O的IOPB6
TDIRA/PB7	T1定时器的外部计数方向设置输入及一般I/O的IOPB7

B事件处理器EVB电路结构完全类同于EVA,只是将EVA的定时器1改成定时器3,而定时器2改成定时器4。所有的控制寄存器都相同只是存储器映射地址不同,并在寄存器名称尾端将A改成B标识。三个捕捉器为CAP4/5/6所附属的四象限编码计数器,称之为QEP3/QEP4,而SVPWM的输出驱动为PWM7~PWM12。整个事件B需要用到的外设寄存器如表6-6~表6-9所列。

表6-6 B事件处理EVB的定时器及比较控制寄存器

寄存器名称	地 址	位名称(D15~D8)	位名称(D7~D0)
GPTCONB	07500h	X,T3/T1STAT,T1STAT,XX,T3/4ADC	TCOMPOE,XX,T3/4PIN(3~0)
T3CNT	07501h	T3CNT15~T3CNT8	T3CNT7~T3CNT0
T3CMPR	07502h	T3CMPR15~T3CMPR8	T3CMPR7~T3CMPR0
T3PR	07503h	T3PR15~T3PR8	T3PR7~T3PR0
T3CON	07504h	Free,Soft,X,Tmode1/0,TPS2/0	X,TENB,TCLKS1/0 TCLD1/0,TECMPR,X
T4CNT	07505h	T4CNT15~T4CNT8	T4CNT7~T4CNT0
T4CMPR	07506h	T4CMPR15~T4CMPR8	T4CMPR7~T4CMPR0
T4PR	07507h	T4PR15~T4PR8	T4PR7~T4PR0
T4CON	07508h	Free,Soft,X,Tmode1/0,TPS2/0	T4SWT3,TENA,TCLKS1/0 TCLD1/0,TECMPR,SELT4PR
COMCONB	07511h	CEN,CLD1/0,SVEN,ACTRLD/0	FCOMPOE,X,XXXXXXXX
ACTRB	07513h	SVDIR,D2~D0,CMP12/11ACT1/0	CMP10/9/8/7ACT1/0
DBTCONB	07515h	XXXX,DBT3~DBT0(0~F)	EDBT3/2/1,DBTPS1/0,XX
CMPR4	07517h	CMPR4.15~CMPR4.8	CMPR4.7~CMPR4.0
CMPR5	07518h	CMPR5.15~CMPR5.8	CMPR5.7~CMPR5.0
CMPR6	07519h	CMPR6.15~CMPR6.8	CMPR6.7~CMPR6.0

表6-7 B事件处理EVB的捕捉器寄存器

寄存器名称	地 址	位名称(D15~D8)	位名称(D7~D0)
CAPCONB	07520h	Capres,CapQepn,Cap3en,X,Cap3tsel	Cap12sel,Cap3toadc,Cap3/2/1edge
CAPFIFOB	07522h	XX,CAP3/2/1FIFO	XXXXXXXX
CAP4FIFO	07523h	CAP4FIFOD15~CAP4FIFOD8	CAP4FIFOD7~CAP4FIFOD0
CAP5FIFO	07524h	CAP5FIFOD15~CAP5FIFOD8	CAP5FIFOD7~CAP5FIFOD0
CAP6FIFO	07525h	CAP6FIFOD15~CAP6FIFOD8	CAP6FIFOD7~CAP6FIFOD0
CAP4FBOT	07527h	CAP4FBOTD15~CAP4FBOTD8	CAP4FBOTD7~CAP4FBOTD0
CAP5FBOT	07528h	CAP5FBOTD15~CAP5FBOTD8	CAP5FBOTD7~CAP5FBOTD0
CAP6FBOT	07529h	CAP6FBOTD15~CAP6FBOTD8	CAP6FBOTD7~CAP6FBOTD0

表 6-8 B 事件处理 EVB 的中断允许及中断屏蔽寄存器

寄存器名称	地　址	位名称（D15～D8）	位名称（D7～D0）
EVBIMRA	0752Ch	XXXX，T3OFIE，T3UFIE，T3CIE	T3PIE，XXX，CMP6/5/4IE，PDPIE
EVBIMRB	0752Dh	XXXXXXXX，XXXX	T4OFIE，T4UFIE，T4CIE，T4PIE
EVBIMRC	0752Eh	XXXXXXXX	XXXXXCAP6IE,CAP5IE,CAP4IE
EVBIFRA	0752Fh	XXXX，T4OFIF，T4UFIF，T4CIF	T3PIF,XXX,CMP6/5/4IF,PDPIF
EVBIFRB	07530h	XXXXXXXX，XXXX	T4OFIF，T4UFIF，T4CIF，T4PIF
EVBIFRC	07531h	XXXXXXXX	XXXXXCAP6IF,CAP5IF,CAP4IF

表 6-9 EVB 用到的引脚及功能名称

引脚名称	功能说明
CAP4/QEP3/PE7	捕捉器单元 4 输入、QEP3 电路输入及一般 I/O 的 IOPE7
CAP5/QEP4/PF0	捕捉器单元 5 输入、QEP4 电路输入及一般 I/O 的 IOPF0
CAP6/PF1	捕捉器单元 6 输入及一般 I/O 的 IOPF1
PWM7/PE1	比较器单元 7 的 PWM 输出及一般 I/O 的 IOPE1
PWM8/PE2	比较器单元 8 的 PWM 输出及一般 I/O 的 IOPE2
PWM9/PE3	比较器单元 9 的 PWM 输出及一般 I/O 的 IOPE3
PWM10/PE4	比较器单元 10 的 PWM 输出及一般 I/O 的 IOPE4
PWM11/PE5	比较器单元 11 的 PWM 输出及一般 I/O 的 IOPE5
PWM12/PE6	比较器单元 12 的 PWM 输出及一般 I/O 的 IOPE6
T1PWM/T1CMP/PF2	T1 定时比较 CMP1、PWM 输出及一般 I/O 的 IOPF2
T2PWM/T2CMP/PF3	T2 定时比较 CMP2、PWM 输出及一般 I/O 的 IOPF3
TCLKINA/PF4	T1 定时器的外部时钟输入及一般 I/O 的 IOPF4
TDIRA/PF5	T1 定时器的外部计数方向设置输入及一般 I/O 的 IOPF5

6.2　通用定时器 GPT

每个事件模块都有二个通用定时器。这些定时器可单独应用如下：

(1) 控制系统中作为取样周期的设置产生。

(2) 作为 QEP 的操作及捕捉器的时钟。

(3) 作为比较器单元及 PWM 电路产生 PWM 信号等的时基。

通用定时器 GPT 的功能方框结构如图 6-2 所示。每个定时器都包含如下寄存器：

(1) 一个可读/写的 16 位加减计数寄存器 TxCNT($x=1,2,3,4$)，存放于该寄存器。

(2) 目前定时器的计数值，根据所设置的方向继续进行加减计数操作。

(3) 一个可读/写的 16 位定时比较存放寄存器 TxCMPR($x=1,2,3,4$)。

(4) 一个可读/写的 16 位定时周期设置存放寄存器 TxPR($x=1,2,3,4$)。

(5) 一个可读/写的 16 位独立定时控制设置寄存器 TxCON($x=1,2,3,4$)。

(6) 可定义的内部 TCLKOUT 及外部 TCLKINA/B/定时时钟预分频器。

(7) 控制及中断执行逻辑控制电路。

(8) 都具有一个定时比较结果的输出引脚 TxCMP(x=1,2,3,4)。

(9) 输出状态标志的监测逻辑电路。

具有二个通用定时器的 GPTCON 寄存器，在不同定时事件中，使用定时器操作功能，并标识 GP 定时器的定时方向。

图 6-2 中要注意：定时器 2 的周期比较器可选择自己的周期寄存器 T2PR，也可以设置选择 T1PR 作为周期比较；同样，定时器 4 的周期比较器可选择自己的周期寄存器 T4PR，也可以设置选择 T3PR 作为周期比较；而定时器 1 及定时器 3 都只能选择自己的周期比较器 T1PR 或 T3PR 作为周期比较。

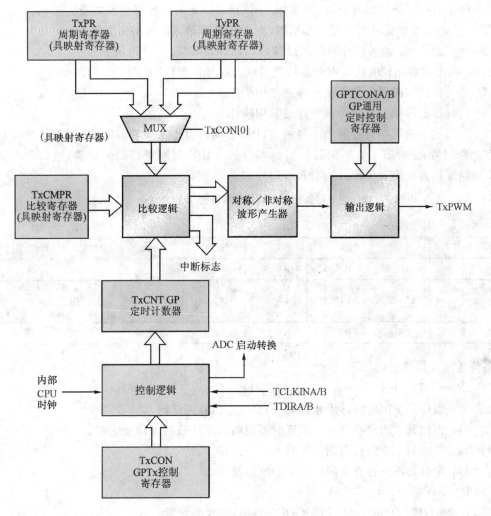

图 6-2　通用定时器操作功能方框结构

每个定时器的输入信号及引脚端如下：

(1) 内部 CPU 的定时时钟 CLOCK。

(2) 外部输入的定时时钟 TCLKINA/B 最高频率为 CPU 内部时钟的 1/4。

(3) 外部定时方向控制输入 TDIRA/B。

(4) 复位信号 RESET。

每个定时器的输出信号及引脚端如下：

(1) GP 定时器的比较结果输出信号 TxCMP(x=1,2,3,4)。

(2) ADC 转换启动信号连接到 ADC 模块。

(3) 减定时借位(Underflow)，加定时溢出(Overflow)，比较器比对匹配，以及对应本身的比较逻辑和对应比较单元，所产生的周期设置匹配等输出信号。

(4) 定时器定时方向的标志位输出。

每个定时器的操作模式是由对应的控制设置寄存器 TxCON 所设置控制的。各位的对应设置功能如表 6-10 所列。

(1) 停止/保持、继续加减定时、继续加定时、继续减定时 4 种操作模式设置控制。

(2) GP 定时器的定时时钟是内部 CPU 时钟或外部输入时钟的来源设置。

(3) 8 种定时时钟输入预分频器的设置(1,2,4,8,16,32,64,128 等)。

(4) 4 种定时器比较的比较寄存器值重载状态选择设置(TCLD1,TCLD0)。

(5) 定时器的定时操作是否被允许或禁用操作。

(6) 定时器的比较操作是否被允许或禁用操作。

(7) 定时器 2 的周期寄存器由本身的 T2PR 周期寄存器来设置，或由定时器 1 的 T1PR 周期寄存器来设置；定时器 4 的周期寄存器由本身的 T4PR 周期寄存器来设置，或由定时器 3 的 T3PR 周期寄存器来设置(SELT1/3PR)。

表 6-10 定时器的操作控制设置寄存器 TxCON (x=1,2,3,4)

D15/D7	D14/D6	D13/D5	D12/D4	D11/D3	D10/D2	D9/D1	D8/D0
FREE	SOFT	保留	TMOD1	TMOD0	TPS2	TPS1	TPS0
RW_0	RW_0	RW_0	RW_0	RW_0	RW_0	RW_0	RW_0
T2SW1/T4SW3	TENABLE	TCLKS1	TCLKS0	TCLD1	TCLD0	TECMPR	SELT1PR/SELT3PR
RW_0	RW_0	RW_0	RW_0	RW_0	RW_0	RW_0	RW_0

各位功能及操作说明如下。

(1) D15~D14 FREE,SOFT：仿真控制位。

00：当仿真空闲时立即停止定时(JTAG 作仿真调试时)。

01：当仿真空闲时必须等当前定时器定时周期完成后便停止定时。

10：定时器不受仿真空闲所影响而继续操作。

11：定时器不受仿真空闲所影响而继续操作。

(2) D13：保留位。

(3) D12~D11 TMODE1~TMODE0：定时模式的设置。

00：停止并保持定时值 STOP/HOLD。

01：连续的加(UP)减(DOWN)计数定时。

10：连续的加(UP)计数定时。

11：由外部 TDIRA/B 引脚作设置方向的加减计数定时。

(4) D10~D8 TPS2~TPS0：定时时钟预分频器的设置。
   000：TCLK/1。　001：TCLK/2。
   010：TCLK/4。　011：TCLK/8。
   100：TCLK/16。　101：TCLK/32。
   110：TCLK/64。　111：TCLK/128。

(5) D7 T2SW1/T4SW3：EVA 中的 T2 由 T1 启动，EVB 中的 T4 由 T3 启动定时。
   0：由本身的 TENABLE 允许启动。
   1：T2 由 T1 的 TENABLE 同步允许；
      或 T4 由 T3 的 TENABLE 来同步允许。

(6) D6 TNABLE：定时器的允许定时。
   0：禁用定时操作(停止定时，并令预分频器复位为 000＝TCLK/1)。
   1：允许定时器操作。

(7) D5~D4 TCLKS1~TCLKS0：定时器的时钟来源选择。
   定时器 1   定时器 2
   00：内部 CLKOUT   内部 CLKOUT。
   01：外部 TCLKINA/B   外部 TCLKINA/B。
   10：保留   保留
   11：保留   定时器 2/4 作 QEP 计数(SELT2/4PR＝0)。

(8) D3~D2 TCLD1~TCLD0：定时的比较器内容比较值的重载入状态设置。
   00：当定时值等于 0 时便做新的比较值重载入。
   01：当定时值等于 0 或等于周期寄存器 TxPR 时便做比较值重载入。
   10：立即做新的比较值重载入。
   11：保留。

(9) D1 TECMPR：定时器的比较允许设置。
   0：禁用定时器的比较操作。
   1：允许定时器的比较操作。

(10) D0 SELT1PR(EVA) SELT3PR(EVB)。
   0：使用本身的周期寄存器。
   1：(EVA)定时器 2 使用定时器 1 周期寄存器 T1PR(T1,T2 同周期)；
      (EVB)定时器 4 使用定时器 3 周期寄存器 T3PR(T3,T4 同周期)。

另外一个整体定时器的总控制寄存器 GPTCONA/B 各位如表 6-11 所列。

表 6-11 整体定时器的操作控制设置寄存器 GPTCONA/B(7400H/7500H)

D15/D6	D14/D5	D13/D4	D12/D3	D11/D2	D10~D9/D1		D8~D7/D0	
保留	T2STAT/T4STAT	T1STAT/T3STAT	保留	保留	T2TOADC/T4TOADC		T1TOADC/T3TOADC	
RW_0	R_1	R_1	RW_0	RW_0	RW_0	RW_0	RW_0	RW_0
TCOMPOE	保留	保留	T2PIN/T4PIN		VT1PIN/T3PIN			
RW_0	RW_0	RW_0	RW_0	RW_0	RW_0	RW_0		

各位功能分别说明如下：

(1) D15：保留位。

(2) D14　T2STAT：通用定时器 2 的定时状态标志，仅可被读取。

　　0：正在减数定时。

　　1：正在加数定时。

(3) D13　T1STAT：通用定时器 1 的定时状态标志，仅可被读取。

　　0：正在减数定时。

　　1：正在加数定时。

(4) D12～D11：保留位。

(5) D10～D9　T2TOADC：以定时器 2 事件作为 ADC 的启动转换。

　　00：T2 事件不作 ADC 启动。

　　01：设置 T2 的减数借位产生中断来启动 ADC 转换。

　　10：设置 T2 的周期产生中断来启动 ADC 转换。

　　11：设置 T2 的比较产生中断来启动 ADC 转换。

(6) D8～D7　T1TOADC：以定时器 1 事件作为 ADC 的启动转换。

　　00：T1 事件不作 ADC 启动。

　　01：设置 T1 的减数借位产生中断来启动 ADC 转换。

　　10：设置 T1 的周期产生中断来启动 ADC 转换。

　　11：设置 T1 的比较产生中断来启动 ADC 转换。

(7) D6　TCOMPOE：比较器比较输出允许，为 $\overline{PDPINTx}$ 功能时将被设置为 0。

　　0：禁用所有的比较器输出（所有 CMPx 输出处于高阻）。

　　1：允许所有的比较器输出。

(8) D5～D4：保留位。

(9) D3～D2　T2PIN：通用定时器 2 的比较输出极性设置。

　　00：强迫输出 LOW。

　　01：动态 LOW 输出（PWM 模式）。

　　10：动态 HIGHT 输出（PWM 模式）。

　　11：强迫输出 HIGHT。

(10) D1～D0　T1PIN：通用定时器 1 的比较输出极性设置。

　　00：强迫输出 LOW。

　　01：动态 LOW 输出（PWM 模式）。

　　10：动态 HIGHT 输出（PWM 模式）。

　　11：强迫输出 HIGHT。

由上述两个控制及状态寄存器可看出，通用定时器的周期寄存器除了本身的周期寄存器作周期定时设置外，定时器 1/3 还可采用定时器 2/4 的周期值来同步设置控制定时器状态，通用定时器对应于周期寄存器的设置值，在三种定时模式的操作中，设置 TMODE1/0(D12/D11)=10 的连续加数模式时，在 TxPR=3 或 2 及预分频器设置为 1 的设置下，操作时序如图 6-3 所示。

例一：对应将通用定时器 1 设置为连续加数定时，并设置为动态低电平输出，周期设置 T1PR=500 而比较值 T1CMPR 设置为 450，选择内部时钟预分频 2 在借位（Underflow）发生时

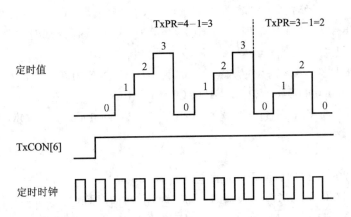

图 6-3 设置 TxPR=3,2 时在 TxCON[6]=TENABLE=1,预分频 1 下的定时时序

比较值重新载入。程序编写控制如下：

(1) LDP♯GPTCONA≫7;设置数据页 DP 为 GPTCONA 的高 9 位值
(2) SPLK ♯0000000001000001B,GPTCONA;T1PIN=01 动态 Low,Tcompoe=1
;X,T2/T1STAT,T1STAT,XX,T2/1ADC(000000000),TCOMPOE(1),XX,T2/1PIN(3-.0)
;[0010]
(3) SPLK ♯500,T1PR;设置 T1 的定时周期 500
(4) SPLK ♯450,T1CMPR;设置 T1 的定时比较寄存器值为 450
(5) SPLK ♯1001000101000010B,T1CON;Tmode=10 连续加数,TPS2/0=001 预分频 2
;TENABLE=1 允许定时,TCLK1/0=00 内部时钟,TCLD1/0=00 定时归零重载
;Free,Soft(10),X,Tmode1/0(10),TPS2/0(001),X,TENA(1),TCLKS1/0(00),TCLD1/0(00),TECMPR(1),X

设置定时器操作 TMODE1/0(D12/D11)=11,由外部 TDIRA/B 引脚作设置方向的加减计数定时,当设置 TxPR=3 且预分频器为 1 模式时的操作时序如图 6-4 所示。

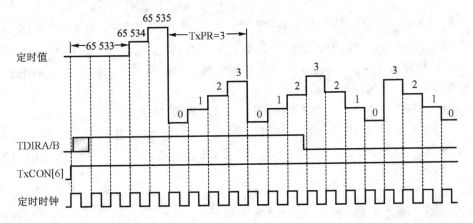

图 6-4 TxPR=3,TxCON[6]=1,TMODE1/0=11,预分频 1 的 TDIRA/B 控制定时时序

例二：对应将通用定时器1设置为外部TDIRA控制加减数定时，并设置为动态高电平输出，周期设置T1PR=7000而比较值T1CMPR设置为6750，选择外部时钟TCLKA输入，设置预分频1在借位发生时比较值重新载入。程序编写控制如下：

(1) LDP♯GPTCONA≫7；设置数据页DP为GPTCONA的高9位值

(2) SPLK ♯0000000001000010B,GPTCONA；T1PIN=10动态High,Tcompoe=1
；X,T2/T1STAT,T1STAT,XX,T2/1ADC(000000000),TCOMPOE(0),XX,T2/1PIN(3-0)
；[0010]

(3) SPLK ♯7000,T1PR；设置T1的定时周期7000

(4) SPLK ♯6750,T1CMPR；设置T1的定时比较寄存器值为6750

(5) SPLK ♯1001100001010010B,T1CON；Tmod=11方向加减数,TPS2/0=000预分频1
；TENABLE=1允许定时,TCLK1/0=01外部时钟,TCLD1/0=00定时归零重载
；Free,Soft(10),X,Tmode1/0(11),TPS2/0(000),X,TENA(1),TCLKS1/0(01),TCLD1/0(00),TECMPR(1),X

设置定时器操作TMODE1/0(D12/D11)=01，由内部自动方向设置的加减计数定时，设置TxPR=3,2且预分频器为1模式时的操作时序如图6-5所示，这时的定时器定时周期是TxPRT=2×TxPR。

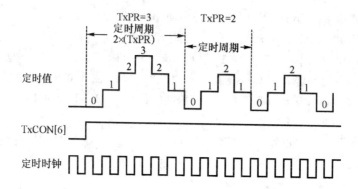

图6-5 TxPR=3,TxCON[6]=1,TMODE1/0=11,预分频1的自动方向控制定时时序

例三：对应将通用定时器1设置为连续加减数定时，并设置为动态高电平输出，周期设置T1PR=600而比较值T1CMPR设置为550，选择内部时钟预分频4在借位(Underflow)发生时比较值重新载入。程序编写控制如下：

(1) LDP♯GPTCONA≫7；设置数据页DP为GPTCONA的高9位值

(2) SPLK ♯0000000001000010B,GPTCONA；T1PIN=10动态High,Tcompoe=1
；X,T2/T1STAT,T1STAT,XX,T2/1ADC(000000000),TCOMPOE(1),XX,T2/1PIN(3-0)
；[0010]

(3) SPLK ♯600,T1PR；设置T1的定时周期600

(4) SPLK ♯550,T1CMPR；设置T1的定时比较寄存器值为550

(5) SPLK ♯1000101001000010B,T1CON；Tmod=01连续加减数,TPS2/0=001预分频4

;TENABLE=1 允许定时,TCLK1/0=00 内部时钟,TCLD1/0=00 定时归零重载
;Free,Soft(10),X,Tmode1/0(01),TPS2/0(010),X,TENA(1),TCLKS1/0(00),
TCLD1/0(00),
TECMPR(1),X

6.3 通用定时器的比较器操作

如图 6-2 所示,每个通用定时器 GPT 都连接一个比较寄存器 TxCMPR,其设置的默认值与定时器实时比较,当定时器值 TxCNT 定时到与 TxCMPR 值相等时,假如在 TxCON 的 D1= TECMPR=1 允许比较器下,会在下一个时钟产生对应如下的操作:

(1) 比较中断标志位会在定时值与比较寄存器值相等的下一个时钟设置。

(2) TxPWM/TxCMPR 输出引脚会在定时值与比较寄存器值相等的下一个时钟,根据 GPTCONA/B2 的 T2PIN/T4PIN 及 T1PIN/T3PIN 所设置的反应状态,强迫 LOW 或 HIGH 电平输出或功能 LOW/HIGH 的 PWM 输出。

(3) 若在 GPTCONA/B 的 TxTOADC 位设置为 1 时,对应比较中断标志位被设置时会用作启动 ADC 转换;也就是说,ADC 转换会在比较中断标志位被设置 1 的同时启动。

若比较器的中断标志被设置为 1 且不被屏蔽,则一个外设接口中断会被请求。

6.3.1 TxPWM 的输出控制操作

若在 GPTCONA/B 的 T2PIN/T4PIN 及 T1PIN/T3PIN 设置为 01 的功能 LOW 输出或 10 的功能 HIGH 输出,则比较寄存器值 TxCMPR 与定时器值 TxCNT 连续比较,当比较寄存器值等于定时器值 TxCNT 时,会令 TxPWM 输出引脚触发转状态。定时器定时最大值是由定时器周期寄存器 TxPR 所设置的,TxPWM 输出脉冲型状态则是由定时器 TxCON 的 TMOD1/0 操作模式控制位来设置的。TxPWM 设置输出操作说明如下:

(1) 对应 GPTCONA/B 的 TxPIN 必须设置为 01 的有效 LOW 输出或 10 的有效 HIGH 输出。

(2) TxCON 的定时操作模式 TMODE1/0 必须设置为 01 的连续加减定时模式或 10 的连续加定时模式。

(3) TxCON 的定时允许控制位 TENABLE 必须设置为 1 允许状态。

若定时器设置为连续加定时模式,则 PWM 输出波形是非对称的,如图 6-6 所示。

图 6-6 所示 GPT 的非对称 PWM 操作程序如下:

(1) 当定时器尚未开始定时前的输出是处于无效状态。

(2) 维持输出不变,直到定时值 TxCNT 等于比较寄存器值 TxCMPR 时。

(3) 当比较值相等时,输出被触发转状态(High 转 Low 或 Low 转 High)。

(4) 维持输出到转状态值,直到定时器 TxCNT 定时到定时周期值 TxPR 时 TxCNT 被复位归零。

(5) 当 TxCNT=TxPR 时,输出 TxPWM 会被触发回到无效状态。

注意:若比较寄存器 TxCMPR 值在一开始的一个周期内被设置为 0,则 TxPWM 的输出在整个周期中将一直维持有效状态(恒为 High 或 Low)。此时,若在接下来的周期新的比较寄存

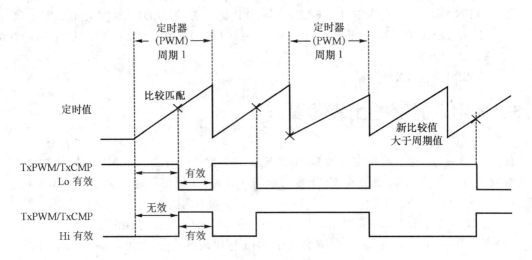

图6-6 GPT设置定时器为连续加定时模式的非对称PWM输出波形

器值被设置,则输出不会被立即反映转状态。这是很重要的,因为此PWM可被设置工作为0～100%的占空比(Duty Cycle)控制而不会产生噪声(Glitches)。若比较寄存器值TxCMPR被设置大于定时器的周期值TxPR,则由于定时器值TxCNT永远无法等于比较寄存器值TxCMPR而不能令TxPWM触发,因此恒处于无效状态。

若定时器设置为连续加减定时模式,则PWM输出波形是对称的,如图6-7所示。

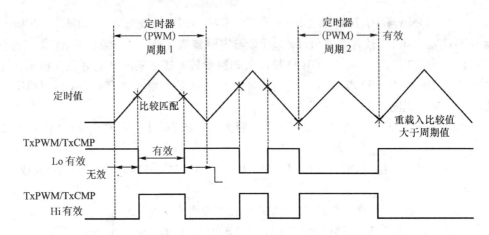

图6-7 GPT设置定时器为连续加减定时模式的对称PWM输出波形

图6-7中GPT的对称PWM操作程序如下:

(1) 当定时器尚未开始定时前的输出处于无效状态。

(2) 维持输出不变,直到定时值TxCNT加定时等于比较寄存器值TxCMPR。

(3) 当比较值第一次相等时,输出被触发转状态(High转Low或Low转High)。

(4) 维持输出到转状态值,直到定时器TxCNT定时到定时周期值TxPR时,TxCNT被自动转换成减定时。

(5) 当比较值向减定时在第二次相等时,输出又被触发转回无效状态(High转Low或Low转High)。

(6) 当定时回到 0 值得 2×TxPR 定时时,又重新开始另一个周期的比较输出 TxPWM 控制。

注意:若比较寄存器 TxCMPR 值在开始一个周期内被设置为 0,则 TxPWM 的输出在开始这个周期内输出为有效状态(恒为 High 或 Low),并将一直维持于此有效状态,直到周期中的第二次比较值匹配相等才会做转状态;也就是说,在第一次比较转状态后,假如在定时周期的一半后,新的比较寄存器被新设置为 0 时,输出仍会维持于有效状态,直到后半周期退出,输出不会立即对应设置成有效状态。这是很重要的,因为此 PWM 才可保证设置工作为 0~100% 的占空比控制而不会产生噪声(Glitches)。假如比较寄存器值 TxCMPR 在第一个半周期间被设置大于或等于定时器的周期值 TxPR,则第一次的转状态不会发生。然而,在后半周期当比较相等发生时,则仍然会产生触发转状态。这种错误的输出转状态,常在应用例行程序中会造成估算错误,周期性地退出,由于输出设置成无效状态而会被修正,除非新的比较值在接下来的周期是 0 时,输出仍维持为有效状态,这将再次令输出波形产生器处于正确的状态。

6.3.2 TxPWM 的输出控制逻辑电路

输出逻辑电路进一步决定波形产生器的输出,形成最终的 PWM 用以控制各种不同的功率设备,经过 GPTCONA/B 的 TxPIN 位适当的设置后,PWM 输出可被设置成动态 High、动态 Low、强迫 Low 及强迫 High 等输出。

当 PWM 输出被设置成动态 High 时,PWM 输出的极性与所结合的对称或非对称波形产生器的输出同相;当 PWM 输出被设置成动态 Low 时,PWM 输出的极性与所结合的对称或非对称波形产生器的输出反相。

假如 PWM 的输出设置模式是强迫 High 或 Low 状态,当这些对应 GPTCON 的设置控制位 TxPIN=00(Low) 或 11(High) 时,在设置的同时将立即令 PWM 对应输出 1 或 0 状态。

假如以图 6-8 所示的单一电源桥式驱动电路作负载驱动时,4 个 PWMx 分别驱动 DRA、

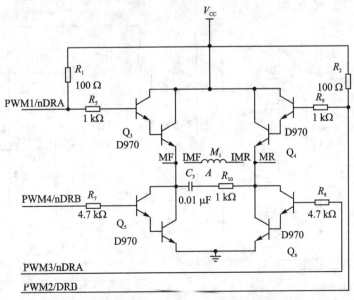

图 6-8 单一电源桥式驱动负载电路

DRB、$\overline{\text{DRA}}$、$\overline{\text{DRB}}$ 的 4 个功率驱动晶体管。若负载是直流马达，令马达由左向右电流驱动正转时，4 个 PWMx 的 PWM2/DRB 及 PWM4/nDRB 必须设置为强迫 Low 无效状态，令功率晶体(NPN)处于 OFF 状态；若是 PNP 功率晶体，则必须设置为强迫 High 无效状态。另外的一边 PWM1/DRA 可设置为强迫 High(NPN)或强迫 Low(PNP)的驱动，而 PWM3/nDRA 设置为动态 High(NPN)或 Low(PNP)驱动，这时负载驱动功率为：

$$P = (D \times V_{MAX})^2 / Z_L \quad V_{MAX} = V_{CC}$$

式中，$D = T_{ON}(\text{有效}) / T_{ON} + T_{OFF}(\text{无效})$，$T_{ON} = K_1 \times \text{TxCMPR}$，$T_{ON} + T_{OFF} = K_2 \times \text{TxPR}$，$Z_L$ 为负载阻抗。

若要马达逆转，则只要将 PWM1/DRA 与 PWM2/DRB 对调，而 PWM3/nDRA 与 PWM4/nDRB 对调方向控制即可。因此，对称式 PWM 控制中的定时器周期 TxPR 设置就是 $2 \times (T_{ON} + T_{OFF})$ 比率值，而比较器值 TxCMPR 设置的是 T_{ON} 比例值，这两个定值决定控制负载功率驱动的大小。

注意：桥式功率驱动电路中，正转要切换成逆转或逆转切换成正转时要特别小心。原来导通 ON 的驱动晶体切换成截止 OFF 状态时，转状态需要一段延迟时间；但由原来截止 OFF 的驱动晶体切换成导通 ON 状态时却比较快速，结果造成整个桥式驱动循环瞬间短路而烧毁，这段区间称之为死区(Dead Band)。处理方法是，检测任何桥式驱动转状态发生时，触发产生一个可设置的延迟时间，称之为死区控制期间，将桥式驱动晶体管设置为全部 OFF 截止状态，随后再进入正常 ON/OFF 的 PWM 功率控制。图 6-9 所示为单一的 PWM 驱动及正反转控制参考电路。当 F/R 设置控制发生转状态时，通过 RC 的延迟时间加入 XOR 门做正边沿及负边沿的变化，延迟产生 OFF 脉冲加入控制 PWM 的 AND 门做瞬间 OFF 的死区控制，以避免损坏系统。TMS320F/C240x 系列的交流马达驱动控制中，以桥式驱动控制的全向 PWM 控制都具有死区设置控制，将在后面章节中介绍说明。

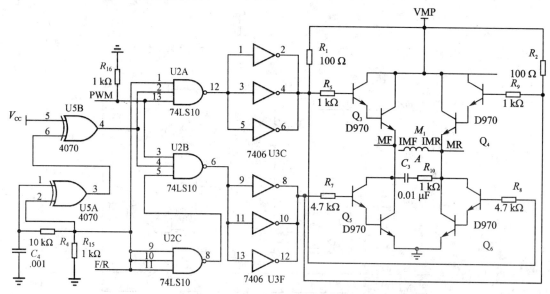

图 6-9 单一电源桥式驱动负载及死区控制电路

每个定时器都有一个相对应的比较寄存器 TxCMPR 和一个比较 PWM 输出的 TxPWM/TxCMP 引脚,GPT 定时器的定时值不断地与比较寄存器 TxCMPR 默认值比较,当定时器的定时值 TxCNT 与比较寄存器 TxCMPR 默认值相同时,则比较符合会发生。当 TxCON[1]＝TECMPR＝1 设置比较允许时,下列情况将发生:

(1) 在比较符合会发生的 2 个时钟周期之后,定时器的比较中断标志将被设置为 1。

(2) 如果定时器不是方向式的加减定时模式,则在比较符合会发生的 1 个时钟周期之后,相对应的 TxCMP/TxPWM 引脚将根据 GPTCONA/B 内 TxPIN 的 4 种输出模式设置输出信号。

(3) 若比较中断标志由设置 GPTCONA/B 内 TxTOADC 位而被选择设置作为此对应 ADC 启动转状态控制,则在此比较中断标志被设置的同时,将产生 ADC 的启动转换信号。

(4) 若 GPT 的定时器比较设置 TECMPR＝0 被禁用,则上述的事件不会发生且会令 TxCMP/TxPWM 引脚处于高阻状态。

当系统复位(Reset)时,通用定时器将被设置的起始值如下:

(1) 所有的 GP 定时器各位,除了在 GPTCONA/B 的定时器定时方向标识位外,都被复位为 0,也因此所有的定时器将被禁用而不定时,所有的定时器定时方向标识位被设为 1。

(2) 所有的定时器中断标志被复位为 0。

(3) 除了 $\overline{\text{PDPINTx}}$ 位外,所有的定时器中断屏蔽位都被复位为 0,也就是所有的中断都被屏蔽。

(4) 所有的定时器比较输出都被设置为高阻。

6.4 完全比较器单元

事件 EVA 有 3 个全比较器单元(比较单元 1、2、3),事件 EVB 也有 3 个全比较器单元(比较单元 4、5、6),而每个比较器都搭配着 2 个集合 PWM 输出控制,这些完整的比较单元时钟是由通用定时器 1(EVA)或通用定时器 3(EVB)来设置控制的。

每一个完全比较器单元 EV 模块包含如下:

(1) 3 个 16 位的比较寄存器(EVA 的 CMPR1、CMPR2 及 CMPR3,而 EVB 为 CMPR4、CMPR5 及 CMPR6),且每个寄存器都有一个对应映射寄存器。

(2) 1 个 16 位的比较控制寄存器(EVA 的 COMCONA,而 EVB 为 COMCONB)。

(3) 1 个 16 位的有效控制寄存器(EVA 的 ACTRA,而 EVB 为 ACTRB)都具有一个对应映射寄存器。

(4) 6 个 PWM(3 种状态)输出(比较输出)引脚(EVA 的 PWMy,y＝1,2,3,4,5,6,而 EVB 为 PWMz,z＝7,8,9,10,11 等输出)。

(5) 控制电路及中断逻辑。

完全比较单元的有效方框结构如图 6-10 所示。

完全比较器单元和对应的 PWM 电路时钟是由 GP 的定时器 1(EVA)或定时器 3(EVB)产生的。当比较器操作被允许时,此定时器可设置成任意的 4 种模式操作。但要注意:若定时器被设置成方向式的加减定时模式,则比较输出将没有任何转状态输出。

完全比较器单元的输入信号包含:

(1) 由控制寄存器所设置的控制信号有比较器允许 CENABLE、比较寄存器 CMPRx 的重

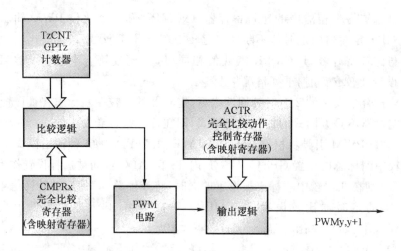

图 6-10 完全比较单元的功能方框结构图

载状态及向量空间 SVPWM 的允许 SVENABLE 等。

(2) 通用定时器 1/3(T1CNT/T3CNT)的默认值及其借位和周期匹配信号。

(3) 系统复位 RESET。

完全比较器单元的输出信号有比较匹配后所产生的输出控制信号。假如比较器被允许,则匹配信号会设置对应的中断标志,并造成比较器单元中配对的 PWMx 输出引脚产生转状态。

完全比较器的操作模式

完全比较器单元的操作模式通过对比较控制寄存器 COMCONx 的 CLD1、CLD0、ACTRLD1、ACTRLD0、CENABLE 和 FCOMPOE 等的允许控制位进行设定来设置:

(1) 比较器的比较允许位 CENABLE=1 是否被设置为允许。

(2) 比较器的比较输出允许位 FCOMPOE=1 是否被设置为允许。

(3) 比较器的比较寄存器 CMPRx 值被映射寄存器更新重载的操作模式,是由比较控制寄存器 CLD1、CLD0、ACTRLD1 和 ACTRLD0 所设置的。

(4) 向量空间 PWM 模式操作是否被允许(SVENABLE=1?)。

完全比较器的操作

以下章节将仅针对 EVA 完全比较器的操作进行说明,而 EVB 完全比较器的操作则完全相同。对应 EVB 中所不同的是使用通用定时器 3 及 ACTRB 和 COMCONB 寄存器。

定时器 1 的定时值 T1CNT 一直与对应的比较寄存器 TxCMPR 进行比较,当比较值匹配相等时,在完全比较器单元的对应每二个集合的 PWMz 输出端,将会根据功能控制寄存器 ACTRx 每个引脚输出的 CMPyACT(1~0)(y=1,2,3,4,5,6)设置位做转状态输出,在 6 个 PWMz 输出引脚上都可被分别设置成触动 HIGH、触动 LOW(而不是强迫 HIGH、强迫 LOW)等二种输出转状态中的任意一种。假如比较器被允许,则当 GP1 定时器 T1CNT 与这个比较单元的对应比较寄存器 CMPRx 间匹配相等时,会将这个比较单元的对应比较中断寄存器 EVAIFRA 中的 CMPxINT 标志设置为 1。假如对应着中断屏蔽寄存器 EVAIMRA 的 CMPxINTENABLE 位设置允许,将会产生一个外设中断请求,在发生时间上对应输出引脚信号转状态、设置中断标志,以及产生中断请求的时间是与 GP 定时器比较匹配同时发生的。完全比较单元的输出除了受控于比较控制寄存器的控制模式外,可搭配死区(Dead Band)单元及空间向量 SVPWM 等逻辑电路加以修正。

完全比较器单元操作的寄存器设置程序需求如下：

EVA 事件 A	EVB 事件 B
设置 GP1 的定时周期 T1PR 值	设置 GP3 的定时周期 T3PR 值
设置完全比较功能控制寄存器 ACTRA	设置完全比较功能控制寄存器 ACTRB
初始化比较寄存器 CMPR1～3 值	初始化比较寄存器 CMPR4～6 值
设置比较控制寄存器 COMCONA	设置比较控制寄存器 COMCONB
设置定时器 1 的控制寄存器 T1CON	设置定时器 3 的控制寄存器 T3CON

比较单元寄存器

比较单元使用的寄存器有比较控制寄存器 COMCONA/B(7411/7511) 及比较功能控制寄存器 ACTRA/B(7413/7513)，下面分别介绍。

比较控制寄存器 COMCONA/B 各位如表 6-12 所列，对应各位功能及操作说明如下。

表 6-12 比较控制寄存器 COMCONA/B(7411H/7511H)

D15/D7	D14/D6	D13/D5	D12/D4	D11/D3	D10/D2	D9/D1	D8/D0
CENABLE	CLD1	CLD0	SVENABLE	ACTRLD1	ACTRLD0	FCOMPOE	Reserve
RW_0	RW_0	RW_0	RW_0	RW_0	RW_0	RW_0	RW_0
保留(D7～D0)							
R_0 读取值为 0(D7～D0)							

(1) D15　CEABLE：比较器允许控制位。

　　0：禁用比较器的比较操作，全部映射寄存器 CMPRx，ACTRA 变成透明的。

　　1：允许比较器单元操作。

(2) D14～D13　CLD1～CLD0：将 CMPRx 的阴影寄存器重载入 CMPRx 内的重载入状态设置位。

　　00：当 T1CNT 定时到 0 值(也就是进入借位定时)时。

　　01：当 T1CNT 定时到 0 值或 T1CNT＝T1PR 时做 CMPRx 重载(也就是借位定时或定时周期符合相等)。

　　10：无条件立即重载入。

　　11：保留。若设置此状态，将会造成不可预期的结果。

(3) D12　SVENABLE：向量空间 PWM 模式允许控制位。

　　0：禁用向量空间 PWM 模式的操作。

　　1：允许向量空间 PWM 模式的操作。

(4) D11～D10　ACTRLD1～ACTRLD0：ACTRLA/B 寄存器重载入状态设置位。

　　00：当 T1CNT 定时到 0 值(也就是进入借位定时)时。

　　01：当 T1CNT 定时到 0 值或 T1CNT＝T1PR 时做 CMPRx 重载(也就是借位定时 Underflow 或定时周期匹配相等)。

10：无条件立即重载入。

11：保留。若设置此状态将会造成不可预期的结果。

(5) D9 FCOMPOE：比较输出允许控制位。

若设置$\overline{\text{PDPINTx}}$功能，则会将此位清除为0。

(6) D7～D0：保留位。读取值为0。

功能控制寄存器 ACTRA/B 各位如表6-13所列，对应各位功能及操作说明如下。

表6-13 功能控制寄存器 ACTRA/B(7413H/7513H)

D15/D7	D14/D6	D13/D5	D12/D4	D11/D3	D10/D2	D9/D1	D8/D0
SVDIR	D2	D1	D0	CMP6ACT1	CMP6ACT0	CMP5ACT1	CMP5ACT0
RW_0	RW_0	RW_0	RW_0	RW_0	RW_0	RW_0	RW_0
CMP4ACT1	CMP4ACT0	CMP3ACT1	CMP3ACT0	CMP2ACT1	CMP2ACT0	CMP1ACT1	CMP1ACT0
RW_0	RW_0	RW_0	RW_0	RW_0	RW_0	RW_0	RW_0

(1) D15 SVDIR：向量空间 PWM 的方向设置控制位，仅在 SVENABLE=1 允许下才有效。

0：SVPWM 正向操作(CCW)。

1：SVPWM 逆向操作(CW)。

(2) D14～D12：SVPWM 的基本空间向量设置控制位。

(3) D11～D10 CMP6ACT1～CMP6ACT0：比较输出引脚的有效状态设置位。

00：强迫输出 LOW。

01：动态 LOW 输出(PWM 模式)。

10：动态 HIGH 输出(PWM 模式)。

11：强迫输出 HIGH。

(4) D9～D8 CMP5ACT1～CMP5ACT0：比较输出引脚的有效状态设置位。

00：强迫输出 LOW。

01：动态 LOW 输出(PWM 模式)。

10：动态 HIGH 输出(PWM 模式)。

11：强迫输出 HIGH。

(5) D7～D6 CMP4ACT1～CMP4ACT0：比较输出引脚的有效状态设置位。

00：强迫输出 LOW。

01：动态 LOW 输出(PWM 模式)。

10：动态 HIGH 输出(PWM 模式)。

11：强迫输出 HIGH。

(6) D5～D4 CMP3ACT1～CMP3ACT0：比较输出引脚的有效状态设置位。

00：强迫输出 LOW。

01：动态 LOW 输出(PWM 模式)。

10：动态 HIGH 输出(PWM 模式)。

11：强迫输出 HIGH。

(7) D3～D2 CMP2ACT1～CMP2ACT0：比较输出引脚的有效状态设置位。

00：强迫输出 LOW。

01:动态 LOW 输出(PWM 模式)。

10:动态 HIGH 输出(PWM 模式)。

11:强迫输出 HIGH。

(8) D1~D0 CMP1ACT1~CMP1ACT0:比较输出引脚的有效状态设置位。

00:强迫输出 LOW。

01:动态 LOW 输出(PWM 模式)。

10:动态 HIGH 输出(PWM 模式)。

11:强迫输出 HIGH。

ACTRB 控制设置是 EVB 的 SVPWM 控制设置及对应 CMP12ACT~CMP7ACT 的引脚输出设置。

6.5 PWM 与比较器单元的结合电路

PWM 与比较器单元内的可定义死区及输出极性等控制电路结合,使能产生 6 个 PWM 输出通道(每个 EV)。整个 EV PWM 电路方框结构如图 6-11 所示,包括下列功能单元:

(1) PWM 与比较器单元的结合电路。

(2) 非对称/对称的波形产生器。

(3) 可定义的死区单元(DBU)。

(4) 输出逻辑电路。

(5) 向量空间(SV) PWM 状态机。

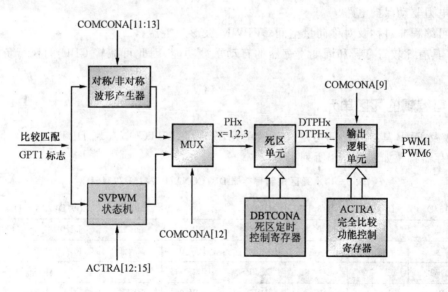

图 6-11 整个 EVA PWM 电路方框结构

EVB PWM 电路功能结构完全与 EVA 相同,电路结构化的控制寄存器用符号 B 标识。

非对称/对称的波形产生器设置与通用定时器的设置相同,而死区单元及输出逻辑电路将在后面分别讨论说明,向量空间(SV) PWM 状态机及向量空间(SV) PWM 的技术会在下一节中讨论说明。

若用一般定时器来作为 PWM 的产生控制,则 CPU 必须不断地进行软件检测比较,以硬件比较器来自动检测设置控制。CPU 只要做好 PWM 的控制设置,就会令 PWM 电路自动产生,从而减少 CPU 的操作负担而增加其执行效能,相当于马达控制和运动控制系统中的驱动电路。完全比较单元的 PWM 产生及相关电路受控于下列控制寄存器:

(1) TxCON(x=1,2,3,4) 通用定时器的控制寄存器。

(2) COMCONA/B 比较控制寄存器(事件 A 及 B 两组)。

(3) ACTRA/B 比较器的功能控制寄存器(事件 A 及 B 两组)。

(4) DBTCONA/B 死区的定时控制寄存器(事件 A 及 B 两组)。

6.5.1 事件处理的 PWM 产生能力

各组事件处理(A/B)的 PWM 产生能力具有下列特色:

(1) 5 个独立的 PWM 输出,其中 3 个由比较单元产生,其他 2 个由通用定时比较器产生;再加上依附于 3 个 PWM 输出的反向附加 PWM 输出,于是组装成 PWM1~PWM6(事件 A)的三相桥式 PWM,而事件 B 则为 PWM7~PWM12。

(2) 完全比较单元中对应桥式驱动的 PWM 输出附加有可定义的死区控制。

(3) 具有一个 CPU 时钟周期内最小的死区增减量设置控制。

(4) 具有一个 CPU 时钟周期内最小的 PWM 脉冲宽度及脉冲宽度的增减量设置控制。

(5) 16 位的最大 PWM 分辨率。

(6) 执行中可以任意设置改变 PWM 的载波频率。

(7) 执行中可以任意设置改变 PWM 的脉冲宽度。

(8) 电力驱动保护电路。

(9) 可编程非对称及对称向量空间 SVPWM 波形产生器。

(10) 具有比较寄存器和周期寄存器的自动重载功能,因此可减轻 CPU 的执行负担到最小程度。

6.5.2 可编辑的死区单元

EVA 及 EVB 具有自己的可定义死区单元,分别是 DBTCONA 和 DBTCONB,对应于此死区控制寄存器各位如表 6-14 所列。

表 6-14 死区控制寄存器 DBTCONA/B(7415H/7515H)

D15/D7	D14/D6	D13/D5	D12/D4	D11/D3	D10/D2	D9/D1	D8/D0
保留位				DBT3	DBT2	DBT1	DBT0
R-0				RW_0	RW_0	RW_0	RW_0
EDBT3	EDBT2	EDBT1	DBTPS2	DBTPS1	DBTPS0	保留位	
RW_0	RW_0	RW_0	RW_0	RW_0	RW_0	R-0	

各位功能及操作说明如下。

(1) D15~D12 保留位,仅可被读取,读取值为 0。

(2) D11~D8 DBT3~DBT0:设置死区的定时周期,此 4 位设置死区的定时周期值 0~F 时间为 0.05 μs,搭配 DBTPS2~DBTPS0 做单位时间预分频定时。

(3) D7～D5　EDBT3～EDBT1：控制 3 个死区的定时器 3～1 的允许。
(4) D4～D2　DBTPS2～DBTPS0：设置死区的定时单位时间预分频值，设置的预分频值分别为

  000   x/1
  001   x/2
  010   x/4
  011   x/8
  100   x/16
  101   x/32
  110   x/32
  111   x/32

(5) D1～D0：保留位，仅可被读取，读取值为 0。

死区单元的输入和输出

死区单元 PH1、PH2 及 PH3，分别由比较单元 1、2、3 的非对称/对称波形产生器输出端输入。

死区单元 PH1、PH2 及 PH3 的输出端分别对应 DTPH1、DTPH1_、DTPH2、DTPH2_ 及 DTPH3、DTPH3_，可接续到桥接式的 PWM 电路做集合控制。

死区间隔的产生

对应每一个 PHx 输入信号都产生二个死区信号 DTPHx 和 DTPHx_。对应比较单元以及其结合电路中，若此死区被禁用，则这二个输出信号将与输入信号 PHx 完全相同；若比较单元中的死区被允许，则这二个无信号的转状态边沿将被分别加上所谓的死区间隔时间。这个时间区间由 DBTCONx 中的各位设置，假如设置在 DBTCONx[11：8]中的 DBT3～DBT0 为 m 倍率，另外 D4～D2 的 DBTPS2～DBTPS0 设置预分频率为 x/p，则死区区间将被这设置成 $(p \times m)$ 个时钟周期。

表 6 - 15 显示由 DBTCONx 各位对应所组装的死区区间设置值，这个值基本上是以 50 ns 为工作时钟周期来推算的。图 6 - 12 为比较器单元内的整个死区区间产生器的控制逻辑原理图。

表 6 - 15　DBTCONx 各位对应所组装的死区区间设置值表

DBT3～DBT0(m)	DBTPS2～DBTPS0(p)，单位为 μs					
DBTCONx[11：8]	110/1x1($p=32$)	100($p=16$)	011($p=8$)	010($p=4$)	001($p=2$)	000($p=1$)
0000	0	0	0	0	0	0
0001	1.6	0.8	0.4	0.2	0.1	0.05
0010	3.2	1.6	0.8	0.4	0.2	0.1
0011	4.8	2.4	1.2	0.6	0.3	0.15
0100	6.4	3.2	1.6	0.8	0.4	0.2
0101	8.0	4.0	2.0	1.0	0.5	0.25
0110	9.6	4.8	2.4	1.2	0.6	0.3
0111	11.2	5.6	2.8	1.4	0.7	0.35

续表6-15

DBT3~DBT0(m)	DBTPS2~DBTPS0(p),单位为 μs					
DBTCONx[11:8]	110/1x1($p=32$)	100($p=16$)	011($p=8$)	010($p=4$)	001($p=2$)	000($p=1$)
1000	12.8	6.4	3.2	1.6	0.8	0.4
1001	14.4	7.2	3.6	1.8	0.9	0.45
1010	16.0	8.0	4.0	2.0	1.0	0.5
1011	17.6	8.8	4.4	2.2	1.1	0.55
1100	19.2	9.6	4.8	2.4	1.2	0.6
1101	20.8	10.4	5.2	2.6	1.3	0.65
1110	22.4	11.2	5.6	2.8	1.4	0.7
1111	24.0	12.0	6.0	3.0	1.5	0.75

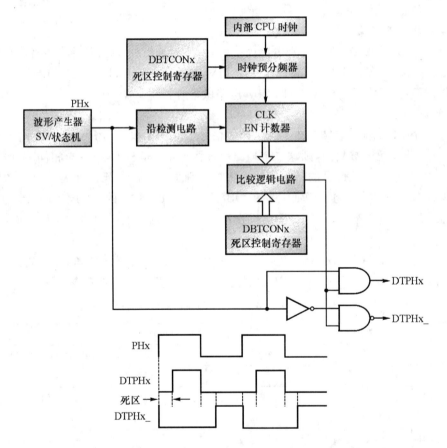

图6-12 比较器单元内整个死区区间产生器的控制逻辑原理图

死区单元的其他重要特性

死区单元的设计主要是对应每一个比较单元中的二个PWM上下桥驱动设备元件,用来防止由于元件打开(Turn Off)时间的延迟造成上下桥转状态时,短暂的同时导通(Turn On)区间的短路现象而损毁。这包括用户设置死区区间值大于PWM输出占空比(Duty Cycle)或设置占空比为100%或0%时。当此比较单元中的死区功能被启动设置时,这个结果会使得比较单元的

PWM 输出在一个周期的末端而不会被复位于无效态。

死区输出逻辑

比较单元的输出逻辑电路,将决定在比较符合发生时 PWMx/CPMx(x=1~12)输出的极性与功能。对应每一个比较单元在 PWM 模式中,其输出可以指定为主动低电平(Active Low)、主动高电平(Active High)、强迫低电平(Force Low)以及强迫高电平(Force High)4 种。而比较单元在比较模式中能指定输出为保持状态(Hold)、设置状态(Set)、复位状态(Reset)及转状态(Toggle)4 种。比较单元引脚上(PWMx/CMPx)的功能和极性,可由 ACTRA/B 寄存器的各位来适当地设置。这 12 个输出引脚 PWMx/CPMx 可通过下列的方式设置成高阻:

(1) 软件分别清除 COMCONx[9] 及 COMCONx[8] 这二个控制位。

(2) 当 $\overline{\text{PDPINTx}}$ 不被屏蔽时,$\overline{\text{PDPINTx}}$ 硬件引脚会被拉成低电平。

(3) 任何一个复位事件发生时。

允许 $\overline{\text{PDPINTx}}$(不被屏蔽时)和系统复位时,可在 COMCONx 及 ACTRA/B 寄存器内设置其相关位。图 6-13 为与比较单元相关联的输出逻辑图,这个单元的输入逻辑包含如下:

(1) 由死区状态单元及比较器复合而来的输出 DTPH1、DPTH1_、DTPH2、DTPH2_、DTPH3、DPTH3_ 等信号。

(2) 由 ACTRA/B 的各控制位来设置选择。

(3) PDPINTx 及复位控制。

输出逻辑包含如下:

(1) PWMx,x=1~6(EVA)。

(2) PWMy,y=1~6(EVB)。

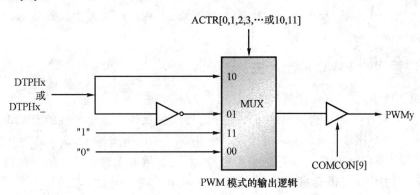

图 6-13 与比较单元相关联的输出逻辑图(x=1、2 或 3,y=1、2、3、4、5 或 6)

6.6 比较器单元的 PWM 波形产生及 PWM 电路

脉冲宽度调制 PWM 是依信号设置做一连串以脉冲宽度变化输出的信号,这些脉冲周期是有其固定长度的,这个固定周期可定义设置,称之为 PWM 载波周期。周期的倒数称为 PWM 频率。PWM 的脉冲宽度可根据预设值或调制信号被设置。

在马达控制系统中,信号用来控制电路接到开关式驱动半导体开和关的状态及其时间,这样发送给马达线圈所需要的电流和能量,大小不同的 PWM 脉冲、频率及相电流等能量提供马达线圈用来控制马达所需的转速和转矩,在这种情况下,对应马达所要设置的电压和电流命令就是调制信号,此调制信号的频率远小于 PWM 载波频率。

PWM 信号产生

要产生 PWM 信号,就需要一个适当的定时器以便用来重复计数周期,像 PWM 周期等;另外需要一个比较寄存器来保持所设置的调制信号值,这个比较寄存器值一直与定时器比较,当定时器值与比较寄存器值相同时,将在对应的输出端产生对应所设置的转状态(由 Low 转 High 或由 High 转 Low)输出。当定时器定时到第二次比较相同(定时器定时到顶值后转减数时)或定时到最大值后归零,对应的输出端就会产生第二次转状态(由 High 转 Low 或由 Low 转 High),以这种方式产生脉冲的 ON[High]/OFF[Low]区间值与比较器内所设置的值成比例。对应于每次定时器周期内根据不同的比较寄存器所设置值(调制值),这种程序一直重复进行。这种结果使得 PWM 信号输出到对应引脚端。

死 区

在许多运动/马达及电力电子等应用中,二个功率元件被上下串接在一条电力转接驱动控制线上,上下串接可任意控制驱动设备的电流方向,但也会造成不小心让二个上下串接驱动器同时导通的短路现象。为了避免这种现象发生,必须防止这二个驱动元件有重叠导通的时间。但是一般的半导体对应处于导通状态(ON)转成截止状态(OFF)时,因需要清除在壁垒电势间的载子,故会产生相对于另一端的截止状态转导通状态较长时间。这当然会造成转导通状态会和尚未完全转成截止状态的另一个通元件同时导通的短路现象,这是相当危险且必须防止的。这种现象都是发生在 PWM 脉冲转状态时,因此需要一个转状态检测电路。当检测到转状态时,启动一个定时器产生一个区间,这个区间称之为死区。在死区区间必须将输出到上下串的驱动 PWM 关掉,令其处于全部 OFF 的截止状态。这个延迟的死区区间大小设置是根据不同的驱动半导体特性而定的。

6.6.1 事件管理的 PWM 输出产生

在每3组比较单元中,任一个随同 GP 定时器 1/3(事件 EVA/B)、停滞单元及输出逻辑结合在事件模块中,在2个专用引脚输出端可产生一对可编程死区与输出极性的 PWM 输出。在每个事件模块内的3个比较单元都具有6个这种专用的 PWM 引脚输出,这6个专用输出引脚可相当方便地用来控制三相 AC 感应马达或无刷 DC 马达。借着无权比较控制寄存器的弹性控制位(ACTRx),同时可令其很容易地控制切换式及同步式磁阻马达,以应用在各种控制场合。PWM 电路同时可方便地用来作为其他种类的马达。例如,在单轴或多轴控制系统中所用的一般的碳刷 DC 马达及步进马达等应用,在每一个通用 GP 定时比较单元中,若有必要,也可以只用其本身的定时器来产生单独的一个 PWM 输出。

非对称与对称的 PWM 产生

非对称及对称的 PWM 波形在 EV 模块中可由每一个比较单元来产生。除此之外,3个比较单元结合起来可以产生三相对称的空间向量 SVPWM 输出。每一个 GP 定时比较单元的 PWM 产生在前几节都已经描述过。结合比较单元来产生 PWM 输出,将在下一节中介绍。

6.6.2 PWM 输出产生的寄存器设置

比较单元的3种 PWM 波形产生及相关电路,都在相同的 EV 事件处理寄存器中加以定义设置。PWM产生的设置过程包括下列几个步骤：
(1) 设置及载入 ACTRx 初值。
(2) 初始化比较寄存器 CMPRx 初值。
(3) 设置及载入 COMCONx 初值。
(4) 设置及载入 T1CON(事件 EVA)或 T3CON(事件 EVB)来启动操作。
(5) 若需要，则可重新写入 CMPRx 值决定新的 PWM 值。

6.6.3 非对称 PWM 波形的产生

边沿触发或非对称 PWM 信号的特征，由于调制脉冲并不处于每个 PWM 周期的中间，如图 6-14 所示，每个脉冲宽度的调制仅能由一边改变而已。

要产生一个非对称 PWM 波形信号时，通用定时器 GP Timer1 必须设置为连续的加数模式，而其周期寄存器以对应所需的 PWM 载波周期载入。1 比较单元的控制寄存器 COMCONx 被定义成允许比较操作，并设置选择输出引脚为 PWM 信号输出且将其允许。若死区被允许，则对应于死区时间值必须借由软件写入在 DBTCONx[11:8]的 DBT[3:0]位内。这就是 4 位死区定时器的周期值，这个死区值被用于整个 EVA/B 的所有 PWM 输出通道。

用软件适当地定义功能控制寄存器 ACTRx，结合比较单元在 PWM 周期的起始端、中间或末端可以在对应的输出端输出产生一般的 PWM 信号，而另一端输出则维持在保持 Low(ON)或 High(OFF)状态。像这种极为灵活的软件控制输出 PWM 信号，特别适用于开关式磁阻马达控制应用。

当 GP 通用定时器 1(或通用定时器 3)被启动后，比较寄存器会在每个 PWM 周期重写入来更新比较值，以便调整 PWM 脉冲的宽度值输出，用来对应电路驱动设备的转接 ON 或 OFF 的区间转变。由于比较寄存器具有映射寄存器，因此在 PWM 区间的任何时候都可被写入更新值再写入此映射寄存器。同理，新的值可以在一个周期的任何时间写入功能寄存器 ACTRx 定时器及周期寄存器内，以改变 PWM 的周期或强迫改变 PWM 输出定义。

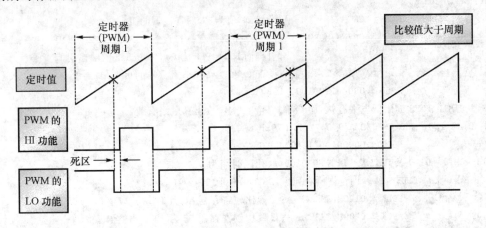

图 6-14 使用比较单元及 PWM 电路产生非对称 PWM 波形图

6.6.4 对称 PWM 波形的产生

中心式或对称 PWM 信号的特征在于调制脉冲处于每个 PWM 周期的中间，如图 6-15 所示。这种对称式 PWM 信号对应于非对称式 PWM 信号的好处是,在同一个区间有两个高阻区,也就是在 PWM 周期的起始区及退出区,这种对称式 PWM 信号在 AC 马达的相位电流控制中,或电感式负载及 DC 无刷马达等正弦波调制应用中,会比非对称式 PWM 具有较小的谐波。图 6-15 显示出对称 PWM 波形的两个例子。

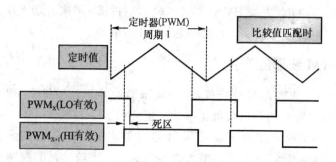

图 6-15 使用比较单元及 PWM 电路产生对称 PWM 波形图

以比较单元产生对称式 PWM 波形式与产生非对称 PWM 波形相似,其差别在于,前者的 GP 定时器 1 必须设置在连续加/减计数模式。

对称式 PWM 波形产生中,在一个 PWM 周期经常有两次比较符合发生:一次是在加数期间,另一个是在减数期间。GP 定时器 1 启动后,在每一个 PWM 周期,比较寄存器内容将被写入新值,用来调整 PWM 输出宽度(占空比)。因此,可随时控制功率驱动元件的切换开(ON)与关(OFF)的期间,因为比较寄存器具有映射寄存器,所以在 PWM 区间的任何时候都可将更新值写入此映射寄存器。同理,新的值可以在一个周期的任何时间写入功能寄存器 ACTRx 及周期寄存器,以改变 PWM 的周期或强迫改变 PWM 输出定义。

PWM 系统中大都采用对称式。为了强化 PWM 的应用,在此特别举出一个使用 PWM 含死区的桥式双向 PWM 控制程序示例如下:

```
INIPWMB: SETC   INTM
         LDP    #MCRC≫7          ;设置 DP 值为 MCRC 寄存器的页
         SPLK   #007EH,MCRC      ;令 I/O 控制寄存器 C 设置令 PF0~PF5 为 I/O
                                 ;引脚而 PE1~PE6 为 PWM7~PWM12 的输出引脚
         LDP    #ACTRB≫7         ;设置 DP 值为 ACTRB 寄存器的页
         SPLK   #0000011001100110B,ACTRB
;令 PWM12、PWM10、PWM8 输出低电平有效,而 PWM11、PWM9、PWM7 输出高电平有效
;SVDIR = 0,D2~D0 = 000,CMPC/B/A/9/8/7/,1,0 79BH/8AC/L
         SPLK   #0000010011110000B,DBTCONB
;令 DBT3~DBT0 = 0100 及 DBTPS2~DBTPS0 = 100,故死区时间为 6.4 μs
;XXXX,DBT3~0[tm],EDB3~1[111]允许所有死区,DBTPS2~0[100,x/16],XX
         SPLK   #012CH,CMPR4B    ;设置比较寄存器 4B 为 12CH 比较值
         SPLK   #0200H,CMPR5B    ;设置比较寄存器 5B 为 200H 比较值
         SPLK   #0300H,CMPR6B    ;设置比较寄存器 6B 为 300H 比较值
         SPLK   #0000001000000000B,COMCONB
;cenable = 0 先禁用比较,cld1/0 = 00 比较值在 T3CNT = 0 时重载,禁用向量空间 PWM
;actrld1/0 = 00 令 ACTRB 在 T3CNT = 0 时重载,fcompoe = 0 禁用 PWM 时输出处于高阻状态
;CEN,CLD1/0,SVEN,ACTRLD1/0,FCOMPOE = 1,X—
```

```
                SPLK  #1000001000000000B,COMCONB    ;重新允许比较单元 CEN = 1
                SPLK  #0000000000000000B,GPTCONB
;通用定时器 3/4 设置 T3/T4 PIN 强迫为 00 输出,不启动 ADC 转换
;X,T4/3/STUS,XX,T4/3STADC,TCMEN[txpwm],XX,T4[2]/3PI
;T4,T3 STUS CAN BE READ TO KNOW WHAT DIR 1 = UP,0 = DOWN T4/T3
;Pin FOR TxPWM opt Mode
SPLK  #600,T3PERB                           ;设置定时器 3 的周期值为 600×2×50 ns = 60 μs
;T3 Periode = 600 MAX IF T3CNT = 0000 - 600 RHEN UP/DN
                SPLK  #0010H,T3CMPB          ;设置 GPT3 的比较值为 10H
                SPLK  #0000H,T3CNTB          ;设置 GPT3 的起始计数值为 0
```
;T3CNT = 0T3 CLK = $F_{clk}/PRS = 40$ MHz/001 = 20 MHz PWMT = 600×2×50 ns
;$T_{pwm} = 600×2×50$ ns[20 MHz] = 60 μs F_{pwm} = 16.666 kHz
;TMD = 10 UP/DOWN CNT,PRESCLK = 001/$F_{clk}/2,...[TMD = 11$ EXT TxDIR PIN Cntlr1]
```
                SPLK  #1000100100000000B,T3CONB
```
;设置 GPT3 的 TMODE1/0 = 01 连续加、减计数模式 TPS2/0 = 001 预分频 2
;FRE,SOF = 10,X,TMD1/0 = 01,TPS2/0 = 001,T4SWT3,TEN = 0 禁用,TCKS1/0 = 00 内部定时
;TCLD1/0 = 00,当计数到 00 重载比较值,TECMPR = 0 禁用比较操作,SELT3PR = 0 使用本身周期
```
                SPLK  #1000100101000000B,T3CONB    ;TEN = 1 允许 T3 开始定时
```

实验 6.1 比较器及多重 PWM 输出控制

(一) 实验程序说明

此程序主要用途是将 2407 的二组向量空间 PWM1~PWM6 及 PWM7~PWM12 分别做同步的比较设置输出,以及独立的 T1PWM 和 T3PWM 输出控制的程序定义控制。所有的 PWM 输出脉冲宽度,是由 PF6~PF0 搭配 I/O 的 8000H 所设置的位置输入设置成 15 位,将其载入各 PWM 的对应比较寄存器 CMPR1~CMPR6 以及 T1CMPR 和 T2CMPR 等寄存器,而对应的定时器连续加减计数的对称 PWM 的周期 T1PER 及 T2PERB2 都设置为 15 位最大值 7FFFH,因此由实验系统可控制设置各 PWM 为最大周期 1 和最小周期 $\frac{1}{2^{15}}$ 值。

PE1~PE6 对应 PWM7~PWM12 输出被 PF6~PF0 及 I/O 8000H 所组成的 16 位 PWM 负荷周期控制。PE1~PE6 输出通过 ULN2803 输出到 JPD2 引脚端,每个输出 PWM 以集电极开路可驱动 500 mA/60 V 的负载。下面为 PWMTBT1.asm 对应输出 PWM 负荷周期控制的参考程序。

```
        .title "PWMBT1"
        .bss GPR0,1
        .data
        .word 0003Fh;7SEGMENT DSP 0 ;308H
        .word 00006h;7SEGMENT DSP 1
        .word 0005Bh;7SEGMENT DSP 2
        .word 0004Fh;7SEGMENT DSP 3
        .word 00066h;7SEGMENT DSP 4
        .word 0006Dh;7SEGMENT DSP 5
        .word 0007Dh;7SEGMENT DSP 6
        .word 00007h;7SEGMENT DSP 7
        .word 0007Fh;7SEGMENT DSP 8
```

```
                    .word 0006Fh;7SEGMENT DSP 9
                    .word 00077h;7SEGMENT DSP A
                    .word 0007Ch;7SEGMENT DSP B
                    .word 00039h;7SEGMENT DSP C
                    .word 0005Eh;7SEGMENT DSP D
                    .word 00079h;7SEGMENT DSP E
                    .word 00071h;7SEGMENT DSP F
                    .include "x24x_app.h"
                    .include "vector.h"
KICK_DOG .macro
                    LDP #WDKEY>>7
                    SPLK #05555H,WDKEY
                    SPLK #0AAAAH,WDKEY
                    LDP #0
                    .endm
                    .text
START:              LDP #0
                    SETC INTM                ;关掉中断总开关
                    CLRC CNF                 ;设置 B0 为数据存储器
                    SETC SXM                 ;清除符号扩充模式
                    SPLK #0000H,IMR          ;屏蔽所有的中断 INT6~INT0
                    LACC IFR                 ;读取中断标志载入 ACC
                    SACL IFR                 ;将 ACC 回写入中断标志,用以清除为 1 中断标志
                    LDP #SCSR1>>7            ;令高地址的数据存储器 DP 寻址于 SCSR1
                    SPLK #028CH,SCSR1        ;系统控制寄存器的 EVA 及 EVB 脉冲允许输入
;OSF,CKRC,LPM1/0,CKPS2/0,OSR,ADCK = 1,SCK,SPK,CAK,EVBK,EVAK,X,ILADR
                    SPLK #006FH,WDCR         ;禁用看门狗定时功能
;0,0,00,0000,0,(WDDIS[1/DIS],WDCHK2~0[111],WDPS2~WDPS0[111])
                    KICK_DOG                 ;禁用看门狗定时器
                    SPLK #01C9H,GPR0         ;令 GPR0 设置内容 0000 0001 1100 1001
;xxxx x BVIS = 00/OFF,ISWS = 111[7W],DSWS = 001,PSWS = 001
                    OUT GPR0,WSGR            ;I/O 接口时序加 7 个写时钟,DM/PM 为 1 个写时钟
                    LDP #MCRC>>7             ;令高地址的数据存储器 DP 寻址于 MCRC
                    SPLK #007EH,MCRC         ;PF6~PF0(GPIO),PE7~PE0 为特殊 PWM 引脚
                    SPLK #0000H,PFDATDIR     ;令 PF0~PF6 为输入端口并令输入 00H
                    SPLK #0FFFFH,MCRA        ;PB7~PB0,PA7~PA0 为特殊 PWM 输出引脚
                    CALL INIPWMT             ;调用 PWM1~PWM12 以及 T1PWM、T3PWM 的设置
;设置 CMPR1~6、T1PR、T2PR、T3PR、T1、T2 及 T3 作为 PWM 驱动
                    LAR AR5,#250h            ;令 AR5 寻址于 250H
                    MAR *,AR5                ;设现时的间接寻址操作 ARP = AR5
REPWM:              LDP #PFDATDIR>>7         ;令高地址的数据存储器 DP 寻址于 PFDATDIR
                    LACL PFDATDIR            ;读取 PF0~PF6 输入到 ACL
                    AND #007FH               ;将 ACL 与 7FH 作 AND 运算取 ACL 读取的 D6~D0 位
                    SACL *                   ;将 ACL 存入 * AR5 = 250H 存储器内
                    LACC *,8                 ;将 AR5 内容左移 8 位载入 ACC 内
```

```
              SACL * +                    ;将 ACL 写回 * AR5[250H]内成为高 8 位并令 AR5 + 1
              IN * ,8000H                 ;读取 CPLD 的 DIP(I/O 的 8000H 地址)输入设置值
              LACC * -                    ;读取 * AR5[251H]内容载入 ACC 并令 AR5 - 1 = 250H
              AND #000FFH                 ;将 8000H 读取值的 ACL 与 0FFH 作 AND 运算取低 8 位
              OR *                        ;将 ACL 的 8000H 低 8 位值与 PF6~PF0 的高 7 位进行"或"汇编
              AND #07FFFH                 ;将 ACL 与 07FFFH 作 AND 运算并取低 15 位值
              LDP #CMPR4B≫7               ;令高地址的数据存储器 DP 寻址于 CMPR4B
              SACL CMPR4B                 ;将 PF6~PF0 及 8000H 组成 15 位的 PWM 设置值
              SACL CMPR5B                 ;分别载入 CMPR4~6 比较器控制 PWM7~12 脉冲宽度
              SACL CMPR6B
              LDP #CMPR1≫7                ;令高地址的数据存储器 DP 寻址于 CMPR1
              SACL CMPR1                  ;将 PF6~PF0 及 8000H 组成 15 位的 PWM 设置值
              SACL CMPR2                  ;分别载入 CMPR1~3 比较器控制 PWM1~6 脉冲宽度
              SACL CMPR3
              SACL T1CMPR                 ;分别载入 T1CMPR 比较器控制 T1PWM 输出脉冲宽度
              SACL T2CMPR                 ;分别载入 T1CMPR 比较器控制 T1PWM 输出脉冲宽度
              B REPWM                     ;跳回 REPWM 连续追踪 PF6~PF0 及 8000H 的 15 位设置值
              nop
;起始设置 PWM1~PWM12 以及 T1PWM 和 T3PWM
INIPWMT:
              LDP #ACTRB≫7                ;令高地址的数据存储器 DP 寻址于 ACTRB
              SPLK #0000011001100110B,ACTRB
;SVDIR,D2~D0,CMPC/B/A/9/8/7/,1,0 79BH/8AC/L
;向量空间 SVDIR = 0,D2~D0 = 000,PWM 输出极性 CMPC - 7 [0110,0110,0110]
;HI/LO 驱动 PWM5、PWM3、PWM1 输出低电平有效,而 PWM6、PWM4、PWM2 输出高电平有效
              SPLK #0000001111100000B,DBTCONB
;XXXX,DBT3~0[tm],EDB3~1[111]允许所有死区,DBTPS2~0[100,x/16],XX
;令 DBT3~DBT0 = 0100 及 DBTPS2~DBTPS0 = 100,故死区时间为 6.4 μs
              SPLK #000,CMPR4B            ;设置比较寄存器 4 为 000 比较值
              SPLK #000,CMPR5B            ;设置比较寄存器 5 为 000 比较值
              SPLK #000,CMPR6B            ;设置比较寄存器 6 为 000 比较值
              SPLK #0000001000000000B,COMCONB
;CEN = 0,CLD1/0,SVEN,ACTRLD1/0,FCOMPOE = 1,X---
;cenable = 0 先禁用比较,cld1/0 = 00 比较值在 T3CNT = 0 时重载,禁用向量空间 PWM
;actrld1/0 = 00 令 ACTRB 在 T3CNT = 0 重载,fcompoe = 0 禁用 PWM 时输出高阻
              SPLK #1000001000000000B,COMCONB ;重新允许比较单元 CEN = 1
              SPLK #0000000001001001B,GPTCONB
;X,T4/3/STUS,XX,T4/3STADC,TCMEN[txpwm] = 1,XX,T4[2]/3PI
;通用定时器 3/4 设置 T3/T4 PIN 强迫为 00,输出 T3 不启动 ADC 转换
;T4、T3 状态读取方向 DIR 1 = UP 加数,0 = DOWN 减数,T3/T4 的 TxPWM 输出模式
              SPLK #07FFFH,T3PERB
;设置定时器 3 的周期值为 10 000 × 2 × 50 ns = 1 000 μs
              SPLK #00000,T3CNTB
;清除 T3CNT = 0 $F_{clk}$/PRS = 40 MHz/001 = 20 MHz PWMT = 1 000 × 2 × 50 ns
;$T_{pwm}$ = 2 000 × 2 × 25 ns[40 MHz] = 1 000 μs $F_{pwm}$ = 1 kHz
```

```
;TMD = 10 连续加减数,时钟预分频 PRESCLK = 001/F_clk/2
;[TMD = 11 EXT TxDIR PIN Cntlrl]
            SPLK  #1000100000000010B,T3CONB
;FRE,SOF,X,TMD1/0,TPS2/0,T4SWT3,TEN = 0,TCKS1/0,
;FRE,SOF = 10/ICE 调试不影响 TMD = 01
;连续加减数,预分频 TPS = 000,X/1,T1 = 0,TEN = 0/[1]不定时
;TCK = 00 内部时钟定时 TCLD1/0,TECMPR,SELT3PR
            SPLK  #1000100001000010B,T3CONB;D6 = TEN = 1 允许定时
            SPLK  #1000,T3CMPB         ;令 T3 的比较器值 T1CMPR = 1000 对称周期输出
            LDP   #ACTR≫7
            SPLK  #0000011001100110B,ACTR
;SVDIR,D2~D0,CMPC/B/A/9/8/7/,1,0 79BH/8AC/L
;向量空间 SVDIR = 0,D2~D0 向量空间码 = 000,PWM 输出比较极性 CMPC - 7[0110,0110,0110]
;HI/LO 驱动 PWM5、PWM3、PWM1 输出低电平有效,而 PWM6、PWM4、PWM2 输出高电平有效
            SPLK  #0000000001001001B,GPTCON
;X,T2/1/STUS,XX,T2/1STADC,TCMEN[txpwm] = 1,XX,T4[2]/3PI
;通用定时器 1/2 设置 T1/T2 PIN 强迫为 00,输出 T2 不启动 ADC 转换
;T2、T1 状态读取方向 DIR 1 = UP 加数,0 = DOWN 减数,T2/T1 的 TxPWM 输出模式
            SPLK  #07FFFH,T2PR
;设置定时器 1 的周期值为 2 000×2×50 ns = 1 000 μs
            SPLK  #10000,T2CMPR;T1 的比较器设置为 1 000,成为对称周期输出
            SPLK  #0000,T2CNT
;清除 T1CNT = 0 F_clk/PRS = 40 MHz/001 = 20 MHz PWMT = 1 000×2×50 ns
;T_pwm = 2 000×2×25 ns[40 MHz] = 200 μs F_pwm = 5 kHz
;TMD = 10 连续的加减计数,时钟预分频 PRESCLK = 001/F_clk/2
;[TMD = 11 EXT TxDIR PIN Cntlrl]
            SPLK  #1000100000000010B,T2CON
;FRE,SOF,X,TMD1/0,TPS2/0,T4SWT3,TEN = 0,TCKS1/0,
;FRE,SOF = 10/ICE 调试不影响 TMD = 01
;连续加减数,预分频 TPS = 000,X/1,T1 = 0,TEN = 0/[1]不定时
;TCK = 00 内部时钟定时 TCLD1/0,TECMPR,SELT3PR
            SPLK  #1000100001000010B,T2CON;D6 = TEN = 1 允许定时
            SPLK  #07FFFH,T1PR
;设置定时器 1 的周期值为 2 000×2×50 ns = 1 000 μs
            SPLK  #10000,T1CMPR;T1 的比较器设置为 1000,成为对称周期输出
            SPLK  #0000,T1CNT
;清除 T1CNT = 0 F_clk/PRS = 40 MHz/001 = 20 MHz PWMT = 1 000×2×50 ns
;T_pwm = 2 000×2×25 ns[40 MHz] = 200 μs F_pwm = 5 kHz
;TMD = 10 连续的加减计数,时钟预分频
;PRESCLK = 001/F_clk/2,..[TMD = 11 EXT TxDIR PIN Cntlrl]
            SPLK  #1000100000000010B,T1CON
;FRE,SOF,X,TMD1/0,TPS2/0,T4SWT3,TEN = 0,TCKS1/0,
;FRE,SOF = 10/ICE 调试不影响 TMD = 01 连续加减数
;预分频 TPS = 000,X/1,T1 = 0,TEN = 0/[1]不定时
;TCK = 00 内部时钟定时 TCLD1/0,TECMPR,SELT3PR
```

```
            SPLK #1000100001000010B,T1CON  ;D6 = TEN = 1 允许定时
            SPLK #00000011111100000B,DBTCON
;XXXX,DBT3~0[tm],EDB3~1[111]允许所有死区,DBTPS2~0[100,x/16],XX
;令 DBT3~DBT0 = 0100 及 DBTPS2~DBTPS0 = 100,故死区时间为 6.4 μs
            SPLK #000,CMPR1          ;设置比较寄存器 1A 为 000 比较值
            SPLK #000,CMPR2          ;设置比较寄存器 2A 为 000 比较值
            SPLK #000,CMPR3          ;设置比较寄存器 3A 为 000 比较值
            SPLK #0000001000000000B,COMCON
;CEN = 0,CLD1/0,SVEN,ACTRLD1/0,FCOMPOE = 1,X---
;cenable = 0 先禁用比较,cld1/0 = 00 比较值在 T3CNT = 0 时重载,禁用向量空间 PWM
;actrld1/0 = 00 令 ACTRB 在 T3CNT = 0 重载,fcompoe = 0 禁用 PWM 输出高阻
            SPLK #1000001000000000B,COMCON   ;重新允许比较单元 CEN = 1
            RET                               ;回主程序
PHANTOM: KICK_DOG
            B PHANTOM
GISR1:      RET
GISR2:      RET
GISR3:      RET
GISR4:      RET
GISR5:      RET
GISR6:      RET
            .end
```

（二）实验程序

1. 编写上述程序 PWMTBT1.asm,编译后载入 SN-DSP2407 主实验模板中。

注意：本实验的 CPLD 外设使用 DSPIO07.tdf 必须预先载入。

2. 载入程序后开始执行,设置 PF6~PF0 的位置值以及 8000H 的 I/O 位置值,分别为 0001H、007FH、07FFH 及 07FFFH 值时,用多轨迹示波器或逻辑分析仪分别观察记录 PWM1(PA6)~PWM6(PB3)以及 PWM7(PE1)~PWM12(PE6)和对应 T1PWM(PB4)及 T3PWM 输出波形,其负荷周期分别多大？最高及最低的周期如何？试讨论实验测试记录。

3. 试分别单步执行及设置断点来观察记录操作情形及工作原理,并讨论实验测试记录。

4. 对应 PWM7~PWM12 的 PE1~PE6 连接到 JPD2 输出引脚端,分别可驱动 500 mA 对应 60 V 的最大负载驱动。试将一个最大驱动为 60 V（或低于此值）/500 mA 的直流马达一端接到 VPM（最大 60 V）,而另一端接到对应的 PE1~PE6 任一端,设置调整 PF6~PF0 及 I/O 的 8000H 位置设置值,分别对不同的 PWMn 输出驱动其运转如何？为什么？试讨论实验测试记录。

6.7 向量空间 PWM

向量空间 PWM 特别针对三相电力换流器中 6 个开关式功率晶体的特殊开关切换结构进行控制。SVPWM 对应 AC 三相电感负载的驱动电流产生最小的谐波失真,也提供比正弦波调制方式更有效率的电压供应方式。

6.7.1 三相电力换流器

典型的三相 AC 电路驱动控制结构如图 6-16 所示。这 6 个驱动元件可以是功率晶体管或 IGBT 等元件，分别由 DTPHa、DTPHa_、DTPHb、DTPHb_ 及 DTPHc、DTPHc_ 等信号所控制。当上桥晶体管式导通(DTPHx＝1)时，下桥晶体管必须截止(DTPHx_＝0)。因此，上桥晶体管(Q_1、Q_3、Q_5)导通与截止的下桥(Q_2、Q_4、Q_6)，或各种 DTPHx(x＝a,b,c)的对应状态，将足以提供给三相负载各种不同的功率及驱动电压 U_{out} 型状态。

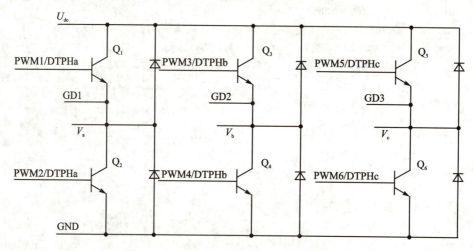

图 6-16 三相 AC 电路驱动控制结构图

电力换流器的切换模式及基本空间向量

当一轴的上桥晶体管导通(ON)时，此轴提供至负载端的电压 U_x(x＝a、b、c)将等于输入的 U_{dc} 电压。当其截止(OFF)时，加到负载端的电压则为零。在上桥的三个驱动元件(DTPHx,x＝a,b,c)导通及截止状态则共有 8 种可能汇编，这些汇编与负载所获得的线电压及相电压以 DC 供应电压 U_{dc} 来表示，如表 6-16 所列，要特别注意的是 a、b 或 c 各代表 DTPHa、DTPHb 与 DTPHc 的值。

表 6-16 三相电力换流器切换的样型

a	b	c	$V_{ao}(U_{dc})$	$V_{bo}(U_{dc})$	$V_{co}(U_{dc})$	$V_{ab}(U_{dc})$	$V_{bc}(U_{dc})$	$V_{ca}(U_{dc})$
0	0	0	0	0	0	0	0	0
0	0	1	−1/3	−1/3	2/3	0	−1	1
0	1	0	−1/3	2/3	−1/3	−1	1	0
0	1	1	−2/3	1/3	1/3	−1	0	1
1	0	0	2/3	−1/3	−1/3	1	0	−1
1	0	1	1/3	−2/3	1/3	1	−1	0
1	1	0	1/3	1/3	−2/3	0	1	−1
1	1	1	0	0	0	0	0	0

可以将 8 种汇编的相电压借由 d-q 轴转换映射到 d-q 平面上，即将三个向量(a,b,c)以对

等方式正交投射在二维垂直平面(d-q 平面)的向量(1,1,1)上,此结果将可得到 6 个非零向量与 2 个零向量。此非零向量形成六角形的 6 个轴,每 2 个轴连接向量的角度为 60°,而 2 个零向量为原点,此 8 个向量称之为基本向量空间,分别用 U_0、U_{60}、U_{120}、U_{180}、U_{240}、U_{300}、O_{000}、O_{111} 表示。此相同的转换可应用于马达所需要输出的电压向量 U_{out}。图 6-17 显示所投射向量及所欲设置投射的马达电压向量 U_{out}。

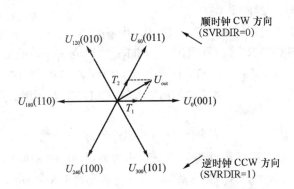

图 6-17 基本空间向量及切换样型

此 d-q 平面的 d 轴及 q 轴仍相对于 AC 马达机构定子的水平轴及垂直轴。空间向量 PWM 方法则是应用 6 个功率晶体的 8 个切换样型(Switching Pattern)的汇编来近似马达的电压向量 U_{out} 控制。

两个相邻的基本向量的二进位表示中,仅有一个位不同。也就是说,当切换样型由 U_x 改变到 U_{x+60} 或从 U_{x+60} 到 U_x 时,上桥功率晶体仅有一个切换改变。而零值向量 O_{000} 与 O_{111} 并没有提供电压给负载(马达)。

以基本空间向量来近似马达控制电压

在任何时间,马达电压向量 U_{out} 将处于图 6-17 的 6 个区间之一,因此对应于任何 PWM 周期,U_{out} 可以其二个相邻基本向量的向量和来近似。其公式如下:

$$U_{out} = T_1 U_x / T_p + T_2 U_{x+60} / T_p + T_0 (O_{000} \text{ 或 } O_{111}) / T_p$$

其中,$T_0 = T_p - T_1 - T_2$,而 T_p 为 PWM 载波频率。此方程右边第三项并不会影响向量和 U_{out}。所谓"近似"的意思是,为了输出到负载马达的电压 U_{out},上桥的功率晶体必须以 ON 及 OFF 控制对应于 U_x 样型与 U_{x+60} 样型,其导通与截止区间各自为 T_1 与 T_2。而零值向量则有助于平衡功率晶体切换到导通状态及切换到截止状态的时间,并可以减少功率的消耗。

6.7.2 事件处理模块的空间向量 PWM 波形的产生

EV 模块内建有硬件操作,大大简化对称空间向量 PWM 波形的产生。产生向量空间 PWM 波形,其软件和硬件的需求描述如下。

软　件

产生空间向量 PWM 输出,用户的软件必须设置如下:

(1) 定义 ACTRx 寄存器比较输出引脚端的极性。

(2) 定义 COMCONx 寄存器用来允许比较器的操作及空间向量 PWM 的模式,并设置

ACTRx 和 CMPRx 寄存器的重载状况是在溢出时。

(3) 设置通用 GP 定时器 1 为连续加减计数模式并启动操作。

用户必须决定在两个 d-q 平面轴上所要加到马达上的相电压 U_{out},再将 U_{out} 分解后在每个 PWM 周期间进行下列设置:

(1) 运算出二相邻的空间量 U_x 及 U_{x+60} 的相电压值。

(2) 决定 T_1、T_2 及 T_0 时间参数。

(3) 将符合 U_x 切换样型写到 ACTRx[14:12]并令 ACTRx[15]=svrdir=1 顺时钟[CW],或者将 U_{x+60} 切换样型写到 ACTRx[14:12]并令 ACTRx[15]=svrdir=0[CCW]逆时钟方向设置。

(4) 若 ACTRx[15]=0,则将 $1/2 T_1$ 值写入 CMPR1 内并将$(1/2\times T_1+1/2\times T_2)$值写入 CMPR2 内;若 ACTRx[15]=1,则将 $1/2\times T_2$ 值写入 CMPR1 内并将$(1/2\times T_1+1/2\times T_2)$值写入 CMPR2 内。

空间向量 PWM 的硬件

EV 模块中,空间向量 PWM 硬件仍依照下列步骤来完成一个空间向量 PWM 的周期操作:

(1) 在每一个周期的开始,依 ACTRx[14:12]空间设置 D2~D0 8 个向量中的一组来定义设置 PWM 输出为 U_y 样型。

(2) CMPR1 与通用 GP 定时器 1 在加数期间第一次比较符合相等时,假如是在 SVRDIR[15]=0 的逆时钟方向设置,则 PWM 输出将切换到 U_{x+60}=(011)的样型空间;若是在 SVRDIR[15]=1 的顺时钟方向设置,则 PWM 的输出将被切换到 U_{x-60}(101)的样型空间。其中,$U_{x+60}=U_{60}$,而 $U_{x-60}=U_{360-60}=U_{300}$。

(3) CMPR2 与通用 GP 定时器 1 在 $1/2\times T_1+1/2\times T_2$ 加数时间第二次比较符合相等时,此 PWM 输出将被切换到(000)或(111)空间。当然,这是以最小变化量来切换选择(000)或(111)空间的,仅是插一个位。

(4) CMPR2 与通用 GP 定时器 1 在 $1/2\times T_1+1/2\times T_2$ 减数期间第一次比较符合相等时,PWM 输出会被切回第二个输出样型。

(5) CMPR1 与通用 GP 定时器 1 在 $1/2\times T_1$ 减数期间第二次比较符合相等时,PWM 输出会被切回第一个输出样型,这样才完成输出对称的 SVPWM 波形。

空间向量 PWM 的波形

空间向量 PWM 波形对称于 PWM 周期的中央。图 6-18 显示对称式空间向量 PWM 波形的二个范例,这个周期的起始值由 ACTRx[14:12]的 D2~D0 设置,而操作的顺序由 SVRDIR 来控制。要注意:每次进行空间向量转换后,第二次的空间转换必须回到零相空间的(000)或(111)状态。由图 6-18 中可见,在 U_{60}(011)状态必须切换到(111)零状态,而在 U_{240}(100)状态则需要切换到(000)状态,以每次一个位变换为原则;至于空间向量 PWM 波形输出的平均电压大小,则应由 T_1 和 T_2 来决定,这个值是根据此时马达所需的驱动功率(磁通大小)来决定的。当 T_1、T_2 决定后,就可以设置 CMPR1 及 CMPR2 的设置控制值。

未被用到的比较寄存器

空间向量 PWM 输出产生波形,只用到两个比较寄存器;第三个比较寄存器仍与通用 GP 定时器 1 比较,当比较符合相等发生时,对应的比较中断标志会被设置。假如这个中断的屏蔽未被屏蔽而允许,则会产生一个外设中断请求,因此这个未被空间向量 PWM 波形产生所用到的比较寄存器,仍然可用作特殊应用时的事件发生定时器控制,同时由于状态机所导入的额外延迟,这个比较器的输出转状态会在向量空间 PWM 模式时被延迟一个时钟周期。

向量空间 PWM 的边界状态

当比较寄存器 1 及 2(CMPR1 及 CMPR2)在向量空间 PWM 模式下都被设置成零值时,将使得所有的三个比较输出变成无效。在一般情况下,这是用户的责任,必须保证在向量空间 PWM 模式下设置(CMPR1)≤(CMPR2)≤(T1PR);否则,不可预测的情况将会产生。在大功率驱动控制下,这是相当危险的。

采用 ACTRx[15]=SVRDIR 控制空间向量切换方向及 ACTRx[14:12]=D2~D0 进行硬件的强迫设置来控制空间向量 PWM 的输出时,6 种非零状态的对应三相输出驱动 6 种波形如图 6-19 所示。图中的 T_0 为处于零状态时间,而 T_1 及 T_2 分别为比较寄存器 CMPR1/2 的设置周期值。整个 PWM 周期 T_P 由 GP 通用定时器 1 来设置,期间 $T_0=T_P-T_1-T_2$。由图 6-19 可以发现,每个空间都有一相输出电压值是不变的,这可以减少切换所造成的功率损失。因此可见,要控制马达运转,首先必须设置马达 PWM 调制的频率来设置 T_P 周期;而马达驱动的功率转矩则决定 T_1、T_2 的大小;接着必须随时检测马达处于哪个空间向量,便可决定马达加速或增加转矩后,即可决定下一个空间向量;再将控制值写入 ACTRx[14:12]=D2~D0 内控制运转。

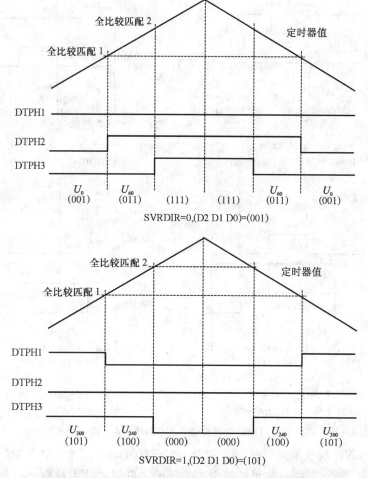

图 6-18　硬件控制对称式空间向量 D2~D0=101 及 001 起始的波形

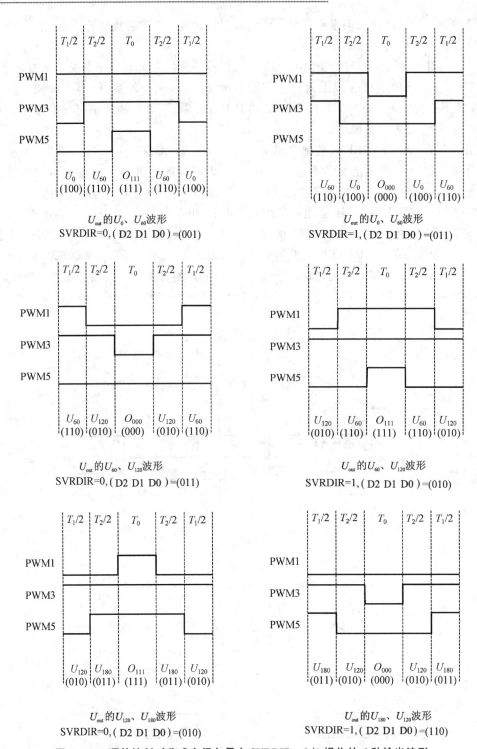

图 6-19 硬件控制对称式空间向量在 SVRDIR＝0/1 操作的 6 种输出波形

以上都是以 EVA 模块来说明的。但 TMS320LF2407 具有二个事件处理模块,因此就有二个空间向量 PWM 波形产生器,故可同时做二个轴的 AC 三相功率控制。在此特别例举 SVPWM 的起始简易控制设置程序应用,如图 6-19 所示的驱动波形产生的范例加以说明。更进一步的 AC 三相马达功率控制完整应用电路及程序,将在专题制作中加以说明。

```
;以查表方式将顺时针及逆时针的 ACTRx 控制设置值建表如下
clkwise_    .word 1011000000000000B
            .word 1010000000000000B
            .word 1110000000000000B
            .word 1100000000000000B
            .word 1101000000000000B
            .word 1001000000000000B

cclkwise_
            .word 0001000000000000B
            .word 0011000000000000B
            .word 0010000000000000B
            .word 0110000000000000B
            .word 0100000000000000B
            .word 0101000000000000B
            .bsssvpat,1                        ;作为向量空间表格位置寄存器
            .text
INIPWMB:    SETC INTM                          ;关掉中断总开关
            LDP  #MCRC≫7                       ;设置 DP 值为 MCRC 寄存器的页
            SPLK #007EH,MCRC                   ;PF0~PF5 为 I/O;PE1~PE6 为 PWM7~12 输出
            LDP  #ACTRB≫7                      ;设置 DP 值为 ACTRB 寄存器的页
            SPLK #0000011001100110B,ACTRB
;令 PWM12、PWM10、PWM8 输出低电平有效,而 PWM11、PWM9、PWM7 输出高电平有效
;SVDIR = 0,D2~D0 = 000,CMPC/B/A/9/8/7/,1,0 79BH/8AC/L
            SPLK #0000010011110000B,DBTCONB
;令 DBT3~DBT0 = 0100 及 DBTPS2~DBTPS0 = 100,故死区时间为 6.4 μs
            SPLK #0000000000000000B,GPTCONB
;通用定时器 3/4 设置 T3/T4 PIN 强迫为 00,输出不启动 ADC 转换
            SPLK #t3_periode_,T3PERB           ;设置定时器 3 周期值为 t3_periode_
            SPLK #0010H,T3CMPB                 ;设置 GPT3 的比较值为 10H
            SPLK #0000H,T3CNTB                 ;设置 GPT3 的起始计数值为 0
            SPLK #1000001000000000B,COMCONB    ;重新允许比较单元 CEN = 1
;决定 ACTRx 的新的空间向量设置输出样型,并重新载入 ACTRx 内并基于所需
;要的 U_out 值来决定下一个新的空间向量 s 及 T_1((CMPR4)、T_1 + T_2(CMPR5))值
            LACC #cclkwise_                    ;令 ACC 寻址于逆时针表格起始地址
            ADDs                               ;将所要设置的新空间向量 s(0~5)加入 ACC
            TBLR svpat                         ;由 ACC 所指的表址读取控制值存在 svpat 内
            LAR  AR0,#ACTRB                    ;将 AR0 寻址于 ACTRB 地址
            LACC *                             ;将 ACTRB 内容载入 ACC 内
            AND  #0FFFH                        ;先将 ACTRB 的 D15~D12 清除为 0000
            OR   svpat                         ;将 ACC 默认值与查表值的 D15~D12 做 OR 运算载入
            SACL *                             ;新的 SVRDIR 及 D2~D0 值重新写入 ACTRB 进行控制
            LAR  AR0,CMPR4                     ;将 AR0 寻址于 CMPR4 地址
            LACC cmp_4                         ;将新的 T_1(cmp_4)值载入 ACC 内
            SACL +                             ;T_1(cmp_4)值载入 CMPR4(*AR0)内,AR0 寻址于 CMPR5
            ADD  cmp_5                         ;cmp_5 = T_2,但是 CMPR5 必须是 T_1 + T_2 设置值
            SACL +                             ;T_1 + T_2(cmp_4 + cmp_5)值载入 CMPR4(*AR0)内
```

```
        SUB  # t3_period_              ;将 $T_1+T_2$ 值减 $T_P$(t3_period_)检测是否为极限值
        BLEZ in_lmt                    ;若小于或等于 t3_period_,则跳到 in_lmt 继续执行
        SPLK # t3_period_,*            ;若大于 t3_period_,则将 t3_period_ 载入 CMPR5
in_lmt  RET
```

设置好 t3_period_ 为 SVPWM 载波周期,并设置 cmp_4(T_1)及 cmp5(T_1+T_2)值后,依次以取样时间将 s 由 0 到 5 进行循环控制。执行上述子程序后,对应将 PWM7(DTPHa)、PWM8(DTPHa_)、PWM9(DTPHb)、PWM10(DTPHb_)、PWM11(DTPHc)、PWM11(DTPHc_)输出端接到图 6-16 电路中,而负载可加入一个 AC 三相马达或假负载(R-L-C)等。用示波器测量到负载端的波形如图 6-20 及图 6-21 所示。

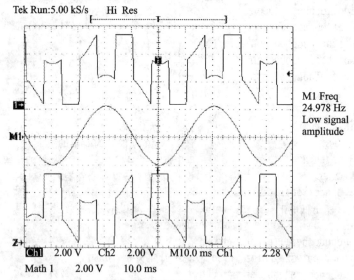

图 6-20　将 PWM 载波滤除并以低通滤波器滤除的 SVPWM 波形

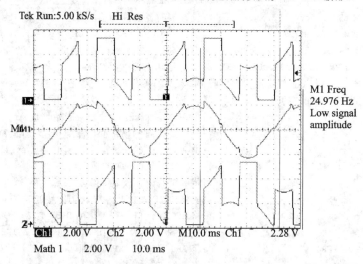

图 6-21　死区允许的 PWM 载波滤除并以低通滤波器滤除的 SVPWM 波形

图 6-20 及图 6-21 的第一及第三行波形是图 6-16 驱动负载间的两个输出电压波形,而中间的波形则是两个 PWM 输出电压间的差值电压波形。图 6-21 是将死区控制加入允许的输

出波形图。

若程序中要改为顺时钟操作,则只要将 LACC#cclkwise_改成 LACC#clkwise_指令执行即可。

6.8 捕捉单元

捕捉(Capture)单元可以捕捉到外部输入端的信号转状态。每一个 EV 模块都有三个捕捉器。EVA 有捕捉单元 1~3,EVB 有捕捉单元 4~6 等。每个捕捉单元都具有一个外部输入的硬件捕捉引脚 CAPx(x=1,2,3,4,5,6)。

捕捉器主要是检测外部引脚信号的转状态时钟。例如测量一个外部脉冲宽度或周期时,若是正脉冲,则设置在信号上升沿捕捉时钟定时器值为 T_1;而后又设置为在下降沿捕捉时,捕捉到的时钟定时器值为 T_2。若定时时钟没有溢出,则此脉冲宽度为 $T=(T_2-T_1)\times T_b$,其中 T_b 是时钟定时器的定时周期。若要计算外部引脚信号的周期值,则可设置捕捉器固定于信号上升沿或下降沿。以外部信号来直接触发捕捉器获取时钟定时器的定时值,这种硬件实时地捕捉定时计算是相当实时且没有程序执行上的延迟误差的。

每一个 EVA 捕捉单元可以选择设置通用 GP 定时器 2 或 1 作为其时钟定时,但是这个模块中的 CAP1 及 CAP2 却不可以设置不同的通用 GP 定时器来定时。EVB 捕捉单元可以选择设置通用 GP 定时器 4 或 3 作为其时钟定时,但是 CAP4 及 CAP5 却不可以设置不同的通用 GP 定时器作为其时钟定时。

当外部捕捉输入信号被检测到时,通用定时器的计数值被捕捉后并存入对应 2 层深的 FIFO 栈寄存器内。图 6-22 为 EVA 捕捉单元的方框结构图,图 6-23 为 EVB 捕捉单元的方框结构图。

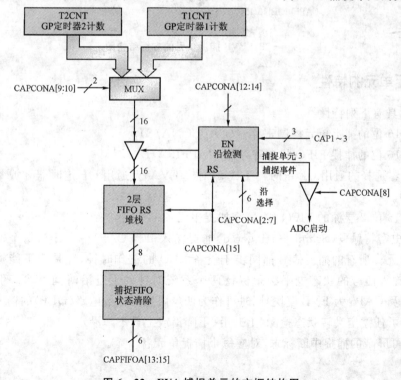

图 6-22 EVA 捕捉单元的方框结构图

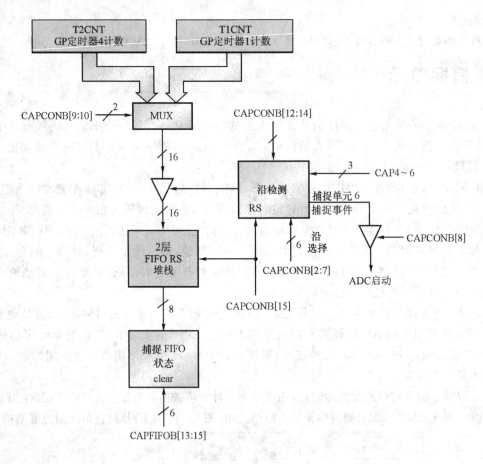

图 6-23 EVB 捕捉单元的方框结构图

6.8.1 捕捉单元的特性

捕捉单元具有下列特性：

(1) 1 个 16 位的捕捉单元控制寄存器(CAPCONA/B)。

(2) 1 个 16 位的捕捉 FIFO 状态寄存器(CAPFIFA/B)。

(3) 可设置选择的通用 GP 定时器 1 或 2(对应 EVA)及通用 GP 定时器 3 或 4(对应 EVB)作为定时时钟。

(4) 3 个 16 位 2 层深的 FIFO 栈，每个捕捉单元各 1 个。

(5) 6 个史密特触发(Schmit-triggered)捕捉输入引脚 CAP1～CAP6，每个输入引脚都对应每个捕捉单元。所有的捕捉信号都同步于设备 CPU 的工作时钟，这是为了能够实时捕捉到输入信号，此输入信号的状态电平必须保持两个系统时钟的上升沿时间。输入引脚 CAP1 及 CAP2(CAP4 及 CAP5 为 EVB 模块)同时可作为四象限编码计数电路(QEP)的输入端。

(6) 用户可任意定义转状态检测(上升沿、下降沿或上升下降沿)。

(7) 6 个可屏蔽的捕捉中断标志，对应每个捕捉单元各 1 个。

6.8.2 捕捉单元的操作

捕捉单元被允许后,在所连接引脚端的一种特定转状态信号发生时,会使得选择设置的通用 GP 定时器内容计数值被载入对应的 FIFO 栈中。与此同时,若已经有一个或更多的有效捕捉值被存入 FIFO 栈中(CAPxFIFO 标志位不等于 0 时),则对应的中断标志将被设置。若此标志未被屏蔽,则将产生一个接口中断要求。每次一个新的计数值被捕捉入 FIFO 栈中时,对应的 CAPFIFOx 寄存器的状态位会被调整反映 FIFO 栈的新状态。捕捉单元输入引脚的信号转状态到被选择的通用 GP 定时器锁存住,其延迟时间为 2 个系统时钟周期。

所有的捕捉单元寄存器被复位时都会被清除。

捕捉单元的时钟选择

对于 EVA,捕捉单元 3 具有一个特别的时钟选择位。有别于捕捉单元 1 及 2 的选择,它允许这两个 GP 通用定时器被使用在同一时间定时;也就是说,一个作为捕捉单元 1 及 2,另一个作为捕捉单元 3 的捕捉时钟计数。另外 EVB 则是捕捉单元 6,具有不同的时钟计数选择设置。

捕捉单元的操作并不会影响到任何通用 GP 定时器的操作,或其他比较器/PWM 等结合任何通用 GP 定时器的操作。

捕捉单元的设置

对应捕捉单元的正常功能操作,必须依照下列的寄存器设置操作程序:
(1) 初始化 CAPFIFOx 及清除其对应的状态位。
(2) 设置选择 GP 通用定时器作为其捕捉单元的操作模式的时钟计数。
(3) 若有需要,一并设置连接的 GP 通用定时比较寄存器或 GP 通用定时周期寄存器。
(4) 适当地设置 CAPCONA 及 CAPCONB 捕捉控制寄存器。

6.8.3 捕捉单元的寄存器

捕捉单元的操作通过 4 个 16 位控制寄存器来设置控制 CAPCONA/B 及 CAPFIFOA/B 等。由于捕捉电路的时钟可由任何这些定时器来担任,因此对于 TxCON(x=1,2,3 或 4)控制寄存器,也是同时用来控制捕捉单元操作的,另外的 CAPCONA/B 同时被用来控制 QEP 电路的操作。表 6-17 及表 6-18 所列为这些寄存器各位及其寻址。

表 6-17 捕捉控制寄存器 A CAPCONA/B(7420H/7520H)

D15/D7	D14/D6	D13/D5	D12/D4	D11/D3	D10/D2	D9/D1	D8/D0
CAPRES	CAPQEPN		CAP3EN	保留位	CAP3TSEL	CAP12TSEL	CAP3TOADC
RW_0	RW_0		RW_0	RW_0	RW_0	RW_0	RW_0
CAP1EDGE		CAP2EDGE		CAP3EDGE		保留位	
RW_0	RW_0	RW_0	RW_0	RW_0	RW_0	RW_0	RW_0

各位功能及操作说明如下。
(1) D15 CAPRES:捕捉器复位。

这个位是只写位,将 0 写入时仅能清除各捕捉寄存器及 QEP 寄存器内容。
0:清除捕捉单元的所有寄存器及 QEP 电路为 0。
1:没有反应。

(2) D14～D13　CAPQEPN：捕捉单元1及2和QEP电路的功能控制。

　　00：禁用捕捉单元1及2和禁用QEP电路。

　　01：允许捕捉单元1及2和禁用QEP电路。

　　10：保留功能。

　　11：禁用捕捉单元1及2但允许QEP电路。

(3) D12　CAP3EN：捕捉单元3的允许控制。

　　0：禁用捕捉单元3，捕捉单元3的FIFO栈保持原来值。

　　1：允许捕捉单元3。

(4) D11：保留位。

(5) D10　CAP3TSEL：捕捉单元3的定时器选择位。

　　0：选择GP通用定时器2。

　　1：选择GP通用定时器1。

(6) D9　CAP12TSEL：捕捉单元1及2的定时器选择位。

　　0：选择GP通用定时器2。

　　1：选择GP通用定时器3。

(7) D8　CAP3TOADC：捕捉单元3事件启动ADC转换设置。

　　0：高阻态。

　　1：当CAP3INT标志被设置时启动ADC转换。

(8) D7～D6　CAP1EDGE：捕捉单元1的边沿检测设置控制。

　　00：没有检测。

　　01：上升沿检测。

　　10：下降沿检测。

　　11：上升及下降双边沿检测。

(9) D5～D4　CAP2EDGE：捕捉单元2的边沿检测设置控制。

　　00：没有检测。

　　01：上升沿检测。

　　10：下降沿检测。

　　11：上升及下降双边沿检测。

(10) D3～D2　CAP3EDGE：捕捉单元3的边沿检测设置控制。

　　00：没有检测。

　　01：上升沿检测。

　　10：下降沿检测。

　　11：上升及下降双边沿检测。

(11) D1～D0：保留位。

捕捉单元FIFO状态寄存器CAPFIFOA/B

CAPFIFOA/B包含各捕捉单元对应的3个FIFO栈状态位。CAPFIFOA/B各位名称及功能如表6-18所列。假如发生一个写入CAPnFIFOA的状态位，则表示与此同时状态被更新（由于捕捉事件的发生），这时的捕捉数据写入是正在发生的。

各位功能及操作说明如下。

表 6-18 捕捉 FIFO 状态寄存器 A CAPFIFOA/B(7422H/7522H)

D15/D7	D14/D6	D13/D5	D12/D4	D11/D3	D10/D2	D9/D1	D8/D0
保留位		CAP3FIFO		CAP2FIFO		CAP1FIFO	
RW_0	RW_0	RW_0	RW_0	RW_0	RW_0	RW_0	RW_0
保留位							
RW_0	RW_0	RW_0	RW_0	RW_0	RW_0	RW_0	RW_0

(1) D15～D14：保留位。
(2) D13～D12 CAP3FIFO：CAP3FIFO 的状态标志。
 00：捕捉寄存器内容空着。
 01：有一个捕捉数据被载入。
 10：有二个捕捉数据被载入。
 11：已有二个捕捉数据被载入，但新捕捉到一个，故第一个捕捉数据将被推出而遗失。
(3) D11～D10 CAP2FIFO：CAP2FIFO 的状态标志。
 00：捕捉寄存器内容空着。
 01：有一个捕捉数据被载入。
 10：有二个捕捉数据被载入。
 11：已有二个捕捉数据被载入，但新捕捉到一个，故第一个捕捉数据将被推出而遗失。
(4) D9～D8 CAP1FIFO：CAP1FIFO 的状态标志。
 00：捕捉寄存器内容空着。
 01：有一个捕捉数据被载入。
 10：有二个捕捉数据被载入。
 11：已有二个捕捉数据被载入，但新捕捉到一个，故第一个捕捉数据将被推出而遗失。
(5) D7～D0：保留位。

6.8.4 捕捉单元的 FIFO 栈寄存器

每一个捕捉单元都有一个专用 2 层深的 FIFO 栈,最顶端的栈包含 CAP1FIFO、CAP2FIFO 及 CAP3FIFO,为 EVA 模块;CAP4FIFO、CAP5FIFO 及 CAP6FIFO 为 EVB 模块。顶端的栈则包括 CAP1FBOT、CAP2FBOT 及 CAP3FBOT,为 EVA 模块;CAP4FBOT、CAP5FBOT 及 CAPBOT 为 EVB 模块。在任何一个 FIFO 栈的顶端寄存器是一个仅可被读取的寄存器,其内容是最早对应捕捉单元所捕捉的计数值。因此,从捕捉单元的 FIFO 栈读取数据,总是会读到被捕捉到栈中所寄存的较早计数值。当 FIFO 栈最顶端寄存器(TOP Register)较早的计数值被读取时,栈底端寄存器(Bottom Register)新的捕捉计数值将被推入栈顶端寄存器内。三个 FIFO 捕捉寄存器操作如下：

假如有需要,FIFO 栈底端寄存器可被读取。假如它们先前的状态位是 10 或 11 时读取 FIFO 栈底端寄存器,将造成 FIFO 状态位被改成 01 的一个寄存器空着的标识标志。假如先前的状态位是 01 时读取 FIFO 栈底端寄存器,将造成 FIFO 状态位被改成 00(全部是空着的)。

第一次捕捉

当指定转状态(上升沿、下降沿或上下两个边沿)在输入引脚端发生时,被选择设置的 GP 通用定时器计数值将被捕捉单元所捕捉载入捕捉 FIFO 栈寄存器内。此时,若栈为空,则此捕捉值将写入顶端 FIFO 栈寄存器,同时相对应的状态位将被设置为 01;接着在下一个捕捉事件发生前,若读取 FIFO 栈寄存器,则状态位将被设置为 00,表示已被取完。

第二次捕捉

若在前一个计数值尚未被读取前有新的捕捉事件发生,则新的计数值将被写入底端 FIFO 栈寄存器内,同时相对应的状态位将被设置为 10,这时 2 层深的 FIFO 栈的顶端及底端寄存器都各存有一次捕捉到的计数值。此时,在下一个捕捉事件发生前,若 FIFO 栈被读取,则底端寄存器的计数值将被往上推到顶层寄存器,而相对应的状态位将被设置为 01,表示仅存有一次捕捉值的状态。

第三次捕捉

当 FIFO 栈寄存器已被载入了两次计数值,若又有捕捉事件发生,则栈顶端寄存器中较早的计数值会被推出而遗失;接着底端寄存器的计数值将被推往顶端寄存器内,同时新的事件捕捉计数值被写入底端寄存器内,而其状态位会被设置为 11,表示下一个或更多较早被捕捉到的计数值已经遗失。

在第三次捕捉时,适当的捕捉中断标志会被设置。假如这个中断没有被屏蔽,则一个接口中断请求将会产生。

6.8.5 捕捉中断

当捕捉单元已造成一个捕捉事件且至少有一个有效的计数值存入 FIFO 寄存器(由 CAPxFIFO 的状态位表示非 00 状态)时,对应的中断标志将被设置。假如中断未被屏蔽,则一个接口中断请求将产生。这样一对(两个)捕捉计数值可以利用中断执行中的中断子程序来读取。假如不想由中断来读取,则不管中断标志或状态位,都可以被随时用检测来决定二个捕捉计数值是否已发生,而允许捕捉计数值来读取。后面将针对捕捉单元的应用,列举简单程序加以说明。

6.8.6 捕捉应用范例程序

实验 6.2 频率及周期的捕捉测量

(一)实验程序说明

此程序主要目的是,捕捉 CAP3 输入引脚端的上升沿信号,连续获得多次的捕捉值后,再计算相邻的差值作为信号的周期值;将多组周期值累加平均后,可得到较精确的周期值;再将其输出到显示器的硬件外设 8005H 即 8006H 地址,做 4 位七段 LED 扫描显示,因此可作为信号周期的精密高速测量器。下面为 PERCAP.asm 捕捉周期脉冲,并以 8 个捕捉值来平均计算出其脉冲周期,输出到 4 位七段 LED 显示:

```
            .title "2407X PERCAP"
            .bss GPR0,1
            .include "x24x_app.h"
            .include "vector.h"
            .text
START:      LDP #0
            SETC INTM                       ;关掉中断总开关
            SETC CNF                        ;设置 B0 为数据存储器
```

```
            SETC SXM                            ;清除符号扩充模式
            SPLK #0000H,IMR                     ;屏蔽所有的中断 INT6～INT0
            LACC IFR                            ;读出中断标志载入 ACC
            SACL IFR                            ;将 ACC 回写入中断标志,用以清除为 1 中断标志
            LDP #SCSR1≫7                        ;令高地址的数据存储器 DP 寻址于 SCSR1
            SPLK #000CH,SCSR1                   ;系统控制寄存器的 EVA 及 EVB 脉冲允许输入
;OSF,CKRC,LPM1/0,CKPS2/0,OSR,ADCK,SCK,SPK,CAK,EVBK,EVAK,X,ILADR
            SPLK #006FH,WDCR                    ;禁用看门狗定时功能
;0,0,00,0000,0,(WDDIS[1/DIS],WDCHK2～0[111],WDPS2～WDPS0[111])
            SPLK #01C9H,GPR0                    ;令 GPR0 设置内容 0000 0001 1100 1001
;xxxx x BVIS = 00/OFF,ISWS = 111[7W],DSWS = 001,PSWS = 001
            OUT GPR0,WSGR                       ;I/O 接口时序加 7 个写时钟,DM/PM 为 1 个写时钟
            LDP #MCRA≫7                         ;令高地址的数据存储器 DP 寻址于 MCRA
            SPLK #0FFFFH,MCRA                   ;令 PA、PB 都设置为特殊功能引脚
;PA for scitxd,scirxd,xint,cap1,2,3,cmp1,2
;pb for cmp3,4,5,6,t1cmp,t2cmp,tdir,tclkina
            SPLK #0FFFFH,MCRB                   ;令 PC 及 PD0 为特殊功能引脚
;pc special function w/r,/bio,spi,cab,pd0 = XINT2/ADCSOC
            SPLK #0000H,MCRC                    ;PE7～PE0、PF7～PF0 为一般的 I/O 引脚
            LDP #GPTCON≫7                       ;令高地址的数据存储器 DP 寻址于 GPTCON
            SPLK #0000000000000000B,GPTCON      ;GPTCON 令 T1/T2 不启动 ADC 转换
            SPLK #0FFFFH,T2PR                   ;令 T2 定时器周期预设值为 FFFFH 最大值
            SPLK #00000H,T2CNT                  ;清除 T2 定时器内容为 0000 起始值
            SPLK #1001000000000000B,T2CON       ;FREET = 10,连续加数 10,预分频 1/x
            SPLK #1001000001000000B,T2CON       ;令 T2 允许定时
            SPLK #0000H,CAPFIFO                 ;清除所有的捕捉状态标志
            SPLK #0001000000000100B,CAPCONA     ;复位捕捉单元
;RST = 0 CAPQEN = 00[CAP1,2 不作捕捉] CAP3EN = 1 允许,x,CAP3,1,2 选 T2
;CAP3 不作 ADC 启动,CAP1,2 不作触发检测,CAP3EDG = 01 上升延迟触发,xx/RES
            SPLK #1001000000000100B,CAPCONA     ;放开 CAP 捕捉的复位 RES = 1
;开始连续捕捉 9 次的 CAP3 输入上升信号 T2 定时值存入存储器 310H～318H
REINPF:     LAR AR5,#9                          ;令 AR5 = 9 作捕捉次数计数
            LAR AR4,#0310H                      ;令 AR4 寻址于 310H 存储器地址
TLOOP:      LDP #CAPFIFO≫7                      ;令高地址的数据存储器 DP 寻址于 CAPFIFO
            LACC CAPFIFO                        ;读取捕捉状态标志寄存器 PFIFOC 载入 ACC
            AND #01000H                         ;ACC 与 0100H 作 AND 运算,检测是否已有一个捕捉值
            BCND TLOOP,EQ                       ;若检测 D13～12 为 00,则 CAP3 没有捕捉值,跳回重测
            LACCFIFO3                           ;若 D13～D12 不为 00,则读取顶端栈 FIFO 捕捉值
            MAR *,AR4                           ;设置 ARP = AR4
            SACL *+,AR5                         ;将捕捉值写入 AR4 所寻址存储器内后寻址加 1
            BANZ TLOOP                          ;AR5 减 1,若捕捉次数未达 9 次,则跳回 TLOOP 再抓
            CALL FRQDSP                         ;捕捉完 9 次后执行周期值计算及显示子程序
            B REINPF                            ;跳回 REINP 重复作周期捕捉及计算显示

FRQDSP:     LAR AR4,#0311H                      ;AR4 = 311H 寻址第二次捕捉值
```

```
              LAR AR5,#320H            ;将捕捉值作信号周期运算后存入 AR5 所寻址内
              LAR AR6,#8               ;须作8次周期运算,故以 AR6 = #8 作次数计数
RECALK:       MAR *,AR4                ;设置 ARP = AR4 的捕捉值寻址
              LACC *-                  ;后捕捉值载入 ACC,并令 AR4 寻址于前捕捉值
              SUB *+                   ;后捕捉值减前捕捉值 ACC = [31n+1 - 31nH] AR4 + 1
NOREVS:       MAR *+,AR5               ;令 AR4 捕捉值寻址于下一个捕捉值 ARP = AR5
              SACL *+,AR6              ;将一次周期值写入 AR5 所寻址存储器内,ARP = 6
              BANZ RECALK              ;将周期比数计数值减1,不为0则跳回 RECALK
              LAR AR5,#320H            ;8 组周期值已计算完,则令 AR5 = 320H 寻址
;8 组周期值加入 ACC 内,再除以 8 得平均周期值,再输出到 I/O 的 8006/5 显示
              LACC #0                  ;ACC 为 0 值
              MAR *,AR5                ;设置 ARP = AR5 的周期值寄存的寻址
              RPT #7                   ;重复执行下一个指令 8 次
              ADD *+                   ;将 AR4 所寻址的 8 个周期值依次加入 ACC
              RPT #2                   ;重复执行下一个指令 3 次
              SFR                      ;将 ACC 内容连续右移 3 次作除 8 的运算
              SACL *                   ;将平均周期值 ACC 写入 AR5 所指 328H 存储器内
              OUT *,8006H              ;平均周期值低 8 位输出到 8006H 外设作扫描显示
              LACC *,7                 ;将平均周期值左移 7 位读取到 ACC 内
              SACH 1                   ;再将平均周期值的 ACH 左移 1 位写入 *AR5 内
              OUT *,8005H              ;平均周期值高 8 位输出到 8006H 外设作扫描显示
              CALL DELAY               ;调用延迟子程序
              RET                      ;回主程序
DELAY:        LAR AR2,#0FFFFH          ;令 AR2 = 0FFFFH 循环延迟计数值
D_LOOP:       RPT #00FFH               ;重复执行下一个指令 100H 次
              NOP                      ;不工作 NOP 为延迟单位指令
              LDP #WDCR≫7              ;令高地址的数据存储器 DP 寻址于 WDCR
              SPLK #006FH,WDCR         ;禁用看门狗定时功能
;将 5555H 及 AAAAH 连续写入 WDKEY,关掉看门狗定时及操作
              SPLK #05555H,WDKEY
              SPLK #0AAAAH,WDKEY
              LDP #0                   ;令高地址的数据存储器 DP 寻址于 000
              MAR *,AR2                ;令 ARP = 2 设置 AR2 为操作辅助寄存器
              nop
              BANZ D_LOOP              ;延迟循环计数值 AR2 减1,不为0则跳回 D_LOOP
              RET                      ;回主程序
              .END                     ;退出整个程序
```

（二）实验程序

（1）编写上述程序 PERCAP.asm,编译后载入 SN-DSP2407 主实验模板中。

注意：本实验的 CPLD 外设使用 DSPSKYI7.tdf 必须预先载入,并将实验主机的 JP3 跳线拔取,取一条连接线将 JP3 中间点的可调振荡器 OSC 输出,连接到 JP17 DSP/PWR/CNTP 端的 CA3(CAP3)引脚作为脉冲信号的捕捉。

（2）载入程序后开始执行,调整振荡器 R12(FREQ_ADJ)的 VR,观察 4 位七段 LED 显示值分别如何？最高及最低的获取周期如何？试讨论实验测试记录。

(3) 试分别单步执行及设置断点来观察记录其操作情形及工作原理,并讨论实验测试记录。

(4) 试将程序中的连续检查是否有捕捉值,改成用中断程序来检测并显示,观察所能捕捉的脉冲分辨率是否提高?试重新编辑、编译并载入,讨论实验测试记录。

6.9 四象限编码脉冲电路

每一个事件模块都具有一个四象限编码脉冲(Quadrature Encoder Pulse, QEP)电路。这个 QEP 电路一旦允许,便开始对 QEP1/2(事件 A)或 QEP3/4(事件 B)引脚端输入脉冲进行方向的译码和计数。因此该电路可被用作光编码器或光学尺等的接口电路来配置编码器、光学尺等机构的角度移动或直线操作位置及速度。当 CAPCONx 对应控制位的多功能引脚 CAP1/QEP1、CAP2/QEP2、CAP4/QEP3 及 CAP5/QEP4 被设置成 QEP 功能时,这些 CAP1/CAP2 及 CAP4/CAP5 功能将禁用。

6.9.1 QEP 引脚端

两个 QEP 输入引脚端由 QEP 电路与捕捉单元 1、2(或 3、4 单元)多路转接共用,需要适当定义设置捕捉控制寄存器 CAPCONA/B 的对应位,以允许 QEP 电路并禁用捕捉单元。

6.9.2 QEP 电路的计数时钟

QEP 电路的计数时钟是由 GP 通用定时器 2(或定时器 4)计数的。QEP 位置检测具有正反方向的计数,因此通用计数器在 QEP 电路作为脉冲源来计数时,必须设置成方向式的加减计数模式。图 6-24 为 EVA 模块的 QEP 电路方框结构图,图 6-25 为 EVB 模块的 QEP 电路方框结构图。

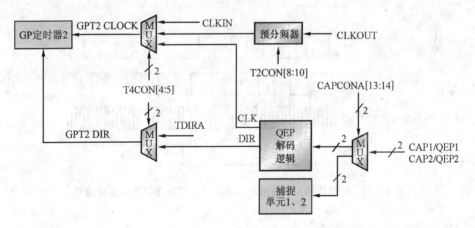

图 6-24 EVA 模块的 QEP 电路方框结构

6.9.3 QEP 译码电路

四象限编码脉冲为两个固定相差 90°相位(超前或落后)的可变频率(运动速度)脉冲。当它由一个马达同轴光编码器产生时,马达的运转方向就可以通过此 QEP 电路来对应这两个编码脉冲的相位(相对应超前或落后 90°)进行检测,而马达运转的角度位置和速度就可由 GP 计数器的

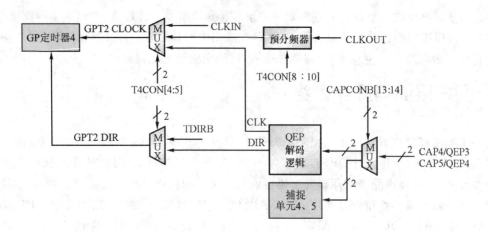

图 6-25　EVB 模块的 QEP 电路方框结构

计数值及脉冲频率来决定。

QEP 电路

EV 模块 QEP 电路中的运动方向检测逻辑结构是利用两个脉冲中哪一个脉冲超前来测定的。这个检测结果所产生的方向信号用作 GP 通用计数器 2(或 4)的计数方向。也就是说,若 CAP1/QEP1(EVB 为 CAP4/QEP3)输入脉冲超前 CAP2/QEP2(EVB 为 CAP5/QEP4)输入脉冲,则计数器为加数;反之则是减数。

两个四象限编码脉冲输入的双变化边沿(上升沿及下降沿)都同时被 QEP 的计数电路计算。也就是说,若两个脉冲的两个信号变化边沿都被检测,则由 QEP 逻辑电路所产生的时钟频率输入到 GP 通用定时器 2(或 4)将是每个输入脉冲频率的 4 倍,因此这 4 个四象限编码脉冲的变化边沿都代表一个机构操作的精密位置尺度。图 6-26 为四象限编码脉冲输入的对应产生计数脉冲和方向检测信号。

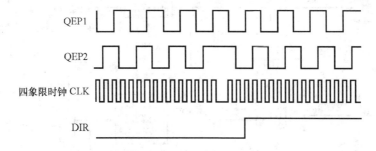

图 6-26　四象限编码脉冲输入对应产生计数脉冲和方向检测信号

6.9.4　QEP 的通用计数器操作

通用 GP 定时器 2(或 4)总是由其现在的计数值开始计数,但若有必要,则在允许启动 QEP 模式前可将所需的设置值预载入对应的通用定时器内。当通用定时器被用作 QEP 的时钟输入来源时,对应于定时方向的 TDIRA/B 及定时时钟输入 TCLKINA/B 引脚端的输入信号将不予理会。

以 QEP 电路作为通用定时器的方向是加减计数模式。不同于一般的连续式加减计数模式,当定时器选择作为 QEP 操作而往上计数到达预设周期值时,GP 定时器会继续加数到方向改变。若定时器加数到最大值 FFFFH(或 FFFF FFFFH)时,若仍是加数,则会转回 0000 值再往上加数;但若定时器减数到最小值 0000 时,若仍是减数,则会转到 FFFFH(或 FFFF FFFFH)值再往下减数。

6.9.5 通用定时器在 QEP 操作时的中断及相关比较输出

以 QEP 电路作为 GP 定时器的时钟时,周期、借位、溢出和比较中断标志位各自会产生在事件符合(Match)时发生,然而在所选择的 GP 定时器或任何使用此定时器为时间基址的比较单元的比较输出并不会产生任何转状态发生。

6.9.6 QEP 电路中的寄存器设置

EV 模块的 QEP 启动操作设置如下:
(1) 若有需要,则先载入通用定时器 2/4 的计数值、周期以及所需的比较寄存器值。
(2) 设置 GP 控制寄存器 T2CON(或 T4CON)来设置 GP 定时器 2/4 为方向控制式加减计数模式,同时作为 QEP 电路的时钟来源,并允许所选用的定时器开始操作。
(3) 定义设置捕捉控制寄存器 CAPCONA/B 的 D14～D13＝11,允许 QEP 电路并关掉 CAP1/2 或 CAP4/5。

6.9.7 QEP 电路应用范例说明(一)

实验 6.3　QEP 的计数及显示测量

(一) 实验程序说明

对于 QEP 电路的操作应用,列举下列 QEPCAP.asm 程序加以说明。

程序中设置定义 EVA 的 QEP 电路,用 GP 定时器 2 来进行 QEP 电路的计数,将外部编码器脉冲 PHA、PHB 或 CPLD 所设计组装的硬件电路编码脉冲输入到 QEP1 及 QEP2 输入端,通过 QEP 电路的检测读取值将其显示输出到 CPLD 的 I/O 接口 8006H、8005H 端。

```
                    .title "2407X QEPCAP"
                    .bss GPR0,1
                    .include "x24x_app.h"
                    .include "vector.h"
KICK_DOG .macro
                    LDP  #WDKEY>>7
                    SPLK #05555H,WDKEY
                    SPLK #0AAAAH,WDKEY
                    LDP  #0
                    .endm
FRQDATA:            .set 0320H
                    .def _c_int0
                    .text
_c_int0:            LDP  #0;DP=0
                    SETC INTM              ;关掉中断总开关
                    SETC CNF               ;设置 B0 为数据存储器
```

```
                SETC SXM                                ;清除符号扩充模式
                SPLK #0000H,IMR                         ;屏蔽所有的中断 INT6~INT0
                LACC IFR                                ;读出中断标志载入 ACC
                SACL IFR                                ;将 ACC 回写入中断标志,用以清除为 1 中断标志
                LDP #SCSR1≫7                            ;令高地址的数据存储器 DP 寻址于 SCSR1
                SPLK #000CH,SCSR1                       ;系统控制寄存器的 EVA 及 EVB 脉冲允许输入
;OSF,CKRC,LPM1/0,CKPS2/0,OSR,ADCK,SCK,SPK,CAK,EVBK,EVAK,X,ILADR
                SPLK #006FH,WDCR                        ;禁用看门狗定时功能
;0,0,00,0000,0,(WDDIS[1/DIS],WDCHK2~0[111],WDPS2~WDPS0[111]
                SPLK #01C9H,GPR0                        ;令 GPR0 设置内容 0000 0001 1100 1001
;xxxx x BVIS = 00/OFF,ISWS = 111[7W],DSWS = 001,PSWS = 001
                OUT GPR0,WSGR                           ;I/O 接口时序加 7 个写时钟,DM/PM 为 1 个写时钟
                LDP #MCRA≫7                             ;令高地址的数据存储器 DP 寻址于 MCRA
                SPLK #0FFFFH,MCRA                       ;令 PA、PB 都设置为特殊功能引脚
;PA for scitxd,scirxd,xint,cap1,2,3,cmp1,2
;pb for cmp3,4,5,6,t1cmp,t2cmp,tdir,tclkina
                SPLK #0FFFFH,MCRB                       ;令 PC 及 PD0 为特殊功能引脚
;pc special function w/r,/bio,spi,cab,pd0 = XINT2/ADCSOC
                SPLK #0000H,MCRC                        ;PE7~PE0、PF7~PF0 为一般的 I/O 引脚
                LDP #GPTCON≫7                           ;令高地址的数据存储器 DP 寻址于 GPTCON
                SPLK #0000000000000000B,GPTCON          ;GPTCON 令 T1/T2 不启动 ADC 转换
                SPLK #0FFFFH,T2PR                       ;令 T2 定时器周期预设值为 FFFFH 最大值
                SPLK #00000H,T2CNT                      ;清除 T2 定时器内容为 0000 起始值
                KICK_DOG
                SPLK #1001100000110000B,T2CON           ;FREET = 10,方向加减数 10,预分频 1/x
;10,X,方向式加减计数 11 模式,预分频值 PRS = 000,T2EN = 0,先禁用计数 TCLK1,0 = 11
                SPLK #1001100001110000B,T2CON           ;T2 ENABLE = 1 允许计数
                SPLK #0000H,CAPFIFO                     ;清除捕捉状态标志
                SPLK #0110000000000000B,CAPCONA         ;CAPQEPN = 11,允许 QEP 禁用 CAP1、2
                SPLK #1110000000000000B,CAPCONA         ;CAPRES = 1 放开 QEP 的复位状态
                LAR AR5,#320H                           ;令 AR5 寻址于 320H 存储器地址
                MAR *,AR5                               ;令 ARP = 5 设置操作辅助寄存器为 AR5
REQEP:          LDP #T2CNT≫7                            ;令高地址的数据存储器 DP 寻址于 T2CNT
                LACC T2CNT                              ;随时读取 QEP 中的 T2CNT 计数值
                SACL *                                  ;将 QEP 检测计数值载入 *AR5 内
                OUT *,8006H                             ;将 T2CNT 的低 8 位值输出到 8006H 显示
                UNNORM;LACC *,7                         ;将 T2CNT 计数值左移 7 位载入 ACC 内
                SACH ,1                                 ;将 ACC 再左移 1 位后 ACH 载入 *AR5 内
                OUT *,8005H                             ;将 T2CNT 的高 8 位值输出到 8005H 显示
                CALL DELAY                              ;执行 DELAY 延迟子程序
                B REQEP                                 ;跳回 REQEP 再进行 QEP 的测量显示
DELAY:          LAR AR2,#0FH                            ;令 AR2 = 0FH 循环延迟计数值
D_LOOP:         RPT #00FFH                              ;重复执行下一个指令 100H 次
                NOP                                     ;不工作 NOP 为延迟单位指令
                LDP #WDCR≫7                             ;令高地址的数据存储器 DP 寻址于 WDCR
```

```
                SPLK  #006FH,WDCR              ;禁用看门狗定时功能
;将 5555H 及 AAAAH 连续写入 WDKEY,关掉看门狗定时及操作
                SPLK  #05555H,WDKEY
                SPLK  #0AAAAH,WDKEY
                LDP   #0                        ;令高地址的数据存储器 DP 寻址于 000
                MAR   *,AR2                     ;令 ARP=2 设置 AR2 为操作辅助寄存器
                nop
                BANZ  D_LOOP
                                                ;延迟循环计数值 AR2 减 1,不为 0 则跳回 D_LOOP
PHANTOM:        KICK_DOG
                B     PHANTOM
GISR1:          RET
GISR2:          RET
GISR3:          RET
GISR4:          RET
GISR5:          RET
GISR6:          RET
                .end                            ;退出整个程序的编辑
```

（二）实验程序

(1) 编写上述程序 QEPCAP.asm,编译后载入 SN-DSP2407 主实验模板中。

注意：本实验的 CPLD 外设使用 DSPSKYI7.tdf 必须预先载入,并将实验主机的 CPLD 模块中所产生的 P83、P84 的连续 QEP 信号的输出(JP22 中的 P83/P84)接到 JP17 的 QEP1/PA3 及 QEP2/PA4 输入端,作 QEP 脉冲信号的计数。

(2) 载入程序后开始执行,调整振荡器 R12(FREQ_ADJ)的 VR(以及将跳线插接在 JP6 的 OSC/LO 低频控制),分别观察 4 位七段 LED 显示值如何？最高及最低 QEP 计数值如何？试讨论实验测试记录。

(3) 试分别单步执行及设置断点来观察记录其操作情形及工作原理,并讨论实验测试记录。

(4) 拔下系统的 CPLD JP21A/B 跳线,将 PS78/PS79 分别接到 QP1/PA3 及 QP2/PA4 做手动的 QEP 脉冲仿真输入时,将 CPLD 再插接回去,重新载入程序后开始执行,分别单按 SWP3 及 SWP4 作 QEP 顺序的单按脉冲输出时,4 位七段 LED 显示值分别如何？

(5) 程序中对于 T2CNT 的 QEP 计数为带符号的计数值,将其转换成正负的绝对值予以显示,正负值符号可以用 PE7 来显示。试重新编辑、编译并载入,讨论实验测试记录。

(6) 取真正的编码器直接输入到 QEP1 及 QEP2 端,重新执行程序,讨论实验测试记录。

6.9.8 QEP 电路应用范例说明(二)

实验 6.4 高精度 QEP 计数及显示测量

（一）实验程序说明

QEP 一般作为运动检测控制系统中相当重要的硬件外设,浮点的定位值是必要的,所检测的正负值必须对应显示或比较控制。为了提高显示器的位数,本实验系统中改用一个 20 字形 2 行的 LCD 屏幕来显示 QEP 计数值。当然,若要进行高速 QEP 检测比较控制,则将检测值显示在 LCD 屏幕上是会降低其比较检测控制的；但若纯为显示检测,则是可以的。

LCD 屏幕必须初始化设置,而所输入显示必须为 ASCII 码,且 QEP 的 T2CNT 检测值为 HEX 码,因此必须先转换成十进制数后,再转换成 ASCII 码送到 LCD 屏幕显示。另一个主要功能是键盘的中断输入读取及对应输出 LCD 屏幕显示设置。若采用 CPLD 的 DSPSKYI7.tdf 电路外设,当单按 SN-DSP2407 主实验板的 4×4 键盘时,除了作硬件噪声消除外,将在 P78 引脚端输出一个短脉冲。若将 JP21 的 PS78 与 XINT1 短接,则会引起 DSP 中断而到 I/O 端口的 8002H 地址读取键值。这部分将在专题制作实验中进行详细说明。

读取 QEP 值并作正负值的判别,同时将 T2CNT 的十六进制数转换成十进制数,再转换成 ASCII 码显示在 LCD 屏幕上。下面的 QEPDP7.asm 则是针对此功能而设置的。

```
            .title "2407X QEPDP7"
            .bss GPR0,1
            .include "x24x_app.h"
            .include "vector.h"
LCD_WIR:    .set 08600H             ;A1=R/W=0A0=D/I=0OUT
LCD_RIR:    .set 08602H             ;A1=R/W=1A0=D/I=0IN
LCD_WDR:    .set 08601H             ;A1=R/W=0A0=D/I=1OUT
LCD_RDR:    .set 08603H             ;A1=R/W=1A0=D/I=1IN
LCDDATA:    .set 0260H
LCDINST:    .set 0261H
BUSYFLG:    .set 0262H
DATABUF:    .set 0263H
FORDATA:    .set 0FF00H
REVDATA:    .set 0FF10H

;20×2 字形显示 LCD 屏幕第 1 行为设置伺服地址显示 POS=+/-0 0000-3 2000
;第 2 行作为检测马达操作定位的 QEP 读取值显示 FEB=+/-0 0000-3 2000

KICK_DOG .macro
            LDP #WDKEY>>7           ;清除看门狗定时器
            SPLK #05555H,WDKEY
            SPLK #0AAAAH,WDKEY
            LDP #0
            .endm

            .text
START:      LDP #0
            SETC INTM               ;关掉中断总开关
            CLRC CNF                ;设置 B0 为数据存储器
            SETC SXM                ;清除符号扩充模式
            SPLK #0000H,IMR         ;屏蔽所有的中断 INT6~INT0
            LACC IFR                ;读取中断标志载入 ACC
            SACL IFR                ;将 ACC 回写入中断标志,用以清除为 1 中断标志
            LDP #SCSR1>>7           ;令高地址的数据存储器 DP 寻址于 SCSR1
            SPLK #028CH,SCSR1       ;系统控制寄存器的 EVA 及 EVB 脉冲允许输入
;OSF,CKRC,LPM1/0,CKPS2/0,OSR,ADCK=1,SCK,SPK,CAK,EVBK,EVAK,X,ILADR
```

```
                SPLK  #006FH,WDCR              ;禁用看门狗定时功能
;0,0,00,0000,0,(WDDIS[1/DIS],WDCHK2~0[111],WDPS2~WDPS0[111]]
                KICK_DOG
                SPLK  #01C9H,GPR0              ;令 GPR0 设置内容 0000 0001 1100 1001
;xxxx x BVIS = 00/OFF,ISWS = 111[7W],DSWS = 001,PSWS = 001
                OUT   GPR0,WSGR                ;I/O 接口时序加 7 个写时钟,DM/PM 为 1 个写时钟
                LDP   #MCRA≫7                  ;令高地址的数据存储器 DP 寻址于 MCRA
                SPLK  #08FFH,MCRA              ;令 PA 设置为特殊功能引脚 PB3 = PWM6 PBX GIO
;PA for scitxd,scirxd,xint,cap1,2 = QEP1,2,APC3,cmp1,2 ;PB0~PB7 FOR I/O
                SPLK  #0FF00H,PBDATDIR         ;令 PB7~PB0 为输出端口并令输出 00H
;pb for cmp3,4,5,6,t1cmp,t2cmp,tdir,tclkina ;PB4 = FAN,PB0 = PWM3,RTD = AD4
                SPLK  #0FFFFH,MCRB             ;令 PC 及 PD0 为特殊功能引脚
;pc special function w/r,/bio,spi,cab,pd0 = XINT2/ADCSOC
                SPLK  #0000H,MCRC              ;PE7~PE0,PF7~PF0 为一般的 I/O 引脚
                SPLK  #0FF00H,PEDATDIR         ;令 PE0~PE7 为输出端口并令输出 00H
                SPLK  #0000H,PFDATDIR          ;令 PF0~PF6 为输入端口并令输入 00H
                LDP   #GPTCON≫7                ;令高地址的数据存储器 DP 寻址于 GPTCON
                SPLK  #0000000001001001B,GPTCON
;X,T2/1/STUS,XX,T2/1STADC,TCMEN[txpwm] = 1,XX,T2/1PIN
;T2,T1 状态可被读取定时方向 1 = 加数,0 = 减数 T2/T1 引脚 TxPWM 输出模式
                SPLK  #0FFFFH,T2PR             ;令 T2 定时器周期预设值为 FFFFH 最大值
                SPLK  #00000H,T2CNT            ;清除 T2 定时器内容为 0000 起始值
                SPLK  #1001100000110000B,T2CON ;FREET = 10,方向加减数 10,预分频 1/x
;10,X,方向式加减计数 11 模式,预分频值 PRS = 000,T2EN = 0,先禁用计数 TCLK1,0 = 11
                SPLK  #1001100001110000B,T2CON ;T2 ENABLE = 1 允许计数
                SPLK  #0000H,CAPFIFO           ;清除捕捉状态标志
                SPLK  #0110000000000000B,CAPCONA ;CAPQEPN = 11 允许 QEP 禁用 CAP1,2
                SPLK  #1110000000000000B,CAPCONA ;CAPRES = 1 放开 QEP 的复位状态
                LDP   #IFR≫7                   ;令 DP 寻址于 IFR 的高 9 位地址
                SPLK  #003FH,IFR               ;将 1 写入中断标志来清除 INT6~INT1
                SPLK  #0003H,IMR               ;允许 D1 = INT2 = 1,D0 = INT1 = 1
                CALL  LCDM2                    ;令 2×20 的字体 LCD 显示起始屏幕
;CLRC INTM ;INTM = 0 允许中断
                STARTMNOP
                CALL  LCDMDP                   ;显示直流马达定位及运转位置检测值的 LCD 屏幕
                NOP
                CALL  RDSPQEP                  ;读取编码器定位值作检测计算载入相对寄存器内
                NOP
                B     STARTM
;将 216H、217H 的定位值转换成 ASCII 码到 245H、246H、247H 并显示在 LCD 的第 1 行
;将 218H、219H 编码读取值转成 ASCII 码到 248H、249H、24AH 并显示在 LCD 的第 2 行
LCDMDP:         LDP   #218H≫7                  ;令 DP 寻址于 218H 的高 9 位地址
                CALLTASCFD                     ;218H、219H 转换成 ASCII 码载入 248H、249H、24AH
                LACL  #0C8H                    ;令 ACL = C8H 设置 LCD 屏幕在第 2 行第 9 位数显示更新
```

```
        CALL LDWIR              ;将 ACL=C8H 写入 LCD 模块的控制码操作
        LACC 48H,8              ;将 248H 左移 8 位载入 ACC
        SACH 1FH                ;将 ACH 即 248H 的 D15～D8 载入 21FH 的 D7～D0
        LACL 1FH                ;读取 21FH 写回 ACL
        CALL LDWDR              ;将 248H 的 D15～D8 的 ASCII 码定位值显示在 LCD 上
        LACC 48H                ;将 248H 载入 ACC
        CALL LDWDR              ;将 248H 的 D7～D0 的 ASCII 码定位值显示在 LCD 上

        LACC 49H,8              ;将 249H 左移 8 位载入 ACC
        SACH 1FH                ;将 ACH 即 249H 的 D15～D8 载入 21FH 的 D7～D0
        LACL 1FH                ;读取 21FH 写回 ACL
        CALL LDWDR              ;将 249H 的 D15～D8 的 ASCII 码定位值显示在 LCD 上
        LACC 49H                ;将 249H 载入 ACC
        CALL LDWDR              ;将 249H 的 D7～D0 的 ASCII 码定位值显示在 LCD 上
        LACC 4AH,8              ;将 24AH 左移 8 位载入 ACC
        SACH 1FH                ;将 ACH 即 24AH 的 D15～D8 载入 21FH 的 D7～D0
        LACL 1FH                ;读取 21FH 写回 ACL
        CALL LDWDR              ;将 24AH 的 D15～D8 的 ASCII 码定位值显示在 LCD 上
        LACL 4AH                ;将 24AH 载入 ACC
        CALL LDWDR              ;将 24AH 的 D7～D0 的 ASCII 码定位值显示在 LCD 上
        RET                     ;回主程序

;将 218H、219H 内的 QEP 检测值含符号转换成 ASCII 码存入 248H、249H、24AH,以便显示在 LCD 上
TASCFD: LACL 19H                ;将 219H 载入 ACL
        SACL 1AH                ;将 ACL 存入 21AH,以便转换成 ASCII 码
        CALL TS2ASC
;将 21AH 以 TS2ASC 转换成 ASCII 码载入 21BH～21CH 内
        LACL 1BH                ;读取 21BH 的 ADCII 码[高位数]载入 ACL
        SACL 49H                ;将 ACL 写入 249H
        LACL 1CH                ;读取 21CH 的 ADCII 码[低位数]载入 ACL
        SACL 4AH                ;将 ACL 写入 24AH
        LACL 18H                ;将 218H 载入 ACL
        AND #001FH              ;将 ACL 与 001FH 作 AND 运算
        SACL 1AH                ;仅取其万位数后载入 21AH
        CALL TSASCN             ;将 21AH 以 TSASCN 转换成 ASCII 码载入 21CH 内
        LACL 1CH                ;读取 21CH 的 ADCII 码[低位数]载入 ACL
        SACL 48H                ;将 ACL 写入 248H
        NOP
        RET                     ;回主程序
        NOP
;将 21AH 内容转成二个 ASCII 码存入 21BH～21CH
;如 1234H>31H,32H[21BH],33H,34H[21CH]
TS2ASC:
        LDP #21AH>>7            ;令 DP 寻址于 218H 的高 9 位地址
        LACL 1AH                ;将 21AH 内容载入 ACL
```

	CALL B2ASC	;将 ACL 内容转成 ASCII 码写回 ACL
	SACL 1CH	;将低 4 位数转成 ASCII 码的 ACL 载入 31CH
	LACC 1AH,12	;将 21AH 内容左移 12 位载入 ACC
	SACH 1FH	;取高 16 位 ACH 载入 21FH 成为 21FH.3~0 为 21AH.8~11
	LACL 1FH	;将 21FH 内容载入 ACL,则 ACL.3~0 为 21AH.7~4 高 4 位值
	CALL B2ASC	;将 ACL 内容转成 ASCII 码写回 ACL
	SACL 1FH	;将低 4 位数转成 ASCII 码的 ACL 载入 31FH
	LACC 1FH,8	;将 31FH 内的数据左移 8 位载入 ACL
	OR 1CH	;将 ACL 与 21CH(低 4 位的 ASCII 码)与 ACL 作 OR 汇编
	SACL 1CH	;将 ACL 内的 21AH 二位数(2 位数 8 位)载入 21CH
TS1ASCH:		
	LACC 1AH,8	;将 21AH 内容左移 8 位载入 ACL ACL.19~16< 21AH.11~8
	SACH 1FH	;取高 16 位 ACH 载入 21FH 成为 21FH.3~0 为 21AH.11~8
	LACL 1FH	;21FH 内容载入 ACL,则 ACL.3~0 为 21AH.11~8 的高 4 位值
	CALL B2ASC	;将 ACL 内容转成 ASCII 码写回 ACL
	SACL 1BH	;将低 4 位数转成 ASCII 码的 ACL 载入 31BH
	LACC 1AH,4	;21AH 内容左移 4 位载入 ACL ACL.19~16< 21AH.15~12
	SACH 1FH	;取高 16 位 ACH 载入 21FH 成为 21FH.3~0 为 21AH.11~8
	LACL 1FH	;21FH 内容载入 ACL 则 ACL.3~0 为 21AH.15~12 高 4 位值
	CALL B2ASC	;将 ACL 内容转成 ASCII 码写回 ACL
	SACL 1FH	;将低 4 位数转成 ASCII 码的 ACL 载入 31FH
	LACC 1FH,8	;将 31FH 内的数据左移 8 位载入 ACL
	OR 1BH	;将 ACL 与 21BH(低 4 位的 ASCII 码)作 OR 汇编
	SACL 1BH	;将 ACL 内的 21AH 高二位数(2 位数 8 位)载入 21BH
	RET	;回主程序
TSASCN:	LDP #21AH≫7	;令 DP 寻址于 21AH 的高 9 位地址
	LACL 1AH	;将 21AH 内容载入 ACL
	CALL B2ASC	;将 ACL 内容转成 ASCII 码写回 ACL
	SACL 1CH	;将低 4 位数转成 ASCII 码的 ACL 载入 31CH
	LACC 1AH,12	;将 21AH 内容左移 12 位载入 ACC
	SACH 1FH	;取高 16 位 ACH 载入 21FH 成为 21FH.3~0 为 21AH.8~11
	LACL 1FH	;21FH 内容载入 ACL,则 ACL.3~0 为 21AH.7~4 高 4 位值
	AND #0001H	;将 ACL 与 01 作 AND 运算
	BCND POSSN,EQ	;假如 ACL=0,则代表 21AH.7~4=00 正值
	LACL #2D00H	;将"-"符号的 ASCII 码载入 ACL =2D00H
	OR 1CH	;与 21CH 的 D3~D0 作 OR 运算载入 ACL,成为"+/-"N 值显示
	SACL 1CH	;将 ACL 载入 21CH 成为"+/-"0 0000-3 2767 值的显示
	RET	;回主程序
	NOP	
POSSN:	LACL #2B00H	;将"+"符号的 ASCII 码载入 ACL =2D00H
	OR 1CH	;与 21CH 的 D3~D0 作 OR 运算载入 ACL,成为"+/-"N 值显示
	SACL 1CH	;将 ACL 载入 21CH,成为"+/-"0 0000-3 2767 值的显示
	RET	;回主程序
	NOP	

;将 ACL 内容 8 位值的低 4 位转换成 ASCII 码写回 ACL
B2ASC: AND #000FH   ;将 ACL 与 000FH 作 AND 运算取低 4 位
         SACL 1FH   ;ACL 的低 4 位载入 21FH 内
         SUB #0AH   ;将 ACL 减去 0AH,检测是否大于或等于 0AH
         BCND ALPH,GEQ   ;若大于或等于 A,则代表是 A~F 字数码跳到 ALPH
         LACL 1FH   ;若小于 0AH,则为 0~9 由 31FH 取写回入 ACL
         ADD #30H   ;将 ACL 加上 30H 就是 0~9 的 ASCII 码
         RET   ;回主程序

ALPH: ADD #37H   ;若是 A~F 码,则为 41H~46H,因此对应加上 37H + 0X = 41H - 46H
         RET   ;则 ACL = 41H - 46H 的 A~F 转换 ASCII 码回主程序

;*AR3 内容 4 个十六进制数转换成十进制 17 位[5 位数]存于 AR5
H4TOD5:
         LACL #0   ;令 ACL = 0
         MAR *,AR5   ;令 ARP = AR5
         SACL *,AR3   ;将 ACL = 0 载入 *AR5 的十进制万位数内,令 ARP = AR3
RECHK: LACL *   ;读取十六进制的 *AR3 内容载入 ACL
         SUB #2710H   ;先将十六进制值减掉 2710H = 10000,检查有几个 10000
         BCND NOTAD1,NC   ;假如小于 2710H,则没有万位数,CF = 1,跳到 NOTAD1
         SACL *,AR5   ;假如大于 2710H,则将减掉的余数载入 *AR3 内,ARP = AR5
         LACL *   ;再由 *AR5[要放万位数值]取得值载入 ACL
         ADD #1   ;令 ACL 加 1 得到一个万位数
         SACL *,AR3   ;将万位数载入 *AR5 后,令 ARP = AR3
         B RECHK   ;跳回 RECHK,将余数减 2710H,直到不够减便可得到万位数
NOTAD1: MAR *,AR5   ;令 ARP = AR5
         MAR *+   ;令 AR5 + 1>AR5 为低的十进制数[0000~9999]
         CALL HTOD4   ;以 HTOD4 将 *AR3 内小于 10000H[0000~9999]值
         RET   ;转换成十进制载入 *AR5,回主程序
         NOP

;*AR3 内容 4 个十六进制数转换成[<=270FH]十进制 12 位存于 *AR5[9999]
;采用右移位除 2 数码转换法作调整 16 位,共需移位调整 16 次
HTOD4   CLRC SXM   ;SXM = 0 不作符号扩充
         MAR *,AR3   ;令 ARP = AR3
         LACC *,AR5   ;将十进制内容 *AR3 载入 AL = *AR3 内,AH = 0
         LAR AR6,#14   ;令区域执行循环数为 #15[14 + 1]

ADJHTDR: MAR *,AR5   ;令 ARP = AR5
         CLRC C   ;令 CF = 0 清除进位 C 标志
         SFL   ;将 AL 内容左移,将十六进制 AL 的 D0 = D16(A)左移入 AH 十进制
;AL 的 D15 操作为 C = 0≫(D31 - D16≫ D15 - D0)
         SACH *+   ;将左移乘 2 后的 AH 载入 *AR5 存储器内
         SACL *-   ;AR5 + 1 存放乘 2 后的原值 AR5 - 1
         LACL *   ;AH + #03>[AR5]写回 ACL

```
                ADD  #03H                  ;将 ACL 加上 3 后写回 * AR5 内
                SACL *
;判别十进制高位数的 D7 = D15,D3 = D11 及低位数的 D7 = D7,D3 = D3 作判别调整数码
                BIT *,15-3                 ;令 TC 为 * AR5 的十进制的高位数 D3>D11 位设置
                BCND NADJ3,TC              ;若乘 2 后的 D3 为 1,则无须减回 03 调整跳到 NADJ3
                SUB #03H                   ;若乘 2 后的 D3 为 0,则将其减 03H(>0300H)作调整
NADJ3:          ADD #30H                   ;将左移一位乘 2 运算后的 ACL 加上 30H,检测 D7 是否为 1
                SACL *                     ;后写回 * AR5 内
                BIT *,15-7                 ;令 TC 为 * AR5 的十进制的高位数 D7 位设置
                BCND NADJ30,TC             ;若乘 2 后的 D7 为 1,则无须减回 30H 调整跳到 NADJ30
                SUB #30H                   ;若乘 2 后的 D7 为 0,则将其减回 30H(>0300H)作调整
NADJ30:         ADD #300H                  ;将左移一位乘 2 运算后的 ACL 加上 300H,检测 D11 是否为 1
                SACL *
                BIT *,15-11                ;令 TC 为 * AR5 的十进制的高位数 D11 位设置
                BCND NADJ3H,TC             ;若乘 2 后的 D11 不为 1,则无须调整跳到 NADJH3H
                SUB #300H                  ;若乘 2 后的 D11 为 1,则将其减 300H(>03000H)作调整
NADJ3H:         ADD #3000H                 ;将左移一位乘 2 运算后的 ACL 加上 3000H,检测 D15 是否为 1
                SACL *                     ;后写回 * AR5 内
                BIT *,15-15                ;令 TC 为 * AR5 的十进制的低位数 D15 位设置
                BCND NADJ3K,TC             ;若乘 2 后的 D15 不为 1,则无须调整跳到 NADJL3
                SUB #3000H                 ;若乘 2 后的 D15 为 1,则将其减 03000H 作调整
                NADJ3KSACL *               ;存回 AH >[AR5]
                LACC * +,16                ;将 * AR5 内容载入 AH AL = 0
                ADDS * -                   ;取回[R5 + 1]>ACLAR5 = AR5
                ADJHTDMAR *,AR6            ;令 ARP = AR6 作移位调整的次数判别
                BANZ ADJHTDR               ;检测 AR6 是否为 0,不为 0,将标志减 1,跳回 ADJHTDR 再调整
                NOP
                SFL                        ;多做一次的左移位 ACC * 2
                MAR *,AR5                  ;令 ARP = AR5 将转换值 ACH 载入
                SACH *                     ;将调整后的十六进制码写回 * AR5
                RET                        ;回主程序
                NOP
;读取 QEP 马达运转地址值载入 260H 并转成十进制(218H、219H)
;以便显示 265H 为符号值(00 为正)(10 为负)
RDSPQEP:
                LDP #T2CNT≫7              ;令高地址的数据存储器 DP 寻址于 T2CNT
                LACC T2CNT                 ;随时读取 QEP 中的 T2CNT 计数值
                LDP #260H≫7               ;令高地址的数据存储器 DP 寻址于 260H
                SACL 60H                   ;将 QEP 检测计数值载入 260H 内
                LACL #0000H                ;令 ACL = 0
                SACL 65H                   ;载入 265H 作正值符号预设
                LACL 60H                   ;读取 260H 载入 ACL
                SUB #8000H                 ;将 QEP - T2CNT 值与 8000H 相减并比较
                BCND POSQD,LT              ;若 T2CNT 小于 8000H,则跳到 POSQD 正值判别
NEGQD:          LACL 60H                   ;若大于 8000H,则为负值重载 260H 入 ACL
```

```
                CMPL                        ;将 ACL 转换成其补码
                SACL 60H                    ;转成绝对值的 ACL 写回 260H
                LACL ♯0010H                 ;令 ACL = 0010H 作负值符号设置
                SACL 65H                    ;将 ACL = 10H 负值符号载入 260H
POSQD：         LAR AR3,♯260H               ;令 AR3 寻址于 260H 存放 QEP 的十六进制值
                LAR AR5,♯218H               ;令 AR5 寻址于 218H 存放 QEP 的十进制值 218H～219H
                CALL H4TOD5                 ;将 * AR3 内容转成十进制载入 * AR5
                LDP ♯260H≫7                 ;令高地址的数据存储器 DP 寻址于 260H
                LACL 18H                    ;QEP 的 T2CNT 十进制值高位数 218H 载入 ACL
                OR 65H                      ;将 ACL 与符号值 265H 作 OR 汇编
                SACL 18H                    ;将符号合成值写回 218H
                RET                         ;回主程序
                NOP

;LCD 的启动驱动显示控制
LCDM2：
                CALL LCDINI                 ;启动 LCD 的显示模式
                LACC ♯TABLDAT1              ;令 ACC 在起始 LCD 屏幕显示表格第一行地址
                CALL DSPTAB                 ;显示 ACL 所指表格地址内容
                LACC ♯0C0H                  ;令 ACL = C0H 设置 LCD 屏幕于第一行递补 1 位数显示更新
                CALL LDWIR                  ;将 ACL = C0H 写入 LCD 模块的控制码操作
                LACC ♯TABLDAT2              ;令 ACC 在起始 LCD 屏幕显示表
                CALL DSPTAB                 ;显示 ACL 所指表格地址内容
                RET                         ;回主程序

;将 ACL 所寻址程序存储器内容数据显示在 LCD
DSPTAB：        LAR AR7,♯270H               ;令 AR7 寻址于 270H
                MAR *,AR7                   ;令 ARP = AR7 接寻址操作
                MAR * +                     ;将 AR7 寻址值加 1 为下一个地址
                SAR AR0,*                   ;将 AR0 值载入 * AR7 = [270H]存放,ARP = AR0
                LAR AR0,♯19                 ;AR0 定值 19 作为 LCD 屏幕 19 + 1 字形显示计数
SHOWL1：        PUSH                        ;将 ACL 推入栈指针所指的存储器内存放
                TBLR DATABUF                ;以 ACL 值作为 ROM 表格读取地址载入 DATABUF 内
                LACC DATABUF                ;将 DATABUF 内容载入 ACL
                CALL LDWDR                  ;读取表格内的 ASCII 码输出到 LCD 模块对应显示
                POP                         ;由栈寄存器取回 ACL
                ADD ♯1                      ;将 ACL 的表格地址加 1
                MAR *,AR0                   ;令 ARP = AR0 计数次数操作
                BANZ SHOWL1                 ;检测 AR0 是否为 0,不为 0 则减 1,跳回 SHOWL1 再读取显示
                MAR *,AR7                   ;令 ARP = AR7 间接寻址操作
                LAR AR0,* -                 ;将 AR0 由 * AR7 内取回原值并令 AR7 减 1
                RET                         ;回主程序

;LCD 模块的起始设置
LCDINI：
```

```
            LACC #01                    ;令 ACL = 01 作 LCD 屏幕的清除
            CALL LDWIR                  ;将 ACL 内容控制码写入 LCD 内设置清除屏幕
            LACC #38H                   ;ACL = 38H 为 DL = 1,N = 1,F = 1 的 8 位 2 行 5×7 字体设置
            CALL LDWIR                  ;将 ACL 内容控制码写入 LCD 内,设置 LCD 显示模式
            LACC #0EH                   ;ACL = 0EH 为 S/C = 1 字体,R/L = 1 右移设置码
            CALL LDWIR                  ;将 ACL 内容控制码写入 LCD 内,设置 LCD 显示模式
            LACC #06H                   ;ACL = 06H 为 D = 1 字体 ON 显示及 C = 1 光标显示 ON
            CALL LDWIR                  ;将 ACL 内容控制码写入 LCD 内,设置 LCD 显示模式
            LACC #80H                   ;ACL = 80H 为第一行的第一个字形显示地址设置
            CALL LDWIR                  ;将 ACL 内容控制码写入 LCD 内,设置 LCD 显示模式
            RET                         ;回主程序
;LCD 模块的指令写入设置
LDWIR:      RPT #1                      ;延迟 2 个周期
            NOP
            LDP #LCDINST≫7              ;令高地址的数据存储器 DP 寻址于 LCDINST
            SACL LCDINST                ;将 ACL 载入 LCD 控制寄存器内 LCDINST
WAITTI:     OUT LCDINST,LCD_WIR         ;LCDINST 输出 LCD 指令写入 I/O 寻址
            NOP
            CALL LDBUSY                 ;等待 LCD 指令写入是否已完成而等待
            NOP
            RET                         ;回主程序
            NOP

LDWDR:      RPT #1                      ;延迟 2 个周期
            NOP
            SACL LCDDATA                ;将 ACL 载入 LCD 数据寄存器内 LCDDATA
WAITT:      OUT LCDDATA,LCD_WDR         ;LCDDATA 输出 LCD 的数据写入 I/O 寻址
            NOP
            CALL LDBUSY                 ;等待 LCD 指令写入是否已完成而等待
            NOP
            RET                         ;回主程序
            NOP
;读取 LCD 的忙线标志并等待没有忙线时
LDBUSY:     IN BUSYFLG,LCD_RIR          ;LCD 标志 I/O 读入 BUSYFLG 寄存器内
            BIT BUSYFLG,8               ;检测读取的标志 D8 作为 TC 标志
            NOP
            BCND LDBUSY,TC              ;若 D8 忙线标志为 1,则跳回 LDBUSY 等待
            NOP
            RET                         ;回主程序
            NOP
DSPADC:
            LACL 4DH                    ;将 24DH 载入 ACL
            LAR AR3,#24DH               ;令 AR3 寻址于 24DH 的存放十六进制值
            LAR AR5,#26AH               ;令 AR5 寻址于 26AH 的存放十进制值
            CALL HTOD4                  ;将 *AR3 内的十六进制值转成十进制载入 *AR5
```

```
                LDP  #26AH>>7                ;令高地址的数据存储器 DP 寻址于 26AH
                OUT  6AH,8006H               ;将 ADC 设置值的低 8 位值输出到 8006H 显示
                LACC 6AH,8                   ;将 ADC 设置值左移 8 位载入 ACC 内
                SACH 6BH                     ;将 ACH 载入 261H 内
                OUT  6BH,8005H               ;将 ADC 设置值高 8 位值输出到 8005H 显示
                RET                          ;回主程序

;起始固定 LCD 屏幕显示建表值存放
TABLDAT1:       .byte "SET POS = + 12345"
TABLDAT2:       .byte "FEB POS = "
;88/C8H
THMSADJ:        .word 2710H
PHANTOM:        KICK_DOG
                B PHANTOM

GISR1:          RET
GISR2:          RET
GISR3:  RET
GISR4:  RET
GISR5:          RET
GISR6:          RET
                .end
```

（一）实验程序说明

（1）编写上述程序 QEPDP7.asm，编译后载入 SN-DSP2407 主实验模板中。

注意：本实验的 CPLD 外设使用 DSPSKYI7.tdf 必须预先载入，并将实验主机的 CPLD 模块中所产生的 P83、P84 的连续 QEP 信号，将其输出（JP22 中的 P83/P84）接到 JP17 的 QEP1/PA3 及 QEP2/PA4 输入端，作 QEP 脉冲信号的计数。

（2）载入程序后开始执行，调整振荡器 R12(FREQ_ADJ) 的 VR（以及将跳线插接于 JP6 的 OSC/LO 低频控制）分别观察 LCD 显示值如何？最高及最低 QEP 计数值如何？试讨论实验测试记录。

（3）试分别单步执行及设置断点来观察记录其操作情形及工作原理，并讨论实验测试记录。

（4）取真正的编码器直接输入到 QEP1 及 QEP2 端，重新执行程序，并讨论实验测试记录。

6.10　事件处理模块的中断

EV 中断事件被组装成三群，即 A、B 及 C 群。每一群都被汇编成一个不同中断标志和中断允许寄存器，在每一个 EV 中断群中有许多事件处理外设中断请求。表 6-19 显示所有的 EVA 中断及其优先级和群体，而表 6-20 显示所有的 EVB 中断及其优先级和群体。每一个中断全都有一个中断标志寄存器及 EVxIFR 对应中断允许屏蔽寄存器 EVxIMR，如表 6-19 所列。在对应的 EVxIFR(x=A、B 或 C)中，若 b 位标志在对应的 EVA/BIMRx(x=A、B 或 C)中的 b=0 被屏蔽，将无法产生对应的外设中断请求。

第6章 事件处理模块

表6-19 各EV模块的中断标志寄存器及对应中断允许屏蔽寄存器

标志寄存器	屏蔽寄存器	EV事件模块	标志寄存器	屏蔽寄存器	EV事件模块
EVAIFRA	EVAIMRA	EVA	EVBIFRA	EVBIMRA	EVB
EVAIFRB	EVAIMRB	EVA	EVBIFRB	EVBIMRB	EVB
EVAIFRC	EVAIMRC	EVA	EVBIFRC	EVBIMRC	EVB

表6-20 EVA的中断、向量ID识别及其优先级和群体

群组	中断	群体的优先级	向量ID	说明及来源	CPU中断向量
	PDPINTA	1(最高)	0020H	电源驱动保护中断A输入	INT1(0002)
A群	CMP1INT	2	0021H	捕捉单元1的比较相符的中断	INT2 (0004H)
	CMP2INT	3	0022H	捕捉单元2比较相符的中断	
	CMP3INT	4	0023H	捕捉单元3的比较相符的中断	
	T1PINT	5	0027H	通用GP定时器1的周期中断	INT2 (0004H)
	T1CINT	6	0028H	通用GP定时器1的比较中断	
	T1UINT	7	0029H	通用GP定时器1的借位中断	
	T1OINT	8(最低)	002AH	通用GP定时器1的溢出中断	
B群	T2PINT	1	002BH	通用GP定时器2的周期中断	INT3 (0006H)
	T2CINT	2	002CH	通用GP定时器2的比较中断	
	T2UINT	3	002DH	通用GP定时器2的借位中断	
	T2OINT	4	002EH	通用GP定时器2的溢出中断	
C群	CAP1INT	1	0033H	捕捉单元1的捕捉中断	INT4 (0008H)
	CAP2INT	2	0034H	捕捉单元2的捕捉中断	
	CAP3INT	3	0035H	捕捉单元3的捕捉中断	
	PDPINTB	1(最高)	0019H	电源驱动保护中断B输入	
A群	CMP4INT	2	0024H	捕捉单元4的比较相符的中断	INT2 (0004H)
	CMP5INT	3	0025H	捕捉单元5比较相符的中断	
	CMP6INT	4	0026H	捕捉单元6的比较相符的中断	
	T3PINT	5	002FH	通用GP定时器3的周期中断	INT2 (0004H)
	T3CINT	6	0030H	通用GP定时器3的比较中断	
	T3UINT	7	0031H	通用GP定时器3的借位中断	
	T3OINT	8(最低)	0032H	通用GP定时器3的溢出中断	
B群	T4PINT	1	0039H	通用GP定时器4的周期中断	INT3 (0006H)
	T4CINT	2	003AH	通用GP定时器4的比较中断	
	T4UINT	3	003BH	通用GP定时器4的借位中断	
	T4OINT	4	003CH	通用GP定时器4的溢出中断	

续表 6-20

群组	中断	群体的优先级	向量 ID	说明及来源	CPU 中断向量
C 群	PDPINTA	1(最高)	0020H	电源驱动保护中断 A 输入	INT1(0002)
	CAP4INT	1	0036H	捕捉单元 4 的捕捉中断	INT4 (0008H)
	CAP5INT	2	0037H	捕捉单元 5 的捕捉中断	
	CAP6INT	3	0038H	捕捉单元 6 的捕捉中断	

注：借位的发生是当计数器达 0000H 时，溢出的发生是计数器达 0000H 时；
比较符合发生于计数值等于其对应比较寄存器内容时；
周期相等的中断发生是当计数值等于其对应周期寄存器内容时。

6.10.1　EV 中断请求及其服务

当一个外设中断请求被产生时，首先根据 CPU 的向量配置，再以适当的对应中断向量地址通过 PIE 控制器将其载入中断向量寄存器(PIVR)内，载入 PIVR 的向量是最高优先级向量空闲的允许事件，这时向量寄存器 PIVR 可在中断服务子程序(ISR)中读取来判别哪个外设事件发生中断请求以进行对应处理。

中断的产生

当中断事件发生在 EV 模块时，对应 EV 中的中断寄存器标志位会被设置为 1。假如此中断标志处于非屏蔽(对应于 EVA/BIMRx 的位)，则对应外设中断扩充控制器将会产生一个中断请求。

中断向量

当一个外设中断请求(由外设中断控制器或外部事件处理外设造成)被产生的外设中断向量标识 ID 值，将在所有被设置为 1 并允许的中断标志中。若它处于较高的优先级，将会被载入 PIVR 寄存器内。

注意：外设中断标志寄存器各位必须在中断服务子程序中，以软件方式将 1 对应写入后予以清除。若无法清除或清除此位失败，将因此而造成阻碍进一步的再次中断请求。

6.10.2　EVA 中断相关寄存器

EVA 中断寄存器及 EVB 中断寄存器的配置地址如表 6-4 及表 6-8 所列。所有的寄存器都是 16 位的数据存储器映射，对应各寄存器中未被定义用到的位当被软件读取时都会得到 0 值，写入这些位是无效的。由于 EVA/BIFR 寄存器是可读取的，因此当此中断被屏蔽而发生中断事件时，就可以软件轮询(Polling)其对应相关位进行监测。

EVA 中断标志寄存器 A

EVA 中断标志寄存器 A 各位名称及读/写特性和复位初值如表 6-21 所列。

表6-21　EVA中断标志寄存器EVAIFRA(742FH)各位名称及读/写特性

D15	D14	D13	D12	D11	D10	D9	D8
保留位					T1OFINT	T1UFINT	T1CINT
R-0					RW-0	RW-0	RW-0

D7	D6	D5	D4	D3	D2	D1	D0
T1PINT	保留位			CMP3INT	CMP2INT	CMP1INT	PDPINTA
RW-0	R-0			RW-0	RW-0	RW-0	RW-0

各位功能及操作说明如下。

(1) D15～D11：保留位，R-0代表仅可读取，写入无效。

(2) D10　T1OFINT：通用GP定时器1的定时溢出中断标志。
　　读取：0 标志被复位；　　写入：0 无效；
　　　　　1 标志被设置。　　　　　1 清除标志为0。

(3) D9　T1UFINT：通用GP定时器1的定时借位中断标志。
　　读取：0 标志被复位；　　写入：0 无效；
　　　　　1 标志被设置。　　　　　1 清除标志为0。

(4) D8　T1CFINT：通用GP定时器1的定时比较中断标志。
　　读取：0 标志被复位；　　写入：0 无效；
　　　　　1 标志被设置。　　　　　1 清除标志为0。

(5) D7　T1PFINT：通用GP定时器1的定时周期中断标志。
　　读取：0 标志被复位；　　写入：0 无效；
　　　　　1 标志被设置。　　　　　1 清除标志为0。

(6) D6～D4：保留位。

(7) D3　CMP3INT：比较单元3比较中断标志。
　　读取：0 标志被复位；　　写入：0 无效；
　　　　　1 标志被设置。　　　　　1 清除标志为0。

(8) D2　CMP2INT：比较单元2比较中断标志。
　　读取：0 标志被复位；　　写入：0 无效；
　　　　　1 标志被设置。　　　　　1 清除标志为0。

(9) D1　CMP1INT：比较单元1比较中断标志。
　　读取：0 标志被复位；　　写入：0 无效；
　　　　　1 标志被设置。　　　　　1 清除标志为0。

(10) D0　PDPINTA：电力驱动保护中断标志A。
　　读取：0 标志被复位；　　写入：0 无效；
　　　　　1 标志被设置。　　　　　1 清除标志为0。

EVA中断标志寄存器B

EVA中断标志寄存器B各位名称及读/写特性和复位初值如表6-22所列。

表 6-22 EVA 中断标志寄存器 EVAIFRB(7430H) 各位名称及读/写特性

D15	D14	D13	D12	D11	D10	D9	D8
保留位							
R-0							

D7	D6	D5	D4	D3	D2	D1	D0
保留位				T2OFINT	T2UFINT	T2CFINT	T2PFINT
R-0				RW-0	RW-0	RW-0	RW-0

各位功能及操作说明如下。

(1) D15～D4：保留位，R-0 代表仅可读取，写入无效。

(2) D3 T2OFINT：通用 GP 定时器 2 的定时溢出中断标志。
　　读取：0 标志被复位；　　写入：0 无效；
　　　　　1 标志被设置。　　　　　1 清除标志为 0。

(3) D2 T2UFINT：通用 GP 定时器 2 的定时借位中断标志。
　　读取：0 标志被复位；　　写入：0 无效；
　　　　　1 标志被设置。　　　　　1 清除标志为 0。

(4) D1 T2CFINT：通用 GP 定时器 2 的定时比较中断标志。
　　读取：0 标志被复位；　　写入：0 无效；
　　　　　1 标志被设置。　　　　　1 清除标志为 0。

(5) D0 T2PFINT：通用 GP 定时器 2 的定时周期中断标志。
　　读取：0 标志被复位；　　写入：0 无效；
　　　　　1 标志被设置。　　　　　1 清除标志为 0。

EVA 中断标志寄存器 C

EVA 中断标志寄存器 C 各位名称及读/写特性和复位初值如表 6-23 所列。

表 6-23 EVA 中断标志寄存器 EVAIFRC(7430H) 各位名称及读/写特性

D15	D14	D13	D12	D11	D10	D9	D8
保留位							
R-0							

D7	D6	D5	D4	D3	D2	D1	D0
保留位					CAP3INT	CAP2INT	CAP1INT
R-0					RW-0	RW-0	RW-0

各位功能及操作说明如下。

(1) D15～D3：保留位，R-0 代表仅可读取，写入无效。

(2) D2 CAP3INT：捕捉单元 3 捕捉中断标志。
　　读取：0 标志被复位；　　写入：0 无效；
　　　　　1 标志被设置。　　　　　1 清除标志为 0。

(3) D1 CAP2INT：捕捉单元 2 捕捉中断标志。

读取:0 标志被复位;　　　写入:0 无效;
　　　1 标志被设置。　　　　　1 清除标志为 0。
(4) D0　CAP1INT:捕捉单元 1 捕捉中断标志。
读取:0 标志被复位;　　　写入:0 无效;
　　　1 标志被设置。　　　　　1 清除标志为 0。

EVA 中断屏蔽寄存器 A

EVA 中断屏蔽寄存器 A 各位名称及读/写特性和复位初值如表 6-24 所列。

表 6-24　EVA 中断屏蔽寄存器 EVAIMRA(742CH)各位名称及读/写特性

D15	D14	D13	D12	D11	D10	D9	D8
保留位					T1OFINT	T1UFINT	T1CFINT
R-0					RW-0	RW-0	RW-0

D7	D6	D5	D4	D3	D2	D1	D0
T1PINT	保留位			CMP3INT	CMP2INT	CMP1INT	PDPINTA
RW-0	R-0			RW-0	RW-0	RW-0	RW-0

各位功能及操作说明如下。

(1) D15~D11:保留位,R-0 代表仅可读取,写入无效。

(2) D10　T1OFINT:通用 GP 定时器 1 的定时溢位中断屏蔽允许。
0:屏蔽禁用。1:允许此位中断。

(3) D9　T1UFINT:通用 GP 定时器 1 的定时借位中断屏蔽。
0:屏蔽禁用。1:允许此位中断。

(4) D8　T1CFINT:通用 GP 定时器 1 的定时比较中断屏蔽。
0:屏蔽禁用。1:允许此位中断。

(5) D7　T1PFINT:通用 GP 定时器 1 的定时周期中断屏蔽。
0:屏蔽禁用。1:允许此位中断。

(6) D6~D4:保留位。

(7) D3　CMP3INT:比较单元 3 比较中断屏蔽。
0:屏蔽禁用。1:允许此位中断。

(8) D2　CMP2INT:比较单元 2 比较中断屏蔽。
0:屏蔽禁用。1:允许此位中断。

(9) D1　CMP1INT:比较单元 1 比较中断屏蔽。
0:屏蔽禁用。1:允许此位中断。

(10) D0　PDPINTA:电力驱动保护中断屏蔽 A。
0:屏蔽禁用。1:允许此位中断。

EVA 中断屏蔽寄存器 B

EVA 中断屏蔽寄存器 B 各位名称及读/写特性和复位初值如表 6-25 所列。

表 6-25　EVA 中断屏蔽寄存器 EVAIMRB(742DH)各位名称及读/写特性

D15	D14	D13	D12	D11	D10	D9	D8
保留位							
R-0							

D7	D6	D5	D4	D3	D2	D1	D0
保留位				T2OFINT	T2UFINT	T2CFINT	T2PFINT
R-0				RW-0	RW-0	RW-0	RW-0

各位功能及操作说明如下。

(1) D15~D4：保留位，R-0 代表仅可读取，写入无效。

(2) D3　T2OFINT：通用 GP 定时器 2 的定时溢位中断屏蔽。

　　0：屏蔽禁用。1：允许此位中断。

(3) D2　T2UFINT：通用 GP 定时器 2 的定时借位中断屏蔽。

　　0：屏蔽禁用。1：允许此位中断。

(4) D1　T2CFINT：通用 GP 定时器 2 的定时比较中断屏蔽。

　　0：屏蔽禁用。1：允许此位中断。

(5) D0　T2PFINT：通用 GP 定时器 2 的定时周期中断屏蔽。

　　0：屏蔽禁用。1：允许此位中断。

EVA 中断屏蔽寄存器 C

EVA 中断屏蔽寄存器 C 各位名称及读/写特性和复位初值如表 6-26 所列。

表 6-26　EVA 中断屏蔽寄存器 EVAIMRC(742EH)各位名称及读写特性

D15	D14	D13	D12	D11	D10	D9	D8
保留位							
R-0							

D7	D6	D5	D4	D3	D2	D1	D0
保留位					CAP3INT	CAP2INT	CAP1INT
R-0					RW-0	RW-0	RW-0

各位功能及操作说明如下。

(1) D15~D3：保留位，R-0 代表仅可读取，写入无效。

(2) D2　CAP3INT：捕捉单元 3 捕捉中断屏蔽。

　　0：屏蔽禁用。1：允许此位中断。

(3) D1　CAP2INT：捕捉单元 2 捕捉中断屏蔽。

　　0：屏蔽禁用。1：允许此位中断。

(4) D0　CAP1INT：捕捉单元 1 捕捉中断屏蔽。

　　0：屏蔽禁用。1：允许此位中断。

6.10.3 EVB 中断相关寄存器

EVB 中断标志寄存器 A

EVB 中断标志寄存器 A 各位名称及读/写特性和复位初值如表 6-27 所列。

表 6-27 EVB 中断标志寄存器 EVBIFRA(752FH)各位名称及读/写特性

D15	D14	D13	D12	D11	D10	D9	D8
保留位					T3OFINT	T3UFINT	T3CFINT
R-0					RW-0	RW-0	RW-0

D7	D6	D5	D4	D3	D2	D1	D0
T3PFINT	保留位			CMP6INT	CMP5INT	CMP4INT	PDPINTB
RW-0	R-0			RW-0	RW-0	RW-0	RW-0

各位功能及操作说明如下。

(1) D15～D11：保留位，R-0 代表仅可读取，写入无效。

(2) D10　T3OFINT：通用 GP 定时器 3 的定时溢出中断标志。

　　读取：0 标志被复位；　　写入：0 无效；

　　　　　1 标志被设置。　　　　　1 清除标志为 0。

(3) D9　T3UFINT：通用 GP 定时器 3 的定时借位中断标志。

　　读取：0 标志被复位；　　写入：0 无效；

　　　　　1 标志被设置。　　　　　1 清除标志为 0。

(4) D8　T3CFINT：通用 GP 定时器 3 的定时比较中断标志。

　　读取：0 标志被复位；　　写入：0 无效；

　　　　　1 标志被设置。　　　　　1 清除标志为 0。

(5) D7　T3PFINT：通用 GP 定时器 3 的定时周期中断标志。

　　读取：0 标志被复位；　　写入：0 无效；

　　　　　1 标志被设置。　　　　　1 清除标志为 0。

(6) D6～D4：保留位。

(7) D3　CMP6INT：比较单元 6 比较中断标志。

　　读取：0 标志被复位；　　写入：0 无效；

　　　　　1 标志被设置。　　　　　1 清除标志为 0。

(8) D2　CMP5INT：比较单元 5 比较中断标志。

　　读取：0 标志被复位；　　写入：0 无效；

　　　　　1 标志被设置。　　　　　1 清除标志为 0。

(9) D1　CMP4INT：比较单元 4 比较中断标志。

　　读取：0 标志被复位；　　写入：0 无效；

　　　　　1 标志被设置。　　　　　1 清除标志为 0。

(10) D0　PDPINTB：电力驱动保护中断标志 B。

　　读取：0 标志被复位；　　写入：0 无效；

　　　　1 标志被设置。　　　　　　1 清除标志为 0。
EVB 中断标志寄存器 B
EVB 中断标志寄存器 B 各位名称及读/写特性和复位初值如表 6－28 所列。

表 6－28　EVB 中断标志寄存器 EVBIFRB(7530H)各位名称及读/写特性

D15	D14	D13	D12	D11	D10	D9	D8
保留位							
R－0							

D7	D6	D5	D4	D3	D2	D1	D0
保留位				T4OFINT	T4UFINT	T4CFINT	T4PFINT
R－0				RW－0	RW－0	RW－0	RW－0

各位功能及操作说明如下。
(1) D15～D4：保留位，R－0 代表仅可读取，写入无效。
(2) D3　T4OFINT：通用 GP 定时器 4 的定时溢出中断标志。
　　读取：0 标志被复位；　　　写入：0 无效；
　　　　　1 标志被设置。　　　　　　1 清除标志为 0。
(3) D2　T4UFINT：通用 GP 定时器 4 的定时借位中断标志。
　　读取：0 标志被复位；　　　写入：0 无效；
　　　　　1 标志被设置。　　　　　　1 清除标志为 0。
(4) D1　T4CFINT：通用 GP 定时器 4 的定时比较中断标志。
　　读取：0 标志被复位；　　　写入：0 无效；
　　　　　1 标志被设置。　　　　　　1 清除标志为 0。
(5) D0　T4PFINT：通用 GP 定时器 4 的定时周期中断标志。
　　读取：0 标志被复位；　　　写入：0 无效；
　　　　　1 标志被设置。　　　　　　1 清除标志为 0。
EVB 中断标志寄存器 C
EVB 中断标志寄存器 C 各位名称及读/写特性和复位初值如表 6－29 所列。

表 6－29　EVB 中断标志寄存器 EVBIFRC(7531H)各位名称及读/写特性

D15	D14	D13	D12	D11	D10	D9	D8
保留位							
R－0							

D7	D6	D5	D4	D3	D2	D1	D0
保留位					CAP6INT	CAP5INT	CAP4INT
R－0					RW－0	RW－0	RW－0

各位功能及操作说明如下。
(1) D15～D3：保留位，R－0 代表仅可读取，写入无效。
(2) D2　CAP6INT：捕捉单元 6 捕捉中断标志。
　　读取：0 标志被复位；　　　写入：0 无效；

　　　　　　　1 标志被设置。　　　　　1 清除标志为 0。
(3) D1　CAP5INT：捕捉单元 5 捕捉中断标志。
　　读取：0 标志被复位；　　写入：0 无效；
　　　　　1 标志被设置。　　　　　1 清除标志为 0。
(4) D0　CAP4INT：捕捉单元 4 捕捉中断标志。
　　读取：0 标志被复位；　　写入：0 无效；
　　　　　1 标志被设置。　　　　　1 清除标志为 0。

EVB 中断屏蔽寄存器 A

EVB 中断屏蔽寄存器 A 各位名称及读/写特性和复位初值如表 6-30 所列。

表 6-30　EVB 中断屏蔽寄存器 EVBIMRA(752CH)各位名称及读/写特性

D15	D14	D13	D12	D11	D10	D9	D8
保留位					T3OFINT	T3UFINT	T3CFINT
R-0					RW-0	RW-0	RW-0

D7	D6	D5	D4	D3	D2	D1	D0
T3PFINT	保留位			CMP6INT	CMP5INT	CMP4INT	PDPINTB
RW-0	R-0			RW-0	RW-0	RW-0	RW-0

各位功能及操作说明如下。

(1) D15～D11：保留位，R-0 代表仅可读取，写入无效。

(2) D10　T3OFINT：通用 GP 定时器 3 的定时溢出中断屏蔽允许。
　　0：屏蔽禁用。1：允许此位中断。

(3) D9　T3UFINT：通用 GP 定时器 3 的定时借位中断屏蔽。
　　0：屏蔽禁用。1：允许此位中断。

(4) D8　T3CFINT：通用 GP 定时器 3 的定时比较中断屏蔽。
　　0：屏蔽禁用。1：允许此位中断。

(5) D7　T3PFINT：通用 GP 定时器 3 的定时周期中断屏蔽。
　　0：屏蔽禁用。1：允许此位中断。

(6) D6～D4：保留位。

(7) D3　CMP6INT：比较单元 6 比较中断屏蔽。
　　0：屏蔽禁用。1：允许此位中断。

(8) D2　CMP5INT：比较单元 5 比较中断屏蔽。
　　0：屏蔽禁用。1：允许此位中断。

(9) D1　CMP4INT：比较单元 4 比较中断屏蔽。
　　0：屏蔽禁用。1：允许此位中断。

(10) D0　PDPINTB：电力驱动保护中断屏蔽 B。
　　0：屏蔽禁用。1：允许此位中断。

EVB 中断屏蔽寄存器 B

EVB 中断屏蔽寄存器 B 各位名称及读/写特性和复位初值如表 6-31 所列。

表 6-31　EVB 中断屏蔽寄存器 EVBIMRB(752DH)各位名称及读/写特性

D15	D14	D13	D12	D11	D10	D9	D8
保留位							
R-0							

D7	D6	D5	D4	D3	D2	D1	D0
保留位				T4OFINT	T4UFINT	T4CFINT	T4PFINT
R-0				RW-0	RW-0	RW-0	RW-0

各位功能及操作说明如下。

(1) D15～D4：保留位，R-0 代表仅可读取，写入无效。

(2) D3　T4OFINT：通用 GP 定时器 4 的定时溢出中断屏蔽。
　　0：屏蔽禁用。1：允许此位中断。

(3) D2　T4UFINT：通用 GP 定时器 4 的定时借位中断屏蔽。
　　0：屏蔽禁用。1：允许此位中断。

(4) D1　T4CFINT：通用 GP 定时器 4 的定时比较中断屏蔽。
　　0：屏蔽禁用。1：允许此位中断。

(5) D0　T4PFINT：通用 GP 定时器 4 的定时周期中断屏蔽。
　　0：屏蔽禁用。1：允许此位中断。

EVB 中断屏蔽寄存器 C

EVB 中断屏蔽寄存器 C 各位名称及读/写特性和复位初值如表 6-32 所列。

表 6-32　EVB 中断屏蔽寄存器 EVBIMRC(752EH)各位名称及读/写特性

D15	D14	D13	D12	D11	D10	D9	D8
保留位							
R-0							

D7	D6	D5	D4	D3	D2	D1	D0
保留位					CAP6INT	CAP5INT	CAP4INT
R-0					RW-0	RW-0	RW-0

各位功能及操作说明如下。

(1) D15～D3：保留位，R-0 代表仅可读取，写入无效。

(2) D2　CAP6INT：捕捉单元 6 捕捉中断屏蔽。
　　0：屏蔽禁用。1：允许此位中断。

(3) D1　CAP5INT：捕捉单元 5 捕捉中断屏蔽。
　　0：屏蔽禁用。1：允许此位中断。

(4) D0　CAP4INT：捕捉单元 4 捕捉中断屏蔽。
　　0：屏蔽禁用。1：允许此位中断。

6.10.4 捕捉器及事件中断的程序应用范例

实验 6.5 脉冲波的中断捕捉

（一）实验程序说明

下列程序范例是捕捉器的捕捉操作，不采用轮询（Polling），而改用较灵活的中断方式来对应操作。若要捕捉一个短脉冲，则对应设置捕捉器正边沿及负边沿双边模式。当捕捉中断产生时，必须检测是否已将脉冲的双边沿作二次的捕捉而置放于捕捉栈寄存器中；一次将此正、负边沿的捕捉值取出，经过相减运算后，就可得到这个单一脉冲的时钟宽，同时将其对应输出到 DSP 连接的 I/O 的 8006H 及 8005H 外设显示。PULSCAPB.asm 程序及其对应说明如下：

```
            .title "2407X PULSCAP"
            .bss GPR0,1
            .include "x24x_app.h"
            .include "vector.h"
FRQDATA:   .set 0320H
            .text
KICK_DOG   .macro
            LDP #WDKEY≫7
            SPLK #05555H,WDKEY
            SPLK #0AAAAH,WDKEY
            LDP #0
            .endm
FRQDATA:   .set 0320H

            .text
START:     LDP #0;DP = 0
            SETC INTM                       ;关掉中断总开关
            SETC CNF                        ;设置 B0 为数据存储器
            SETC SXM                        ;清除符号扩充模式
            SPLK #0000H,IMR                 ;屏蔽所有的中断 INT6～INT0
            LACC IFR                        ;读取中断标志载入 ACC
            SACL IFR                        ;将 ACC 回写入中断标志,用以清除为 1 中断标志
            LDP #SCSR1≫7                    ;令高地址的数据存储器 DP 寻址于 SCSR1
            SPLK #0E0CH,SCSR1               ;EVA 及 EVB 脉冲允许输入,设置工作时钟
;OSF,CKRC,LPM1/0,CKPS2/0 = 111,OSR,ADCK,SCK,SPK,CAK,EVBK,EVAK,X,ILADR
            SPLK #006FH,WDCR                ;禁用看门狗定时功能
;0,0,00,0000,0,(WDDIS[1/DIS],WDCHK2～0[111],WDPS2～WDPS0[111])
            SPLK #01C9H,GPR0                ;令 GPR0 设置内容 0000 0001 1100 1001
;xxxx x BVIS = 00/OFF,ISWS = 111[7W],DSWS = 001,PSWS = 001
            OUT GPR0,WSGR                   ;I/O 接口时序加 7 个写时钟,DM/PM 为 1 个写时钟
            LDP #MCRA≫7                     ;令高地址的数据存储器 DP 寻址于 MCRA
            SPLK #0FFFFH,MCRA               ;令 PA、PB 都设置为特殊功能引脚
;PA for scitxd,scirxd,xint,cap1,2,3,cmp1,2
;pb for cmp3,4,5,6,t1cmp,t2cmp,tdir,tclkina
```

```
                SPLK  #0FF00H,MCRB                          ;令 PC 及 PD0 为特殊功能引脚
;pc special function w/r,/bio,spi,cab,pd0 = XINT2/ADCSOC
                SPLK  #0000H,MCRC                           ;PE7~PE0、PF7~PF0 为一般的 I/O 引脚
                LDP   #GPTCON≫7                             ;令高地址的数据存储器 DP 寻址于 GPTCON
                SPLK  #0000000000000000B,GPTCON             ;GPTCON 令 T1/T2 不启动 ADC 转换
                SPLK  #0FFFFH,T2PR                          ;令 T2 定时器周期预设值为 FFFFH 最大值
                SPLK  #00000H,T2CNT                         ;清除 T2 定时器内容为 0000 起始值
                KICK_DOG
                SPLK  #1001011100000000B,T2CON              ;FREET = 10,加数 01,111 预分频 1/128x
;10,X,方向式加减计数 11 模式,预分频值 PRS = 000,T2EN = 0,先禁用计数 TCLK1,0 = 11
                SPLK  #1001011101000000B,T2CON              ;T2 ENABLE = 1 允许计数
                SPLK  #0000H,CAPFIFO                        ;清除捕捉状态标志
                SPLK  #0001000000001100B,CAPCONA            ;禁用 CAP1,2 允许 CAP3 双边沿侦测
;RST CAP DIS CAP1,2,EN CAP3,SEL/T2AP4EDGE = 111 双边沿捕捉

                SPLK  #1001000000001100B,CAPCONA            ;CAPRES = 1 放开 CAP 的复位状态
                SPLK  #0FFFFH,EVAIFRC                       ;清除 EVA 的 CAP3~CAP1 中断标志
                SPLK  #0004H,EVAIMRC                        ;允许 CAP 的中断屏蔽 CAP3INT MASKINT4
                LDP   #IFR≫7                                ;令高地址的数据存储器 DP 寻址于 IFR
                SPLK  #003FH,IFR                            ;所有 CPU 中断 INT6~INT1 以 1 写入清除
                SPLK  #0008H,IMR                            ;允许 CAP3 的 CPU 总中断 INT4 = 1
                CLRC  INTM                                  ;令 INTM = 0 将中断总开关允许
                LAR   AR7,#300H                             ;令 AR7 寻址于中断栈 300H 地址
                LAR   AR5,#310H                             ;令 AR5 寻址于脉冲宽度数据存放 300H 地址
                MAR   *,AR5                                 ;令 ARP = 5 寻址于 300H 间接存储器地址
                LACC  #0                                    ;令 ACC = 0 值
                SACL  *                                     ;将 ACC = 0 写入 AR5 所指的 310H 存储器
REINPF:         CALL  PULSDSP                               ;调用执行 PULSDSP 脉冲宽度显示子程序
                B     REINPF                                ;跳回 REINPF,一直等待中断轮询显示
PULSDSP:        LDP   #310H≫7                               ;令高地址的数据存储器 DP 寻址于 310H
                OUT   10H,8006H                             ;存储器 310H 内低 8 位数据输出 8006H 显示
UNNORM:         LACC  10H,7                                 ;将 310H 内容数据左移 7 位载入 ACC 内
                SACH  19H,1                                 ;ACH 值左移 1 位即 310H 高 8 位写入 319H
                OUT   19H,8005H                             ;319H 低 8 位数据输出 8005H 显示
                RET                                         ;310H 高低 8 位各输出到 8005/6H 显示完成
;中断执行子程序地址由 GISR4 的向量来定义
GISR4:          CALL  SAVEAS                                ;将标志 ST0,1 及 ACC 存入栈存储器暂存
                LDP   #PIVR≫7                               ;令高地址的数据存储器 DP 寻址于 PIVR
                LACC  PIVR                                  ;读取外设中断向量 PIVR 写入 ACC 内
                SUB   #0035H                                ;将 ACC 减去 0035H 作外设向量判别
                BCND  NOTCAP3,NEQ                           ;PIVR 不是 35H,非 CAP3 中断跳到 NOTCAP3
                LDP   #CAPCONA≫7                            ;令高地址的数据存储器 DP 寻址于 CAPCONA
                SPLK  #0004H,EVAIFRC                        ;将 0004H 的 D2 = CAP3INT 中断标志写入清除
                LACC  CAPFIFO                               ;读取捕捉状态寄存器 CAPFIFO 入 ACC
                XOR   #2000H                                ;ACC = CAPFIFO 与 2000H 作 XOR 运算判别
```

```
            BCND NOTCAP3,NEQ          ;若 D13～12 不为 10,则 2 次捕捉跳到 NOT-
CAP3
            LDP #310H≫7              ;若 CAPFIFO 的 D13～12 = 10,则作 2 次捕捉
;完成脉冲的定时,则令 DP 高 9 位为 6
            BLDD #FIFO3,11H           ;由 CAP 的 FIFO 读出第一次数据写入 311H
            BLDD #FIFO3,12H           ;由 CAP 的 FIFO 读出第二次数据写入 312H
            BLDD #FIFO3,13H           ;由 CAP 的 FIFO 读出第二次数据写入 313H
            LACC 12H                  ;将第二次捕捉数据 312H 写入 ACC 内
            SUB 11H                   ;将 ACC 减 311H,第一次捕捉数据存于 ACC
            SACL 10H                  ;ACC 内脉冲宽度定时值写入 310H 以便显示
NOTCAP3:    CALL RESTORAS             ;由中断栈存储器取回标志 ST0、1 及 ACC
            CLRC INTM                 ;清除 INTM 允许下一个中断
            NOP
            RET                       ;回主程序
            SAVEAS:MAR *,AR7          ;间接寻址的辅助寄存器设置为 ARP = 7
            MAR *+                    ;将 AR7 寻址值加 1 开始作中断栈的写入
            SST #1,*+                 ;状态标志 ST1 写入 AR7 存储器令 AR7 加 1
            SST #0,*+                 ;状态标志 ST0 写入 AR7 存储器令 AR7 加 1
            SACH *+                   ;ACH 写入 AR7 所指存储器令 AR7 加 1
            SACL *                    ;ACH 写入 AR7 所指存储器令 AR7 加 1
            RET                       ;回主程序

RESTORAS:   MAR *,AR7                 ;间接寻址的辅助寄存器设置为 ARP = 7
            LACL *-                   ;AR7 所指存储器内容取回 ACL,令 AR7 减 1
            ADD *-,16                 ;ACL 加 AR7 内 AH 取回 ACC,令 AR7 减 1
            LST #0,*-                 ;AR7 所指存储器内容取回 ST0,令 AR7 减 1
            LST #1,*-                 ;AR7 所指存储器内容取回 ST1,令 AR7 减 1
            RET                       ;回主程序

PHANTOM:    KICK_DOG
            B PHANTOM

GISR1:      RET
GISR2:      RET
GISR3:      RET
;GISR4:     RET
GISR5:      RET
GISR6:      RET
            .end
```

注意：执行中断向量程序时,若使用到 ACC、ST0 及 ST1 等标志寄存器,或其他重要主程序里的寄存器,则必须定义一个存储器区,以便在中断子程序时,将其存放如程序的 SAVE AS 子程序,然后才开始执行中断服务程序。当服务程序执行完后,必须再将这些存放于栈存储器的数据取回,恢复主程序所用到的一些存储器、寄存器及 ACC 和状态标志 ST0、ST1 等,如上述的 RESTORAS 等子程序。

TMS320F240x DSP 汇编及 C 语言多功能控制应用

(二) 实验程序

(1) 编写上述程序 PULSCAP.asm，编译后载入 SN-DSP2407 主实验模板中。

注意：本实验的 CPLD 外设使用 DSPSKYI7.tdf 必须预先载入，并将实验主机的 JP3 跳线拔取，取一条连接线将 JP3 中间点的可调振荡器 OSC 输出连接到 JP17DSP/PWR/CNTP 端的 CA3(CAP3) 引脚作脉冲信号的捕捉。

(2) 载入程序后开始执行，调整振荡器 R12(FREQ_ADJ) 的 VR，观察 4 位七段 LED 显示值分别如何？最高的获取周期是否比实验 6-1 的轮询检测反应快？该程序与 PERCAP.asm 相比有何优点？试讨论实验测试记录。

(3) 试分别单步执行及设置断点来观察记录其操作情形及工作原理，并讨论实验测试记录。

6.11 事件处理外设的简易 C 语言程序应用

步进马达在低速运转时，以一般的 I/O 引脚经功率驱动器就可以直接驱动。但若是高速运转，则由于步进马达阻抗升高，使得以定电压驱动的驱动电流不足，进而使得步进马达的转距降低甚至不运转，因此使用 PWM 对应转速控制的高电压驱动方式，对应高速度设置转速时，将令驱动的 PWM 负荷周期提高，因而升高了驱动电压达到恒定的定电流驱动。不同的转速可维持马达运转于定转距，当检测步进马达的驱动电流后，反馈控制步进马达的 PWM 周期即可。

实验 6.6　步进马达高速 PWM 控制应用

(一) 实验程序说明

在此列举简单的马达速度设置，输出比率的 PWM 负荷周期驱动，控制 PWM 的负荷周期，可由 2407 六象限控制的 PWM1～PWM6 对应三个比较器比较值 CMPR1、CMPR2 及 CMPR3 设置即可。下面 STEP2.c 程序是针对此控制模式而设计的控制程序。

```c
/***********STEP2.c ***** 步进马达高速驱动实例***********/
/* PWM3(PB0) = A,PWM4(PB1) = B,PWM5(PB2) = /A,PWM6(PB3) = /B */
/*****************************************************/
#include "f2407regs.h"
#define CPUCLK 40000000           /* CPUCLK = 40 MHz */
#define PERIOD CPUCLK/2000        /* 频率 = 20 kHz */
static const int ACTR_Table[]     /* 令 PWM3～PWM6 输出波形 */
    = {0x0400,0x0040,0x0100,0x0010};   /* A,/A,B,/B */

/* 0x0400 = 0000 0100 0000 0000 设置 PWM6 输出低电平有效
   0x0100 = 0000 0001 0000 0000 设置 PWM5 输出低电平有效
   0x0040 = 0000 0000 0100 0000 设置 PWM4 输出低电平有效
   0x0010 = 0000 0000 0001 0000 设置 PWM3 输出低电平有效 */

/* int SPEED = 80; */
int i;
void main()
{
    InitCPU();
```

```
ACTRA = 0x0000;
MCRA = 0x0f00;        /* 0000  1111 0000 0000
                         11     1 = PWM6(IOPB3)
                         10     1 = PWM5(IOPB2)
                          9     1 = PWM4(IOPB1)
                          8     1 = PWM3(IOPB0)  */


SCSR1 = 0x0004;       /* 0000 0000 0000 0100
                         11~9  CLK_PS2~0 = 000    CPUCLK = 外频×4倍 = 40 MHz
                          2    EVA CLKEN = 1      允许 EVA 模块时钟 */
COMCONA = 0x8200;     /* 1000 0010 0000 0000
                         15     CENABLE = 1            比较器允许
                         14~13  CLD1~0 = 00            T1 定时溢出时(TxCNT = 0)CMPRx 重新载入
                         12     SAENABLE = 0           禁止空间向量 PWM 模式(SPWM)
                         11~10  ACTRLD1~0 = 00         T1 定时溢出时,ACTR 重新载入
                          9     FCOMPOE = 1            全功能比较器输出允许 */

T1CNT = 0;            /* 清除定时器 1 计数值 */
T1PR = PERIOD;        /* T1PR = 20 kHz */
T1CON = 0x1040;       /* 0001 0000 0100 0000
                         12~11  TMODE = 10         10 = 连续加数模式
                         10~8   TPS2~0 = 000       TIME_CLK = CPUCLK/1
                          7     TSWT1 = 0          使用本身的 TENABLE bit
                          6     TENABLE = 1        允许定时
                          5~4   TCLKS1~0 = 00      选择内部时钟成定时器
                          3~2   TCLD1~0 = 00       计数 = 0 时,再载入
                          1     TECMPR = 0         禁止 T1CMP 输出
                          0     SELT1PR = 0        使用本身的周期寄存器 */
while(1)
  {
    for (i = 0;i<4;i++)
      {
        CMPR2 = CMPR3 = (PERIOD/140)*(PFDATDIR & 0x007F);
        /* PWM3~PWM6 比较值 */
        ACTRA = ACTR_Table[i]; /* 读取工作相位数据 */
        Delay(1000000/(PFDATDIR & 0x007F));/* 决定步进马达的速度 */
        COMCONA = 0x0200; /* CENABLE = 0 比较器禁止 */
        COMCONA = 0x8200; /* CENABLE = 1 比较器允许 */
      }
  }
}
```

(二) 实验程序

(1) 编写上述程序 STEP2.c,编译后载入 SN-DSP2407 主实验模板中。

注意:本实验的 CPLD 外设使用 DSPSKYI7.tdf 必须预先载入。

(2) 载入程序后开始执行,调整 PF0~PF6 的拨位开关,设置其运转速度,观察记录 PB0~PB3 (PWM3~PWM6)输出的脉冲宽度及负荷周期分别如何?对应将步进马达变换输出脉冲的速度

(即步进马达运转速度)与其对应输出脉冲宽度比(负荷周期值)关系如何?试讨论实验测试记录。

(3) 试分别单步执行及设置断点来观察记录其操作情形及工作原理,并讨论实验测试记录。

(4) 取一个 5 V/500 mA 或小一点的步进马达,以 ULN2803 输出驱动,其驱动的开集极电压加到 12 V 时,将马达接上其运转最高速度如何?适当地调整 CMPRX 与速度,设置 PF0~PF6 的比率值,马达可运转到 2 kHz 吗?试讨论实验测试记录。

(5) 将程序中的事件处理 A 改成事件处理 B 的 PWM9~PWM12 输出控制,2407 的主实验板上已接有 ULN2803,因此直接将步进马达接到 JPD2 的 PE3~PE6(DRA2~DRA5)端,重新编辑、编译并载入执行,试讨论实验测试记录。

(6) CMPRX 的比较值控制改由步进马达串接的电流检测,由 ADC00 输入读取反馈时,重新编辑、编译并载入执行,试讨论实验测试记录。

实验 6.7 步进马达微步 PWM 控制应用

步进马达的微步控制,是在单极驱动中的高电平 $\overline{\text{High}}$ 或低电平 Low 变化分割成多段变化来达成的。例如,步由 Low=0 V 转成 High=5 V 时分割成 50 个步阶,每一步阶就成为 0.1 V,依次由 0 V 递增到 5 V,而由 High=5 V 要转成 Low=0 状态时,则依次由 5 V 以 0.1 V 步阶递减,每次的换相都采用这个模式,就可达成步进马达的微步控制。当然,这与马达特性及驱动电源关系密切。

步阶电压的递增、递减,刚好以向量空间 PWM 中的 CMPRX 设置来控制,因此以单极驱动的换相控制,其微步的驱动如表 6-33 所列。

表 6-33 进码控制驱动数码

步 数	A	B	$\overline{A}$	$\overline{B}$	步 数	A	B	$\overline{A}$	$\overline{B}$
0	5.00 V	0 V	0 V	0 V	100	0 V	0 V	5.00 V	0 V
1	4.90 V	0.1 V	0 V	0 V	101	0 V	0 V	4.90 V	0.1 V
2	4.80 V	0.2 V	0 V	0 V	102	0 V	0 V	4.80 V	0.2 V
3	4.70 V	0.3 V	0 V	0 V	103	0 V	0 V	4.70 V	0.3 V
⋮	⋮	⋮	⋮	⋮	⋮	⋮	⋮	⋮	⋮
50	00 V	5 V	0 V	0 V	150	0 V	0 V	00 V	5 V
51	00 V	4.9 V	0.1 V	0 V	151	0.1 V	0 V	00 V	4.9 V
52	00 V	4.8 V	0.2 V	0 V	152	0.2 V	0 V	00 V	4.8 V
53	00 V	4.7 V	0.3 V	0 V	153	0.3 V	0 V	00 V	4.7 V
⋮	⋮	⋮	⋮	⋮	⋮	⋮	⋮	⋮	⋮

根据表 6-33 得知,第一个象限驱动时,A=PWM4 下桥是对应递减其 PWM 的脉冲宽度输出,而 B=PWM3 上桥则递增其 PWM 的脉冲宽度输出,$\overline{A}$=PWM2 及 $\overline{B}$=PWM1 恒输出 0 V 电平。因此,可在 ACTRA 的 D7~D6 设置 CMP4ACT[1∶0]为 10 时,将随比较值输出对应 ActiveHigh 电位输出脉冲宽度;而 D5~D4 设置 CMP3ACT[1∶0]为 01 时,将随比较值输出对应 ActiveLow 电位输出脉冲宽度。另外的 PWM4=$\overline{A}$ 及 PWM3=$\overline{B}$ 则设置为 00,不随比较值变化,强迫其恒定输出为 0 V;设置为 10 的模式是 CMPRX=i 的递增,而令输出 High 脉冲宽度递减,因此其平均电压会下降。AMPnACT 设置为 01,则随着 CMPRx 的递增而比较输出较宽

的脉冲宽度,因此其平均电压会上升,这时 ACTRA 控制码为 0000 0000 1001 0000,只需用到 PWM4~PWM3 的 CMPR2 作递加设置。当转换到第二象限时 PWM4=0=A(00),PWM3=B 递减(上桥 01),PWM2=$\bar{A}$(10 下桥)递增,PWM1=0=$\bar{B}$(00),故其控制 ACTRA 码转为 0000 0000 0001 1000,而使用到 CMPR2 及 CMPR1 二个比较寄存器值的设置,比较控制输出脉冲宽度的变化。以此类推,则第三象限时,其 ACTRA=0000 0000 0000 1001;第四象限时为 ACTRA=0000 0000 1000 0001。程序 MIC_STEP.c 如下:

```
/**********MIC_STEP.c ***** 步进马达微步实验范例***********/
/* PWM6(PB3) = A, PWM5(PB2) = B, PWM4(PB1) = Ā, PWM3(PB0) = B̄ */
/*************************************************************/
#include "f2407regs.h"
#define CPUCLK 40000000      /* CPUCLK = 20 MHz */
#define PERIOD CPUCLK/1000   /* 每相频率 1 000 Hz/128 */
int i;
void main()
{
 InitCPU();
 ACTRA = 0x0000;
 MCRA = 0x0fc0;        /* 0000 1111 1100 0000
               11     1 = PWM6(IOPB3)
               10     1 = PWM5(IOPB2)
               9      1 = PWM4(IOPB1)
               8      1 = PWM3(IOPB0) */

 SCSR1 = 0x0004;       /* 0000 0000 0000 0100
               11~9 CLK_PS2~0 = 000CPUCLK = 外频×4 倍 = 40 MHz
               2    EVA CLKEN = 1    允许 EVA 模块时钟 */
 COMCONA = 0x8200;     /* 1000 0010 0000 0000
               15      CENABLE = 1          比较器允许
               14~13   CLD1~0 = 00          T1 定时溢出时(TxCNT = 0)CMPRx 重新载入
               12      SAENABLE = 0         禁止空间向量 PWM 模式(SPWM)
               11~10   ACTRLD1~0 = 00       T1 定时溢位时, ACTR 重新载入
               9       FCOMPOE = 1          全功能比较器输出允许 */
 T1CNT = 0;   /* 清除定时器 1 计数值 */
 T1PR = PERIOD;   /* T1PR = 20 kHz */

 T1CON = 0x1040;       /* 0001 0000 0100 0000
               12~11   TMODE = 10           10 = 连续加数模式
               10~8    TPS2~0 = 000         TIME_CLK = CPUCLK/1
               7       TSWT1 = 0            使用本身的 TENABLE bit
               6       TENABLE = 1          允许定时
               5~4     TCLKS1~0 = 00        选择内部时钟成定时器
               3~2     TCLD1~0 = 00         计数 = 0 时,再载入
               1       TECMPR = 0           禁止 T1CMP 输出
               0       SELT1PR = 0,         使用本身的周期寄存器
```

```c
*/while(1)
{
    ACTRA = 0x0090; /* 1001 0000 0000 PWM6 = Active High PWM5 = Active Low
    PWM4 - 0 = Low */
    for(i = 0; i<20000 ; i+= 200) /* 每相分成 100 步 */
    { CMPR2 = i;Delay(100L); }
/* PWM6 随着 i 值的递增其脉冲宽度递减,但 PWM5 却递增 */
    ACTRA = 0x0018;
/* 0001 1000 0000 PWM6 = 0 PWM5 = Active Low PWM4 = Active High PWM3 - 0 = 0 */
    for(i = 0; i<20000 ; i+= 200) /* 每相分成 100 步 */
    { CMPR1 = i;CMPR2 = i;Delay(100L); }
/* PWM5 随着 i 值的递增其脉冲宽度递增,但 PWM5 却递减 */
    ACTRA = 0x0009;
/* 0000 1001 0000 PWM4 = Active High PWM3 = Active Low PWM(6,5)2 - 0 = Low */
    for(i = 0; i<20000 ; i+= 200) /* 每相分成 100 步 */
    { CMPR1 = i;Delay(100L); }
/* PWM4 随着 i 值的递增其脉冲宽度递减,但 PWM3 却递增 */
    ACTRA = 0x0081; /* 1000 0001 0000 PWM5 - 4 = 0 PWM3 = Active Low PWM6 = Active High PWM2 - 0 = 0 */
    for(i = 0; i<20000 ; i+= 200) /* 每相分成 100 步 */
    { CMPR1 = i;CMPR2 = i;Delay(100L); }
/* PWM3 随着 i 值的递增其脉冲宽度递增,但 PWM6 却递减 */
}
} /* 主程序退出 */
```

(一) 实验程序说明

(1) 编写上述程序 MIC_STEP.c,编译后载入 SN – DSP2407 主实验模板中。

注意:本实验的 CPLD 外设使用 DSPSKYI7.tdf 必须预先载入。

(2) 载入程序后开始执行,以多轨迹示波器观察记录 PA6、PA7(PWM1、PWM2)及 PB0~PB1(PWM3~PWM4)输出的脉冲宽度及负荷周期分别如何?对应将步进马达变换输出脉冲的速度(即步进马达运转速度)与其对应输出脉冲宽度比(负荷周期值)关系如何?试讨论实验测试记录。

(3) 试分别单步执行及设置断点来观察记录其操作情形及工作原理,并讨论实验测试记录。

(4) 取一个 5 V/500 mA 或小一点的步进马达,以 ULN2803 输出驱动,其驱动的开集极电压加到 12 V 时,将马达接上其运转最高速度如何?可否精确地执行 100 个微步分割?为什么?马达可运转到 100 Hz 吗?降低微步数后,重新编辑、编译并载入实验测试,微步数精确与否?为什么?如何改善?试讨论实验测试记录。

实验 6.8 EV 捕捉器作为脉冲宽度的实时精确测量 C 程序应用

若要实时精确地测量外部输入脉冲,则必须使用捕捉器来实时地计数测量。为方便实验起见,利用 T1PWM(PB4)来产生方波后,输入到 CAP1(PA3)来实时地捕捉作为时钟宽的精确实时测量。由于运算量极小,因此以 C 语言来编辑执行不会影响速度及精确度,测量到的周期或脉冲宽度值则输出到 CPLD 的 I/O 外设的 4 位七段 LED 显示。列举程序 CAP1.c 说明如下:

```c
/********CAP1.c ****** 捕捉器的应用示例 ********************/
/* 功能:测试输入方波的周期时间 */
/* 步骤:(1) T1PWM(PB4)输出方波,由 CAP1(PA3)检测脉冲的周期时间 */
/*      (2) T1PWM(PB4/JP17 的 P13)连接 CAP1(PA3/JP17 的 P4) */
/*      (3) 将所检测捕捉的脉冲宽度值输出到 CPLD 外设 4 位七段 LED 显示 */
/***********************************************************/
#include "f2407regs.h"
#include "SN2407.H"
#define PERIOD 1000       /* 周期时间 = 1 000 × TIME_CLK */
unsigned int  value1,value2;
void main(void)
{
 InitCPU();
 SCSR1 = 0x0204;      /* 0000 0010 0000 0100
                        11~9  CLK_PS2~0 = 001  CPUCLK = 外频×2 倍
                        2     EVA CLKEN = 1      允许 EVA 模块时钟 */

 MCRA = 0x1008;       /* 0001 0000 0000 1000
                        12    MCRA12 = 1   T1CMP(IOPB4)引脚
                        3     MCRA3 = 1              CAP1(IOPA3)引脚 */

 GPTCONA = 0x0041;    /* 0000 0000 0100 0001
                        6     TCOMPOEA = 1   允许 T1CMP 及 T2CMP 引脚输出
                        1~0   T1PIN = 01     设置 T1CMP 引脚输出状态为 active low */
 T1PR = PERIOD;       /* 设置 T1 周期时间 */
 T1CMPR = PERIOD/2;   /* 设置 T1 比较时间 = 半周期 */
 T1CNT = T2CNT = 0;   /* T1 及 T2 计数器由 0 开始 */
 T1CON = 0x1002;      /* 0001 0000 0000 0010 禁止定时 */
 T1CON = 0x1042;      /* 0001 0000 0100 0010
                        12~11 TMODE = 10           连续加数模式
                        10~8  TPS2~0 = 000         TIME_CLK = CPUCLK/1
                        7     TSWT1 = 0            使用本身的 TENABLE bit
                        6     TENABLE = 1          允许开始定时
                        5~4   TCLKS1~0 = 00        选择内部时钟成定时器
                        3~2   TCLD1~0 = 01         计数 = 0 或 T1PR 时,再载入
                        1     TECMPR = 1           允许 T1CMP 输出
                        0     SELT1PR = 0,         使用本身的周期寄存器 */
 T2CON = 0x1000;      /* 0001 0000 0000 0000 禁止定时 */
 T2CON = 0x1040;      /* 0001 0000 0100 0000
                        12~11 TMODE = 10           连续加数模式
                        10~8  TPS2~0 = 000         TIME_CLK = CPUCLK/1
                        7     TSWT1 = 0            使用本身的 TENABLE bit
                        6     TENABLE = 1          允许开始定时
                        5~4   TCLKS1~0 = 00        选择内部时钟成定时器
                        3~2   TCLD1~0 = 00         计数 = 0 再载入
                        1     TECMPR = 0           禁止 T2CMP 输出
```

```
                          0        SELT1PR = 0,          使用本身的周期寄存器 */
CAPCONA = 0x2040;   /* 0010 0000 0100 0000
                          15       CAPRES = 0            清除 CAP 寄存器
                          14～13   CAPQEPN = 01          允许 CAP1～2 捕捉及 EQP 功能
                          7～6     CAP1EDGE = 01         CAP1 输入正边沿触发 */
while(1)
  {
    while ((CAPFIFOA & 0x0200) == 0);  /* 表示 CAP1FIFO 已存入两个触发时间 */
    value1 = CAP1FIFO;                 /* 取出第一个触发时间 */
    value2 = CAP1FIFO;                 /* 取出第二个触发时间 */
                                       /* 以下设中断点,以动态执行观察周期间的变化 */
    SEGD7L = value1 - value2;
/* 捕捉结果 value2 - value1 低 8 位值输出到 CPLD 的七段 LED 显示 */
    SEGD7H = (value1 - value2)≫8;
/* value2 - value1 右移 8 位将高 8 位输出到 CPLD 的七段 LED 显示 */
    PEDATDIR = (value1 - value2) | 0xFF00;
/* 将捕捉值的低 8 位输出到 PE 显示 */
  }
}


/*************SETUP for the WSGR - Register**************/
#define BVIS    0    /* 10～9 : 00  Bus visibility OFF */
#define ISWS    7    /* 8～6  : 111  7 Waitstates for IO */
#define DSWS    1    /* 5～3  : 001  1 Waitstates  data */
#define PSWS    1    /* 2～0  : 001  1 Waitstaes code */
/**********************************************************/
void Delay(unsigned long count);
/*--------------------------------------------------------*/
/*------Disable interrupts --- */
/*--------------------------------------------------------*/
void inline disable(void)
{
        asm(" setc INTM");
}
```
IO.c 程序如下
```
/*--- Enable interrupts ---*/
void inline enable()
{       asm(" clrc INTM");}
/*--- Disable watcdog function ---*/
void watchdog_reset(void)
{
    WDKEY = 0x5555;
    WDKEY = 0xAAAA;
}
/*--- Do noting interrupts ---*/
```

```c
void interrupt nothing()
{       return; }
/* --- delay fuction --- */
void Delay(unsigned long count)
{
    while(count > 0)
    count -- ;
}

/* --- CPU 起始设置控制 --- */
void InitCPU(void)
{
    asm(" setc INTM");        /* Disable all interrupts */
    asm(" clrc SXM");         /* Clear Sign Extension Mode bit */
    asm(" clrc OVM");         /* Reset Overflow Mode bit */
    asm(" clrc CNF");         /* Configure block B0 to data mem */
    watchdog_reset();         /* 禁止看门狗定时 */

WSGR = ((BVIS≪9) + (ISWS≪6) + (DSWS≪3) + PSWS);
    /* set the external waitstates WSGR */
WDCR = ((WDDIS≪6) + (WDCHK2≪5) + (WDCHK1≪4) + (WDCHK0≪3) + WDSP);
        /* Initialize Watchdog - timer
*/SCSR1 = ((CLKSRC≪14) + (LPM≪12) + (CLK_PS≪9) + (ADC_CLKEN≪7) + (SCI_CLKEN≪6) + (SPI_CLKEN≪5)
        + (CAN_CLKEN≪4) +
        (EVB_CLKEN≪3) + (EVA_CLKEN≪2) + ILLADR);
     /* Initialize SCSR1 */     /* 定义 IOPE 及 IOPF */
MCRC = ((MCRC13≪13) + (MCRC12≪12) + (MCRC11≪11) + (MCRC10≪10)
    + (MCRC9≪9) + (MCRC8≪8) + (MCRC7≪7) + (MCRC6≪6)
    + (MCRC5≪5) + (MCRC4≪4) + (MCRC3≪3) + (MCRC2≪2)
    + (MCRC1≪1) + MCRC0);
            /* Initialize master control register C */
    /* 定义 IOPC 及 IOPD */
MCRB = ((MCRB8≪8) +
    (MCRB7≪7) + (MCRB6≪6) + (MCRB5≪5) + (MCRB4≪4) +
    (MCRB3≪3) + (MCRB2≪2) + (MCRB1≪1) + MCRB0);
                /* Initialize master control register B */
    /* 定义 IOPA 及 IOPB */
MCRA = ((MCRA15≪15) + (MCRA14≪14) + (MCRA13≪13) + (MCRA12≪12) +
    (MCRA11≪11) + (MCRA10≪10) + (MCRA9≪9) + (MCRA8≪8) +
    (MCRA7≪7) + (MCRA6≪6) + (MCRA5≪5) + (MCRA4≪4) +
    (MCRA3≪3) + (MCRA2≪2) + (MCRA1≪1) + MCRA0);
}
```

(一) 实验程序说明

(1) 编写上述程序 CAP1.c,编译后载入 SN - DSP2407 主实验模板中。

注意：必须将实验板 JP17 中的 T1PWM(PB4)连接到 CAP1(PA3)，本实验的 CPLD 外设使用 DSPSKYI7.tdf 必须预先载入。

（2）载入程序后开始执行，以多轨迹示波器观察记录 T1PWM 输出的脉冲宽度及负荷周期分别如何？对应其 4 位七段 LED 显示值如何？试讨论实验测试记录。

（3）试分别单步执行及设置断点来观察记录其操作情形及工作原理，并讨论实验测试记录。

（4）试改变 T1PWM 的脉冲周期，重新编辑、编译并载入，讨论实验测试记录。

（5）捕捉器的捕捉事件不使用连续检测捕捉中断标志，而用中断自动取得新的捕捉值显示时，其程序修改如下，试讨论实验测试记录。

```
/***** CAP2.c **** CAP 中断实验范例 *********************/
/* 功能：以 CAP1INT 中断方式测试输入方波的周期时间 */
/* 步骤：(1) T1PWM(PB4)输出方波，由 CAP1(PA3)检测脉冲的周期时间 */
/*       (2) T1PWM(PB4/JP17 的 P13)连接 CAP1(PA3/JP17 的 P4) */
/*       (3) 将所检测捕捉的脉冲宽度值输出到 CPLD 外设 4 位七段 LED 显示 */
/***********************************************************/
#include "f2407regs.h"
#include "SN2407.H"
#define PERIOD 1000       /* 频率 = 1 000 × TIME_CLK */
unsigned int value1,value2;
void main(void)
{
 InitCPU();
 SCSR1 = 0x0204;    /* 0000 0010 0000 0100
                      11～9  CLK_PS2～0 = 000    CPUCLK = 外频 × 2 倍
                      2      EVA CLKEN = 1       允许 EVA 模块时钟 */

 MCRA = 0x1008;     /* 0001 0000 0000 1000
                      12     MCRA12 = 1          T1CMP(IOPB4)引脚
                      3      MCRA3 = 1           CAP1(IOPA3)引脚 */
 GPTCONA = 0x0041;  /* 0000 0000 0100 0001
                      6      TCOMPOEA = 1        允许 T1CMP 引脚输出
                      1～0   T1PIN = 01          设置 T1CMP 引脚输出状态为低电平有效 */
 T1PR = PERIOD;     /* 设置 T1 周期时间 */
 T1CMPR = PERIOD/2; /* 设置 T1 比较时间 = 半周期 */
 T1CNT = T2CNT = 0; /* T1 及 T2 计数器由 0 开始 */
 T1CON = 0x1002;    /* 0001 0000 0000 0010 禁止定时 */
 T1CON = 0x1042;    /* 0001 0000 0100 0010
                      12～11  TMODE = 10         连续加数模式
                      10～8   TPS2～0 = 000      TIME_CLK = CPUCLK/1
                      7       TSWT1 = 0          使用本身的 TENABLE bit
                      6       TENABLE = 1        允许开始定时
                      5～4    TCLKS1～0 = 00     选择内部时钟成定时器
                      3～2    TCLD1～0 = 01      计数 = 0 或 T1PR 时，再载入
                      1       TECMPR = 1         允许 T1CMP 输出
                      0       SELT1PR = 0        使用本身的周期寄存器 */
```

```
T2CON = 0x1000          /* 0001 0000 0000 0000 禁止定时 */
T2CON = 0x1040;         /* 0001 0000 0100 0000
                12~11   TMODE = 10          连续加数模式
                10~8    TPS2~0 = 000        TIME_CLK = CPUCLK/1
                7       TSWT1 = 0           使用本身的 TENABLE bit
                6       TENABLE = 1         允许开始定时
                5~4    TCLKS1~0 = 00       选择内部时钟成定时器
                3~2    TCLD1~0 = 01        计数 = 0 或 T2PR 时,再载入
                1       TECMPR = 0          禁止 T2CMP 输出
                0       SELT1PR = 0,        使用本身的周期寄存器 */
CAPCONA = 0x2040;       /* 0010 0000 0100 0000
                15      CAPRES = 0          复位 CAP 寄存器
                14~13  CAPQEPN = 01        允许 CAP1~2 捕捉及 EQP 功能
                9       CAP12TSEL = 0       CAP1~2 = 0 定时器选择定时器 2
                7~6    CAP1EDGE = 01       CAP1 输入正边沿触发 */
IFR = 0xFFFF;           /* 清除所有中断标志位 */
IMR = 0x0008;           /* 允许 INT4 中断 */
EVAIFRC = 0xFFFF;       /* 清除 CAP1INT 中断标志位 */
EVAIMRC = 0x0001;       /* 允许 CAP1INT 中断 */
enable();               /* 允许可产生中断 */
while(1);               /* 空转等待中断产生 */
}

void interrupt INT4_ISR()           /* INT4 中断子程序 */
{
    if(PIVR = 0x33)                 /* 检查是否为 CAP1INT 中断 */
    {
        value1 = CAP1FIFO;          /* 取出第一个触发时间 */
        value2 = CAP1FIFO;          /* 取出第二个触发时间 */
                        /* 以下设中断点,以动态执行观察 value 的变化 */
        SEGD7L = value2 - value1;
/* 捕捉结果 value2 - value1 低 8 位值输出到 CPLD 的七段 LED 显示 */
SEGD7H = (value2 - value1)>>8;
/* value2 - value1 右移 8 位将高 8 位输出到 CPLD 的七段 LED 显示 */
        PEDATDIR = (value2 - value1) | 0xFF00;
/* 将捕捉值的低 8 位输出到 PE 显示 */
    }
    EVAIFRC = 0xFFFF;
    enable();                       /* 重新允许可产生中断 */
}
```

实验 6.9　EV 四象限 QEP 实时定位计数测量 C 程序应用

EV 的 QEP 定位计数检测电路,是 TI 公司的 C2000 系列芯片的特点。其计数速度相当快速,对于多轴的定位或定角度控制检测是相当重要且方便的。本实验程序主要以 C 语言来编辑 QEP 的定位计数检测。CPLD 外设的 DSPSKYI7.tdf 电路除了具有多组数字扩充外设外,还有

硬件的 4 位七段 LED 扫描显示以及键盘扫描中断读取,并有编码器脉冲产生电路。以 EPF8282ALC84-4 作为 I/O 外设时,由其 P83/P84 引脚端输出 QEP 时钟,接入 QEP1(PA3)及 QEP2(PA4)就可进行 QEP 位置检测计数,并输出到 4 位七段 LED 显示。ENCODE1.c 程序如下:

```c
/**********ENCODE1.c ******转轴编码器的应用范例*******************/
/* 功能:测试 QEP 计数功能 */
/* 步骤:(1) CPLD 接口 P83 及 P84(SPI_IOP)输入编码器脉冲接到 JP17 的 QE1、QE2 */
/*      (2) 由 R12(FRQ_ADJ)调整 QEPA 操作速度,由 SWP4(PS79)设置运转方向 */
/*      (3) CPLD 4 位七段 LED 显示 QEP1、2 检测值,PE0~PE7 显示其低 8 位值 */
/*****************************************************************/
#include "f2407regs.h"
#include "SN2407.h"
unsigned int value = 0;
void main(void)
{
InitCPU();
 SCSR1 = 0x0204;        /* 0000 0020 0000 0100
                11~9   CLK_PS2~0 = 001 CPUCLK = 外频×2 倍
                2      EVA CLKEN = 1     允许 EVA 模块时钟 */
 MCRA = 0x0018;         /* 0000 0000 0001 1000
                4      MCRA4 = 1         QEP2(IOPA4)引脚
                3      MCRA3 = 1         QEP1(IOPA3)引脚 */
 GPTCONA = 0x0000;      /* TCOMPOEA = 0,禁止 T1CMP 及 T2CMP */
 T2PR  = 0xFFFF;        /* 设置 T2 频率 */
 T2CNT = 0;             /* T2 计数器由 0 开始 */
 T2CON = 0xD830;        /* 1101 1000 0011 0000 禁止定时 */
 T2CON = 0xD870;        /* 1101 1000 0111 0000
                15~14  仿真器操作 = 11
                12~11  TMODE = 11        方向式加减数模式
                10~8   TPS2~0 = 000      TIME_CLK = 外部 CLK/1
                7      TSWT1 = 0         使用本身的 TENABLE bit
                6      TENABLE = 1       允许开始定时
                5~4    TCLKS1~0 = 11     选择外部时钟输入
                3~2    TCLD1~0 = 00      计数 = 0 时,再载入
                1      TECMPR = 0        禁止 T2CMP 输出
                0      SELT1PR = 0       使用本身的周期寄存器 */
CAPCONA = 0x2000;/* 0010 0000 0000 0000
                15     CAPRES = 0        复位 CAP 寄存器
                14~13  CAPQEPN = 01      允许 CAP1、2 捕捉及 QEP 功能 */
while(1)
  {
    SEGD7L = T2CNT;
/* QEP 计数值 T2CNT 低 8 位值输出到 CPLD 的七段 LED 显示 */
    SEGD7H = T2CNT>>8;
/* QEP 计数值 T2CNT 右移 8 位,将高 8 位输出到 CPLD 的七段 LED 显示 */
    PEDATDIR = T2CNT | 0xFF00;
/* 将 T2CNT 值的低 8 位输出到 PE 显示 */
  }
}
```

第6章 事件处理模块

(一) 实验程序说明

(1) 编写上述程序 ENCODE1.c,编译后载入 SN-DSP2407 主实验模板中。

注意:必须将实验板 JP17 中的 CAP1(PA3)及 CAP2(PA4)与 CPLD 的 JP22 的 SCI_IOP 端 P83、P84 连接引入 QEP 脉冲输入,本实验的 CPLD 外设使用 DSPSKYI7.tdf 必须预先载入。

(2) 载入程序后开始执行,以多轨迹示波器观察记录 P83、P84 输出的脉冲宽度及负荷周期分别如何?调整 R12 可变电阻,以便改变编码器 QEP 的频率,其波形如何?按压 SWP4(PS79) 改变 QEP 脉冲方向如何?对应 4 位七段 LED 显示值如何?试讨论实验测试记录。

(3) 试分别单步执行及设置断点来观察记录其操作情形及工作原理,并讨论实验测试记录。

(4) 试改变 R12 及 SWP4(PS79)的 QEP 脉冲,并讨论实验测试记录。

(5) 由于 F2407 具有双组的 QEP 计数器,将实际的编码器(VR 型)脉冲输出加入 QEP3 (PE7)及 QEP4(PF0)检测计数,输出到 CPLD 的 PORT(8001)的 8 个 LED 及 PE0～PE6 组成 15 位进行显示。其程序修改如下,试讨论实验测试记录。

```
/******ENCODE2.c****测试两轴 QEP 计数功能*********************/
/* 功能:测试两轴 QEP 计数功能 */
/* 步骤:(1) CPLD 接口 P83 及 P84(SPI_IOP)输入编码器脉冲接到 JP17 的 QE1、QE2 */
/*     (2) 由 R12(FRQ_ADJ)调整 QEPA 的操作速度,由 SWP4(PS79)设置运转方向 */
/*     (3) QEP3(PE7)及 QEP4(PF0)检测计数需要以编码器(VR 型)脉冲直接输入 */
/*     (4) 由 CPLD 的 4 位七段 LED 显示 QEP1、2 检测值,而 QEP3、4 则由 CPLD 的 8 个 LED 及 PE0～PE6 显示
           其低 15 位计数值 */
/**************************************************************/
#include "f2407regs.h"
#include "SN2407.h"
unsigned int value1 = 0, value2 = 0;
void main(void)
{
 InitCPU();
 SCSR1 = 0x000C;    /* 0000 0000 0000 1100
              11～9  CLK_PS2～0 = 000  CPUCLK = 外频×4 倍
              3     EVB CLKEN = 1    允许 EVB 模块时钟
              2     EVA CLKEN = 1    允许 EVA 模块时钟 */
 MCRA = 0x0018;     /* 0000 0000 0001 1000
              4     MCRA4 = 1        QEP2(IOPA4)引脚
              3     MCRA3 = 1        QEP1(IOPA3)引脚 */
 MCRC = 0x0180;     /* 0000 0001 1000 0000
              8     MCRC8 = 1        QEP4(IOPF0)引脚
              7     MCRC7 = 1        QEP3(IOPE7)引脚 */
 GPTCONA = GPTCONB = 0x0000;   /* TCOMPOEA/B = 0,禁止 TxCMP */
 T2PR = T4PR = 0xFFFF;         /* 设置 T2 周期时间 */
 T2CNT = T4CNT = 0;            /* T2 及 T4 计数器由 0 开始 */
 T2CON = T4CON = 0xD830;       /* 1101 1000 0011 0000 禁止定时 */
 T2CON = T4CON = 0xD870;       /* 1101 1000 0111 0000
              15～14   仿真器操作 = 11
              12～11   TMODE = 11       方向式加减数模式
              10～8    TPS2～0 = 000    TIME_CLK = 外部 CLK/1
              7        TSWT1 = 0        使用本身的 TENABLE bit
              6        TENABLE = 1      允许开始定时
              5～4     TCLKS1～0 = 11   选择外部时钟输入
```

```
                          3～2      TCLD1～0 = 00          计数 = 0 时,再载入
                          1        TECMPR = 0             禁止 TxCMP 输出
                          0        SELT1PR = 0            使用本身的周期寄存器 */
CAPCONA = CAPCONB = 0x2000;   /* 0010 0000 0000 0000
                          15       CAPRES = 0             复位 CAP 寄存器
                          14～13   CAPQEPN = 01           允许 EQP 功能 */
while(1)
 {
  SEGD7L = T2CNT;
/* QEPA 计数值 T2CNT 低 8 位值输出到 CPLD 的七段 LED 显示 */
  SEGD7H = T2CNT≫8;
/* QEPA 计数值 T2CNT 右移 8 位,将高 8 位输出到 CPLD 的七段 LED 显示 */
  DSP7DR = T4CNT ≫7;
/* QEPB 计数值 T4CNT 右移 7 位,将高 8 位输出到 CPLD 的 LED 显示 */
  PEDATDIR = (T4CNT & 0x007F) | 0x7F00;
/* 将 T4CNT 值的低 7 位输出到 PE 显示 */
 }
}
```

6.12 CPU 的中断及其空闲模式操作

SCSR1 控制寄存器中 D13～D12 的 LPM1～LPM0 这两位设置 DSP 执行省电的 IDLE 空闲指令时,CPU 及其对应外设操作状态如表 6-34 所列。空闲时可由系统 RS 复位或 NMI 唤醒,当然也可由那些没有被关掉操作的外设接口中断唤醒。

为了降低工作电流或在 ADC 转换电路中避免干扰,可采用 IDLE 的空闲状态,关掉不必要的外设操作,等 ADC 转换完成而中断执行再唤醒 CPU 正常操作,或经过外部的 XINT1、XINT2 来启动中断而唤醒 CPU 恢复正常的操作。

表 6-34 F2407 执行空闲模式的 LPM1～0 设置状态及其工作电流

工作模式	电流名称	SCSR1 LPM[1:0]	CPU CLK	SYS CLK	WD CLK	锁相 PLL	振荡 OSC	内部 ROM	一般电流 /mA	最大电流 /mA	唤醒条件
正常工作	IDD	xx	操作	操作	操作	操作	操作	操作	75	100	
	ICCA								10	15	
IDLE1 LPM0	IDDIDD	0 0	没有操作	操作	操作	操作	操作	操作	70	80	复位中断
	ICCA								10	15	
IDLE2 LPM1	IDD	0 1	没有操作	没有操作	操作	操作	操作	操作	35	45	复位外部中断
	ICCA								0	0	
HOLD LPM2	IDD	1 x	没有操作	没有操作	没有操作	没有操作	没有操作	没有操作	0.2	0.4	复位外部中断
	ICCA								0	0	

实验 6.10 用 C 语言编写的 CPU 空闲模式操作实验

IDLE 指令的执行,会令 CPU 进入空闲的省电状态。下面列举的实验对应将 PE 端口输出由 0 计数递增加 1 并显示;当计数到 6 时,就执行 IDLE 指令进入 IDLE2 的空闲状态,这时按压 CPLD 外设的键将产生一个负沿的脉冲,接入 XINT1 引脚而中断 CPU 唤醒空闲状态;每中断一次就令 I 计数器加 1,并输出到 CPLD 的 I/O 外设 4 位七段 LED 显示。IDLE.c 程序如下:

```c
/************ IDLE.c ********ILDE空闲唤醒范例******************/
/* 功能：PE由0计数到6执行IDLE省电空闲指令,等待外部XINT1负沿中断唤醒 */
/* 步骤：(1) 由XINT1(IOPA2)引脚(CPLD键盘任一个键)将产生触发中断信号。唤醒DSP的IDLE空闲状态,
          中断服务程序将令CPLD的4位七段LED递增加1 */
/*     (2) 快速执行,输入中断信号,观察变量PE及4位七段LED的显示变化 */
/******************************************************************/
#include "f2407regs.h"
#include "SN2407.H"
#define Xint1   0x01                /* 定义XINT1中断差距量的名称 */
int i = 0;                           /* 定义整数计数 */
void main()
{
  InitCPU();                         /* 定义CPU的工作环境 */
  MCRA = 0x0004;                     /* 0000 0000 0000 0100 MCRA2=1 定义XINT1(IOPA2)引脚 */
  SCSR1 = 0x1000;                    /* 0001 0000 0000 0000 省电模式为IDLE2
                                        13~12 LPM1~0 = 00(idle1),01(idle2),1x(HALT) */
  XINT1CR = 0x8001;                  /* 1000 0000 0000 0001
                                        15      XINT1 Flag = 1        清除XINT1 Flag标志位
                                        2       XINT1 Polarity = 0    XINT1引脚的输入负沿触发
                                        0       XINT1 Enable = 1      允许XINT1中断输入 */
  IFR = 0xFF;                        /* 清除所有中断标志位 */
  IMR = 0x01;                        /* 0000 0001  允许INT1中断 */
  SEGD7L = 0x00 ;                    /* CPLD的4位七段LED显示起始值为0000H */
  SEGD7H = 0x00 ;
  enable();                          /* 允许可产生中断 */
  while(1)                           /* 重复执行 */
    {
      for (i=0; i<7; i++)            /* 设置计数小于7 */
      { PEDATDIR = i | 0xFF00 ;      /* 设中断点,观察PE变化 */
        Delay(30000); }              /* 延时 */
        asm(" IDLE");                /* 执行IDLE指令空闲等待唤醒 */
     }
}
void interrupt INT1_ISR()            /* INT1中断子程序 */
{
  if( PIVR == Xint1)                 /* 检查是否为XINT1中断源 */
                                     /* 若是XINT1中断,则执行下列程序 */
     {
       i++;                          /* 设中断点,观察变量i变化 */
       SEGD7L = i ;                  /* 令CPLD的低2位七段LED显示i的低8位值 */
       SEGD7H = i >> 8 ;             /* 令CPLD的高2位七段LED显示i的高8位值 */
       XINT1CR = XINT1CR | 0x8000;   /* 清除标志位 */
       enable();                     /* 清除IMR重新允许中断 */
     }
}
```

(一) 实验程序说明

(1) 编写上述程序IDLE.c,编译后载入SN-DSP2407主实验模板中。

注意：本实验的CPLD外设使用DSPSKYI7.tdf必须预先载入。

(2) 载入程序后开始执行,观察PE输出的LED是否自动计数到6就进行IDLE,此时的CPU工作电流如何?对应4位七段LED显示值如何?试讨论实验测试记录。

(3) 试以混合式(Mixed Mode)分别单步执行及设置断点,观察记录其操作情形及工作原

理，并讨论实验测试记录。

(4) 按压实验仪器键盘的任何一个键，此时的 XINT1 中断向量地址对应的 4 位七段 LED 显示值如何？PE 的 LED 显示是否又由 0 重新计数到 6 再进入空闲状态，讨论上述实验测试记录。

(5) 以 C 语言执行中断服务程序时，必须先将所有标志、ACC 及辅助寄存器等存入存储器内。回主程序前又取回的子程序 I$$SAVE 及 I$$REST 程序如下：

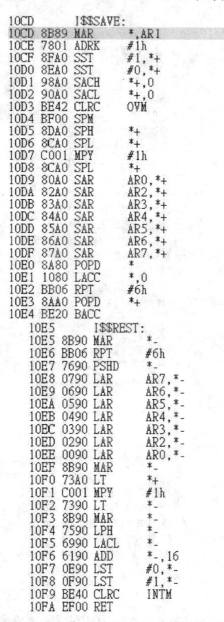

实验 6.11　用 C 语言编写的 CPU 中断（NMI、INTR、TRAP）操作实验

软件设置的中断有 NMI 不可屏蔽中断，INTR8～15 以及 TRAP 指令，分别执行不同的向量地址。下面的示例程序如同实验 6-10，令 PE 的 LED 显示及 4 位七段 LED 显示的高 2 位数显示值，递加到 15 后执行"NMI"或"TRAP"或"INTR8～15"等软件指令，对应中断后跳到其中断向量服务

程序位置,进行 j 变量对应输出,并在 4 位七段 LED 低 2 位数显示。下面的 NMI.c 示例程序中,可将 asm"NMI"指令更换成"TRAP"或"INTR9"等配合不同的中断向量服务程序执行即可。

```c
/********** NMI.c ********* NMI 指令中断工作示例 **********/
/* 功能:PE 及 CPLD 低 2 位七段 LED 输出显示 = 0~15 次产生 NMI/TRAP 软件中断 */
/* 对应令 CPLD(8001H/CDSP01 端口)及其高 2 位七段 LED 显示输出递加 */
/* 步骤:快速执行,观察 PE、CPLD 接口 CDSP01 及 4 位七段 LED 显示变化 */
/********************************************************/
#include "f2407regs.h"
#include "SN2407.H"
int i,j = 0;

void main()
{
  PEDATDIR = 0xFF00;       /* 端口 E 输出初值 */
  InitCPU();               /* 定义 CPU 的工作环境 */
  while(1)                 /* 重复执行 */
  {
    for (i = 0; i<16; i++) /* 设置计数小于 16 */
    {
      PEDATDIR = i | 0xFF00 ; /* 观察 PE 输出 LED 变化 */
      SEGD7L = i;
      Delay(60000);        /* 延迟 */
    }
    asm(" NMI");           /* 执行 NMI 指令中断 */
  }
}
/*————————————————————————*/
/*- NMI 中断子程序,执行 NMI 指令则进入中断子程序 -*/
/*————————————————————————*/
void interrupt NMI_ISR(void)
{
  j++;
  CDSP01 = j;              /* 观察 PORT(8001H)变化 */
  SEGD7H = j;              /* 观察高 2 位数的七段 LED 显示变化 */
}
```

(一)实验程序说明

(1)编写上述程序 NMI.c,编译后载入 SN-DSP2407 主实验模板中。

注意:本实验的 CPLD 外设使用 DSPSKYI7.tdf 必须预先载入。

(2)载入程序后开始执行,观察 PE 及高 2 位七段 LED 是否自动计数到 15 就进行 NMI 指令。执行对应中断服务程序后,对应低 2 位七段 LED 显示值如何?试讨论实验测试记录。

(3)试以混合式(Mixed Mode)分别单步执行及设置断点来观察记录其操作情形及工作原理,并讨论实验测试记录。

(4)更改 asm"NMI"成 asm"TRAP"或 asm"INTR9"等指令,执行其对应中断向量和服务子程序,重新编辑、编译并再执行程序,再讨论上述实验测试记录。

实验 6.12 用 C 语言编写的 ACTRA 桥式直流马达运转控制实验

利用全功能的 PWM1~PWM6 或 PWM7~PWM12 来驱动桥式直流马达运转控制,其中仅使用到一个 TIMER1 或 TIMER3。本实验中使用 PWM3~PWM6 来驱动单电源的桥式驱动马达作速度及正逆转控制，电路如图 6-27 所示。利用 PE0 的位置输入设置为 Hi 时启动马达开始递增速度的正转，直到最高速度后停止一段时间，接着便转为极高速逆转，且递减其速度，直到 0 而停止，停一段时间后就再跳回起始的正转控制。控制程序示例及其对应说明如下：

```c
/****** ACTR_MOTOR.c ***** 直流马达速度及正逆转实验示例 **********/
/* PWM3、4(PB0、1) = 驱动马达正转，PWM5、6(PB2、3) = 驱动马达逆转，
/*  PF0 控制马达启动运转
/* 马达自动由正转速度递增到最大速度，转为递减速度直到停止，并停止一段时间 */
/* 随后马达转为逆转速度，也是递增到最大速度后转为递减速度直到停止
/* 停止一段时间后再重头检测启动与否？并循环再运转 */
/*****************************************************************/
#include "f2407regs.h"
#include "SN2407.H"
#define  TPERIOD  5000       /* PWM 周期时间 = 5 kHz */
void init_PWM(void);         /* 起始设置 PWM 模块控制 */
void main()
{
 unsigned int i;
 InitCPU();                  /* 由 IO.c 程序所编写的 CPU 起始设置 */
 watchdog_reset();           /* 清除看门狗定时 */
 ACTRA = 0x0000;             /* 禁止所有的 PWM 输出 */
 SCSR1 = 0x0004;             /* 0000 0000 0000 0100
                                11~9  CLK_PS2~0 = 000 CPUCLK = 外频×4 倍 = 40 MHz
                                2     EVA CLKEN = 1   允许 EVA 模块时钟 */
 PBDATDIR = 0x0FF00;         /* PB7~PB0 = 00 马达的 PWM 输出为 0 停止运转 */
 PFDATDIR = 0x0000 ;         /* 令 PF0~7 为输入端口且输入值为 00 停止运转 */
 init_PWM();                 /* 起始设置 PWM 模块控制 */
 while(1)
 {
     while ((PFDATDIR & 0x0001) == 0) /* 检测 PF0 是否为 1 而启动 */
continue;
     ACTRA = 0x0050;  /* PWM3、4 有效而 PWM5、6 无效马达正转 */
/* 0000 0101 0000 PWM3、4 = 输出 Low 有效(01) PWM5、6 = 0(00)无效强迫输出 0 */
  for (i = 0; i< TPERIOD; i++) /* PWM 比较值由 i = 0 递加到 PWM_PERIOD 值 */
  { CMPR2 = CMPR3 = i ;Delay(5000L); } /* PWM3、4 随着 i 值递增其脉冲宽度递增 */
  for (i = TPERIOD; i > 0; i--) /* PWM 比较值由 i = PWM_PERIOD 开始递减到 0 */
  { CMPR2 = CMPR3 = i ;Delay(5000L); } /* PWM3、4 随着 i 递减脉冲宽度也递减 */
     CMPR1 = 0x00;
     ACTRA = 0x0000;        /* PWM6~PWM3 = 00 强迫输出为 00 停止马达运转 */
     Delay(800000);         /* 停止运转一段时间 */
     ACTRA = 0x0500;        /* 转为 PWM5、6 有效而 PWM3、4 无效而马达逆转 */
/* 0101 0000 0000 = ACTRA */
/* PWM3、4 = 强迫输出 Low(00) PWM5、6 = 0(01)Low 有效正向 PWM 输出 */
  for (i = 0; i< TPERIOD; i++)       /* PWM 比较值 i = 0 开始递加到 PWM_PERIOD 值 */
```

第6章 事件处理模块

```
     { CMPR2 = CMPR3 = i ;Delay(5000L); }    /* PWM5、6 随着 i 值的递增其脉冲宽度递增 */
     for ( i = TPERIOD; i>0; i--)            /* PWM 比较值由 i = PWM_PERIOD 递减到 0 值 */
     { CMPR2 = CMPR3 = i ;Delay(5000L); }    /* PWM5、6 随着 i 值递减其脉冲宽度 */
     CMPR2 = CMPR3 = 0x00;                   /* 令 PWM3~PWM6 输出 0 脉冲宽度 */
     ACTRA = 0x0000;                         /* PWM6~PWM1 = 00 强迫输出为 00 停止马达运转 */
     Delay(800000);                          /* 停止运转一段时间 */
    }
}   /* 主程序退出 */

void init_PWM(void)
{
   MCRA = 0x0030;
   /* 0000 0000 1100 0000 PA6 = PWM1,PA7 = PWM2 特殊 I/O 引脚其余为 GPIO */
   COMCONA = 0x8200 ;/* 1001 0010 0000 0000
         15         CENABLE = 1    比较器允许操作
         14~13      CLD1~0 = 01 T1CNT = 0 及 T1PR 定时到时重新载入比较器值
         12         SAENABLE = 1 硬件向量空间 SVPWM 模式允许
         11~10      ACTRLD1~0 = 00 ACTR 立即载入
         9          FCOMPOE = 1 全功能比较器输出允许
         8~0        保留位 */
   T1CNT = 0x00;              /* T1 计数值清除为 0 */
   T1PR = TPERIOD ;           /* T1 的周期设置为 PWM_PERIOD = 5 kHz */
   T1CON = 0 ;                /* 禁用 T1 所有的定时操作 */
   T1CON = 0x1040;            /* 0001 0000 0100 0000
         12~11      TMODE = 10        连续加减计数模式
         10~8       TPS2~0 = 000      T1 的输入时钟 = CPUCLK/1
         7          T2SWT1 = 0        不使用 T2 启动而使用本身的启动
         6          TENABLE = 1       允许 T1 定时
         5~4        TCLKS1~0 = 00     选择内部时钟来定时
         3~2        TCLD1~0 = 00      定时器定时到 0 值时重新载入新比较值
         1          TECMPR = 0        禁止本身的 T1PWM 比较器输出
         0          SELT1PR = 0       使用本身的周期寄存器值 */
}   /* 退出 PWM 起始设置 */
```

(一) 实验程序说明

(1) 编写上述程序 ACTR_MOTOR.c 调用 IO.c、rst2xx.lib、Link2407.cmd、SN2407.h 以及 f2407reg.h, 编译后载入 SN-DSP2407 主实验模板中。

注意: 本实验的 CPLD 外设使用 DSPSKYI7.TDF 必须预先载入。

(2) 将 PF0 的对应拨位开关设置于 LOW 位置, 以 20 引脚的数据线将 SN-DSP2407 主实验模板的 JP17 插接座连接到图 6-27 电路或 SN-DCMOTR 模块电路, 加入电源, 以 SN-510PP 配合 CC/CCS 开始载入程序执行; 调整 SN-DSP2407 将 PF0 的对应拨位开关转拨到 HI 位置, 程序就会开始依照所设置的正逆转及速度设置开始驱动 9~15 V/1 A 的直流马达运转。

注意: PF0 开关拨到 HI 后要转拨回 LOW, 以便紧急时按压 F2407 的系统复位而关掉 PWM 的输出控制。

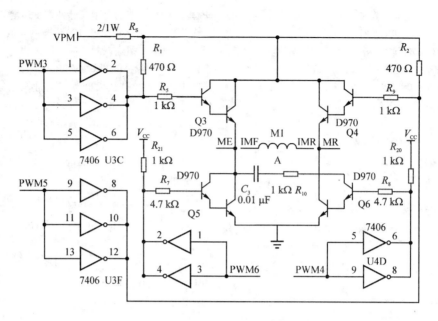

图 6-27 单电源桥式马达正逆转驱动电路

(3) 使用一般双轨示波器或四轨示波器分别记录观察,对应 SN-DSP2407 主实验板 JP17 端的 PWM3、PWM4、PWM5、PWM6 信号进行测量。正常操作时对于各种正逆转及速度设置,用逻辑分析仪测量其各 PWM3~PWM6 端的对应波形,试讨论记录结果。

(4) 马达运转时其正逆转的最高转速如何? DC 马达同轴于移编码器速度检测反馈及位置检测闭循环控制,这将在后面的专题制作中用实验说明。

实验 6.13 用 C 语言编写的 ACTRA 桥式单向交流电源控制实验

假如用 C 语言编写一组正弦波的正半周数据,将其建立成数据阵列存储在存储器内,再根据上述的直流马达 PWM 控制桥式驱动输出的程序模式。不过 PWM 输出不是线性递增而改成正弦波的变化,且其变化递增的速度由 T1 或 T3 的周期来决定时就成为一个单相弦波 PWM 输出的电力控制。其频率及振幅大小可由所设置的参数或 I/O 或 GPIO 调整设置。首先来讨论如何用 C 语言编写一个正弦波的正半波值。下面的 SINET.c 为产生正弦波的上半周输出到 SEGD7H/SEGD7L 端显示。注意:正弦波 SIN 的运算采用浮点(FLOAT.h)运算,再乘以振幅的最大值转为整数的 16 位值。示例程序参考如下,建立存于存储器的阵列函数数据由 CC/CCS 观察到的波形如图 6-28 所示。

```
/* SINT.c 产生正弦波上半周输出到 SEGD7H/SEGD7L 的 I/O 接口 */
#include "f2407regs.h"
#include "SN2407.H"
#include "math.H"
#define    TP         2000      /* PWM 频率 = 2 000 × 2 × 25 ns = 100 μs = 10 kHz */
#define    KP         2000 * 0.7
           // 改变桥式 PWM 输出电压的最大振幅值
#define    DETA       3.14159/100
int        i = 0, q = 0;
short      cmpx[100] = {0};
```

```
float    y;
void     calu()
  {
    for(i=0;i<100;i++)
    {
        y= sin(i * DETA);//运算出三相的正弦和余弦波值并存于存储器
        cmpx[i] = y * KP;
    }
  }
main()
{
 calu();
 while(1) {
  for (i=0;i<100;i++)
  SEGD7L = cmpx[i];
  SEGD7H = cmpx[i]>>8;
         }
}
```

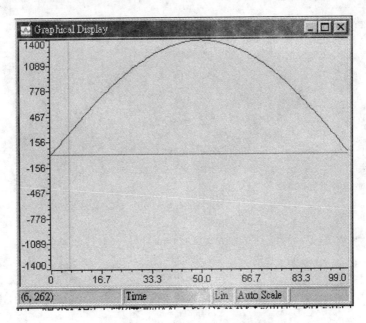

图 6-28　正半周最大振幅 2000 的正弦波建表波形图

由于正弦波电力输出采用桥式 PWM 开关式控制,当上半周驱动功率晶体(晶体管 CMOSFET 或 IJBT)由 ON 转 OFF 时,会比另外一边的 OFF 转 ON 慢,造成上下桥同时导通会损坏驱动器并发生危险,避免方法就是加入死区控制。整个 SINEP2.c 示例程序及其对应说明如下:

```
/*********:SINEP2.c:*******.SVPWM硬件向量空间单向电路控制示例:*****/
/*: 功能:依 TP 设置频率以及 KP 设置最大峰值产生单相弦波 PWM 桥式驱动控制 */
/*: 步骤:(1) 以 T1 作 TI 模块的硬件 PWM3~PWM6 的向量空间操作 */
/*       (2) 适当调整 TP 及 KP 控制单相桥式 PWM 弦波输出控制单相感应马达驱动 */
```

```c
/*         (3) 观察单相桥式各驱动 PWM 的脉冲及对应滤波后的单相电压及相位值 */
/******************************************************************/
#include "f2407regs.h"
#include "SN2407.H"
#include "math.H"
#define   TP      2000      /* PWM 频率 = 2 000 × 2 × 25 ns = 100 μs = 10 kHz */
#define   KP      2000 * 0.7
        // 定义 U_out 的尺标尺值, KP 的值在 1 和 2 000 之间, 改变此值可以
        // 改变桥式 PWM 输出电压的最大振幅值
#define   DETA    3.14159/100
int       i = 0;
short     cmpx[100] = {0};
float     y;
void   init_PWM(void);     /* 起始设置 PWM 模块控制 */
void   initial(void);

//屏蔽中断子程序
void inline disable()
{
    asm(" setc INTM");
}

void   initial()
{
    IFR = 0xFFFF;              //清除所有的中断标志
    IMR = 0x0;                 // 屏蔽所有中断
    SCSR1 = 0x0044;            /* 0000 0000 0100 0100
                    14           CLKSRC = 0 CPU CLK OUT
                    13~12        LPM = 00
                    11~9         CLK_PS2~0 = 000    CPUCLK = 外频 × 4 倍 = 40 MHz = 25 ns
                    8            RES
                    7            ADC_CLKEN = 0      禁用 ADC 模块时钟
                    6            SCI_CLKEN = 1
                    5            SPI_CLKEN = 0
                    4            CAN_CLKEN = 0
                    3            EVB CLKEN = 0
                    2            EVA CLKEN = 1      允许 EVA 模块时钟 */
    WDKEY = 0x5555;            //清除看门狗定时
    WDKEY = 0xAAAA;
    GPTCONA = 0x0049;
    T1PR = TP;                 // 通用定时器 1 的周期 = PWM 的周期/指令周期/2
    T1CON = 0x00 ;
    T1CON = 0X0802;            // 设置通用定时器 1 为连续加减模式, 以产生对称的 PWM
                               // 且为了便于调整, 使仿真器一启动时钟计数就停止运行
    ACTRA = 0x666;
```

```
    // PWM1、3、5 输出高电平操作,PWM2、4、6 输出低电平操作
    COMCONA = 0x9200;              // 允许 PWM 输出和比较功能
    EVBIMRA = 0x00;                // 禁止 EVA 和时钟及比较有关的中断
    DBTCONA = 0x05E8;
    //D11～D8 = 0101 = 5×8×25 ns = 1 μs,D7×D5 = EDBT = 111,D4×D2 = DBTPS = 010
    T1CNT = 0x00;                  // T1 的计数器清除为 0
    EVBIFRA = 0x0FFFF;             // 清除 EVA 相对应的中断标志
    MCRA = MCRA|0x1FFF;
// PWM1～PWM6 输出允许,允许 PA 及 PB(4～0)设特殊 I/O 功能 PB5～PB7 为 GPIO
    PBDATDIR = 0x0A00;
//PB7、PB5 输出端口 PB6 为输入端口且 PB7、PB5 = 00 停止 PWM 输出
    MCRC = 0x000;                  // PE、PF 为 GPIO
    PEDATDIR = 0x0FF00;            //PE 为输出端口设置起始值为 00
    PFDATDIR = 0x00000;            //PF 为输入端口设置起始值为 00

    while ((PFDATDIR & 0x0001) == 0)    //判别 PE0 = 1,启动操作
continue;
    PBDATDIR = 0x0A0A0;            //若要启动,则令 PB5、PB7 = 11 启动 PWM
    WSGR = 0x01C9;                 // 设置所有的等待状态 I/O 为 7 个等状态时钟
}

void init_PWM(void)
{
  MCRA = 0x0030;
/* 0000 0000 1100 0000 PA6 = PWM1,PA7 = PWM2 特殊 I/O 引脚,其余为 GPIO */
  COMCONA = 0x8200 ;/* 1001 0010 0000 0000
        15        CENABLE = 1    比较器允许操作
        14～13    CLD1～0 = 01 T1CNT = 0 及 T1PR 定时到时重新载入比较器值
        12        SAENABLE = 1 硬件向量空间 SVPWM 模式允许
        11～10    ACTRLD1～0 = 00 ACTR 立即载入
        9         FCOMPOE = 1 全功能比较器输出允许
        8～0      保留位    */
  T1CNT = 0x00;    /* T1 计数值清除为 0 */
  T1PR = TP ;      /* TIMER1 的周期设置为 PWM_PERIOD = 5 kHz */
  T1CON = 0 ;      /*禁用 TIMER1 所有的定时操作 */
  T1CON = 0x1040;  /* 0001 0000 0100 0000
        12～11    TMODE = 10     连续加减计数模式
        10～8     TPS2～0 = 000  TIMER1 的输入时钟 = CPUCLK/1
        7         T2SWT1 = 0     不使用 TIMER2 启动而使用本身的启动
        6         TENABLE = 1    允许 T1 定时
        5～4      TCLKS1～0 = 00 选择内部时钟来定时
        3～2      TCLD1～0 = 00  定时器定时到 0 值时重新载入新比较值
        1         TECMPR = 0     禁止本身的 T1 PWM 比较器输出
        0         SELT1PR = 0    使用本身的周期寄存器值 */
}    /*退出 PWM 起始设置 */
```

// 根据 U_{out} 的标定值 KP 计算 ualfa、ubeta 子程序

```c
void calu()
{
    for(i=0;i<100;i++)
    {
        y = sin(i * DETA);   //运算出三相的正弦和余弦波值并存于存储器
        cmpx[i] = y * KP;
    }
}

void main()
{
    int k = 0;
    disable();                      //屏蔽所有中断
    initial();                      /* 由 IO.c 程序所编写的 CPU 起始设置 */
    init_PWM();                     /* 起始设置 PWM 模块控制 */
    ACTRA = 0x0000;                 /* 禁止所有的 PWM 输出 */
    SCSR1 = 0x0004;                 /* 0000 0000 0000 0100
                                       11～9    CLK_PS2～0 = 000    CPUCLK = 外频 × 4 倍 = 40 MHz
                                       2        EVA CLKEN = 1       允许 EVA 模块时钟 */
    PBDATDIR = 0x0FF00;             /* PB7～PB0 = 00 马达的 PWM 输出为 0 停止运转 */
    PFDATDIR = 0x0000 ;             /* 令 PF0～7 为输入端口且输入值为 00 停止运转 */
    calu();                         //实时计算 ualfa 值
    while(1)
    {
        ACTRA = 0x0050;             /* PWM3、4 有效而 PWM5、6 无效马达正转 */
        for(i=0;i<100;i++)
        {
            CMPR2 = CMPR3 = cmpx[i];  /* 比较寄存器1设置值作控制 */
            while(1) {k = EVBIFRA&0x0200;
            if(k == 0x0200)              break;}
// 如果 T1 的中断标志设置,表示 T1PR 周期定时到,则停止等待跳到循环起始再执行
        }
        ACTRA = 0x0500;             /* PWM3、4 有效而 PWM5、6 无效马达正转 */
        for(i=0;i<100;i++)
        {
            CMPR2 = CMPR3 = cmpx[i];   // 比较寄存器1设置值作控制
            while(1) {k = EVBIFRA&0x0200;
                      if(k == 0x0200) break;}
        }
// 如果 T1 中断标志设置,表示 T1PR 周期定时到,则停止等待跳到循环起始再执行
    }
}
// 如果由于干扰引起中断,则执行此中断服务程序直接返回程序
```

```
void interrupt nothing()
{    return;
}
```

(一) 实验程序说明

(1) 编写上述程序 SINEP2.c 调用 rst2xx.lib、Link2407.cmd、SN2407.h 以及 f2407reg.h，编译后载入 SN-DSP2407 主实验模板中。

注意：本实验的 CPLD 外设使用 DSPSKYI7.tdf 必须预先载入。

(2) 将 PF0 的对应拨位开关设置于 LOW 位置，以 20 引脚的数据线将 SN-DSP2407 主实验模板的 JP17 插接座连接到图 6-27 电路或 SN-DCMOTR 模块电路，加入电源，以 SN-510PP 配合 CC/CCS 开始载入程序执行；调整 SN-DSP2407 将 PF0 的对应拨位开关转拨到 HI 位置，程序就会开始依照所设置的振幅及频率驱动输出单向交流电源。注意：PF0 开关拨到 HI 后要转拨回 LOW，以便紧急时按压 F2407 的系统复位而关掉 PWM 的输出控制。

(3) 使用一般双轨示波器或四轨示波器分别记录观察，对应 SN-DSP2407 主实验板 JP17 端的 PWM3、PWM4、PWM5、PWM6 信号进行测量。正常操作时对于各种振幅及频率设置，用逻辑分析仪测量其 PWM3~PWM6 端的对应波形，试讨论记录结果。

(4) 若改用 EVB 的 PWM8~PWM12，则控制程序如何更改？试重新编辑、编译并载入，且讨论实验测试记录。

(5) 采用霍尔电流检测或 CT 做电流检测及相电压检测，输入 F2407 的 ADC 模块，以便反馈闭循环的稳压及输出限流保护等自动控制，试重新编辑、编译并载入，且讨论实验测试记录。

产生单相正弦波，除了如上例所示的高精度运算建表求出外，为了节省存储器空间及快速执行起见，常采用预先计算而建表的方式。将 DC 转换成单相的正弦波输出电源，同时必须进行电压及电流的检测闭反馈控制。假如采用 DC 电源浮接方式并使用二个大电容来分割成双 DC 电源，要产生控制单向交流 PWM 弦波电源，则仅需一组上下桥驱动控制。可参考图 6-29 所示的不间断电源供应器 UPS 电路结构方框图，详细的控制程序可参考本书所附光盘中 MOTOR 文件的原厂 TI 应用文件(UPS589A.pdf)。

以 SVPWM 的电力控制应用相当多且十分广泛，本书所附光盘的应用文件及参考示例程序相当丰富，读者不妨仔细研读仿真并采用作者所设计的本系统实验模块进行实践。

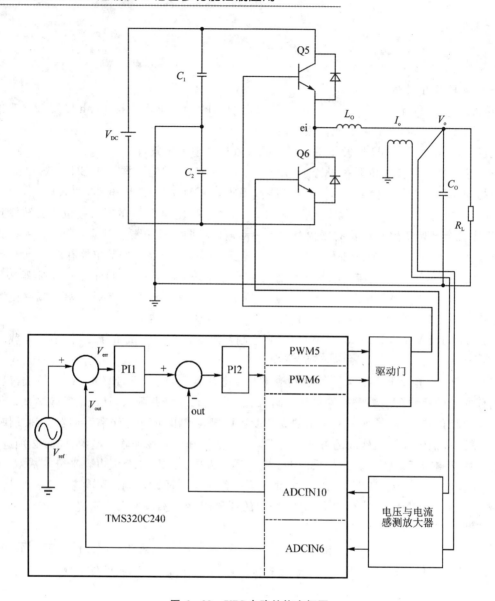

图 6-29 UPS 电路结构方框图

第 7 章 模拟/数字转换 ADC 模块

TMS320F2407 芯片内的 ADC 转换模块,是一个双 10 位 ADC 转换器,并各有 8 对 1 的模拟多路选择器,组装成双 8(16)通道输入的 ADC 转换模块。其最大的特点是可设置成自动排序转换控制,当然内建有取样和保持电路。本章主要介绍此 ADC 模块的功能及其操作和应用。

7.1 ADC 模块特性

(1) 10 位 ADC 转换模块,内建取样及保持电路(S/H)。
(2) 快速的转换时间(S/H+转换)最快为 500 ns。
(3) 具有 16 个多路选择输入信号 ADCIN0~ADCIN15。
(4) 自动排序转换控制,在一个单一转换期中可达到 16 个自动转换;每一个转换期间,可定义选择 16 个输入通道的任何一个。
(5) 2 个独立的 8 状态轮询顺序(SEQ1 及 SEQ2)在"双排序模式下"可被用作独立的操作或在"串接模式下"串接成一个较大的 16 状态轮询顺序(SEQ)。
(6) 4 个顺序控制寄存器 CHSELSEQn,在一个给定的转换模式下,用来设置通道的顺序处理。
(7) 具有 16 个(分别独立的寻址)结果值寄存器,用来存放各通道转换值(RESULT0~RESULT15)。
(8) 具有多重启动转换序(SOC)的触发来源。
① 软件触发:软件立即启动(使用 SOC_SEQn 位设置)。
② EVA:事件处理 A 的启动(对应 EVA 的多种事件来源)。
③ EVB:事件处理 B 的启动(对应 EVB 的多种事件来源)。
④ 外部引脚:外部 ADCSOC 的硬件引脚来启动。
(9) 灵活的中断控制允许在每个程序转换(EOS)或每个独立 EOS 转换完成的末尾产生中断请求。
(10) 程序转换可被设置为"启动/停止"模式,允许多重的"时序触发"来同步转换。
(11) EVA 及 EVB 可分别独立来触发 SEQ1 及 SEQ2(仅在双程序模式下才可使用)。
(12) 取样及保持的取得时间窗口具有独立的预分频控制。
(13) 内建校准模式。
(14) 内建自我测试模式。

根据上述特性,此多功能快速 ADC 转换模块,需要如表 7-1 所列的 8 个控制寄存器、16 个结果值寄存器和 1 个校准结果值寄存器。

表 7-1 ADC 转换模块的相关寄存器

地 址	寄存器标识	寄存器名称
70A0H	ADCTRL1	ADC 模块控制寄存器 1
70A1H	ADCTRL2	ADC 模块控制寄存器 2
70A2H	MAX_CON	ADC 自动排序的最多转换通道数设置控制寄存器
70A3H	CHSELSEQ1	ADC 通道选择排序控制寄存器 1
70A4H	CHSELSEQ2	ADC 通道选择排序控制寄存器 2
70A5H	CHSELSEQ3	ADC 通道选择排序控制寄存器 3
70A6H	CHSELSEQ4	ADC 通道选择排序控制寄存器 4
70A7H	AUTO_SEQ_SR	自动排序状态寄存器 1
70A8H	RESULT0	ADC 转换结果值存放寄存器 0
70A9H	RESULT1	ADC 转换结果值存放寄存器 1
70AAH	RESULT2	ADC 转换结果值存放寄存器 2
70ABH	RESULT3	ADC 转换结果值存放寄存器 3
70ACH	RESULT4	ADC 转换结果值存放寄存器 4
70ADH	RESULT5	ADC 转换结果值存放寄存器 5
70AEH	RESULT6	ADC 转换结果值存放寄存器 6
70AFH	RESULT7	ADC 转换结果值存放寄存器 7
70B0H	RESULT8	ADC 转换结果值存放寄存器 8
70B1H	RESULT9	ADC 转换结果值存放寄存器 9
70B2H	RESULT10	ADC 转换结果值存放寄存器 10
70B3H	RESULT11	ADC 转换结果值存放寄存器 11
70B4H	RESULT12	ADC 转换结果值存放寄存器 12
70B5H	RESULT13	ADC 转换结果值存放寄存器 13
70B6H	RESULT14	ADC 转换结果值存放寄存器 14
70B7H	RESULT15	ADC 转换结果值存放寄存器 15
70B8H	CALIBRATION	ADC 校准结果值存放寄存器,用来校准转换值

7.2 ADC 转换概述

7.2.1 自动排序:操作原理

ADC 排序包含 2 个独立的 8 状态排序器(SEQ1 及 SEQ2),并可用来串接成一个 16 状态的排序器(SEQ),这个"状态"字代表着自动排序目前正处于哪个顺序进行处理。单一串接排序(16 个状态)方框结构如图 7-1 所示,双排序(各为 8 个状态)模式的方框结构如图 7-2 所示。

在 2 种自动排序模式下,这个 ADC 都可做一连串的自动转换。而对于每次转换,任何一个有效的 16 个输入通道都可经过模拟多路选择器加以选择。第一次转换后的数字值被存入 RESULT0 寄存器内,第二次存入 RESULT1 寄存器,依次类推,而同一个通道也可以被多次取样转换。这让用户可进行"过度取样",对应传统的单一取样转换结果值,则可以增加其分辨率。

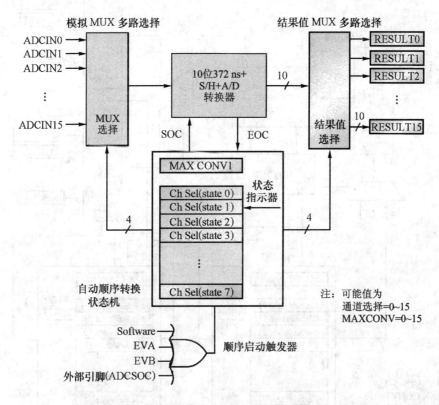

图 7-1　16 个状态的单一串接 ADC 自动排序方框结构图

排序器操作于 8 状态及 16 状态模式几乎都是一致的,其微小差异如表 7-2 所列。

表 7-2　排序器操作于 8 状态及 16 状态的微小差异表

特　性	单一 8 状态排序器 1	单一 8 状态排序器 2	单一 16 状态排序器
启动转换触发	EVA、软件、外引脚	EVB、软件	EVA/B、软件、外引脚
自动转换的最多数	8	8	16
排序尾端自动停止	有	有	有
任意优先级	高优先级	低优先级	没有这种应用
ADC 转换结果值寄存器的位置	0~7	8~16	0~15
CHSELSEQn 位区的指定	CONV00~CONV07	CONV08~CONV15	CONV00~CONV15

对于每一个排序转换的模拟输入通道,都可由 ADC 输入通道排序选择控制寄存器 (CHSELSEQn)的 CONVnn 的位区来定义。此 CONVnn 是一个 4 位区,可用来指定 16 个通道中的任何一个来转换。由于使用串接模式的排序有可能被设置成最大的 16 个转换级,因此这个可用的 4 位区 16 级(CONV00~CONV15)同时被分配到 4 个 16 位寄存器(CHSELSEQ0~

CHSELSEQ15)加以设置;CONVnn 位可被设置为 0~15 的任何值,而模拟通道可被设置成任何所要的顺序,且同一个通道可以被多次选择设置。

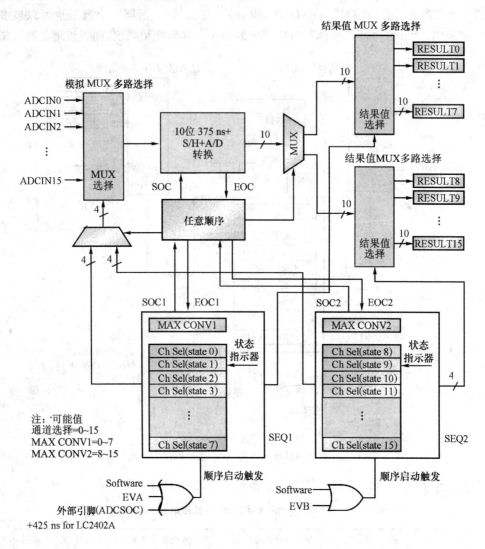

图 7-2 双 8 状态的 ADC 自动排序方框结构图

7.2.2 基本操作

下列描述针对加到 8 状态排序(SEQ1 或 SEQ2),在这个模式下,SEQ1/SEQ2 在一个单一排序期间,可以"自动排序"达到 8 个转换。每一个转换的结果被存放在 8 个对应结果寄存器内(SEQ1 为 RESULT0~RESULT7,SEQ2 为 RESULT8~RESULT15),这些寄存器是由最低地址到最高地址来填入的。

一个排序的转换数是由 MAX_CONVn(8 状态的 3 或 16 状态的 4 位)控制的。在一个排序转换起始时,会自动将其载入自动排序状态寄存器(AUTO_SEQ_SR)的计数状态位(SEQ_CNTR3~0)中,这个 MAX_CONVn 范围可以是 0~7 中各值;而 SEQ_CNTRn 位值当排序器由 CONV00 状态开始时,从其载入值开始往下数,并依次继续下去(CONV01、CONV02 等),直到

SEQ_CNTRn 等于 0 为止,在一个自动排序期间的转换完成数等于 MAX_CONVn+1,下面举例说明。

例 7-1 使用 SEQ1 的双排序模式转换

假如需要用 SEQ1 进行 7 个排序转换(例如在自动排序期间,通道 2、3、2、3、6、7 及 12 需要被转换),则 MAX_CONV1 须被设置成 6(6+1=7)同时对 CHSELSEQn 进行设置,寄存器要设置成表 7-3 所列的值。

表 7-3 自动排序的多路选择通道选择寄存器设置

地 址	D15~D12	D11~D8	D7~D4	D3~D0	寄存器名称
70A3H	3	2	3	2	CHSELSEQ1
70A4H	X	12	7	6	CHSELSEQ2
70A5H	X	X	X	X	CHSELSEQ3
70A6H	X	X	X	X	CHSELSEQ4

只要排序器一接到转换启动信号,触发器后便开始转换。这个 SOC 触发器同时将排序转换值载入 SEQ_CNTR_n 位,在预定排序中的 CHSELSEQn 寄存器中被选定的通道提取转换。此后在每次转换时会将 SEQ_CNTR_n 位内容排序转换通道数自动减 1。当 SEQ_CNTR_n 达到 0 值,下列两件事情将根据 ADCTRL1 寄存器的连续执行位(CONT_RUN)的状态来发生。

(1) 假如 CONT_RUN 位被设置,则转换排序将整个又自动启动;也就是说,存放在 MAX_CONV1 寄存器中的 SEQ_CNTR_n 原始值被重新载入,而 SEQ1 被设置为 CONV00。在此情况下,用户必须保证存放结果寄存器值在下次转换开始前读取。设计 ADC 电路中的仲裁逻辑用来保证结果寄存器不会被篡改而产生争议(当 ADC 模块正要写入结果寄存器的同一时间,用户也试图由此寄存器来读取值时)。

(2) 假如 CONT_RUN 位没有被设置,则转换排序器将仍停留在最后状态(在这个例子中为 CONV06),同时 SEQ_CNTR_n 仍保持在零值。

由于每次 SEQ_CNTR_N 到达零值时,相关的中断标志会被设置。在中断服务子程序(ISR)中用户可以(若有需要)手动复位排序器(利用 ADCTRL2 寄存器的 RST_SEQn 位写入 1),因此 SEQ_CNTR_n 得以由存在 MAX_CONV1 内的原值重载,而 SEQ1 又被设置为 CONV00 状态。这个特性对排序器的"启动/停止"操作很有用。例 7-1 对于 SEQ2 和串接成的 16 状态排序器操作差异如表 7-2 所列。

7.2.3 排序器用多重的"时序触发"进行"启动/停止"操作

上述模式描述中,任何一种排序器(SEQ1、SEQ2 或 SEQ)可用于操作"停止/启动"模式,分别实时地同步于多重启动转换(SOC)触发源,这种模式与例 7-1 是一致的。但是排序器只要一旦完成其第一次排序(例如排序器在中断服务程序中不被复位),在没有被复位到起始状态下却被允许再次触发,因此当一个转换排序结束,排序器将停留在当前的转换。对应这种模式,在 ADCTRL1 寄存器的继续执行位(CONT_RUN)必须被设置成 0(也就是被禁用)。下面用例 7-2 说明其操作。

例 7-2 排序器"启动/停止"模式操作

条件需求:要启动三个自动转换(I1、I2、I3)触发 1(借位定时状态),以及三个自动转换(V1、

V2、V3)触发 2(周期定时状态),触发 1 及 2 以时间间隔分开;也就是说,25 μs 由事件处理 A 给出,参考图 7-3,这个情况下仅使用 SEQ1。

注意:触发器 1 及 2 可能是一个由 EVA 发出的 SOC 信号、外部引脚端,或者软件设置触发。这种相同的触发源在这个例子中可能发生二次来满足双触发需求。

在此 MAX_CONV1 被设置为 2,同时 ADC 的输入通道选择排序控制寄存器(CHSELSE-Qn)被设置成如表 7-4 所列。

一旦复位并初始化,SEQ1 便等待触发来临。随着第一次的触发,三个由通道选择值的 CONV00(I1)、CONV01(I2)及 CONV02(I3)便被进行转换;然后 SEQ1 在此状态下等待下一个触发 25 μs 后,当第二个触发来临时,另外三个转换根据通道选择值的 CONV03(V1)、CONV04(V2)及 CONV05(V3)就发生。

在上述二个触发情况下,MAX_CONV1 转换数值被自动载入 SEQ_CNTR_n 重新计数。若在第二次的触发点需要不同的转换数,则用户必须在第二次触发前的适当时间通过软件来改变此 MAX_CONV1 值;否则原来的值将被再次使用。可以在中断服务子程序 ISR 中的适当时间来改变此 MAX_CONV1 值。中断操作模式将在后续章节中说明。

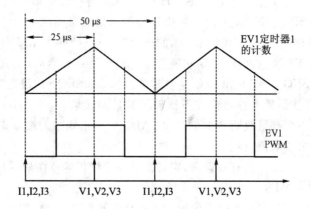

图 7-3 事件处理器触发启动的排序器操作时序

表 7-4 自动排序的触发启动的通道选择寄存器的设置

地 址	D15~D12	D11~D8	D7~D4	D3~D0	寄存器名称
70A3H	V1	I3	I2	I1	CHSELSEQ1
70A4H	X	X	V3	V2	CHSELSEQ2
70A5H	X	X	X	X	CHSELSEQ3
70A6H	X	X	X	X	CHSELSEQ4

在第二次自动转换期间的末尾,ADC 结果值寄存器内容如表 7-5 所列。

在终结点,SEQ1 维持实时的状态来"等待"另一个触发,此时用户可以复位 SEQ1(经过软件)来转回 CONV00 状态,并重复同样的触发 1、2 区间。

表 7-5 ADC 结果值寄存器内容

转换数据结果寄存器名称	ADC 转换数据结果寄存器内容	转换数据结果寄存器名称	ADC 转换数据结果寄存器内容
RESULT0	I1	RESULT4	V2
RESULT1	I2	RESULT5	V3
RESULT2	I3	RESULT6~RESULT15	X,X,X,X,X,X,X,X,X,X
RESULT3	V1		

7.2.4 输入触发说明

每个排序器都有一组触发输入,可被允许或禁用。这些对应 SEQ1、SEQ2 及串接 SEQ 的有效触发输入如表 7-6 所列。

表 7-6 SEQ1、SEQ2 及串接的 SEQ 的有效触发输入

SEQ1(排序 1)	SEQ2(排序 2)	SEQ(串接排序)
软件触发器(软件 SOC)	软件触发器(软件 SOC)	软件触发器(软件 SOC)
事件处理器 A(EVA SOC)	事件处理器 B(EVB SOC)	事件处理器 A/B(EVA/B SOC)
外部 SOC 引脚(ADC_SOC)		外部 SOC 引脚(ADC_SOC)

(1) 对一个 SOC 触发器,在任何一个排序器"空闲"状态时,都可以被启动产生一个自动转换排序。这个空闲状态可以处于先前尚未接收触发的 CONV00 状态,或此排序器已经进入一个转换排序完成后的任何状态,也就是说,SEQ_CNTR_n 已经到达其零值。

(2) 当一个正在进行实时的转换排序接收到一个 SOC 触发信号时,将设置 ADCTRL2 寄存器内的 SOC_SEQn 位(在开始进行先前的转换排序时已被清除)。假如仍有另外一个 SOC 触发发生,这将会被遗失(例如 SOC_SEQn 位已被设置而令 SOC 悬空),接下来的一连串触发是不予理会而忽略的。

(3) 只要一被触发,此排序器在此进行期间是无法停止/暂停的。这时的程序必须等待一个转换的退出(EOS);否则就启动一个排序器来复位,这些会将此排序器带回到空闲的起始状态(例如 SEQ1 状态及串接状态的 CONV00,而 SEQ2 则为 CONV08 状态)。

(4) 当 SEQ1/SEQ2 被用于串接模式时,进入 SEQ2 的触发信号将不予理会,而 SEQ1 触发器是可用的。串接模式的操作状态可以由 SEQ1 的 16 状态(非 8 状态)来监视。

7.2.5 在排序期间的中断操作

在两个操作模式下,排序器可以产生中断。这两种模式由 ADCTRL2 的中断模式允许控制位设置决定。

一个变化的例子(例 7-2)在不同的操作状态下可用来显示中断模式 1 及模式 2 的操作。其转换控制时序如图 7-4 所示。

情况 1:第一次和第二次的排序取样数不相同时
模式 1 中断操作(也就是在每一个 EOS 时产生中断请求)如下:
(1) 排序器在转换 I1 及 I2、I3 或 V1、V2、V3 时,设置 MAX_CONVn=1。

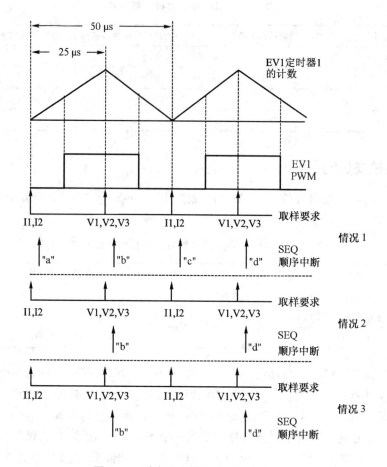

图 7-4 对应排序转换区间的中断操作

(2) 在图 7-4 的中断服务子程序 ISR 的"a"时段,将 MAX_CONVn 用软件改变成 2 来转换 V1、V2 及 V3 信号。

(3) 在 ISR 的"b"时段,下列的事件将会发生:

① 对于 I1 及 I2、I3 或 V1、V2、V3 的转换排序,又将 MAX_CONVn 改回起始的 1 值。

② 转换值 I1、I2 及 V1、V2 和 V3 的转换结果值由 ADC 结果寄存器读取。

③ 转换排序器被复位。

(4) 步骤(2)及(3)被重复进行。注意:在每一次的 SEQ_CNTR_n 到达 0 值时,中断标志被设置,而此两个中断将被启用。

情况 2:第一次和第二次的排序取样数相同时

模式 2 中断操作(也就是在每一个 EOS 时产生中断请求)如下:

(1) 排序器在转换 I1 及 I2 时,设置 MAX_CONVn=2。

(2) 在图 7-4 的中断服务子程序 ISR 的"a"时段,将 MAX_CONVn 用软件改变成 2 来转换 I1、I2 及 I3(或 V1、V2 及 V3)信号。

(3) 在 ISR 的"b"及"d"时段,下列的事件将会发生:

① 转换值 I1、I2、I3 及 V1、V2 和 V3 的转换结果值由 ADC 结果寄存器读取。

② 转换排序器被复位。

（4）步骤（2）被重复进行。注意：在每一次的 SEQ_CNTR_n 到达 0 值时，中断标志被设置。这是在 ADC 已经完成转换 I1、I2 及 I3 并在转换 V1、V2 和 V3 后发生的，但只有在转换好 V1、V2 和 V3 后的 EOS 产生触发中断。

情况 3：第一次和第二次的排序取样数相同时（但以虚拟 dummy 读取）

模式 3 中断操作（也就是在每一个 EOS 时产生中断要求）如下：

（1）排序器在转换 I1、I2 及 x 时，设置 MAX_CONVn＝2。

（2）在 ISR 的"b"及"d"时段，下列的事件将会发生：

① 转换值 I1、I2、x 及 V1、V2 和 V3 的转换结果值，由 ADC 结果寄存器读取。

② 转换排序器被复位。

（3）步骤（2）被重复进行。注意：在第三次的 I 取样（x）是一个虚拟的读取。这并不是真正需要的，主要是为了简化 ISR 的管理及 CPU 的介入处置，其主要优点是采用在模式 2 的"交互"中断请求特性。

7.3　ADC 模块的时钟预分频器

'240x 系列的 ADC 取样保持 S/H 方框结构，可被定制于容纳各种不同来源的阻抗。这可以通过 ADCTR1 寄存器中的 ACQ_PS3～ACQ_PS0 位及 CPS 位的设置实现。模拟/数字转换的进行可以被分成二个时序段，如图 7-5 所示。

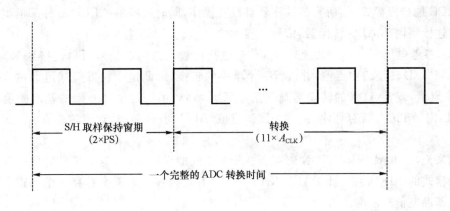

图 7-5　ADC 转换时间的时序图

若预分频器被设置为 1（例如 ACQ_PS3～ACQ_PS0＝0000）且 CPS＝0，则 PS 时钟将与 CPU 的工作时钟相同，对应预分频器的任何其他值，PS 的大小（有效地增加 S/H 的窗形时间）将由对应 ADCTR1 寄存器位的 ACQ_PS3～ACQ_PS0 位设置描述中的"获取时间窗"说明。假如 CPS 位被设置为 1，则 S/H 窗将被双倍化，这种 S/H 窗形的双倍化也可由预分频器的拉大来附带处理。图 7-6 显示在 ADC 模块中各种不同预分频值所起的主要作用。注意：若 CPS＝0，则 PS 及 A_{CLK} 将等于 CPU 的时钟。

图 7-5 中可见取样保持时间为 2×PS 时间，而一个通道的转换所需的时间需要 11×A_{CLK}

时序。因此,若 CPU 的时钟为 40 MHz,而 CPS=0 并令 ACQ_PS3~ACQ_PS0=0001 时的预分频值为 1,则 PS=25 ns。于是取样保持时间为 50 ns,转换所需时间为 275 ns,整个 ADC 转换所需时间为 300 ns,但以 F2407 芯片规范的单一通道 ADC 最高转换时间为 500 ns。

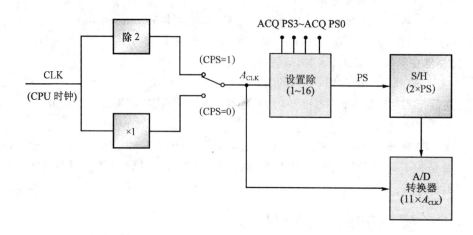

图 7-6 在 '240x 系列芯片的 ADC 时钟预分频控制

7.4 ADC 转换值的校准

在 ADC 的校准模式下,所有的排序器都没有操作,同时所有的 ADCINn 外部模拟输入引脚都没有被连接到内部 ADC 转换器,信号连接到 ADC 转换器的输入端由 BRG_ENA(桥式允许)及 HI/LO(参考电压 V_{refhi}/V_{reflo} 的选择)等位来选择设置。这两个信号可以连接到 V_{reflo} 或 V_{refhi},或者输入到 A/D 转换的中点值,并进行一个单一的转换,因此这个校准模式可以被计算于零值(V_{reflo})、中点值,或者 ADC 的转换满刻度基准(Offset)差值。这个 2 补码的基准差值将被自动载入 CALIBRATION 寄存器内,从这个测试点值,ADC 硬件将自动对应转换值加入此基准差值来校准。

总结来说,此 CALIBRATION 寄存器在校准模式的设置下,当退出校准值后会存入。因此对于一般模式的 ADC 转换,此 CALIBRATION 寄存器内容校准值会在存入结果寄存器前被自动加入此基准差值来校准。

对应中点值的基准校准,为了获取最佳的结果值,对应于 $|(V_{refhi}-V_{reflo})/2|$ 及 $|(V_{reflo}-V_{refhi})/2|$ 电压值,必须被用作参考电压及校准处理,这两个校准结果值将被取平均值作校准。

若加入基准校正值,则 10 位的 ADC 转换值将自动按如下运算输出:

$$数字值=1\,023\times[(模拟输入电压-V_{reflo})/(V_{refhi}-V_{reflo})]+CALIBRATION$$

7.5 ADC 转换的自我测试

自我测试模式是一种 ADC 外部输入端的短路或开路检测,在这种模式下的转换周期是双倍的。在取样周期的第一个半周期,不管是 V_{refhi} 或 V_{refhi}(由 HI/LO 位来决定)电压被连接到

A/D 转换器的输入端,同时模拟输入信号由用户来提供。在取样周期的第二个半周期,则仅有用户所提供的模拟输入信号连接到 ADC。因此,假定有一个是开路(且 V_{refhi} 被使用测试),则结果寄存器内容将仅有 V_{refhi} 的数字代表值。

这种自我测试模式将仅被用作短路及开路的检测,这在一般的操作模式期间是不可以使用的。同时要注意:校准模式和自我测试模式不可以在同一时间被允许。

7.6 寄存器的位功能描述

7.6.1 ADC 控制寄存器 1

ADC 控制寄存器 ADC TRL1(70A0H)各位名称及读/写特性如表 7-7 所列。

表 7-7 ADC 控制寄存器 ADCTRL1(70A0H)各位名称及读/写特性

D15	D14	D13	D12	D11	D10	D9	D8
保留	RESET	SOFT	FREE	ACQ_PS3	ACQ_PS2	ACQ_PS1	ACQ_PS0
R-0	RS-0	RW-0	RW-0	RW-0	RW-0	RW-0	RW-0
D7	D6	D5	D4	D3	D2	D1	D0
CPS	CONT_RUN	INT_PRI	SEQ_CASC	CAL_ENA	BRG_ENA	HI/LO	STEST_EN
RW-0	RW-0	RW-0	RW-0	RW-0	RW-0	RW-0	RW-0

各位功能及操作说明如下。

(1) D15:保留位,仅可被读取 0 值 R-0。

(2) D14 RESET:ADC 模块的软件复位,RW-0 可被读/写,起始值为 0。

这个位可造成整个 ADC 模块复位。所有寄存器位及排序状态机被复位到起始状态,这如同发生在外部复位引脚拉至低电位的复位状态(或电源 ON 的复位)。

  0:没有作用。

  1:复位整个 ADC 模块(此位之后会被 ADC 逻辑电路拉回 0 值)。

(3) D13~D12:SOFT 及 FREE 位。

当一个仿真断点发生时(例如调试器遇到一个断点发生时),这些位被用来决定发生什么。在自由执行模式下,不管其正处理什么,外设仍可继续操作;在停止模式下,外设将立即停止操作或当时正处理的操作完成后才停止(例如当前的转换)。

  SOFT,FREE

  0,0:在断点时立即停止。

  1,0:停止前需要完成当前的转换。

  x,1:自由执行,不管断点而继续操作。

(4) D11~D8 ACQ_PS3~ACQ_PS0:获取时间区-预分频位 3~0 设置。

这些位定义 ADC 的时钟对应转换需求部分的预分频值。预分频值定义如表 7-8 所列。从表中看出,在 ADC 转换模块取样及转换时间的设置控制,对于 A_{CLK}=CLK/K 输入频率的预分频值,其中当 CPS=1 时 $K=2$,当 CPS=0 时 $K=1$;对于 A/D 转换的时序固定为 $11×A_{CLK}$,不由 ACQ_PS3～0 设置。但取样及保持时序为 2×PS，此 PS 则由 ACQ_PS3～0＝0～15 设置预分频，这用来作为 ADC 信号的高低频率取样转换。另一个重要设置是，此预分频值同时对应 ADC 转换器仿真输入信号端的阻抗值。

PS 取样保持频率由 $A_{CLK}/(ACQ\_PS3～0)＝A_{CLK}/0～16$ 设置。

(5) D7 CPS：转换时钟预分频器。

此位定义 ADC 转换逻辑时钟预分频值。

0：$F_{CLK}＝CLK/1$。

1：$F_{CLK}＝CLK/2$，CLK 为 CPU 的工作时钟。

(6) D6 CONT_RUN：继续执行。

这个位用来决定排序器的操作是否继续处于连续转换操作模式或进入起始-停止模式。当 ADC 模块正处于实时转换期间，这个位是可以被写入的；在实时的转换排序退出端，这个位的操作是相当有效的，例如为了采取有效的操作，软件可以设置或清除这个位一直到 EOS 已经发生为止。在连续转换模式下，没有必要重新设置这个位；然而排序器在启动/停止模式下，就必须复位这个位，令转换器处于 CONV00 状态。

0：起始停止模式，排序器在达到 EOS 后就停止。这都是应用在多重时间排序触发时。

1：连续转换模式，排序器在达到 EOS 后又重新由 CONV00 状态（SEQ1 及串接模式，若是 SEQ2，则是 CONV08）启动操作。

表 7-8 对应 ACQ_PS3～0 及 CPS 的设置对应频率预分频值及原阻抗值表

设置值 HEX	ACQ_PS3	ACQ_PS2	ACQ_PS1	ACQ_PS0	预分频值	获取时间	源阻抗/Ω CPS＝0	源阻抗/Ω CPS＝1
0	0	0	0	0	1	$2×T_{CLK}$	67	385
1	0	0	0	1	2	$4×T_{CLK}$	385	1 020
2	0	0	1	0	3	$6×T_{CLK}$	702	1 655
3	0	0	1	1	4	$8×T_{CLK}$	1 020	2 290
4	0	1	0	0	5	$10×T_{CLK}$	1 337	2 925
5	0	1	0	1	6	$12×T_{CLK}$	1 655	3 560
6	0	1	1	0	7	$14×T_{CLK}$	1 972	4 194
7	0	1	1	1	8	$16×T_{CLK}$	2 290	4 829
8	1	0	0	0	9	$18×T_{CLK}$	2 607	5 464
9	1	0	0	1	10	$20×T_{CLK}$	2 925	6 099
A	1	0	1	0	11	$22×T_{CLK}$	3 242	6 734
B	1	0	1	1	12	$24×T_{CLK}$	3 560	7 369
C	1	1	0	0	13	$26×T_{CLK}$	3 877	8 004
D	1	1	0	1	14	$28×T_{CLK}$	4 194	8 639
E	1	1	1	0	15	$30×T_{CLK}$	4 512	9 274
F	1	1	1	1	16	$32×T_{CLK}$	4 829	9 909

(7) D5 INT_PRI：ADC 的中断优先级设置。

0：高优先级。

1：低优先级。

(8) D4　SEQ_CASE：串接排序器的操作设置。

这个位用来决定 SEQ1 及 SEQ2 这两个 8 状态的排序器独立操作，或者串接成一个单独的 16 状态排序器(SEQ)。

0：双排序器模式，令 SEQ1 及 SEQ2 这两个 8 状态的排序器独立操作。

1：令 SEQ1 及 SEQ2 排序器串接成一个单独的 16 状态排序器(SEQ)。

(9) D3　CAL_ENA：基准电压的校准允许。

当设置 1 到 CAL_ENA 位时，会将输入通道多路选择器禁用，并将 HI/LO 位及 BRG_ENA 所设置选择的校准参考电压接到 ADC 内部输入端，这个校准转换便由 ADC_TRL2 寄存器的 D14=STRT_CAL 位设置为 1 来开始进行。注意：CAL_ENA 位必须在 STRT_CAL 位被设置前作 1 设置操作。这个位在自我测试 STEST_ENA=1 允许时是不允许的。

0：校准模式禁用。

1：校准模式允许。

(10) D2　BRG_ENA：桥接允许。

随着 HI/LO 位的设置，BRG_ENA 位允许参考电压在校准模式时被转换。在校准区间，对应 HI/LO 位来设置参考电压。

0：完整的参考电压加入 ADC 内部输入端。

1：一个参考中点电压加入 ADC 内部输入端。

(11) D1　HI/LO：参考电压 V_{refhi}/V_{reflo} 的选择输入。

当失灵的自我测试模式(STEST_ENA=1)允许时，这个位定义在校准模式下测试电压被接入，参考表 7-9。在一般模式下，HI/LO 位是没有作用的。

0：V_{reflo} 电压被用作 ADC 输入端的取样预充电的电压值。

1：V_{refhi} 电压被用作 ADC 输入端的取样预充电的电压值。

表 7-9　参考电压的位设置选择

BRG_ENA 位	HI/LO 位	CAL_ENA=1 参考电压	STEST_ENA=1 参考电压
0	0	V_{reflo}	V_{reflo}
0	1	V_{refhi}	V_{refhi}
1	0	$\|(V_{refhi}-V_{reflo})/2\|$	V_{reflo}
1	1	$\|(V_{reflo}-V_{refhi})/2\|$	V_{refhi}

(12) D0　STEST_ENA：自我测试功能的允许设置。

0：自我测试模式被禁用。

1：自我测试模式被允许。

7.6.2　ADC 控制寄存器 2

ADC 控制寄存器 ADCTRL2(70A1H)各位名称及读/写特性如表 7-10 所列。

表7-10　ADC控制寄存器ADCTRL2(70A1H)各位名称及读/写特性

D15	D14	D13	D12	D11	D10	D9	D8
EVB_SOC_SEQ	RST_SEQ1/START_CAL	SOC_SEQ1	SEQ1_BSY	INT_ENA_SEQ1(MD1)	INT_ENA_SEQ1(MD0)	INT_FLAG_SEQ1	INT_SOC_SEQ1
RW-0	WR-0	RW-0	RW-0	RW-0	RW-0	RW-0	RW-0

D7	D6	D5	D4	D3	D2	D1	D0
EXT_SOC_SEQ1	RST_SEQ2	SOC_SEQ2	SEQ2_BSY	INT_ENA_SEQ2(MD1)	INT_ENA_SEQ2(MD0)	INT_FLAG_SEQ2	EVB_SOC_SEQ2
RW-0	RW-0	RW-0	RW-0	RW-0	RW-0	RW-0	RW-0

各位功能及操作说明如下。

(1) D15　EVB_SOC_SEQ：EVB SOC允许启动串接式排序转换器(仅在串接式有用)。

　　0：没有作用。

　　1：设置此位,则允许串接排序器被事件处理器EVB信号来启动。事件处理器在各种不同的事件中可被定义来启动转换器。

(2) D14　RST_SEQ1/STRT_CAL：复位排序器SEQ1或启动校准器操作。

　　状况：校准状态禁用时(ADCTRL1的D3＝CAL_ENA＝0时)。

　　　　将1写入这个位会立即复位排序器为一个初始"预触发"状态,例如在CONV00状态等待一个触发来临时,一个实时的转换排序器将会被放弃。

　　　　0：没有作用。

　　　　1：立即复位排序器为CONV00状态。

　　状况：校准状态允许时(ADCTRL1的D3＝CAL_ENA＝1时)。

　　　　将1写入这个位会立即启动转换器为校准处理操作。

　　　　0：没有作用。

　　　　1：立即启动转换器为校准处理操作。

(3) D13　SOC_SEQ1：启动转换器(SOC)来触发排序器(SEQ1)。这个位可通过下列程序来设置：

① S/W——利用软件将1写入此位。

② EVA——利用事件处理器EVA来触发启动将1写入此位。

③ EVB——事件处理器EVB(仅有串接模式才可以)来触发启动。

④ EXT——利用外部的ADCSOC引脚信号来触发启动将1写入此位。

当触发发生时,有下列3种可能性：

① 情况1　SEQ1空闲但SOC位清除时,SEQ1立即启动(在仲裁者控制下),这个位被设置后又清除,而允许任何一个"空闲"的触发请求。

② 情况2　SEQ1忙而SOC位清除时,这个位被设置表示一个触发请求是悬置的,当完成其实时的转换后,SEQ1最后会启动,这个位会被清除。

③ 情况3　SEQ1忙而SOC位设置时,任何一个触发会被忽略而遗失。

　　　　0：清除一个正空闲的SOC触发。

注意：假如这个排序器已经被启动，则这个位会自动被清除，因此将0值写入是无效的。例如，一个已经启动的排序器是无法通过此位的清除来停止其操作的。

1：软件触发，即从现在的停止位置（例如空闲模式时）来启动 SEQ1。

(4) D12　SEQ1_BSY：SEQ1 的忙标志。

当 ADC 自动转换排序器正在进行时，这个位会被写入1来标识状态；当转换排序器完成其转换时，此位会被清除，表示不忙。

0：排序器处于空闲状态（等待触发来临）。

1：转换排序器正在进行转换。

(5) D11～D10　INT_ENA_SEQ1：对应 SEQ1 的中断模式允许控制，如表7-11所列。

(6) D9　INT_FLAG_SEQ1：对应 SEQ1 模式的中断标志位。

这个位表示一个中断事件是否已发生。该位须以1写入来清除。

0：没有中断事件。

1：一个中断事件已发生。

表7-11　INT_ENA_SEQ1 的中断模式设置及操作

INT_ENA_SEQ1(mode1)D11	INT_ENA_SEQ1(mode1)D10	操作说明
0	0	中断禁用
0	1	中断模式1 当 INT_FLAG_SEQ1 标志为1时，则会立即请求中断
1	0	中断模式2 仅当 INT_FLAG_SEQ1 已被设置1时，才可请求中断。若清除，则 INT_FLAG_SEQ1 设为1，中断请求会被抑制。这个模式对于每一个 EOS 都允许产生中断请求
1	1	保留功能

(7) D8　EVA_SOC_SEQ1：事件处理器 A 对应 SEQ1 的 SOC 屏蔽位。

0：SEQ1 不可以被 EVA 触发器来启动。

1：允许 SEQ1 被事件处理器 A 触发器来启动；通过定义对应于事件处理器的各种不同事件来启动一个转换。

(8) D7　EXT_SOC_SEQ1：外部引脚信号对应 SEQ1 的启动转换位。

0：没有作用。

1：设置这个位来允许一个自动转换排序器，被一个外部的 ADCSOC 引脚端的输入信号来启动。

(9) D6　RST_SEQ2：复位排序器 SEQ2。

0：没有作用。

1：将1写入这个位会立即复位排序器为一个初始"预触发"状态。例如，在 CONV08 状态等待一个触发来临时，实时转换排序器将会被放弃。

(10) D5　SOC_SEQ2：启动转换器（SOC）来触发排序器（SEQ2）。这个位可通过下列程序来设置：

① S/W——利用软件将 1 写入此位。

② EVB——事件处理器 EVB(仅有串接模式才可以)来触发启动。

当触发发生时，有下列 3 种可能性：

① 情况 1　SEQ2 空闲但 SOC 位清除时，SEQ2 立即启动(在仲裁者控制下)，这个位被设置后又清除，而允许任何一个"空闲"的触发请求。

② 情况 2　SEQ2 忙而 SOC 位清除时，这个位被设置表示一个触发请求是空闲的。当完成其实时的转换后 SEQ2 最后会启动，这个位会被清除。

③ 情况 3　SEQ2 忙而 SOC 位设置时，任何一个触发会被忽略而遗失。

  0：清除一个正空闲的 SOC 触发。

  注意：假如这个排序器已经被启动，这个位会自动被清除，因此将 0 值写入是无效的。例如，一个已经启动的排序器是无法通过此位的清除来停止其操作的。

  1：软件触发，即从现在的停止位置(例如空闲模式时)来启动 SEQ2。

(11) D4　SEQ2_BSY：SEQ2 的忙标志。

当 ADC 自动转换排序器正在进行时，这个位会被写入 1 来标识状态；当转换排序器完成其转换时此位会被清除，表示不忙。

  0：排序器处于空闲状态(等待触发来临)。

  1：转换排序器正在进行转换。

(12) D3～D2　INT_ENA_SEQ2：对应 SEQ2 的中断模式允许控制，如表 7-12 所列。

表 7-12　INT_ENA_SEQ2 的中断模式设置及操作

INT_ENA_SEQ2(mode1)D11	INT_ENA_SEQ2(mode1)D10	操作说明
0	0	中断禁用
0	1	中断模式 1 当 INT_FLAG_SEQ2 标志为 1 时，会立即请求中断
1	0	中断模式 2 仅当 INT_FLAG_SEQ2 已被设置 1 时，才可请求中断。若清除，则 INT_FLAG_SEQ2 设为 1，中断请求会被抑制。这个模式对于每一个 EOS 都允许产生中断请求
1	1	保留功能

(13) D1　INT_FLAG_SEQ2：对应 SEQ2 模式的中断标志位。

这个位表示一个中断事件是否已发生。该位须以 1 写入来清除。

  0：没有中断事件。

  1：一个中断事件已发生。

(14) D0　EVB_SOC_SEQ2：事件处理器 B 对应 SEQ2 的 SOC 屏蔽位。

  0：SEQ2 不可被 EVB 触发器来启动。

  1：允许 SEQ2 被事件处理器 B 触发器来启动；通过定义对应于事件处理器的各种不

同事件来启动一个转换。

7.6.3 最大转换通道寄存器

最大转换通道寄存器 MAX_CONV(70A2H) 各位名称及读/写特性如表 7-13 所列。

表 7-13 最大转换通道寄存器 MAX_CONV(70A2H) 各位名称及读/写特性

D15	D14	D13	D12	D11	D10	D9	D8
保留位							
R-X 仅可被读取,X 为不定值							

D7	D6	D5	D4	D3	D2	D1	D0
保留位	MAX_CONV2-2	MAX_CONV2-1	MAX_CONV2-0	MAX_CONV1-3	MAX_CONV1-2	MAX_CONV1-1	MAX_CONV1-0
R X	RW-0	RW-0	RW-0	RW-0	RW-0	RW-0	RW-0

各位功能及操作说明如下。

D6~D0　MAX_CONVn：MAX_CONVn 位区域用来定义自动转换器的最大数,这些位区及其操作变化根据排序器的模式(双组/串接单组)总结其差别如表 7-14 所列。

表 7-14　根据排序器的模式总结其差别

设置状态及对应值	SEQ1	SEQ2	串接的 SEQ
初始状态	CONV00	CONV08	CONV00
终止状态	CONV07	CONV15	CONV15
最大值	7	7	15
最大值+1	8	8	16

这个寄存器内容着重在自动转换期间的转换执行数,这种自动转换经常以"初值状态"来启动,并继续排序操作。若允许,则直到"终止状态",这时的 ADC 结果值寄存器将被 ADC 依照排序队列将其转换值填入,在此期间任何一个 1~(MAX+1)最大值都可被定义写入此 MAX_CONVx-n (x=2,1,n=2,1,0 或 3,2,1,0)。其操作如下：

① 对于 SEQ1 的操作,是以 MAX_CONV1_2-0 来设置的。

② 对于 SEQ2 的操作,是以 MAX_CONV2_2-0 来设置的。

③ 对于 SEQ 的操作,是以 MAX_CONV1_3-0 来设置的。

例 7-3　MAX_CONV 寄存器的定义

假如只需要 5 个多路选择转换,则将 MAX_CONVn 设置为 4 即可。其操作如下：

(1) 状况 1　双排序模式的 SEQ1 及串接的 SEQ 模式。

排序器开始由 CONV00 执行到 CONV04,而这 5 个转换所得的结果值分别被对应存入 RESULT00~RESULT04 的缓冲寄存器内。

(2) 状况 2　双排序模式的 SEQ2。

排序器开始由 CONV08 执行到 CONV15,而这 5 个转换所得的结果值,分别被对应存入 RESULT08~RESULT12 的缓冲寄存器内。

对应 MAX_CONV1 值大于 7 的双排序模式

假如在双排序模式下,对于 MAX_CONV1 因具有 4 位,故若被设置大于 7 时(例如二个 8 状态排序器时),则 SEQ_CNTR_n 将连续计数超过 7,这会造成排序器"转折"到 CONV00 状态并继续计数。

7.6.4 自动排序状态寄存器

自动排序状态寄存器 AUTO_SEQ_SR(70A7H)各位名称及读/写特性如表 7-15 所列。

表 7-15 自动排序状态寄存器 AUTO_SEQ_SR(70A7H)各位名称及读/写特性

D15	D14	D13	D12	D11	D10	D9	D8
保留位				SEQ_CNTR_3	SEQ_CNTR_2	SEQ_CNTR_1	SEQ_CNTR_0
R_X				RW-0	RW-0	RW-0	RW-0

D7	D6	D5	D4	D3	D2	D1	D0
SEQ2_STA3	SEQ2_STA2	SEQ2_STA1	SEQ2_STA0	SEQ1_STA3	SEQ1_STA2	SEQ1_STA1	SEQ1_STA0
RW-0	RW-0	RW-0	RW-0	RW-0	RW-0	RW-0	RW-0

各位功能及操作说明如下。

(1) D11~D8 SEQ_CNTR_3~SEQ_CNTR_0:串接的 SEQ 计数状态。

SEQ_CNTR_3~SEQ_CNTR_0 这 4 个位区,作为 SEQ1、SEQ2 及串接式 SEQ 自动排序多路选择计数值的读取检测,用来得知此时 ADC 是在处理哪一个通道(读取值 0~15 对应 1~16 通道)的转换操作。串接模式下,与 SEQ2 没有关系。

在一个自动排序期间启动时,MAX_CNTR_n 值载入 SEQ_CNTR_n,而此 SEQ_CNTR_n 值在计数进行期间的任何时候都可以被读取用来检查排序器的状态。这个值再配合 SEQ1 及 SEQ2 的忙位,在任意时刻均可以唯一地确认是正处于进行状态还是此功能排序器的状态。

(2) D7~D4 SEQ2_State3~SEQ2_State0。

在此期间的任一时刻,读取这些值可以反映 SEQ2 排序器的状态。若有必要,用户可以在一个 EOS 产生前一直轮读这些位,以得知转换器"暂时状态"的结果。在串接模式下,SEQ2 是不适当的。

(3) D3~D0 SEQ1_State3~SEQ1_State0。

在此期间的任一时刻,读取这些值可以反映 SEQ1 排序器的状态。假如有必要,用户可以在一个 EOS 产生前一直轮读这些位,以得知转换器"暂时状态"的结果。

7.6.5 ADC 输入通道选择排序控制寄存器

ADC 输入通道选择排序控制寄存器各对应位如表 7-16 所列。

对于每一个 4 位区,CONVnn 都可被设置选择 16 个(对应 0~15 选择 1~16)模拟多路选择输入 ADC 通道,用作自动排序的转换输入级。

表 7-16 ADC 输入通道选择排序控制寄存器各对应位

	D15~D12	D11~D8	D7~D4	D3~D0	
70A3H	CONV03	CONV02	CONV01	CONV00	CHSELSEQ1
	RW-0	RW-0	RW-0	RW-0	
70A4H	CONV07	CONV06	CONV05	CONV04	CHSELSEQ2
	RW-0	RW-0	RW-0	RW-0	
70A5H	CONV11	CONV10	CONV09	CONV08	CHSELSEQ3
	RW-0	RW-0	RW-0	RW-0	
70A6H	CONV15	CONV14	CONV13	CONV12	CHSELSEQ4
	RW-0	RW-0	RW-0	RW-0	

7.6.6 ADC 转换结果值的缓冲寄存器(对于双排序模式)

注意:对应 ADC 10 位转换结果值的缓冲寄存器,是依次由高位 D15~D6 写入的,因此由此寄存器读取时,必须左移 6 位,或右移 10 位到累加器的 AH 内。16 通道的模拟转换需要 16 个 ADC 转换结果值的缓冲寄存器,其依次寻址 70A8H~70B7H。对应 RESULT0~RESULT15 寄存器各位如表 7-17 所列。

表 7-17 ADC 转换结果值

D15	D14	D13	D12	D11	D10	D9	D8
RESULT9	RESULT8	RESULT7	RESULT6	RESULT5	RESULT4	RESULT3	RESULT2
D7	D6	D5	D4	D3	D2	D1	D0
RESULT1	RESULT0	0	0	0	0	0	0

7.7 ADC 转换时钟周期

在给定的排序中,依据此转换器所需进行转换的通道数目来决定主要转换时间。转换周期可被分割成如下的 5 个相位:

(1) 排序同步的启动(SOS_SYNCH)。此 SOS_SYNCH 时序的加入,只有在排序器的第一次转换才需要。

(2) 截取的时间(ACQ)。

(3) 转换时间(CONV)。

(4) 终止转换周期(EOC)。这些 ACQ、CONV 及 EOC 在一个排序的所有转换中都需要加入。

(5) 退出排序的标志设置周期(EOS)。这个 EOS 只有在排序器的最后一次转换才需要。

上述的每一个时序周期种类对应所需要消耗的 CPU 执行周期数 CLKOUT 如表 7-18 所列。

表 7-18 消耗 CPU 执行周期数 CLKOUT

转换相	CLKOUT 周期数(CPS=0)	CLKOUT 周期数(CPS=1)
SOS_SYNCH	2	2 或 3
ACQ	2	4
CONV	10	20
EOS	1	2
EOS	1	2

上述 ACQ 值与 ACQ_PS 值的设置有关。表 7-18 是在 ACQ_PS=0 设置下的 ACQ 值。若 ACQ_PS 设置为 1、2、3,则必须将上述的 ACQ 周期数再乘以 2、4、6。

例 7-4 整个的转换时间计算

对应一个 4 次多重转换排序在 CPS=0 及 ACQ=0 情况下,计算周期转换时间如下:

(1) 第一次转换=> SOS_SYNCH+ ACQ+CONV+EOC=2+2+10+1=15 周期。
(2) 第二次转换=> ACQ+CONV+EOC=2+10+1=13 周期。
(3) 第三次转换=> ACQ+CONV+EOC=2+10+1=13 周期。
(4) 第四次转换=> ACQ+CONV+EOC + EOS= 2+10+1+1=14 周期。

若 CPS=1 且 ACQ=1,则对于单一的转换排序,其转换时间则为第一次和仅有的转换,即

SOS_SYNCH+ ACQ+CONV+EOC+EOS=2/3+8+20+2+1=33 或 34 周期

7.8 ADC 转换模块的程序应用示例

实验 7.1 四通道 ADC 转换显示

(一)实验程序说明

这个程序示例是设置 ADC 模块为串接式排序 SEQ 转换,设置通道 0、1、2、3 为排序转换。用软件延迟子程序以控制方式来衔接,进行这 4 个通道的连续模拟转换。转换后的数字值,由通用 I/O 的 PF0、PF1 引脚输入设置选择哪一个通道的转换值,输出到 CPLD 组装成的 I/O 端口 8005H、8006H 进行 4 位七段 LED 的硬件扫描显示。ADC 的取样及转换时间设置 CPS=0,ACQ_PS3~ACQ_PS0=0011 的 $8 \times T_{CLK}$ 周期,而模拟输入阻抗则为 1.020 kΩ。其对应程序及其功能说明如下:

```
            .title "2407X adcchn"
            .bss GPR0,1
            .include "x24x_app.h"
            .include "vector.h"
KICK_DOG.macro
            LDP  #WDKEY>>7        ;设置 DP 为 WDKEY 地址的高 9 位
            SPLK #05555H,WDKEY    ;设置 WDKEY = 5555H 及 AAAAH 清除 WDT
```

```
                SPLK  #0AAAAH,WDKEY
                LDP  #0
                .endm
START:          LDP  #0
                SETC INTM                          ;关掉中断总开关
                SETC CNF                           ;设置 B0 为数据存储器
                SETC SXM                           ;清除符号扩充模式
                SPLK #0000H,IMR                    ;屏蔽所有的中断 INT6～INT0
                LACC IFR                           ;读取中断标志载入 ACC
                SACL IFR                           ;将 ACC 回写入中断标志,用来清除为 1 中断标志
                LDP  #SCSR1≫7                      ;令高地址的数据存储器 DP 寻址于 SCSR1
                SPLK #000CH,SCSR1                  ;系统控制寄存器的 EVA 及 EVB 脉冲允许输入
;OSF,CKRC,LPM1/0,CKPS2/0,OSR,ADCK,SCK,SPK,CAK,EVBK,EVAK,X,ILADR
                SPLK #006FH,WDCR                   ;禁用看门狗定时功能
;0,0,00,0000,0,(WDDIS[1/DIS],WDCHK2-0[111],WDPS2-WDPS0[111])
                SPLK #01C9H,GPR0                   ;令 GPR0 设置内容 0000 0001 1100 1001
;xxxx x BVIS = 00/OFF,ISWS = 111[7W],DSWS = 001,PSWS = 001
                OUT GPR0,WSGR                      ;I/O 接口时序加 7 个写时钟,DM/PM 为 1 个写时钟
                LDP  #MCRA≫7                       ;令高地址的数据存储器 DP 寻址于 MCRA
                SPLK #0FFFFH,MCRA                  ;令 PA、PB 都设置为特殊功能引脚
;PA for scitxd,scirxd,xint,cap1,2,3,cmp1,2
;pb for cmp3,4,5,6,t1cmp,t2cmp,tdir,tclkina
                SPLK #0FFFFH,MCRB                  ;令 PC 及 PD0 为特殊功能引脚
;pc special function w/r,/bio,spi,cab,pd0 = XINT2/ADCSOC
                SPLK #0000H,MCRC                   ;PE7～PE0、PF7～PF0 为一般的 I/O 引脚
                SPLK #0FF00H,PEDATDIR              ;令 PE0～PE7 为输出端口并令输出 00H
                SPLK #0000H,PFDATDIR               ;令 PF0～PF6 为输入端口并令输入 00H
                CALL ADCINI                        ;调用 ADC 模块的初始化子程序
                LAR AR5,#320H                      ;令 AR5 寻址于 320H 存储器地址
READC:          LDP  #ADCL_CNTL2≫7                 ;高地址数据存储器 DP 寻址于 ADCL_CNTRL2
                SPLK #0010000000000000B,ADCL_CNTL2 ;用软件重新启动 SEQ 转换
                REDETV:BIT ADCL_CNTL2,BIT12;12
                                                   ;令 TC = SEQ1_BSY = D12 作为检测位
                BCND REDETV,TC                     ;若 TC = 1,则 SEQ 处于忙状态跳回 REDETV 再测
                LACL PFDATDIR                      ;读取 PFDATDIR 的端口 F 载入 ACL
                AND  #0003H                        ;只检测 PF0、PF1,故将 ACL 与 03H 作 AND 运算
                BCND CHKADC0,EQ                    ;读取值为 0(EQ),则跳到 CHKADC0 显示通道 0 值
                SUB  #01                           ;将 ACL 值减 1 检测是否为 01 输入值
                BCND CHKADC1,EQ                    ;若为 01(EQ),则跳到 CHKADC1 显示通道 1 值
                SUB  #01                           ;将 ACL 再减 1 检测是否为 02 输入值
                BCND CHKADC2,EQ                    ;若为 02(EQ),则跳到 CHKADC2 显示通道 2 值
                SUB  #01                           ;将 ACL 再减 1 检测是否为 03 输入值
                BCND CHKADC3,EQ                    ;若为 32(EQ),则跳到 CHKADC3 显示通道 3 值
                B READC                            ;都不是,则跳回 READC 重新判别
CHKADC0:        LACC ADC_RESULT0,10                ;ADC_RESULT0 转换结果值右移 10 位载入 ACC
```

```
                B CHKADCN                      ;分支到 CHKADCN 输出到 I/O 显示
CHKADC1:        LACC ADC_RESULT1,10            ;ADC_RESULT1 转换结果值右移 10 位载入 ACC
                B CHKADCN                      ;分支到 CHKADCN 输出到 I/O 显示
CHKADC2:        LACC ADC_RESULT2,10            ;ADC_RESULT2 转换结果值右移 10 位载入 ACC
                B CHKADCN                      ;分支到 CHKADCN 输出到 I/O 显示
CHKADC3:        LACC ADC_RESULT3,10            ;ADC_RESULT3 转换结果值右移 10 位载入 ACC
CHKADCN:        MAR *,AR5                      ;设置 ARP = AR5 的周期值寄存的寻址
                SACH *                         ;将正确的 ACH 的 D9~D0 值载入 AR5 所寻址存储器内
                OUT *,8006H                    ;ADC 的低 8 位输出到 8006H 外设进行扫描显示
                UNNORM:LACC *,7                ;将 ADC 转换值左移 7 位读取到 ACC 内
                SACH *,1                       ;再将 ADC 转换值 ACH 左移 1 位写入 *AR5 内
                OUT *,8005H                    ;将 ADC 转换值高 2 位输出到 8006H 外设进行扫描显示
                CALL DELAY                     ;调用延迟子程序进行间歇的取样转换
                B READC                        ;分支回 READC 再启动 ADC 转换显示
                ADCINI:LDP #SCSR1≫7            ;高地址数据存储器 DP 寻址于 SCSR1
                SPLK #00fcH,SCSR1
                splk #000Fh,SCSR2
                LDP #ADCL_CNTL2≫7
                SPLK #0000000000000000B,ADCL_CNTL2 ;NO INTERRUPT 01 MODE1
;evb_soc_seq,rst_seq,soc_seq1,seq1_bzy,int_ena_seq1[2],int_flg_seq1
;eva_soc_seq1,
;ext_soc_seq,rst_seq,soc_seq2,seq2_bzy,int_ena_seq2[2],int_flg_seq2,
;eva_soc_seq2,
SPLK #0100001100000000B,ADCL_CNTL1 ; reset adc NEW
;x,RES,SOF,FREE,ACQ3-0 = 0011,CKPS,CONT_RUN(1),INT_PRI,SEQ_CAS(1)
;CAL_en(0),VBRG_ENA,VHL,STS_
;0 ,01/NOT,1,PREscal [0000/1],CKPS = 0 = Fclk,0,0,SEQ_CAS = 0[1],0,0,0,0
SPLK #0011001100010000B,ADCL_CNTL1 ; NO reset adc NEW PRES = 0011 8 * CLK Z = 1K
SPLK #03,MAXCONV;4 CHANNEL SEQ ADC
SPLK #3210H,CHSELSEQ1 ;CH0 & CH1 ROUTING
SPLK #7654H,CHSELSEQ2
SPLK #0BA98H,CHSELSEQ3
SPLK #0FEDCH,CHSELSEQ4
LDP #ADCL_CNTL2≫7
SPLK #0010000000000000B,ADCL_CNTL2
;0,0,SOC_SEQ1 = 1 START CONV ADC
RET
DELAY:          LAR AR2,#1834H                 ;令 AR2 = 1834H 循环延迟计数值
D_LOOP:         RPT #00FFH                     ;重复执行下一个指令 255H 次
                NOP                            ;无效,NOP 为延迟单位指令
                LDP #WDCR≫7                    ;令高地址的数据存储器 DP 寻址于 WDCR
                SPLK #006FH,WDCR               ;禁用看门狗定时功能
;将 5555H 及 AAAAH 连续写入 WDKEY,关掉看门狗定时及操作
                SPLK #05555H,WDKEY
                SPLK #0AAAAH,WDKEY
```

```
                LDP  #0                    ;令高地址的数据存储器 DP 寻址于 000
                MAR  *,AR2                 ;令 ARP = 2 设置 AR2 为操作辅助寄存器
                nop
                BANZ D_LOOP                ;延迟循环计数值 AR2 减 1 不为 0,则跳回 D_LOOP
                RET                        ;回主程序
                .END                       ;退出整个程序
PHANTOM:        KICK_DOG
                B PHANTOM
GISR1:          RET
GISR2:          RET
GISR3:          RET
GISR4:          RET
GISR5:          RET
GISR6:          RET
                .end
```

(二)实验程序

(1) 编写上述程序 ADCCHN.asm,编译后载入 SN-DSP2407 主实验模板中。

注意:本实验的 CPLD 外设使用 DSPSKYI7.tdf 必须预先载入。

(2) 载入程序后开始执行,将 PF0 即 PF1 拨位开关设置为 00、01、10 或 11,选择 ADC 自动转换的通道转换值,显示在 4 位七段 LED 上,分别调整 SN-DSP2407 主实验板上的 ADC 输入调整 R_{17}、R_{18}、R_{19} 和 R_{20},作 ADC 通道 0~3 的输入模拟电压,观察记录各显示值。

(3) 在 ADCCHN.asm 程序中如何改变取样检测周期? 试重新编辑、编译并载入实验测试,并讨论观察测试记录。

(4) 试分别单步执行及设置断点来观察记录其操作情形及工作原理,并讨论实验测试记录。

(5) 以 T1 定时器作为 ADC 的取样触发启动转换频率,并以中断方式来读取 ADC 转换结果值显示在 4 位七段显示器上。试重新编辑、编译并载入实验测试,讨论观察测试记录。

(6) 4 位七段 LED 显示器显示着各通道的 ADC 输入模拟/换数字电压值是否稳定? 为什么? 主要原因是 2407 的 CPU 主板电路中参考电压 V_{RIH} 由 JP12 跳线插接于下端的 3.3 V 电位,而此电压是供应系统使用,含有相当大的噪声,要稳定准确,则必须将 JP12 跳线拨取,而改接为下端的外部 V_{RH} 专用参考电压。在 SN2407 主实验板电路中提供了一个专用稳定、精确的 2.25 V 参考电压,因此以跳线插接在 JP28 端会将此 2.25 V 电压接到 V_{RH} 端。试重新测量并观察 4 位七段 LED 的 ADC 转换显示值是否精确、稳定? 试重新测量调校、记录并讨论。

实验 7.2 C 语言 ADC 的二通道 T1 启动的中断转换显示

(一)实验程序说明

这个程序示例也是设置 ADC 模块为串接式排序 SEQ 转换,设置通道 0、1 为排序转换。以 T1 搭配 PF0~PF6 及其 0.2 ms 的定时单位周期设置其启动这 2 个通道的模拟转换,并以中断方式来取得其转换值。转换后的数字值,输出到 CPLD 的 I/O 端口 8005H、8006H 进行 4 位七段 LED 的硬件扫描显示,DAC8A/DAC8B 进行 DAC 转换输出。ADC 的取样及转换时间设置为 CPS=0,ACQ_PS3~ACQ_PS0=0011 的 $8T_{CLK}$ 周期,组成 50 ns×8=400 ns 再乘以 5 000×(PF6~PF0)成为 0.2 ms(PF6~PF0)的模拟信号取样周期,模拟输入阻抗为 1.020 kΩ。其对应 C 程序及其功能说明如下:

```c
/*******ADCDP.c ******ADC 中断实验示例 *******************/
/* 功能：用串接 16 通道(SEQ)方式,以 T1 定时启动 ADC0 及 ADC1 */
/* 引脚的输入模拟电压(注意：不可超过 3.3 V)进行 ADC 中断转换 */
/* 步骤:(1) 由 ADC0 及 ADC1 引脚输入 0～3.3 V(以 VR18 及 VR19 分别调整) */
/*      (2) 程序中设中断点 */
/*      (3) 将 RESULT0 输出到 CPLD 外设的 SEGD7L/H 进行 4 位七段 LED 显示 */
/* 而 RESULT1 输出到 CPLD 外设的 DAC8A/B 来观察所转换的数字数据 */
/**************************************************/
#include "f2407regs.h"
#include "SN2407.H"
#define PERIOD 500          /* T1 PERIOD = 50 ns × 8 × 500 = 0.20 ms */
main(void)
{
InitCPU();                  /* 定义 CPU 的工作环境 */
SCSR1 = 0x0284;             /* 0000 0010 1000 0100
                               11~9    CLK_PS2~0 = 001    CPUCLK = 外频 × 2 倍 = 20 MHz = 50 ns
                               7       ADC_CLKEN = 1      允许 ADC 模块时钟
                               2       EVA CLKEN = 1      允许 EVA 模块时钟 */
GPTCONA = 0x0100;           /* 0000 0001 0000 0000
                               8~7     T1TOADC = 10       设置定时器 1 启动 DAC */
T1PR = PERIOD * (PFDATDIR & 0x007F); /* 设置 T1 频率为 0.2 ms × PF6~PF0 */
T1CNT = 0x0000;             /* T1 计数值 = 0 */
T1CON = 0x1344;             /* 0001 0011 0100 0100
                               12~11   TMODE = 10         连续加数模式
                               10~8    TPS2~0 = 011       TIME_CLK = CPUCLK/8
                               7       TSWT1 = 0          使用本身的 TENABLE bit
                               6       TENABLE = 1        允许开始定时
                               5~4     TCLKS1~0 = 00      选择内部时钟成定时器
                               1       TECMPR = 0         禁止 T1CMP 输出
                               0       SELT1PR = 0,       使用本身的周期寄存器 */
CALIBRATION = 0;            /* 清除测定结果寄存器 */
MAXCONV = 1;                /* 0000 0001 SEQ 转换 2 通道
                               2~0     MAX CONV1_2~0 = 001  SEQ 最大通道数为 2 通道 */
ADCTRL1 = 0x4000;           /* 0100 0000 0000 0000
                               14      RESET = 1          复位每一个 ADC 模块 */
ADCTRL1 = 0x2782;           /* 0010 0111 1000 0010
                               14      RESET = 0          不复位 ADC 模块
                               13~12   SOFTFRE = 10       完成 ADC 才停止仿真器操作
                               11~8    ACQ_PS = 0111      ACLK 预分频倍数 = TIME_CLK × 7
                               7       CPS = 1            设置 ADCLK = CPUCLK/2
                               6       CONT_RUN = 0       不连续转换,转换完停止
                               5       INT_PRI = 0        高优先 ADC 中断
                               4       SEQ_CASC = 0       串接 16 通道顺序工作(SEQ)
                               3       CAL_ENA = 0        禁止补偿测定(Calibration)
                               2~1     BRG_ENA/HILO = 01  选择 $V_{REFHI}$ 为参考电压
```

	0	STEST_ENA = 0	禁止安全测试功能 */
CHSELSEQ1 = 0x0080;	/* 0000 0000 1000 0000		
	7~4	CONV01 = 1000	顺序 1 为 ADC8
	3~0	CONV00 = 0000	顺序 0 为 ADC0 */
ADCTRL2 | = 0x5000;	/* 0101 0000 0000 0000		清除 ADC 顺序及中断标志位
	15	EVB_SOC_SEQ = 0	不允许 EVB 启动 SEQ 进行 ADC
	14	RST_SEQ1 = 1	复位 SEQ 的顺序由 CONV00 开始
	12	SEQ1 BSY = 1	SEQ 忙碌位,SEQ 的 ADC 转换中
	11~10	INT_ENA_SEQ1 = 00	禁止 SEQ 中断
	9	INT FLAG SEQ1 = 0	SEQ 中断标志位为无中断事件
	8	EVA_SOC_SEQ1 = 0	不允许 EVA 启动 SEQ 进行 ADC
	7	EXT_SOC_SEQ1 = 0	禁止外部 ADCSOC 引脚启动 SEQ 进行 ADC */
ADCTRL2 = 0x0500;	/* 0000 0101 0000 0000		允许中断,开始转换
	14	RST_SEQ1 = 0	不复位 SEQ 的顺序
	12	SEQ1 BSY = 0	SEQ 的 ADC 转换暂停
	11~10	INT_ENA_SEQ1 = 01	当 INT FLAG SEQ1 = 1 时允许中断
	9	INT FLAG SEQ1 = 0	1 = 清除 SEQ 中断标志位
	8	EVA_SOC_SEQ1 = 1	允许 EVA 启动 SEQ 进行 ADC 转换 */
IMR = 0x01;	/* INT1 = 1 允许 INT 中断 */		
IFR = 0xFFFF;	/* 清除所有中断 */		
enable();	/* 允许产生中断 */		
while(1);	/* 空转,等待 ADC 中断 */		
}			

```
interrupt void INT1_ISR(void)
{      if(PIVR == 0x0004)    /* 判别检查是否为 ADC 中断 */
      {
SEGD7L = RESULT0≫6;      /* 转换结果 RESULT0(ADC00)右移 6 位 */
SEGD7H = RESULT0≫14;     /* 转换结果 RESULT0(ADC00)右移 14 位 */

DAC8A = RESULT1≫6;       /* 转换结果 RESULT1(ADC01)右移 6 位 */
DAC8B = RESULT1≫8;       /* 转换结果 RESULT0(ADC01)右移 8 位 */
ADCTRL2 | = 0x0200;      /* 0000 0010 0000 0000 */
                         /* INT FLAG SEQ1 = 1  清除 ADC SEQ 中断标志位 */
/* 重新设置须转换 2 通道(设置中断点)*/
      }
}
```

程序 ADCDP.c 主程序及其对应说明

(二)实验程序

(1)编写上述程序 ADCDP.c,编译后载入 SN‑DSP2407 主实验模板中。

注意:本实验的 CPLD 外设使用 DSPSKYI7.tdf 必须预先载入。

(2)载入程序后开始执行,将 PF0~PF6 拨位开关设置为各种不同值 00、3FH 或 7FH 等并设置 ADC 的取样周期值,分别调整 SN‑DSP2407 主实验板上的 ADC 输入,调整 R_{17}、R_{18},作

ADC 通道 0～1 的输入模拟电压,观察记录显示在 4 位七段 LED 上显示值如何？测量 DAC8A 及 DAC8B 的输出模拟值。是否与 R_{18}、R_{19} 的模拟调整值有线性比例关系？

(3) 更改测量的 ADC 通道以及设置成 100 ms 的取样周期,重新编辑、编译并载入,试讨论实验测试记录。

(4) 试分别单步执行及设置断点来观察记录其操作情形及工作原理,并讨论实验测试记录。

(5) 4 位七段 LED 显示器显示着通道 0 的 ADC 输入模拟转换数字电压值是否稳定？为什么？将 JP12 跳线拔取而改接在下端的外部 V_{RH} 专用参考电压,在 SN2407 主实验板电路中专用稳定、精确的 2.25 V 参考电压,因此以跳线插接在 JP28 端会将此 2.25 V 电压接到 V_{RH} 端。试重新测量观察 4 位七段 LED 的 ADC 转换显示值是否精确、稳定？试重新测量调校、记录并讨论。

第 8 章

串行通信接口 SCI 模块

TMS320F2407 芯片内的 SCI 转换模块是一个 8 位 SCI 串行通信接口，所有的寄存器与一般的微控制器相同，都是 8 位。这个可定义的 SCI 支持异步串(UART)在 F2407 的 CPU 与其他使用标准 NRZ(Non-Return-to-Zero,非则回归零)格式的异步外设间进行数字通信；该 SCI 的接收及发送都具有双缓冲器，并且每一个都各有其允许及中断位控制，在全双工模式中都可同时或独立操作。

为了数据的完整性，SCI 会在接收数据时对是否被中断，校验位(Parity)过执行(Overrun)或结构错误等进行检测，位传输率通过一个 16 位波特率选择寄存器来定义超过 65 000 的不同速度。

8.1 与 C240 的 SCI 接口差别

SCI 接口引脚与通用 I/O 引脚双工使用，由数字 I/O 接口位来控制，因此在 C240 中的 SCIPC2(705EH)，该接口寄存器就被移除了。

原来 C240 的 SCICTL1(7051H)的 CLKENA 控制位被移走，由 SCSR1 的 D6 位 SCI_CLK-EN 来替换，而 SCICCR(7050H)的 SCIENA 允许控制位则被改成 LOOP BACK ENA 的内部回接测试控制位。原来的允许位 SCIENA 在 SCI 的正确操作下是不需要的。

但对于 C241/242/243 则对应 F2407，是没有这种差别的。

8.1.1 SCI 物理层的描述

SCI 模块的电路结构方框图如图 8-1 所示。其主要特点如下：

(1) 2 个 I/O 引脚。

① SCIRXD(SCI 接收数据输入端与 IOPA0 共用)。

② SCITXD(SCI 发送数据输出端与 IOPA1 共用)。

(2) 可定义的位传输速率达 65 000 bps,通过一个 16 位的波特率选择设置寄存器来设置不同的速度。

① 以 30 MHz 的工作 CLKOUT 频率：57.2 bps~1 875 kbps。

② 位速率：64 位。

(3) 可定义的字长度为 1~8 位。

(4) 可定义的停止位为 1~2 位。

(5) 内部自行产生串行时钟。
(6) 4 种检测错误标志。
① 校验位错位标志。
② 过度执行错位标志。
③ 结构错误标志。
④ 传输被中断检测标志。

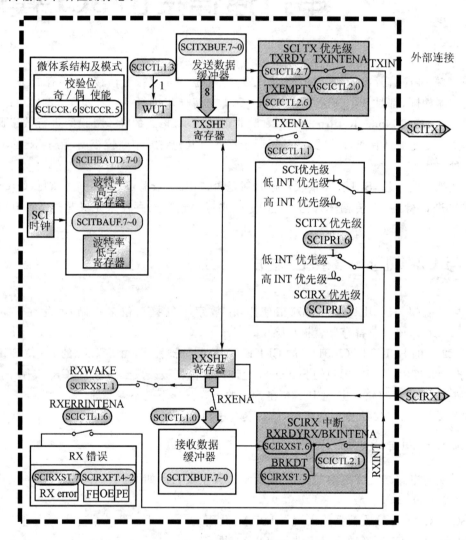

图 8-1 SCI 电路结构方框图

(7) 2 个可被唤醒的多处理器模式,可用来作为下列 2 种通信格式之一。
① 空闲线的唤醒。
② 地址位的唤醒。
(8) 半双工或全双工操作。
(9) 双缓冲接收及发送功能。
(10) 发送器及接收器可以使用中断操作或随测状态标志来操作。

① 发送器：TXRDY 标志（表示发送缓冲寄存器准备可接收 CPU 另一个新字数据发送），同时 TX EMPTY 标志被设置 1 表示发送一位寄存器是空的。

② 接收器：RXRDY 标志（表示接收缓冲寄存器准备可接收由外部传入的另一个新字），BRKDT 标志（中断状况发生）及 RX ERROR 标志监视着 4 种中断的状态（错误标志中断发生）。

(11) 对应发送及接收的个别中断允许位。

(12) NRZ（非则回归零）的格式。

8.1.2　SCI 的微体系结构

使用全双工的主要元件如图 8-1 所示。SCI 方框结构包括如下内容：

(1) 一个发送器（TX）及其主要寄存器（见图 8-1 的上半部）。

① SCITXBUF：发送器的数据缓冲寄存器，内容为要被发送的数据（由 CPU 载入）。

② TXSHF 寄存器：发送器的移位寄存器，数据是由 SCITXBUF 寄存器所载入并将其移出到 SCITXD 引脚端，一次 1 位。

(2) 一个接收器（RX）及其主要寄存器（见图 8-1 的下半部）。

① RXSFT 寄存器：接收器的移位寄存器，数据由 SCIRXD 引脚端移入，一次 1 位。

② SCIRXBUF：接收器的数据缓冲寄存器，内含的数据准备被 CPU 读取，数据从一个遥控处理器将其载入 RXSFT 寄存器内，然后再进入 SCIRXBUF 及 SCIRXEMU 寄存器内。

(3) 可定义的波特率发生器。

(4) 数据存储器映射控制及状态寄存器。

SCI 的接收器及发送器可以处于独立操作或同时操作模式。

8.1.3　SCI 模块

SCI 模块共有 10 个存储器映射数据、控制及状态寄存器，分别为 SCI 通信控制寄存器 SCICCR(7050H)、SCI 控制寄存器 1 的 SCICTL1(7051H) 及控制寄存器 2 的 SCICTL2(7054H)、SCI 高低波特率寄存器 SCIHBAUD(7052H) 及 SCILBAUD(7053H)、接收状态寄存器 SCIRXST(7055H)、仿真数据缓冲寄存器 SCIRXEMU(7056H)、接收数据缓冲寄存器 SCIRXBUF(7057H)、发送数据缓冲寄存器 SCITXBUF(7059H) 以及 SCI 中断优先级控制寄存器 SCIPRI(705FH) 等。表 8-1 为 SCI 模块寻址及其对应简易功能描述。

表 8-1　SCI 模块寻址及其对应简易功能描述

寻　址	符　号	名　　称	简易功能描述
7050H	SCICCR	SCI 通信控制寄存器	定义字格式、协议码以及 SCI 的使用模式
7051H	SCICTL1	SCI 控制寄存器 1	控制 RX/TX 及 SCI 接收错误中断允许，唤醒 TXWAKE 及睡眠功能和 SCI 的软件复位
7052H	SCIHBAUD	SCI 高位波特率寄存器	存放要产生波特率所需高 8 位数据设置的寄存器
7053H	SCILBAUD	SCI 低位波特率寄存器	存放要产生波特率所需低 8 位数据设置的寄存器

续表 8-1

寻　址	符　号	名　称	简易功能描述
7054H	SCICTL2	SCI控制寄存器2	SCI发送器的中断允许、接收缓冲器/中断传输的中断允许和SCI发送器已完成的准备好标志,以及发送器已空的标志
7055H	SCIRXST	SCI的接收器状态寄存器	内有7个接收状态寄存器 RX-ERROR、RXRDY、BRKDT、FE、OE、PE、RXWAKE
7056H	SCIRXEMU	SCI仿真数据缓冲寄存器	数据用作屏幕更新,主要针对仿真器(并不是一个真实寄存器,而是一个交替寻址,用来读取此 SCIRXEMU,并不会像读取 SCIRXBUF 清除 SCIRDY 标志)
7057H	SCIRXBUF	SCI接收数据缓冲寄存器	数据是由接收移位寄存器所传来的实时数据
7058H	保留		
7059H	SCITXBUF	SCI发送数据缓冲寄存器	所存放的数据是准备由SCITX引脚端要发送的数据
705AH～705EH		保留寄存器	
705FH	SCIPRI	SCI中断优先级控制寄存器	设置发送器和接收器产生中断的优先级控制

8.1.4　多处理器及异步通信模式

　　SCI具有两个多处理器的协议：空闲线多处理器模式和寻址位多处理器模式。这些协议在多处理器间允许进行高效率的数据传输。

　　SCI提供通用异步接收/发送器(Universal Asynchronous Receiver/Transmitter)。

　　通信模式用作大众化的外设接口；异步模式需要两条信号线来连接与许多使用 RS232-C 格式标准设备中的接口,如终端机、打印机等。数据传输特性包含如下：

　　(1) 1个启动位(Low 电平)。
　　(2) 1～8个数据位。
　　(3) 1个奇/偶校验位或没有校验位的检测传输。
　　(4) 1个或2个停止位(High 电平)。

8.2　SCI可定义的数据格式

　　SCI的数据不管是接收或发送,都是NRZ(非归零)的格式。NRZ数据格式如图8-2所示,包含如下：

　　(1) 1个启动(Start)位。
　　(2) 1～8个数据(LSB-MSB)位。
　　(3) 1个奇/偶校验位(Parity)或没有校验位的检测传输。
　　(4) 1个或2个停止位(High 电平)。
　　(5) 1个额外位(第9位)用来分辨是寻址(Address)或数据(Data)。

　　数据的基本单位称之为字(Character),长度为1～8位。每个字的数据被格式化为1个启动位、1或2个的停止位以及选项的校验位和寻址位。一个数据字涵盖其格式信息称之为一个帧(Frame),如图8-2所示。

图 8-2 SCI 的数据帧格式

使用 SCICCR 寄存器来定义数据的格式。各位用来定义数据格式如表 8-2 所列。

表 8-2 使用 SCICCR 寄存器定义数据格式的各位功能表

位名称	寄存器位	功能说明
SCI CHAR2~0	SCICCR2~0	选择字数据长度(1~8位) 000(1)~111(8)
PARITY ENABLE	SCICCR5	若设置为1,则允许校验位功能传输;若清除为0,则不进行校验位传输
EVEN/ODD PARITY	SCICCR6	若 SCICCR6 设置为1允许校验位传输,则此位设置为1是偶位,0是奇位;没有校验位则无关
STOP BITS	SCICCR7	决定停止位的传输位数,设置为1则是2个停止位,设置为0则是一个停止位

8.3 SCI 多处理器通信

多处理器通信能让一个处理器可以高效率地送出一区域的数据,给在同一个串行连接线上的其他处理器。在一条传输线上,在同一时间内也仅可以有一个发送;换言之,就是在一个时间内只可以有一个话者在线上。

一区域数据的第一个字节(BYTE)信息必须是话者(Talker)所送出的内容寻址字,是所有听者(Listeners)要读取的;紧随着这个寻址字数据后只有一个听者对应其内定的寻址比较相同时可以被中断,而其他没有比较正确寻址者,仍然保持其不被中断直到下一个寻址位比较相同为止。

所有处理器在串行连接设置 SCI 的睡眠位(SLEEP=SCICTL1.2)为1,而处于睡眠状态时,只有当寻址位检测比较相同时才会被中断而唤醒。用户利用软件的编写,将此设备的寻址由 CPU 将要设置的寻址写入存储器中。当一个处理器读取区域中的寻址用来与此预定的寻址比较时,若 CPU 允许睡眠位及允许中断时,接收到第一个区域数据的寻址字,则会产生中断唤醒,使得中断向量子程序中断用户的程序,必须定义预存在存储器内的设备寻址码,若相同,则必须清除此睡眠状态(SLEEP)位,同时允许 SCI,则在接收每一次数据字时可以产生中断来读取。

当 SLEEP 位被设置为1时,虽然接收器仍然继续操作,但是并不会设置 RXRDY、RXINT 位及任何的接收错误状态位,除非是寻址字被检测比较符合且接收微体系结构被设置为寻址模式(即 SCICCR.3=ADDR/IDLE MODE=1),SCI并不会自动交替更改 SLEEP 位,而用户必须以程序做交替更改 SLEEP 位。

处理器要得知这个寻址字有所不同,依赖于多处理器所使用的模式。举例说明如下:

(1) 空闲线(Idle Line)模式在寻址字前,会让出一个净空空间。这个模式并没有一个额外的寻址/数据标识位,因此在超过 10 个字的长数据传输上,就比寻址位模式更有效率。不需要加入寻址/数据(Address/Data)这个标识位,也是一般非多处理器的 SCI 通信传输使用模式。

(2) 寻址位(Address Bit)模式加了一个额外位(也就是寻址位),进入每个字来分辨是寻址还是数据传输。由于不像空闲线模式在数据区域间不需要空闲等待做标识,因此在处理许多较小区域数据时就比较有效率,然而对于高速传输,传输流程无法避免这个需要一个 10 位的空闲线时间,而会显得不够快。

多处理器模式是以软件经过 ADDR/IDLE MODE(SCICCR.3)位来选择设置的。两种模式都使用 TXWAKE(SCICTL1.3)发送唤醒标志、RXWAKE(SCIRXST.1)接收唤醒标志以及 SLEEP(SCICTL1.2)睡眠等位标志,以设置控制 SCI 的发送器及接收器在这些模式中的特性。

两个多处理器模式接收的程序如下:

(1) 在接收一个寻址区域时,SCI 端口被唤醒并请求产生一个中断(在 SCICTL2.1 的 RX/BK INT 位必须允许,以便要求一个中断可产生),用来读取第一个帧区域的内容目的寻址。

(2) 通过软件中断进入中断服务程序,检测所读取的输入寻址,这个寻址必须与此设备所预存在存储器的寻址比较。

(3) 假如检测比较是这个 CPU 设备寻址被传呼时,此 CPU 必须清除睡眠 SLEEP 位,并读取其他区域;假如不是被寻址传呼,则软件就在 SLEEP 位仍被设置时跳出这个中断服务程序,并且不接收其他区域数据一直到下一个新区域启动。

8.3.1 空闲线多处理器模式

在空闲线多处理器的协议上(ADDR/IDLE MODE 位=1),区域是经过一个比区域帧之间还长的空闲时间来分隔的。在一个帧数据之后的一个空闲时间为 10 或更多的高电平位用来指示一个新区域的启动,这种位的时间直接以波特率值(每一秒的位数)计算。空闲线多处理器通信格式如图 8-3 所示(ADDR/DATA MODE 是 SCICCR.3 位)。

空闲线模式的操作步骤如下:

(1) 在接收到区域启动信号后,SCI 会被唤醒。

(2) 处理器现在就认可下一个 SCI 中断。

(3) 在服务子程序中将自身的寻址与接收到的寻址值(由遥控方所发送)比较。

(4) 假如 CPU 被寻址(比较相同),在中断服务程序中就清除 SLEEP 睡眠位,并接收这个区域的其余数据。

(5) 假如 CPU 不被寻址(比较不同),就维持 SLEEP 睡眠位为 1。这将让 CPU 回主程序继续执行而不会被 SCI 端口中断,一直到下一个新区域的启动。

有如下两种方法送出启动信号:

(1) 方法一　谨慎地在前一个区域的最后帧数据传输与新区域的传输寻址帧之间,借由延迟让出一个 10 位或更长的空闲时间。

(2) 方法二　首先 SCI 端口在将数据写入发送缓冲寄存器 SCITXBUF 前,就设置

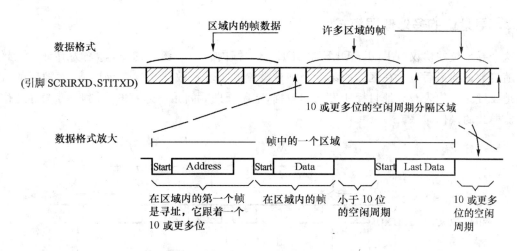

图 8-3 空闲线多处理器通信格式

TXWAKE 位(SCICTL11.3)为 1,这将会正确地送出一个固定 11 位的空闲时间。以这种方式,这个串行传输线不能够空闲任何需要更长的空闲时间(这时在设置 TXWAKE 之后并且在送出寻址线前,一个无意义字会被自动写入 SCITXBUF,因此才会发送一个空闲时间)。

结合这个 TXWAKE 位的是唤醒暂存标志 WUT。WUT 是一个内部标志,对应于 TXWAKE 的双重缓冲器。当 TXSFT 由 SCITXBUF 被载入的同时,TXWAKE 也被载入 WUT 内,并且令 TXWAKE 清除为 0。这种安排如图 8-4 所示。

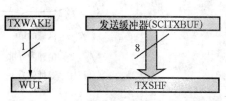

图 8-4 双重缓冲器的 TXWAKE 及 TXSFT 的处理

为了正确地在一个有效信号时间内送出一个区域启动信号,在此区域传输期间顺序如下:

(1) 将 1 写入 TXWAKE 位。

(2) 将一个无效字(这个字的内容是没有意义的)写入 TXBUF 寄存器,以便送出一个区域启动信号(11 个字的空闲线)(当区域启动信号被送出时的第一个字数据的写入是被抑制的,并在此后被忽略),此时的 TXSFT(发送移位寄存器)又恢复自由时(移出完成),此 TXBUF 内容转载入 TXSFT,同时将 TXWAKE 标志值载入 WUT,与此同时将 TXWAKE 清除为 0。

由于 TXWAKE 被设置为 1,这时的启动位、数据以及校验位等会在上一个帧的最后停止位之后,借由此 11 位(START+DATA+PARITY+STOP=1+8+1+1=11)的空闲周期间重新置入,成为无效数据的 11 位空闲周期。

(3) 将一个要新寻址的值写入 TXBUF 内,以便用作发送寻址。

一个无意义的数据首先必须被写入 TXBUF 寄存器内,这才使得 TXWAKE 标志值会被移入 WUT。在此无意义的数据由 TXBUF 寄存器载入 TXSFT 寄存器后,TXBUF 寄存器(以及若有必要时的 TXWAKE 位)由于 TXSFT 及 WUT 都是双缓冲器,通过 TXWAKE=0 才得知可再被写入数据进行发送。

接收器的操作与 SLEEP 位无关。然而对于接收器的 RXRDY 标志以及错误状态标志位,甚至是要求一个中断等是不会被设置的,要一直等到一个寻址帧被检测到后才会被设置。

8.3.2 寻址位的多处理器模式

这个寻址位的协议(ADDR/IDLE MODE=1),帧内有一个额外的位,称之为寻址/数据位,是紧随着数据的最后位。在区域的第一个帧被设置成 1 表示数据是代表寻址值,而随后的所有帧都是设置为 0 代表对寻址目标所发送的数据,空闲周期时间是不适宜的。图 8-5 为寻址位多处理器模式的操作时序。

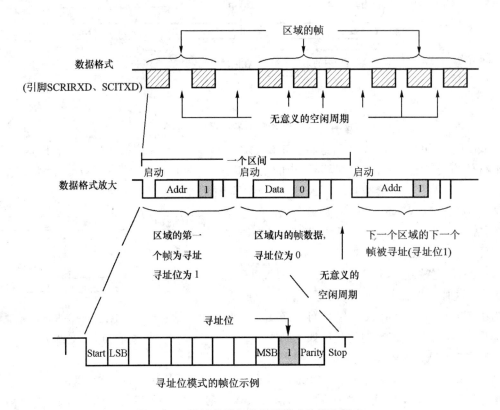

图 8-5 寻址位的多处理器模式的操作时序

这时的 TXWAKE 位值是被寻址位所置入的。在传输期间,当 TXBUF 寄存器与 TXWAKE 位分别被载入 TXSFT 寄存器及 WUT 时,TXWAKE 会被清除为 0,而 WUT 却包含着这时帧数据内的地址位值。因此,要送出一个寻址,则应操作如下:

(1) 同样将 1 写入 TXWAKE 位,并将所要寻址的值写入 TXBUF 寄存器内。

(2) 当这个寻址值被传入 TXSFT 寄存器并将发送时,跟随它的寻址位会被设置为 1,这个标志在串行连接线上会告知其他处理器当作寻址数据读取处理的。

(3) 同样的 TXSFT 及 WUT 都是双缓冲器,因此在 TXSFT 及 WUT 内载入的同时,由于 TXWAKE 被清除而得知此时的 TXBUF 及 TXWAKE 可立即再被写入。

(4) 当数据区域帧要发送的是数据而非寻址线时,令 TXWAKE 清除为 0 即可。

注意:对应传输为 11 字或更少时的寻址格式。

作为一个通用法则,这种寻址位格式通常都是使用在数据帧为 11 字或更少时。这种格式对应于所有数据字的传输都加入一个寻址/数据标识位值(1 为寻址帧,而 0 为数据帧)。若数据帧字大于 11 字数,就会显得比使用空闲线来传输还慢的现象。由于空闲线传输格式必须以 11 个位或更多字空闲来作为寻址线的区隔分辨,因此空闲线的传输通常用于数据帧大于 12 字时会显得较有效率。

多处理器的串行传输,仅 TI 公司的 TMS320F24xx 系列或其他 MPF430 系列具有此功能。若要与 PC 或一般的微控制器如 8051 系列、PIC 系列或 Atmel 公司的 AVR 单芯片微控制器系列作多处理器串行连接,则最好使用寻址位格式来与其他微控制器或 PC 等进行 9 位数据传输,其第 9 位就可作为寻址/数据的标识位。

8.4 SCI 通信格式

SCI 不管是使用单线或双线通信都是一种异步通信。这种模式的帧微体系结构是一个启动(START)位,接着 1~8 的数据位,一个可选的校验位以及 1 个或 2 个的停止位,如图 8-6 所示。每一个数据位占有 8 个 SCICLK 时钟周期。

SCI 处于停滞位是 1 电平,当接收到一个有效的 0 电平启动位时,接收器便开始操作。一个有效的启动位是由连续 4 个的 SCISCLK 周期检测到 0 电平信号来标识的,如图 8-6 所示。若其中有一个是非 0 值,则处理器必须重新开始取样,以查找另一个正确的启动位。

在启动位之后的数据位,处理器以 8 个 SCISCLK 时钟周期的中间第 4、5、6 三个取样位来判定。根据 3 选 2 以上基本原理来决定数据位是 1 或 0,也就是 3 个取样值中以 2 个以上的同值为认定值。这种取样方式主要可以防止噪声的干扰而提高传输的正确率。有的 SCI 传输端口甚至以 16 个 SCICLK 中间 7、8、9 的取样值来认定。图 8-6 说明这种异步通信格式中,以一个启动位来显示出其位边沿如何被检测到,以及其中的位值选择机制。

由于接收器对于其数据帧都是本身自我预先协议同步,因此发送器及接收器就不需要使用外部一个串行时钟来同步。这种协议时钟是可由本身设置产生的。

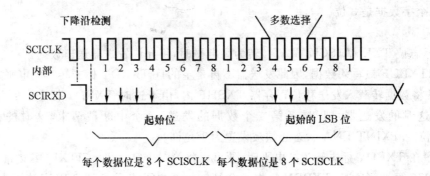

图 8-6 SCI 异步通信的数据格式时序

8.4.1 通信模式的接收信号

图 8-7 为一个接收器的信号时序示例。假定情况如下:

(1) 寻址位唤醒模式(寻址线是不会出现在空闲线模式的)。
(2) 每个字数据是6位。

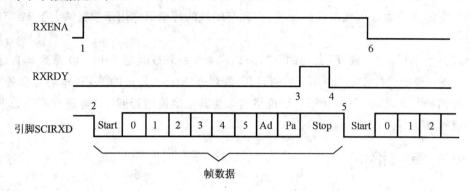

图8-7 SCI通信模式接收的RX信号时序

备注：
① 当标志位 RXENA(SCICTL1.0)转为高电平时，将允许接收器接收数据。
② 数据到达 SCIRXD 引脚端时，就开始检测启动位。
③ 数据由 RXSHF 寄存器移入接收寄存器 SCIRXBUF，一个中断被请求，标志 RXRDY(SCIRXST.6)位转为 HI 信号来告知新的字已经被接收完成。
④ 程序读取 SCIRXBUF 内容数据，这时的 RXRDY 标志会自动被清除。
⑤ 下一个字数据到达 SCIRXD 引脚端时，又开始检测启动位寄存器，然后被清除。
⑥ RXENA 位被设回 LOW 电平来禁用接收器，数据继续被汇编到 RXSHF，但不会被传到 RXBUF 接收缓冲寄存器。

8.4.2 通信模式的发送信号

图8-8为一个发送器的信号时序示例。假定情况如下：
(1) 寻址位唤醒模式(寻址线是不会出现在空闲线模式的)。
(2) 每个字数据是3位。

备注：
① 当标志位 TXENA(SCICTL1.1)转为高电平时，将允许发送器送出数据。
② SCITXBUF 被写入数据，因此发送器不再是空的且 TXRDY 标志转为低电平。
③ SCI 将数据转载入发送移位寄存器 TXSHF 内，由于这时 TXRDY 标志会因此恢复为高电平，表示这时的发送器可以准备第二个数据的发送，一个中断被请求，这时的中断位，即 SCITL2.0 位的 TXINT ENA 状态必须被设置为1允许。
④ 程序在 TXRDY 标志转为高电平时，便可以将第二个字写入 SCITXBUF 内准备再发送；当 SCITXBUF 再被写入时，TXRDY 标志又会被转为低电平表示 SCITXBUF 内的数据尚未被转载入 TXSHF 进行发送。
⑤ 第一个字数据通过 TXSHF 由 SCITXD 引脚端以所预设的波特率移出完成后，TX EMPTY 标志会暂时转为高电平，这时将存放在 SCITXBUF 的第二次数据转载入 TXSHF 开始移出。
⑥ RXENA 位被设回低电平来禁用发送器，这时的发送器便完成其发送工作。

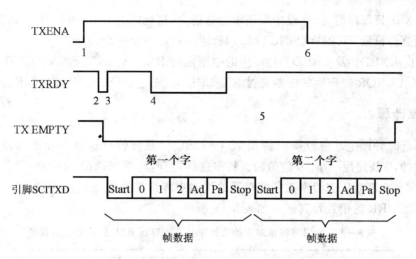

图 8-8　SCI 通信模式发送的 TX 信号时序

⑦ 在第二个字发送完成后,发送器的 SCITXBUF 及 TXSHF 这两个寄存器内容便空着(TX EMPTY=1),并等待另一个新数据的发送操作。

8.5　SCI 端口的中断

SCI 内部串行时钟是由设备的系统时钟及其波特率选择寄存器的设置所产生的。SCI 使用一个 16 位值的波特率选择寄存器来设置 64K 种不同时钟频率。SCI 的接收器和发送器都可以被中断控制。SCICTL2 寄存器中的一个 TXRDY 标志位指示着动态中断的状况,对应 SCRRXST 接收状态寄存器内有二个位(RXRDY 及 BRKDT)再加上一个由 FE、OE、PE 状态等,所产生的 OR 汇编接收错误标志 RX ERROR 的中断标识位。接收器和发送器都分别具有中断允许控制位。当没有允许时,这个中断是不会被确立的,但这些状态标志仍然会有效地反映发送及接收的状态。

这个 SCI 对应的接收器和发送器都有其独立的外设中断向量。外设中断请求的优先级可被设置为高或低优先级,这可由外设 PIE 控制器的输出指示其优先级。SCI 中断可通过 SCIRX PRIORITY(SCIPRI.5)及 SCITX PRIORITY(SCIPRI.6)各位的设置来定义为高或低的优先电平。当 RX 及 TX 这两个中断优先级都被定义成同一优先级电平时,接收器通常会比发送器为较高的优先级,这样才可以减少这个接收数据过载操作的可能性。

外设中断的操作在外设中断扩充控制的设备特性中会更进一步的描述。SCI 这个设备在本章节仅为其一部分。

(1) 若 RX/BK INT ENA(SCICTL2.1)位被设置为 1,则接收器在下列任一项事件发生时,外设中断请求会被确立。

① 当 SCI 接收到一个完整的帧,并将接收存放在 RXSHF 接收移位寄存器内容转载入 SCIRXBUF 接收寄存器时,该功能会设置 RXRDY(SCIRXST.6)标志并启动一个中断。

② 一个接收中断检测状态发生(如 SCIR XD 处于低电平为 10 位周期并紧跟着一个丢失的停止位时),该功能会设置 BRKDT(SCIRXST.5)标志位并启动一个中断。

(2) 若 TX INT ENA(SCICTL2.0)位被设置为 1,则发送器在 SCITXBUF 寄存器中的任何

数据传入 TXSHF 寄存器时,外设中断请求会被确立,这标志着 CPU 可以对 SCITXBUF 写入新数据。该功能会设置 TXRDY(SCICTL2.7)标志并启动一个中断。

注意:由 RXRDY 及 BRKDT 位产生的中断是被 RX/BK_INT_ENA(SCICTL2.1)位所控制的,由 RX_ERROR 位产生的中断是被 RX_ERRO_INT_ENA(SCICTL1.6)位所控制的。

SCI 波特率计算

内部串行时钟产生是由设备时钟频率(CLKOUT)及波特率选择寄存器的设置来决定的。对于设备时钟,SCI 使用一个 16 位值的波特率选择寄存器,用来选择 64K 种不同串行时钟频率中的一种,在 8.6 节对应波特率选择寄存器的说明中将详细地介绍。通用的波特率对应于波特率选择寄存器 BRR 的设置及其误差如表 8-3 所列。

表 8-3 通用波特率对应的波特率选择寄存器 BRR 的设置及其误差

理想的波特率/bps	BRR 波特率选择寄存器	设备时钟频率 30 MHz	
		实际波特率/bps	误差比/%
2 400	1 562	2 399	−0.03
4 800	780	4 802	+0.03
8 192	457	8 188	−0.05
9 600	390	9 591	−0.10
19 200	194	19 230	+0.16
38 400	97	38 265	−0.35

8.6 SCI 模块寄存器

SCI 的功能由软件加以结构化。设置的控制位、结构等进入专用的字被定义,以便初始化所需的 SCI 通信格式,这包含操作模式及协议、波特率值、字长度、偶/奇校验位或无校验位、停止位数等以及中断优先级和允许。SCI 通过表 8-4 所列的寄存器加以控制及读取,本章依次描述如下。

表 8-4 对应 SCI 模块各寄存器名称及各位名称

寻 址	寄存器助记名	位数序								寄存器全名
		D7	D6	D5	D4	D3	D2	D1	D0	
7050H	SCICCR	STOP BIT	EVEN/ ODD PARITY	PARITY ENABLE	LOOP BACK ENA	ADDR/ IDLE MODE	SCI CHAR2	SCI CHAR1	SCI CHAR0	通信控制寄存器
7051H	SCICTL1	保留	RX ERR INTENA	SW RESET	保留	TXWAKE	SLEEP	TXENA	RXENA	SCI 控制 1
7052H	SCIHBAUD	BAUD15	BAUD14	BAUD13	BAUD12	BAUD11	BAUD10	BAUD9	BAUD8	波特率 H

续表 8-4

寻址	寄存器助记名	D7	D6	D5	D4	D3	D2	D1	D0	寄存器全名
7053H	SCILBAUD	BAUD7	BAUD6	BAUD5	BAUD4	BAUD3	BAUD2	BAUD1	BAUD0	波特率 L
7054H	SCICTL2	TXRDY	TX EMPTY	保留位				RX/BK INTENA	TX INTENA	SCI 控制 2
7055H	SCIRXST	RX ERROR	RXRDY	BRKDT	FE	OE	PE	RXWAKE	保留	接收状态寄存器
7056H	SCIRXEMU	ERXDT7	ERXDT6	ERXDT5	ERXDT4	ERXDT3	ERXDT2	ERXDT1	ERXDT0	仿真数据
7057H	SCIRXBUF	RXDT7	RXDT6	RXDT5	RXDT4	RXDT3	RXDT2	RXDT1	RXDT0	接收数据
7058H	—	保留位								—
7059H	SCITXBUF	TXDT7	TXDT6	TXDT5	TXDT4	TXDT3	TXDT2	TXDT1	TXDT0	发送数据
705AH~705EH	—	保留位								—
705FH	SCIPRI	保留	SCITX PRIORITY	SCIRX PRIORITY	SCI-SUSP SOFT	SCI-SUSP FREE	保留位			优先级仿真控制
7050H	SCICCR	STOP BIT	EVEN/ODD PARITY	PARITY ENABLE	LOOP BACK ENA	ADDR/IDLE MODE	SCI CHAR2	SCI CHAR1	SCI CHAR0	通信控制寄存器

8.6.1 SCI 通信控制寄存器 SCICCR

SCI 通信控制（Communication Control）寄存器 SCICCR 定义着使用 SCI 的字体格式、协议及通信模式。其各位名称及其相关名称如表 8-5 所列。

表 8-5 SCI 通信控制寄存器 SCICCR(7050H)各位名称及其相关名称

D7	D6	D5	D4	D3	D2	D1	D0
STOP BIT	EVEN/ODD PARITY	PARITY ENABLE	LOOPBACK ENABLE	ADDR/IDLE MODE	SCICHAR2	SCICHAR1	SCICHAR0
RW-0	RW-0	RW-0	RW-0	RW-0	RW-0	RW-0	RW-0

各位功能及操作说明如下。

(1) D7 STOP BIT：该位用来设置发送的停止位为 1 个位或 2 个位，对应接收器则只检测 1 个停止位。

0：仅 1 个停止位。

1：2 个停止位。

(2) D6 EVEN_ODD_PARITY：假如此寄存器的 PARITY ENABLE(D5)允许位设置为

1,则此位的设置才有效。此位作为 SCI 的偶/奇校验位检测设置。

  0：奇校验位。

  1：偶校验位。

(3) D5 PARITY ENABLE：允许校验位的传输功能。

假如 SCI 是设置为寻址的多处理器模式,则此寻址设置的寻址/数据位包含在校验位的计算检测内。假如数据字长度少于 8 位,则其他没有用的字位是被屏蔽而不列入校验位的计算的。

  0：不进行校验位的运算及传输,对应发送器在发送时不产生校验位发送,而接收器也不会期望接收。

  1：允许校验位的传输功能。

(4) D4 LOOP BACK：对应 SCI 内部回接的测试模式允许。

假如 SCI 设置为内部回接的测试模式允许,则此设置会将 TX 的引脚在内部连接在 RX 端进行回接检测。

  0：不进行内部回接的测试模式。

  1：允许内部回接的测试模式。

(5) D3 ADDR/IDLEMODE：对应 SCI 多处理器的模式设置控制。

此位用来选择多处理器的协议。

  0：IDLE 空闲线模式的协议选择。

  1：ADDR 寻址位模式的协议选择。

此 SCI 多处理器的传输不同于其他传输模式,是因为使用 SLEEP 及 TXWAKE 功能位(分别为 SCICTL1.2 和 SCICTRL1.3 位),由于在帧内寻址位模式会增加一个额外的数据/地址位,因此空闲线模式通常用于一般的通信模式。空闲线模式不会增加额外位,并且与 RS-232 型的通信是完全兼容的。

(6) D2~0 SCI CHAR2~0：字长度的设置控制。

这些位用来设置 1~8 的数据字传输长度。字长度小于 8 位是由 SCIRXBUF 及 SCIRXEMU 这两个寄存器来判别的,并在 SCIRXBUF 前置的 0 值加入产生 8 位数据,而 SCITXBUF 则不需要加入这种前置 0 值。表 8-6 是对应 SCI CHAR2~0 的设置及其字长度值。

表 8-6 对应 SCI CHAR2~0 的设置及其字长度值

SCI CHAR2~0 字值(二进制位)			
SCI CHAR2	SCI CHAR1	SCI CHAR0	数据字长度/位
0	0	0	1
0	0	1	2
0	1	0	3
0	1	1	4
1	0	0	5
1	0	1	6
1	1	0	7
1	1	1	8

8.6.2 SCI 控制寄存器 1 SCICTL1

SCI 控制(ControL)寄存器 1 SCICTL1 控制着接收器/发送器的允许、TXWAKE 及 SLEEP 功能,软件复位 SW RESET 控制。其各位名称及其相关名称如表 8-7 所列。

表 8-7 SCI 控制寄存器 SCICTL1(7051H)各位名称及其相关名称

D7	D6	D5	D4	D3	D2	D1	D0
保留	RX/ERR INT ENA	SW RESET	保留	TXWAKE	SLEEP	TXENA	RXENA
R-0	RW-0	RW-0	R-0	RW-0	RW-0	RW-0	RW-0

各位功能及操作说明如下。

(1) D7 保留位:这个位读取值恒为 0。

(2) D6 RX/ERR INT ENA:SCI 接收器接收错误时产生中断的控制位。

设置此位时,若在 SCIRXST.7 的 RX ERROR 位变成 1 时标志着接收器错误,则会因这种错误的发生而允许产生中断。

0:接收错误的中断被禁用。

1:接收错误的中断被允许。

(3) D5 SW RESET:SCI 软件复位控制位。

将 0 值写入此位,将初始化 SCI 的操作状态及操作标志(寄存器 SCICTL2 及 SCIRXST)处于复位状态。

SW RESET 位功能并不会影响任何的结构化位,如模式或波特率等。

所有影响到的逻辑结构被维持在特定的复位状态,直到一个 1 被写入此 SW RESET 位。本书中对应每个寄存器或控制寄存器的图或表中的 R-0 或 RW-0 等的"-0",是代表紧跟着系统复位(RESET)后的起始值。因此,在系统复位后,借着将 1 写入此位会重新允许 SCI 系统。

若一个接收器发生接收时被中断而检测到(SCIRXST.5 的 BRKDT 位),则必须利用此 SW RESET 位来清除 SCI 重新启动。

SW RESET 影响 SCI 的操作标志,但是不会影响结构位或载存的复位值。表 8-8 所列为 SW RESET 所影响的标志。

表 8-8 SW RESET 所影响的(SCIRXST 及 SCICTL2.6/7)标志

SCI 的标志	寄存器的位	在 SW RESET 功能后的值
TXRDY	SCICTL2.7	1
TXEMPTY	SCICTL2.6	1
RXWAKE	SCIRXST.1	0
PE	SCIRXST.2	0
OE	SCIRXST.3	0
FE	SCIRXST.4	0
BRKDT	SCIRXST.5	0
RXRDY	SCIRXST.6	0
BX ERROR	SCIRXST.7	0

(4) D4 保留位:这个位读取值恒为 0。

(5) D3 TXWAKE：SCI 发送器唤醒模式的选择。

依据 SCICCR.3 的寻址空闲位 ADDR/IDLE 确定的发送模式（空闲线或寻址位），TXWAKE 位才可以控制选择数据的发送。

0：发送没有被选择。

1：发送选择取决于模式是空闲线还是寻址线。

在空闲线模式：将 1 写入 TXWAKE，然后再将数据写入 SCITXBUF 寄存器，用来产生 11 个数据位的空闲周期。

在寻址位模式：将 1 写入 TXWAKE，然后再将数据写入 SCITXBUF 寄存器，用来设置一个寻址位（ADDR/DATA=1）于数据帧，标志寻址值的发送。

TXWAKE 是不会被 SW RESET 清除的，但被系统复位或将 TXWAKE 转载入 WUT 标志时除外。

(6) D2 SLEEP：SCI 的睡眠设置位。

在多处理器结构下，此位控制着接收的睡眠功能。清除此位会将 SCI 带出睡眠模式。

0：睡眠模式禁用。

1：睡眠模式允许。

此位被设置为允许时，SCI 的接收功能仍然继续操作，但此操作不会更新接收缓冲准备位（SCIRXST.6 的 RXRDY）或其他接收错误状态标志（SCIRXST 的 BRKDT、FE、OE 及 PE 等位），除非寻址字被检测到。当寻址位被检测到时，此位是不会被清除的。

(7) D1 TXENA：SCI 的发送器允许位。

只有在 TXENA 被允许下，数据才可经过 SCITXD 引脚被发送。复位时，只有当先前被写入 SCITXBUF 内的数据都已经被发送后才会被暂停发送。

0：发送器被禁用。

1：发送器被允许。

(8) D0 RXENA：SCI 的接收器允许位。

数据接收是经过 SCITXD 引脚，同时被移入接收移位寄存器（TXSHF）及接收缓冲寄存器 SCITXBUF。该位用来允许或禁用接收器（传到缓冲器 SCITXBUF）。

0：禁止接收字传入 SCIRXEMU（接收仿真寄存器）及 SCIRXBUF 接收缓冲寄存器内。

1：将接收到的字送入 SCIRXEMU（接收仿真寄存器）及 SCIRXBUF 接收缓冲寄存器内。

清除 RXENA 位会停止接收的字被传入 SCIRXEMU 及 SCIRXBUF 这两个接收缓冲器，同时停止产生接收中断，然后接收器的移位寄存器可以继续收集字。因此，在接收一个字期间，若 RXENA 被设置允许，则此完整的字将会被传入所有接收缓冲寄存器 SCIRXEMU 及 SCIRXBUF 内。

8.6.3 SCI 的波特率选择设置寄存器 SCIHBAUD/SCILBAUD

这个 SCI 的传输率由二个 8 位寄存器配置成一个 16 位的波特率选择设置寄存器（SCIHBAUD/SCILBAUD），用来确定此 SCI 的传输。其各位名称及其相关名称如表 8-9 及表 8-10 所列。

表 8 – 9　SCI 波特率选择设置寄存器 SCIHBAUD(7052H)各位名称及相关名称

D15	D14	D13	D12	D11	D10	D9	D8
BAUD15	BAUD14	BAUD13	BAUD12	BAUD11	BAUD10	BAUD9	BAUD8
RW – 0	RW – 0	RW – 0	RW – 0	RW – 0	RW – 0	RW – 0	RW – 0

表 8 – 10　SCI 波特率选择设置寄存器 SCILBAUD(7053H)各位名称及相关名称

D7	D6	D5	D4	D3	D2	D1	D0
BAUD7	BAUD6	BAUD5	BAUD4	BAUD3	BAUD2	BAUD1	BAUD0
RW – 0	RW – 0	RW – 0	RW – 0	RW – 0	RW – 0	RW – 0	RW – 0

D15～D0：SCI 的 16 位波特率选择寄存器。

寄存器 SCIHBAUD(高字 MSB)及 SCILBAUD(高字 LSB)连接成为一个 16 位波特率值 BRR。

SCI 内部所产生的串行时钟由系统时钟 CLKOUT 及这两个波特率寄存器决定，因此 SCI 对应的通信模式，使用这些寄存器的 16 位值来选择 64K 种的时钟频率之一。该 SCI 波特率使用下列式子来计算：

$$\text{SCI 异步波特率} = \frac{\text{CLKOUT}}{\text{BRR}+1} \times 8$$

式子转换为

$$\text{BRR} = \frac{\text{CLKOUT}}{\text{SCI 非同步波特率} \times 8} - 1$$

注意：上述式子仅当 $1 \leqslant \text{BRR} \leqslant 65\,535$ 时才成立。若 BRR＝0，则

$$\text{SCI 异步波特率} = \text{CLKOUT}/16$$

其中的 BRR 就由这两个波特率寄存器来决定。

8.6.4　SCI 控制寄存器 2 SCICTL2

SCI 控制寄存器 2 SCICTL2 控制着 RX/BK INT ENA 接收准备好或中断检测的中断允许，以及 TX INT ENA 发送准备好中断允许，并随同对应地发送准备好及发送空着的标志。其各位名称及其相关名称如表 8 – 11 所列。

表 8 – 11　SCI 控制寄存器 SCICTL2(7054H)各位名称及其相关名称

D7	D6	D5	D4	D3	D2	D1	D0
TXRDY	TX EMPTY	保留				RX/BK INT ENA	TX INT ENA
R – 1	R – 1	R – 0				RW – 0	RW – 0

各位功能及操作说明如下。

(1) D7　TXRDY：发送缓冲寄存器已准备好可再载入新数据作为于发送的标志。

设置时，这个位指示发送缓冲寄存器 SCITXBUF 已转载到 SCISHF，因此已经准备好可再

被载入新字,当数据写入 SCITXBUF 时会自动清除此标志位。被设置时,若这个标志对 TX_INT_ENA(SCICTL2.0)也被设置成中断允许,便会提出一个发送中断请求,这个标志在系统复位或 SW RESET 的软件复位会被设置为 1 的允许状态。

  0:SCITXBUF 发送器内的数据尚未转载,而是满的。

  1:SCITXBUF 发送器内的数据已经转载而准备好,可再载入新数据。

(2) D6 TX EMPTY:SCI 的发送器空着。

这个标志值标识着发送器的缓冲寄存器(SCITXBUF)及移位寄存器(TXSHF)的操作状态。一个动态 SW RESET(SCICTL1.2)或系统复位时会设置此位,这个位不会造成中断请求。

  0:发送缓冲寄存器(SCITXBUF)及移位寄存器(TXSHF)内有数据。

  1:发送缓冲寄存器(SCITXBUF)及移位寄存器(TXSHF)内都空着。

(3) D5~D2 保留位:这些位读取值恒为 0。

(4) D1 RX/BK INT ENA:SCI 的接收缓冲/中断检测的中断允许。

这个位控制着由于 RXRDY 标志或 BRKDT 标志(SCIRXST.6~5 位)被设置而造成中断请求的允许与否,但是 RX/BK INT ENA 并不会阻止这些标志被设置。

  0:禁用 RXRDY/BRKDT 的中断执行。

  1:允许 RXRDY/BRKDT 的中断执行。

(5) D0 TX INT ENA:SCI 的 SCITXBUF 寄存器发送的中断允许。

这个位控制着由于 TXRDY 标志(SCICTL2.7 位)被设置而造成的中断请求允许与否,然而此 TX INT ENA 并不会阻止 TXRDY 标志被设置。这个 TXRDY 标志表示 SCITXBUF 寄存器已准备好,可以被载入新字发送。

  0:禁用 TXRDY 的中断执行。

  1:允许 TXRDY 的中断执行。

8.6.5 SCI 接收器的状态寄存器 SCIRXST

SCI 接收器的状态寄存器 SCIRXST 内含 7 个位的接收状态标志(其中 2 个可以产生中断请求)。每次一个完整字被传到接收缓冲寄存器 SCIRXEMU 和 SCIRXBUF 时,这个接收器的状态标志都会被更新;每次缓冲器默认值被读取,则标志会被清除。7 个位名称及其相关名称如表 8-12 所列,表 8-13 表示这些位的相互关系。

表 8-12 SCI 接收器的状态寄存器 SCIRXST(7055H)各位名称及其相关名称

D7	D6	D5	D4	D3	D2	D1	D0
RX ERROR	RXRDY	BRKDT	FE	OE	PE	RXWAKE	保留
R-1	R-1	R-0	R-0	R-0	R-0	R-0	R-0

各位功能及操作说明如下。

(1) D7 RX ERROR:SCI 接收错误标志。

若这个标志被设置,则代表接收器发生错误造成接收状态寄存器中某个位被设置。RX ERROR 由 BRKDT 中断检测、FRAM ERROR 结构错误、OVERRUN 过度操作及校验位错误等逻辑 OR 汇编允许标志(位 5~2:BRKDT、FE、OE 及 PE)。

  0:没有错误位被设置。

1:有错误位被设置。

表 8 – 13　SCIRXST 各个位间的相互关系

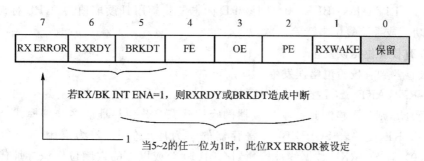

(2) D6　RXRDY：SCI 接收器接收准备好标志位。

当一个新字已经准备被读取而进入 SCIRXBUF 寄存器时,接收器设置此位且假如 RX/BK INT ENA(SCICTL2.1)位被设置的中断允许下,一个接收中断会产生。由读取 SCIRXBUF 寄存器默认值或软件复位 SW RESET 或系统复位来清除此 RXRDY 标志位。

0:没有新字在 SCIRXBUF 寄存器内。

1:有新字在 SCIRXBUF 寄存器内尚未被读取出。

(3) D5　BRKDT：SCI 检测接收中断的标志。

当一个中断状态发生时,SCI 会设置此位。当 SCI 接收数据线(SCIRXD)仍然处于低电平至少 10 个位期间,而在一个错失的第一个停止位后开始发生中断,这种发生的中断假如在 RX/BK INT ENA 的中断位被设置情况下,会造成接收器中断被产生,但是不会造成接收缓冲寄存器 SCIRXBUF 被载入。这种 BRKDT 中断即使在接收器的 SLEEP 位被设置时仍然会发生,可由软件复位 SW RESET 或系统复位来清除此 BRKDT 标志位。在一个中断发生被检测到后,接收字时并不会清除此 BRKDT 标志位。为了接收更多字,SCI 必须通过触动 SW RESET 位或系统复位来清除此 BRKDT 标志。

0:没有中断发生。

1:被检测到有中断状况发生。

(4) D4　FE：SCI 的结构发生错误的标志。

当一个期望的结构停止位没有被检测到时,会设置此位。仅会检测第一个停止位,被丢失的停止位表示这种同步的起始位已经被漏失,且其字应是不正确的微体系结构。这个标志必须通过触动 SW RESET 位或系统复位来清除此 BRKDT 标志。

0:没有结构错误被检测到。

1:被检测到有结构错误状况发生。

(5) D3　OE：SCI 溢出操作发生的标志。

当前一个字是满的且尚未被 CPU 或 DMAC 读取之前,一个新字又被传入 SCIRXEMU 及 SCIRXBUF 寄存器时,会设置此位。因此,新写入的字会重叠写入且旧的会丢失,这个 OE 标志通过 SW RESET 位的功能或系统复位来清除。

0:没有溢出操作发生。

1:被检测到有溢出操作发生。

(6) D2　PE：SCI 校验位发生错误的标志。

当一个字被接收到而在其多少个1总和数对应其校验位值(偶或奇位)之间没有匹配时,会设置此位。若有寻址数据位传输,则校验位的计算是要列入的。若校验位产生且检测不被允许(SCICCR.5=PARITY ENABLE=0),则该 PE 标志是被禁用且读取值为0,PE 标志通过 SW RESET 位的功能或系统复位来清除。

0:没有校验位错误发生。

1:被检测到有校验位错误发生。

(7) D1　RXWAKE:SCI 接收唤醒检测标志。

若此位值为1,则表示检测到一个接收器的唤醒状态。若为寻址的多处理模式(SCICCR.3=1),则 RXWAKE 反映着 SCIRXBUF 寄存器的字为地址位值;若为空闲线的多处理模式(SCICCR.3=0),且 SCIRXD 数据线被检测到空闲(10 个或以上的空闲位标识寻址传输),则此 RXWAKE 被设置为1,此 RXWAKE 为仅可被读取标志,可以在下列情况下清除。

① 在寻址字被转载入 SCIRXBUF,而接收到后的第一个字传输时。

② 读取 SCIRXBUF 寄存器时。

③ 任何一个 SW RESET 功能时。

④ 一个系统复位时。

(8) D0　保留位:这些位读取值恒为0。

8.6.6　接收器的数据缓冲寄存器 SCIRXEMU 和 SCIRXBUF

接收数据是由 RXSHF 移位寄存器传到 SCIRXEMU 和 SCIRXBUF 这两个寄存器内。传输完成时,SCIRXST 的 RXRDY(D6)位被告知其接收的数据已准备好,可被读取。这两个寄存器的内容是相同的,它们有独立的寻址但实质上是相同的硬件寄存器,唯一的不同是,读取此 SCIRXEMU 并不会清除 RXRDY 标志,因此称之为仿真的接收寄存器。而实际上读取 SCIRXBUF 会清除 RXRDY 标志。

1. 接收仿真数据缓冲寄存器 SCIRXEMU

通常 SCI 数据接收的操作是由 SCIRXBUF 寄存器来读取的。而 SCIRXEMU 寄存器由于它可以连续读取数据并在仿真 PC 的屏幕上来显示,因此 ICE 必须读取 SCIRXEMU 接收数据而不会产生清除 RXRDY 标志,不会影响 CPU 的操作,可以用来作为芯片仿真读取显示,SCIRXEMU 会被系统复位而清除。由此可见,SCIRXEMU 在仿真器的窗口观察 SCIRXBUF 寄存器内容时,需要由 SCIRXEMU 寄存器来读取。

SCIRXEMU 寄存器不是具体的硬件,而是不同的寻址读取,读取 SCIRXEMU 不会清除 RXRDY 标志。SCIRXEMU 的各位名称及其相关名称如表 8-14 所列。

表 8-14　SCI 接收仿真寄存器 SCIRXEMU(7056H)各位名称及其相关名称

D7	D6	D5	D4	D3	D2	D1	D0
ERXDT7	ERXDT6	ERXDT5	ERXDT4	ERXDT3	ERXDT2	ERXDT1	ERXDT0
R-0	R-0	R-0	R-0	R-0	R-0	R-0	R-0

2. 接收数据缓冲寄存器 SCIRXBUF

当实时的数据接收由接收移位寄存器 RXSHF 转载入 SCIRXBUF 接收数据缓冲寄存器时,标志 RXRDY 被告知其内的数据已准备好,可以被读取。假如中断允许位 RX/BK INT ENA

(SCICTL2.1)被设置,则这个转载同时会产生一个中断请求。当 SCIRXBUF 被读取时,RXRDY 标志就会被清除回来,SCIRXBUF 内容会被系统复位来清除。SCIRXBUF 的各位名称及其相关名称如表 8-15 所列。

表 8-15 SCI 接收缓冲寄存器 SCIRXBUF(7057H)各位名称及其相关名称

D7	D6	D5	D4	D3	D2	D1	D0
RXDT7	RXDT6	RXDT5	RXDT4	RXDT3	RXDT2	RXDT1	RXDT0
R-0	R-0	R-0	R-0	R-0	R-0	R-0	R-0

8.6.7 SCI 的发送数据缓冲寄存器 SCITXBUF

要被传输的数据位必须被写入发送数据缓冲寄存器 SCITXBUF。当数据由 SCITXBUF 转载入 TXSHF 发送移位寄存器时,会设置 TXRDY(SCICTL2.7)标志,以表示 SCITXBUF 内容数据已被 TXSHF 发送,因此已准备接收另一个数据进行发送。假如中断允许位 TX INT ENA(SCICTL2.0)被设置,则这个转载同时会产生一个中断请求。这些接收字数据在少于 8 位长度的发送时,是以向右算起,其余左边多余的位会被忽略。SCITXBUF 的各位名称及其相关名称如表 8-16 所列。

表 8-16 SCI 发送缓冲寄存器 SCITXBUF(7059H)各位名称及其相关名称

D7	D6	D5	D4	D3	D2	D1	D0
TXDT7	TXDT6	TXDT5	TXDT4	TXDT3	TXDT2	TXDT1	TXDT0
R-0	R-0	R-0	R-0	R-0	R-0	R-0	R-0

8.6.8 SCI 的中断优先级控制寄存器 SCIPRI

SCI 的中断优先级控制寄存器 SCIPRI,内容是接收器及发送器的中断优先级选择位及控制 XDS 仿真器在程序空闲暂停期间(例如碰到一个断点时)SCI 的操作情况。SCIPRI 的各位名称及其相关名称如表 8-17 所列。

表 8-17 SCI 中断优先级控制 SCIPRI 寄存器(705FH)各位名称及其相关名称

D7	D6	D5	D4	D3	D2	D1	D0
保留	SCITX PRIORITY	SCIRX PRIORITY	SCI SUSP SOFT	SCI SUSP FREE	保留位		
R-0	RW-0	RW-0	RW-0	RW-0	R-0	R-0	R-0

(1) D7　保留位:这个位读取值恒为 0。

(2) D6　SCITX PRIORITY:SCI 发送器产生中断的优先级控制位。

这个位选择设置发送器产生中断的优先级电平控制位。

0:发送器中断为低优先级,向量为 INT5(000AH)的 PIVR=0007H。

1:发送器中断为高优先级,向量为 INT1(0002H)的 PIVR=0007H。

(3) D5　SCIRX PRIORITY:SCI 接收器产生中断的优先级控制位。

这个位选择设置接收器产生中断的优先级电平控制位。

0：接收器中断为低优先级，向量为INT5(000AH)的PIVR=0006H。

1：接收器中断为高优先级，向量为INT1(0002H)的PIVR=0006H。

(4) D4~D3 SCI SUSP SOFT/FREE：SCI传输器在仿真时的操作设置控制位。

这些位用来决定当一个仿真器暂停空闲时(例如：当调试器遇到一个断点时)将如何操作。不管是处于自由执行模式还是停止模式，其外设仍然继续操作，可以立即停止或在此事件执行(实时接收/发送时序)完成后才停止等模式。

D4	D3	
Soft	Free	
0	0	当ICE暂停空闲时，立即停止
1	0	当ICE暂停空闲时，实时事件执行完成后才停止
x	1	自由执行，继续操作而不管ICE是否暂停空闲

(5) D2~D0 保留位：这个位读取值恒为0。

8.7 SCI接口的应用程序示例

若以SCI接口与PC或其他非TMS320C24xx系列的单芯片进行通信连接，则对应寻址模式的多处理器操作是没有这个机制的。可以采用9位的传输来进行第9位的寻址数据判别，但没有硬件机制，仅能以软件来判别执行，详情请参考作者所著的相关书籍。

SCI程序实验示例

实验8.1 多种SCI传输数据的控制应用程序

在此所举的应用程序中，以PF的输入来设置选择下面的传输功能。

(一) 程序及功能说明

(1) 内部硬件回接的数据传输测试。

(2) 以UART的外部RDX及TDX引脚回接成传输控制。

(3) 与另一个UART进行传输控制。

(4) 传输的数据选择为ASCII码或HEX码。

(5) 接收端可选择实时监测RXRDY标志来判别，或者接收中断来接收数据。

(6) 若接收到的数据是ASCII码，则将最后的4个数码转成2个8位HEX码，输出到8006H及8005H的硬件七段LED显示；若是HEX码，则将4个0~F数码转成2个8位HEX码输出显示。

(7) 为了避免程序一直轮询接收标志RXRDY的等待，尽量采用中断接收信号或以一个稍长的延迟时间来处理。

上述操作功能对应的程序SCIRXTX.asm如下：

```
                .title "2407X scirxtx"
                .bss GPR0,1
                .data       ;load data@300h in data memory
TEMP:           .set 0324H
TXDBUF:         .set 0380H
```

```
RXDBUF:         .set 03A0H
TEMPB:          .set 03E0H
                .include "x24x_app.h"
                .include "vector.h"
KICK_DOG .macro
                LDP  #WDKEY≫7
                SPLK #05555H,WDKEY
                SPLK #0AAAAH,WDKEY
                LDP  #0
                .endm
                .text
START:          CALL DELAY                      ;调用延迟的暖机操作
                LDP  #0                         ;令 DP 页寻址于 0 页


                SETC INTM                       ;禁用所有中断
                CLRC CNF                        ;令 CNF = 0 设置 B1 存储器寄存器
                SPLK #0000H,IMR                 ;屏蔽所有的中断
                LACC IFR                        ;读取 IFR 载入 ACL
                SACL IFR                        ;将读取的 ACL 写回 IFR,若是 1 值,则自动清除
                LDP  #SCSR1≫7                   ;令高地址的数据存储器 DP 寻址于 SCSR1
                SPLK 0240H,SCSR1
;OSF,CKRC,LPM1/0,CKPS2/0,OSR,ADCK,SCK,SPK,CAK,EVBK,EVAK,X,ILADR
;CLKOUT 为系统时钟输出,IDLE1(LPM0),CLPPS = 001 = 2 × $F_{IN}$
;ADC/SCI CLK = 1,EVA/B CLK = 1
                SPLK #006FH,WDCR ;0,0,00,001(4/2[2]/1.3/.8/.66/.57/.5),0000000
                KICK_DOG                        ;清除看门狗定时禁用
;设置 I/O 外设为 7 个等待周期
                SPLK #01C9H,GPR0                ;set wait state generator for 1 1100 1 001 [49H]
                OUT  GPR0,WSGR                  ;external address space
                LDP  #MCRA≫7
                SPLK #0003H,MCRA
;设置 I/O 引脚 PB 及 PA7~PA2 为 GPIO 而 PA1、PA0 为 SCI 总线
                SPLK #0FF00H,MCRB               ;设置 PD 为特殊功能 I/O 而 PC 为 GPIO
                SPLK #0000H,MCRC                ;PF 及 PE 为 GPIO PE7~PE0、PF7~PF0
                SPLK #0ff00H,PEDATDIR
;PEn_dir 方向设置为输出,并令 PE6~PE0 为输出 00H 值

                SPLK #00000H,PFDATDIR           ;PFn 设置为输入,并令 PE6~PE0 为输入 00H 值
                NOP
UARTN:          NOP  LAR AR3,#(RXDBUF - 3)      ;令 AR3 寻址于 RXDBUF - 3
                MAR  *,AR3                      ;令实时操作为 AR5
                LACL #"F"                       ;将 ASCII 码"F"载入 ACL
                RPT  #23                        ;重复地将 ACL 值写入 * AR3 + + 地址共 24 字
                SACL * + LAR AR4,#TXDBUF
```

;以 ar4 寻址 ♯TXDBUF 读取 ♯TABLDAT4 内 20 字建表数据
    MAR ＊,AR4   ;令实时操作为 AR5
    RPT ♯19   ;将♯TABLDAT3 表值写入＊AR3++共 20 字
    BLPD ♯TABLDAT1,＊+   ;对应 PROM 建表区域读取
    CALL INISCI   ;起始设置波特率及传输状态
    LAR AR1,♯SCITXBUF
;令 AR1 寻址于 SCITXBUF 的 SCI 发送数据缓冲外设
    LAR AR2,♯SCIRXBUF
;令 AR2 寻址于 SCIRXBUF 的 SCI 接收数据缓冲外设
    LDP ♯SCICCR≫7
;令高地址的数据存储器 DP 寻址于 SCICCR
    SPLK ♯0003H,SCICTL1
;不进行中断及软件复位,TXWAKE=0 及禁用 SLEEP,但允许 TXENA 及 RXENA
    SPLK ♯0023H,SCICTL1   ;X,RXEI[0],SWR[1],X,TXWK,SLP,TXEN,RXEN[1,1]
;不进行中断但软件复位,TXWAKE=0 及禁用 SLEEP,但允许 TXENA 及 RXENA
    LDP ♯0   ;令 DP 页寻址于 0 页
    SAR AR3,75H   ;将 AR3 寻址值暂存于存储器 0075H 位置
    SETC INTM   ;禁用中断总开关
WAITTXD: LAR AR4,♯TXDBUF   ;AR4 寻址于 TXDBUF 存放发送数据 03E9H
    LAR AR3,♯RXDBUF   ;AR3 寻址 RXDBUF 存放接收数据的 03EAH
    LAR AR5,♯TEMPB   ;令 AR5 寻址于 TEMP=324H 位置
    MAR ＊,AR5   ;令实时操作为 AR5
    LDP ♯PFDATDIR≫7   ;令 DP 寻址于 PFDATDIR 的高 9 位
    LACL PFDATDIR   ;读取 PF 输入值载入 ACL 内
    SACL ＊   ;将 ACL 值写入 AR5 所寻址的 324H 存储器内
    BIT ＊,15   ;检测 AR5 寻址内容 PF 值的 PF0 作为 TC 值
    NOP
    BCND WAITTXD,NTC   ;TC=PF0=0 时,跳回 WAITTXD;PF0=1 时,启动
    NOP BIT ＊,14   ;检测 AR5 寻址内容 PF 值的 PF1 作为 TC 值
    NOP
    BCND loopbk,TC   ;TC=PF1=1 时,跳到 loopbk,执行 SCI 回接测试
;一直发送＊AR4 内容数据,直到为 00H 值时才停止
    LDP ♯SCICCR≫7   ;令 DP 寻址于 SCICCR 的高 9 位
    SPLK ♯0003H,SCICTL1   ;X,RXEI[0],SWR[1],X,TXWK,SLP,TXEN,
    SPLK ♯07H,SCICCR
;STP,E/OP,PE,LPBK[?],ADR/IDL,SCICHR2-0=111 8 BIT
;一个停止位,奇位,没有校验位,不作回接传输,空闲模式,8 个字长度传输
    SPLK ♯0023H,SCICTL1   ;X,RXEI[0],SWR[1],X,TXWK,SLP,TXEN,
    MAR ＊,AR4   ;令实时操作为 AR4
NEXTTXD: LACL ＊+,AR1
;读取 AR4=♯TXDBUF 内容载入 ACL,并令 AR1=♯SCITXBUF
    NOP
    BCND RCVDATA,EQ
;发送数据 0 则终止发送,跳到 RCVDATA 进行接收
    NOP

```
                SACL    *,AR4
;将要发送数据载入*AR1,并令 ARP=AR4,为下一个要发送数据地址
XMITRDY:        LDP     #SCICTL2>>7             ;令 DP 寻址于 SCICTL2 的高 9 位值
                BIT     SCICTL2,BIT7            ;检测 SCICTL2 的 D7=TXRDY 位值
                NOP
                BCND    XMITRDY,NTC
;若 TXRDY=0,则跳到 XMITRDY 等到发送完成标志
                NOP
                B       NEXTTXD                 ;若 TXRDY=1,则跳到 NEXTTXD 再发送下一个数据
                NOP
;停止发送数据出去后,便开始允许中断来接收数据
;并依次存放于 AR3 所指的#RXDBUF 存储器内
RCVDATA:        NOP
                LDP     #0                      ;令 DP 页次寻址于 0 页
                LACC    IFR                     ;读取 IFR 载入 ACL,若为 1,则将其写入 IFR 来清除
                SACL    IFR
                SPLK    #01,IMR                 ;令 INT1=1,允许 XXXXXXXXXX,INT6~INT1
                CLRC    INTM                    ;允许中断总开关
                LDP     #SCICTL2>>7             ;令 DP 寻址于 SCICTL2 的高 9 位值
                SPLK    #0002H,SCICTL2
;TXRDY,TXEMP,XXXX,RX/BK/INTEN[1],TX/INTEN
;允许接收中断 D1=RX INTEN=1
                LAR     AR3,#RXDBUF             ;AR3 寻址 RXDBUF 存放接收数据的 03EAH
                B       WAITTXD                 ;跳回 WAITTXD 再次发送及接收
;回接测试模式控制有两种,由 PF2 拨位开关选择。当 PF0=1 时,为内部自动回接
;若 PF0=0,则需要将 USRT 的 TXD 和 RXD 引脚连接在一起
loopbk:         BIT     *,13                    ;检测 AR5 寻址内容 PF 值的 PF2 作为 TC 值
                nop
                BCND    loopbkin,TC             ;PF2=1,跳到 loopbkin 内部硬件回接测试控制
                LAR     AR4,#TXBUF              ;AR4 寻址于 TXDBUF 存放发送数据 03E9H
                MAR     *,AR4                   ;令实时操作为 AR4
                RPT     #19                     ;#TABLDAT3 表中 20 个数据依次载入 TXDBUF++地址
                BLPD    #TABLDAT3,*+            ;#TABLDAT3 表中发送的控制码
                LAR     AR4,#TXBUF              ;AR4 寻址 TXDBUF 存放发送数据的 03E9H
                MAR     *,AR4                   ;令实时操作为 AR4
                LDP     #SCICCR>>7              ;令 DP 寻址于 SCICCR 的高 9 位值
                SPLK    #07H,SCICCR
;STP,E/OP,PE,LPBK[?],ADR/IDL,SCICHR2~0=111 8 位
;一个停止位,奇位,没有校验位,不作回接传输,空闲模式,8 个字长度传输
                LAR     AR0,#19                 ;令 AR0 设置为 19 作为数据传输次数(19+1)
NEXTLBK:
                LACL    *+,AR1
;读取 AR4 数据,令 AR1 寻址于 SCITXBUF 的串行发送数据缓冲端口寻址
                SACL    *,AR2
;若不是 00,则将其写入*AR1=SCITXBUF,发送后设置 ARP=2
```

```
                CALL WAITRXD                    ;调用判别发送是否完成子程序
;为争取时效以实际的检测标志来判别传输完成执行
;LDP #SCICTL2≫7;令 DP 寻址于 SCICTL2 的高 9 位值
;WAITLTXB:BIT SCICTL2,BIT7                      ;检测 SCICTL2 的 D7=TXRDY=1 是否成立,传输是否完成
;NOP
;BCND WAITLTXB,NTC                              ;TXRDY=0,跳回 WAITLTXB 等待 TXRDY
                NOP
;WAITLRXB:BIT SCIRXST,BIT6                      ;检测 SCICTL2 的 D6=RXRDY=1 是否成立,接收是否完成
;nop;BCND WAITLRXB,NTC                          ;TXRDY=0,跳 WAITLTXB 等待 TXRDY
                LACL *,AR3
;AR2=SCIRXBUF,由 *AR2 读取接收数据,令 ARP=AR3=RXDBUF
                SACL *+,AR0                     ;将接收数据写入 *AR3 内,并令 AR3=RXDBUF
                NOP
                CALL DSPUARTN
;将接收数据及上次接收数据显示在 4 位七段 LED 上
                NOP  MAR *,AR0                  ;令实时操作为 AR0 作为传输数据字数计算
                BANZ NEXTLBK,AR4                ;AR0 不为 0,则减 1 跳回 NEXTLBK 再次传输
                B WAITTXD                       ;传输完成后,则跳回 WAITTXD 重新进行 SCI 的发送
                NOP

DELAYT:         LAR AR6,#0FFFFH                 ;AR6 定值于 0FFFFH 作为循环延时的定时
D_LOOP:RPT #00FFH                               ;重复执行 NOP 指令 255 次作为延时操作
                NOP  RPT #00FFH                 ;重复执行 NOP 指令 255 次作为延时操作
                NOP
                KICK_DOG                        ;执行清除看门狗定时微程序
                KICK_DOG                        ;执行清除看门狗定时微程序
                MAR *,AR6                       ;令实时操作为 AR6 作为延时循环的计数
                nop
                BANZ D_LOOP                     ;若 AR6 不为 0,则减 1 跳回 D_LOOP 再次延迟
                RET                             ;若 AR6 为 0,则退出延迟而回主程序
                NOP
;为避免若没有接收到数据而死机,因此以过长的延迟等待机制方式执行
WAITRXD:
                RPT #0FFH                       ;重复执行 NOP 指令 255 次作为延时操作
                NOP  RPT #0FFH                  ;重复执行 NOP 指令 255 次作为延时操作
                NOP  RET                        ;回主程序
                NOP
;为争取时效以实际的检测标志来判别传输完成执行
WAITRX:NOP      LDP #SCICTL2≫7                  ;令 DP 寻址于 SCICTL2 的高 9 位值
WAITLTX:        BIT SCICTL2,BIT7                ;检测 SCICTL2 的 D7=TXRDY=1 是否成立,传输是否完成
                NOP
                BCND WAITLTX,NTC                ;TXRDY=0,跳回 WAITLTX 等待 TXRDY
                NOP
WAITLRX:        BIT SCIRXST,BIT6                ;检测 SCICTL2 的 D6=RXRDY=1 是否成立,接收是否完成
                nop
```

```
                BCND WAITLRX,NTC            ;检测 SCICTL2 的 D6 = RXRDY = 1 是否成立,接收是否完成
                RET                         ;回主程序
                NOP
;若 PF2 = 1,则进行 SCI 的 ASCII 码回接测试并显示在 4 位七段 LED 上
;以外部硬件回接式的中断接收执行服务子程序(显示 ASCII 码)
                loopbkin:LAR AR4,#TXDBUF
;令 AR4 寻址于 TXDBUF 的接收数据存放存储器起始地址
                MAR *,AR4                   ;令 ARP = AR4,进行实时的辅助寄存器操作
                RPT #19                     ;下列指令重复执行 20 次
                BLPD #TABLDAT4,*+
;将预存 #TABLDAT4 的 ASCII 码递次读取载入 *AR4,令 AR4 加 1
                nop
                LAR AR4,#TXDBUF             ;AR4 寻址 TXDBUF 的接收数据存放存储器
                LDP #SCICCR≫7              ;令 DP 寻址于 #SCICCR 的高 9 位
                SPLK #17H,SCICCR
;STP,E/OP,PE,LPBK[INT],ADR/IDL,SCICHR2~0 = 111 8 位
;一个停止位,奇位,没有校验位,回接 LPBK[INT] = 1 传输,空闲模式,8 个字长
                NOP
NEXTLBKI:LACL *+,AR1
;将 *AR4 内的数据载入 ACL 内,并令 *AR1 = #SCITXBUF 寻址
                SACL *,AR2                  ;ACL 内的数据载入 *AR1 内发送,并令 ARP = AR4
                LDP #SCICTL2≫7             ;令 DP 寻址于 #SCICTL2 的高 9 位
WAITLTXI:       BIT SCICTL2,BIT7            ;检测 SCICTL2 的 D7 = TXRDY = 1 是否成立
                NOP
                BCND WAITLTXI,NTC           ;若 TC = TXRDY = 0,则跳回 WAITLTXI 等待
WAITLRXI:       BIT SCIRXST,BIT6
;若传输已完成,则检测 SCIRXST.6 = RXRDY = 1 是否成立,完成接收
                NOP
                BCND WAITLRXI,NTC           ;TC = RXRDY = 0,则跳回 WAITLRXI 等待
                LACL *,AR3                  ;RXRDY = 1,令 ARP = AR2 = #SCITXBUF,AR4 = TXDBUF
                BCND WAITTXD,EQ             ;接收值为 0,跳到 WAITTXD,退出回接 ARP = AR4
                SACL *+,AR4                 ;读 *AR2 = SCIRXBUF 载入 ACL,令 AR4 加 1 及 ARP = AR4
                CALL DSPUARTA               ;将 *AR3 及 *AR3 - 内容显示在 4 位七段 LED 上
                MAR *,AR4                   ;令 ARP = AR4 进行实时的辅助寄存器操作
                B NEXTLBKI                  ;跳回 NEXTLBKI 再次传输
                NOP
;接收 UART 的中断服务程序
GISR1:          LDP #00E0H                  ;令 DP = #00E0H
                LACL PIVR                   ;读取外设中断的向量值 ACL<PIVR = 701EH
                SUB #0006H                  ;将 ACL 减 RXINT = 0006,检测是否为 RECVINT 的中断
                BCND START_RCV,EQ
;若 PIVR = 0006,则分支到 START_RCV 程序断进行中断接收处理
                NEXT_RXD
                CLRC INTM                   ;若不是 RECV INT,则允许中断总开关
                CALL DATAPOP                ;执行中断服务程序的数据或寄存器内容写回子程序
```

```
                RET                         ;回主程序
;每次接收到 SCI 数据产生中断,便开始进行数据的读取并存放于 *AR3[#RXDBUF]
;并以 DSPUSRTN 将最近的接收数据显示在 4 位七段 LED 上
;若是 0DH 控制码,则表示接收完成,同时关掉中断总开关,停止中断接收
                START_RCV:CALL DATAPUSH
;调用执行中断服务程序的数据或寄存器内容存储子程序
                LAR AR2,#SCIRXBUF           ;令 AR2 寻址于 SCIRXBUF 寄存器寻址
                MAR *,AR2                   ;令 ARP = AR2,进行实时的辅助寄存器操作;
                LACC *,AR3                  ;读取 *AR2 = [SCIRXBUF]内容载入 ACL,令 ARP = AR3
                SACL *+
;将 SCI 接收寄存器内容 ACL = *AR2 = [SCIRXBUF]写入缓冲存储器内
                SUB #0DH                    ;将接收数据 ACL 减 0DH 检测是否为"Enter"键
                BCND TXD_DONE,EQ
;若由 PC 传来"0DH"的控制键码,则跳到 TXD_DONE 退出接收
                CALL DSPUARTN
;将 RXDBUF 及 RXDBUF-1 内容输出 I/O 地址 8006H/8005H 显示
                LAR AR0,#RXDBUF+20          ;AR0 定值 RXDBUF+20 的数据存放终止地址
                CMPR 01                     ;AR3<AR0? 将 ARP = AR3 与 AR0 作 AR3<AR0 检测,设置 TC 值
                BCND NEXT_RXD,TC
;若 AR3 小于#RXDBUF+20,则跳回 NEXT_RXD,再次中断接收
                TXD_DONE
                SETC INTM                   ;若 AR3 不小于#RXDBUF+20,则令中断总开关 INTM=1 禁用
                CALL DATAPOP                ;执行中断服务程序的数据或寄存器内容写回子程序
                RET                         ;回主程序
;起始设置 SCI 的波特率 9 600 及其模式
INISCI: LDP #SCSR1>>7                       ;令 DP 寻址于#SCICTL2 的高 9 位
                SPLK #0040H,SCSR1           ;允许 SCI 模块的输入时钟
;OSF,CKRC,LPM1/0,CKPS2/0,OSR,ADCK,SCK(1),SPK,CAK,EVBK,EVAK,X,
                LDP #MCRA>>7                ;令 DP 寻址于#MCRA 的高 9 位
                SPLK #0FFFFH,MCRA           ;设置 PA、PB 特殊端口的功能引脚
                LDP #SCICCR>>7              ;令 DP 寻址于#SCICCR 的高 9 位
                SPLK #0003H,SCICTL1         ;令 RTXEN 及 RXEN=1,允许接收及发送
;X,RXE-I,SWR,X,TXWK,SLP,TXEN,RXEN[1,1]
                SPLK 0000H,SCICTL2          ;清除标志和禁用接收或发送的中断允许
;TXRDY,TXEMP,XXXX,RX/BK/INTEN[1],TX/INTEN
                SPLK #0002H,SCIHBAUD        ;BAUD15-BAUD8 FCLK=10 MHz×4=40 MHz
                SPLK #0008H,SCILBAUD
;BAUD7-BAUD0 BAUD RATE = $F_{CLK}/[(BAUD+1)*8]$ = 9 600
                SPLK #0000H,SCIPRI          ;设置 SCITXP 及 SCRXP=0 的中断高优先级
;X,SCTXP,SCRXP,SCI/SOFT,SCI/FREE,XXXHigh Priority
                RET                         ;回主程序
                NOP
;将接收数据存储器内[RXDBUF]ASCII 码直接输出显示在 4 位七段 LED 上
;AR3 寻址 RXDBUF 及 RXDBUF-1 内容输出到 I/O 地址 8006H/8005H 输出显示
```

```
DSPUARTA:       LDP #0                  ;DP 寻址于 0 页
                SAR AR2,7CH             ;将 AR2 暂存于 007CH
                SAR AR3,7DH             ;将 AR3 暂存于 007DH
                MAR *,AR3               ;令 ARP = AR3 进行实时的辅助寄存器操作
                MAR *-                  ;令 AR3 寻址于上一次数据地址
                LAR AR2,#35DH
;令 AR2 寻址于 AR2 = 35DH,作为 HEX 显示码数据存放寻址
                CALL ASC2HEX
;调用将 *AR3 内的 4 个 ASCII 码转载到 *AR2 二个存储器内
         DSPTT: LAR AR3,#35CH           ;AR3 寻址 AR3 = 35CH,进行 HEX 显示码数据存放寻址
                MAR *,AR3               ;令 ARP = AR3 进行实时的辅助寄存器操作
                OUT *+,8005H            ;*AR3 内容输出 8006H 接口硬件外设进行七段 LED 显示
                OUT *-,8006H            ;*AR3 + 1 输出 8005H 接口硬件外设进行七段 LED 显示
                CALL DELAYT             ;显示传输数据一段时间
                LAR AR2,7CH             ;将 AR2 由 007CH 存储器取回
                LAR AR3,7DH             ;将 AR3 由 007DH 存储器取回
                RET                     ;回主程序
                NOP
;将接收数据存储器内的[RXDBUF]的 0~F 数码转换成二进制码显示
;AR3 寻址 RXDBUF 及 RXDBUF - 1 内容输出到 I/O 地址 8006H/8005H 输出显示
DSPUARTN:       LDP #0                  ;DP 寻址于 0 页
                SAR AR2,7CH             ;将 AR2 暂存于 007CH
                SAR AR3,7DH             ;将 AR3 暂存于 007DH
                MAR *,AR3               ;令 ARP = AR3 进行实时的辅助寄存器操作
                MAR *-                  ;令 AR3 寻址于上一次数据地址
                LAR AR2,#35DH           ;AR2 寻址于 35DH 作为 HEX 显示码数据存放寻址
                LACL *-,AR2             ;*AR3 载入 ACL,令 ARP = AR2 及 AR3 - 1 上上次数据寻址
                SACL *-,AR3             ;ACL 载入 AR2 显示寄存器 35DH 地址令,AR2 = 35CH,ARP = AR3
                LACL *+,AR2             ;*AR3 接收数据载入 ACL,令 ARP = AR2 及 AR3 + 1
                SACL *+                 ;将 ACL 内容载入 AR2 显示寄存器 35CH 地址,AR2 = 35DH
                B DSPTT                 ;跳到 DSPTT,将 35CH 及 35DH 输出显示
ASC2HEX:  CALL ASC2HEX2
;将 *AR3 二个 ASCII 码转成一个 8 位的 HEX 码载入 *AR2
                CALL ASC2HEX2
;*AR3 + 二个 ASCII 码转成一个 8 位 HEX 码载入 *AR2 +
                RET                     ;回主程序
                NOP
ASC2HEX2:       MAR *,AR3               ;令 ARP = AR3 进行实时的辅助寄存器操作
                CALL ASC2HEX1
;将一个 *AR3 内的 ASCII 码转成一个 4 位 HEX 载入 ACL
                SACL *,AR3              ;将 ACL 载入 *AR2 暂存
                CALL ASC2HEX1
;将下一个 *AR3 内的 ASCII 码转成一个 4 位 HEX 载入 ACL
                RPT #3                  ;下列指令重复执行 3 + 1 次
                SFL                     ;将 ACC 左移 4 位,ACL = X0
```

	AND ♯0F0H	;将 ACL 与 0F0H 进行 AND 运算,取 ACL 高 4 位
	OR *	;将 ACL 与 *(AR3)进行 OR 运算,则 ACL = X0 ︱ AL = XY
	SACL *－,AR3	;二个 4 位转成一个 8 位 ACL 写入 *AR2 = XY [35DH]
	RET	;回主程序
ASC2HEX1:	LAR AR7,*	;将实时的辅助寄存器内容载入 AR7
	MAR *,AR7	;令 ARP = AR7,进行实时的辅助寄存器操作
	LAR AR0,♯30H	;令 AR0 = ♯30H 作为 ASCII 码的转换差值
	CMPR 1	;[ARP] < AR0? 比较 [ARP = AR7]是否小于 AR0 = 30H 是否为非数码
	BCND NOTUMB,TC	;[ARP = AR7]小于 AR0,则 TC = 1,跳到 NOTUMB
	LAR AR0,♯39H	;若是大于 30H 的数码,则令 AR0 = 39H
	CMPR 2	;[ARP]>AR0? 比较 [ARP = AR7]大于 AR0 = 39H(0～9)是否为数字码
	BCND ALPHCOD,TC	

;若大于 39H,则非 0～9 数字跳到 ALPHCOD,检测字母码

	MAR *,AR3	;若是大于 30H,但小于或等于 39H 的 0～9 数字,则令 ARP = AR3
	LACC *－,AR2	

;读取 *AR3 内的 ASCII 码载入 ACL 内,并令 AR3 加 1,ARP = AR2

	SUB ♯30H	;将 ACL = [30H－39H]减去 30H,成为 0～9 的数字码
	AND ♯0FH	;将 ACL 与 0FH 进行 AND 运算,取低 4 位值
	RET	;回主程序
ALPHCOD:	LAR AR0,♯41H	;令 AR0 为 41H 的 A～F 的 41H～46H 码减 41H 码
	CMPR 1	;*AR3 < AR0? 比较 [ARP = AR7→]是否小于 AR0 = 41H 是否为非数码
	BCND NOTUMB,TC	;若 ARP = AR7 小于 41H,则跳回 NOTNUMB
	LAR AR0,♯46H	;令 AR0 为 46H 的 A～F 之 41H～46H 码减 46H 码
	CMPR 2	

;[ARP]>AR0? 比较 [ARP = AR7]值是否大于 AR0 = 46H(F)的字母码

	BCND NOTUMB,TC	;若大于 46H,则非 A～F 数字跳到 NOTUMB 非 0～F 码
	MAR *,AR3	;若是大于 46H,但小于或等于 41H 的 A～F 数码,则令 ARP = AR3
	LACC *－,AR2	

;读取 *AR3 内的 ASCII 码载入 ACL 内,并令 AR3 减 1,ARP = AR2

	SUB ♯37H	;将 ACL = [41H－46H]减去 37H,成为 A～F 的数字码
	AND ♯0FH	;将 ACL 与 0FH 进行 AND 运算,取低 4 位值
	RET	;回主程序
NOTUMB:	LACC ♯0FH	;令 ACL = ♯0FH
	MAR *,AR3	;令 ARP = AR3,进行实时的辅助寄存器操作
	MAR *－,AR2	;将 AR3 寻址值减 1,回到上一个 ASCII 数码寻址
	RET	;回主程序

;将服务程序中会破坏到的存储器或寄存器及标志 ACC 等存放于存储器以免破坏

DATAPUSH:	NOP	
	SST ♯0,70H	;将标志 ST0 存放于 0070H 存储器
	SST ♯1,71H	;将标志 ST1 存放于 0071H 存储器
	LDP ♯0	;令直接寻址的页 DP = ♯0
	SAR AR7,72H	;将 AR7 的寻址值存放于 0072H 存储器内
	LAR AR7,♯330H	;令 AR7 寻址于 374H 作为指针寻址的 SP 栈存放 MAR
	*,AR7	;令 ARP = AR3,进行实时的辅助寄存器操作
	SACH *+	;将 AH 存放于 *AR7 的 330H 存储器 AR7 加 1 成为 331H

```
                SACL * +            ;将 AL 存放于 * AR7 的 331H 存储器 AR7 加 1 成为 332H
                SAR AR0, * +        ;将 AR0 存放于 * AR7 的 332H 存储器 AR7 加 1 成为 333H
                SAR AR1, * +        ;将 AR1 存放于 * AR7 的 333H 存储器 AR7 加 1 成为 334H
                SAR AR2, * +        ;将 AR2 存放于 * AR7 的 334H 存储器 AR7 加 1 成为 335H
                SAR AR3, * +        ;将 AR3 存放于 * AR7 的 335H 存储器 AR7 加 1 成为 336H
                SAR AR4, * +        ;将 AR4 存放于 * AR7 的 336H 存储器 AR7 加 1 成为 337H
                SAR AR5, * +        ;将 AR5 存放于 * AR7 的 337H 存储器 AR7 加 1 成为 338H
                SAR AR6, * +        ;将 AR6 存放于 * AR7 的 338H 存储器 AR7 加 1 成为 339H
                RET                 ;回主程序
;将服务程序中被暂存的 ST0、ST1 由存储器 0070H、0071H 取回原值
;而 AH、AL 及 AR0～AR7 和 ST0、ST1 由存储器 330H～338H 取回原值
DATAPOP:        NOP
                LAR AR7, #330H      ;令 AR7 寻址于 330H 作为指针寻址的 SP 栈存放
                MAR *, AR7          ;令 ARP = AR3,进行实时的辅助寄存器操作
                LACC * +, 16        ;* AR7 的[330H]内容 AH 值左移 16 位读回 ACC, AR7 加 1
                LACL * +            ;将 * AR7 内寻址的[331H]内容 AL 值读回 ACC, AR7 + 1 = 332H
                LAR AR0, * +        ;* AR7 内寻址[332H]内容 AR0 值读回 ACC, AR7 + 1 = 333H
                LAR AR1, * +        ;* AR7 内寻址[333H]内容 AR1 值读回 ACC, AR7 + 1 = 334H
                LAR AR2, * +        ;* AR7 内寻址[334H]内容 AR2 值读回 ACC, AR7 + 1 = 335H
                LAR AR3, * +        ;* AR7 内寻址[335H]内容 AR3 值读回 ACC, AR7 + 1 = 336H
                LAR AR4, * +        ;* AR7 内寻址[336H]内容 AR4 值读回 ACC, AR7 + 1 = 337H
                LAR AR5, * +        ;* AR7 内寻址[337H]内容 AR5 值读回 ACC, AR7 + 1 = 338H
                LAR AR6, * +        ;* AR7 内寻址[338H]内容 AR6 值读回 ACC, AR7 + 1 = 339H
                LDP #0              ;令直接寻址的页 DP = #0
                LAR AR7, 72H        ;将预存于 0072H 存储器的 AR7 写回 AR7
                LST #0, 70H         ;将存储器 0070H 内容标志 ST0 写回 ST0
                LST #1, 71H         ;将存储器 0071H 内容标志 ST1 写回 ST1
                RET                 ;回主程序
PHANTOM:        KICK_DOG
                B PHANTOM
GISR2:          RET
GISR3:          RET
GISR4:          RET
GISR5:          RET
GISR6:          RET
;下列为建表要传输的 ASCII 或数码数据
TABLDAT1:       .byte "WELCOME TO - - DSP2407", 00H
TABLDAT2:       .byte "SN - DP2407 EXP SYSTEM"
TABLDAT3:       .word 1h, 23h, 45h, 67h, 89h, 0ABh, 0CDh, 0EFh, 11h, 22H, 33H, 44H, 55H
,66H, 77H, 88H, 99H, 0AAH, 0BBH, 0CCH, 0DDH
TABLDAT4:       .byte "232E1456789ABCDEF", 00H
TABLTEST:       .byte 0AAH
                .word 00H, 00H
```

程序 8-1 多种 SCI 传输控制应用示例程序

(二) 实验程序

(1) 编写上述程序 8-1,编译后载入 SN-DSP2407 主实验模板中。

注意:本实验的 CPLD 外设使用的 DSPSKYI7.tdf 必须预先载入。

(2) 将 PF0～PF2 对应拨位开关设置于高电平,而 PF3～PF6 置于低电平,开始执行程序,观察此时对应的 4 位七段显示器是否将程序 8-1 中 TABLDAT4 内建的 ASCII 码,依次通过 SCI 传输到接收缓冲器 RXDBUF 存储器内作转换移位显示?其传输情形如何?试分别单步执行及设置断点来观察记录其操作情形及工作原理,并进行讨论。

(3) 将 PF0～PF1 对应拨位开关设置于高电平,而 PF3～PF6 置于低电平,开始执行程序,此时对应的 4 位七段显示器如何?为什么?将 SCI 总线的 SCITX 和 SCIRX(PA0 和 PA1)引脚端或 SN-DSP2407 主实验模板中 UART 外部的 RS-232 端口对应 3、4 引脚进行短路回接,观察此时对应的 4 位七段显示器是否将程序 8-1 的 TABLDAT4 内建 HEX 码,依次通过 SCI 传输到接收缓冲器 RXDBUF 存储器内作转换移位显示?其传输情形如何?试分别单步执行及设置断点来观察记录其操作情形及工作原理,并进行讨论。

(4) 将 PF0～PF6 对应拨位开关全部置于低电平,开始执行程序,这时必须将 UART 端口与 PC 或其他有标准 UART 端口的微控制器连接,此时的 PC 通过执行操作系统附带的通信终端机的应用程序来执行 Hyper Terminal 多功能通信,执行后将出现图 8-9 的执行按钮。首先执行 Hypertrm.exe 设置 COM1 的传输格式后,依照图 8-10、8-11 的操作程序,注意图 8-10 中任意设置此连线的名称后,必须在图 8-11 的"使用连线"下拉列表框中选择 Com(1～3)的 UART 连线端口。

comt.ht

Hypertrm.exe

图 8-9 Hyper Terminal 多功能通信执行按钮

在图 8-11 选择"连接到 Com1"的操作设置后,将出现图 8-12 的 COM1 端口连接特性。由于本示例程序设置波特率为 9 600 bps,没有校验位检测传输以及 8 位的字传输,一个停止位,而流量控制以硬件来操作,因此必须如图 8-12 所示设置其特性。

图 8-10 终端机连线操作的设置

图 8-11 终端机"使用连线"中选择"连接到 Com1"的操作设置

第 8 章 串行通信接口 SCI 模块

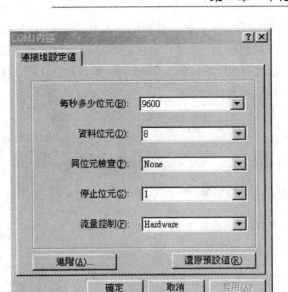

图 8-12 终端机使用 COM1 的 UART 特性操作设置

上述在 PC 上的终端机设置完成并确定后,可开始执行如图 8-13 所示的传输控制,这时终端机 COM1 的发送模式可由图中的发送选项来设置控制。

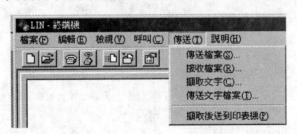

图 8-13 终端机使用 COM1 的发送选项设置

(5) 当设置好另一台 PC 上的 COM1 端口后,本实验系统中令 PF0 允许高电平启动 SCI 传输,此时观察另一台 PC 是否能接收显示程序中 TABLDAT1 内建的 ASCII 码?试分别单步执行及设置断点来观察记录其操作情形及工作原理,并进行讨论。

(6) PC 上也可以在纯 DOS 系统下执行作者所编辑的 AVR23 来与此实验系统连接执行,或使用 AVR 8535 所建构的 6 位七段 LED 扫描显示字幕及 2×16 的扫描键盘进行数据的 UART 传输连线控制。详细的应用将在程序的专题制作中进行实验及说明。

实验 8.2 简易 C 语言的 SCI 程序实验示例

(一) 程序分析说明

当执行循环或操作速度不需要相当快时,使用 C 语言来编写程序更简单且容易得多。使用 C 语言对运算或判别等的编写极为容易,但是由于其操作使用的寄存器或存储器一般会以.cmd 文件设置用到 8000H~87FFH 区域,并以栈的指针来存取,且占用到 ARx,因此若与汇编语言一起编写就要特别注意。对于 2407 的外设寻址,采用 ADRK 及 SBRK 的 K 参数基地址来操作,详细的解析会在第 9 章进行描述及分析说明。

C 语言示例程序中会使用到 SN-2407 实验主系统所设计的 I/O 映射外设以及 CPLD 的扩

充外设,这都将其寻址编辑在 SN2407.h 函数库中。本程序实验主功能是将建表数据由 TXD 引脚串行输出,并以 PC 端口并列输出,同时显示在 CPLD 的 4 位七段 LED 显示器的高 2 字中,再由 RXD 引脚输入,同时输出到 PE 端口的 LED 显示,并显示在 CPLD 的 4 位七段 LED 显示器低 2 字中。SCI1.c 程序如程序 8-2 所示。

```c
/********** SCI1.c ****** SCI 回环传输示例 *****************/
#include"f2407regs.h"
#include"SN2407.H"
char i;
static const char Table[]/* 发送的数据 */
    =
{0x12,0x34,0x56,0x78,0x9A,0xBC,0xDE,0xF0,0x01,0x02,0x04,0x08,0x10,0x20,0x40,0x80};
void sciinit(void);
main(void)
{
InitCPU();
MCRA = 0x0003;          /* 0000 0011 设置 SCI 引脚
                           1      1 = SCIRXD (IOPA1)
                           0      1 = SCITXD (IOPA0) */
SCSR1 = 0x0640;         /* 0000 0110 0100 0000
                           11~9   CLK_PS2~0 = 011    CPUCLK = 外频×1 倍 = 10 MHz
                           6      SCI CLKEN = 1      允许 SCI 时钟          */

PEDATDIR = 0xFF00;                              /* 设置 PC = 0 */
PBDATDIR = 0xFF00;                              /* 设置 PB = 0 */
sciinit();                                      /* SCI 初始环境设置 */
while(1)
{
  for(i = 0;i<16;i++)                           /* 依次发送 8 字节数据 */
  {
    SCITXBUF = Table[i];                        /* 发送 1 字节数据 */
    PCDATDIR = Table[i] | 0xFF00;               /* 发送数据在 IOPC 显示 */
    SEGD7H = Table[i];     /* 发送数据在 CPLD 接口的 4 位七段 LED 显示器高 2 位显示 */
    while((SCICTL2 & 0x80) == 0);               /* TXRDY = 0 未发送完毕,等待 */
    Delay(380000);
    while((SCIRXST & 0x40) == 0);               /* RXRDY = 0 未接收完毕,等待 */
    PEDATDIR = SCIRXBUF | 0xFF00;               /* 接收 1 字节数据,在 IOPB 显示 */
    SEGD7L = SCIRXBUF;
/* 接收数据在 CPLD 接口的 4 位七段 LED 显示器低 2 位显示 */
  }
}
}
/***********************************************************/
void sciinit(void)
{
```

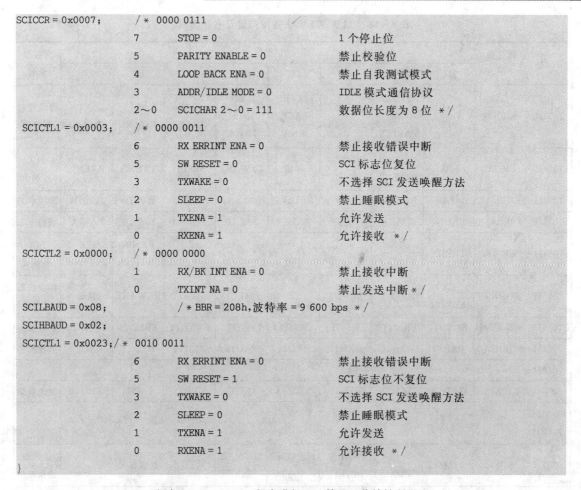

```
SCICCR = 0x0007;        /* 0000 0111
                7       STOP = 0                    1个停止位
                5       PARITY ENABLE = 0           禁止校验位
                4       LOOP BACK ENA = 0           禁止自我测试模式
                3       ADDR/IDLE MODE = 0          IDLE 模式通信协议
                2~0     SCICHAR 2~0 = 111           数据位长度为8位 */
SCICTL1 = 0x0003;       /* 0000 0011
                6       RX ERRINT ENA = 0           禁止接收错误中断
                5       SW RESET = 0                SCI 标志位复位
                3       TXWAKE = 0                  不选择 SCI 发送唤醒方法
                2       SLEEP = 0                   禁止睡眠模式
                1       TXENA = 1                   允许发送
                0       RXENA = 1                   允许接收 */
SCICTL2 = 0x0000;       /* 0000 0000
                1       RX/BK INT ENA = 0           禁止接收中断
                0       TXINT NA = 0                禁止发送中断 */
SCILBAUD = 0x08;        /* BBR = 208h,波特率 = 9 600 bps */
SCIHBAUD = 0x02;
SCICTL1 = 0x0023;/*     0010 0011
                6       RX ERRINT ENA = 0           禁止接收错误中断
                5       SW RESET = 1                SCI 标志位不复位
                3       TXWAKE = 0                  不选择 SCI 发送唤醒方法
                2       SLEEP = 0                   禁止睡眠模式
                1       TXENA = 1                   允许发送
                0       RXENA = 1                   允许接收 */
}
```

程序 8-2 SCI1.c 程序进行 SCI 的回环传输控制显示

(二) 实验程序

(1) 编写上述程序 8-2,编译后载入 SN-DSP2407 主实验模板中。

注意：本实验的 CPLD 外设使用 DSPSKYI7.tdf 必须预先载入。

(2) 载入程序后开始执行,观察 PE0~PE7 的 LED 显示是否为建表传输数据？4 位七段 LED 显示的高低 2 字各显示值如何？

(3) 试分别单步执行及设置断点来观察记录其操作情形及工作原理,讨论实验测试记录。

(4) 试改变程序中的波特率,当达到最高的传输速率时情况如何？试重新讨论实验测试记录。

(5) 不进行内部循环,使用两个 SN-2407 实验板进行交叉连线 (TXD 与 RXD 对接),重新编写程序,试讨论实验测试记录。

8.8 SCI 外设各寄存器及对应位名称表

对应 SCI 模块各寄存器及各位名称如表 8-18 所列。

表 8-18 对应 SCI 模块各寄存器及各位名称

寻址	寄存器助记名	位数序								寄存器全名
		D7	D6	D5	D4	D3	D2	D1	D0	
7050H	SCICCR	STOP BIT	EVEN/ODD PARITY	PARITY ENABLE	LOOP BACK ENA	ADDR/IDLE MODE	SCI CHAR2	SCI CHAR1	SCI CHAR0	通信控制寄存器
7051H	SCICTL1	保留	RX ERR INTENA	SW RESET	保留	TXWAKE	SLEEP	TXENA	RXENA	SCI 控制 1
7052H	SCIHBAUD	BAUD15	BAUD14	BAUD13	BAUD12	BAUD11	BAUD10	BAUD9	BAUD8	波特率 H
7053H	SCILBAUD	BAUD7	BAUD6	BAUD5	BAUD4	BAUD3	BAUD2	BAUD1	BAUD0	波特率 L
7054H	SCICTL2	TXRDY	TX EMPTY	保留				RX/BK INTENA	TX INTENA	SCI 控制 2
7055H	SCIRXST	RX ERROR	RXRDY	BRKDT	FE	OE	PE	RXWAKE	保留	接收状态寄存器
7056H	SCIRXEMU	ERXDT7	ERXDT6	ERXDT5	ERXDT4	ERXDT3	ERXDT2	ERXDT1	ERXDT0	仿真数据
7057H	SCIRXBUF	RXDT7	RXDT6	RXDT5	RXDT4	RXDT3	RXDT2	RXDT1	RXDT0	接收数据
7058H	—	保留								—
7059H	SCITXBUF	TXDT7	TXDT6	TXDT5	TXDT4	TXDT3	TXDT2	TXDT1	TXDT0	发送数据
705AH~705EH	—	保留								
705FH	SCIPRI	保留	SCITX PRIORITY	SCIRX PRIORITY	SCI SUSP SOFT	SCI SUSP FREE	保留			优先级仿真控制

第9章
串行同步通信接口 SPI 模块

串行外设接口(Serial Pheripheral Interface, SPI)是一个高速的同步串行输入/输出端口,允许一个可通过定义 1～9 位的串行位流动,以移进及移出到一个被定义位传输速率的外设。该 SPI 通常被用于 DSP 控制器及外部接口或另一个控制器间的通信。典型的应用,包括外部 I/O 或通过设备如移位寄存器、显示驱动以及模拟/数字转换器(ADC)来进行接口扩充等。

大多数 SPI 寄存器为 8 位宽(但 DSP 的数据寄存器是 16 位),为了转换这种不同,以 TMS320C240 设备来对应 8 位版本,必须将高 8 位的读取值归为 0。

SPI 具有 16 位的发送及接收能力,并含有双重缓冲发送及双重缓冲接收,因此所有的数据寄存器为 16 位宽。

SPI 接口的最大传输速率在从模式下不再受限于 CLKOUT/8,不管是主模式还是从模式,其最大的传输速率现在是 CLKOUT/4。

9.1 SPI 物理描述

SPI 模块方框图如图 9-1 所示,包含如下:
(1) 4 个 I/O 引脚。
① SPISIMO SPI 端口的从状态输入、主状态输出信号引脚。
② SPISOMI SPI 端口的从状态输出、主状态输入信号引脚。
③ SPICLK SPI 端口的传输同步时钟信号引脚。
④ $\overline{\text{SPISTE}}$ SPI 端口的从状态传输允许引脚。
(2) 主状态及从状态的模式操作。
(3) SPI 串行接收缓冲寄存器 SPIRXBUF。
这个缓冲寄存器内容是由网络接收到的数据同时用来准备给 CPU 读取的。
(4) SPI 串行发送缓冲寄存器 SPITXBUF。
这个缓冲寄存器内容是当前数据发送完成后,下一个字要被发送的数据。
(5) SPI 串行数据寄存器 SPIDAT。
这个数据移位寄存器是被用作发送/接收用的移位寄存器。
(6) SPICLK 相位和极性控制。
(7) 状态控制逻辑。
(8) 存储器映射控制及状态寄存器。

SPI 锁存 SPISTE 引脚的基本功能是用作一个 SPI 模块从控模式的输入传输允许,若禁用,则停止移位寄存器而令其无法接收数据,同时会令 SPISOMI 引脚处于高阻状态。

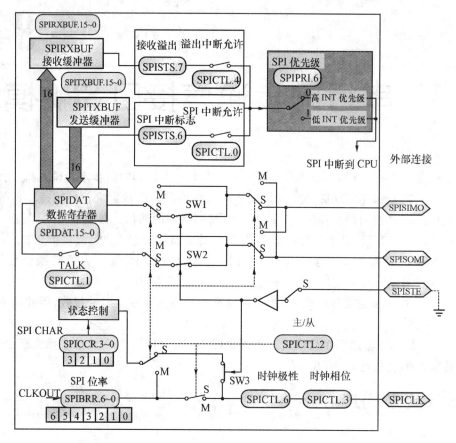

图 9-1 SPI 模块方框图

9.2 SPI 控制寄存器

SPI 模块中内有 9 个寄存器(见表 9-1)控制着 SPI 的操作。

(1) SPICCR(SPI 的结构化控制寄存器),包含用于 SPI 结构化的控制位。

① SPI 模块软件复位(SPI SW RESET)。

② SPICLK 时钟同步极性设置选择(CLCOK POLARITY)。

③ 4 个 SPI 的字传输长度设置(SPI CHAR3~0)。

(2) SPICTL(SPI 操作控制寄存器)包含数据传输的控制位。

① 2 个 SPI 的中断允许位 OVER-RUN INT 和 SPI INT。

② SPICLK 时钟同步相位设置选择(CLCOK PHASE)。

③ 主从状态的操作模式设置(MASTER/SLAVE)。

④ 数据发送允许。

（3）SPISTS（SPI 的状态寄存器）包含 2 个接收缓冲寄存器的状态标志。

① 接收溢出的状态标志（RECEIVER OVERRUN）。

② SPI 模块的中断标志（SPI INT FLAG）。

③ 发送缓冲寄存器满位标志（TX BUF FULL）。

（4）SPIBRR（SPI 的波特率设置寄存器）包含 7 个位，用来决定 SPI 位传输速率。SPI BIT RATE6～0 共 7 位。

（5）SPIRXEMU（SPI 接收仿真缓冲寄存器）接收数据。该寄存器仅用作 ICE 的仿真监视使用，实际操作的数据在 SPIRXBUF 寄存器内。

（6）SPIRXBUF（SPI 串行接收缓冲寄存器）接收数据。

（7）SPITXBUF（SPI 发送缓冲器为串行接收寄存器）包含下一个要被发送的数据。

（8）SPIDAT（SPI 数据寄存器）包含要由 SPI 发送的数据。作为发送/接收用的移位寄存器，当数据被写入 SPIDAT 寄存器后，将随着 SPICLK 时钟依次移出。SPI 对应每个位的移出，一个位由接收位流将被移入这个移位寄存器的另一端。

（9）SPIPRI（SPI 的中断优先级寄存器）的各位用来决定中断的优先级，并决定在程序空闲期间 XDS 仿真器对 SPI 操作状态处理。

表 9-1　对应 SPI 控制寄存器的寻址及说明

7040H	SPICCR	SPI 的结构化控制寄存器
7041H	SPICTL	SPI 操作控制寄存器
7042H	SPISTS	SPI 的状态寄存器
7043H		保留
7044H	SPIBRR	SPI 的波特率设置寄存器
7045H		保留
7046H	SPIRXEMU	SPI 接收仿真缓冲寄存器
7047H	SPIRXBUF	SPI 串行接收缓冲寄存器
7048H	SPITXBUF	SPI 串行发送缓冲寄存器
7049H	SPIDAT	SPI 数据寄存器
704AH		保留
704BH		保留
704CH		保留
704DH		保留
704EH		保留
704FH	SPIPRI	SPI 的中断优先级寄存器

9.3 SPI 操作

本节将描述 SPI 电路的操作,包括各种模式状态、中断、数据格式及初始化等的操作说明,同时将给出典型的数据传输时序图。

9.3.1 SPI 操作引言

图 9-2 为一般 SPI 模块用于主/从模式时两个控制器间的通信连接方框结构图。

主控器由其所送出的同步 SPICLK 脉冲信号来起始数据传输。对主/从控制器,都同时在 SPICLK 时钟的其中一个边沿(正或负边沿),将移位寄存器内容数据移出进行数据串行发送控制,而在另一个 SPICLK 相反时钟边沿,将移入的数据锁存入移位寄存器内进行接收控制。假如 CLOCK PHASE 位(SPICTL.3)设置为 1,则数据的发送及接收是在 SPICLK 的前半周期。这种结果造成控制器发送及接收数据可以是同时进行的,这可以应用软件来决定这些数据是有意义还是无意义的哑数据。对于数据的传输有下列三种可能的方式:

(1) 主控者送出数据,从控者主要是接收主控送出的数据,因此所送回的是空数据。
(2) 主控者送出数据,从控者接收主控送出的数据,同时也送回数据给主控者。
(3) 主控者送出空数据,从控者主要是送出数据给主控者接收。

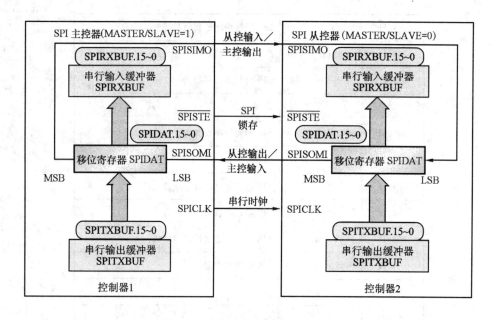

图 9-2 SPI 主/从连接方框图

主控者在任一时间内都可由控制 SPICLK 信号的送出来启动数据传输,当从控者已准备好要广播送出的数据时,在软件上无论如何都可以决定主控者如何来检测读取。

9.3.2 SPI 主/从连接

SPI 可以设置工作于主或从模式。SPICTL.2 位的 MASTER/SLAVE 上设置选择工作模式及 SPICLK 同步时钟的来源。

主模式

在主模式下(MASTER/SLAVE=1),整个串行通信网络中的串行同步时钟 SPICLK 都由此主控器发出,数据由 SPISIMO 引脚端输出,而接收的信号由 SPISOMI 引脚端锁存输入。

SPIBRR 决定串行网络的发送及接收位传输速率,该寄存器可设置 126 种数据传输速率。

当数据写入 SPIDAT 或 SPITXBUF 这两个寄存器时,将同时启动在 SPISIMO 端的数据传输,最高位(MSB)首先被发送;与此同时,接收的数据通过 SPISOMI 引脚随着 SPICLK 由最低位(LSB)移位进入 SPIDAT 寄存器内,当被设置选择的位数传输完成后,接收到的数据被转载入 SPIRXBUF 缓冲寄存器内,以便作为 CPU 读取,这时的数据将被向右调整存储在 SPIRXBUF 的 D7~D0 位内。

当特定的数据位数已经被移位进入 SPIDAT 时,将发生下列事件:

(1) SPIDAT 内容被转载入 SPIRXBUF 内。

(2) SPI INT FLAGE 中断标志位(SPISTS.6)被设置为 1。

(3) 假如存放于发送缓冲寄存器 SPITXBUF 的数据有效,将会被 SPISTS 寄存器的 D5 位 TXBUF FULL 标志所标识,这个数据会被转载入 SPIDAT 内同时发送;否则,所有在 SPIDAT 位都被发送后,时钟 SPICLK 将停止再送出。

(4) 假如 SPI_INT_ENA(SPICTL.0)中断允许被设置为 1,一个中断信号将会被提出。

在典型的应用中,$\overline{\text{SPISTE}}$引脚可用作从 SPI 设备的芯片允许引脚(必须在发送主控数据到此从设备前将此从控选择引脚驱动为低电平状态,并且在发送主控数据后将此引脚驱动成高电平状态)。

从模式

在主模式下(MASTER/SLAVE=0),数据由 SPISOMI 引脚端发送,而接收的信号由 SPISIMO 引脚端输入。SPICLK 引脚作为串行移位同步时钟 SPICLK 的输入,由外部网络主控器提供送出。而系统传输速率是由此时钟来设置的,SPICLK 输入频率一定不能超过 CLKOUT 频率的 1/4。

被写入 SPIDAT 或 SPITXBUF 寄存器内的数据会在外部网络主控器送出,而接收到的同步时钟适当边沿(可设置为正或负边沿)将其传入网络内。当 SPIDAT 所有要被传输字的各位都已经被发送后,先前被写入寄存器 SPITXBUF 的数据才会被传入 SPIDAT 寄存器内以便再发送。假如当前的字没有正在传输,一旦数据被写入 SPITXBUF 内,将会立即载入 SPIDAT 内。为了接收数据,从控器等待外部网络主控器送出同步时钟将 SPISIMO 引脚端的数据移入 SPIDAT 内。假如从控器同时也要发送数据,并且 SPITXBUF 先前仍未被载入内容,则这时的数据必须在 SPICLK 时钟来临前将其写入 SPITXBUF 或 SPIDAT 寄存器内。

当 TALK(SPICTL.1)位被清除时,数据的传输会被禁用,而 SPISOMI 输出引脚线被设置为高阻状态。假如这发生在一个甚至是此 SPISOMI 被强迫进入高阻时,而当时的传输字会被完全地完成传输,这可保证 SPI 仍然可以正确地接收输入数据。这个 TALK 控制位允许许多从设备引脚在网络中被连接在一起,但是在同一时间只有一个从控器允许驱动此 SPISOMI 引脚送出数据,其余的则处于高阻。

$\overline{\text{SPISTE}}$为从选择操作引脚。一个低电平有效的信号,在此$\overline{\text{SPISTE}}$引脚端将允许这个从 SPI 发送数据到串行数据线上。一个无效的高电平信号,将造成此从控器的 SPI 串行移位寄存器停止移位,同时令其串行输出引脚处于高阻,这也允许许多从控器在网络上被绑在一起,在同一时间内只有一个从控器被选择设置。

9.4 SPI 的中断

5 个控制位用来启动 SPI 的中断。
(1) SPI 的中断允许位 SPI_INT_ENA (SPICTL.0)。
(2) SPI 的中断标志位 SPI_INT_FLAG (SPISTS.6)。
(3) SPI 接收溢出中断允许位 OVERRUN_INT_ENA (SPICTL.4)。
(4) SPI 接收溢出中断标志位 RECEIVE_OVERRUN_FLAG (SPISTS.7)。
(5) SPI 中断优先级设置位 SPI_PRIORITY (SPIPRI.6)。

9.4.1 SPI 的中断允许位 SPI_INT_ENA(SPICTL.0)

当 SPI 的中断允许位被设置为 1 允许,并且一个中断状况产生时,对应的中断将会被请求。
0:禁用 SPI 的中断。
1:允许 SPI 的中断。

9.4.2 SPI 的中断标志位 SPI_INT_FLAG (SPISTS.6)

这个状态标志表示一个字已经被置于 SPI 的接收缓冲器内,并且准备好读取。

当 SPIDAT 内一个完整字已经被移进或发送时,SPI_INT_FLAG (SPISTS.6)中断标志位会被设置为 1。经过中断允许位 SPI_INT_ENA (SPICTL.0)的设置,将会产生一个中断,此中断标志保持着设置状态直到发生下列事件才会被清除。
(1) 中断被应答。
(2) CPU 读取 SPIRXBUF(读取 SPIRXEMU 并不会清除此中断标志)。
(3) 设备以 IDLE 指令进入 IDLE2 空闲状态或暂停状态。
(4) 以软件设置 SPI_SW_RESET(SPICCR.7)位时。
(5) 一个系统复位发生时。

当 SPI_INT_FLAG (SPISTS.6)中断标志位被设置为 1 时,表示一个字已经被移入 SPIRXBUF 内,并且准备供 CPU 读取。若 CPU 未在下一个字完成接收前将此字读取,则这个新的接收字会被写入 SPIRXBUF 寄存器内,同时令接收溢出中断标志 RECEIVE_OVERRUN (SPISTS.7)设置为 1。

9.4.3 SPI 的接收溢出中断允许位 OVERRUN_INT_ENA (SPICTL.4)

设置此溢出中断允许位时,任何时候当 RECEIVE_OVERRUN_FLAG (SPISTS.7)接收溢出中断标志位被硬件设置为 1 时,将允许申请一个中断,经过 SPISTS.7 及 SPI_INT_FLAG (SPISTS.6)位的设置所产生的中断将共享同一个中断向量。
0:禁用 SPI 的接收溢出 RECEIVE_OVERRUN_FLAG 中断标志位。
1:允许 SPI 的接收溢出 RECEIVE_OVERRUN_FLAG 中断标志位。

9.4.4 SPI 接收溢出中断标志位 RECEIVE_OVERRUN_FLAG (SPISTS.7)

当任何时候以前已经被接收存于 SPIRXBUF 内的数据被读取前,一个新接收的数据又再被载入 SPIRXBUF 寄存器时,RECEIVE_OVERRUN_FLAG 中断标志会被设置。RECEIVE_OVERRUN_FLAG 中断标志必须用软件清除。

9.4.5 SPI 中断优先级设置位 SPI_PRIORITY (SPIPRI.6)

这个中断优先级位 SPI_PRIORITY 的设置用来决定由 SPI 发出的中断请求优先级。

0:SPI 的中断为高优先级。

1:SPI 的中断为低优先级。

9.4.6 SPI 数据格式

利用 SPICCR3~0 来设置数据字的位数。这个信息引导状态控制逻辑进行接收或发送的位数的计数,用来决定何时完成一个字的处理。下面为对应小于 16 位的说明。

(1) 写入 SPIDAT 及 SPITXBUF 寄存器的数据必须靠左调整。

(2) 由 SPIRXBUF 寄存器内所读回的数据是靠右调整的。

(3) SPIRXBUF 内有最近接收的字,靠右调整,再加上先前所传输移入靠左调整的其余位,如图 9-3 所示,其中设置如下:

① 传输字长度为 1 位(由 SPICCR.3~0 位设置成 0000)。

② 当时的 SPIDAT 数据值是 737BH。

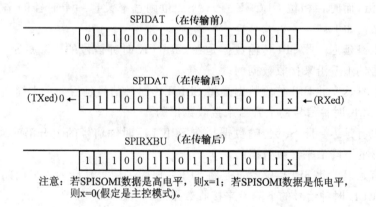

图 9-3 由 SPIRXBUF 发送的位格式

9.4.7 SPI 波特率及时钟结构

SPI 模块提供 125 种不同的波特率及 4 种不同的时钟结构,主要是根据 SPI 时钟处于主模式或从模式,SPICLK 引脚可分别由外部接收 SPI 时钟信号或提供 SPI 时钟。

(1) 在从模式下,SPI 的时钟是经过 SPICLK 引脚接收外部来的信号。此信号不可高于 CLKOUT 频率的 1/4。

(2) 在主模式下,SPI 的时钟是经过 SPI 模块来设置产生的,并由 SPICLK 引脚端输出。此信号也不可高于 CLKOUT 频率的 1/4。

波特率的设置

式(9-1)显示如何决定 SPI 的波特率:

(1) 对于 SPIBRR 为 3~127 时,其波特率为

$$SPI 波特率 = CLKOUT/(SPIBRR+1) \qquad (9-1(a))$$

(2) 若 SPIBRR 设置为 0、1、2,则最高波特率为

$$SPI 波特率 = CLKOUT/4 \qquad (9-1(b))$$

上述的 CLKOUT 为 TMS320F240x 系列设备的 CPU 工作时钟频率。

要决定所需的 SPIBRR 值时,必须先了解系统设备的 CLKOUT 时钟频率(最高额定值由设备来决定),再根据所需的工作波特率来设置。

若系统工作频率 CLKOUT=30 MHz,则最高的波特率值在 SPIBRR 设置为 3 时,计算如式(9-2)所示:

$$SPI 波特率 = CLKOUT/(SPIBRR+1) = 30 \text{ MHz}/(3+1) = 7.5 \times 10^6 \text{ bps} \qquad (9-2)$$

因此,可以设置主控器的波特率可达 5.0 Mbps。

9.4.8 SPI 时钟结构

对于 CLOCK_POLARITY(SPICCR.6)和 CLOCK_PHASE(SPICTL.3)等位来控制在 SPICLK 引脚端 4 种不同的时钟结构,CLOCK_POLARITY 位设置选择时钟的有效边沿,不是上升沿就是下降沿,而时钟相位 CLOCK_PHASE 位则选择设置一个时钟的半周期延迟。这 4 个不同的时钟结构如下:

(1) 下降沿没有延迟。此 SPI 传输数据是在 SPICLK 时钟信号的下降沿来发送数据,而在 SPICLK 时钟信号的上升沿来接收数据的。

(2) 下降沿有延迟。此 SPI 传输数据是将 SPICLK 时钟信号延后一个半周期的下降沿来发送数据,而在 SPICLK 时钟信号的上升沿来接收数据的。

(3) 上升沿没有延迟。此 SPI 传输数据是在 SPICLK 时钟信号的上升沿来发送数据,而在 SPICLK 时钟信号的下降沿来接收数据的。

(4) 上升沿有延迟。此 SPI 传输数据是将 SPICLK 时钟信号延后一个半周期的上升沿来发送数据,而在 SPICLK 时钟信号的下降沿来接收数据的。

这种 SPI 时钟结构的选择进行顺序如表 9-2 所列,这种 4 个时钟结构示例对应数据的发送及接收如图 9-4 所示。

对于 SPI 要保留 SPICLK 的对称性时,限于(SPIBRR+1)被设置值是一个偶数;当(SPIBRR+1)的设置结果值是一个奇数且大于 3 时,此 SPICLK 变成非对称性。此时,CLOCK_PLOARITY 位被清除为 0 时的 SPICLK,会将其低电平时间比高电平时间多出一个 CLKOUT 周期;CLOCK_PLOARITY 位被设置为 1 时的 SPICLK,会将其高电平时间比低电平时间多出一个 CLKOUT 周期,如图 9-5 所示。

表 9-2 SPI 时钟结构的选择指引

SPICLK 的结构	时钟极性 (SPICCR.6)	时钟相位 (SPICTL.3)	SPICLK 的结构	时钟极性 (SPICCR.6)	时钟相位 (SPICTL.3)
上升沿没有延迟	0	0	下降沿没有延迟	1	0
上升沿有延迟	0	1	下降沿有延迟	1	1

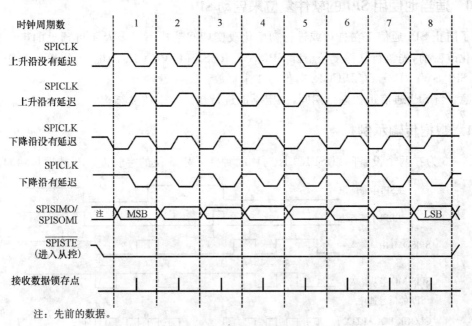

图 9-4 4 个时钟结构示例的对应数据发送及接收图

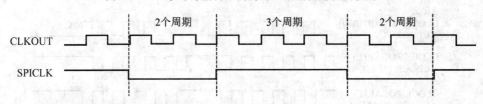

图 9-5 (SPIBRR+1)值为奇数且大于 3 而 CLOCK_PLOARITY=1 时的 SPICLK 特性

9.4.9 SPI 处于复位时的启动

一个系统的复位会强迫 SPI 外设模块进入下列的初始状态：

(1) 这个单元会被结构化成一个从控模块(MASTER/SLAVE=0)。
(2) 传输能力会被禁用(TALK=0)。
(3) 数据的锁存初始状态为输入 SPICLK 信号的下降沿有效。
(4) 字传输的长度被设置成一个位值。
(5) 系统 SPI 的中断被禁用。
(6) SPIDAT 寄存器内容被复位成 0000H 值。
(7) SPI 模块使用到的引脚会被初始化成为一般通用的输入引脚(此由 I/O 多路转接控制寄存器 MCRB 处理)。

要改变 SPI 的结构,可进行下列操作：

(1) 清除软件复位 SPI_SW_RESET(SPICCR.7)位为 0 将强迫 SPI 进入复位状态。
(2) 根据需要,初始化 SPI 结构、格式、波特率以及引脚端功能的设置等。
(3) 设置 SPI_SW_RESET(SPICCR.7)位为 1 来释放脱离复位状态。
(4) 数据写入 SPIDAT 或 SPITXBUF 寄存器内(这将启动通信程序为主控状态)。
(5) 当数据完成传输后(SPISTS.6=1),可由 SPIRXBUF 寄存器读取其所接收的通信数据。

9.4.10 适当地使用 SPI 的软件复位来启动 SPI

为了防止 SPI 通信正在进行或进行初始化改变期间造成不必要及不可预见的事件发生,进行初始化改变前,先执行软件复位清除 SPI_SW_RESET(SPICCR.7)位;当初始化改变完成后,再设置 SPI_SW_RESET(SPICCR.7)位为 1 来释放。

注意:当 SPI 通信正在进行期间,一定不能进行初始化来改变结构。

9.4.11 数据传输示例

图 9-6 为在两个设备间以 SPICLK 对称时钟并采用 5 位的字长度 SPI 数据传输时序图。

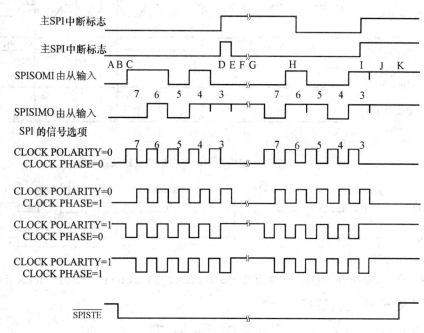

A:从控器将数据 0D0H 写入 SPIDAT,同时等待主控器的数据移入。
B:主控器将设置 SPISTS 信号为低电平的有效状态。
C:主控器将数据 058H 写入 SPIDAT,同时启动 SPI 传输的进行。
D:5 位的传输已完成,同时设置 SPI 的中断标志 SPI_INT_FLAGE=1。
E:从控器由 SPIRXBUF 读取数据 0BH 值(这是靠右调整值)。
F:从控器将数据 04CH 写入 SPIDAT,同时等待主控器的数据移入。
G:主控器将数据 06CH 写入 SPIDAT,同时启动 SPI 传输的进行。
H:主控器由 SPIRXBUF 读取数据 01AH 值(这是靠右调整值)。
I:第二个字的传输又完成,同时设置 SPI 的中断标志 SPI_INT_FLAGE=1。
J:分别由其对应的 SPIRXBUF 寄存器令主控器读取数据 89H,而从控器读取数据 8DH 值,由于所设置仅为 5 位长,因此用户必须将没有用的高 3 位屏蔽为 0,主控器接收值为 09H 从控器接收值为 0DH 值。
K:主控器设置 SPISTS 信号为高电平的无效状态。

图 9-6 每个字长为 5 位的 SPI 传输时序图

图 9-5 为 SPICLK 非对称时钟,对于图 9-6,除了在 SPICLK 信号的低电平脉冲(CLOCK_PLOARITY=0)或高电平脉冲(CLOCK_PLOARITY=1)期间每个位仅一个周期长外,其余都相当类似。

图 9-6 中每个字长为 5 位,是可设置为 8 位的 SPI 系统,但是不可设置为仅可工作于 16 位字长的'24x 设备系统中。图 9-6 仅说明 SPI 的波形。

9.5 SPI 控制寄存器

SPI 通过这些控制寄存器文件中的寄存器控制及存取。表 9-3 列出 SPI 控制寄存器及其对应位。

表 9-3 SPI 控制寄存器及其对应位

位址	寄存器名称	位 15~8	7	6	5	4	3	2	1	0
7040H	SPICCR	—	SPI_SW_RESET	CLOCK_POLARITY	—	—	SPI CHAR3	SPI CHAR2	SPI CHAR1	SPI CHAR0
7041H	SPICTL	—	—	—	—	OVER_RUN_INT_ENA	CLOCK_PHASE	MASTER/SLAVE	TALK	SPI_INT_ENA
7042H	SPISTS	—	—	RECEIVE_OVERRUN_FLAG	SPI_INT_FLAG	TX_BUF_FULL_FLAG	—	—	—	—
7043H	—	—	—	—	—	—	—	—	—	—
7044H	SPIBRR	—	—	SPI BIT RATE6	SPI BIT RATE5	SPI BIT RATE4	SPI BIT RATE3	SPI BIT RATE2	SPI BIT RATE1	SPI BIT RATE0
7045H	—	—	—	—	—	—	—	—	—	—
7046H	SPIRXEMU	ERXB 15~8	ERXB7	ERXB6	ERXB5	ERXB4	ERXB3	ERXB2	ERXB1	ERXB0
7047H	SPIRXBUF	RXB 15~8	RXB7	RXB6	RXB5	RXB4	RXB3	RXB2	RXB1	RXB0
7048H	SPITXBUF	TXB 15~8	TXB7	TXB6	TXB5	TXB4	TXB3	TXB2	TXB1	TXB0
7049H	SPIDAT	SDAT 15~8	SDAT7	SDAT6	SDAT5	SDAT4	SDAT3	SDAT2	SDAT1	SDAT0
704AH	—	—	—	—	—	—	—	—	—	—
704BH	—	—	—	—	—	—	—	—	—	—
704CH	—	—	—	—	—	—	—	—	—	—
704DH	—	—	—	—	—	—	—	—	—	—
704EH	—	—	—	—	—	—	—	—	—	—
704FH	SPIPRI	—	—	—	SPI_PRIORITY	SPI_SUSP_SOFT	SPI_SUSP_FREE	—	—	—

注:"-"表示无效。

9.5.1 SPI 结构化控制寄存器 SPICCR

SPI 结构化控制寄存器 SPICCR 控制设置 SPI 的操作。其各位名称及其读/写特性如表 9-4 所列。

表 9-4 SPI 结构化控制寄存器 SPICCR(7040H)

D7	D6	D5~D4	D3	D2	D1	D0
SPI_SW_RESET	CLOCK_POLARITY	保留	SPICHAR3	SPICHAR2	SPICHAR1	SPICHAR0
RW-0	RW-0	R-0	RW-0	RW-0	RW-0	RW-0

各位功能及其操作说明如下。

(1) D7 SPI_SW_RESET：SPI 模块的软件复位。当需要改变 SPI 的结构前，必须先清除此位为 0 进入复位状态；接着当改变完成要恢复操作前，必须将此位设置为 1。

  0：初始化所有 SPI 的操作标志为复位状态值。

  这时将 RECEIVE_OVERRUN 标志位(SPISTS.7)、SPI_INT_FLAG(SPISTS.6) 和 TX_BUF_FULL_FLAG 标志(SPISTS.5)等清除，而所有的 SPI 结构则维持不变。若此模块是操作于主模式，则 SPICLK 输出会回到无效状态。

  1：SPI 准备开始发送或接收下一个字。

  当 SPI_SW_RESET 位被设置为 1，一个已经被写入 SPI 发送器的数据在此位被清除时是不会被移出的，一个新的字必须再被写入此串行数据寄存器内。

(2) D6 CLOCK_POLARITY：时钟的移位极性。该位控制着 SPICLK 的极性，CLOCK_POLARITY 及 CLOCK_PHASE(SPICTL.3)这二个位控制设置 SPICLK 引脚的 4 个不同时钟结构，参照 9.4.8 小节的说明。

  0：数据输出处于时钟的上升沿，而接收数据于下降沿。当没有 SPI 数据被发送时，SPICLK 处于低电平状态。

  SPI 数据传输的输入/输出触发边沿同时依赖于 CLOCK_PHASE(SPICTL.3)位值如下：

  CLOCK_PHASE=0 此时数据输出是在 SPICLK 信号的上升沿有效，而输入数据在 SPICLK 信号的下降沿锁存读取。

  CLOCK_PHASE=1 此时数据输出是在第一个 SPICLK 信号的上升沿前半周期的后续下降沿，而输入数据是在接着的 SPICLK 信号上升沿锁存读取。

  1：数据输出处于时钟的下降沿，而接收数据处于时钟的上升沿。当没有 SPI 数据被发送时，SPICLK 处于高电平状态。

  SPI 数据传输的输入/输出的触发边沿也同时依赖于 CLOCK_PHASE(SPICTL.3)位值如下：

  CLOCK_PHASE=0 此时数据输出是在 SPICLK 信号的下降沿有效，而输入数据在 SPICLK 信号的上升沿锁存读取。

  CLOCK_PHASE=1 此时数据输出是在第一个 SPICLK 信号上升沿前半周期的后续上升沿，而输入数据是在接着的 SPICLK 信号前下降沿锁存读取。

(3) D5～D4 保留位：读取值为 0，而写入数据无效。

(4) D3～D0 SPI CHAR3～0：字长度设置控制位，这 4 个位决定在一个移位序列期间的信号字要被移进或移出的位数。

表 9-5 列出对应这些字数设置值的字长度。

表 9-5 对应字数设置值的字长度

SPI CHAR3	SPI CHAR2	SPI CHAR1	SPI CHAR0	字长度
0	0	0	0	1
0	0	0	1	2
0	0	1	0	3
0	0	1	1	4
0	1	0	0	5
0	1	0	1	6
0	1	1	0	7
0	1	1	1	8
1	0	0	0	9
1	0	0	1	10
1	0	1	0	11
1	0	1	1	12
1	1	0	0	13
1	1	0	1	14
1	1	1	0	15
1	1	1	1	16

9.5.2 SPI 操作控制寄存器 SPICTL

SPI 操作控制寄存器 SPICTL 控制数据传输、SPI 产生中断的能力、SPICLK 的操作相位及其操作模式的设置。其各位名称及其读/写特性如表 9-6 所列。

表 9-6 SPI 操作控制寄存器 SPICTL(7041H)

D7	D6	D5	D4	D3	D2	D1	D0
保留			OVERRUN_INT_ENA	CLOCK_PHASE	MASTER/SLAVE	TALK	SPI_INT_ENA
R-0			RW-0	RW-0	RW-0	RW-0	RW-0

各位功能及其操作说明如下。

(1) D7～D5 保留位：读取值为 0，而写入数据无效。

(2) D4 OVERRUN_INT_ENA：SPI 溢出中断允许。若设置此位，则当接收溢出 RECEIVE_OVERRUN_FLAG 中断标志被硬件设置时，将会产生一个中断。因此接收溢出 RECEIVE_OVERRUN_FLAG 标志位以及 SPI_INT_ENA 中断允许标志位产生的中断会共用同一个中断向量。

0：禁用接收溢出 RECEIVE_OVERRUN_FLAG 标志位(SPISTS.7)的中断。

1：允许接收溢出 RECEIVE_OVERRUN_FLAG 标志位(SPISTS.7)的中断。

(3) D3 CLOCK_PHASE：SPI 的时钟相位选择。该位控制选择 SPICLK 信号的触发相位。

0：SPI 的时钟结构处于一般正常结构,因此正负边沿的操作由 CLOCK_PLOARITY(SPICCR.6)位决定。

1：SPICLK 时钟将延后半个周期才有效,同样正负边沿的操作也是由 CLOCK_PLOARITY(SPICCR.6)位决定。

CLOCK_PHASE 及 CLOCK_PLOARITY(SPICCR.6)这两个位的配置造成 4 种不同的时钟传输操作见图 9-4。当 CLOCK_PHASE＝1 时,此 SPI(主或从模式)数据被写入 SPIDAT 后,且在 SPICLK 信号的第一个边沿前,不管 SPI 使用哪一种模式,都会令数据的第一位有效。

(4) D2 MASTER/SLAVE：SPI 网络的模式设置控制。该位决定 SPI 为网络主模式或从模式。处于复位启动区间,SPI 会被自动定义成网络从模式。

0：SPI 被结构化成为一个从模式。

1：SPI 被结构化成为一个主模式。

(5) D1 TALK：主/从传输的允许。此位由串行数据输出处于高阻来禁用数据的传输(主或从)。当一个传输期间这个位被清除为 0 禁用时,其传输移位寄存器仍继续操作,直到先前被载入的数据移出完成。同样,当此位被禁用时,SPI 仍然能够接收字并更新状态标志。TALK 可经过系统复位将其清除(禁用)。

0：禁用传输。在主或从模式下操作如下：

从模式的操作　假如先前未被定义成一般通用的 I/O 引脚,则此 SPISOMI 引脚会被置于高阻。

主模式的操作　假如先前未被定义成一般通用的 I/O 引脚,则此 SPISIMO 引脚也会被置于高阻。

1：允许传输。对应 SPI 的 4 个选项引脚,必须保证允许接收器的 SPISTB 为输入引脚。

(6) D0 SPI_INT_ENA：SPI 系统中断允许。该位控制着 SPI 产生一个发送/接收的中断能力。对 SPI_INT_FLAG(SPISTS.6)标志位是不会受此位影响的。

0：禁用中断。

1：允许中断。

9.5.3　SPI 操作状态寄存器 SPISTS

SPI 操作状态寄存器 SPISTS 包含接收缓冲器的状态位。其各位名称及其读/写特性如表 9-7 所列。

表 9-7　SPI 操作状态寄存器 SPISTS(7042H)

D7	D6	D5	D4～D0
RECEIVE_OVERRUN_FLAG	SPI_INT_FLAG	TX_BUF_FULL_FLAG	保留
RC-0	RC-0	RC-0	R-0

注：R(读取);C(清除);写入 0 值对于 RC-0 的标志位是无效的。

RECEIVE_OVERRUN_FLAG 及 SPI_INT_FLAG 这两个中断共用一个中断向量。

各位功能及操作说明如下。

(1) D7　RECEIVE_OVERRUN_FLAG：SPI 接收溢出标志。该位是一个读取清除的标志。当一个接收或发送的操作完成在上一个字被读取前时，令此接收溢出中断标志被硬件设置。这个接收溢出标志位指出上一个接收字已被覆盖写入而遗失（当 SPIRXBUF 寄存器因前一个字被用户读取前，已被 SPI 模块覆盖写入），此时每次若中断允许标志 OVERRUN_INT_ENA(SPICTL.4)位被设置为高电平允许时，会产生一个中断请求。这个标志可由下列 3 种方法清除。

① 用软件将 1 写入时会清除此位。
② 将 0 写入软件清除位 SPI_SW_RESET(SPICCR.7)会清除此位。
③ 系统复位将清除此位。

若中断允许标志 SPI_INT_ENA(SPICTL.4)位被设置，则一旦发生此中断，标志 RECEIVE_OVERRUN_FLAG 位被设置，SPI 仅会请求一次中断。假如此标志位已经被设置，则接下来发生的接收溢出是不会再产生多出来的中断请求的。这意味着，为了让新的一个溢出中断请求能再发生，用户为了让每次发生溢出可正确地产生对应中断请求，必须将 1 写入此 SPISTS.7 位标志来清除才可以对应。假如用户在对应的中断服务程序中仍然让溢出中断标志 RECEIVE_OVERRUN_FLAG 设置，则跳出此中断服务子程序时，另一个新的溢出中断请求是不会立即再进入中断服务子程序的。

然而，由于 SPI 的中断标志 SPI_INT_FLAG 与 RECEIVE_OVERRUN_FLAG 溢出中断标志是共用同一个中断向量，因此在中断服务子程序期间，溢出中断标志 RECEIVE_OVERRUN_FLAG 必须清除，这样可减少对于在中断源所接收读取的下一个字产生的疑虑。

(2) D6　SPI_INT_FLAG：SPI 接收中断标志。该位是一个仅可读取的标志。SPI 硬件设置此位，告知已完成接收或发送其最后一位，并已准备好接收服务子程序，在此位被设置的同时，接收到的字是被放置在接收缓冲寄存器内，若中断允许标志 SPI_INT_ENA(SPICTL.0)位被设置为高电平允许，则该标志会产生一个中断请求。这个标志可由下列 3 种方法清除：

① 用软件将 1 写入时会清除此位。
② 将 0 写入软件清除位 SPI_SW_RESET(SPICCR.7)会清除此位。
③ 系统复位将清除此位。

(3) D5　TX_BUF_FULL_FLAG：SPI 发送缓冲器已满的标志。该位仅可被读取。当一个字被写入 SPI 的发送缓冲器 SPITXBUF 内时，会被设置为 1。当前一次在 SPIDAT 数据被移出完成后，会自动将此 SPITXBUF 内容转载入 SPIDAT 寄存器内，以便被发送时，此位标志会被清除。系统复位时此位被清除。

(4) D4～D0　保留位：读取值为 0，而写入数据无效。

9.5.4　SPI 波特率寄存器 SPIBRR

SPI 波特率寄存器 SPIBRR 各位用来设置选择波特率。其各位名称及其读/写特性如表 9-8 所列。

表 9-8　SPI 波特率寄存器 SPIBRR(7044H)

D7	D6	D5	D4	D3	D2	D1	D0
保留	SPI BIT RATE6	SPI BIT RATE5	SPI BIT RATE4	SPI BIT RATE3	SPI BIT RATE2	SPI BIT RATE1	SPI BIT RATE0
R-0	RW-0	RW-0	RW-0	RW-0	RW-0	RW-0	RW-0

各位功能及操作说明如下:

(1) D7　保留位:读取值为 0 而写入数据无效。

(2) D6~D0　SPI BIT RATE6~SPI BIT RATE0:SPI 位率(波特)的控制。若 SPI 处于网络主控器,则这些位决定位传输速率。共有 125 种数据传输速率(对应每一个 CPU 的 CLKOUT 时钟功能)供选择。对于每一个 SPICLK 周期,都有一个数据位被移动(SPICLK 是在 SPICLK 引脚的波特率时钟输出)。

假如 SPI 处于网络从控模式,则此模块会在 SPICLK 引脚端由网络主控器接收时钟。因此,这些设置波特率的位对应外来的 SPICLK 信号是没有作用的,由主控器输入的时钟频率不可以超过从控器 SPI 的 SPICLK 信号的 1/4。

在主模式,此 SPI 时钟是由 SPI 产生并输出到 SPICLK 引脚端。此 SPI 的波特率由式(9-3)来决定。

① 对 SPIBRR 为 3~127 时的波特率如下:

$$SPI 波特率 = CLKOUT/(SPIBRR+1) \qquad (9-3(a))$$

② 若 SPIBRR 设置为 0、1、2,则最高波特率如下:

$$SPI 波特率 = CLKOUT/4 \qquad (9-3(b))$$

其中　　　　　CLKOUT = 此系列设备的 CPU 工作时钟频率

　　　　　　　SPIBRR = 在 SPI 设备主模式的 SPIBRR 内容

9.5.5　SPI 仿真缓冲寄存器 SPIRXEMU

串行传输做实时仿真操作相当困难,因此特别建立一个为仿真专用的接收缓冲寄存器 SPIRXEMU,以便随时监控接收数据内容。读取时并不会影响硬件操作,因此其内容为接收数据,读取 SPIRXENMU 并不会清除 SPI INT FLAGE(SPISTS.6)位。此寄存器并不是物理寄存器而仅是一个虚拟地址,其内容 SPIRXBUF 映射数据仅可被仿真器读取,但不会清除 SPI_INT_FLAG 标志。其各位名称及其读写特性如表 9-9 所列。

表 9-9　SPI 仿真缓冲寄存器 SPIRXEMU(7046H)

D15	D14	D13	D12	D11	D10	D9	D8
ERXB15	ERXB14	ERXB13	ERXB12	ERXB11	ERXB10	ERXB9	ERXB8
R-0	R-0	R-0	R-0	R-0	R-0	R-0	R-0
D7	D6	D5	D4	D3	D2	D1	D0
ERXB7	ERXB6	ERXB5	ERXB4	ERXB3	ERXB2	ERXB1	ERXB0
R-0	R-0	R-0	R-0	R-0	R-0	R-0	R-0

D15~D0　ERXB15~ERXB0:仿真缓冲接收数据。除了读取 SPIRXEMU 数据不会清除中断标志 SPI_INT_FLAG 外,SPIRXEMU 的功能几乎与 SPIRXBUF 完全相同。一旦 SPIDAT 完成接收来源数据,此字会被载入 SPIRXBUF 及 SPIRXEMU 以便被读取,同时 SPI_INT_FLAG 被设置为 1。

这个映射寄存器被用作仿真读取。读取 SPIRXBUF 数据会清除中断标志 SPI_INT_FLAG(SPISTS.6)。在正常的仿真操作中,控制寄存器被读取而继续更新这些寄存器的内容显示在显示屏上。SPIRXEMU 就是针对仿真器可读取此寄存器内容,能适当地将其值更新显示在显示屏上监视而建立的。读取 SPIRXEMU 数据不会清除中断标志 SPI_INT_FLAG,但是读取 SPIRXBUF 数据会清除中断标志;也就是说,SPIRXEMU 允许仿真器来更正确地仿真监视 SPI 的真实操作情形。

9.5.6 SPI 串行接收缓冲寄存器 SPIRXBUF

SPI 接收缓冲寄存器 SPIRXBUF 包含接收数据。读取 SPIRXBUF 数据会清除中断标志 SPI_INT_FLAG(SPISTS.6)。其各位名称及其读/写特性如表 9-10 所列。

表 9-10　SPI 接收缓冲寄存器 SPIRXBUF(7047H)

D15	D14	D13	D12	D11	D10	D9	D8
RXB15	RXB14	RXB13	RXB12	RXB11	RXB10	RXB9	RXB8
R-0	R-0	R-0	R-0	R-0	R-0	R-0	R-0
D7	D6	D5	D4	D3	D2	D1	D0
RXB7	RXB6	RXB5	RXB4	RXB3	RXB2	RXB1	RXB0
R-0	R-0	R-0	R-0	R-0	R-0	R-0	R-0

D15~D0　RXB15~RXB0:接收缓冲接收数据。一旦 SPIDAT 完成接收字,此字便会转载入 SPIRXBUF 内以便被读取,同时 SPI_INT_FLAG(SPISTS.6)标志被设置。由于数据是由最高位 MSB 首先被移入的,因此存放在 SPIRXBUF 寄存器内是被向右调整的。

9.5.7 SPI 串行发送缓冲寄存器 SPITXBUF

SPI 串行发送缓冲寄存器 SPITXBUF 存放着下一个要发送的字数据。数据写入该寄存器时,会设置 TX_BUF_FULL_FLAG(SPISTS.5)标志。当前的字被传输完成时,这个寄存器的内容会自动载入 SPIDAT 寄存器内,同时清除 TX_BUF_FULL_FLAG 标志。假如 SPI 当前没有进行发送,则将数据写入 SPITXBUF 寄存器内将直接写入 SPIDAT 寄存器内,同时 TX_BUF_FULL_FLAG 标志不会被设置。

在主模式,假如当前发送无效,数据写入此 SPITXBUF 寄存器将如同写入 SPIDAT 一样来启动一个发送操作。其各位名称及其读/写特性如表 9-11 所列。

表 9-11　SPI 串行发送缓冲寄存器 SPITXBUF(7048H)

D15	D14	D13	D12	D11	D10	D9	D8
TXB15	TXB14	TXB13	TXB12	TXB11	TXB10	TXB9	TXB8
RW-0	RW-0	RW-0	RW-0	RW-0	RW-0	RW-0	RW-0
D7	D6	D5	D4	D3	D2	D1	D0
TXB7	TXB6	TXB5	TXB4	TXB3	TXB2	TXB1	TXB0
RW-0	RW-0	RW-0	RW-0	RW-0	RW-0	RW-0	RW-0

D15~D0　TXB15~TXB0：发送数据缓冲器。这是存放下一个要被发送的数据缓冲寄存器。当前的字被传输完成时,假如 TX_BUF_FULL_FLAG 发送缓冲满位标志已被设置,则这个寄存器的内容就会自动载入 SPIDAT 寄存器内,同时会清除 TX_BUF_FULL_FLAG 标志。

9.5.8　SPI 串行数据寄存器 SPIDAT

SPI 串行数据寄存器 SPIDAT 是一个发送/接收用的移位寄存器。数据被写入 SPIDAT 是在 SPICLK 时序周期依次由 MSB 移出的,对应 SPI 的每一个位被移出(MSB)的同时,一个外部的数据同时移入此移位寄存器的 LSB 位尾端。其各位名称及其读/写特性如表 9-12 所列。

表 9-12　SPI 串行数据寄存器 SPIDAT(7049H)

D15	D14	D13	D12	D11	D10	D9	D8
SDAT15	SDAT14	SDAT 13	SDAT 12	SDAT 11	SDAT 10	SDAT 9	SDAT 8
RW-0	RW-0	RW-0	RW-0	RW-0	RW-0	RW-0	RW-0

D7	D6	D5	D4	D3	D2	D1	D0
SDAT 7	SDAT 6	SDAT 5	SDAT 4	SDAT 3	SDAT 2	SDAT 1	SDAT 0
RW-0	RW-0	RW-0	RW-0	RW-0	RW-0	RW-0	RW-0

各位功能及其操作如下。

D15~D0　SDAT15~SDAT0：串行数据。数据写入 SPIDAT 寄存器将具有下列两个功能：

① 若 TALK(SPICTL.1)位设置为 1 来允许 SPI 传输,则此 SPIDAT 具有的数据会由串行输出引脚端输出。

② 当 SPI 设置为主控器时,一个数据传输会被启动。启动一个传输器时,则依赖 CLOCK_POLARITY(SPICCR.6)位以及 CLOCK_PHASE(SPICTL.3)位等根据所需的设置来操作。

在主模式,写入一个虚拟数据到 SPIDAT 用来启动一个接收器的程序。由于对于字小于 16 位的数据不会进行硬件调整,因此写入要发送的数据必须是向右调整格式的,同时接收的数据是以向右调整的格式来读取的。

9.5.9　SPI 中断优先级控制寄存器 SPIPRI

SPI 中断优先级控制寄存器 SPIPRI 选择 SPI 的中断优先级电平,以及在 XDS 仿真期间程序空闲的状态控制,例如仿真时 XDS 按压进行插断控制时的状态。其各位名称及其读/写特性如表 9-13 所列。

表 9-13　SPI 中断优先级控制寄存器 SPIPRI(704FH)

D7	D6	D5	D4	D3~D0
保留	SPI_PRIORITY	SPI_SUSP_SOFT	SPI_SUSP_FREE	保留
R-0	RW-0	RW-0	RW-0	RW-0

各位功能及操作说明如下。

(1) D7　保留位：读取值为 0,而写入数据无效。

(2) D6　SPI_PRIORITY：中断优先级选择。该位指定 SPI 的中断电平优先级

0：中断为高的优先级请求。

1：中断为低的优先级请求。

(3) D5～D4 SPI_SUSP_SOFT 和 SPI_SUSP_FREE 位：当一个仿真调试空闲发生（例如，调试器遇到一个中断）时，这些位用来决定所要对应的处置。这些外设可以控制处于继续操作（自由执行模式），或处于停止操作模式。可以立即停止或者等当前的操作（也就是正在处理的发送/接收处理程序）完成后才停止。其对应设置控制如下：

D5	D4	
SOFT	FREE	
0	0	当仿真调试器空闲时，立即停止 SPI 的操作
1	0	等当前正处理的发送/接收处理程序完成后才停止
x	1	自由执行，不理会空闲，而继续 SPI 的处理操作

(4) D3～D0 保留位：读取值为 0，而写入数据无效。

9.6 SPI 操作时序波示例

图 9-7 所示为 CLOCK_POLARITY=0 及 CLOCK_PHASE=0 的所有数据传输是处于上升沿，而在低电平是无效的。

图中以从模式的 SPISIMO 来输入数据，而外部主控器则输入同步触发时钟 SPICLK 周期 200 ns，而输入 SPISIMO 数据则为 01001100010。

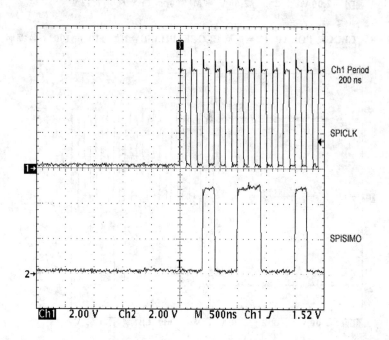

图 9-7 CLOCK_POLARITY=0 及 CLOCK_PHASE=0 的 01001100010 数据时序

图 9-8 所示为 CLOCK_POLARITY=0 及 CLOCK_PHASE=1 加入数据传输是 SPICLK 处于上升沿，但是会延后半个 SPICLK 周期，在低电平是无效的。

图 9-9 所示为 CLOCK_POLARITY=1 及 CLOCK_PHASE=0 的所有数据传输是处于下降沿,而在高电平是无效的。

图 9-10 所示为 CLOCK_POLARITY=1 及 CLOCK_PHASE=1 加入数据传输是 SPI-CLK 处于下降沿,但是会延后半个 SPICLK 周期,在高电平是无效的。

图 9-11 所示为对应从模式时 SPISTE 的反应,也就是在整个 16 位的传输期间从控的 SPISTE 输出状态图。

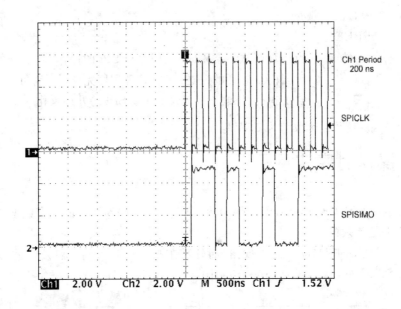

图 9-8　CLOCK_POLARITY=0 及 CLOCK_PHASE=1 的 11010010011 数据时序

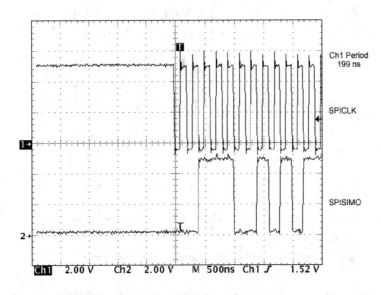

图 9-9　CLOCK_POLARITY=1 及 CLOCK_PHASE=0 的 00111001010 数据时序

第 9 章 串行同步通信接口 SPI 模块

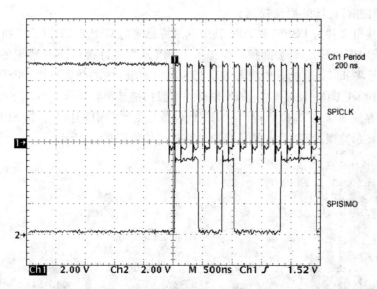

图 9-10 CLOCK_POLARITY=1 及 CLOCK_PHASE=1 的 11001000111 数据时序

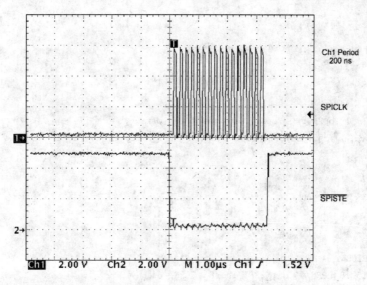

图 9-11 在 16 位的数据传输期间 SPISTE 位的输出状态时序

9.7 SPI 的汇编语言软件应用示例

等待或检测 SPI 完成传输,可采用一直等待 SPISTS.6 的 SPI_INT_FLAG 位等于 1 的标志,就可以由 SPIRXBUF 读取 SPI 传入值,同时可以将新的字再写入 SPITXBUF 寄存器内。若是主控器,就开始进行传输;要暂停,可将 SPICTL.1 的 TALK 位清除为 0。但若是从控器,则没有主控权。本节中将列举这两种模式,同时再列举一个基本的 C 语言编译,并与汇编语言比较执行说明。

实验 9-1 SPI 对应 DSP2407 所定义的 I/O 接口数据进行 SPI 传输

下面所举的应用示例,是以 SN-DSP2407 的实验系统为主,二个 SPI 传输模式由 PF1 输入来选择,而 PF0 则进行传输的启动控制。

硬件的 I/O 接口文件为 DSPSKP7.tdf,其中只是将原来的 DSPSKYI7.tdf 稍加修改,将四象限的编码电路产生器 PHIGEN.tdf 去除掉。而加入了 SPI 从控硬件接口,SPI 数据的载入由 PRS 引脚输入高电平信号将 di[7∶0] 的 8 位载入 SPI[15∶8] 内。SPI 内的数据可由 DPSPI＝Low 的按压开关来选择输出到 sel[1∶0] 及 s[6∶0] 的 4 位硬件七段扫描显示器显示。当 DPSPI＝High 时显示 DSP 的 I/O 接口寻址 8005H(高位数)及 8006H(低位数),因此 DSP 的接收数据 SPIRXBUF 可输出到此 I/O 地址来显示监视。CPLD 的硬件接口电路描述如程序 9-1 所示。

```
function keybnp (clk,col[3..0])
returns(row[3..0],d[3..0],strobe);
FUNCTION PWM12(clock,clr,s[11..0])
returns (pwm);

subdesign dspskp7
(colk[3..0],a3,a2,a1,a0,/csioa,/iostb,r/w,di[7..0],pclk,SPICLK,SDI,PRS,DPSPI:input;
rowk[3..0],s[6..0],selout[1..0],INTD,opt1[7..0],opt2[3..0],det[3..0],SDO,PWMOP:output;
d[7..0]:BIDIR; )

variable
sft[15..0] :dff;
SPI[15..0] :DFF;
key :keybnp;
PWM1:pwm12;
divd[11..0],op1[7..0],op2[3..0],op3[7..0],op4[4..0]:dff;
sel[1..0],cntout[3..0],cs5,cs6,cs0,CS1,cs3,cs,nn[7..0],sftp[15..0]:node;
dlt0:lcell;

begin
  dlt0 = /iostb;
  % dlt1 = dlt0; %
  % dlt2 = dlt0; %
  SPI[].CLK = ! SPICLK;
  IF PRSTHEN SPI[15..8].PRN = ! di[];SPI[15..8].CLRN = di[];
  ELSESPI[15..8].PRN = VCC;SPI[15..8].CLRN = VCC;
  END IF;
  IF DPSPI == GND THEN sftp[] = SPI[];
  ELSEsftp[] = sft[];
  END IF;
  SPI[15..0] = (SPI[14..0],SDI);SDO = SPI[15];
  PWM1.CLOCK = pclk;
  PWMOP = PWM1.PWM;
  op3[].clk = (! /csioa & (a0&a1&! a2&! a3)& ! r/w & dlt0);  % OUTPUT 03 PWM1 HI %
  OP3[].d = d[];
  op4[].clk = (! /csioa & (! a0&! a1& a2&! a3)& ! r/w & dlt0); % OUTPUT 04 PWM1   LOW %
  OP4[].d = d[4..0];
  PWM1.s[7..0] = op3[].q;
```

```
PWM1.s[11..8] = op4[3..0].q;
PWM1.clr = op44.q;
cs0 = (! /csioa &(! a0&! a1&! a2&! a3) & r/w ); % PORT(00) %
- -cs1 = (! /csioa &(a0&! a1&! a2&! a3) & r/w ); % PORT(01) %
cs3 = (! /csioa &( a0&a1&! a2&! a3) & r/w ); % PORT(03) %
cs = cs0 or cs3 ;
nn[] = ((di[] & cs0 ) or ((0,0,0,0,key.d[]) ));   for j in 0 to 7 generate
d[j] = tri(nn[j],cs);
end generate;
op1[].clk = (! /csioa & (a0&! a1&! a2&! a3)& ! r/w & dlt0); % OUTPUT 01 %
op1[].d = d[];
opt1[] = op1[];
op2[].clk = (! /csioa & (! a0& a1&! a2&! a3)& ! r/w & dlt0); % OUTPUT 02 %
op2[].d = d[3..0];
opt2[] = op2[];
cs5 = (! /csioa & (a0&! a1&a2& ! a3)& ! r/w & dlt0); % OUTPUT 05 %
cs6 = (! /csioa & ( ! a0& a1& a2&! a3)& ! r/w & dlt0); % OUTPUT 06 %
sft[15..8].clk = cs5;
sft[7..0].clk = cs6;
sft[15..8].d = d[];
sft[7..0].d = d[];
key.clk = divd6;
key.col[] = colk[];
rowk[0..3] = key.row[];
INTD = ! key.strobe;
det[] = key.d[];
divd[].clk = pclk;
divd[] = divd[] + 1;
sel[1..0] = divd[11..10];
case sel[] is
  when 0  => selout[] = b"00";
         cntout[] = sftp[15..12];
  when 1  => selout[] = b"01";
         cntout[] = sftp[11..8];
  when 2  => selout[] = b"10";
         cntout[] = sftp[7..4];
  when 3  => selout[] = b"11";
         cntout[] = sftp[3..0];
end case;
TABLE
     cntout[]    =>   s0,s1,s2,s3,s4,s5,s6;
       H"0"      =>   1, 1, 1, 1, 1, 1, 0;
       H"1"      =>   0, 1, 1, 0, 0, 0, 0;
       H"2"      =>   1, 1, 0, 1, 1, 0, 1;
       H"3"      =>   1, 1, 1, 1, 0, 0, 1;
       H"4"      =>   0, 1, 1, 0, 0, 1, 1;
       H"5"      =>   1, 0, 1, 1, 0, 1, 1;
```

```
        H"6"  =>  1,0,1,1,1,1,1;
        H"7"  =>  1,1,1,0,0,0,0;
        H"8"  =>  1,1,1,1,1,1,1;
        H"9"  =>  1,1,1,1,0,1,1;
        H"A"  =>  1,1,1,0,1,1,1;
        H"B"  =>  0,0,1,1,1,1,1;
        H"C"  =>  1,0,0,1,1,1,0;
        H"D"  =>  0,1,1,1,1,0,1;
        H"E"  =>  1,0,0,1,1,1,1;
        H"F"  =>  1,0,0,0,1,1,1;
    END TABLE;
end;
```

程序 9-1　含 SPI 接口的 DSP I/O 端口电路描述 DSPSKDP7.tdf

SPI 接口的操作仿真时序如图 9-12 所列,其中 SPI[15:8]的起始值由 PRS=VCC 预设,将外部 DIP[7:0]=7AH 或 9DH 的预设值载入,而数据 SDI 的输入则以手动设置随着 SPI-CLK 时钟将其依次移入。

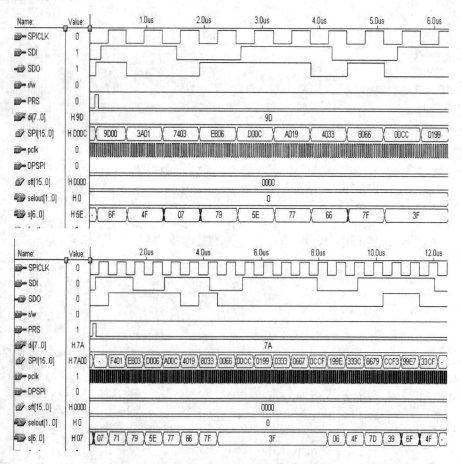

图 9-12　SPI 接口的操作仿真时序

SPI 的汇编语言编写对应数据进行 SPI 传输

用汇编语言来编写 SPI 接口的应用示例中,其中一种为中断接收模式(PF1=1),将 CPLD 外设所输入的数据移入,并可选择在 4 位七段 LED 上显示,而 DSP 的 SPI 数据由 I/O 外设的键盘扫描电路进行中断读取写入 SPITXBUF 内,再发送到 CPLD 接口的 SPI 硬件作显示。另一种模式(PF1=1)则将 DSP 的连续升值阶梯波,写入 SPI 输出串行 DAC 的 TLC5618A 进行仿真信号输出。TLC5618 为 SPI 接口的双组 12 位 DAC 接口芯片,其最高的 SCLK 达 10 MHz,方框结构如图 9-13 所示。

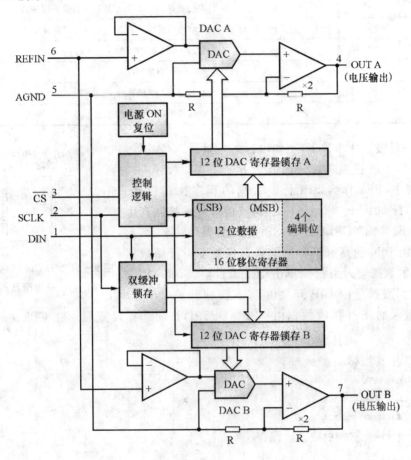

图 9-13　TLC5618 串行 SPI 的 12 位 DAC 方框图

输出模拟电压对应所接入设置的参考电压 V_{REFIN} 关系式如下:

$$\mathrm{OUT\,A/B} = \frac{\mathrm{SPISFT}(D11 \sim D0)}{4\,096} \times 2V_{REFIN}$$

SPISFT 为 16 位移位锁存寄存器等,其中的 D11~D0 为 DAC 数据,而 D15~D12 则是控制设置指令,其格式如表 9-14 所列。图 9-14 为 DIP 封装的外部引脚图。

表 9-14 对应 TLC5618 的串行数据格式及其设置定义控制

定义控制字				DAC 的数据字											
D15	D14	D13	D12	D11	D10	D9	D8	D7	D6	D5	D4	D3	D2	D1	D0

定义控制字				设置功能说明
D15	D14	D13	D12	
1	x	x	x	将串行外设的寄存器数据写入 A 锁存输出,而将双重缓冲锁存数据更新到 B 锁存输出
0	x	x	0	串行寄存器数据写入 B 锁存及双重缓冲锁存
0	x	x	1	仅将串行外设寄存器数据写入双重缓冲锁存
x	0	x	x	12.5 μs 的设置时间
x	1	x	x	2.5 μs 的设置时间
x	x	0	x	电源正常 ON 的操作
x	x	1	x	电源省电模式的操作

SPI 串行的外设芯片非常多,例如串行的存储器 93C46 等,因此对应一个 DSP 的控制芯片,SPI 接口相当重要。程序 9-2 应用参考示例中,PF0 作为 SPI 传输数据的程序执行启动。PF1=1 选择串行 DAC 的 TLC5618 三角波信号传输控制产生电路操作,或 PF1=0 的 CPLD 组装 SPI 接口数据传输显示,此数据的传输则由 PF6 的高电平转低电平来控制下一批新数据的发送。DSP 的数据输入由扫描单击键来设置输入,而 CPLD 的 SPI 接口数据发送是由 DIP 开关由 PRS 按钮开关(NPS4/PS79)来锁存载入的,SPI 接收数据由 PPS1(DPSPI)按钮选择设置显示在 CPLD 的 4 位七段 LED 显示接口。

图 9-14 TLC1658 的 DOP 封装引脚图及其名称

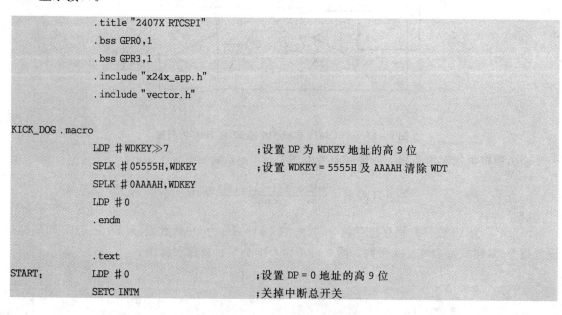

```
                CLRC CNF                    ;设置 B0 为数据存储器
                SETC SXM                    ;清除符号扩充模式
                SPLK #0000H,IMR             ;屏蔽所有的中断 INT6～INT0
                LACC IFR                    ;读取中断标志载入 ACC
                SACL IFR                    ;将 ACC 回写入中断标志,用来清除为 1 中断标志
                LDP #SCSR1≫7                ;令高地址的数据存储器 DP 寻址于 SCSR1
                SPLK #02ACH,SCSR1           ;系统控制寄存器的 EVA 及 EVB 脉冲允许输入
;OSF,CKRC,LPM1/0,CKPS2/0,OSR,ADCK=1,SCK,SPK=1,CAK,EVBK,EVAK,X,ILADR
                SPLK #006FH,WDCR            ;禁用看门狗定时功能
;0,0,00,0000,0,(WDDIS[1/DIS],WDCHK2～0[111],WDPS2～WDPS0[111])
                KICK_DOG                    ;清除系统看门狗定时
                SPLK #01C9H,GPR0            ;令 GPR0 设置内容 0000 0001 1100 1001
;xxxx x BVIS=00/OFF,ISWS=111[7W],DSWS=001,PSWS=001
                OUT GPR0,WSGR               ;I/O 接口时序加 7 个写时钟,DM/PM 为 1 个写时钟
                LDP #MCRA≫7                 ;令高地址的数据存储器 DP 寻址于 MCRA
                SPLK #0ffFFH,MCRA           ;令 PA 设置为特殊功能引脚 PB3=PWM6 PBX GIO
;PA for scitxd,scirxd,xint,cap1,2=QEP1,2,APC3,cmp1,2 ;PB0～PB7 FOR I/O
                SPLK #0FF00H,PBDATDIR       ;令 PB7～PB0 为输出端口并令输出 00H
;pb for cmp3,4,5,6,t1cmp,t2cmp,tdir,tclkina ;PB4=FAN,PB0=PWM3,RTD=AD4
                SPLK #0FFFFH,MCRB           ;令 PC、PD0 为特殊功能引脚
;pc special function w/r,/bio,spi,cab,pd0=XINT2/ADCSOC
                SPLK #0000H,MCRC            ;PE7～PE0,PF7～PF0 为一般的 I/O 引脚
                SPLK #0FF00H,PEDATDIR       ;令 PE0～PE7 为输出端口并令输出 00H
                SPLK #0000H,PFDATDIR        ;令 PF0～PF6 为输入端口并令输入 00H

                LDP #XINT1CR≫7              ;令高地址的数据存储器 DP 寻址于 XINT1CR
                SPLK #8001H,XINT1CR         ;D15=DXINT1_FLAGE=1 清除,XINT1=1 允许中断
                LDP #XINT2CR≫7              ;令高地址的数据存储器 DP 寻址于 XINT2CR
                SPLK #8001H,XINT2CR         ;D15=DXINT2_FLAGE=1 清除,XINT2=1 允许中断

                LDP #IFR≫7                  ;令高地址的数据存储器 DP 寻址于 IFR
                SPLK #003FH,IFR             ;清除 CPU 所有中断标志 INT6～INT1
                SPLK #0011H,IMR             ;令 INT1=1,INT5=1,IMR=xx01 0001
                CLRC INTM                   ;清除 INTM 中断总开关允许

                RECHK:CALL INISPI           ;调用执行 SPI 的启动及设置子程序
                LDP #PFDATDIR≫7             ;令高地址的数据存储器 DP 寻址于 PFDATDIR
WAITSP:         BIT PFDATDIR,(15-0)         ;令 PFDATDIR.0 载入 TC 标志来判别
                BCND WAITSP,NTC             ;若 PF0=0,则跳回 WAITSP 等待;PF0=1,启动传输
                BIT PFDATDIR,(15-1)         ;令 PFDATDIR.1 载入 TC 标志来判别
                BCND LP,TC                  ;若 PF1=1,则跳到 LP 进行 SDAC 传输;PF0=0,CPLD 接口传输
                LDP #35DH≫7                 ;令高地址的数据存储器 DP 寻址于 35DH
                LACL #01H                   ;SPI 中断传输完成的标志将 01 写入 35DH 内
                SACL 5DH                    ;即未完成中断传输 35DH=#01
                LDP #SPICCR≫7               ;令高地址的数据存储器 DP 寻址于 SPICCR
```

```
                SPLK  #0FH,SPICCR
;令 SW_RS=0,CK-P=0,XX,SPICHR3~0=1111 16 位传输
                SPLK  #0007H,SPICTL              ;X,X,X,OV_INT-EN=0,CK_PH=0,M/S=1,TALK=1,
                                                 ;SPI_INT_ENA=1
                SPLK  #8FH,SPICCR                ;放开复位(SW_RS=1),CK-P=0,XX,SPICHR3~0=1111
                REINP:LDP  #35AH≫7               ;令高地址的数据存储器 DP 寻址于 35AH
                LACL 35AH                        ;读取由 CPLD 键盘扫描键入数据 35AH 载入 ACL
                LDP  #SPITXBUF≫7                 ;令高地址的数据存储器 DP 寻址于 SPITXBUF
                SACL SPITXBUF                    ;将要发送到 CPLD 外设的 SPI 数据载入 SPITXBUF
                LDP  #35DH≫7                     ;令高地址的数据存储器 DP 寻址于 35DH
                WAINT:LACL 5DH                   ;若 DSP 完成 SPI 发送,则会产生中断令 35DH 标志为 0
                BCND WAINT,NEQ                   ;若 35DH 为 1,则跳回 WAINT 等待,完成 SPI 传输
                NOP                              ;若 35DH 为 0,则已完成 SPI 传输的中断执行
                LDP  #PFDATDIR≫7                 ;令高地址的数据存储器 DP 寻址于 PFDATDIR
RECHKH:         BIT PFDATDIR,(15-6)              ;令 35FH.6 载入 TC 标志来判别
                BCND RECHKH,NTC                  ;若 PF6=0,则等待 PF7=1
                NOP
                LDP  #PFDATDIR≫7                 ;令高地址的数据存储器 DP 寻址于 PFDATDIR
RECHKL:         BIT PFDATDIR,(15-6)              ;令 35FH.6 载入 TC 标志来判别
                BCND RECHKL,TC                   ;若 PF6=1,则等待 PF7=0,启动另一个字传输
                NOP
                B RECHK                          ;跳回 RECHK,再次进行 SPI 的传输控制
                NOP
;将连续 1~7FFH 值输出到 SPI 接口 TLC1658 的 SDAC 输出仿真信号
LP:             LAR AR0,#07FEH                   ;令 AR0 定值于 07FEH
XMIT_V:         LDP  #06                         ;令 DP=06 进行 03XX 页寻址
                SAR AR0,GPR0                     ;将 AR0 值载入 GPR0=0300H 存储器内
                LACC GPR0                        ;由 GPR0=0300H 存储器读取载入 ACL=07FEH
                ADD  #8000H                      ;将 ACL 加上 8000H,令 TLC5618 D15=1 D14~D12
                                                 ;D11~D0=12B DAC
                XOR  #07FFH                      ;将 ACL=87FEH 与 #07FFH 进行 XOR 运算,令 ACL=8001H
                LDP  #SPITXBUF≫7                 ;令高地址的数据存储器 DP 寻址于 SPITXBUF
                SACL SPITXBUF                    ;将 ACL=8XXXH 值写入 SPITXBUF 开始传输
                LDP  #SPISTS≫7                   ;令高地址的数据存储器 DP 寻址于 SPISTS
XMIT_R:         BIT SPISTS,BIT6                  ;连续检测 SPI_INT=1
                BCND XMIT_R,NTC                  ;若 SPI_INT=0,则跳回 XMIT_R 再等待传输完成
                LDP  #SPIRXBUF≫7                 ;令高地址的数据存储器 DP 寻址于 SPIRXBUF
                LACC SPIRXBUF                    ;读取 SPIRXBUF 内容载入 ACL 内
                LDP  #35CH≫7                     ;令高地址的数据存储器 DP 寻址于 35CH
                SACL 5CH                         ;将 SPI 接收到数据载入 35CH 内
                OUT 5CH,8006H                    ;将 35AH 的低 8 位值输出到 8006H 显示
                LACC 5CH,8                       ;将 35AH 传输值左移 8 位载入 ACC 内
                SACH 5BH                         ;将 ACH 载入 25BH 内
                OUT 5BH,8005H                    ;将 T2CNT 的高 8 位值输出到 8005H 显示
                KICK_DOG                         ;清除看门狗定时
```

```
            MAR *,AR0;令 ARP = AR0
            BANZ XMIT_V              ;将 AR0 值减 1,若 AR0 不等于 0,则跳回 XMIT_V 再传输
            NOP
            B RECHK                  ;跳回 RECHK 再次进行 SPI 的传输控制
            NOP
INISPI:     NOP
            LDP #SPICCR≫7            ;令高地址的数据存储器 DP 寻址于 SPICCR
            SPLK #0FH,SPICCR         ;SW_RS = 0,CK-P = 0,XX,SPICHR3~0 = 1111 16 位传输
            SPLK #0006H,SPICTL       ;X,X,X,OV_INT-EN = 0,CK_PH = 0,M/S = 1,TALK = 1,
                                     ;SPI_INT_ENA = 0
            SPLK #0002H,SPIBRR       ;X,SPI_BIT_RAT6-SPI_BIT_RAT0 = 2 MAX
                                     ;SPEED = 20 MHz/4 = 5 MHz
            SPLK #0070H,SPIPRI       ;X,PRI = 1(低中断优先级),X1(FREE RUN) XXXX
            SPLK #8FH,SPICCR         ;SW_RS = 1 放开复位,CK-P = 0,XX,SPICHR3~0 = 1111
            RET                      ;回主程序
            NOP
;XINT1 作为按键扫描的输入中断 INT1 的 PIVR = 01
KEYIN:      CALL SAVEAS              ;将 ST0、ST1、ACH、ACL 存入 0060H~0063H
            LDP #PIVR≫7              ;令高地址的数据存储器 DP 寻址于 PIVR
            LACC PIVR                ;读取外设中断向量 PIVR 载入 ACC
            XOR #0001H               ;将 ACC 与 #0001 进行 XOR 运算,判别 PIVR 值
            BCND NXINT1,NEQ          ;若 ACC 不为 0,则 PIVR 不等于 01,跳回 NXINT1 回主程序
            LDP #XINT1CR≫7           ;令高地址的数据存储器 DP 寻址于 XINT1CR
            SPLK #8001H,XINT1CR      ;令 XINT1CR 的 XINT1_LAGE = 1 清除及 INT1_EN = 1
            LDP #330H≫7              ;令高地址的数据存储器 DP 寻址于 330H
            IN 36H,8003H             ;读取 CPLD 的键码值存放 8003H 的 I/O 端口
            LACL 36H                 ;将 @36H 存储器内所得的按键码载入 A
            AND #000FH               ;令 ACL 与 #000FH 进行 AND 运算取低 4 位值
            SACL 36H                 ;将键码输入值载入 336H 内

;输入的数码转移入 35AH 内,故 0~F 数字码移入寄存器 35AH 内再对应写入显示
NKEY        LDP #35AH≫7              ;令高地址的数据存储器 DP 寻址于 35AH
            LACC 5AH,4               ;若 35AH = 1234H > ACC 0001AH = 2340H = AL
            AND #0FFF0H              ;将 ACC 与 0FFF0H 进行 AND 运算,屏蔽低 4 位 A = 0123H
            OR 36H                   ;将新键入数据 @36H 低 4 位与 A 内容进行 OR 汇编成新移位值
            SACL 5AH                 ;将新的移入值载入 35AH<ACL = 003N
            OUT 5AH,8006H            ;将 35AH 的低 8 位值输出到 8006H 显示
            LACC 5AH,8               ;将 35AH 传输值左移 8 位载入 ACC 内
            SACH 5BH                 ;将 ACH 载入 25BH 内
            OUT 5BH,8005H            ;将 T2CNT 的高 8 位值输出到 8005H 显示
            CALL RESTORAS            ;将 ST1、ST0、ACH、ACL 取回原值
            CLRC INTM                ;允许下一个中断
            NOP
            RET                      ;回主程序
            NOP
```

SPIRXI:	CALL SAVEAS	;将 ST0、ST1、ACH、ACL 存入 0060H~0063H
	LDP ♯PIVR≫7	;令高地址的数据存储器 DP 寻址于 PIVR
	LACC PIVR	;读取外设中断向量 PIVR 载入 ACC
	XOR ♯0005H	

;将 ACC 与 ♯0001 进行 XOR 运算,判别 PIVR 值

	BCND NXINT1,NEQ	;若 ACC 不为 0,则 PIVR≠01,跳回 NXINT1 回主程序
	LDP ♯SPIRXBUF≫7	;令高地址的数据存储器 DP 寻址于 SPIRXBUF
	LACL SPIRXBUF	;读取 SPIRXBUF 内容载入 ACL 内
	LDP ♯35EH≫7	;令高地址的数据存储器 DP 寻址于 35EH
	SACL 5EH	;将 SPI 接收到数据载入 35EH 内
	OUT 5EH,8006H	;将 35AH 的低 8 位值输出到 8006H 显示
	LACC 5EH,8	;将 35AH 传输值左移 8 位载入 ACC 内
	SACH 5BH	;将 ACH 载入 25BH 内
	OUT 5BH,8005H	;将 T2CNT 的高 8 位值输出到 8005H 显示
	LACL ♯00	;令 ACL = ♯0
	SACL 5DH	;将 ACL = ♯0 载入 35DH 作为传输完成标志
	NOP	
NXINT1:	CALL RESTORAS	;将 ST1、ST0、ACH、ACL 取回原值
	CLRC INTM	;允许下一个中断
	NOP	
	RET	;回主程序
	NOP	
SAVEAS:	SST ♯0,60H	;将 ST0 载入 0060H 存放
	SST ♯1,61H	;将 ST0 载入 0061H 存放
	LDP ♯0	;令 DP = ♯0
	SACH 62H	;将 ACH 载入 0062H 存放
	SACL 63H	;将 ACL 载入 0063H 存放
	RET	;回主程序
	NOP	
RESTORAS:	LDP ♯0	;令 DP = ♯0
	ZALH 62H	;将 0062H 内容存放 AH 写回 ACCH 并令 ACL = ♯0
	ADDS 63H	;将 ACC 加入 0063H 的原来 ACL 值
	LST ♯1,61H	;由 0061H 取回 ST1
	LST ♯0,60H	;由 0060H 取回 ST0
	EINT	;允许下一个中断
	RET	;回主程序
	NOP	
PHANTOM:	KICK_DOG	
	B PHANTOM	
GISR1:	B KEYIN;GISRX1	
GISR2:	RET	

```
GISR3:      RET
GISR4:      RET
GISR5:      B SPIRXI
GISR6:      RET
            .end
```

程序 9-2　SPITS.asm 的两种 SPI 传输程序示例

实验顺序

(1) N-DSP2407 的 JP22(SPI-IOP)用跳线将 SIMO 与 CPLD 的 P81、SOMI 与 P82 以及 SCLK 与 P83 短接。

(2) SPSKP7.tdf 下载到 CPLD 的 EPF8282ALC84-4 芯片上，并将 SW12 的 PF6~PF0 的拨位开关拨到低电平。

(3) 编辑、编译 SITS.asm 程序后，CCS 以 SN510PP 由 JTAG 载入实验器 SN-DSP2407 中，并开始执行。

(4) 以中断及单步执行方式检测程序的功能及对应执行结果。

(5) 实验器上 SW1 的 CPLD 的 di[7:0]设置为 0A7H 或 D9H 等，并以 NP84/PS79 的预设按钮按压载入后，再以 PP81/I31 按压设置选择显示模式，这时 4 位七段 LED 显示值如何？高 8 位值是否为 SW1 设置值？

(6) SN-DSP2407 中的矩阵按钮按压任意键时，所按的键值是否依次移入 4 位七段 LED 显示？设置好 DSP 要由 SPI 发送的值，将 PF0 设置为高电平后再放回低电平，这时 4 位七段 LED 显示如何？是否为 CPLD 的 SW1 设置值？这时按压 PP81/I31 按钮，4 位七段 LED 显示是否为 CPLD 接收到的 DSP 发送按钮设置值？

(7) 按压 PF6，由高电平转低电平回到起始的 SPI 传输状态。重新按压键盘矩阵，设置下一个 SPI 发送值及 CPLD 的 SW1 SPI 预设值(须经 NP84/PS79 按压进行锁存)，再经 PF0 的 HI/LO 启动传输，结果如何？

(8) 设置 SW1 SPI 预设值，并令 PF1=High，将 SPI 的 0001~7FFH 传输到 TLC5618 接口或 CPLD 的 SPI 接口，检测各传输的操作结果如何？这可由按压 PP81/I31 按钮来观察二个 SPI 的发送及接收值数据。

9.8　SPI 的 C 语言软件应用示例

使用 C 语言编写 TI 的 DSP 程序，由于语法比较简化且容易编写，因此转成的汇编语言会较长而造成执行速度较慢，使得效率会降低许多。在此列举一个 SPI 的固定字自我传输显示控制程序，并加以分析。

实验 9-2　C 语言程序执行 SPI 自我传输显示实验

将建构于数据存储器内的 8 个字，以主模式分别由 SPISIMO 发送，并将 SPISIMO 引脚输出回接到 SPISOMI 的接收端引脚，用软件一直监测方式来检测 SPISTS 中 D6=SPI_INT_FLAG=1 传输完成的中断标志后，读取接收到的 SPIRXBUF 内容输出显示在 CPLD 接口的 4 位七段 LED 上。主程序 spil.c 及其对应说明如下：

整个主程序中包含图 9-15 所示的分支程序。

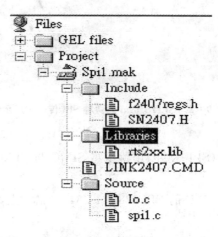

图 9-15　Spil.mak 主程序中所包含的分支程序

其中的 Spil.c 主程序如程序 9-3 所列。

```
/*********** Spil.c ******** 主模式自我传输 **********/
/* 电路：将 SIMO 引脚和 SOMI 引脚相接 */
/* 功能：列表数据由 SIMO 引脚输出，从 SOMI 引脚输入到 4 位七段显示器显示 */
/********************************************************/
#include"f2407regs.h"
#include"SN2407.H"
void INIT_SPI(void);
static const unsigned int TXDATA[] =
    {0x0101,0x0202,0x0404,0x0808,0x1010,0x2020,0x4040,0x8080};
unsigned int DATAIN[7],i;
main()
{
  InitCPU();
  INIT_SPI();                      /* 设 SPI 启始工作环境 */
  PEDATDIR = 0xFF00;
  while(1)/* 重复执行 */
  {
    for (i = 0;i<8;i++)            /* 发送 8 字节数据 */
    {
      SPITXBUF = TXDATA[i];        /* 发送 1 字节数据,在 I/O 七段 LED 上显示 */
      while (!(SPISTS & 0x40));    /* 若未收到，则 SPI_INT_FLAG = 0,等待 */
      SEGD7L = SPIRXBUF;           /* 接收数据,并在 I/O 的 4 位七段 LED 上显示 */
      SEGD7H = (SPIRXBUF >>8);
      Delay(700000);               /* 延迟 */
    }
  }
}
/*********************************************************/
void INIT_SPI(void)                /* 设置 SPI 启始工作环境,没有回应参数 */
```

```
{
    MCRB = 0x003c;      /* 0011 1100
                        5       0 = IOPC5       1 = SPISTE
                        4       0 = IOPC4       1 = SPICLK
                        3       0 = IOPC3       1 = SPISOMI
                        2       0 = IOPC2       1 = SPISIMO */
    SCSR1 = 0x0020;     /* 0000 0000 0010 0000
                        11~9    CLK_PS2~0 = 000     CPUCLK = 外频×4倍 = 40 MHz
                        6       SPI CLKEN = 1       允许 SPI 时钟 */
    SPICCR = 0x000f;    /* 0000 0111
                        7       SPI SW RESET = 0    复位 SPI 操作
                        6       CLOCK POLARITY = 0  SPICLK 极性 = 0
                        3~0     SPI CHAR3~0 = 15    每次传输字长度为 16 位 */
    SPICTL = 0x000c;    /* 0000 1100
                        4       OVERRUNINT ENA = 0  禁止接收屏蔽中断
                        3       CLOCK PHASESPI = 1  SPICLK 相位延迟 1.5 个周期
                        2       MASTER/SLAVE = 1    本 SPI 设置为主(MASTER)模式
                        1       TALK = 0            禁止数据发送
                        0       SPI INT ENASPI = 0  禁止 SPI 中断 */
    SPIPRI = 0x0040;    /* 6     SPI PRIORITY = 1   使用低优先级中断 */
    SPIBRR = 0x0000;    /* 设传输速率为 10 Mbps(最快速) */
    SPISTS = 0x0000;    /* 清除 SPI 中断状态位 */
    SPICTL = 0x000E;    /* 0000 1110
                        4       OVERRUNINT ENA = 0  禁止接收屏蔽中断
                        3       CLOCK PHASESPI = 1  SPICLK 相位延时 1.5 个周期
                        2       MASTER/SLAVE = 1    本 SPI 设置为主(MASTER)模式
                        1       TALK = 1            允许数据发送
                        0       SPI INT ENASPI = 0  禁止 SPI 中断 */
    SPICCR = 0x008F;    /* SWRST = 0,SPI 准备发送或接收下一个字 */
}
```

程序 9 - 3 Spil.c 主程序

对于 2407 的一些外设寄存器,则用 2407reg.h 标志,这与汇编语言的 x24x_app.h 文件相似,当然也可以直接引用。

而对于 SN - DSP2407 系统中的外设预设值,以及 C 语言中的延迟时间子程序 DELAY 和 CPU 的起始设置 IniCPU 等,则用 Io.c 编写,以供后续编程之用。编写的程序如程序 9 - 4 所示。

```
/* ====================================================== */
/* Filename : Io.c  */
/* ====================================================== */
#include "f2407regs.h"
/* ************ SETUP for the MCRA - Register ************ */
#define MCRA15    0   /* 0 : IOPB7    1: TCLKIN    */
```

```c
#define MCRA14   0   /* 0: IOPB6    1: TDIR        */
#define MCRA13   0   /* 0: IOPB5    1: T2PWM       */
#define MCRA12   0   /* 0: IOPB4    1: T1PWM       */
#define MCRA11   0   /* 0: IOPB3    1: PWM6        */
#define MCRA10   0   /* 0: IOPB2    1: PWM5        */
#define MCRA9    0   /* 0: IOPB1    1: PWM4        */
#define MCRA8    0   /* 0: IOPB0    1: PWM3        */
#define MCRA7    0   /* 0: IOPA7    1: PWM2        */
#define MCRA6    0   /* 0: IOPA6    1: PWM1        */
#define MCRA5    0   /* 0: IOPA5    1: CAP3        */
#define MCRA4    0   /* 0: IOPA4    1: CAP2/QEP2   */
#define MCRA3    0   /* 0: IOPA3    1: CAP1/QEP1   */
#define MCRA2    0   /* 0: IOPA2    1: XINT1       */
#define MCRA1    0   /* 0: IOPA1    1: SCIRXD      */
#define MCRA0    0   /* 0: IOPA0    1: SCITXD      */
/************************************************/
/*********** SETUP for the MCRB-Register ********/
#define MCRB8    0   /* 0: IOPD01 : XINT2/EXTSOC   */
#define MCRB7    0   /* 0: IOPC7    1: CANRX       */
#define MCRB6    0   /* 0: IOPC6    1: CANTX       */
#define MCRB5    0   /* 0: IOPC5    1: SPISTE      */
#define MCRB4    0   /* 0: IOPC4    1: SPICLK      */
#define MCRB3    0   /* 0: IOPC3    1: SPISOMI     */
#define MCRB2    0   /* 0: IOPC2    1: SPISIMO     */
#define MCRB1    0   /* 0: BIO      1: IOPC1       */
#define MCRB0    0   /* 0: XF       1: IOPC0       */
/************************************************/
/*********** SETUP for the MCRC-Register ********/
#define MCRC13   0   /* 0: IOPF5    1: TCLKIN2     */
#define MCRC12   0   /* 0: IOPF4    1: TDIR2       */
#define MCRC11   0   /* 0: IOPF3    1: T4PWM/T4CMP */
#define MCRC10   0   /* 0: IOPF2    1: T3PWM/T3CMP */
#define MCRC9    0   /* 0: IOPF1    1: CAP6        */
#define MCRC8    0   /* 0: IOPF0    1: CAP5/QEP3   */
#define MCRC7    0   /* 0: IOPE7    1: CAP4/QEP2   */
#define MCRC6    0   /* 0: IOPE6    1: PWM12       */
#define MCRC5    0   /* 0: IOPE5    1: PWM11       */
#define MCRC4    0   /* 0: IOPE4    1: PWM10       */
#define MCRC3    0   /* 0: IOPE3    1: PWM9        */
#define MCRC2    0   /* 0: IOPE2    1: PWM8        */
#define MCRC1    0   /* 0: IOPE1    1: PWM7        */
#define MCRC0    0   /* 0: IOPE0    1: CLKOUT      */
/************************************************/
/*********** SETUP for the WDCR-Register ********/
#define WDDIS    1   /* 0: Watchdog enabled 1: disabled */
```

```c
#define WDCHK2      1   /* 0 : System reset 1: Normal OP          */
#define WDCHK1      0   /* 0 : Normal Oper. 1: sys reset          */
#define WDCHK0      1   /* 0 : System reset 1: Normal OP          */
#define WDSP        7   /* Watchdog prescaler 7 : div 64          */
/***********************************************/
/************ SETUP for the SCSR1 - Register **************/
#define CLKSRC      0   /* 0 : internal                           */
#define LPM         0   /* 0 : Low power mode 0 if idle           */
#define CLK_PS      0   /* 0～7: PLL CPUCLK = CLKIN×4 = 40 MHz    */
#define ADC_CLKEN   0   /* 0 : No ADC - service in this test      */
#define SCI_CLKEN   0   /* 0 : No SCI - service in this test      */
#define SPI_CLKEN   0   /* 0 : No SPI - servide in this test      */
#define CAN_CLKEN   0   /* 0 : No CAN - service in this test      */
#define EVB_CLKEN   0   /* 0 : No EVB - Service in this test      */
#define EVA_CLKEN   0   /* 1 : No EVA - Service in this test      */
#define ILLADR      1   /* 1 : Clear ILLADR during startup        */
/***********************************************/
/************ SETUP for the WSGR - Register **************/
#define BVIS        0   /* 10～9 : 00 Bus visibility OFF          */
#define ISWS        0   /* 8～6 : 000 0 Waitstates for IO         */
#define DSWS        0   /* 5～3 : 000 0 Waitstates data           */
#define PSWS        0   /* 2～0 : 000 0 Waitstaes code            */
/***********************************************/

void Delay(unsigned long count);        /* 延迟时间程序声明/没有参数回应长常数 */
void inline disable(void)
{
    asm(" setc INTM");                  /* 禁止中断的汇编语言编写 */
}
void inline enable()
{
    asm(" clrc INTM");                  /* 允许中断的汇编语言编写 */
}
void watchdog_reset(void)               /* 禁止看门狗的定时编写 */
{
WDKEY = 0x5555;
WDKEY = 0xAAAA;
}

void interrupt nothing()                /* 不执行任何回应的中断操作 */
{
    return;                             /* 回主程序 */
}
void Delay(unsigned long count)         /* 延迟时间不带符号的长常数 count 声明 */
{
```

```c
        while(count > 0)            /* 当常数 count 大于 0 时便将 count 减 1, 否则不减 */
        count --;
}
void InitCPU(void)                  /* CPU 的初始化启动程序 */
{
    asm (" setc INTM");             /* 禁止所有的中断 */
    asm (" clrc SXM");              /* 清除符号扩充模式位 */
    asm (" clrc OVM");              /* 清除溢出模式位 */
    asm (" clrc CNF");              /* 令 CNF = 0 将 B0 区域设置为数据存储器 */
    watchdog_reset();               /* 禁止看门狗定时 */
WSGR = ((BVIS≪9) + (ISWS≪6) + (DSWS≪3) + PSWS);
    /* set the external waitstates WSGR */
WDCR = ((WDDIS≪6) + (WDCHK2≪5) + (WDCHK1≪4) + (WDCHK0≪3) + WDSP);
/* Initialize Watchdog-timer */
SCSR1 = ((CLKSRC≪14) + (LPM≪12) + (CLK_PS≪9) + (ADC_CLKEN≪7) +
        (SCI_CLKEN≪6) + (SPI_CLKEN≪5) + (CAN_CLKEN≪4) +
        (EVB_CLKEN≪3) + (EVA_CLKEN≪2) + ILLADR);
        /* Initialize SCSR1 */
        /* 定义 IOPE 及 IOPF */
MCRC = ((MCRC13≪13) + (MCRC12≪12) + (MCRC11≪11) + (MCRC10≪10)
        + (MCRC9≪9) + (MCRC8≪8) + (MCRC7≪7) + (MCRC6≪6)
        + (MCRC5≪5) + (MCRC4≪4) + (MCRC3≪3) + (MCRC2≪2)
        + (MCRC1≪1) + MCRC0);
        /* Initialize master control register C */
        /* 定义 IOPC 及 IOPD */
MCRB = ((MCRB8≪8) +
        (MCRB7≪7) + (MCRB6≪6) + (MCRB5≪5) + (MCRB4≪4) +
        (MCRB3≪3) + (MCRB2≪2) + (MCRB1≪1) + MCRB0);
        /* Initialize master control register B / *
        /* 定义 IOPA 及 IOPB */
MCRA = ((MCRA15≪15) + (MCRA14≪14) + (MCRA13≪13) + (MCRA12≪12) +
(MCRA11≪11) + (MCRA10≪10) + (MCRA9≪9) + (MCRA8≪8) +
(MCRA7≪7) + (MCRA6≪6) + (MCRA5≪5) + (MCRA4≪4) +
(MCRA3≪3) + (MCRA2≪2) + (MCRA1≪1) + MCRA0);
}
```

程序 9-4 Io.c 分支程序

以 I/O 映射的一些外设,为了让主程序编写简洁起见,另外建构一个 SN2407.h 分支程序如程序 9-5 所示。

```c
/*****************************************************************/
/* File name : SN2407.h */
/*****************************************************************/
/ CPLD 的接口文件  * DSPIO07.tdf      */
#define DIPIN0port8000              /* 拨位开关 1 */
#define SKEYIN port8001             /* 键盘扫描读取端口 */
```

```c
#define SKEYOUT port8004        /* 扫描键盘输出端口 SCAN KEY CODE OUT */
#define SEGD7K port8002         /* 4 位 7 段 LED 显示器的扫描共阴极 */
#define SEGD7A port8003         /* 4 位 7 段 LED 显示器的共阳极输出端口 */
#define DAPC4port8005           /* 4 个独立数字输出端口 */
#define PWMLport8006            /* 12 位 PWM 的低 8 位设置输出端口 */
#define PWMHport8007            /* 12 位 PWM 的高 8 位设置输出及控制端口 */
/* CPLD 的接口文件 DSPIOYI7.tdf */

#define DIPIN2port8002          /* 拨位开关 1 */
#define KEYCODE port8003        /* CPLD 键盘单击键码读取端口 */
#define YPWML port8003          /* 12 位 PWM 的低 8 位设置输出端口 */
#define YPWMH port8004          /* 12 位 PWM 的高 8 位设置输出及控制端口 */
#define SEGD7L port8005         /* 4 位 7 段 LED 显示器的低 2 位数输出显示端口 */
#define SEGD7H port8006         /* 4 位 7 段 LED 显示器的低 2 位数输出显示端口 */

#define DAXport800a             /* X'set DAC output */
#define DAY port800b            /* Y'set DAC output */

/* LCD 2021 的二行 20×2 个的字体显示 I/O 直接驱动接口寻址 */
#define LCD_WIR     port8600    /* A1=R/W=0 A0=D/I=0 OUT */
#define LCD_RIR     port8602    /* A1=R/W=1 A0=D/I=0 IN */
#define LCD_WDR     port8601    /* A1=R/W=0 A0=D/I=1 OUT */
#define LCD_RDR     port8603    /* A1=R/W=1 A0=D/I=1 IN */

/* LCD 12864 的点矩阵绘图显示 I/O 直接驱动接口寻址 */
/* ;LCDM12864 R/W=A4,D/I=A0E=LCDM2,CS1=A1,CS2=A2,A3=/RST=HI */
/* A3=1,CS2,CS1,D/I,R/W */
#define LCDM_WIR1    port840A
/* A4=R/W=0,A3=/RST=1,A2=CS2=0,A1=CS1=1,A0=D/I=0 */
#define LCDM_RIR1    port841A
/* A4=R/W=1,A3=/RST=1,A2=CS2=0,A1=CS1=1,A0=D/I=0 */
#define LCDM_WDR1    port840B
/* A4=R/W=0,A3=/RST=1,A2=CS2=0,A1=CS1=1,A0=D/I=1 */
#define LCDM_RDR1    port841B
/* A4=R/W=1,A3=/RST=1,A2=CS2=0,A1=CS1=1,A0=D/I=1 */
#define LCDM_WIR2    port840C
/* ; A4=R/W=0,A3=/RST=1,A2=CS2=1,A1=CS1=0,A0=D/I=0 */
#define LCDM_RIR2
port841C/* A4=R/W=1,A3=/RST=1,A2=CS2=1,A1=CS1=0,A0=D/I=0 */
#define LCDM_WDR2
port840D/* A4=R/W=0,A3=/RST=1,A2=CS2=1,A1=CS1=0,A0=D/I=1 */
#define LCDM_RDR2    port841D
/* A4=R/W=1,A3=/RST=1,A2=CS2=1,A1=CS1=0,A0=D/I=1 */
#define LCDM_RST     port8406
/* A4=R/W=0,A3=/RST=0,A2=CS2=1,A1=CS1=1,A0=D/I=0 */
```

```
#define DAC8A        port8800/*双组8位的DAC输出A端口 8800H */
#define DAC8B        port8801/*双组8位的DAC输出B端口 8801H */
;DALLARS的实时定时器接口芯片 I/O映射寻址
#define RTC_AS       port8A00/*RTC的地址线设置端口 */
#define RTC_RD       port8C00/*RTC的读取线设置端口 */
#define RTC_WR       port8E00/*RTC的写入线设置端口 */

ioport unsigned int port8000;
ioport unsigned int port8001;
ioport unsigned int port8002;
ioport unsigned int port8003;
ioport unsigned int port8004;
ioport unsigned int port8005;
ioport unsigned int port8006;
ioport unsigned int port8007;
ioport unsigned int port8008;
ioport unsigned int port8009;
ioport unsigned int port800a;
ioport unsigned int port800b;
ioport unsigned int port800c;
ioport unsigned int port800d;
ioport unsigned int port800e;
ioport unsigned int port800f;

ioport unsigned int port8600;
ioport unsigned int port8601;
ioport unsigned int port8602;
ioport unsigned int port8603;
ioport unsigned int port840A;
ioport unsigned int port841A;
ioport unsigned int port840B;
ioport unsigned int port841B;
ioport unsigned int port840C;
ioport unsigned int port841C;
ioport unsigned int port840D;
ioport unsigned int port841D;
ioport unsigned int port8406;

ioport unsigned int port8800;
ioport unsigned int port8801;
ioport unsigned int port8A00;
ioport unsigned int port8C00;
ioport unsigned int port8E00;
```

程序 9-5 SN2407.h 分支程序

在 C 语言的编辑中,对于系统的操作寄存器或存储器等配置及定义,必须以 TI 公司针对 2xx 系列所内建的 rts2xx.lib 来灵活地构建,以便开始执行 c_int0 及其对应的 cinit 参数。开始执行后,才进行用户所编辑的主程序。程序 9-6 为 c_int0 编译后的汇编语言程序,这个程序通常会置于主程序的最后面,同时会把中断程序中因拿来使用而破坏的寄存器存放以执行程序 I$$SAVE,及取回所存放寄存器程序 I$$REST 编写插入。TMS24xx 系列采用内部固定的 8 层栈,当执行 CALL 或中断时,会将主程序的下一个地址依次存放,以便取出而回到原来主程序。当然,也可以 PUSH、PUSHD 及 POP、POPD 来对此 8 层栈进行存取。C 语言中断程序中对应 I$$SAVE 及 I$$REST 程序如程序 9-7 所示。

```
10CA            c_int0:
10CA  BF08  LAR    AR0,#8032h
10CC  BF09  LAR    AR1,#8032h
10CE  BE42  CLRC   OVM
10CF  BF00  SPM
10D0  BE47  SETC   SXM
10D1  BF80  LACC   #116fh,0
10D3  B801  ADD    #1h
10D4  E388  BCND   10d8h,EQ
10D6  7A89  CALL   10dch,*,AR1
10D8  7A89  CALL   main,*,AR1
10DA  7A89  CALL   abort,*,AR1
10DC  7802  ADRK   #2h
10DD  BF80  LACC   #116fh,0
10DF  8B88  MAR    *,AR0
10E0  A6A0  TBLR   *+
10E1  B801  ADD    #1h
10E2  A680  TBLR   *
10E3  0290  LAR    AR2,*-
10E4  038B  LAR    AR3,*,AR3
10E5  7B9A  BANZ   10eah,*-,AR2
10E7  8B89  MAR    *,AR1
10E8  7C02  SBRK   #2h
10E9  EF00  RET
10EA  B801  ADD    #1h
10EB  A6AB  TBLR   *+,AR3
10EC  7B9A  BANZ   10eah,*-,AR2
10EE  B801  ADD    #1h
10EF  7988  B      10e0h,*,AR0
```

程序 9-6 启动 DSP 的操作寄存器的 c_int0 程序

程序 c_init 中将 cinit 程序存储器起始地址 116FH 内建的配置参数,载入 B0 数据存储器 8032H~8033H 内参数操作存储器来转载入 AR3 作为字数,而 AR2 则作为存放数据存储器的寻址。cinit 地址所存放的是各组的字数(由 AR3 计数),数据存储器由 AR2 来寻址(由.data 来设置),接着是要转载的数据内容。程序 9-8 所示为 SPIL.c 中的 rts2xx.lib 所对应的数据处理。

程序 9-6 取出 cinit 内建 116FH 的 0001 字数,对应将 1171H 内的数据 0000H 转写入 1170H 所指的 8000H 存储器内。1172H 内的 0001H 代表要写入的字数。接着又将 1174H 内的 0000H 数据写入 1173H 的 8001H 数据存储器地址内,直到取得字数 1175H 的 0000H(不再写入)字数时,便退出数据存储器数据的转载起始操作,而所有 C 程序数据的间接寻址则由 AR0=8032H 及 AR1=8032H 来操作。

```
10DE              I$$SAVE:
10DE  8B89  MAR    *,AR1
10DF  7801  ADRK   #1h
10E0  8FA0  SST    #1,*+
10E1  8EA0  SST    #0,*+
10E2  98A0  SACH   *+,0
10E3  90A0  SACL   *+,0
10E4  BE42  CLRC   OVM
10E5  BF00  SPM
10E6  8DA0  SPH    *+
10E7  8CA0  SPL    *+
10E8  C001  MPY    #1h
10E9  8CA0  SPL    *+
10EA  80A0  SAR    AR0,*+
10EB  82A0  SAR    AR2,*+
10EC  83A0  SAR    AR3,*+
10ED  84A0  SAR    AR4,*+
10EE  85A0  SAR    AR5,*+
10EF  86A0  SAR    AR6,*+
10F0  87A0  SAR    AR7,*+
10F1  8A80  POPD   *
10F2  1080  LACC   *,0
10F3  BB06  RPT    #6h
10F4  8AA0  POPD   *+
10F5  BE20  BACC

10F6              I$$REST:
10F6  8B90  MAR    *-
10F7  BB06  RPT    #6h
10F8  7690  PSHD   *-
10F9  0790  LAR    AR7,*-
10FA  0690  LAR    AR6,*-
10FB  0590  LAR    AR5,*-
10FC  0490  LAR    AR4,*-
10FD  0390  LAR    AR3,*-
10FE  0290  LAR    AR2,*-
10FF  0090  LAR    AR0,*-
1100  8B90  MAR    *-
1101  73A0  LT     *+
1102  C001  MPY    #1h
1103  7390  LT     *-
1104  8B90  MAR    *-
1105  7590  LPH    *-
1106  6990  LACL   *-
1107  6190  ADD    *-,16
1108  0E90  LST    #0,*-
1109  0F90  LST    #1,*-
110A  BE40  CLRC   INTM
110B  EF00  RET
```

程序 9-7　DSP 的中断操作寄存器存取的 I$$SAVE 及 I$$REST 子程序

　　数据存储器起始于 8000H(.data 寻址)，除了存放起始参数外，C 运算可变参数、数据的操作存放以及 SPI 原内设的传输值 TXDATA 等都依次预载存放。

　　当程序不可预测地跳到中断服务程序执行时，所有的状态标志、累加器 ACC 及 ARx 等操作寄存器都需要保存，等回主程序时再取回而恢复原值。在程序 9-7 的 I$$SAVE 子程序中，以 AR1 作为存放数据的间接寻址，依次存放 ST1、ST0、ACH、ACL 及 PREGH、PREGL，同时将 T 与 #1 相乘后所得的 T×1=PL 存放 T 值，接着为 AR0、AR2～AR7 等。接着以 POPD 指令由栈中取出要跳回中断服务程序的地址载入 ACC 内，但这会弄乱栈，因此必须再取回 7 个栈存放备用，且栈回到原地址。接着以 BACC 指令执行回到中断服务程序继续执行，当中断服务程序执行完毕后，必须以 I$$REST 子程序来恢复原来的标志 ACH、ACL、PH、PL、AR0 和 AR2～

第 9 章 串行同步通信接口 SPI 模块

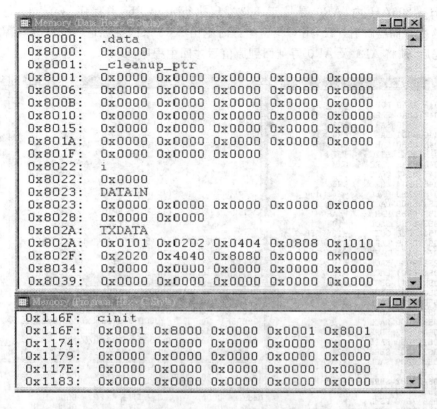

程序 9-8 SPIL.c 中的 rts2xx.lib 所对应的数据处理

AR7 等,故 I$$REST 程序中首先递减 ARP 后再重复将原存放的 7 个值推回栈中,然后再反方向取回 AR7~AR2、AR0、T、PL、PH,接着是 ACL、ACH、ST0 及 ST1 等。允许中断后回主程序。注意:中断服务程序的数据存取,被破坏的是 AR1。

接着进入主程序,执行如程序 9-9 所示。

```
1068          main:
1068  8AA0    POPD    *+
1069  80A0    SAR     AR0,*+
106A  8180    SAR     AR1,*
106B  B001    LAR     AR0,#1h
106C  00E0    LAR     AR0,*0+
106D  7A80    CALL    InitCPU,*
106F  7A80    CALL    INIT_SPI,*
1071  BF0B    LAR     AR3,#7095h
1073  8B8B    MAR     *,AR3
1074  AE80    SPLK    #0ff00h,*
```

程序 9-9 main 主程序的执行

进入子程序前,以 AR1 为间接寻址。同样先存放栈顶层值(以便回主程序)及 AR0 和 AR1 的存放(8032H~8034H)后,接着寻址 AR0 于 AR1 的前一个地址,程序 9-10 所示为执行 InitCPU 子程序的执行状态。同样执行子程序前都要先将栈顶层值及 AR0、AR1 存储于 AR1 间接寻址的 8035H~8037H 内,AR0 寻址于 8037H,而 AR1 寻址于 8038H,才开始执行用户所编辑的程序。其次调用执行 watchdog_reset 中又将栈顶层值及 AR0、AR1 存储于 AR1 间接寻

址的 8038H～803AH 内，AR0 寻址于 803AH，执行 InitCPU 子程序 watchdog_reset 中的 WDKEY 这个存储器映射外设，用 C 语言编译时则由 AR3 来间接寻址（7025H），再将设置值写入。执行完后，须将 AR1 及 AR0 寻址回到原值后才回主程序。

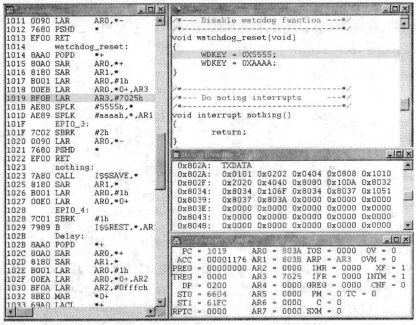

程序 9-10 InitCPU 子程序及 watchdog_reset 子程序执行结果

接着对于 CPU 的一些控制外设,以 AR3 的寻址进行 ADRK 及 SBRK 的设置后,将设置值由 AL 载入操作寄存器 AR3 的间接寻址内读/写。同样回主程序中必须将 AR1 及 AR0 恢复为原值。程序 9-11 所示为 InitCPU 子程序执行的结果。

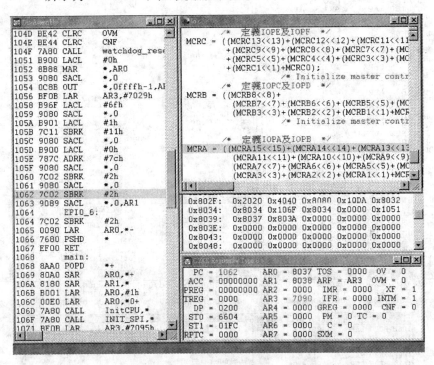

程序 9-11　InitCPU 子程序执行结果

接着执行 INIT_SPI 子程序,同样处理顶层栈,AR0、AR1 后对应 SPI 的外设处理,同样用 AR3 来寻址,以 ACL 为设置值写入 *AR3 所设置的间接寻址端口。程序 9-12 所示为其执行结果。

当执行完 InitCPU 及 INIT_SPI 后,开始进行主程序的描述,对应以 i(8022H)的预定数据存储器地址进行参变量的操作。因此对应 for i 的操作中,将以直接寻址的 DP=100H 作为 8000H 页,将起始值 ACL=#0 于 L1 地址写入后,每次要传输出数据时,要先检查 8022H 地址内容的数据 8 是否已传输完成。若完成,就跳回 L1,再次以 0 开始计算传输次数,如程序 9-12 所示的程序地址 1076H～107DH。

以直接寻址的 8022H 内的 i 参数,再加上存放传输数据的 802AH 地址后,就得到数据存储器内预存的 TXDATA 地址;写入 AR0 的间接寻址后,再载入 AR3 作为寻址指针;其次再将 AR4 寻址于 SPITXBUF=7048H,由 *AR3 读取传输数据载入 ACL 后,再写入 *AR4 内开始进行 SPI 的传输。执行过程如程序 9-12 所示的 1071H～1087H。

主程序中 While 的 SPISTS.6＝SPI_INT_FLAGE 等待判别,以 AR3 设置 SPISTS 的 7042H 寻址于 AR3,类同于汇编程序中将 *AR3 内的 D6 位进行 TC 载入检测。等待 TC=1 的 SPI 传输完成后,要将读取的 SPIRXBUF=7047H 对应以"ADRK ♯5"运算后,读取到的低 8 位输出到 8005H 的 4 位七段 LED 显 c913a 示器低 2 位数显示,将读取到 SPIRXBUF 内容载入 ACC,再移位 7(最高数)位后再以"SACH ,1"又左移 1 位载入 *AR1 内,输出到 8006H 的高 2 位七段 LED 显示。程序 9-13 所示为 SPI 的传输过程执行结果。

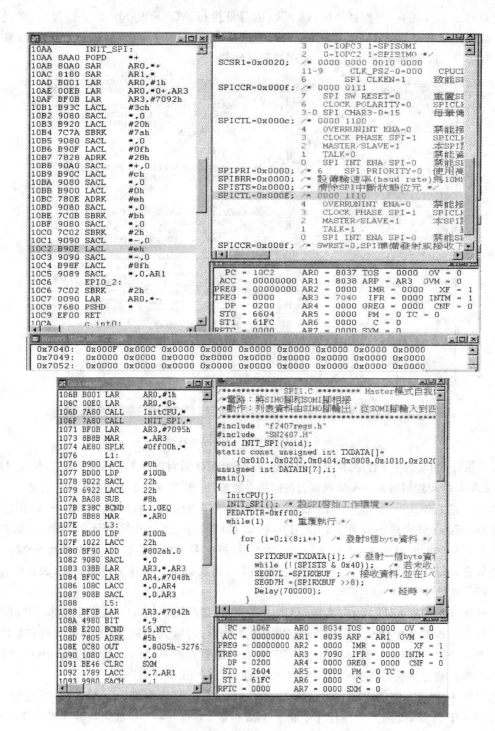

程序 9-12 INIT_SPI 子程序及 SPI 的传输过程执行结果

第9章 串行同步通信接口 SPI 模块

程序 9-13 SPI 的传输过程执行结果

接着执行 Delay(700000) 的延迟子程序，其中对于延迟的参数换算成十六进制值为 000A AE60H。因此，先将 ACC 载入 A8000H 后再加上 2E60H 配置成 000A AE60H 值，再存放于 AR2 所指的 8036H 及 8035H 内作为单位循环延迟 Delay 的计数。每次由 AR2 寻址将读取 8036H 及 8035H 内的延迟值载入 ACC 内递减 1，再回存入 8036H 及 8035H 存储器内（AR2 寻址）并检测是否为 0。若不为 0，则跳回 1038H 地址再进行延迟递减的操作，直到为 0 值时，延迟时间到就恢复 AR1 及 AR0 和栈顶层值后回主程序。一直操作到 8 组传输数据操作传输完成后，又回到重新 8 组数据传输计数并输出显示的主程序。其操作过程如程序 9-14 所示。

由上面的 C 语言编辑，对应以混合方式（Mixed Mode）执行观察后，可以看到也必须参杂一些原始的汇编语言。而 C 语言所编译出来的汇编语言就比较冗长，因此执行的速度就比较慢，虽然比较好编写，但对应一些需要执行高效率的控制程序，实在是不适宜的，因此作者建议还是习惯且勤练汇编语言的编写比较好。

编译 SPIL.mak 主系统程序后，载入 SN_DSP2407 实验器来执行如下：

(1) 编辑如图 9-15 所示主程序 SPIL.mak 中的程序 SPIL.c，加入 IO.c 及 SN2407.h 并以 LINK2407.cmd 配置存储器，引入 TI 公司的 RST2XX.lib 及 F2407REG.h 等附属程序进行编译。

(2) 编译完成后，以 SN510PP 在 CCS 或 CC 环境下载入 SPIL.out 进行各段程序的单步执行、断点设置等，观察 C 语言编辑和对应执行的法则及对应结果，如同上述的程序 9-6～9-14 记录并进行分析讨论。

(3) 全步全速执行 SPIL.out，对应 SN_DSP2407 主机实验板的 4 位七段 LED 如何显示？试记录并进行分析讨论。

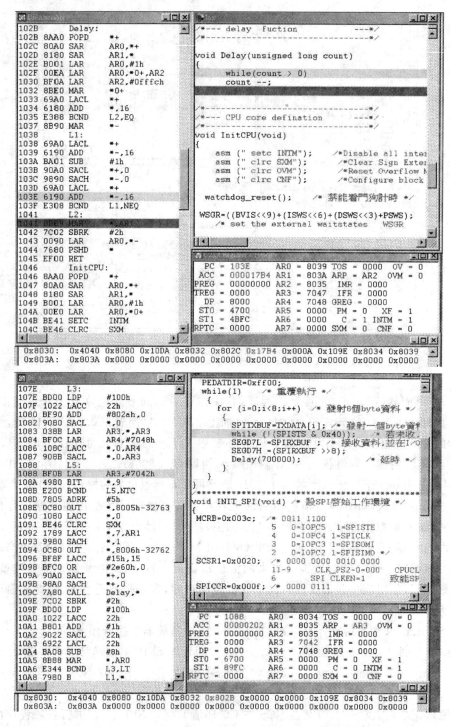

程序 9-14　执行主程序中的 8 组数据传输及延迟显示等的操作结果

第 10 章
控制局域网络接口 CAN 模块

CAN 为控制局域网络(Control Area Network)模块,在 TI 公司的某些 24x/240x 系列中都具有此 CAN 电路。快速、高容量接口识别码的这些信号,必须具备结构化寄存器、控制寄存器、状态寄存器、存放识别码及数据和状态等所需的 RAM 邮箱等,对此将进行详细的描述,但是对 CAN 协议(Protocol)本身则不进行深入讨论。至于具体协议请参考德国 Robert Bosch GmBH 所设置的 2.0 版本规范,这为汽车的监测及控制系统而设计的。本系统的 CAN 模块是一个完整的 CAN 控制器,被设计用作一个 16 位外设,并且是一个完全兼容于版本 2.0B 的 CAN 协议。

本章主要讨论分析主题内容及章节如下:
(1) 简介。
(2) CAN 网络的概要。
(3) 信息主题。
(4) CAN 控制寄存器。
(5) CAN 状态寄存器。
(6) 中断逻辑。
(7) 结构化模式。
(8) 省电模式(PDM)。
(9) 空闲模式。
(10) CAN 的收发传输器芯片介绍。
(11) CAN 的应用示例。

10.1 简 介

CAN 2.0B 具有下列特点:
(1) 结构简单,只有两根线与外部连接,且内部含有错误检测和管理模块。
(2) 灵活的通信方式,可以多主方式工作,网络上任一个节点均可以在任一时刻主动地向网络上的其他节点发送信息,而不分主从模式。
(3) 可以点对点或点对多点及全局的广播方式发送及接收信息。
(4) 采用非破坏性的总线仲裁技术,当两个节点同时对总线上发送信息时,低优先级的节点主动停止信息发送,而高优先级的节点不受影响继续传输信息。这大大节省了总线仲裁的冲突时间,在网络负载重的情况下也不会瘫痪。

(5) 传输距离最远可达 10 km(速率为 5 kbps 以下时)及最高传输速率为 1 Mbps(距离为 40 m 以下时)。最大节点数为 110 个,传输介质可用双绞线、同轴电缆或光纤方式。

(6) CAN 的通信可应用于传输网络中的物理层(Physic Layer)及数据连接层(Data Link Layer)功能,可完成电气特性及数据帧(Frame)的处理,包括位填充、数据区编码、循环冗余检测(Cyclic Redunance Check)、优先级判别等。

由于具有上述特点,所以为工业控制系统中高可靠性的信息提供了一种新的解决方案,并且被广泛采用。

TMS320LF2407A 芯片内的 CAN 外设 16 位模块具有下列特性:

(1) 完全符合 CAN 2.0B 的协议并与 USB、IEE1394 及 RJ45 网络线相似,它仅用两条双绞线(Data+及 Data—)以差动信号来传输数据。

① 信息的识别码(Identifier)有标准(11 位)及扩充(29 位)两种格式。

② 具有数据帧和远端遥控帧两种微体系结构。

(2) 内部有 6 个邮箱,每个邮箱可设置成 1~8 字节的数据长度。

① 2 个固定为接收邮箱(MBOX0、1),2 个固定为发送邮箱(MBOX4、5)。

② 2 个可以被灵活地配置成接收邮箱或发送邮箱(MBOX2、3)。

(3) 每个接收邮箱(0、1 或 2、3 被设置为接收邮箱时)都具有本地屏蔽寄存器,用来屏蔽识别码所要标识的位特性。

(4) 可定义的传输位率。

(5) 可定义的中断微体系结构。

(6) 可定义的总线功能来唤醒操作。

(7) 对应一个遥控请求可产生自动回应传输。

(8) 在错误传输或丧失仲裁情况下可以产生自动再传输的操作。

(9) 具有下列的传输总线失效诊断:

① 总线的打开/关闭(ON/OFF)。

② 错误的主动状态或被动状态。

③ 总线错误警告。

④ 总线硬化支配(Stuck Dominant)。

⑤ 帧的错误报告(Frame Error Report)。

⑥ 可读取的错误计数器(Readable Error Counter)。

(10) 自我测试模式。

① 这个 CAN 外设可操作于回环的检测模式(Loopback Mode)。

② 接收其本身所发送的信息并自动产生响应(Acknowledge)信号的自我测试。

(11) 两节点的通信模式。

① 此 CAN 模块仅使用两个引脚来通信,即 CANTX 及 CANRX。

② 这两个引脚被连接到一个 CAN 传输芯片(例如 SN65HVD230D)进行网络电平的转换,通过这个网络电平再连接到另一个 CAN 总线。

10.2 CAN 模块的概览

这个控制局域网络(CAN)采用一个多主控通信协议,并有效地以一个相当高水平的数据完整性来提供分散配置的实时控制,同时通信速率可达 1 Mbps。这个 CAN 总线不易受噪声干扰,因此极适用于嘈杂及恶劣的环境中,例如在需要相当可靠的通信的汽车制造业及其他工业控制网络系统等中的应用。

采用仲裁协议及错误结构检测将此可达到 9 个字的数据长度的优先级信息送到一个多主控的串行总线上传输,以便产生一个高水平的完整性数据。

10.2.1 CAN 模块的协议概览

CAN 协议具有下列 4 种不同帧通信:
(1) 数据帧(Data Frame)载着数据由一个发送器节点到接收器的节点。
(2) 遥控帧(Remte Frame)被一个节点发送,用来要求与其送出的识别码相同的节点端发送出数据帧以便被接收。
(3) 错误帧(Error Frame),当信息中违反了 CAN 格式规则时,任何一个节点检测到此总线产生错误时会发送错误信息。
(4) 过载帧(Overload Frame)正在进行及接下来的数据帧或遥控帧传输间产生一个额外的延迟,传输数据来不及读/写而产生过载信息。

CAN 版本 2.0B 定义两种不同格式,其差别在于识别码区的字长度,标准帧是 11 位的识别码,而扩充帧则是 29 位。

10.2.2 CAN 模块传输格式

(1) 数据帧的传输格式分成标准型及扩充型,如图 10-1 所示。
① 帧开始位(Start Of Frame,SOF):如同一般异步串行传输一样为 1 位,平时为 1,为 0 表示一个数据帧的开始。
② 识别码(Identifier):标准识别码为 11 位(0~10),多 0 值的若是扩充识别码再加上 18 位使识别码成为 29 位(0~28),识别码内包括信息的多 0 值优先级及指定传输的节点。
③ 遥控发送请求位(Remote Transmission Request Bit,RTR):区分发送的数据帧是否为本地的数据帧(RTR=0)或遥控请求的数据帧(RTR=1)。
④ 扩充识别码位(Identifier Extension Bit)区分数据帧为标准识别码(IDE=0)或扩充识别码(IDE=1)格式。
⑤ r0,r1:保留位。
⑥ 数据长度码(Data Length Code,DLC):定义数据区中的字节数,可设置 0000~1000 即 0~8 字节。
⑦ 数据域(Data Field):可传输 0~8 字节的 CAN 数据。
⑧ 循环冗余检测码(Cyclic Redundancy Check,CRC):CRC 内含一个 15 位的检查和(Checksum),即它将所有传输的数据相加后,去掉进位,再加一个 CRC 定义符号位成为 16 位数码,此数值就是检查和。它提供用户作为错误检测之用。

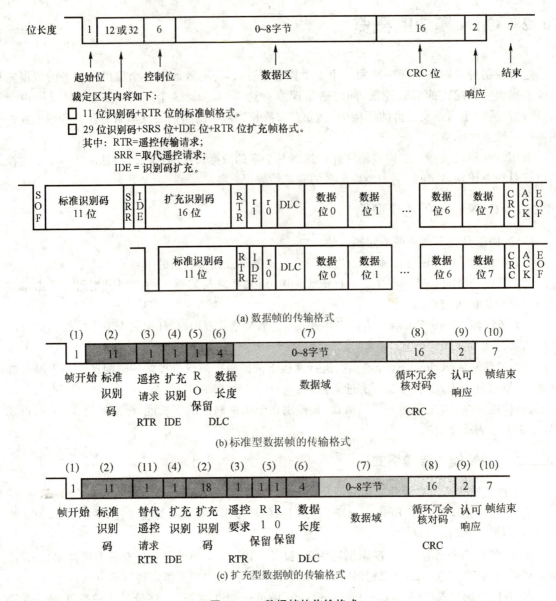

图 10-1 数据帧的传输格式

⑨ 响应位(Acknowledgment):表示数据的传输响应。当每一个节点接收到没有错误的信息时,会以一个控制位来对此隐性位重复响应,表示一个没有错误的信息已被送出。假如节点检测到错误,则会让此位悬空不作重复写,同时在仲裁后放弃信息,这会令发送端再次发送信息,以这种方式每一个节点才可响应传输数据的完整性。ACK 为 2 位,如图 10-2 所示,第一个位为悬空等待拉低电平的响应信号,接下来的是 ACK 定义符号悬空位。

⑩ 帧退出位(End-of-Frame Bits):连续 7 位均为 1 的隐性位,表示一个数据帧的退出。

图 10-2 ACK 响应位时序

但接下来会有 3 位的延迟作为两个 CAN 总线帧的间隔位及处理数据读/写时间。

⑪ 替代遥控请求位(Substitute Remote Request Bit,SRR)：替代标准型数据帧中的 RTR。

10.2.3 CAN 控制器的结构

图 10-3 所示为 CAN 控制器内部结构方框图。

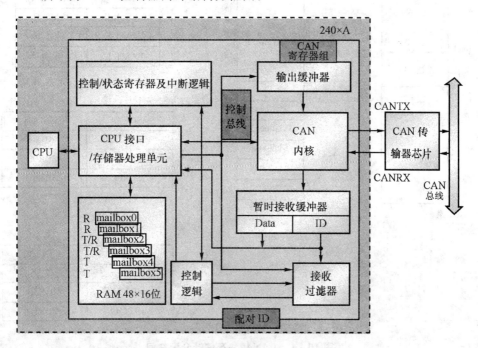

图 10-3 CAN 控制器模块结构方框图

这个 CAN 模块的一个 16 位接口存取如下：

(1) 控制/状态寄存器。

(2) 邮箱 RAM。

CPU 对此控制/状态寄存器进行 16 位的存取,此 CAN 外设在读取期间对于 CPU 总线经常使用全 16 位数据。

对于邮箱 RAM 的读/写都是 16 位,对总线也经常使用全 16 位数据。

表 10-1 所列为对应邮箱的功能配置化任务。

表 10-1 CAN 各邮箱的配置化任务

邮箱	功能模式	LAM 使用	邮箱	功能模式	LAM 使用
0	仅接收	LAM0	3	发送/接收(配置)	LAM1
1	仅接收	LAM0	4	仅发送	—
2	发送/接收(配置)	LAM1	5	仅发送	—

图 10-4 所示为 CAN 模块存储器分配空间；表 10-2 所列为 CAN 各邮箱及其对应控制和识别码的寻址；表 10-3 所列为 CAN 状态和控制寄存器名称、功能及其寻址。

CAN 的 6 个邮箱空间共有 48×16 位,它可被 CAN 或 CPU 来存取。当 CAN 不用时也可

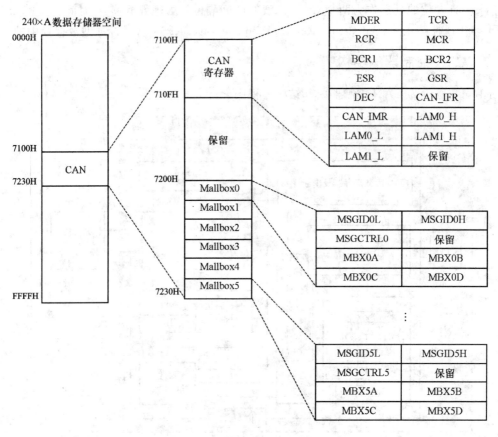

图 10-4 CAN 模块存储器分配空间

作为一般的 RAM 来使用。邮箱地址及内容如表 10-2 所列。

表 10-2 CAN 信息邮箱的地址

CAN 寄存器	MBOX0	MBOX1	MBOX2	MBOX3	MBOX4	MBOX5
MSG IDnL	7200	7208	7210	7218	7220	7228
MSG IDnH	7201	7209	7211	7219	7221	7229
MSG CTRLn	7202	720A	7212	721A	7222	722A
保留						
MBXnA	7204	720C	7214	721C	7224	722C
MBXnB	7205	720D	7215	721D	7225	722D
MBXnC	7206	720E	7216	721E	7226	722E
MBXnD	7207	720F	7217	721F	7227	722F

CAN 控制寄存器名称、地址及其功能说明如表 10-3 所列。

第10章 控制局域网络接口 CAN 模块

表 10-3 CAN 控制寄存器名称、地址及其功能说明

寄存器	地　址	说　明	中文名称
MDER	7100H	Mailbox Direction/Enable Register	邮箱的方向/允许寄存器
TCR	7101H	Transmission Control Register	发送控制寄存器
RCR	7102H	Receive Control Register	接收控制寄存器
MCR	7103H	Master Control Register	主控制寄存器
BCR2	7104H	Bit Configuration Register 2	字节状态控制寄存器 2
BCR1	7105H	Bit Configuration Register 1	字节状态控制寄存器 1
ESR	7106H	Error Status Register	错误状态寄存器
GSR	7107H	Global Status Register	全局状态寄存器
CEC	7108H	CAN Error Counter Register	CAN 错误控制寄存器
CAN_IFR	7109H	CAN Interrupt Flag Register	CAN 中断标志位寄存器
CAN_IMR	710AH	CAN Interrupt Mask Register	CAN 中断屏蔽寄存器
LAM0_H	710BH	Local Acceptance Mask for MBOX0 and 1	邮箱 0、1 本地接收屏蔽
LAM0_L	710CH	Local Acceptance Mask for MBOX0 and 1	邮箱 0、1 本地接收屏蔽
LAM1_H	710DH	Local Acceptance Mask for MBOX2 and 3	邮箱 2、3 本地接收屏蔽
LAM1_L	710EH	Local Acceptance Mask for MBOX2 and 3	邮箱 2、3 本地接收屏蔽
保留	710FH	保留	

CAN 邮箱 0～5 名称及简易功能说明如表 10-4 所列。

表 10-4 CAN 邮箱名称及简易功能说明

寄存器	地　址	说　明	中文名称
MSGID0L	7200H	CAN Message ID for Mailbox 0(L)	邮箱 0 信息识别码(低)
MSGID0H	7201H	CAN Message ID for Mailbox 0(H)	邮箱 0 信息识别码(高)
MSGCTRL0	7202H	MBOX 0 RTR and DLC	邮箱 0 的 RTR 及 DLC
MBX0A	7204H	CAN 2 of 8 bytes of Mailbox 0A	邮箱 0A 的 1/2 字节数据
MBX0B	7205H	CAN 2 of 8 bytes of Mailbox 0B	邮箱 0B 的 3/4 字节数据
MBX0C	7206H	CAN 2 of 8 bytes of Mailbox 0C	邮箱 0C 的 5/6 字节数据
MBX0D	7207H	CAN 2 of 8 bytes of Mailbox 0D	邮箱 0D 的 7/8 字节数据
MSGID1L	7208H	CAN Message ID for mailbox 1(L)	邮箱 1 信息识别码(低)
MSGID1H	7209H	CAN Message ID for mailbox 1(H)	邮箱 1 信息识别码(高)
MSGCTRL1	720AH	MBOX 1 RTR and DLC	邮箱 1 的 RTR 及 DLC
MBX1A	720CH	CAN 2 of 8 bytes of Mailbox 1A	邮箱 1A 的 1/2 字节数据
MBX1B	720DH	CAN 2 of 8 bytes of Mailbox 1B	邮箱 1B 的 3/4 字节数据
MBX1C	720EH	CAN 2 of 8 bytes of Mailbox 1C	邮箱 1C 的 5/6 字节数据
MBX1D	720FH	CAN 2 of 8 bytes of Mailbox 1D	邮箱 1D 的 7/8 字节数据
MSGID2L	7210H	CAN Message ID for Mailbox 2(L)	邮箱 2 信息识别码(低)

续表 10-4

寄存器	地 址	说 明	中文名称
MSGID2H	7211H	CAN Message ID for Mailbox 2(H)	邮箱2信息识别码(高)
MSGCTRL2	7212H	MBOX 0 RTR and DLC	邮箱2的RTR及DLC
MBX2A	7214H	CAN 2 of 8 bytes of Mailbox2A	邮箱2A的1/2字节数据
MBX2B	7215H	CAN 2 of 8 bytes of Mailbox 2B	邮箱2B的3/4字节数据
MBX2C	7216H	CAN 2 of 8 bytes of Mailbox 2C	邮箱2C的5/6字节数据
MBX2D	7207H	CAN 2 of 8 bytes of Mailbox 2D	邮箱2D的7/8字节数据
MSGID3L	7208H	CAN Message ID for mailbox 3(L)	邮箱3信息识别码(低)
MSGID3H	7209H	CAN Message ID for mailbox 3(H)	邮箱3信息识别码(高)
MSGCTRL3	720AH	MBOX 1 RTR and DLC	邮箱3的RTR及DLC
MBX3A	720CH	CAN 3 of 8 bytes of Mailbox 3A	邮箱3A的1/2字节数据
MBX3B	720DH	CAN 3 of 8 bytes of Mailbox 3B	邮箱3B的3/4字节数据
MBX3C	720EH	CAN 3 of 8 bytes of Mailbox 3C	邮箱3C的5/6字节数据
MBX3D	720FH	CAN 3 of 8 bytes of Mailbox 3D	邮箱3D的7/8字节数据
MSGID4L	7220H	CAN Message ID for Mailbox 4(L)	邮箱4信息识别码(低)
MSGID4H	7221H	CAN Message ID for Mailbox 4(H)	邮箱4信息识别码(高)
MSGCTRL4	7222H	MBOX 4 RTR and DLC	邮箱4的RTR及DLC
MBX4A	7224H	CAN 4 of 8 bytes of Mailbox 4A	邮箱4A的1/2字节数据
MBX4B	7225H	CAN 4 of 8 bytes of Mailbox 4B	邮箱4B的3/4字节数据
MBX4C	7226H	CAN 4 of 8 bytes of Mailbox 4C	邮箱4C的5/6字节数据
MBX4D	7227H	CAN 4 of 8 bytes of Mailbox 4D	邮箱4D的7/8字节数据
MSGID5L	7228H	CAN Message ID for mailbox 5(L)	邮箱5信息识别码(低)
MSGID5H	7229H	CAN Message ID for mailbox 5(H)	邮箱5信息识别码(高)
MSGCTRL5	722AH	MBOX 5 RTR and DLC	邮箱5的RTR及DLC
MBX5A	722CH	CAN 5 of 8 bytes of Mailbox 5A	邮箱5A的1/2字节数据
MBX5B	722DH	CAN 5 of 8 bytes of Mailbox 5B	邮箱5B的3/4字节数据
MBX5C	722EH	CAN 5 of 8 bytes of Mailbox 5C	邮箱5C的5/6字节数据
MBX5D	722FH	CAN 5 of 8 bytes of Mailbox 5D	邮箱5D的7/8字节数据

CAN 是一个两端引脚的异步串行端口，为 CANTX 及 CANRX 两个专用引脚与 GPIO 端口 C 的 IOPC6、IOPC7 共用，由 MCRB 加以设置控制。其控制程序为：先令 I/O 多路转接控制寄存器(MCRB)的相关位为 1，以设置 I/O 端口为主要功能 CAN 串行端口引脚，如表 10-5 所列。

表 10-5 设置 CAN 串行端口引脚

多路转接控制寄存器位	MCRB.n=1 主要功能	MCRB.n=0 I/O 功能
MCRB.6	CANTX	IOPC6
MCRB.7	CANRX	IOPC7

10.3 CAN 邮箱的布局

1. 邮箱 RAM

CAN 内有 6 个邮箱,每个邮箱均有 4 个 16 位的寄存器,分别为 MBXnA、MBXnB、MBXnC 及 MBXnD(n=0～5 邮箱),可提供 CAN 模块在被发送前存储,以及接收到的数据存放。若不作为 CAN 邮箱存取信息,则可以被 CPU 当作一般的 RAM 来使用。

2. 信息识别码

每个邮箱都有自己的信息识别码(Message Identifiers,MSGID),可设置为扩充识别码或标准识别码。其中,扩充识别码为 29 位,分别存储在 MSGIDnL 及 MSGIDnH(n=0～5)寄存器;标准识别码为 11 位,存放在 MSGIDnL 寄存器内。要发送时,这些信息识别码会伴随着数据帧(Frame)一起发送出去,高字的 MSGIDnH 寄存器如表 10-6 所列,低字的 MSGIDnL 寄存器如表 10-7 所列。

表 10-6 信息识别码(高字)(MSGIDnH) 0～5 邮箱

D15	D14	D13	D12~D0
IDE	AME	AAM	IDH[28:6](高 13 位扩充识别码)
RW	RW	RW	RW

表 10-7 信息识别码(低字)(MSGIDnL) 0～5 邮箱

D15~0
IDL[15:0](低 16 位识别码)
RW

各位功能及操作说明如下。

(1) D15 IDE(Identifier Extension Bit):识别码扩充位。

  0:接收及发送为标准识别码(11 位)。

  1:接收及发送为扩充识别码(29 位)。

(2) D14 AME(Acceptance Mask Enable Bit):接收屏蔽允许位。
若允许时发送与接收识别码不相符,则接收邮箱可以接收数据。

  0:若识别码不相符,则不可以接收数据。

  1:使用接收屏蔽允许,识别码不相符时可以接收数据。

这个位的设置只有对接收邮箱的设置才有意义,因此只针对邮箱 0、1(MBOX0,MBOX1)以及邮箱 2、3(MBOX2,MBOX3)被配置成接收邮箱时,而此控制位对于邮箱 4、5((MBOX4,MBOX5)是没有用的。

(3) D13 AAM(Auto Answer Mode Bit):自动回应模式位(发送邮箱才有用)。
有遥控帧请求数据时,在识别码的标识后是否要自动回应发送数据帧。

  0:为发送邮箱时,此邮箱不会自动回应遥控(Remote)帧请求,识别码被接收到而配对时是不会被存放的。

  0:为接收邮箱时,对接收邮箱是没有影响的。

1：为发送邮箱时，假如一个遥控帧请求其识别码被接收到而配对时，此 CAN 模块的对应发送邮箱会将其内含数据发送。

1：为接收邮箱时，对接收邮箱是没有影响的。

(4) D12～D0　IDH[28：16]：高 13 位扩充识别码，若为标准识别码，则其 11 个位的识别码是对应存放于此 D12～D2 位内。

(5) D15～D0　IDL[15：0]：低 16 位扩充识别码。

3. 信息控制场

信息控制（Message Control, MSGCTRL）指每个邮箱均有自己的信息控制寄存器（RTR 及 DLC），用来设置本邮箱所传输的为数据帧或遥控请求帧，以及设置传输的数据长度，并伴随着数据帧一起发送出去，如表 10-8 所列。各位功能及操作说明如下。

表 10-8　信息控制 MSGCTRLn(n= 0～5)邮箱

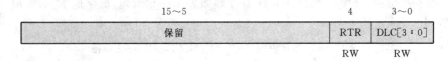

(1) D15～D5：保留位。

(2) D4　RTR(Remote Transmission Request Bit)：遥控发送请求位。

　　0：信息设置为数据帧。

　　1：信息设置为请求遥控发送帧。

(3) D3～D0　DLC[3：0] (Data Length Code)：数据长度码。

0000～1000：0～8 决定传输数据长度为 0～8 字节，接收到的 CAN 信息数据帧中的 DLC 字会被复制到此位进行控制，当为发送邮箱时，要发送出的字长必须在此设置，以便随数据发送。

10.3.1　CAN 信息缓冲器

使用 RAM 来存储信息，这种存储元件的内容用来对接收过滤器进行操作、传输以及中断的处理。

CAN 模块内共有 6 个邮箱，每个邮箱均有 4 个 16 位的数据寄存器，29 个位识别码以及 RTR、DLC、AME、AAM 等控制位。邮箱 0、1(MBOX0,1)固定为接收邮箱，邮箱 4、5(MBOX4,5)固定为发送邮箱，但邮箱 2、3(MBOX2,3)可以被灵活地配置成接收邮箱或发送邮箱。接收邮箱 0、1(MBOX0,1)共用一个识别码本地接收屏蔽器 LAM0，而当邮箱 2、3(MBOX2,3)被配置成接收邮箱时，则使用另一个识别码本地接收屏蔽器 LAM1。

注意：没有被使用到的邮箱 RAM 可被用作一般的 RAM 存储器存取。未被 CAN 功能用到的 RAM 区，通常是利用禁用对应的邮箱或禁用 CAN 的功能来处理的。

10.3.2　写入到接收邮箱 RAM

有下列两种不同方式写入接收邮箱 RAM。

(1) 写入到接收邮箱的识别码 RAM。

(2) 写入到接收邮箱的数据码 RAM。

注意：要写入到接收邮箱的识别码 RAM 时，必须将其邮箱操作关掉（在邮箱控制寄存器

MDER 的允许位禁用 Men = 0 时)。

在对数据区或控制区存取期间,CAN 模块正在读取时的数据是不可以改变的,因此对应一个接收邮箱的写入数据区或控制区是被禁止的。然而,若这个发送请求设置位被设置(TRS=1),或这个发送请求复位位被设置(TRR=1),则这种存取通常被拒绝。在这些情况下,一个写入拒绝的中断标志(WDIF)会被提出。一种写入邮箱 2、3(MBOX2,3)的方法是,在写入此邮箱前必须设置主控寄存器 MCR 内的改变数据区请求 CDR 位。

在 CPU 存取完成后,这时的 CPU 就必须以 0 写入,而将 CDR 标志位清除,这时的 CAN 模块在读取此邮箱前后都会检测 CDR 标志。假如邮箱在检测期间 CDR 标志位被设置,则 CAN 模块并不会发送出其信息,但会继续查找其他的发送请求来执行。这种 CDR 标志的设置同时会终止写入拒绝中断标志(Write-Denied Interrupt,WDI)的提出。

10.3.3 发送邮箱

邮箱 4、5(MBOX4,5)只可作为发送邮箱(Transmit Mailbox),邮箱 2、3(MBOX2,3)却可以被灵活地配置成接收或为发送邮箱。

CPU 将数据写入一个被配置成发送邮箱内用来被发送时,在写入数据以及其识别码的对应 RAM 内后,同时已经设置发送控制寄存器 TCR 内的对应发送请求设置 TRSn(n=5~2)控制位,则此信息会立即被发送。

假如有一个以上的邮箱被配置成发送邮箱,同时也有一个以上的发送请求设置 TRSn(n=5~2)控制位被设置,则这些信息将会依照降次序一个接一个地发送出,开始为其最高的允许邮箱。

假如发送失败是由于仲裁的规则,或一个错误发生(结构性),则这个信息的发送会被再次请求。

10.3.4 接收邮箱

邮箱 0、1(MBOX0,1)只可作为接收邮箱(Receive Mailbox),而邮箱 2、3(MBOX2,3)是可以被灵活地配置成接收或发送邮箱。

在每个被接收到信息的识别码中,每个邮箱会根据其适当的识别码屏蔽来对其内部所设置的识别码比较。若相同的识别码被检测到,则此接收的识别码、控制位及其数据字会被写入已配对的 RAM 对应地址内,同时接收信息空闲(RMPn)标志位被设置响应,且一个邮箱中断(MIFx)允许时会被产生。假如识别码没有匹配,则此信息是不会被存储的。这个接收信息空闲(RMPn)标志位,在 CPU 读取数据后必须将其清除。

对于一个邮箱,假如第二个信息已经被接收到,并且其对应的 RMPn 位也已经被设置响应发生时,但前一个信息尚未被 CPU 读取出,则其对应的接收信息遗失位 RML 将被设置来响应。在这种情况下,假如保护控制位(OPC=0)没有被设置而是清除值,则先前已被存放的信息将会被这个新信息写上去而遗失,接着是下一个邮箱被检测。

注意:对应在 CAN 中断标志寄存器 CAN_IFR 中的邮箱中断标志(MIFn)被设置,则在 CAN 的中断屏蔽寄存器 CAN_IMR 中的邮箱、中断屏蔽位(MIMn)必须被设置允许,才可以利用中断的产生来得知已接收或发送数据完成的信息响应。假如要使用一直检测的方式来得知传输完成时(也就是不用中断来响应时),必须使用下列位来检测:

(1) 对于发送时,在发送控制寄存器 TCR 内的对应 TAn 位会被设置响应。
(2) 对于接收时,在接收控制寄存器 RCR 内的对应 RMPn 位会被设置响应。

10.3.5 遥控帧的处理

只有邮箱 0～3 才具有遥控帧(Remote Frame)的处理,邮箱 4、5 因为是发送邮箱,所以没有这种遥控帧的处理功能。当邮箱 2、3 被结构化成接收邮箱时,可以发送遥控帧后,对应地以同一个邮箱来接收遥控节点端所回应发送的信息。

接收一个遥控请求

假如一个遥控请求被接收到(接收进来的信息中具有遥控传输请求位[RTR]=1 的控制设置时),这时的 CAN 模块会对所有邮箱内所设置的识别码,以降幂次序由最高的邮箱数开始依据其对应适当的识别码屏蔽设置来比较。

假如与一个被结构化为发送邮箱,其信息中的自动回应模式位被设置(AAM=1),且其信息主体中的识别码比较匹配时,这个信息主体将被标志(将 TRS 位设置)用来回应发送出,如图 10-5(a) 所示。

假如与一个被结构化为发送邮箱,但是信息中的自动回应模式位没有被设置(AAM=0),而且信息主体中的识别码虽然比较匹配,但这个信息主体将不会被回应发送出,因此发出遥控帧的节点端是不会接收到其回应信息的,如图 10-5(b)所示。

当发送邮箱查找到一个识别码比较匹配后,就不再对其他邮箱作进一步的比较了。

假如与一个被结构化为接收邮箱信息主体中的识别码比较匹配时,这个信息将被如同数据帧般的处理,同时在接收控制寄存器 RCR 中的对应 RMPn 接收信息空闲位将会被设置,这时的 CPU 就必须决定如何来处理了,如图 10-5(e)所示。

假如 CPU 想要改变一个被结构化为遥控帧(且 AAM=1)的邮箱(当然只有邮箱 2、3)内的信息主体时,首先必须设置在主控制寄存器 MCR 中的(MBNR)邮箱数(2、3),以及在主控制寄存器 MCR 中的改变数据请求位 CDR=1 等,这时 CPU 就可以对其进行信息的存取,随后必须清除其 CDR 位用来响应 CAN 模块其已完成这种存取。在 CDR 被清除前,这个邮箱的传输是不会进行的。由于 TRS 位不会受 CDR 位的设置的影响,在 CDR 被清除后一个空闲的传输是空闲的,因此这个最新数据将被送出。

注意:要改变邮箱内的识别码时,其信息主体首先必须被禁用(令信息方向/允许寄存器 MDER 的对应允许位 Men=0 禁用)才可以进行。

发送一个遥控请求

假如 CPU 想要由另一个节点请求数据,则可以被结构化其信息主体成为一个接收邮箱(当然只有邮箱 2、3),同时设置其对应 TRS2、3=1 发送请求,如图 10-5(f)。在此情况下,此模块会送出一个遥控帧请求信息(RTR=1),并对应此送出请求的同一个邮箱等待接收回应的数据帧。因此,对邮箱 2、3 而言,这种发送遥控请求帧并对应接收回应数据帧等的操作,只需要一个邮箱就可以进行这种遥控请求。

综上所述,一个邮箱可以有下列 4 种不同方法来结构化:
(1) 发送邮箱(邮箱 4、5 或邮箱 2、3 被结构化成发送邮箱)仅可以发送信息。
(2) 接收邮箱(邮箱 0、1)只可以接收信息。
(3) 邮箱 2、3 被结构化为接收邮箱时,可以发送出一个遥控请求帧,当其对应 TRS 位被设

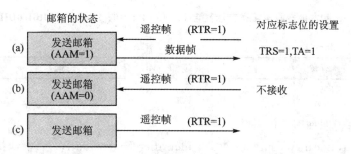

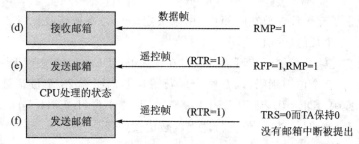

图 10-5 对应遥控帧的传输请求回应

置时,会同时等待接收回应的数据帧。

(4) 邮箱 2、3 被结构化为发送邮箱时,任何时候假如接收到一个遥控请求帧与对应识别码匹配,同时对应的 AAM=1 设置时,此邮箱就会发送出其数据帧来回应。

注意:在成功地发送遥控请求后,其对应的 TRS 位被清除,但是没有发送响应标志 TAn 的设置或邮箱中断标志的设置操作。

10.3.6 接收过滤器

在接收的信息中,识别码首先对接收邮箱中所设置的识别码(存放在对应邮箱的 MSGIDnH 及 MSGIDnL 寄存器内)进行比较。其中的识别码比较是具有一个识别码各位的对应屏蔽设置,用来进行适当的屏蔽视图滤除,被屏蔽的位(设置为 1 时)将不被比较。假如屏蔽滤除不用时,可以经过邮箱中的信息识别码,对本地接收屏蔽高字区 MSGIDnH 寄存器的接收屏蔽允许位 AME 清除而禁用。

本地接收屏蔽(LAM)

本地接收过滤器(Accepctance Filter)能让用户在对应接收到的信息中,对任何识别位加以屏蔽而不去识别(也就是被屏蔽的位是不关心的)。

本地接收屏蔽寄存器只有二组:LAM1 用于邮箱 2、3,而本地接收屏蔽寄存器 LAM0 则用于邮箱 0、1。在接收期间,邮箱 2、3 比邮箱 0、1 先检测。表 10-9 说明本地接收屏蔽寄存器的高字 LAMn_H,而表 10-10 则说明本地接收屏蔽寄存器的低字 LAMn_L。

表 10-9　本地接收屏蔽寄存器高字 LAMn_H(n＝0，1) 寻址 710BH/0DH

15	14~13	12~0
LAMI	保留	LAMn[28:16]
RW-0	RW-0	RW-0

各位功能及操作说明如下。

(1) D15　LAMI(Local Acceptance Mask Identifier Extension Bit)：本地接收屏蔽识别扩充码位。

　　0：这个识别扩充码位存放在邮箱内，用来决定信息是要被接收比较扩充的 29 个位识别码或 11 个位的标准识别码。

　　1：标准及扩充帧的识别码均可被接收。在扩充帧(IDE＝1)情况下，所有存放在邮箱内被设置的 29 个位识别码，以及整个屏蔽寄存器内所有 29 个位都被用作过滤器；假如是标准帧(IDE＝0)，则识别码中只有前面 11 个位(IDEnH[D12：D2])与此本地屏蔽的 LAMnH[12：2] 位进行适当屏蔽比较处理。

(2) D14~D13：保留位。

(3) D12~D0　LAMn[28:16](Local Acceptance Mask)：高 13 位的本地接收屏蔽。

　　0：对应接收到的识别码(MSGID)位必须与邮箱内所预设置的识别码位比较，接收才会成立。例如，LAM 的 27 位设置为 0 不屏蔽时，则接收到识别码 MSGID 的第 27 个位，必须与本身邮箱内所预设的识别码 MSGID 的第 27 个位相同才会比较成功。

　　1：会将对应接收识别码的位进行屏蔽，因此识别码对应此位就不需要比较，也就是不管相同与否都略过而当作比较成功。

表 10-10　本地接收屏蔽寄存器低字 LAMn_L(n＝0，1) 寻址 710CH/0EH

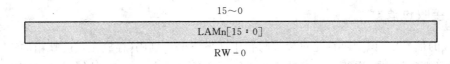

15~0
LAMn[15:0]
RW-0

(4) D15~D0　LAMn[15:0](Local Acceptance Mask)：低 16 位的本地接收屏蔽。

　　0：对应接收到的识别码位必须与邮箱内所预设的识别码比较。

　　1：对应接收到的识别码位不必与邮箱内所预设的识别码比较。

屏蔽寄存器 LAMn_H 及 LAMn_L 内的 LAMn[28:0]，针对其 29 位的识别码来决定是否要屏蔽。若标准数据帧其识别码为 11 位，则由 LAMn_H 寄存器的 LAMn[28:18] 来决定接收到的识别码是否要屏蔽而不识别。若 LAMn[28:0] 内的某位设为 0，则数据帧输入识别码内对应的位会被接收。若 LAM 内的某位设为 1，则表示已被屏蔽，不会检查该对应位的输入识别码。

10.4　CAN 控制寄存器

CAN 总共有 15 个 16 位的控制寄存器(Control Register)，寻址于 7100H~710EH，如表 10-3 所列。这些控制寄存器控制着 CAN 模块的操作处理功能。每个寄存器都有其特殊功能,例如,允许或禁用 CAN 的邮箱,控制着邮箱为发送或接收邮递功能以及中断的处理控制等,下面分别进行介绍。

10.4.1 邮箱方向及允许寄存器

邮箱方向及允许寄存器(Mailbox Direction/Enable Register,MDER)内,含 6 个邮箱的传输允许(ME5~ME0),以及邮箱 2、3 的结构化成发送或接收邮箱的方向设置(MD3~MD2)。若将邮箱禁用传输,则此邮箱的对应 RAM 可被 CPU 作为一般的存储器使用而增加 DSP 的存储器。表 10-11 所列为 MDER 各位。

表 10-11 邮箱方向/允许寄存器 CANMDER 寻址 7100H

15~8	7	6	5	4	3	2	1	0
保留	MD3	MD2	\multicolumn{6}{c	}{ME[5:0]}
RW-0	RW-0	RW-0	RW-0	RW-0	RW-0	RW-0	RW-0	RW-0

各位功能及操作说明如下。

(1) D15~D8:保留位。

(2) D7 MD3:定义邮箱 3 的传输方向。

  0:发送邮箱。

  1:接收邮箱。

(3) D6 MD2:定义邮箱 2 的传输方向。

  0:发送邮箱。

  1:接收邮箱。

(4) D5~D0 ME5~ME0:定义邮箱 0~5 的传输允许。

每个邮箱的传输都可分别被允许和禁用。

  0:禁用邮箱 n(0~5)的传输。

  1:允许邮箱 n(0~5)的传输。

注意:要写入任何一个邮箱的识别码时,必须先将其对应的邮箱禁用传输。当对应的 MEn 被允许时,执行其对应识别码的写入是会被拒绝的,同时此邮箱在 CAN 模块中被允许而开始传输。

10.4.2 发送控制寄存器

发送控制寄存器(Transmit Control Register,TCR)内各位用来控制信息的发送。发送开始设置 TRSn(5~2)、发送的复位 TRRn、对应发送完成的响应信息位 TAn 和传输的中途放弃 TAAn 控制位。其中 TRSn 及 TRRn 位可分别被写入设置,但却由内部逻辑电路在完成传输后自动被设置,如表 10-12 所列。

表 10-12 发送控制寄存器 CANTCR 寻址 7101H

15	14	13	12	11	10	9	8
TA5~TA2				AA5~2			
RC-0	RC-0	RC-0	RC-0	RC-0	RC-0	RC-0	RC-0

7	6	5	4	3	2	1	0
TRS5~2				TRR5~2			
RS-0	RS-0	RS-0	RS-0	RS-0	RS-0	RS-0	RS-0

注:R＝读取接收,C＝清除,S＝仅可设置,随机的值代表复位后的起始值。

各位功能及操作说明如下。

(1) D15~D12 TAn(Transmission Acknowledge):对邮箱 5~2 的发送完成响应。

　1:对应的邮箱已成功地发送完成。

　　若要清除该位,则必须由 CPU 将 1 写入。若允许对应的中断,则当产生中断时会自动将此位标志清除。CPU 将 0 写入此位是无效的。假如当 CAN 模块的硬件原理图设置此位的同时 CPU 要清除此位,则硬件是优先进行设置的。

　　设置该位的同时会设置中断寄存器 IF 的对应邮箱中断标志 MIFx。假如对应的中断屏蔽位被设置为没有屏蔽而是允许,则 MIFx 会启动一个邮箱中断。

　0:对应的邮箱尚未发送完成或已被清除。

注意:这个标志在邮箱发送控制时,都用作发送完成与否的判别。

(2) D11~D8 AAn (Abort Acknowledge):对邮箱 5~2 的发送放弃响应。

　1:对应的邮箱(5~2)已被请求放弃发送的响应信号。

　　当对应的邮箱 n 被放弃发送其信息时,其相对的放弃传输响应标志 AAn 会被设置响应,同时在中断寄存器 IF 的 AAIF 也会被设置。当对应的中断被允许时,此 AAIF 标志会产生一个错误中断。

　　若要清除该位,则必须由 CPU 将 1 写入,将 0 写入此位是无效的。若 CAN 模块的硬件原理图设置此位的同时 CPU 却要清除此位,则硬件是优先设置的。

　0:对应的邮箱已没有被请求放弃发送。

(3) D7~D4 TRSn (Transmission Request Set):对邮箱 5~2 的发送请求控制。

　1:对应的邮箱 n(5~2)被请求发送的控制信号。

　　若 TRSn 被设置请求该对应的邮箱发送,则要再对此邮箱写入任何信息是被拒绝的,同时在对应的邮箱允许设置先决条件下,此邮箱 n 的信息会被发送出。这些控制位可以多个同时被设置而依次发送信息的操作处理。TRSn 用于邮箱 5、4;邮箱 2、3 被设置为发送邮箱时,TRSn 也可以用于邮箱 2、3。

　　这个位可以由用户以 CPU 指令或 CAN 模块进行设置,并由内部逻辑电路在发送完成后自动清除。这个位的清除可由 CPU 将 1 写入,将 0 写入此位是无效的。若 CAN 模块的硬件原理图设置此位的同时 CPU 却要清除此位,则硬件是优先进行设置的。

　　在遥控帧的请求事件下,对邮箱 2、3 TRS2、3 位是由 CAN 模块的硬件电路自动设置而发送遥控帧请求,并等待回应的信息自动接收。

在 TRSn 被设置的情况下,对其对应的邮箱写入是无效的。同时在对应中断允许下,会产生一个写入拒绝中断 WDIF(Write Denied Interrupt)标志。

0:对应的邮箱 n(5~2)于起始值或已经发送完成而被清除。

这个 TRSn 位在成功地完成发送后,或者一个放弃发送(假如有一个放弃发送请求产生时)会被复位清除。

注意:这个控制位在邮箱发送时,都用作开始发送的启动控制。

(4) D3~D0　TRRn (Transmission Request Reset):对应邮箱 5~2 的发送请求复位。

1:对应的邮箱 n(5~2)已处于请求发送复位的清除状态。

0:对应的邮箱 n(5~2)已处于请求发送复位的非清除状态。

若 TRRn=1 被设置,而此时对应的 TRSn=1 已被设置的发送并不是正在进行的,这时此对应的发送请求将被取消。假如是正在进行的发送,则 TRRn 位将被下列事件所清除:

① 一个成功的发送。

② 由于一个丧失仲裁而产生放弃。

③ 在 CAN 总线上被检测到一个错误的状态。

这个 TRRn 位可以由用户以 CPU 指令,或 CAN 模块的内部逻辑电路进行设置。若 CPU 要设置此位的同时,CAN 模块的硬件电路却试图清除此位,则 CPU 是优先进行设置的。这个位的清除可由 CPU 将 1 写入,将 0 写入此位是无效的。

在 TRRn 被设置的情况下,对其对应的邮箱写入是被拒绝的。同时在对应中断允许下,会产生一个写入拒绝中断 WDIF 标志。

若此位发送成功,则对应的 TAAn 响应标志被设置。若此传输被放弃,则对应的放弃响应位 AAn 会被设置。而在发生错误的情况下,在错误状态寄存器 ESR 内的对应错误状态位会被设置响应查询。

TRRn 位的状态也可由 TRSn 的读取而得知。例如,TRSn 被设置且一个发送正在进行时,TRRn 只可被前面所描述的处理来清除复位。当 TRSn 处于清除状态且其对应的 TRRn 也被设置时,任何作用将无效,因为 TRRn 将会被立即清除。

10.4.3　接收控制寄存器

接收控制寄存器(Receive Control Register,RCR)的各位用来控制信息的接收及遥控帧的处理。各位名称如表 10-13 所列。

表 10-13　接收控制寄存器 CANRCR 寻址 7102H

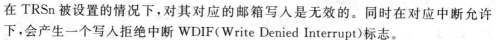

各位功能及操作说明如下。

(1) D15～D12　RFPn(Remote Frame Pending)：对应邮箱 3～0 遥控帧空闲标志。

　　1：对应的邮箱收到遥控帧比较匹配而处于遥控帧的空闲状态。

　　0：没有对应的邮箱收到遥控帧而非处于遥控帧空闲状态。

任何时候一个遥控帧请求被 CAN 模块接收到时,会令此对应邮箱的遥控帧空闲标志 RFPn 设置响应。

当对应的 TRSn 没有被设置(不要求发送)时,此标志会被 CPU 清除,也就是说是自动被清除。当 CPU 要清除此位的同时,CAN 外设的硬件电路却试图设置此位时,CPU 是优先进行清除的。

当信息识别码寄存器 MSGIDn 的自动回应信息位 AAM 没有被设置时(也就是不自动回应信息),CPU 必须在事件后对 RFPn 进行清除。

当信息被自动回应发送成功时,RFPn 会被 CAN 外设进行清除。CPU 不可以中断一个正在进行传输的操作。

注意：这个标志在邮箱遥控帧接收时,用作接收完成与否的判别。

(2) D11～D8　RMLn(Received Message Lost)：对应邮箱 3～0 接收信息遗失标志。

　　1：接收信息有被覆盖写而遗失。

　　0：接收信息没有被覆盖写遗失。

当邮箱 n(3～0)中一个原有信息被取出前又被一个新接收到的信息覆盖写,则 RMLn 位会被设置响应。若对应的覆盖写保护位 OPCn 被设置,则新的信息就不会被覆盖写入原有信息,RMLn 就不会被设置,但是一个新的接收信息可能会遗失而不会被警告。

这些标志位只可以被 CPU 清除,而设置则仅可由 CAN 外设的硬件来回应,因此将 1 写入这些标志位就会将其清除。若 CPU 要清除此位的同时,CAN 模块硬件电路却试图设置此位,则 CAN 硬件是优先进行设置的。

当 RCR 寄存器内一个或一个以上 RMLn 被设置响应时,在 CAN_IFR 中断寄存器中的接收信息遗失中断标志 RMLIF 同时会被设置。当在中断屏蔽寄存器 CAN_IMR 中的对应接收信息遗失中断屏蔽 RMLIM 也设置时,将启动一个中断操作。

(3) D7～D4　RMPn(Received Message Pending)：邮箱 3～0 处于接收完成的空闲标志。

　　1：对应的邮箱收到信息完成而处于空闲状态。

　　0：没有对应的邮箱收到信息而非处于空闲状态。

当一个对应邮箱 n 接收信息完成而存放于 RAM 时,此标志被设置响应。

这些标志位只可以被 CPU 清除,而由 CAN 外设的硬件来回应,这些 RMPn 位及上述的 RMLn 位在对应位的地址,可以利用将 1 写入其 RMPn 标志而将二个标志一起清除。若 CPU 要清除此位的同时,CAN 模块却试图设置此位,则 CAN 是优先进行设置的。

在邮箱 n(3～0)中对应的覆盖写保护位 OPCn 没有被设置且一个旧的信息没有被取出时,会被一个新接收到的信息覆盖写。注意：对应的覆盖写保护位 OPCn 被设置时,新的信息会对应检查下一个邮箱的识别码进行比较接收;当旧信息被覆盖写时,对应的 RMLn 状态标志会被设置。

注意：这个状态标志在邮箱进行信息接收时,用来作为接收完成与否的判别。

在 RCR 寄存器内一个或一个以上 RMPn 被设置时,CAN_IFR 中断寄存器的邮箱中断标志 MIFx 同时会被设置；若中断屏蔽寄存器 CAN_IMR 的对应中断屏蔽 MIMx 也是设置时,将启动一个 MIF 中断操作。

(4) D3~D0 OPCn(Overwrite Protection Control)：覆盖写保护控制位。

1：保护旧信息在被读取前不被新的接收信息覆盖写。

0：旧信息不进行覆盖写保护。

防止当接收邮箱内的信息尚未被读取，而又有新的信息被接收到时就是信息被覆盖写的处理方式。当对应邮箱有溢出情况发生时，新的信息要被存放覆盖写或者忽略，则依赖 OPCn 覆盖写保护控制位的设置与否；当对应的 OPCn 位被设置时，旧信息被保护而防止新的接收信息将其覆盖写，也因此新信息将会检查下一个邮箱进行识别码比较，查找比较，匹配者将其接收写入。当没有找到识别码匹配而将此新信息接收时，此信息是会被遗失而并不会被进一步警示。当对应的 OPCn 位没有被设置时，旧信息被新的接收信息覆盖写。

10.4.4 主控制寄存器

主控制寄存器(Master Control Register，MCR)用来控制 CAN 内核模块的操作行为。其各位名称如表 10-14 所列。

表 10-14 主控制寄存器 CANMCR 寻址 7103H

15	14	13	12	11	10	9	8
保留		SUSP	CCR	PDR	DBO	WUBA	CDR
		RW-0	RW-1	RW-0	RW-0	RW-0	RW-0

7	6	5	4	3	2	1	0
ABO	STM	保留				MBNR[1:0]	
RW-0	RW-0	RW-0					

各位功能及操作说明如下。

(1) D15~D14：保留位。

(2) D13 SUSP (Action On SUSPending)：仿真器在空闲状态时的操作设置位。

这个位的设置对于接收邮箱是无效的，因为接收是不可被中断的。

0：Soft 模式，仿真器空闲时，CAN 将目前信息发送完后就会停止。

1：Free 模式，仿真器空闲时，CAN 继续发送所有信息，不受影响。

(3) D12 CCR(Change Configuration Request)：改变配置的请求控制。

0：CAN 操作于正常连线模式。若 CAN 处于离线状态或 ABO=0 的设置状态，则经过恢复离线所必需的程序后会跳出，并会自动令 CCR=0，而恢复 CAN 连线。

1：CAN 处于离线状态。若要求改变 CAN 的位传输率，也就是位率配置寄存器 BCR1 及 BCR2 的内容，这时必须等待 GSR 寄存器内的 CCE=1 回应(必须对应读取检测是否已设置好)，则表示允许 CPU 进行位率配置寄存器 BCRn 的设置操作。当设置完成时，CPU 必须令 CCR=0 并等待 CCE=0 回应才会恢复 CAN 正常连线操作，此位在 CAN 总线处于离线的有效状态以及 ABO 不被设置时，会自动将此 CCR 设置为 1 响应。要断开此离线状态时，必须将其清除，令 CCR=0。

注意：这个位控制相当重要，必须搭配 GSR 寄存器的改变结构允许位 CCE 状态，以回应处理位率配置寄存器 BCRn 的设置,以及如何恢复 CAN 总线的正常操作。

(4) D11　PDR(Power-Down Request):电源下降省电模式请求。

在 CPU 进入空闲的 IDLE 模式前(若此 IDLE 会关掉其外设的时钟操作而省电),必须先将此电源下降省电模式请求位 PDR 写入 1 允许,这时 CPU 必须一直监测其省电响应 PDA 位(GSR 的 D3 位)在此 PDA 进入 1 标识状态后,才可进行 IDLE 指令操作。

0:禁用电源下降省电模式。

1:允许电源下降省电模式。

(5) D10　DBO(Data Byte Order):传输数据字节的顺序。

0:传输的顺序为 0、1、2、3、4、5、6、7。

1:传输的顺序为 3、2、1、0、7、6、5、4。

备注:DBO 位用来定义当接收到的信息被存放到邮箱的 RAM 存储器数据字顺序(4 个邮箱共 8 个字),或者要发送的数据字在邮箱 RAM 内以便被发送的读出顺序定义,如图 10-1 所示,在信息中字 0 是第一个字,字 7 是最后一个字。

(6) D9　WUBA (Wake Up on Bus Activity):CAN 网络唤醒功能位。

0:须以软件设置 PDR=0(禁用省电),才会唤醒 CAN 退出省电模式。

1:当检测到 CAN 网络上有任何信息支配来临时,会被唤醒而自动退出省电模式。

(7) D8　CDR(Change Data Field Request):改变邮箱内的 RAM 数据域请求。

这个位仅可应用于邮箱 2、3,且在下列情况下:

① 这个邮箱或这二个邮箱都被配置成发送邮箱。

② 其对应的自动回应位 AAM 被设置时。

若随意改变 AAM=1 的回应数据,则当遥控帧来临且比较匹配时,随意改变其内容信息将造成硬件的混乱。

0:CPU 要求 CAN 处于正常工作。

1:CPU 要求对于 MBNR(MCR 的 D1~D0)所设置的邮箱进行数据区的写入,当执行完对应数据的存取后,必须清除 CDR 令 CDR=0,当 CDR=1 时 CAN 模块不会发送其邮箱内的数据。这是由于在从邮箱读取数据并存入发送缓冲器的前后,都随时由 CAN 模块的状态机构检测而加以控制。

(8) D7　ABO(Auto Bus On):自动将 CAN 总线网络线接上的控制位。

0:令 CCR=0 后以及在网络总线上产生 128×11 个隐性位后,CAN 就会脱离其离线状态而恢复连线。

1:在 CAN 总线离线后,网络线上产生 128×11 个隐性位后,CAN 模块会因 ABO=1 而自动恢复连线。

(9) D6　STM(Self-Test Mode):内部回环的测试模式允许位。

0:不作自我测试连接操作,令 CAN 处于网络正常工作状态。

1:CAN 处于自我测试模式,此时 CAN 会自己产生应答(ACK)信号,模块无须外部连接网络线,故数据帧并没有发送出去,而被回接存到对应所设置的邮箱接收,以测试功能是否正常。遥控模式的邮箱对这种回环测试模式的 STM 功能是无效的。

(10) D5~D2:保留位。

(11) D1~D0　MBNR(Mailbox Number):选择邮箱 2、3 进行写入操作及远程帧的设置。

对应 CDR=1 时才可进行写入操作。

在 CPU 要求对邮箱 2、3 的数据区写入存取时,所设置的邮箱 2 或 3 以及其被配置成遥控帧处理时,设置其邮箱数(2、3)才有意义。

10:选择邮箱 2。

11:选择邮箱 3,其余无作用。

10.4.5 位传输率设置寄存器

位传输率设置寄存器(Bit Configuration Registers,BCRn)是 BCR1 及 BCR2 两个寄存器,用来设置 CAN 节点的网络传输时间参数。在 CAN 离线时(CCR=1)的配置模式下,必须等待 GSR 寄存器内的 CCE=1 回应(必须对应读取检测是否已设置好),表示允许 CPU 进行位率配置寄存器 BCRn 的设置,才能进行位传输率设置寄存器 BCR1 及 BCR2 的设置。BCR2 及 BCR1 如表 10-15 及表 10-16 所列。

注意:为了避免不可预测的情况发生,BCR1 及 BCR2 的设置必须根据 CAN 协议的规范来进行。

表 10-15 字节状态寄存器 2 CANBCR2 寻址 7104H

15	14	13	12	11	10	9	8
保留							
7	6	5	4	3	2	1	0
BRP[7:0]							
RW-0							

表 10-16 字节状态寄存器 1 CANBCR1 寻址 7105H

15	14	13	12	11	10	9	8
保留					SBG	SJW[1:0]	
					RW-0	RW-0	RW-0
7	6	5	4	3	2	1	0
SAM	TSEG1-[3:0]				TSEG2-[2:0]		
RW-0	RW-0				RW-0		

各位功能及操作说明如下。

(1) D15~D8:保留位。

(2) D7~D0 BRP(Baud Rate Prescaler):传输速率预分频器决定 CAN 时间单元 TQ,BRP[7:0]设置在 CAN 模块系统时钟单元中的一个时间单元(TQ)。

一个 TQ 单元时间的定义如下:

$$TQ = \frac{BRP+1}{I_{CLK}} = \Delta T \times (BRP+1)$$

其中 I_{CLK} 为 CAN 模块的系统时钟频率,与 DSP 的 CLKOUT 相同;ΔT 是时钟周期,CLKOUT 为 10 MHz 时其值为 100 ns。

(3) D15~D11：保留位。

(4) D10 SBG (Synchronization on Both Edges)：CAN 的时钟信号在正边沿及负边沿同步选择位。

  0：在负边沿来临时产生重新同步。

  1：在正边沿及负边沿来临时均会产生重新同步。

(5) D9~D8 SJW[1：0](Synchronization Jump Width)：同步跳转宽度选择位。

为了补偿在 CAN 不同时钟频率下所产生的相位偏移。

SJW 指出每个周期有多少个 TQ 单元时间，以允许增长或减短 CAN 总线上所接收到的数据流的同步时间。同步化可在总线信号的上升沿(SBG＝0)或上升沿及下降沿两个边沿(SBG＝1)来进行。SJW 可设置 1~4(00~11)个 TQ 值。

(6) D7 SAM(Sample Point Setting)：取样次数设置。

这个参数设置决定 CAN 模块用来检测总线上正确的电平所要用的取样数。当 SAM 设置为 1 时，CAN 总线上最后的 3 个取样点值，以主要多数值(2 个以上的相同电平值来定其结果值)用来决定其信号电平值。这些取样点是在取样点及以 2 倍于一个(1/2)TQ 时距前的取样。

  0：CAN 模块仅取样 1 次。

  1：CAN 会取样 3 次，并以多数来决定。

(7) D6~D3 TSEG1[3：0](Time Segment 1)：设置传输延时时间段(PROG_SEG)及相位延时时间段(PHASE SEG)。该参数的设置用来决定以 TQ 单位的 TSEG1 区段时间。

TSEG1 根据 CAN 的协议用来汇编传输延时时间段(PROG_SEG)及相位延时时间段(PHASE_SEG)。设置如下：

$$TSEG1 = PROG\_SEG + PHASE\_SEG$$

TSEG1 必须设置 3~16 个 TQ 单位时间，并且要设置 TSEG1≥TSEG2。

(8) D2~D0 TSEG2[2：0](Time Segment 2)：TSEG2 以 TQ 单元来设置相位延时时间段(PHASE_SEG)。

在负边沿发生重新同步(SBG＝0)时，TSEG2 时间最小值为 1+SJW。因此 TSGE2 时间段可设置为 2~8 个 TQ 时间单元且须满足下列条件：

$$(SJW+SBG+1) \leqslant TSEG2 \leqslant 8 \quad TSEG2 \leqslant TSEG1$$

整个 CAN 模块的时间区段如图 10-6 所示。

传输速率的计算公式如下(每秒位数 bps)：

$$\text{Baud Rate} = CPUCLK/[(BRP+1) \times \text{Bit Time}] = 1/(TQ \times \text{Bit Time})$$

当 Bit Time 为几个 TQ 单位时间时，有：

$$\text{Bit Time} = (TSEG1+1) + (TSEG2+1) + 1$$

$$BRP = 波特率预分频器$$

例如，CPUCLK＝20 MHz、TSEG1 及 TSEG2 传输速率的设置如表 10-17 所列。

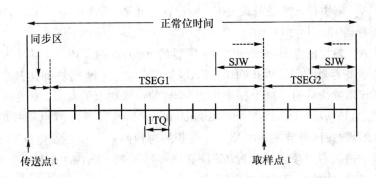

图 10-6　CAN 模块位率的时间区段

表 10-17　CPUCLK＝20 MHz、TSEG1 及 TSEG2 传输速率的设置

TSEG1	TSEG2	Bit Time	BRP	SJW	SBG	Baud Rate
4	3	10	1	1 或 2	1	1 Mbps
14	6	23	8	4	1	0.096 Mbps
3	2	8	0	1	0	2.5 Mbps
14	3	20				250 kbps

10.5　CAN 的状态寄存器

CAN 模块有两个状态寄存器：整体状态寄存器 GSR 和错误状态寄存器 ESR。GSR 具备了 CAN 外设所有功能的信息状态,而错误状态寄存器则包含任何状态所遇到的错误信息。

10.5.1　CAN 的整体状态寄存器

整体状态寄存器(Global Status Register,GSR)各位如表 10-18 所列。

表 10-18　整体状态寄存器 CANGSR 寻址 7107H

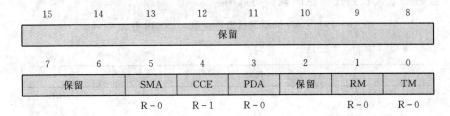

各位功能及操作说明如下。

(1) D15～D6：保留位。

(2) D5　SMA(Suspend Mode Acknowledge)：空闲模式的响应标志。

　　0：此 CAN 模块并没有处于空闲模式。

　　1：此 CAN 模块正处于空闲模式。

(3) D4　CCE(Change Configuration Enable)：改变 CAN 配置的允许响应标志。

0：此 CAN 模块并未准备好改变 CAN 配置的允许，因此拒绝写入 CAN 的位传输率、设置寄存器 BCR1 及 BCR2。

1：此 CAN 模块已准备好改变 CAN 配置的允许，此时 CPU 可以写入 CAN 的位传输率设置寄存器 BCR1 及 BCR2。CAN 被复位或 CAN 模块到达其空闲状态时，写入 BCRn 是被认可的。这个标志作为 CCR 的设置请求的 CAN 模块硬件回应。

(4) D3 PDA(Power-Down Mode Acknowledge)：电源下降省电模式的响应。当 CPU 要进入 IDLE 空闲状态时（将潜在地关掉所有设备的时钟而省电），必须先令 MCR 的 PDR 省电请求位设置来请求进入省电模式。此时 CPU 必须一直检测 PDA 的省电响应标志告知其已准备好进入省电模式后，才执行 IDLE 指令而进入。

0：此 CAN 外设模块并没有处于省电模式。

1：此 CAN 外设模块已经进入而处于省电模式。

这个位是在潜在的一个时钟 CLOCK 周期到一个帧长度时间后设置。

(5) D2：保留位。

(6) D1 RM(Receive Mode)：该位反映 CAN 模块是否真正地正在执行接收模式，而不管邮箱被配置成何种模式。

0：此 CAN 内核模块并没有正在接收一个信息。

1：此 CAN 内核模块正在接收一个信息。

(7) D0 TM(Transmit Mode)：该位反映 CAN 模块是否真正地正在执行发送模式，而不管邮箱被配置成何种模式。

0：此 CAN 内核模块并没有正在发送一个信息。

1：此 CAN 内核模块正在发送一个信息。

10.5.2 CAN 的错误状态寄存器

CAN 的错误状态寄存器(Error Status Register,ESR)用来显示此 CAN 模块在操作期间所发生的错误。只有第一次的错误会被记录存放，接下来发生的错误就不会改变此寄存器内的状态标志。其各位名称如表 10-19 所列。这些寄存器内的标志除了 SA1 外都可以将 1 写入来清除，而 SA1 在总线上接收到任何位时就会将其清除。

表 10-19 CAN 的错误状态寄存器 CANESR 寻址 7106H

15	14	13	12	11	10	9	8
保留							FER
							RC-0

7	6	5	4	3	2	1	0
BEF	SA1	CRCE	SER	ACKE	BO	EP	EW
RC-0	RC-0	RC-0	RC-0	RC-0	R-0	R-0	R-0

各位功能及操作说明如下。

(1) D15~D9：保留位。

(2) D8 FER(Form ERror Flage)：CAN 的格式错误标志。

0：此 CAN 模块可以正确地发送及接收而没有格式错误发生。

1：此 CAN 模块在总线上有一个格式错误发生,这意义着一个或多个的固定格式位区有错误的电平发生在总线上。

(3) D7　BER(Bit ERror Flag)：CAN 的位错误标志。

0：此 CAN 模块可以正确地发送及接收而没有格式错误发生。

1：此 CAN 模块在仲裁区外接收到的位中有不匹配的传输位,或在发送仲裁区期间,一个支配位被送出,但却只接收到隐性位时。

(4) D6　SA1(Stuck At dominate Error)：CAN 发生支配阻塞的错误。

0：此 CAN 模块检测到一个隐性位。

1：在一个硬件或软件复位后或总线离线情况下,此 SA1 位经常是被设置的,也就是 CAN 模块并没有检测到一个隐性位。

(5) D5　CRCE(CRC Error)：检测到 CRC 有错误的标志。

0：此 CAN 模块没有检测到错误的 CRC。

1：此 CAN 模块检测到错误的 CRC。

(6) D4　SER(Stuck Error)：填充位发生错误。

0：此 CAN 模块没有发生填充位错误。

1：此 CAN 模块发生填充位错误。

(7) D3：ACKE(Acknowledge Error)：响应发生错误。

0：此 CAN 模块接收到一个响应。

1：此 CAN 模块没有接收到一个响应。

(8) D2　BO(Bus Off Error)：总线关掉的状态。

0：此 CAN 模块的总线正常操作。

1：此 CAN 模块在总线上有一个不正常的传输错误率发生。这个错误的发生是在发送错误计数器 TEC 计数值达到极限的 256 值时,且会发生总线关掉的状态,这将停止任何发送和接收。这个状态只有在主控寄存器 MCR 内的 CCR 位被清除,或在 MCR 的自动总线接上 ABO 位设置时就可以跳出;当跳离总线关掉状态的同时,会清除发送错误计数器 TEC。}

(9) D1　EP(Error Passive Status)：消极的错误状态。

0：此 CAN 模块并没有处于消极的错误状态。

1：此 CAN 模块处于消极的错误状态。

(10) D0　EW(Error Warring Status)：警示错误状态。

0：此 CAN 模块的两个错误计数器都小于 96 的非警示状态。

1：此 CAN 模块的两个错误计数器都达到 96 电平的警示状态。

10.5.3　CAN 的错误计数寄存器

CAN 模块内容两个错误计数器(Can Error Counter Register,CEC)：发送错误计数器(TEC)和接收错误计数器(REC)。这两个计数值都可以通过 CPU 由 CEC 寄存器来读取。各计数器如表 10-20 所列。

表 10-20　CAN 的错误计数寄存器 CANCEC 寻址 7108H

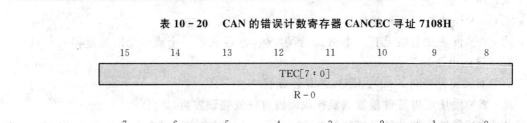

当 REC 超过接收错误消极极限值(128)后,就不再进一步增加。当一个信息被正确地接收到时,此计数器就一再被设置为 119～127。在达到其总线关掉状态后,TEC 计数值是不确定的,但 REC 却被清除以及其功能就被改变。当总线上连续出现 11 个隐性位后,会令 REC 加 1。这 11 个位是总线上对两个发信间的间隙。当 REC 计数值到达 128 时,若 MCR 的 ABO 位被设置,则此模块将自动改变回到总线接通状态;否则,在经过 11×128 位的恢复程序后,以及在 MCR 寄存器内的 CCR 位被 CPU 清除时,CAN 恢复总线接通状态,所有内部标志被清除以及错误计数器被清除归零,而结构寄存器则保持其定义值。

在进入低功耗的省电模式后,此错误的计数值维持不变,当 CAN 模块进入被结构化模式时,错误的计数值是被清除的。

10.6　CAN 的中断控制

由 CAN 外设到其外设的中断扩充(PIE)控制中,有两个中断请求:邮箱中断和错误中断。这两个中断都可以高优先级或低优先级来对 CPU 提出中断请求。下列的事件可以启动一个中断:

(1) 邮箱中断。一个信息被成功地发送或接收到时,这个情况将会提出其邮箱中断请求。

(2) 放弃响应的中断。一个信息发送被放弃时,这个情况将会提出错误中断请求。

(3) 写入拒绝的中断。CPU 试图对一个邮箱写入而不被允许时,这个情况将提出错误中断请求。

(4) 唤醒中断。CAN 模块在被唤醒后,这个中断将产生,这个情况即使时钟没有操作,也将提出错误中断请求。

(5) 接收信息遗失的中断。当 CAN 模块内的一个旧信息被一个新信息覆盖写时,这个情况将提出错误中断请求。

(6) 总线关掉的中断。CAN 模块进入总线关掉状态时,这个情况将提出错误中断请求。

(7) 消极错误的中断。CAN 模块在进入消极错误状态时,这个情况将提出错误中断请求。

(8) 错误达到警示水平的中断。CAN 模块的两个错误计数器都达到大于或等于 96 的警示值时,这个情况将提出错误中断要求。

注意:在进入中断服务程序时,用户必须先检查所有在中断标志 CAN_IFR 内的中断标志,用来确认是否有一个以上的位被设置。此时对应中断服务子程序 ISR 必须对所有被设置的中断标志位进行处理。即使在 CAN_IFR 内有多个位被设置,其内核中断也仅执行一次,因此必须这样处理。

10.6.1 CAN 的中断标志寄存器

当对应的中断状况发生时,CAN 中断标志寄存器 CAN_IFR(CAN Interrupt Flag Register)的对应位会被设置。只有当中断屏蔽寄存器 CAN_IMR 的对应位被设置时,适当邮箱中断请求将会被提出。外设中断请求维持于有效状态直到 CPU 将 1 写入其对应位才清除。一个中断响应并不会清除此中断标志,而对应写入 IF 中断标志并不会清除其 MIFx 中断标志位。相对地,发送邮箱(邮箱 2~5)必须对应 TCR 寄存器中的 TAn 位,接收邮箱(邮箱 0~3)则必须对应 RCR 寄存器中的 RMPn 位。将 1 写入来清除 TAn 及 RMPn 标志的同时,就会清除其对应中断标志。假如先前的事件中断在被清除前,另一个中断事件结合此相同的中断请求发生时,此中断请求将继续提出,直到所有的中断标志被清除为止。CAN 中断标志寄存器 CAN_IFR 各位如表 10 - 21 所列。

表 10 - 21 CAN 中断标志寄存器 CAN_IFR 寻址 7109H

15	14	13	12	11	10	9	8
保留		MIF5	MIF4	MIF3	MIF2	MIF1	MIF0
		R-0	R-0	R-0	R-0	R-0	R-0

7	6	5	4	3	2	1	0
保留	RMLIF	AAIF	WDIF	WUIF	BOIF	EPIF	WLIF
	R-0	R-0	R-0	R-0	R-0	R-0	R-0

各位功能及操作说明如下。

(1) D15~D14:保留位。

(2) D13~D8 MIFx(Mailbox Interrupt Flag):接收及发送的中断标志。

    0:没有信息被接收或发送。

    1:对应的邮箱成功地发送或接收一个信息。

6 个邮箱中每一个都可启动一个中断。假如一个可被结构化的邮箱(MBOX2、3)被配置成遥控请求邮箱,其自动回应位 AAM 设置为 1 时,同时一个遥控帧被接收到,则在其送出数据帧后,其对应的一个"发送"中断标志将被设置响应。当一个遥控帧被送出后,在其接收到所需的数据帧后,将会设置一个"接收"中断标志。

对于每个邮箱的 MIFx 中断都有一个中断屏蔽 MIMx,若一个信息被接收到,则对应地在接收控制寄存器 RCR 内接收信息空闲位 RMPn 被设置。若一个信息被送出,则对应地在发送控制寄存器 TCR 内发送信息响应位 TAn 被设置。这种 RMPn 或 TAn 位设置的同时,也会令其对应的邮箱中断寄存器 IFR 的邮箱中断标志 MIFx 加以设置。当对应的中断屏蔽未被屏蔽而允许时,此 MIFx 标志会产生一个中断请求,因此 CAN_IMR 中对应的 MIMx 屏蔽位决定是否由此邮箱的传输而产生一个中断。

(3) D7:保留位。

(4) D6 RMLIF(Receive Message Lost Interrupt Flag):接收信息遗失的中断。

    0:没有发生接收信息遗失。

    1:在接收邮箱上至少发生一个信息被覆盖写的接收信息遗失。

(5) D5 AAIF(Abort Acknowledge Interrupt Flag):放弃响应的中断。

0:没有发生放弃发送。

1:一个送出的发送被放弃。

(6) D4 WDIF(Write Denied Interrupt Flag):写入拒绝的中断标志。

0:写入到邮箱的存取是成功的。

1:CPU 试图对一个邮箱写入而不被允许。

(7) D3 WUIF(Wake-Up Interrupt Flag):唤醒的中断标志。

0:此模块仍然处于睡眠模式或一般的模式。

1:此模块已经离开睡眠模式。

(8) D2 BOIF(Bus Off Interrupt Flag):总线关掉的中断标志。

0:此模块仍然处于总线接上的模式。

1:此模块已经进入总线关掉的模式。

(9) D1 EPIF(Error Passive Interrupt Flag):错误消极的中断标志。

0:此模块并没有处于错误消极的模式。

1:此模块已经处于错误消极的模式。

(10) D0 WLIF(Warning Level Interrupt Flag):警示电平的中断标志。

0:错误计数器中两个计数器都没有计数达到 96 的警示电平。

1:错误计数器中两个计数器至少有一个计数达到 96 的警示电平。

10.6.2 CAN 中断屏蔽寄存器

此 CAN 中断屏蔽寄存器 CAN_IMR(CAN Interrupt Mask Register)除了邮箱中断优先级 MIL 及 EIL 的电平信息外,配置上都与前面的 CAN 中断屏蔽寄存器 CAN_IFR 相同。若中断屏蔽位被设置,则对于 PIE 控制的对应中断请求被允许。CAN_IFR 寄存器各位如表 10-22 所列。

表 10-22 CAN 中断屏蔽寄存器 CAN_IMR 寻址 710AH

15	14	13	12	11	10	9	8
MIL	保留	MIM5	MIM4	MIM3	MIM2	MIM1	MIM0
RW-0	RW-0	RW-0	RW-0	RW-0	RW-0	RW-0	RW-0

7	6	5	4	3	2	1	0
EIL	RMLIM	AAIM	WDIM	WUIM	BOIM	EPIM	WLIM
RW-0	RW-0	RW-0	RW-0	RW-0	RW-0	RW-0	RW-0

各位功能及操作说明如下。

(1) D15 MIL(Mailbox Interrupt Priority Level):邮箱的中断优先级电平。

对应邮箱 MIF5~MIF0 的中断优先级电平设置。

0:这个邮箱的中断产生高的优先级,也就是对外设中断的 CANBOXIRQn 以及 CAN-BOXPRI 被设置为 1 的电平。

1:这个邮箱的中断产生低的优先级,也就是对外设中断的 CANBOXIRQn 以及 CAN-BOXPRI 被设置为 0 的电平。

(2) D14：保留位。

(3) D13～D8　MIMx(Mailbox Interrupt Mask)：对MIFx的屏蔽设置。

0：禁止中断。　　1：允许中断。

(4) D7：保留位。

(5) D6　RMLIM(Receive Message Lost Interrupt Mask)：RMLIF的屏蔽设置。

0：禁止中断。　　1：允许中断。

(6) D5　AAIM(Abort Acknowledge Interrupt Mask)：放弃响应的中断屏蔽。

0：禁止中断。　　1：允许中断。

(7) D4　WDIM(Write Denied Interrupt Mask)：写入拒绝的中断屏蔽。

0：禁止中断。　　1：允许中断。

(8) D3　WUIM(Wake-Up Interrupt Mask)：唤醒的中断屏蔽。

0：禁止中断。　　1：允许中断。

(9) D2　BOIM(Bus Off Interrupt Mask)：总线关掉的中断屏蔽。

0：禁止中断。　　1：允许中断。

(10) D1　EPIM(Error Passive Interrupt Mask)：错误消极的中断屏蔽。

0：禁止中断。　　1：允许中断。

⑪ D0　WLIM(Warning Level Interrupt Mask)：警示电平的中断屏蔽。

0：禁止中断。　　1：允许中断。

CAN模块的中断优先级及其对应向量如表10-23所列。

表10-23　CAN中断向量表(x=0、1、2)

中断源名称	优先级	中断向量地址	中断源允许寄存器位	外设中断向量PIVR	说　明
CANMBINT	12	INT1 0002H	IMR(D0)	0040	CAN邮箱中断(高优先)
CANERINT	13		IMR(D0)	0041	CAN错误中断(高优先)
CANMBINT	45	INT5 000AH	IMR(D4)	0040H	CAN邮箱中断(低优先)
CANERINT	46		IMR(D4)	0041H	CAN错误中断(低优先)

10.7　CAN的结构配置模式及其传输操作

　　此CAN模块在操作前必须初始化配置结构,这只在定义CCR=1并等待CCE=1标志的响应其已进入结构配置模式,才可以进行对应传输速率的结构寄存器写入;当配置完成后,必须再令结构改变请求位CCR=0,并等待硬件处置后的CCE=0标志响应其已跳出结构配置模式回到正常模式。在硬件复位时,此结构配置模式是有效的。图10-7为CAN模块的初始化结构配置操作流程。

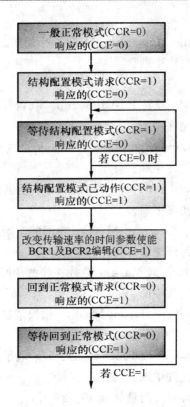

图 10-7 CAN 模块的初始化结构配置操作流程

上述的操作对应的程序如下：

```
            LDP   #CANMDER>>7              ;DP_CAN
            SPLK  #0000000000000100B,CANMDER ;d6 = 0 MBX2 发送 d2 = ME2 = 1 并允许
            SPLK  #0001000010000000B,CANMCR  ;CCR = 1 CDR = 1 要改变结构及数据
W_CCE       BIT   CANGSR,#0BH              ;等待 CAN 是否设置好改变的响应 d15~d11 = D4 CCE
            BCND  W_CCE,NTC                ;CCE = 0,则跳回再等 CCE = 1,可开始改变如下的操作
            SPLK  #0000000000000000B,CANBCR2 ;CAN 传输速率预分频设置;D15~D8 X
                                           ;D7~D0 波特率预分频值 = 0
            SPLK  #0000010101010111B,CANBCR1
;CAN BCR1 各位对应如下
;d15~d11 XX
;d10 在下降沿或上升及下降沿都同步化的设置下降沿 = 0, = 1 二个边沿(= 1)
;d9~d8 同步化要跳过 1~4 个 TQ 宽的设置[01 = 2 个]
;d7 取样点的设置(1:做 3 取 2 的判别;0:只一次) = 0
;d6~d3 时间区段 1 = 1010 = 10[TSEG2 + 1] + [TSEG1 + 1] = 位时间 [3~16 个 TQ]
;d2~d0 时间区段 2 = 111 = 7[2~8 个 TQ]TSEG2 <= TSEG1
            SPLK  #0000000000000000B,CANMCR  ;令 CDR = 0 CCR = 0 不再改变
W_NCCEBIT   BIT   CANGSR,#0BH              ;检测 CCE 位是否为 0 的断开设置改变的模式
            BCND  W_NCCE,TC                ;若 CCE = 1,则跳回等待直到 CCE = 0 的硬件结构响应
```

注意：要改变邮箱的数据或识别码时,必须先将邮箱的传输功能禁用,等要开始传输才可以允许。参考示例如下:

;改变邮箱的识别码及其数据时的程序操作示例
            LDP ♯DP_CAN
            SPLK ♯0000000000000000B,CANMDER
;[d7～d0] MD3～2(邮箱2、3方向设置 0＝T,1＝R),
;ME5～ME0＝000000(邮箱 5～0 允许 En/Dis)须先禁用
            SPLK ♯0000000100000000B,CANMCR;CAN 的主控制寄存器 CDR＝1
;要改变 CAN 的模式及设置数据区控制 CANMCR 各位对应如下
;d15～14 x,保留
;d13 SUSP 在仿真器调试时的操作是否做完此发送后空闲(0)或继续执行(1)
;d12 CCR 改变 CAN 结构的请求：0＝正常操作；1＝CPU 请求改变 CCR
;d11 PDR(省电模式的请求)＝10＝没有请求 No Req
;d10 DBO(存放数据字于邮箱的顺序)＝0＞0,1...7, ＝1＞3,2,1,0,7,6,5,4
;d9 WUBA(唤醒总线)＝0 leaves pdn only after wr 0 to PDR ＝1 L PDN when dd
;d8 CDR 改变 CAN 数据构的请求：0＝正常操作；1＝CPU 请求改变 CDR
;d7 ABO 自动接上总线,0＝总线在 off 后 128×11 接收位以及 ccr＝0 后才接上
;若1＝不需要,ccr＝0
;d6 STM 自我测试模式
;d5～2 rev xxxx 保留
;d1～d0 MBNR(将数据写入对应接收邮箱时仅限于
;若邮箱 2、3 被配置为接收及遥控处理时,则将数据写入对应的邮箱数为
;(2[10],3[11])这时的数据写入,若 AAM＝1,则必须令 CDR＝1,完成后令 CDR＝0
LDP ♯DP_CAN2
SPLK ♯1111111111111111B,CANMSGID2H ;邮箱 2 的信息的识别器
;CANMSGID2H 各位对应如下
;d15 IDE(＝1,识别码[29 位]为扩充模式；＝0,一般模式[11 位])
;d14 AME(接收屏蔽允许：＝0,没有屏蔽 id 都必须比较；＝1,则针对 lam 来比较)
;d13 AAM(＝1,发送的邮箱由遥控模式自动回话模式的设置位；＝0,不回话)
;邮箱 2 被设置为发送邮箱,且 AAM＝1,自动回话,故设置数据必须令 CDR＝1
;d12～d0 扩充模式识别码中的高 13 位 I28～I16)
            SPLK ♯1111111111111111B,CANMSGID2L ;识别码中的低 16 位 ID 设置
            SPLK ♯0000000000001000B,CANMSGCTRL2 ;CAN 信息控制器 2
;CANMSGCTRL2 各位对应如下
;d4＝0 RTR 遥控发送请求 ＞＝0,数据帧；＝1,遥控帧
;d3～d0 数据字数设置码 0000＝0,0010＝2,0100＝4,0110＝6,1000＝8 个字
            SPLK ♯0FEDCh,CANMBX2A ;将邮箱内 4[A,B,C,D]个 16 位
            SPLK ♯0BA98h,CANMBX2B ;＝8 个 8 位的字分别写入要发送的数据
            SPLK ♯07654h,CANMBX2C
            SPLK ♯03210h,CANMBX2D
            LDP ♯DP_CAN
            SPLK ♯0000000000000000B,CANMCR ;d8＝CDR＝0,CCR＝d1＝0 不请求设置,
;在前面的传输率位设置时已经设置好邮箱 2 为发送邮箱并允许,因此当设置 CDR＝0,CCR＝0 后,将会
;根据接收到的遥控帧内的识别码比较,若匹配,则会自动将所设置的 CANMBX2A－D 内容发送出去

经过上述的结构配置后,便可开始发送数据或等待接收数据。发送信息的启动必须由 TCR 的 TRSn 位设置来发送,但若是邮箱 2、3 的自动响应 AAM＝1,则不需要,而如何才得知已发送完成呢？有以下 4 种方式：

(1) 一直检测 TCR 寄存器内的对应 TAn 位是否为 1 的响应发送成功。

(2) 检测 CAN_IFR 中的中断对应标志 MIFx 是否为 1 的响应。

(3) 设置对应的中断允许,由中断服务子程序执行对应处理而完成。

(4) 以一个简单的时间延迟(或执行合适时间的子程序)来等待。

注意:发送完成,则必须清除对应的 TAn,同时会清除对应的 MIFx 标志。

一般的发送设置程序举例如下:

```
        SPLK  #0020H,CANTCR
;CAN 的发送控制寄存器 TCR
;d15~d12 TA5~TA2 邮箱 5~2 的发送响应 ACK d13 = mbox3 = TA3 ack
;d11~d8 AA5~AA2 邮箱 5~2 的发送放弃响应 ACK
;d7~d4 TRS5~TRS2 发送请求设置 D5 = 1 为邮箱 3 MBX3 发送请求
;d3~d0 TRR5~TRR2      发送请求复位
W_TA    BIT CANTCR,2   ;等待 CAN 模块硬件是否已发送并响应 15~13 = D2 TA3
        BCND W_TA,NTC  ;若 TA3 = 0,则跳回 W_TA 再等待 TA3 = 1
```

上述的发送流程如图 10-8 所示。

同样,要接收信息时,对应邮箱 2、3 可以设置为接收邮箱,且对应先送出遥控帧后就会等待匹配识别码的邮箱传回信息而接收。邮箱 4、5 为一般的接收邮箱,如何知道信息已接收到呢?同样有以下 4 种方式:

(1) 一直检测 RCR 寄存器内的对应 RMPn 位是否为 1,以便响应发送成功。

(2) 检测 CAN_IFR 中的中断对应标志 MIFx 是否为 1 的响应。

(3) 设置对应的中断允许,由中断服务子程序执行对应处理而完成。

(4) 以一个简单的时间延迟(或执行相当时间的子程序)来等待。

注意:接收完成后,必须清除对应的 RMPn,同时也会自动清除对应的 MIFx 标志。

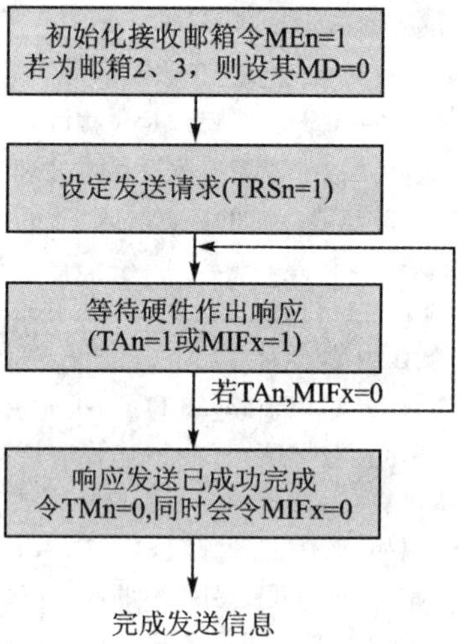

图 10-8 CAN 模块发送信息操作流程

一般的接收设置程序举例如下:

```
;W_FLAG2 BIT CANIFR,BIT10     ;等待 CAN_IFR 的 D10,MIF2 = 1 接收完成中断标志
;       BCND    W_FLAG2,NTC   ;若 MIF2 = 0,则跳回 W_FLAG2 再等待

;W_RA BIT    CANRCR,9         ;等待 CANRCR 的 D6 = RMP2 的接收空闲标志是否接收完成
;BCND W_RA,NTC                ;邮箱 2 的 RMP2 位为 0,则尚未接收完成跳回 W_RA
;SPLK #0040h,CANRCR           ;若 RMP2 = 1,则接收完成,写入 D6 = RMP2 = 1 将其清除
; * 不检测 RMP1 而以延迟一段时间来等待,避免没有接收到数据而死机 *
      CALLDELAYM              ;调用 DELAYM 延迟一段时间等待邮箱 1 的接收完成
      SPLK #0060h,CANRCR      ;RMP1 = 1 接收完成,写入 D6 = RMP2,D5 = RMP1 = 1 将其清除
```

上述的接收流程如图 10-9 所示。

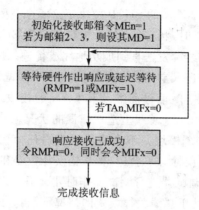

图 10-9　CAN 模块接收信息操作流程

10.8　省电模式

若外设的时钟由设备的低功耗省电模式来关闭,则必须在 CPU 执行 IDLE 指令进入低功耗模式前,此 CAN 外设本身的低功耗模式请求必须提出并等待 PDA 的状态标志响应。

在 CPU 进入 IDLE 空闲状态前,必须优先处理设备的省电模式,以便有效地将所有设备的时钟关闭。也就是首先将 MCR 寄存器内的 PDR 请求一个 CAN 外设处于省电状态请求提出,当此 PDR 被设置时,此模块正在发送信息时,这个发送会继续进行一直到成功地发送为止。在这期间一个丧失仲裁,或者一个错误状态会发生在总线上,随后响应标志 PDA=1 提出,因此模块就不会对总线上造成错误状态。当此模块硬件已准备好进入低功耗省电模式时,对应的 PDA 标志会被提出而响应。这个状态可由 CPU 一直检测 GSR 的 PDA 标志得知,因此只有在 PDA 设置后才可以执行 IDLE 指令进入空闲状态。

要断开省电状态时,可将 MCR 寄存器的省电请求控制 PDR 用软件来清除,或者设置在 MCR 中的 WUBA(唤醒总线功能),同时在总线上有总线功能,此时会自动断开省电状态。当总线上检测到一个控制信号进来时,唤醒中断标志 WUIF 就会被提出。只要时钟一接上省电模式就断开。在省电状态下 CAN 总线是没有内部过滤器的。

自动唤醒总线功能可以经过 WUBA 控制位的设置来允许或禁用。假如有任何一个触动在总线上,此模块就会开始其电源连接的程序操作。此模块会等待直到在 RX 引脚端检测到 11 个隐性接收位后,会进入总线有效状态。此启动总线功能的第一个信息是不可被接收的。

当 WUBA 被允许时,错误中断标志 WUIF 会自动对 PIE 控制器提出,它将对此当作是一个唤醒中断来处理。假如时钟被停止,则同时会将其启动。

若以一个唤醒来断开睡眠状态,则 PDR 和 PDA 将会被清除,错误的计数值也是维持不变的。

10.9　空闲模式

空闲模式可以操作丁自由(Free)模式,也就是 CAN 外设继续操作而不管空闲信号被启动,或者 CAN 外设在当时的传输退出端就停止操作的软件(Soft)状态。当 CPU 操作此 SUSPEND 信号时,就进入空闲状态。对于 MCR 的 SUSP 位决定这两个空闲模式(Free 或 Soft)的进入。

当此模块进入软件空闲状态时,状态位 SMA 被设置。当 SUSPEND 信号在操作时,此模块正在发送一个信息,此信息将被继续发送直到成功地完成传输。一个丧失仲裁,或者一个错误状态会发生在总线上,否则会立即进入空闲状态,同时设置 SMA 位回应。

在自由状态,外设会忽略此空闲信号而继续其 CAN 的接收及发送信息的操作。采用上述任何一种方法,该模块都没有在 CAN 总线上造成错误的状况。

当空闲时(在软件模式),这个模块并不会接收及发送任何信息。这个模块是不会在 CAN 总线上起作用的,响应标志和错误标志不会送出,其错误计数器和所有内部寄存器都被冻结。这种空闲状态只有当系统被 ICE 调试器进行调试操作时才会提出。

空闲模式被请求是当模块处于总线关掉模式的情况下,会立即进入空闲模式。然而,在此总线关闭模式下仍然必须计数 128×11 个隐性位时间来转接到总线接通状态,在这种情况下,所有的错误计数值是不确定的,此时的 BOIF 总线关闭标志及消极错误标志 EPIF 会被设置响应。

当 SUSPEND 信号被撤消后,这个模块就会脱离空闲状态,也就是必须等待总线上下一个 128×11 个隐性位时间才会回到正常的操作,该恢复期间称之为空闲状态(这与 CPU 执行处于空闲 IDLE 模式是不同的)。恢复正常状态时,模块会等待下一个信息的接收或试图将其信息发送出去。当模块处于总线关闭模式时,会继续等待总线接通状态的来临(任何总线上的驱动),这是发生在接收到 128×11 个隐性位后,在此空闲状态期间所发生的将会被计数到。

注意:在空闲或低功耗省电模式下,其时钟并没有在内部被关闭。

为了参考容易起见,将 CAN 各寄存器及寻址和各位的控制或标志列于下列综合表中。

信息识别码(高)MSGIDnH(n=0~5)邮箱 寻址 7200H/08H/10H/18H/20H/28H

D15	D14	D13	D12~D0
IDE	AME	AAM	IDH[28:16](高 13 位扩充识别码)

信息识别码(低) MSGIDnL(n=0~5)邮箱 寻址 7201H/09H/11H/19H/21H/29H

15~0
IDL[15:0](低 16 位识别码)

信息控制 MSGCTRLn(n=0~5)邮箱 寻址 7202H/0AH/0EH/12H/1AH/22H/2AH

15~5	4	3~0
保留	RTR	DLC[3:0]

本地接收屏蔽寄存器高字 CANLAMn_H(n=0,1) 寻址 710BH/0DH

15	14~13	12~0
LAMI	保留	LAMn[28:16]

本地接收屏蔽寄存器低字 CANLAMn_L(n=0, 1) 寻址 710CH/0EH

15~0
LAMn[15:0]

邮箱方向/允许寄存器 CANMDER 寻址 7100H

15~8	7	6	5	4	3	2	1	0
保留	MD3	MD2	ME[5:0]					

发送控制寄存器 CANTCR 寻址 7101H

15	14	13	12	11	10	9	8
TA[5:2]				AA[5:2]			

7	6	5	4	3	2	1	0
TRS[5:2]				TRR[5:2]			

接收控制寄存器 CANRCR 寻址 7102H

15	14	13	12	11	10	9	8
RFP[3:0]				RML[3:0]			

7	6	5	4	3	2	1	0
RMP[3:0]				OPC[3:0]			

主控制寄存器 CANMCR 寻址 7103H

15	14	13	12	11	10	9	8
保留		SUSP	CCR	PDR	DBO	WUBA	CDR

7	6	5	4	3	2	1	0
ABO	STM	保留				MBNR[1:0]	

字节状态寄存器 2 CANBCR2 寻址 7104H

15	14	13	12	11	10	9	8
保留							

7	6	5	4	3	2	1	0
BRP[7:0]							

字节状态寄存器 1 CANBCR1 寻址 7105H

15	14	13	12	11	10	9	8
保留					SBG	SJW[1:0]	

7	6	5	4	3	2	1	0
SAM	TSEG1[3:0]				TSEG2[2:0]		

CPUCLK=20 MHz,TSEG1 及 TSEG2 设置的传输速率如下所示：

TSEG1	TSEG2	Bit Time	BRP	SJW	SBG	波特率
4	3	10	1	1 或 2	1	1 Mbps
14	6	23	8	4	1	0.096 Mbps
3	2	8	0	1	0	2.5 Mbps
14	3	20				250 kbps

整体状态寄存器 CANGSR 寻址 7107H

15	14	13	12	11	10	9	8
保留							

7	6	5	4	3	2	1	0
保留		SMA	CCE	PDA	保留	RM	TM

CAN 的错误状态寄存器 CANESR 寻址 7106H

15	14	13	12	11	10	9	8
保留							FER

7	6	5	4	3	2	1	0
BEF	SA1	CRCE	SER	ACKE	BO	EP	EW

CAN 的错误计数寄存器 CANCEC 寻址 7108H

15	14	13	12	11	10	9	8
TEC[7:0]							

7	6	5	4	3	2	1	0
REC[7:0]							

CAN 中断标志寄存器 CAN_IFR 寻址 7109H

15	14	13	12	11	10	9	8
保留		MIF5	MIF4	MIF3	MIF2	MIF1	MIF0

7	6	5	4	3	2	1	0
保留	RMLIF	AAIF	WDIF	WUIF	BOIF	EPIF	WLIF

CAN 中断屏蔽寄存器 CAN_IMR 寻址 710AH

15	14	13	12	11	10	9	8
MIL	保留	MIM5	MIM4	MIM3	MIM2	MIM1	MIM0

7	6	5	4	3	2	1	0
EIL	RMLIM	AAIM	WDIM	WUIM	BOIM	EPIM	WLIM

CAN 中断向量表（x＝0、1、2）

中断源名称	优先级	中断向量	中断源允许寄存器位	外设中断向量 PIVR	说 明
CANMBINT	12	INT1 0002H	IMR(D0)	0040H	CAN 邮箱中断（高优先）
CANERINT	13		IMR(D0)	0041H	CAN 错误中断（高优先）
CANMBINT	45	INT5 000AH	IMR(D4)	0040H	CAN 邮箱中断（低优先）
CANERINT	46		IMR(D4)	0041H	CAN 错误中断（低优先）

CAN 信息邮箱的地址

CAN 寄存器	MBOX0	MBOX1	MBOX2	MBOX3	MBOX4	MBOX5
MSGIDnL	7200H	7208H	7210H	7218H	7220H	7228H
MSGIDnH	7201H	7209H	7211H	7219H	7221H	7229H
MSGCTRLn	7202H	720AH	7212H	721AH	7222H	722AH
保留						
MBXnA	7204H	720CH	7214H	721CH	7224H	722CH
MBXnB	7205H	720DH	7215H	721DH	7225H	722DH
MBXnC	7206H	720EH	7216H	721EH	7226H	722EH
MBXnD	7207H	720FH	7217H	721FH	7227H	722FH

10.10　CAN 总线的转换及仲裁和其他 CAN 设备芯片

越来越多的微控制器或 SOC 都具备 CAN 外设接口功能，这是因为太多的机电控制系统都采用 CAN 网络来进行信息的传导检测及控制。在此列举一些含 CAN 模块的微控制器。

10.10.1　Microchip 公司的 CAN 微控制器

Microchip 公司推出含有 2 个 PWM 驱动输出，并可设置 4 通道 10 位模拟/数字的 ADC。可将这些引脚设置成一般的输入/输出，因此这种单芯片称为传导（Transfer）控制专用单芯片，对机械及汽车的整个传输控制来说相当简洁、方便。图 10－10 所示为 MCP2502x/5x 系列 PIC 的外部引脚图。

Microchip 公司的 MCP2505x/2x 单芯片及用于从控器的外设检测控制，主系统可采用 TI 公司的 DSP 芯片中 TMS320F2407 系列的多功能数字信号控制系统处理主控信号，将要送到各小

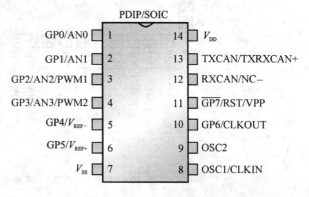

图 10－10　MCP2502x/5x 单芯片外部引脚图

元件的控制信号数据通过 CAN 输出。例如，ABS 的刹车系统、Air Bag 的控制等由主控器输出控制，而传动轴、速度、温度、冷气等的数据由此 MCP2505x/2x 系列的 ADC 检测输出到 CAN 传给主控器，主控器根据各元件设备所传回的状态或数据进行运算及判别，通过 CAN 发送到 MCP2505x/2x 芯片内进行 PWM 的简单输出功率控制。这种系统广泛用于汽车工业中。

10.10.2　Atmel 公司的 CAN 微控制器

Atmel 公司的 AVR 单芯片微控制器微体系结构相当好，最近推出的 64 引脚与 TI 公司的 240x 系列相同，具有事件处理模块、ADC 模块、RTC 及模拟比较器、串行 UART、SPI 及 I^2C 等。当然，有 CAN 模块、ISP 功能和多组的 GPIO，并具有 JTAG 的调试仿真烧写接口等。AT90CAN128 外部引脚如图 10-11 所示。

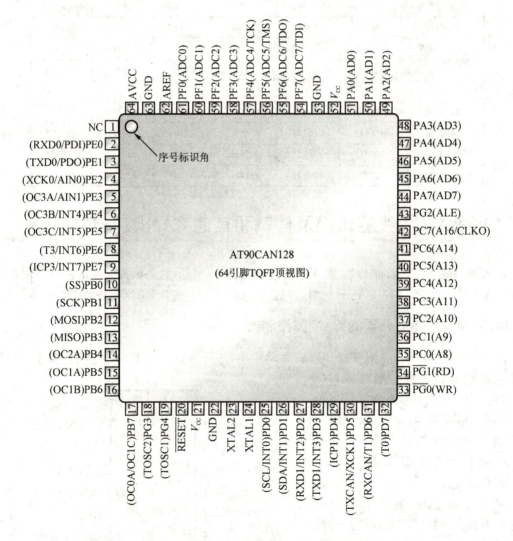

图 10-11　AT90CAN128 单芯片外部引脚图

Atmel 公司推出许多与 51 系列兼容的微控制器，当然对那些习惯并相当熟悉 51 系列的用户，更推出含 CAN 模块的 51 系列 T89C51CC02 单芯片，内含事件处理外设、ADC 接口、UART

以及内核的 CAN 模块,其外部引脚如图 10-12 所示。

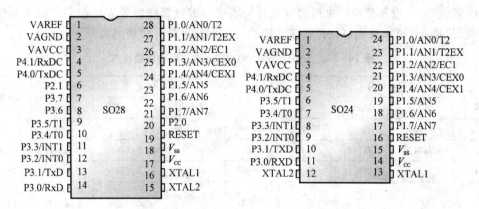

图 10-12 T89C51CC02 单芯片外部引脚图

10.10.3 CAN 总线的接口转换器

CAN 总线为了提供多个设备能够并接,且随时可以抢占总线,因此需要将 0 与 1 的信号转成差动信号(CANH/CANL)以及高阻抗的开路状态来转换连接。图 10-13 所示为 SN65HVD230Q/232Q 典型的 CAN 总线信号电平转接芯片。由结构图中可看出,D 端的输出信号若为 1 或开路高阻状态,将使得输出端 CANH 及 CANL 处于三状态的高阻抗开路状态,也就是隐性位。假如输出 D 信号为 0 允许输出,则会令 CANH 对应 CANL 端的电平为 Hi/Low 差动信号。由此可见,D 端输出 1 信号将不占用总线,此时线上可由其他设备来抢占,或等待对方的响应信号。对总线上输入的 R 信号,通过转换器的电平转换。假如 CANH 对 CANL 的差值电位大于或等于 0.9 V,则 R 的输入信号将转为 L(0)电平;若 CANH 对 CANL 差值信号小于或等于 0.5 V,将被转换成 H(1)的逻辑电平;若为 0.9~0.5 V,则为不定状态。其真值表如表 10-24 及表 10-25 所列。

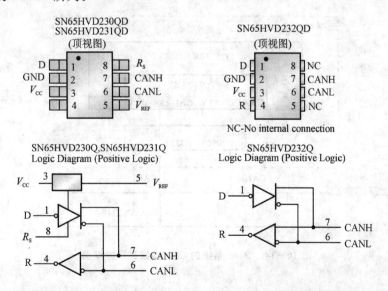

图 10-13 SN65HVD230Q/232Q CAN 总线电平转换器及其结构图

图中的 SN65HVD230Q 比 232Q 多了 $(1/2)V_{CC}$ 的 V_{REF} 参考电压输出,同时增加了 R_S 引脚来调整电阻值,进而设置此点的电压值以进行传输速率的设置或进入省电模式。由于差值电平电压极低,使得此 CAN 总线可以传输较长距离。差动信号具有较佳的抗噪性能。

表 10-24 SN65HVD230Q/232Q 输出驱动转换状态

输入 D 信号	输出差信号		总线 状态	输入 D 信号	R_S 调整 电压值	输出差信号		总线状态
	CANH	CANL				CANH	CANL	
Low	Hi	Low	被控制	Low	调整 R_S 使电压值小于 1.2 V	Hi	Low	被支配
Hi	Z 高阻抗	Z 高阻抗	隐性	Hi		Z 高阻抗	Z 高阻抗	隐性
开路	Z 高阻抗	Z 高阻抗	隐性	开路	不正确值	Z 高阻抗	Z 高阻抗	隐性
				不正确	调整 R_S 使电压值大于 75 V	Z 高阻抗	Z 高阻抗	隐性

表 10-25 SN65HVD231Q/232Q 输入接收转换状态

差动值输入		R_S 调整电压值	输出到 R 端电位	差动值输入		输出到 R 端电位
CANH	CANL			CANH	CANL	
$V_{id} \geqslant 0.9$ V		$V_{rs} < 1.2$ V	Low 电位	$V_{id} \geqslant 0.9$ V		Low 电位
0.5 V $< V_{id} <$ 0.9 V			不定状态	0.5 V $< V_{id} <$ 0.9 V		不定状态
$V_{id} \leqslant 0.5$ V			Hi 电位	$V_{id} \leqslant 0.5$ V		Hi 电位
不正确值		$V_{rs} > 0.75$ V	Hi 电位			
不正确值		1.2 V $< V_{rs} >$ 75 V	不定状态			
开路		不正确值	Hi 电位	开路		Hi 电位

图 10-14 为 240x 系统的 CAN 网络连接方框图。图 10-15 为本实验系统选购的附加 SN65HVD231Q 的 CAN 网络转换电路以及二通道 SPI 接口的 D/A 转换电路。

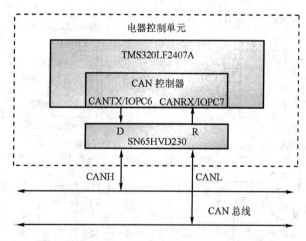

图 10-14 240x 系统的 CAN 网络连接方框图

第 10 章 控制局域网络接口 CAN 模块

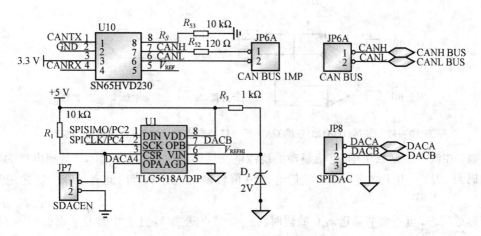

图 10-15 附加的 SN65HVD231Q 的 CAN 网络转换及 SPI 接口 D/A 转换电路

图 10-16 为 SN65HVD231Q 的 CAN 网络转换 CANH、CANL 对应的输出 D 端及输入 R 端波形图。基于上述的状态,一般的 SN65HVD231Q 内部的 R 及 D 端引脚都以一个拉至 Hi 电阻使网络线处于高阻的隐性位。

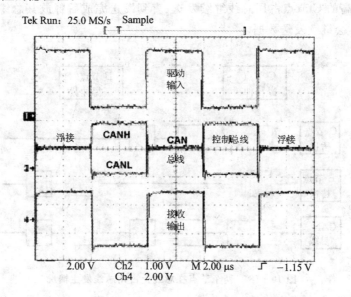

图 10-16 SN65HVD231Q 的 CAN 网络转换波形图

10.10.4 CAN 总线的仲裁

图 10-17 为 SN65HVD231Q 的 CAN 网络转换节点对应输入/输出信号的情况。由图可以看出,D 端输出信号到 CANH、CANL 端是会在内部回接 R 端来监视的,因此对应输出 1 的信号令网络总线处于高阻,而 0 输出将会使 CANH 对 CANL 有正的差值电位而占用总线。在抢占总线情况下,CAN 模块中的较低地址(0 值较多的)的识别码有较高的优先级,有较多的 0 值位就会有较高的优先级,这是因为 0 值输出会抢占总线,而有较多的位值信息当然会占用总线网络线较长的时间。

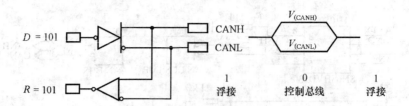

图 10-17　SN65HVD231Q 的 CAN 网络转换节点对应输入/输出信号的情况

注意：在汽车控制系统中，电机驱动的绕线电流反馈的识别码是 0010，而转速电机的监测信号识别码为 0011。由于电流反馈有较低电平（0 值较多）的识别码，因此有较高的优先级来抢占总线。

在起始状态，当一个节点送出 0 的同时另一个节点送出 1，当然 0 值的节点会抢占到总线，也因此直到其发送完信息的最后 EOF 结构位为止。

图 10-18 中显示两个节点接上总线，B 节点总线在发送出其信号时会一直监视其回接的数据，比较是否相同才会继续发送。假如 B 节点在其隐性位（1 信号）被另一个高优先级的信息在总线节点上覆盖写（0 信号抢占）时，B 节点总线在发送出其信号回接数据会不同，这时将停止发送而让优先级较高的 C 节点占用总线继续发送，直到发送完成后释放其总线，此时的 B 节点必须再抢占总线，才会继续发送数据。

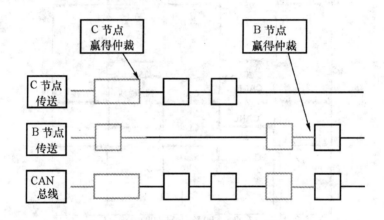

图 10-18　两个节点在总线上占用总线发生情况

在汽车控制或机电控制系统中，多个感测点以及输出驱动控制节电等都被连接在 CAN 总线上。图 10-19 所示为三个节点对应总线及各节点抢占总线情况及其对应波形。在此三个节点中，A 节点首先占到总线而发出信息；若 B 及 C 节点收到信息，则会分别对应总线进行响应（ACK），此时 B 与 C 节点都想发送信息，但根据前面的抢占总线规则及优先级，C 的低位数抢得总线仲裁而响应发送信息，但 B 节点会停止发送信息；C 成功地传完信息后，A 及 B 节点送出响应，接着 B 才又取得总线控制权，而将先前未送出的信息传完。这些网络总线的测试最好使用差动探测棒来测量，如图 10-20 所示。

第10章 控制局域网络接口 CAN 模块

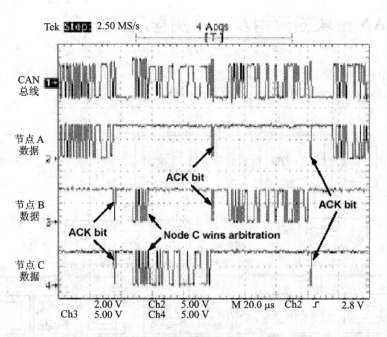

图 10-19 三个节点 A、B 及 C 传输信号占用 CAN 总线及各节点波形

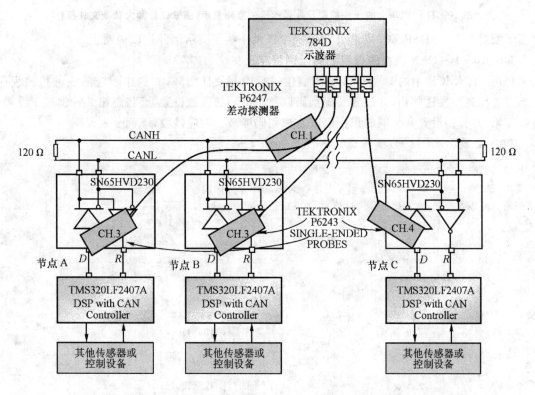

图 10-20 使用差动探测棒测量 A、B 及 C 节点传输信号

·393·

10.11 CAN 模块的应用及其示例程序

典型汽车上的一些控制及仪表面板的监测显示如图 10-21 所示，当然工业界使用得也越来越多。CAN 局域网络在工业界的应用是相当广泛的。

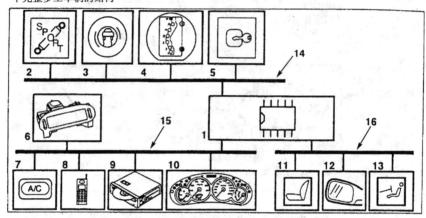

图 10-21 汽车上的一些控制及仪表面板的监测显示（图取自彰师大黄荣文教授）

下面对在 SN-DSP2407 实验开发系统中提供一些实验示例并加以说明。

实验 10-1 CAN 模块的自我检测示例程序及实验

利用 CANMCR 中的 D6 位 STM 控制位进行内部硬件回环，并送出响应的硬件检测程序。将邮箱 3 设置为发送邮箱，并设置其识别码以及识别码的屏蔽设置，而将邮箱 2 或邮箱 1 设置为接收邮箱，并分别设置其相同的识别码以及识别码屏蔽以响应接收，下面分别说明。

CAN 自我测试（STM）程序 CANMST2.asm

```
* 程序用来说明在 24x/240xA CAN 自我测试模式的操作 *
* 简单回接测试:此 CAN 模块通过邮箱 3 发送数据以 ID 码发送回接给本身内。
* 邮箱 1 或 2(扩充式 29 位识别码来过滤)接收并输出到 4 位七段 LED 显示 *

        .include    "x24x_app.h"      ;Variable and register declaration
        .include    "vector.h"        ;Vector table (takes care of dummy password)
        .global     START

DP_PF1    .set      224               ;Page 1 of peripheral file (7000H/80H)
DP_CAN    .set      0E2H              ;CAN 寄存器 (7100H)
DP_CAN2   .set      0E4H              ;CAN RAM (7200H)

KICK_DOG  .macro                      ;看门狗的禁用程序模块
          LDP       #00E0H
          SPLK      #05555H, WDKEY
          SPLK      #0AAAAH, WDKEY
          LDP       #0H
```

```
                .endm
                .text
START:     KICK_DOG                              ;复位看门狗定时
           SPLK      #0,60H                      ;令 0060H 内的值为 0
           OUT       60H,WSGR                    ;设置外部存储器一个等待时序 PLL=4
           SETC      INTM                        ;令 INTM=1 禁用所有中断
           SPLK      #0000H,IMR                  ;屏蔽所有内核的中断
           LDP       #SCSR1≫7                    ;令 DP 寻址于 SCSR1 高 9 位
           SPLK      #0010H,SCSR1                ;令 CAN 时钟允许 CAN CLKEN=1
           SPLK      06FH,WDCR                   ;禁用看门狗
           LDP       #MCRB≫7                     ;令 DP 寻址于 MCRB 高 9 位
           SPLK      #00C0H,MCRB                 ;令 PC6 及 PC7 为 CANTX、CANRX 特殊功能引脚
           SPLK      #0000H,MCRC                 ;端口 PE7~PE0、PF7~PF0 设置为一般的 I/O
           SPLK      #0FF00H,PEDATDIR            ;PEn 方向设置令 PE7~PE0 输出其输出值为 00
           SPLK      #00000H,PFDATDIR            ;PFn 方向设置令 PF7~PF0 输入端口输入值为 00
           CALLAR_INIT                           ;调用设置 AR1、AR2、AR3、AR4、AR5 的起始值
           LDP       #CANIMR≫7                   ;令 DP 寻址于 CANIMR 高 9 位
           SPLK      #03f7FH,CANIMR              ;允许所有的 CAN 中断屏蔽
           LDP       #CANLAM1H≫7                 ;令 DP 寻址于 CANLAM1H 高 9 位
           SPLK      #1000110110100010b,CANLAM1H
;CAN 识别码的屏蔽 d15=LAMI 标准及扩充模式
           SPLK      #1100100011101101b,CANLAM1L
;LAM16=0 此识别码必须相同,其他设置 1 就不管
;MBX1 的屏蔽码为 0DA2 C8EDH 注意邮箱本身屏蔽 LAM0 用于 MBOX0、1
;LAM1 用于 MBOX2、3
;d15 LAMI=1 允许 ID 屏蔽 I28~I16=0110110100010B=0XX0XX0X000X0B IDm=0
;IDm=0110010011010010b=0XX00X00XX0X00X0B ID 仅 IDm=0 作识别

; * 邮箱 0、1 的接收识别码屏蔽设置低 16 位屏蔽不识别 *
           LDP       #CANLAM0H≫7                 ;令 DP 寻址于 CANLAM0H 高 9 位
           SPLK      #1000110110100010b,CANLAM0H
;CAN 识别码的屏蔽 d15=LAMI 标准及扩充模式
           SPLK      #1111111111111111b,CANLAM0L
;LAM16=0 此识别码必须相同,其他设置 1 就不管
;d15 LAMI=1 允许 ID 屏蔽 I28~I16=0110110100010B=0XX0XX0X000X0B IDm=0
;IDm=1111111111111111b=XXXXXXXXXXXXXXXXB IDmL=FFFFH,即 I15~I0 不作识别
;*********************************************
;******写入 MSGID/MSGCTRL 前必须禁用所有的邮箱操作 **********
;*********************************************
           SPLK      #0000000000000000b,CANMDER
           ;要写入 MSGID 前必须禁用所有的邮箱
;[d7~d0] MD3~2(邮箱 2、3 的方向设置 0=T,1=R)
;ME5~ME0(邮箱 5~0 的允许 En/Dis)必须先禁用
           LDP       #CANMSGID2H≫7               ;令 DP 寻址于 CANMSGID2H 高 9 位
           SPLK      #1110011100110100b,CANMSGID2H ;设置接收邮箱 2 的 ID 扩充型
```

```
;                |||||||||||||||||       ;并为接收邮箱
;                FEDCBA9876543210         ;0735H
;d15 IDE(=1,识别码[29 位]为扩充模式;=0,识别码为一般模式[11 位])
;d14 AME(接收屏蔽允许;=0,没有屏蔽 id,都必须比较;=1,则针对 lam 来比较)。发送则不影响
;d13 AAM(=1,发送的邮箱由遥控模式作自动回话模式的设置位。=0,不回话
;设置[1]只对邮箱 2、3 作为发送邮箱才有用,但邮箱 2 设置为接收,故不影响
;d12～d0 扩充模式识别码中的高 13 位 I28～I16 = 0 0111 0011 0101 = 0735H)
                 SPLK           #1001010001011001b,CANMSGID2L      ;ID 码 0735 9459H
;ID15～ID0 = 9459HID29～ID0 = 07359459H = 0 0111 0011 0101 1001 0100 0101 1001
;接收端 d15 LAMI = 1,允许 ID 屏蔽 I29～I16 = 1111111111111B = 1FFFH
;IDm = 00000000000000000000000000000b ID 仅 IDm = 0 作识别
;*邮箱 1 接收识别码设置 1775 9459H 但 ID27、ID26、ID24、ID23、ID21、ID17 及 ID15～ID0
;被屏蔽则不比较 *
                 SPLK           #1110011100110101b,CANMSGID1H      ;设置接收邮箱 1 的 ID 扩充型
;                |||||||||||||||||        ;并为接收邮箱
                 SPLK           #1001010001011001b,CANMSGID1L      ;ID 码 0735 9459H
                 SPLK           #1110111000010101b,CANMSGID3H      ;设置发送邮箱 3 的 ID 码
;                |||||||||||||||||
;                FEDCBA9876543210
;d13 AAM(=1,发送的邮箱由遥控模式作自动回话模式的设置位;=0,不回话
;设为[1]且邮箱 3 为发送,但会再接收到遥控请求
;(遥控帧的 ID 确认后)才会自动发送
                 SPLK           #1101110000110101b,CANMSGID3L      ;发送邮箱 3 的 ID 码 = 1FFE FFFA
;                |||||||||||||||||
;                FEDCBA9876543210
;发送的 ID 码 MBX3IDIDH = 0111000010101IDL = 1101110000110101
;邮箱 2 的屏蔽 I28～I0 = 0110110100010B = 0XX0XX0X000X0
;XX00X000XXX0XX0X(0DA2 C8ED)
;邮箱 2 的识别码 0011100110101b 1001010001011001(0735 9459)
;须比较的码为 010 1010101 100 10 完全相同
;*****************************************************************
;******写入 CAN 邮箱 3 的发送值
;*****************************************************************
RELOPBK:
                 CALL AR_INIT                                     ;调用设置 AR1、AR2、AR3、AR4、AR5 的起始值
                 LDP            #CANMDER≫7                        ;令 DP 寻址于 CANMDER 高 9 位
                 SPLK           #0000000000000000b,CANMDER        ;写入 MSGID 前必须禁用所有邮箱
                 LDP            #CANMSGCTRL3≫7                    ;令 DP 寻址于 CANMSGCTRL3 高 9 位
                 SPLK           #0000000000001000B,CANMSGCTRL3    ;CAN 邮箱 3 的信息控制器
;d4 = 0 RTR 遥控发送请求:=0,数据帧;=1,遥控帧
;d3～d0 数据字数设置码 0000 = 0,0010 = 2,0100 = 4,0110 = 6,1000 = 8 个字
                 SPLK           #00123H,CANMBX3A                  ;将邮箱 3 内的 4[A,B,C,D]个 16 位
                 SPLK           #04567H,CANMBX3B                  ;=8 个 8 位的字分别写入要发送的数据
                 SPLK           #089ABH,CANMBX3C                  ;内容分别为 1234,5678,9ABC,CDEF
                 SPLK           #0CDEFH,CANMBX3D
```

```
        SPLK    #01111H,CANMBX1A        ;将邮箱 1 内的 4[A,B,C,D]个 16 位
        SPLK    #02222H,CANMBX1B        ;=8 个 8 位的字分别写入数据
        SPLK    #03333H,CANMBX1C        ;用以识别接收数据内容是否改变
        SPLK    #04444H,CANMBX1D        ;内容分别为 1111,2222,3333,4444

        SPLK    #05555H,CANMBX2A        ;将邮箱 2 内的 4[A,B,C,D]个 16 位
        SPLK    #06666H,CANMBX2B        ;=8 个 8 位的字分别写入数据
        SPLK    #07777H,CANMBX2C        ;用以识别接收数据内容是否改变
        SPLK    #08888H,CANMBX2D        ;内容分别为 5555,6666,7777,8888

;将 CAN 的结构、模式及所有的信息数据设置完成后开始下列功能设置
LOOP_READ2:
        MAR     *,AR4                   ;AR4 寻址于邮箱 3 的 RAM 地址(发送)
        LACL    *+,AR1                  ;读取邮箱 3A 的内容写入 ACC
        SACL    *+,AR3                  ;将 ACC 值写入 AR1 的 DM[300H B0]存储器内存放
        BANZ    LOOP_READ2              ;共需进行 AR3+1=3 次读取存放
        LAR     AR3,#0BH                ;重载 AR3 为 0BH 计次值
;****************************************************************
;************ 写完后允许邮箱操作 ***********
;****************************************************************
        LDP     #CANMDER≫7              ;令 DP 寻址于 CANMDER 高 9 位
        SPLK    #0000000001001110b,CANMDER
;                ||||||||||||||||
;                FEDCBA9876543210
;*[d7~d0] MD3~2(邮箱 2、3 的方向设置 0=T,1=R),
;ME5~ME0(邮箱 3、2 的 ME3、ME2=1,ME1=1 允许)
;设置 D7=MD3=0 发送邮箱 3,D6=MD2=1 接收邮箱 2 ME1=1 允许邮箱 1
        SPLK    #0001000000000000b,CANMCR
;                ||||||||||||||||
;                FEDCBA9876543210
;要改变 CAN 的模式及设置数据区域控制
;d15~14 x,保留
;d13 SUSP 在仿真器调试时的操作是否做完此发送后空闲([0])或继续执行(1)
;d12 CCR 改变 CAN 结构的请求:0=正常操作[1=CPU 请求改变 CCR]
;d11 PDR(省电模式的请求)=10=没有请求
;d10 DBO(存放数据字于邮箱的顺序)=0>0,1...7,=1>3,2,1,0,7,6,5,4
;d9 WUBA(唤醒总线为有效状态)=0
;d8 CDR 改变 CAN 数据构的请求:0=正常操作;1=CPU 请求改变数据 CDR
;d7 ABO 自动接总线。0=总线在 off 后 128×11 接收位及 ccr=0 才接上;1=不需要
;d6 STM 自我测试模式
;d5~2 rev xxxx 保留
;d1~d0 MBNR(将数据写入对应接收邮箱时仅限于
;当邮箱 2、3 被配置为接收时及遥控处理时要将数据写入邮箱及其邮箱数
;才要设置此(2[10],3[11])(CDR=1 提出)
W_CCE   BIT CANGSR,#0BH                 ;等 CAN 模块是否设置好改变的响应 d15~d11=D4 CCE
```

```
        BCND    W_CCE,NTC                   ;CCE = 0 必须跳回再等 CCE = 1 可开始改变如下的操作
        SPLK    #0000000000000000B,CANBCR2  ;设置 CAN 位传输率预分频器值
;D15~D8 RES X
;D7~D0 波特率预分频值 = 0
        SPLK    #0000000011111010b,CANBCR1  ;对应为 1 Mbps@85% 取样点
;                ||||||||||||||||
;                FEDCBA9876543210
;d15~d11 XX 保留
;d10 在下降沿或上升及下降沿都同步化的设置下降沿 = 0 , = 1 二个边沿( = 1)
;d9~d8 同步化要跳过的宽度 1~4 个 TQ 宽的设置[00 = 1 个]
;d7 取样点的设置(1:作 3 次取 2 的判别。0:只一次)= 0
;d6~d3 时间区段 1 = 1111 = 16[TSEG2 + 1] + [TSEG1 + 1]= 位时间[3~16 个 TQ]
;d2~d0 时间区段 2 = 010 = 2[2~8 个 TQ]TSEG2 < = TSEG1

        SPLK    #0000000001000000b,CANMCR   ;令 D8 = CDR = 0 D12 = CCR = 0 不再改变
;D6 = STM = 1 自我测试模式的操作设置
W_NCCEBIT CANGSR,#0BH                       ;检测 CCE 位是否为 0 的断开设置改变的模式
        BCND    W_NCCE,TC                   ;若 CCE = 1,则跳回再等待,直到 CCE = 0 的硬件被设置

;*****************************************************************
;                              发送数据
;*****************************************************************
        SPLK  #0020H,CANTCR
;CAN 的发送控制寄存器 TCR
;d15~d12   TA5~TA2                邮箱 5~2 的发送响应 ACK d13 = mbox3 = TA3 ack
;d11~d8    AA5~AA2                邮箱 5~2 的发送放弃响应 ACK
;d7~d4     TRS5~TRS2              发送请求设置 D5 = 1 为邮箱 3 MBX3 发送请求
;d3~d0     TRR5~TRR2              发送请求复位

W_TABIT    CANTCR,2                ;等待 CAN 模块是否已发送并已响应 d15~d13 = D2 TA3
           BCND W_TA,NTC           ;若 TA3 = 0,则跳回 W_TA 再等待 TA3 = 1
COPY       MAR *,AR5               ;AR5 寻址于 CAN 控制寄存器的 7100H~710AG 地址
           LACL *+,AR1             ;将其读取出载入 ACCl
           SACL *+,AR3             ;将其载入 AR1 所指的 304H~30FH 存储器 B0
           BANZ COPY               ;由于 AR3 = 0B 共 12 次
W_FLAG3    BIT    CANIFR,4         ;等 CAN_IFR 的 D11(15~4)MIF3 = 1 传输完成中断标志
           BCND   W_FLAG3,NTC      ;若 MIF3 = 0,跳回 W_FLAG3 再等
           SPLK   #2000H,CANTCR    ;若 IF3 = 1 为响应发送完成,则将 1 写入 TA3 清除
;*****************************************************************
;                              接收数据
;*****************************************************************
;W_FLAG2    BIT    CANIFR,BIT10
;等待 CAN_IFR 的 D10,MIF2 = 1 的接收传输完成中断标志
;          BCND   W_FLAG2,NTC      ;若 MIF2 = 0,跳回 W_FLAG2 再等待
;W_RA      BIT    CANRCR,9
```

```
;等待 CANRCR 的 D6 = RMP2 的接收空闲标志是否接收完成
;           BCND W_RA,NTC              ;邮箱 2 的 RMP2 位为 0,则尚未接收完成跳回 W_RA
;           SPLK ♯0040H,CANRCR         ;若 RMP2 = 1,则接收完成写入 D6 = RMP2 = 1 将其清除
;*不作 RMP1 的检测,而以延迟一段时间来等待,避免没有接收到数据而死机*
            CALLDELAYM                 ;调用 DELAYT 延迟一段时间等待邮箱 1 的接收完成
            SPLK ♯0060h,CANRCR         ;RMP1 = 1,接收完成以 D6 = RMP2,D5 = RMP1 = 1 将其清除
;**************************************************************
;                          读取 CAN 邮箱 RAM 的数据
;**************************************************************
;将邮箱 2、1 内容载入存储器 310H~313H,314H~317H 以便显示响应
            LAR    AR3,♯3H             ;重新令 AR3 = ♯3 进行计次
LOOP_RD2
            MAR    *,AR2               ;AR2 寻址于邮箱 2 的 7214H RAM(接收数据)
            LACL   *+,AR1              ;读取邮箱 2 接收的数据载入 ACCU
            SACL   *+,AR3              ;将读取的 AC 存入 AR1 所指的 310H~313H 的 DM,B0 内
            BANZ   LOOP_RD2            ;共 4 次,若 AR3 不为 0,则减 1 跳回 LOOP_RD2 再读取存入
            LAR    AR3,♯3H             ;重新令 AR3 = ♯3 进行计次
            LAR    AR2,♯720CH          ;AR2 寻址于邮箱 1 的 720CH RAM(接收数据)
LOOP_RD1
            MAR    *,AR2               ;AR2 寻址于邮箱 1 的 720CH RAM(接收数据)
            LACL   *+,AR1              ;读取邮箱 1 接收的数据载入 ACCU
            SACL   *+,AR3              ;将读取的 AC 存入 AR1 所指的 314H~317H 的 DM,B0 内
            BANZ   LOOP_RD1            ;共 4 次,若 AR3 不为 0,则减 1 跳回 LOOP_RD1 再读取存入
            LAR    AR3,♯7H             ;重新令 AR3 = ♯7 进行计次
            LAR    AR0,♯310H           ;AR0 寻址于 DM RAM 310H~317H(接收)
REDSP       CALLOUTDSP
;调用 OUTDSP 将 AR0[一次递加]所指存储器内容 16 位数据显示
            CALLDELAYT                 ;调用 DELAYT 延迟一段时间作显示
            MAR *,AR3                  ;令 ARP = AR3 作为实时操作寄存器(显示 4 次)
            BANZ REDSP                 ;AR3 不为 0,则减 1 并跳回 REDSP 再显示下一次数据
WAITN       LDP ♯PFDATDIR≫7            ;令 DP 寻址于 PFDATDIR 高 9 位
            LACL PFDATDIR              ;读取 PFx 输入端口载入 ACL
            LDP ♯34BH≫7                ;令 DP 寻址于 34BH 高 9 位
            SACL 4BH                   ;将 ACL 值载入 34BH 内
            BIT 4BH,15                 ;将 34BH 的 D0 值载入 TC 位
            NOP
            BCND WAITN,NTC             ;若 TC = PF0 = 0,则跳回 WAITN 等待
            NOP
            BRELOPBK                   ;若 TC = PF0 = 1,则跳回 RELOPBK 再次发送及接收数据显示
AR_INIT
            LAR    AR1,♯300H           ;AR1 寻址于 300H(DM = B0)存放数据
            LAR    AR2,♯7214H          ;AR2 寻址于邮箱 2 的 7214H RAM(接收数据)
            LAR    AR4,♯721cH          ;AR4 寻址于邮箱 3 的 721CH RAM(发送数据)
            LAR    AR3,♯3              ;AR6 载入计数值 = 3
            LAR    AR5,♯7100H          ;AR5 寻址于 CAN 控制寄存器 7100H
```

	RET	;回主程序
	NOP	
OUTDSPNOP		
	LDP ♯34AH≫7	;DP 寻址于 34AH 的高 9 位值
	MAR *,AR0	;ARP = AR0 进行指针操作
	LACL *	;读取 AR0 寻址于邮箱 0 的 RAM7204H（接收值）
	OUT *,8006H	;将邮箱 0A 的低 8 位值输出到 8006H 显示
	LACC *+,8	;将邮箱 0A 的值左移 8 位载入 ACC 内
	SACH 4AH	;将 ACH 载入 24AH 内
	OUT 4AH,8005H	;将邮箱 0A 的高 8 位值输出到 8005H 显示
	RET	;回主程序
	NOP	
DELAYT	LAR AR7,♯020H	;AR6 载入计数值 = 20H 进行大循环延迟计数
DLT2	LAR AR6,♯8000H	;AR6 载入计数值 = 8000H 进行单位小循环延迟计数
DLT1	RPT ♯0A0H	;连续执行 NOP 指令共 161 = 0A1H 的延迟定时
	NOP	
	MAR *,AR6	;ARP = AR6 进行指针操作
	BANZ DLT1	;AR6 不为 0,则减 1 并跳回 DLT1 再进行小循环的定时
	MAR *,AR7	;ARP = AR6 进行指针操作
	BANZ DLT2	;AR7 不为 0,则减 1 并跳回 DLT2 再进行大循环的定时
	RET	;回主程序
	NOP	
DELAYM	LAR AR6,♯20H	;AR6 载入计数值 = 20H 进行单位小循环延迟计数
DLT3	RPT ♯0A0H	;连续执行 NOP 指令共 161 = 0A1H 的延迟定时
	NOP	
	MAR *,AR6	;ARP = AR6 进行指针操作
	BANZ DLT3	;AR6 不为 0,则减 1 并跳回 DLT1 再进行小循环的定时
	RET	
	NOP	
GISR1:	RET	;回主程序
GISR2:	RET	;回主程序
GISR3:	RET	;回主程序
GISR4:	RET	;回主程序
GISR5:	RET	;回主程序
GISR6:	RET	;回主程序
PHANTOM:	RET	;回主程序
	.end	

实验程序

(1) 编写上述程序 CANMST2.asm,编译后以 CANMST2.out 程序载入 SN‐DSP2407 实验系统中。

(2) 程序中分别设置邮箱 2 及邮箱 1 的识别码及其屏蔽控制各位,邮箱 2 接收到的数据存放于存储器 310H～313H,而邮箱收到的信息则存放于存储器 314H～317H。先设置邮箱 2 为 12 位的有效识别码,邮箱 1 则不相同,不接收的识别码。执行 SN‐DSP2407 实验系统中的 4 位七段显示器显示数据如何?4 位七段 LED 显示器是否依次显示 1111、2222、3333、4444、0123、4567、89AB、CDEF?为什么?将邮箱 1 也改成有效的识别码接收又如何?试讨论实验测试记录。这时则因邮箱 1 先收到,邮箱 2 是不再接收的,因此 4 位七段显示器会依次显示 0123、4567、89AB、CDEF、5555、6666、7777、8888,为什么?

(3) 将邮箱 1、2 都改成无效的识别码重新编辑,编译后载入执行程序执行会如何?

(4) 接收端接收数据改成一直检测 RMP 位时,重新执行前面的程序 2、3,结果如何?试讨论实验测试记录。

(5) 接收端接收数据改成一直等待中断设置标志 MIF2 检测时,中断处理程序如何对应编写?有何优缺点?重新编辑、编译后载入执行程序,执行前面的程序 2、3 则结果如何?试讨论实验测试记录。

(6) 要重新执行发送时,必须令 PF0 的拨位开关设置为 HI,就可以重新执行 STM 的自我传输控制测试。

实验 10-2　CAN 遥控帧传输控制 REM_REQ 及 REM_ANS 程序

在此所列举的例子是 REM_REQ.asm 程序中以邮箱 3 所设置的识别码,送出一个遥控帧 [RTR=1] 的请求(识别码及对应 IDm 过滤器必须匹配设置);而另一个节点的 CAN 模块中有一个发送邮箱,其识别码设置为邮箱 3 所要求的识别码(含 IDm 过滤器),并且设置成自动响应信息的 AAM=1 时将自动响应发送其信息。回传的信息可由此邮箱 3 本身接收(此必须设置为接收邮箱结构),或由另一个邮箱 0 来接收显示。

在存储器 300H~303H 内准备存放着邮箱 0 的 4 组接收信息,而 304H~307H 则存放 5555H、6666H、7777H、8888H 预设置。当邮箱 0 接收到信息时,将其转载入存储器 300H~303H 内,再由 4 位七段 LED 分 8 次依次显示 300H~307H 内容。发送遥控帧(邮箱 3)后,由邮箱 0 进行接收(识别码及对应 IDm 过滤器必须匹配设置)。其示例程序在 CANREQS.mak 主程序下,REM_REQ.asm 程序如下:

```
            .title "REM_REQ"
            .include "x24x_app.h"
* 这个程序发送出一个遥控帧[RTR=1]的请求(含 IDm 过滤器)且自动回话 AAM=1
* 若邮箱 3(或 2)进行遥控帧发送并回接数据,则必须设置 AAM=1
* 并期望由 CAN 节点得到所要指定 IDm 地址数据回传接收(只有 MBX2、3 有此功能)
* 发送出一个遥控帧(请求是由邮箱 3 来操作的(并希望接收到回应数据))
* 该示例程序以邮箱 3 作遥控帧请求发送对方 CAN 的 IDn 邮箱内的数据
* 对方传回的数据同样可以由同一个邮箱 3 来接收,但此例是以邮箱 0 来
* 自动接收比较的,对方 CAN 模块响应数据的程序为 REM-ANS.asm。

DP_PF1      .set 0E0H
DP_CAN      .set 0E2H
DP_CAN2     .set 0E4H


            .include "vector.h"
_vector:
KICK_DOG .macro
```

```
            LDP  #WDKEY≫7
            SPLK #05555H,WDKEY
            SPLK #0AAAAH,WDKEY
            LDP  #0
            .endm
            .text
START:      SETC INTM
            LDP  #SCSR1≫7              ;将 DP 寻址于 0E0H
;OSF,CKRC,LPM1/0,CKPS2/0,OSR,ADCK=1,SCK,SPK,CAK,EVBK,EVAK,X,ILADR
            SPLK #0010H,SCSR1          ;令 CAN 时钟允许 CAN CLKEN=1
            SPLK #06FH,WDCR            ;复位看门狗定时器 RESET WDT
            KICK_DOG
            LDP  #03A0H≫7              ;将 DP 寻址于 3A0H 的高 9 位
            SPLK #0A001H,020H          ;将错误的码 A001H 预先存入 3A0H(DM)
            LDP  #MCRB≫7
;MCRB15~MCRB0 = 00 1100 0000HPC7 = CANRX,PC6 = CANTX
            SPLK #00C0H,MCRB           ;PC7、PC6 为特殊外设引脚,其余为一般的 GIO 引脚 C0H
            SPLK #0000H,MCRC           ;端口 PE7~PE0、PF7~PF0 设置为一般的 I/O
            SPLK #0ff00H,PEDATDIR      ;PEn 方向设置 PE7~PE0 为输出,其输出值为 00
            SPLK #00000H,PFDATDIR      ;PFn 方向设置 PF7~PF0 为输入端口,输入值为 00
;起始的设置为 AR0 = #CANMBX0A, AR1 = #300H, AR2 = #3H AR3 = #CANMBX3A
;304H~307H 预存值为 5555H、6666H、7777H、8888H 值
            LAR AR0,#CANMBX0A          ;AR0 寻址于邮箱 0 的 7204H 起始地址 MBX0
            LAR AR1,#300H              ;AR1 寻址于数据存储器 300H 可存放 CAN RAM (B0)
            LAR AR2,#3H                ;AR2 作为数据字计数器 3
            LAR AR3,#CANMBX3A          ;AR3 寻址于邮箱 3 的 721CH 起始地址 MBX3 \
            LDP  #304H≫7               ;分别将 5555H、6666H、7777H 及 8888H 存入对应的
            LACL #5555H                ;存储器 304H~307H 内
            SACL 04H
            LACL #6666H
            SACL 05H
            LACL #7777H
            SACL 06H
            LACL #8888H
            SACL 07H
            LDP  #CANLAM0H≫7           ;将 DP 寻址于 0E2H
            SPLK #1001111111111111B,CANLAM0H
;CAN 识别码的屏蔽 d15 = LAMI 标准及扩充模式
            SPLK #1111111111111111B,CANLAM0L
;LAM16 = 0 此识别码必须相同,其他设置 1 就不管
            SPLK #1011111111111111B,CANIMR    ;允许所有的 CAN 中断屏蔽
;d15 MBX 中断优先级 1 = low,0 = hi 邮箱中断优先级电平(低优先 = 1)
;d14 rev
;d13~8MBX 中断屏蔽 int mask = 1(none mask) 邮箱中断屏蔽
;d7 错误中断优先级 1 = low,0 = hi 错误中断优先级低电平
```

;d6 Receive message lost interrupt 接收信息遗失中断屏蔽
;d5 Abort acknowledge 放弃的响应中断屏蔽
;d4 Write Denied 写入拒绝中断屏蔽
;d3 Wake up 唤醒中断屏蔽
;d2 Bus off 总线断开中断屏蔽
;d1 Error passive 消极错误中断屏蔽
;d0 Warning level 警示电平中断屏蔽
            LDP #CANMDER≫7   ;将 DP 寻址于 0E2H
            SPLK #0000000000000000B,CANMDER   ;MD3~2,ME5~ME0(En/Dis)
;[d7~d0] MD3~2(邮箱 2、3 方向的设置 0=T,1=R),
;ME5~ME0(邮箱 5~0 的允许 En/Dis)必须先禁用
SPLK #0000000100000011B,CANMCR ;CAN 的主控制寄存器
;要改变 CAN 的模式及设置和数据区的控制 d8>CDR=1
;d15~14 x,保留
;d13 SUSP 在仿真器调试时的操作是否做完此发送后空闲(0)或继续执行(1)
;d12 CCR 改变 CAN 结构的请求：0=正常操作；1=CPU 请求改变 CCR
;d11 PDR(省电模式的请求)=10=没有请求
;d10 DBO (存放数据字于邮箱的顺序)=0>0,1...7, =1>3,2,1,0,7,6,5,4
;d9 WUBA (唤醒总线为有效状态)=0
;d8 CDR 改变 CAN 数据构的请求：0=正常操作；1=CPU 请求改变数据 CDR=1
;d7 ABO 自动接上总线
;0=总线在 off 后的 128×11 接收位以及 ccr=0 后才接上；1=不需要,ccr=0
;d6 STM 自我测试模式
;d5~2 rev xxxx 保留
;d1~d0 MBNR (将数据写入对应接收邮箱时仅限于当邮箱 2、3 被配置为接收时
;及遥控处理时数据写入邮箱数(2[10],3[11])(CDR=1 提出)
            LDP #CANMSGID3H≫7   ;将 DP 寻址于 0E4H
            SPLK #1111111111111111B,CANMSGID3H ;邮箱 3 的信息的识别器 AAM=1
;d15 IDE (=1,识别码[29 位]为扩充模式；=0,识别码为一般模式[11 位])
;d14 AME (接收屏蔽允许：=0,没有屏蔽 id 都必须比较；=1,则针对 lam 来比较)
;d13 AAM ([=1]发送的邮箱由遥控模式进行自动回话模式的设置位；=0,不回话)
;[1]邮箱 3 为发送,但会在接收到遥控请求(遥控帧的 ID 确认后)才会自动发送
;d12~d0 扩充模式识别码中的高 13 位 I28~I16)
            SPLK #1111111111111111B,CANMSGID3L ;MBOX3 识别码低 16 位 ID 设置
            SPLK #0000000000011000B,CANMSGCTRL3 ;CAN 信息控制器 3
;* d4 RTR 遥控发送请求：=0>数据帧；=1>遥控帧[>1]设置为遥控帧=1
;d3~d0 数据字数设置码 0000=0,0010=2,0100=4,0110=6,1000=8 个字
            SPLK #1111111111111111B,CANMSGID0H ;邮箱 0 的信息识别器
;d15 IDE (=1,识别码[29 位]为扩充模式；=0,识别码为一般模式[11 位])
;d14 AME (接收屏蔽允许：=0,没有屏蔽,id 都必须比较；=1,则针对 lam 来比较)
;d13 AAM (=1,发送的邮箱由遥控模式进行自动回话模式的设置位；=0,不回话)
;此作为遥控模式的接收时,AAM 必须设置为 1,则收到遥控帧比较识别码
;比较匹配时将自动发送其对应数据
;d12~d0 扩充模式识别码中的高 13 位 I28~I16)
            SPLK #1111111111111110B,CANMSGID0L ;MBOX0 识别码低 16 位 ID 设置

```
            SPLK  #0000000000001000B,CANMSGCTRL0   ;CAN 信息控制器 0
;d4 RTR 遥控发送请求：=0,数据帧；=1,遥控帧[>0]设置为数据帧
;d3~d0 数据字数设置码.0000=0,0010=2,0100=4,0110=6,1000=8 个字
            LDP  #CANMCR≫7
            SPLK  #0000000000000000B,CANMCR   ;回复 d8=CDR=0CCR=d12=0
            SPLK  #0000000001001001B,CANMDER
;d7=0 MBX3 作为发送遥控请求,ME3=1=ME0 允许
;[d7~d0] MD3~2(邮箱 3、2 的方向设置：0=T,1=R)，
;ME5~ME0(邮箱 5~0 的允许 En/Dis)必须先允许
SPLK  #0001000000000000B,CANMCR
;d8=CDR=0 不改变数据,但 CCR=d12=1 改变配置
W_CCEBIT CANGSR,#0BH
;等待 CAN 模块硬件是否设置好改变的响应 d15~d11=D4 CCE=1
            BCND W_CCE,NTC  ;CCE=0 必须跳回,等 CCE=1 可开始改变如下的操作
            SPLK  #0000000000000001B,CANBCR2   ;设置 CAN 位传输率预分频器值
;D15~D8 RES X
;D7~D0 波特率预分频值=0 >2
        ;   SPLK  #0000010101010111B,CANBCR1
            SPLK  #0000010111010111B,CANBCR1
;d15~d11 XX
;d10 在下降沿或上升及下降沿都同步化的设置下降沿=0,=1 二个边沿(=1)
;d9~d8 同步化要跳过宽度 1~4 个 TQ 宽的设置[01=2 个]SJW
;d7 取样点的设置（1：作 3 取 2 的判别。0：只一次）=0>1
;d6~d3 时间区段 1=1010=10[TSEG2+1]+[TSEG1+1]= 位时间[3~16 个 TQ]
;d2~d0 时间区段 2=111=7[2~8 个 TQ]TSEG2<TSEG1
            SPLK  #0000000000000000B,CANMCR   ;令 CDR=0,CCR=0 不再改变
W_NCCEBIT CANGSR,#0BH         ;检测 CCE 位是否为 0 的断开设置改变的模式
            BCND W_NCCE,TC    ;若 CCE=1,则跳回再等待,直到 CCE=0 的硬件结构响应
RELOPBK NOP
WAITN   LDP  #PFDATDIR≫7     ;令 DP 寻址于 PFDATDIR 高 9 位
        LACL PFDATDIR         ;读取 PFx 输入端口载入 ACL
        LDP  #34BH≫7         ;令 DP 寻址于 34BH 高 9 位
        SACL 4BH              ;将 ACL 值载入 34BH 内
        BIT  4BH,15           ;将 34BH 的 D0 值载入 TC 位
        NOP
        BCND WAITN,NTC        ;若 TC=PF0=0,则跳回 WAITN 等待
        NOP
        LDP  #CANTCR≫7       ;令 DP 寻址于 CANTCR 高 9 位
        SPLK #0020H,CANTCR    ;TRS3=1,开始发送遥控帧 RTR 请求
;CAN 的发送控制寄存器 TCR
;d15~d12  TA5~TA2  邮箱 5~2 的发送响应 ACK d13=mbox3=TA3 ack
;d11~d8   AA5~AA2  邮箱 5~2 的发送放弃响应 ACK
;d7~d4    TRS5~TRS2  发送请求设置 D5=1 为邮箱 3 MBX3 发送请求
;d3~d0    TRR5~TRR2  发送请求复位
W_TA    BIT CANTCR,2          ;等 CAN 模块硬件是否已经发送并已响应 D2 TA3
```

```
            BCND  W_TA,NTC              ;若 TA3 = 0,则跳回 W_TA 再等待 TA3 = 1
WAITA       SPLK  #2000H,CANTCR         ;若 TA3 = 1 已响应,则将 1 写入 TA3 清除
;邮箱 3 发送遥控帧的 IDn 请求 CAN 总线上认同 Idn 的邮箱请求
;自动回传数据到 CAN 总线上
;接下来则等待 CAN 总线上是否有发送对应 IDn 的数据来接收邮箱 0
RX_LOOP:
W_RA        BIT   CANRCR,BIT4           ;遥控节点等待 CAN 模块的接收信息空闲状态 RMP0 = 1?
            BCND  W_RA,NTC              ;RMP0 = 0,则跳回 W_RA 等待;RMP0 = 1,则接收到数据并读取存放
            nop
;CAN 的接收控制寄存器 RCR
;d15～d12  RFP3～RFP0   遥控帧空闲请求 MBOX3～0
;d11～d8   RML3～RML0   接收信息遗失标志
;d7～d4    RMP3～RMP0   接收信息空闲状态 RMP0 = 1? 是否接收完成
;d3～d0    OPC3～OPC0   接收数据的溢出保护控制
LOOP_READ2  MAR   *,AR0                 ;令 ARP 寻址于 AR0 邮箱 0 的 7204H 起始地址 MDX0
            LACL  *+,AR1                ;邮箱 1A 载入 ACL,并令 AR0 指向下一个(0B/0C/0D)邮箱
            SACL  *+,AR2                ;将 ACL 写入 AR1 所寻址的 DM 地址 300H～303H AR1 寻址加 1
            BANZ  LOOP_READ2            ;AR2 字节数减 1 计算,不等于 0,则再读取存放
            nop
LOOPT       LAR   AR7,#7H               ;重新令 AR3 = #7 进行计次
            LAR   AR6,#300H             ;AR0 寻址于 DM RAM 300H～307H(接收)
REDSP       CALL  OUTDSP                ;OUTDSP 将 AR0[一次递加]所指存储器内容数据显示
            CALL  DELAYT                ;调用 DELAYT 延迟一段时间进行显示
            MAR   *,AR7                 ;令 ARP = AR3 作为实时操作寄存器(显示 7 次)
            BANZ  REDSP                 ;AR3 不为 0,则减 1 并跳回 REDSP 再显示下一次数据
            nop
            LAR   AR0,#CANMBX0A         ;AR0 寻址于邮箱 0 的 7204H 起始地址 MBX0
            LAR   AR1,#300H             ;AR1 寻址于数据存储器 300H 可存放 CAN RAM(B0)
            LAR   AR2,#3H               ;AR2 作为数据字计数器 3
            B     RELOPBK               ;若 TC = PF0 = 1,则跳回 RELOPBK 再次发送及接收数据显示
            NOP

OUTDSPNOP
            LDP   #34AH>>7              ;DP 寻址于 34AH 的高 9 位值
            MAR   *,AR6                 ;ARP = AR0 进行指针操作
            LACL  *                     ;读取 AR0 寻址于邮箱 0 的 RAM7204H(接收值)
            OUT   *,8006H               ;将邮箱 0A 的低 8 位输出到 8006H 显示
            LACC  *+,8                  ;将邮箱 0A 的值左移 8 位载入 ACC 内
            SACH  4AH                   ;将 ACH 载入 24AH 内
            OUT   4AH,8005H             ;将邮箱 0A 的高 8 位输出到 8005H 显示
            RET                         ;回主程序
            NOP

DELAYT      LAR   AR5,#020H             ;AR5 载入计数值 = 30H 进行大循环延迟计数
DLT2        LAR   AR4,#8000H            ;AR4 载入计数值 = 8000H 进行单位小循环延迟计数
```

```
DLT1        RPT     ＃0A0H               ;连续执行 NOP 指令共 161＝0A1H 的延迟定时
            NOP
            MAR     *,AR4                ;ARP＝AR4 进行指针操作
            BANZ    DLT1                 ;AR6 不为 0,则减 1 并跳回 DLT1 再进行小循环的定时
            MAR     *,AR5                ;ARP＝AR5 进行指针操作
            BANZ    DLT2                 ;AR7 不为 0,则减 1 并跳回 DLT2 再进行大循环的定时
            RET                          ;回主程序
            NOP

DELAYW      LAR     AR4,＃80H            ;AR4 载入计数值＝8000H 进行单位小循环延迟计数
DLT3        RPT     ＃0A0H               ;连续执行 NOP 指令共 161＝0A1H 的延迟定时
            NOP
            MAR     *,AR4                ;ARP＝AR4 进行指针操作
            BANZ    DLT3                 ;AR6 不为 0,则减 1 并跳回 DLT1 再进行小循环的定时
            RET                          ;回主程序
            NOP

GISR1：     RET
GISR2：     RET
GISR3：     RET
GISR4：     RET
GISR5：     RET
GISR6：     RET
PHANTOM     RET
            end
```

  下面所列举的例子是 REM_ANS.asm 程序中以邮箱 2 所设置的识别码,并设置成自动回传信息 AAM＝1 的控制及识别码的屏蔽控制设置。当接收到一个遥控帧时,依据其识别码的屏蔽控制设置比较其识别码,这完全由 CAN 模块内的硬件来自动执行比较匹配。若匹配,则将其邮箱内的 4 个 RAM 信息自动送出。完成发送时,以中断模式在中断子程序设置标志响应,并将发送邮箱内的信息载入显示存储器 300H～307H 内,以便由 4 位七段 LED 显示器依次显示来告知其已执行一个遥控帧的识别,并执行其对应的 AAM 自动发送其信息的请求控制。

  一个自动回传信息的遥控帧请求(识别码及对应 IDm 过滤器必须匹配设置),而另一个节点的 CAN 模块中,由 REM_REQ.ASM 程序送出遥控帧(RTR＝1)有一个发送邮箱,其识别码设置为邮箱 3 所要求的识别码(含 IDm 过滤器),发送的识别码与对应 IDm 过滤器进行比较。若设置匹配,则自动响应信息的 AAM＝1 时将自动响应发送其信息。若没有收到遥控帧并比较匹配,则显示器将显示其原先的设置值。

  在存储器 300H～303H 内准备存放着邮箱 0 的 4 组接收信息,而 304H～307H 则存放 1111H、2222H、3333H、4444H 预设置识别值。当邮箱 2 接收到遥控帧且比较匹配时,会将其内部信息发送,并将其转载入存储器 300H～303H 内,再由 4 位七段 LED 分作 8 个依次显示 300H～307H 内容,但每传完一次信息,会将邮箱 2 的值分别(MBOX2A,B,C,D)加 1,再进行发送,并由 CAN 中断服务程序将其载入 300H～303H 来显示。该例在 CANANS.mak 的 REM_ANS.asm 程序中说明。

;这个程序是遥控模式的应用,设置邮箱2为发送的自动回话模式
;CANIDnH>D13=AAM=1 并设置好邮箱2为自动回话模式及传输率
;识别码IDn及对应的识别码屏蔽IDm后并以死循环来等待CAN总线上
;对应发送遥控帧的识别码
;当接收到遥控帧内的识别码IDn及对应的识别码屏蔽IDm并以硬件自动比较
;若比较相同,则会自动将其邮箱内的数据及其所设置的识别码自动发送
;比较IDn及自动回话发送数据后以中断服务程序来对应显示

```
        .title "REM_ANS"
        .include "x24x_app.h"
        .include "vector.h"
DP_PF1      .set 0E0H
DP_CAN      .set 0E2H
DP_CAN2     .set 0E4H


KICK_DOG .macro
        LDP #WDKEY>>7
        SPLK #05555H,WDKEY
        SPLK #0AAAAH,WDKEY
        LDP #0
        .endm
        .text
START:  SETC INTM                       ;令INTM=1禁用所有中断
        LDP #SCSR1>>7
;OSCF,CLKS,LPM1~0,CLK_PS2~0,OSCFR,ADCKE,SCIKE,SPIKE,CANKE,EVA/BKE,X,ILADR
        SPLK #0010H,SCSR1               ;令CAN时钟允许CAN CLKEN=1
        SPLK #06FH,WDCR                 ;复位看门狗定时器RESET WDT
        KICK_DOG
        LDP #03A0H>>7                   ;将DP寻址于3A0H的高9位
        SPLK #0A001H,020H               ;将错误的码A001H预先存入320H(DM)
        LDP #MCRB>>7
;MCRB15~MCRB0=00 1100 0000HPB7=CANRX,PB6=CANTX
        SPLK #00C0H,MCRB                ;令PB7,PB6为特殊外设引脚,其余为一般的GIO引脚
        SPLK #0000H,MCRC                ;端口PE7~PE0,PF7~PF0设置为一般的I/O
        SPLK #0FF00H,PEDATDIR           ;PEn方向设置令PE7~PE0为输出其输出值为00
        SPLK #00000H,PFDATDIR           ;PFn方向设置令PF7~PF0为输入端口输入值为00
        LAR AR0,#300H                   ;AR0寻址于数据存储器300H可存放CAN RAM(B0)
        LAR AR1,#3H                     ;AR1作为数据字计数器3
        LAR AR2,#7214H                  ;AR2寻址于邮箱2的7214H起始地址MBX2
        LAR AR7,#3F0H                   ;AR7寻址于DM的3F0H作为邮箱2的回传数据暂存
        LDP #304H>>7                    ;令304H~307H存储器预存1111H,2222H,3333H,4444H
        LACL #1111H
        SACL 04H
        LACL #2222H
        SACL 05H
```

```
        LACL ♯33333H
        SACL 06H
        LACL ♯4444H
        SACL 07H
        LDP ♯3F0H≫7
        LACL ♯1                              ;令存储器 370H～373H 各分别递加 1
        SACL 70H
        ADD ♯1
        SACL 71H
        ADD ♯1
        SACL 72H
        ADD ♯1
        SACL 73H
        LDP ♯0
        SPLK ♯0000000000010000B,IMR          ;INT5 屏蔽为 1 允许,INT6～INT1 INT5 = 1
        SPLK ♯000FFH,IFR                     ;清除所有的中断标志
        CLRC INTM                            ;允许中断总开关
LDP ♯CANLAM1H≫7
        SPLK ♯1001111111111110B,CANLAM1H     ;只有 ID16 = 0 加以识别
;CAN 识别码的屏蔽 d15 = LAMI 标准及扩充模式
        SPLK ♯1111111111111111B,CANLAM1L
;LAM16 = 0 此识别码必须相同,其他设置 1 就不管
        SPLK ♯1011111111111111B,CANIMR       ;允许所有的 CAN 中断屏蔽
;d15 MBX int priority level 1 = low 0 = hi 邮箱中断优先级电平（低优先）
;d14 rev
;d13～8 MBX int mask = 1(none mask) 邮箱中断屏蔽
;d7 Error int priority level 1 = low 0 = hi 错误中断优先级电平
;d6 Receive message lost interrupt 接收信息遗失
;d5 Abort acknowledge 放弃的响应
;d4 Write Denied 写入拒绝
;d3 Wake up 唤醒
;d2 Bus off 总线断开
;d1 Error passive 错误消极
;d0 Warning level 警示电平
        LDP ♯CANMDER≫7
        SPLK ♯0000000000000000B,CANMDER
;[d7～d0] MD3～2(邮箱 2、3 的方向设置 0 = T,1 = R),
;ME5～ME0(邮箱 5～0 的允许 En/Dis)必须先禁用
        SPLK ♯0000000100000000B,CANMCR       ;CAN 的主控制寄存器 D8 = CDR = 1
;要改变 CAN 的模式及设置 data field control
;d15～14 x,保留
;d13 SUSP 在仿真器调试时的操作是否做完此发送后空闲(0)或继续执行(1)＞1
;d12 CCR 改变 CAN 结构的请求：0 = 正常操作；1 = CPU 请求改变 CCR
;d11 PDR (省电模式的要求) = 10 = 没有请求
;d10 DBO (存放数据字于邮箱的顺序) = 0＞0,1...7, = 1＞3,2,1,0,7,6,5,4
```

```
;d9 WUBA(唤醒总线为有效状态)=0
;d8 CDR 改变 CAN 数据构的请求:0=正常操作,1=CPU 请求改变数据 CDR
;d7 ABO 自动接上总线 0=总线在 off 后的 128×11 接收位及 ccr=0 后才接上
;若 ABO=1,则不需要设置 ccr=0
;d6 STM 自我测试模式
;d5~2 rev xxxx 保留
;d1~d0 MBNR(将数据写入对应接收邮箱时仅限于
;邮箱 2,3 被配置为接收及遥控时,数据写入及邮箱数(2[10],3[11])
;必须将令(CDR=1 提出)
        LDP  #CANMSGID2H≫7
        SPLK #1111111111111111B,CANMSGID2H   ;邮箱 2 信息识别器令 AAM=1
;d15 IDE(=1,识别码[29 位]为扩充模式;=0,识别码为一般模式[11 位])
;d14 AME(接收屏蔽允许;=0,没有屏蔽 id 都必须比较;=1,则针对 lam 来比较)
;d13 AAM(=1,发送的邮箱由遥控模式作自动回话模式的设置位;=0,不回话)
;d12~d0 扩充模式识别码中的高 13 位 I28~I16)
        SPLK #1111111111111111B,CANMSGID2L   ;识别码中的低 16 位 ID 设置
        SPLK #0000000000001000B,CANMSGCTRL2  ;CAN 控制器 2 RTR=0 响应数据
;d4=0 RTR 遥控发送请求:=0,数据帧;=1,遥控帧
;d3~d0 数据字数设置码 0000=0,0010=2,0100=4,0110=6,1000=8 个字
        SPLK #0FEDCH,CANMBX2A   ;将邮箱内 4[A,B,C,D]个 16 位起始值
        SPLK #0BA98H,CANMBX2B   ;8 个 8 位的字分别写入要发送的数据
        SPLK #07654H,CANMBX2C   ;FEDCH、BA98H、7654H、3210H 等值
        SPLK #03210H,CANMBX2D
;将 CAN 的结构、模式及所有的信息数据设置完成后开始下列功能设置


        LDP  #CANMCR≫7
        SPLK #0000000000000000B,CANMCR    ;d8=CDR=0 不再请求数据设置
        SPLK #0000000000000100B,CANMDER   ;d6=0 MBX2 发送 d2=ME2=1 并允许
        SPLK #0001000000000000B,CANMCR    ;CCR=d12=1 CDR=d8=0 要改变配置
W_CCE   BIT CANGSR,#0BH                    ;等待 CAN 模块硬件是否改变响应 d15~d11=D4 CCE
        BCND W_CCE,NTC;CCE=0               ;则跳回再等 CCE=1,则可开始改变如下的操作
        SPLK #0000000000000001B,CANBCR2    ;CAN 位传输率进行预分频器值设置
;D15~D8 RES X
;D7~D0 波特率预分频值=0
;       SPLK #0000010101010111B,CANBCR1
        SPLK #0000010111010111B,CANBCR1    ;BT=8+11+1=20 BRP=1
;d15~d11 XX
;d10 在下降沿或上升及下降沿都同步化的设置下降沿 =0,=1 二个边沿(=1)
;d9~d8 同步化要跳过宽度 1~4 个 TQ 宽的设置[01=2 个]
;d7 取样点的设置(1:作 3 取 2 的判别。0:只一次)=0 >1
;d6~d3 时间区段 1 =1010=10[TSEG2+1]+[TSEG1+1]=位时间[3~16 个 TQ]
;d2~d0 时间区段 2 =111=7[2~8 个 TQ]TSEG2<=TSEG1
        SPLK #0000000000000000B,CANMCR    ;令 CDR=0,CCR=0 不再改变
W_NCCE  BIT CANGSR,#0BH                    ;检测 CCE 位是否为 0 的断开设置改变的模式
        BCND W_NCCE,TC                     ;若 CCE=1,则跳回再等待,直到 CCE=0 的硬件结构响应
```

W_ERROR	LACL CANESR	;将 CAN 的错误状态 CANESR 读取入 ACL 内
	BCND W_ERROR,NEQ	;若 CANESR=AL 不为 0 代表有错误,则跳回再等待
	NOP	

;＊由于设置 AAM=1,因此邮箱 2 只要没有错误标志发生就会自动响应发送数据
;＊等待发送完成的中断执行,读取邮箱 2 数据载入存储器显示,TRS=1 TA=1
;＊若设置 AAM=0,则此邮箱 2 就不会自动响应发送数据

	LDP ♯34CH≫7	
	LACL ♯0	
	SACL 4CH	;存储器 34CH 起始值设置为 0 作为中断识别标志
	NOP	
LOOPP	LAR AR4,♯0300H	;AR0 寻址于 DM RAM 300H～307H
	NOP	
	LAR AR3,♯7H	;重新令 AR3=♯7 进行计次
REDSP	CALL OUTDSP	;OUTDSP 将 AR0[递加 1]所指存储器内容 16 位数据显示
	CALL DELAYT	;调用 DELAYT 延迟一段时间进行显示
	MAR ＊,AR3	;令 ARP=AR3 作为实时操作寄存器(显示 4 次)
	BANZ REDSP	;AR3 不为 0,则减 1 并跳回 REDSP 再显示下一次数据
	NOP	
WAITN	LDP ♯34CH≫7	;检查是否有再次中断的标志 DM=34CH 设置为 1
	LACL 4CH	;读取 34CH 内容载入 ACL
	BCND WAITN,EQ	;若等于 0,则代表没有被请求传数据不重新显示
	LACL ♯0	;若请求发送的中断已执行,则令标志 34CH 归零
	SACL 4CH	
	CALL CHGMSG	;旧数据 CANMBX2n 已发送,故更改写入新的 CANMBX2n 数据
	NOP	
	B LOOPP	;跳回 LOOPT 再重新显示等待 CAN 中断的产生
	NOP	

;由起始的 3F0H～3F3H 数据递加 1 写入 CANMBX2n 来更新响应发送
CHGMSG：NOP

	LDP ♯CANMCR≫7	
	SPLK ♯0000000100000000B,CANMCR	;d8=CDR=1 请求邮箱 2 的数据设置
	LDP ♯CANMBX2A≫7	
	MAR ＊,AR7	;AR7 寻址于邮箱回传数据的存储器 3F0H～3F3H
	LACL ＊	;读取 ＊AR7 内容载入 ACL
	ADD ♯1	;将 ACL 加 1
	SACL ＊+	;将 ACL 再写回 ＊AR7 内容并令 AR7 寻址加 1
	SACL CANMBX2A	;ACL 内的 ＊AR7 递加 1 值写入邮箱 CANMBX2A 的 RAM 内
	LACL ＊	;读取 ＊AR7 内容载入 ACL
	ADD ♯1	;将 ACL 加 1
	SACL ＊+	;将 ACL 再写回 ＊AR7 内容并令 AR7 寻址加 1
	SACL CANMBX2B	;ACL 内的 ＊AR7 递加 1 值写入邮箱 CANMBX2A 的 RAM 内
	LACL ＊	;读取 ＊AR7 内容载入 ACL
	ADD ♯1	;将 ACL 加 1
	SACL ＊+	;将 ACL 再写回 ＊AR7 内容并令 AR7 寻址加 1
	SACL CANMBX2C	;ACL 内的 ＊AR7 递加 1 值写入邮箱 CANMBX2C 的 RAM 内

```
            LACL *                          ;读取 *AR7 内容载入 ACL
            ADD #1                          ;将 ACL 加 1
            SACL *-                         ;将 ACL 再写回 *AR7 内容并令 AR7 寻址减 1
            SACL CANMBX2D                   ;ACL 内的 *AR7 递加 1 值写入邮箱 CANMBX2A 的 RAM 内
            MAR *-                          ;令 AR7 寻址减 1
            MAR *-                          ;令 AR7 寻址再减 1 回到起始的 3F0H
            LDP #CANMCR>>7
            SPLK #0000000000000000B,CANMCR  ;d8 = CDR = 0 终止邮箱 2 的数据设置
            RET                             ;回主程序

OUTDSPNOP
            LDP #34AH>>7                    ;DP 寻址于 34AH 的高 9 位值
            MAR *,AR4                       ;ARP = AR0 进行指针操作
            LACL *                          ;读取 AR0 寻址于邮箱 0 的 RAM7204H(接收值)
            OUT *,8006H                     ;将邮箱 0A 的低 8 位值输出到 8006H 显示
            LACC *+,8                       ;将邮箱 0A 的值左移 8 位载入 ACC 内
            SACH 4AH                        ;将 ACH 载入 24AH 内
            OUT 4AH,8005H                   ;将邮箱 0A 的高 8 位值输出到 8005H 显示
            RET                             ;回主程序
            NOP
DELAYT      LAR AR5,#020H                   ;AR5 载入计数值 = 20H 进行大循环延迟计数
DLT2        LAR AR6,#8000H                  ;AR4 载入计数值 = 8000H 进行单位小循环延迟计数
DLT1        RPT #0A0H                       ;连续执行 NOP 指令共 161 = 0A1H 的延迟定时
            NOP
            MAR *,AR6                       ;ARP = AR4 进行指针操作
            BANZ DLT1                       ;AR6 不为 0,则减 1 并跳回 DLT1 再进行小循环的定时
            MAR *,AR5                       ;ARP = AR5 进行指针操作
            BANZ DLT2                       ;AR7 不为 0,则减 1 并跳回 DLT2 再进行大循环的定时
            RET                             ;回主程序
            NOP

;CAN 的中断服务子程序 ISR 在低优先级时为 INT5(高优先级为 INT1)
;将邮箱 2 的 RAM 发送数据读取再存放入 DM[300H~303H]内以便显示
GISR5:      CALL SAVEAS                     ;调用存放 ST0、ST1 及 ACC 值的子程序
            LDP #PIVR>>7
            LACC PIVR
            XOR #0040H                      ;视图 PIVR 是否为 0040H 的 CAN 中断外设向量
            BCND NOTANS,NEQ                 ;若不是 0040H,则不是 CAN 中断跳到 NOTANS
            LDP #CANTCR>>7
            SPLK #1000H,CANTCR              ;将 1 写入作清除发送响标志 TA2
            LAR AR1,#3h                     ;重新令 AR1 = #3 进行计次
            LAR AR0,#300H                   ;AR0 寻址于 DM RAM 300H~307H(接收暂存)
            LAR AR2,#7214H                  ;AR2 寻址于 CANMBX2A = 7214H 地址(接收)
LOOP_REA    MAR *,AR2                       ;AR2 寻址于 CANMBX2A = 7214H 地址
            LACL *+,AR0                     ;将邮箱 2A 载入 ACL 并令 AR2 指向下一个(2B/2C/2D)邮箱
```

```
            SACL *+,AR1                ;将 ACL 写入 AR0 所寻址的 DM 地址 300H～303H AR1 定址加 1
            BANZ LOOP_READ             ;将 AR1 字节数减 1 进行计算,不等于 0 则再读取存放
            LDP #34CH≫7
            LACL #01                   ;将 1 写入 34CH 标志内表示已执行过 CAN 中断
            SACL 4CH
            NOTANS
            CALL RESTORAS              ;调用取回 ST0、ST1 及 ACC 值的子程序
            CLRC INTM                  ;令 INTM = 0 可再中断
            RET ;回主程序
            NOP
;将 ST0、ST1、ACH、ACL 写入 0060H～0063H 存放
SAVEAS:
            SST #1,60H                 ;状态标志 ST1 写入 0060H 存储器存放
            SST #0,61H                 ;状态标志 ST0 写入 0061H 存储器存放
            LDP #0                     ;令 DP = 0
            SACH 62H                   ;ACH 写入 0062H 存储器存放
            SACL 63H                   ;ACL 写入 0063H 存储器存放
            RET                        ;回主程序
            NOP
;将 ACH、ACL 及 ST0、ST1 由 0060H～0063H 取回
RESTORAS:
            LDP #0                     ;令 DP = 0
            ZALH 62H                   ;将 ACL 归零,而将 ACH 由 0062H 写回
            ADDS 63H                   ;0063H 存储器内加上 ACH 写回 ACC 以取回 ACL
            LST #0,61H                 ;由 0062H 存储器内容取回 ST0
            LST #1,60H                 ;由 0060H 存储器内容取回 ST1
            RET                        ;回主程序
GISR1:      RET
GISR2:      RET
GISR3:      RET
GISR4:      RET
GISR6:      RET
PHANTOM     RET
            .end
```

实验程序

（1）这两个 CAN 模块对应的节点传输必须分别接上 CAN 总线电平转换芯片,如图 10 - 22 电路所示。若使用正弦电子公司新版本的 SN - DSP2407B,则会包含此 CAN 电平转换芯片。SN65HVD230 的 U10 由 JP6 端子的 CANH 及 CANL 接到 CAN 总线网络上。网络上的并接阻抗 120 Ω 由 JP6A 选择,也就是多个节点并接时,只要注意其中一个 JP6A 接上即可。SN - DSP2407B 面板图如图 10 - 22 所示。

（2）取两个上述实验系统,并将其 JP6(CANH 及 CANL 信号)对接形成 CAN 网络,其中一个 JP6A 跳线接上形成 120 Ω 的网络阻抗。

（3）编辑上述 REM_REQ.asm 程序,编译后以 CANREQ.out 程序载入 SN - DSP2407 或 DSP2407B 实验系统中。

第 10 章 控制局域网络接口 CAN 模块

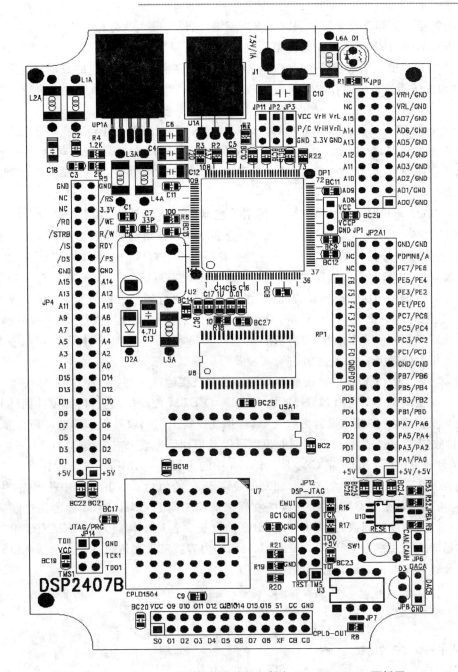

图 10-22　含有 CAN 网络驱动芯片的新版本 SN-DSP2407B 面板图

(4) 编辑上述 EM_ANS.asm 程序，编译后以 CANANS.out 程序载入另一个 SN-DSP2407 或 DSP2407B 实验系统中。

(5) 程序中分别设置邮箱 2、3 及邮箱 0 的识别码及其屏蔽控制各位。邮箱 0 接收到的数据存放于存储器 300H～303H，先设置邮箱 3 为 12 位有效识别码，若邮箱 0、2、3 不匹配，则不会进行其遥控帧模式传输。执行时 SN-DSP2407/B 实验系统中的 4 位七段显示器显示数据如何？为什么？将邮箱 0 也改成有效的识别码接收又如何？试讨论实验测试记录。

（6）将邮箱 3、0 都改成无效的识别码重新编辑，编译后载入执行程序执行会如何？

（7）若将 REM_REQ.asm 中的邮箱 3 改成"接收邮箱"，这时设置 TRS3＝1 进行发送请求，此模块会送出一个遥控帧请求信息(RTR＝1)邮箱 3，接着等待接收响应的数据帧。因此对邮箱 3 而言，这种发送遥控请求帧并同时对应接收响应数据，重新编辑、编译后载入执行程序执行会如何？

（8）试着将 3 个 CAN 模块接上网络，第一个 CAN 模块按第（7）步设置接收邮箱 3 为遥控帧的接收邮箱作主控器，对应第 2 个及第 3 个 CAN 模块则分别有一个 AAM＝1 的发送邮箱，适当地设置其识别码及其屏蔽控制各位，编辑、编译程序执行会如何？试进行实验并讨论测试记录。

讨 论

另外，作者编写设计一个 CAN 模块的主从控器数据传输系统，其中以键盘对应 20×2 的 LCD 字形显示器，将对应于 CAN 的 6 个邮箱，分别以左右移动键和数码数据输入的加减 1 键设置值，设置对应的各邮箱控制模式及其对应数据并写入。当对应的邮箱设置确认后，以 ENTER 键输入设置，另一个键是系统清除键，共只需 6 个单击键来对应 LCD 屏蔽设置各邮箱的控制数据写入和发送数据。当所有邮箱设置完成后，再以开始执行的 GO 键进行 CAN 系统数据的发送后接收，且随时以中断的单击键读取执行 CAN 系统的重新设置与执行或监测接收邮箱的内容。此系统定义如同一个小系统控制网络，由于篇幅关系，不再详细说明，读者可参考本书所附光盘中的 REM_CANK.asm 程序并进行实验及讨论测试记录。

实验 10-3 CAN 模块的自我检测 C 程序示例及实验

如同前面实验 10-1 利用 CANMCR 中的 D6 位 STM 控制位，进行内部硬件回环并送出响应的硬件检测程序，将邮箱 3 设置为发送邮箱，并设置其识别码以及识别码的屏蔽设置，而邮箱 2 设置为接收邮箱，并分别设置其相同的识别码以及识别码屏蔽来响应接收。

CAN 自我测试(STM)程序 CANREM.mak 中的主程序 CAM_REM.c 设置 CANMXB3 内容起始值为 1122、3344、5566、7788 值，而 CANMXB2 起始值为 0，采用接收中断模式，并以 CAN_FLAG 标志标识着是否 CANMBX2 以接收到识别码相同的 CANMXB3 内容。中断服务程序中将 CAN_FLAG 设置标识，并将 CANMXB2 接收累含各加 1 转载入 CANMXB3 以便再发送。依次循环执行观察 CANMXB2 及 CANMXB3 内容就可得知传输是否成功。典型的 C 程序编写示例及其对应的汇编语言程序编译说明如下：

```
#include "f2407regs.h"
#include "SN2407.H"
int CAN_FLAG;                    //定义接收到数据的标志寄存器
//声明程序中需要用到的函数
void system_init();              //CPU 系统初始化设置子程序
void CANMBX_ISR();               //邮箱操作完成的中断服务子程序
void inline disable()            //中断禁用子程序
1000 0000  LAR     AR0,reset
1001 0BAD  RPT     ＋,AR5
1002 0000  LAR     AR0,reset
1003 8AA0  POPD    ＋
1004 0000  LAR     AR0,reset
```

```
{
    asm("setc INTM");
    1005 BE41 SETC    INTM
}
1006 7C02 SBRK    #2H
1007 0090 LAR     AR0,_
1008 7680 PSHD
1009 EF00 RET
void inline enable()              //中断允许子程序
100A 8AA0 POPD    +
100B 80A0 SAR     AR0,+
100C 8180 SAR     AR1,*
100D B001 LAR     AR0,#1H
100E 00E0 LAR     AR0,*0+
{
    asm("clrc INTM");
    100F BE40 CLRC    INTM
}
1010 7C02 SBRK    #2H
1011 0090 LAR     AR0,*_
1012 7680 PSHD
1013 EF00 RET
/(1) 主程序 )*/
main()
1014 8AA0 POPD    +v
1015 80A0 SAR     AR0,+
1016 8180 SAR     AR1,*
1017 B001 LAR     AR0,#1H
1018 00E0 LAR     AR0,*0+
{
    system_init();                //系统初始化子程序
    1019 7A80 CALL    system_init,*
    CAN_FLAG = 0x00;              //清除CAN标志,CAN_FLAG=01表示接收到数据
    101B B900 LACL    #0H
    101C BD00 LDP     #100H
    101D 9022 SACL    trap
    CAN_INIT();                   //CAN初始化子程序
    101E 7A80 CALL    CAN_INIT,*
    enable();                     //允许中断
    1020 7A80 CALL    enable,*
    1022 8B8B MAR     *,AR3
    for(;;)                       //主程序循环起始点
    {
    CAN_TCR = 0x20;               //MBX3设置为发送邮箱
    1023 BF0B LAR     AR3,#7101H
```

```
            1025 B920 LACL      #20H
            1026 9080 SACL      *,0
//CAN 的发送控制暂器 TCR
//d15~d12      TA5~TA2      邮箱 5~2 发送响应 ACK d13 = mbox3 = TA3 ack
//d11~d8       AA5~AA2      邮箱 5~2 的发送放弃响应 ACK
//d7~d4        TRS5~TRS2    发送请求设置 D5 = TRS = 1 为邮箱 3 MBX3 发送请求
//d3~d0        TRR5~TRR2    发送请求复位

            while(CAN_TCR&0x2000 == 0)         //等待 TA3 = 1? 发送响应
            1027 6980 LACL      *
continue;
            CAN_TCR = 0x2000;                  //将 1 值回写入作清除 TA3 和 MIF3 标志位
            1028 AE80 SPLK      #2000H,*
            while(CAN_FLAG == 0)
            102A BD00 LDP       #100H
            102B 1022 LACC      trap
            102C E308 BCND      L7,NEQ
            102E BD00 LDP       #100H
            102F 1022 LACC      trap
            1030 E388 BCND      L5,EQ
continue;                                      //等待接收数据
            CAN_FLAG = 0;                      //清除接收标志
            1032 B900 LACL      #0H
            1033 9022 SACL      trap
            CAN_MDER = 0x0000;                 //所有邮箱禁用
            1034 F0B ;AR        AR3,#7100H
            1036 8B8B MAR       *,AR3
            1037 9080 SACL      *,0
            CAN_MCR = 0x0140;                  //D8 = CDR = 1,D6 = STM = 1 自我测试模式,数据改变请求
            1038 7803 ADRK      #3H
            1039 AE8C SPLK      #140H,*,AR4
```

//d15~14 x,保留
//d13 SUSP 在仿真器错时的操作是否做完此发送后空闲([0])或继续执行(1)
//d12 CCR 改变 CAN 结构请求：0 = 正常操作[1 = CPU 请求改变 CCR]
//d11 PDR (省电模式的请求) = 1;0 = 没有请求
//d10 DB0 (存放数据字于邮箱的顺序) = 0>0,1...7, = 1>3,2,1,0,7,6,5,4
//d9 WUBA (唤醒总线为有效状态) = 0 leaves pdn only after wr 0 to PDR = 1 1 PDN when dd
//d8 CDR 改变 CAN 数据的请求：0 = 正常操作;1 = CPU 请求改变数据 CDR
//d7 AB0 自动接上总线：0 = 总线在 off 后的 128×11 接收位以及 ccr = 0 后才接上;1 = 不需要,ccr = 0
//d6 STM 自我测试模式
//d5~2 rev xxxx 保留
//d1~d0 MBNR(将数据写入对应接收邮箱时仅限于
//当邮箱 2,3 被配置为接收时及遥控处理时数据写入邮箱数(2[10],3[11])(CDR = 1 提出)

```
            CAN_MBX3A = CAN_MBX2A + 1;         //邮箱 2 中数据自动加 1 用来更新邮箱 3 中的数据
```

```
      103B BF0C LAR      AR4,#7214H
      103D 1080 LACC     *,0
      103E B801 ADD      #1H
      103F 7808 ADRK     #8H
      1040 9080 SACL     *,0
      CAN_MBX3B = CAN_MBX2B + 1;
      1041 7C07 SBRK     #7H
      1042 1080 LACC     *,0
      1043 B801 ADD      #1H
      1044 7808 ADRK     #8H
      1045 9080 SACL     *,0
      CAN_MBX3C = CAN_MBX2C + 1;
      1046 7C07 SBRK     #7H
      1047 1080 LACC     *,0
      1048 B801 ADD      #1H
      1049 7808 ADRK     #8H
      104A 9080 SACL     *,0
      CAN_MBX3D = CAN_MBX2D + 1;
      104B 7C07 SBRK     #7H
      104C 1080 LACC     *,0
      104D B801 ADD      #1H
      104E 7808 ADRK     #8H
      104F 908B SACL     *,0,AR3
      CAN_MCR = 0x04C0;        //D12 = CCR = 1 D7 = AB0 = 1 D6 = STM = 1
      1050 AE80 SPLK     #4C0H,*
      CAN_MDER = 0x04C;        //ME2 = ME3 = 1,MBX2 接收,MBX3 发送
      1052 B94C LACL     #4CH
      1053 7C03 SBRK     #3H
      1054 9080 SACL     *,0
      )
      1055 7980 B        L1,*
}
/*(2)系统初始化子程序*/
void system_init()
1057 8AA0 POPD     *+
1058 80A0 SAR      AR0,*+
1059 8180 SAR      AR1,*
105A B001 LAR      AR0,#1H
105B 00E0 LAR      AR0,*0+
{
    asm("setc INTM");
    105C BE41 SETC     INTM
    asm("setc SXM");
    105D BE47 SETC     SXM
    asm("clrc OVM");
```

```
              105E BE42 CLRC      OVM
       asm("clrc CNF");
              105F BE44 CLRC      CNF
       CAN_IMR = 0x0010;                        //设置中断允许
              1060 BF0B LAR       AR3,#710AH
              1062 B910 LACL      #10H
              1063 8B8B MAR       *,AR3
              1064 9090 SCAL      *-,0
       CAN_IFR = 0xFFFF;                        //清除中断标志
              1065 AE80 SPLK      #0FFFFH,*

       SCSR1 = 0x0010;                          //D4 = CAN CLKEN = 1 允许 CAN 模块时钟
              1067 7CF1 SBRK      #0F1H
              1068 9080 SACL      *,0

       WDKEY = 0x5555;                          //清除看门狗定时
              1069 780D ADRK      #DH
              106A AE80 SPLK      #5555H,*
       WDKEY = 0xAAAA;
              106C AE89 SPLK      #AAAAH,*,AR1
}
106E 7C02 SBRK          #2H
106F 0090 LAR           AR0,*-
1070 7680 PSHD          *
1071 EF00 RET
/*(3)CAN 初始化子程序*/
void CAN_INIT()
1072 8AA0 POPD          *+
1073 80A0 SAR           AR0,*+
1074 8180 SAR           AR1,*
1075 B001 LAR           AR0,#1H
1076 00EB LAR           AR0,*0+,AR3
{
       MCRB = MCRB|0x0C0;                       //设置 D6 = PC6,D7 = PC7 成专用 CAN 总线 CANRX、CANTX
              1077 BF0B LAR       AR3,#7092H
              1079 B9C0 LACL      #C0H
              107A 6D80 OR        *
              107B 9080 SACL      *,0

       CAN_IFR = 0xFFFF;                        //清除所有 CAN 中断标志
              107C 7877 ADRK      #77H
              107D AE80 SPLK      #0FFFFH,*
       CAN_LAM1_H = 0x7FFF;                     //设置邮箱 2、3 的屏蔽 ID 寄存器
              107F 7804 ADRK      #4H
              1080 AEA0 SPLK      #7FFFH,*+
```

```
        CAN_LAM1_L = 0xFFFF;                    //为 0 则 ID 必须匹配;为 1 则不管全部屏蔽
    1082 AE80 SPLK          #0FFFFH,*
        CAN_MCR = 0x1040;                       //CCR = 1 改变结构设置请求
    1084 7C0B SBRK          #BH
    1085 AE80 SPLK          #1040H,*
        while(CAN_GSR&0x0010 = = 0)continue;    //当 CCE = 1 时,即可配置 BCR2、BCR1 寄存器
    1087 7804 ADRK          #4H
    1088 6980 LACL          *
        CAN_BCR2 = 0x000;                       //串行传输速率预分频器的设置寄存器
    1089 B900 LACL          #0H
    108A 7C03 SBRK          #3H
    108B 90A0 SACL          *+,0
        CAN_BCR1 = 0x0FA;                       //串行传输速率设置为 1 Mbps
    108C B9FA LACL          #0FAH
    108D 9080 SACL          *,0
```
//d15～d11 XX 保留
//d10 在下降沿或上升及下降沿都同步化的设置下降沿 = 0、= 1MM OWJR VFVNO (= 1)
//d9～d8 同步化要跳过宽度 1～4 个 TQ 宽的设置[00 = 1 个]
//d7 取样点的设置(1:作 3 取 2 的判别。0:只一次) = 0
//d6～d3 时间区段 1 = 1111 = 16[TSEG2 + 1] + [TSEG1 + 1] = 位时间[3～16 个 TQ]
//d2～d0 时间区段 2 = 010 = 2[2～8 个 TQ]TSEG2 < = TSEG1

```
        CAN_MCR = CAN_MCR&0xEFFF;               //CCR = 0 改变结构设置退出请求
    108E BF80 LACC          #EFFFH,0
    1090 7C02 SBRK          #2H
    1091 6E80 AND           *
    1092 9080 SACL          *,0
        while(CAN_GSR&0x0010! = 0)continue;     //当 CEE = 0 时,BCR2、BCR1 寄存器设置完成
    1093 7804 ADRK          #4H
    1094 4F80 BIT           *,15
    1095 E200 BCND          L13,NTC
    1097 BF0B LAR           AR3,#7107H
    1099 8B8B MAR           *,AR3
    109A 4F80 BIT           *,15
    109B E100 BCND          L11,TC
        CAN_MDER = 0x040;                       //禁用邮箱,邮箱 2 设置为接收方式
    109D B940 LACL          #40H
    109E 7C07 SBRK          #7H
    109F 9080 SACL          *,0
        CAN_MCR = 0x0143;                       //CDR = 1,数据区改变请求
    10A0 7803 ADRK          #3H
    10A1 AE8C SPLK          #143H,*,AR4
        CAN_MSGID2H = 0x2547;                   //设置邮箱 2 的控制字及 ID 0547FFFFH
    10A3 BF0C LAR           AR4,#7211H
    10A5 AE90 SPLK          #2547H,*            //IDE = 0,AME = 0,AAM = 0 标准方式? MSGID2H[12～2]
```

```
CAN_MSGID2L = 0xFFFF;
10A7 AE80 SPLK        # 0FFFFH, *
CAN_MSGCTRL2 = 0x08;                    //设置控制域
10A9 B908 LACL        # 8H
10AA 7802 ADRK        # 2H
10AB 9080 SACL        * +,0            //数据长度 DCL = 8,RTR = 0 数据帧
CAN_MBX2A = 0x0000;                     //邮箱 2 数据起始值为 0000H 邮箱 RAM 值表示已准备接收数据
10AC B900 LACL        # 0H
10AD 7802 ADRK        # 2H
10AE 90A0 SACL        * +,0
CAN_MBX2B = 0x0000;
10AF 90A0 SACL        * +,0
CAN_MBX2C = 0x0000;
10B0 90A0 SACL        * +,0
CAN_MBX2D = 0x0000;
10B1 9080 SACL        *,0
CAN_MSGID3H = 0x2547;                   //设置邮箱 3 识别字 0547FFFFH
10B2 7802 ADRK        # 2H
10B3 AE90 SPLK        # 2547H, *
CAN_MSGID3L = 0xFFFF;
10B5 AE80 SPLK        # 0FFFFH, *
CAN_MSGCTRL3 = 0x08;                    //RTR = 0,DCL = 8
10B7 B908 LACL        # 8H
10B8 7802 ADRK        # 2H
10B9 9080 SACL        *,0
CAN_MBX3A = 0x2211;                     //邮箱 3 信息初始化值为 1122、3344、5566、7788H 作发送数据
10BA 7802 ADRK        # 2H
10BB AEA0 SPLK        # 2211H, * +
CAN_MBX3B = 0x4433;
10BD AEA0 SPLK        # 4433H, * +
CAN_MBX3C = 0x6655;
10BF AEA0 SPLK        # 6655H, * +
CAN_MBX3D = 0x8877;
10C1 AE8B SPLK        # 8877H, * ,AR3
CAN_MCR = 0x04C0;                       //DB0 = 1,AB0 = 1,STM = 1 设置成自测试模式
10C3 AE80 SPLK        # 4C0H, *
CAN_MDER = 0x4C;                        //MD3,MD2 = 01,00 > ME3 = 1,MBX3 发送,ME2 = 1 MBX2 接收
10C5 B94C LACL        # 4CH
10C6 7C03 SBRK        # 3H
10C7 9080 SACL        *,0
CAN_IMR = 0xF7FF;                       //中断 MBX3 禁用,MBX2 允许 低中断优先顺序
10C8 780A ADRK        # AH
10C9 AE90 SPLK        # 0F7FFH, *
CAN_IFR = 0xFFFF;                       //清除所有的中断标志
10CB AE89 SPLK        # 0FFFFH, * ,AR1
```

第 10 章 控制局域网络接口 CAN 模块

```
}
10CD 7C02 SBRK      #2H
10CE 0090 LAR       AR0,*_
10CF 7680 PSHD      *
10D0 EF00 RET
/*(4)中断程序*/
void interrupt GRIS5()          //中断程序
10D1 7A80 CALL      I$$SAVE,*
10D3 8180 SAR       AR1,*
10D4 B001 LAR       AR0,#1H
10D5 00E0 LAR       AR0,*0+
10D6 7980 B         L14,*
{
    switch(PIVR)
    10DC BF0B LAR   AR3,#701EH
    10DE 8B8B MAR   *,AR3
    10DF 6980 LACL*
    10E0 BA40 SSUB #40H
    10E1 E388 BCND L15,EQ
    {
        case 64:
        CANMBX_ISR();       //邮箱2接收到相应数据,则进入中断服务子程序
        10D8 7A89 CALL  CANMBX_ISR,*,AR1
            break;
            10DA 7980 B     L16,*
    }
}
10E3 8B89 MAR       *,AR1
10E4 7C01 SBRK      #1H
10E5 7989 B         I$$REST,*,AR1
void CANMBX_ISR()           //邮箱2接收中断服务子程序
10E7 8AA0 POPD      *+
10E8 80A0 SAR       AR0,*+
10E9 8180 SAR       AR1,*
10EA B001 LAR       AR0,#1H
10EB 00EB LAR       AR0,*0+,AR3
{
    CAN_RCR = 0x040;        //复位 RMP2 和 MIF2
    10EC BF0B LAR   AR3,#7102H
    10EE B940 LACL  #40H
    10EF 9089 SACL  *,0,AR1
    CAN_FLAG = 1;           //设置接收数据标志值作为标志
    10F0 B901 LACL  #1H
    10F1 BD00 LDP   #100H
    10F2 9022 SACL trap
```

```
}
10F3 7C02 SBRK      #2H
10F4 0090 LAR       AR0,*_
10F5 7680 PSHD      *
10F6 EF00 RET
void interrupt nothing()    //假中断程序
10F7 7A80 CALL      I$ $SAVE,*
10F9 8180 SAR       AR1,*
10FA B001 LAR       AR0,#1H
10FB 00E0 LAR       AR0,*0+
{
}
10FC 7C01 SBRK      #1H
10FD 7989 B         I$ $REST,*,AR1
```

实验程序

(1) 编辑上述 CAN_REM.c,编译后以 CAN_REM.out 程序载入 SN-DSP2407 实验系统中。

(2) 程序中分别设置邮箱 3 及邮箱 2 的识别码及其屏蔽控制各位,先设置邮箱 2 为 12 位的有效识别码,而邮箱 3 不相同,不接收识别码。执行时 SN-DSP2407 实验系统中将执行系统暂停,观察邮箱 2、3 内容分别如何？将邮箱 2、3 改成有效的相同识别码接收如何？试讨论实验测试记录。

(3) 接收端接收数据改成一直检测 RMP 位时,重新执行前面的程序 2、3 则结果如何？试讨论实验测试记录。

(4) 接收端接收数据改成一直等待中断设置标志 MIF2 检测时,中断处理程序如何对应编写？有何优缺点？重新编辑、编译后载入执行程序,执行前面的程序 1 则结果如何？试讨论实验测试记录。

(5) 若搭配 CPLD 4 位七段 LED 显示外设及双 8 位的 DAC 接口,将此邮箱 2 的 CAN_MBXAB 及 CAN_MBX2B 内容分别输出显示,并显示停留一段时间后再循环传递输出控制,则在主循环中完成接收程序中插入下列指令即可。试讨论实验测试记录。注意:CPLD 外设必须用 DSPSKYI7.tdf 程序执行。

在上述程序 103BH 前插入、重新编辑载入执行即可。

```
SEGD7L = CAN_MBX2A;
 /* 传输结果 CAN_MBX2A 低 8 位值输出到 CPLD 的七段 LED 显示 */
      SEGD7H = CAN_MBX2A>>8;
 /* CAN_MBX2A 右移 8 位将高 8 位输出到 CPLD 的七段 LED 显示 */
      DAC8A = CAN_MBX2B;
/* 传输结果 CAN_MBX2B 低 8 位值输出到 CPLD 的 DAC8A 接口输出 */
      DAC8B = CAN_MBX2B>>8;
/* CAN_MBX2A 右移 8 位将高 8 位输出到 CPLD 的 DAC8B 接口输出 */
      Delay(380000);       /* 显示一段时间 */
```

第 11 章

240x 控制系统专题制作实验示例 A

本章主要针对 TMS320F2407 的外设配合 CPLD 所定义的数字硬件接口,再搭配一些驱动及反馈检测器进行各种控制应用,在此列举一些控制示例加以说明。

11.1 PLC 的机电控制应用系统

11.1.1 接口原理说明

本模块为可编程控制器(PLC)的输入与输出接口电路。

输入接口电路采用 8 个光隔离器(PC817)作为输入信号与输出信号之间的电气隔离及电压电平转换。各输入(PI0~PI7)设有 LED 作为输入状态显示,当输入低电平时,LED 亮;其对应的输出端(PS0~PS7)由+5 V 变为 0 V。

输出接口电路包含 8 个光隔离器(PC817)作为数字输入信号与继电器输出之间的电气隔离及电压电平转换。各输入(PT0~PT7)设有 LED 作为输入状态显示,当输入高电平时,LED 亮;其对应的输出继电器两个节点(PO0~PO7)闭合。由于光隔离 IC 的电流较小,无法直接驱动 RELAY,借由 IC UNL2803 上拉电流来驱动 RELAY 线圈。

SW1 拨位开关是配合本 SN-DSP2407 实验器所设,用作仿真的输入。当使用实际外界的信号输入时,还需要使用 CON1 端子台作为输入端;同时,须将 SW1 的所有开关都置于 OFF。

接口电路如图 11-1 所示。各个连接器中 JP4A 为与 SN-DSP2407 实验系统中的 CPLD 接口连接插座,各引脚名称如下,而对应 PLC 的输入/输出端子台的配置名称也在下面分别说明。

JP4A 插槽脚号说明

Pin3:PS0 为输入接口电路的输出端。
Pin5:PS1 为输入接口电路的输出端。
Pin7:PS2 为输入接口电路的输出端。
Pin9:PS3 为输入接口电路的输出端。
Pin11:PS4 为输入接口电路的输出端。
Pin13:PS5 为输入接口电路的输出端。
Pin15:PS6 为输入接口电路的输出端。
Pin17:PS7 为输入接口电路的输出端。

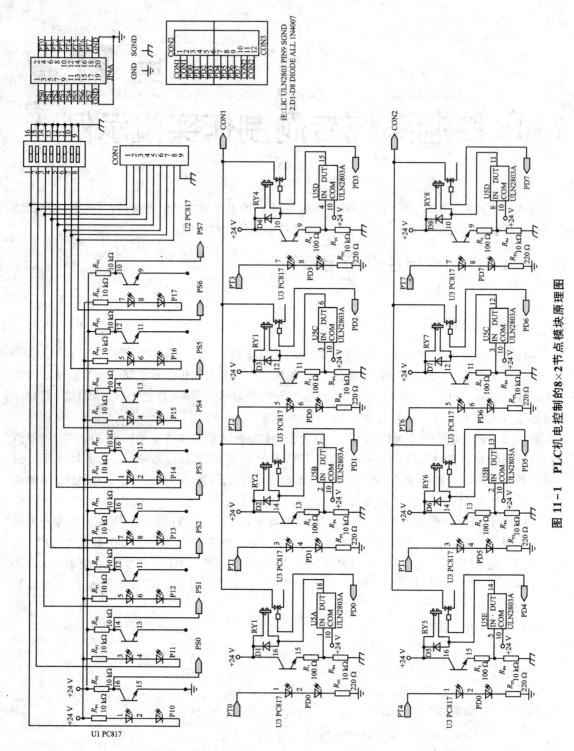

图 11-1 PLC机电控制的 8×2 节点模块原理图

Pin4：PT0 为输出接口电路的 Relay 输入端。
Pin6：PT1 为输出接口电路的 Relay 输入端。
Pin8：PT2 为输出接口电路的 Relay 输入端。
Pin10：PT3 为输出接口电路的 Relay 输入端。
Pin12：PT4 为输出接口电路的 Relay 输入端。
Pin14：PT5 为输出接口电路的 Relay 输入端。
Pin16：PT6 为输出接口电路的 Relay 输入端。
Pin18：PT7 为输出接口电路的 Relay 输入端。
Pin19,20：为 GND。

CON1 端子台节点说明

PI0：输入接口电路的输入端。
PI1：输入接口电路的输入端。
PI2：输入接口电路的输入端。
PI3：输入接口电路的输入端。
PI4：输入接口电路的输入端。
PI5：输入接口电路的输入端。
PI6：输入接口电路的输入端。
PI7：输入接口电路的输入端。
SGND：输入接口电路的接地端。

CON2 & CON3 端子台节点说明

COM1：输出端 PO0～PO3 的 Relay 共同点。
PO0：输出接口电路的 Relay 输出端。
PO1：输出接口电路的 Relay 输出端。
PO2：输出接口电路的 Relay 输出端。
PO3：输出接口电路的 Relay 输出端。
PO4：输出接口电路的 Relay 输出端。
PO5：输出接口电路的 Relay 输出端。
PO6：输出接口电路的 Relay 输出端。
PO7：输出接口电路的 Relay 输出端。
COM2：输出端 PO4～PO7 的 Relay 共同点。

11.1.2 系统操作原理

系统的执行环节是,F2407 利用 CPLD 所构建的 I/O 寻址外设来作为多点端口的机电控制端点。系统中以定时器 T3 周期 40 000 作为 40 MHz/40 000＝1 kHz 的中断定时 1 ms,以执行系统的 I/O 输入/输出更新操作和 100 次中断进行 0.1 s 的定时器对应定时。对应 PLC 的 I/O 端口可以由 2407 的 PA～PF 直接进行输入/输出操作或由 CPLD 的 I/O 端口来处理。8×2 节点的 PLC 机电控制接口的 I/O 节点及此模块的面板图如图 11-2 所示。

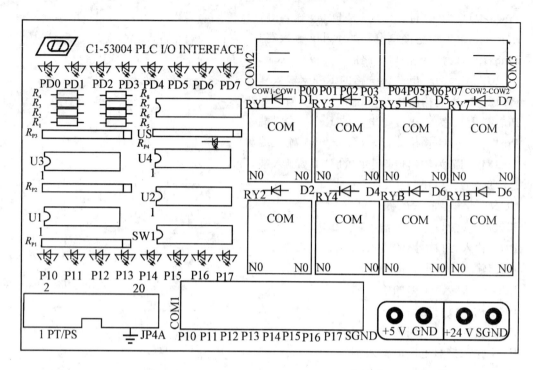

图 11-2　PLC 机电控制的 8×2 节点模块面板图

11.1.3　定义简易 PLC 机电控制应用示例

CPLD 的接口电路与第 1 章所描述的接口电路相比稍有改变,主要是为了配合此 PLC 模块,将对应 JP4A I/O 端口中的输入端口转成输出端口,而输出端口转成输入端口。CPLD 的电路描述文件为 DSPIOC07.tdf,可在本书所附光盘中找到。各端口引脚及寻址如图 11-3 所示。

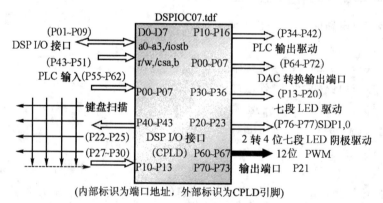

图 11-3　DSP2407 的 CPLD 原外设端口的引脚及端口寻址

由图 11-3 中可见,CPLD 原有 00 的拨位开关输入端口(P34~P42)转换成 PLC 的输出驱动端口,原来的输出端口 P55~P63 则转成 PLC 的 01 输入端口,其余则与第 1 章所描述的 DSPIO07.tdf 非常相似。

一般在机电控制中需要多组定时器,但 DSP 或 MCU 大都只有 1~3 个定时器是不够直接使用的。采用定时单位扫描方式,将每一个定时器以标志进行识别。例如此定时器是否被启动,若已启动定时,则判别是否已到这两个对应标志,每个定时器搭配有一组存储器作为定时器的定时设置内容。假如需要 8 组定时器,则必须有一个 16 位存储器,其 D0 作为定时器 0 启动标志,D1 为定时器 1 的启动标志,其他 D2~D7 则分别为定时器 2~7 的启动标志,另外 D8 作为定时器 0 的定时是否已到的设置标志,D9~D15 分别为定时器 1~7 的定时是否已到的标志。每一组定时器搭配一个存储器作为此定时器的设置定时时间,将 DSP 的 16 位定时器设置每 1 ms 定时中断 1 次并自动重载新定时值。此时将对应的 I/O 端口读取载入对应的存储器,或将对应输出端口的存储器输出到其对应端口进行 I/O 端口的扫描输入/输出反应,若定时中断 100 次,则达 0.1 s。此时,若设置定时器的单位时间为 0.1 s,最长的定时时间达 6 553.5 s,此时对应将每一定时器的启动位作检测,若此定时器被启动,则先检查此定时器的定时已到标志是否已定时到。若此标志为 1 表示定时已到,则不再作定时递减;若未定时到,则将其对应定时内容减 1,减 1 后若为 0,就将定时已到标志设置为 1,否则设置为 0。依次将各定时器进行同样的检测及递减定时,这样就可达到多组的定时器。

对应各输出端口的各位进行设置判别及 PLC 控制操作,不直接对应 I/O 端口运算而采用对应其 I/O 的寄存器运算。例如,以 P10~P17 的 P55~P63 或 2407 的 GPIO 端口(PA、PB、PC、PD、PE、PF)端,以对应 AR5=215H 存储器来读取 *AR5=PORT(01)作读取对应控制。也就是说,要判别 PI2 引脚为 HI 或 LOW 时,只要判别其对应存储器 *AR5 的 215H 内容的 D2 位。相对地,若要将 1 数据输出或设置到 PORT(00)端口的 D6,则仅需将其对应的 AR4 所指存储器 214H 的 D6 位设置为 1。这样当定时器每隔 1 ms 中断时,会将此 *AR4 内容输出到 PORT(00),而将 PORT(01)读取到 *AR5 内;也就是说,每隔 1 ms 会自动进行 *AR5=PORT(01)和 PORT(00)=*AR4,因此对于机电控制的输入/输出,其反应时间 1 ms 已足够,而中断 100 次就达定时器的定时单位时间必须进行各定时器的检测及递减定时值。

实验 11-1 DSP2407 PLC 机电控制专题

若设置将 P1.0 与 P1.1 做 AND 运算后输出到 P0.0,将 P1.2 与 P1.3 做 XOR 运算后输出到 P0.1,令 P1.4 输入启动定时器 0,其定时器内容设为 0100 的 10 s;定时器 0 输出驱动 P0.2 控制,将 P1.5 输入触发启动 P0.3 并自保持,而 P1.6 则为关控制输入,P1.7 来启动定时器 1,其定时为 3 s 输出驱动 P0.4,此定时器开后又启动定时器 2 定时为 2 s 输出驱动 P0.5。整个机电控制阶梯图如图 11-4 所示。

依据图 11-4 的机电控制流程图编写参考控制程序 F07PLC1.asm 如程序 11-1 所示。

```
        .title "2407X adcchn"
        .bss GPR0,1
        .include "x24x_app.h"
        .include "vector.h"
KICK_DOG .macro
        LDP #WDKEY>>7
        SPLK #05555H,WDKEY
        SPLK #0AAAAH,WDKEY
        LDP #0
        .endm
```

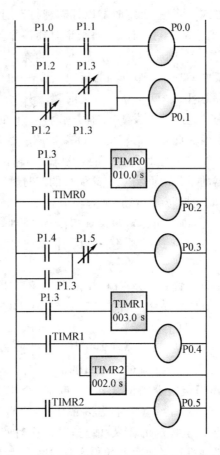

图 11-4 DSP2407 搭配 CPLD 组装成机电控制阶梯图

```
        ;.def _c_int0
        .text
START:  SETC INTM               ;关掉中断总开关
        ;SETC CNF               ;设置 B0 为数据存储器
        CLRC SXM
        LDP #0                  ;清除符号扩充模式
        SPLK #0000H,IMR         ;屏蔽所有的中断 INT6～INT0
        LACC IFR                ;读取出中断标志载入 ACC
        SACL IFR                ;将 ACC 回写入中断标志,用以清除为 1 中断标志
        LDP #SCSR1≫7            ;令高地址的数据存储器 DP 寻址于 SCSR1
        SPLK #000CH,SCSR1       ;系统控制寄存器的 EVA 及 EVB 脉冲允许输入
;OSF,CKRC,LPM1/0,CKPS2/0,OSR,ADCK,SCK,SPK,CAK,EVBK,EVAK,X,ILADR
        SPLK #006FH,WDCR        ;禁用看门狗定时功能
;0,0,0,0000,0,(WDDIS[1/DIS],WDCHK2～0[111],WDPS2～WDPS0[111])
        KICK_DOG
        SPLK #01C9H,GPR0        ;令 GPR0 设置内容 0000 0001 1100 1001
;xxxx x BVIS=00/OFF,ISWS=111[7W],DSWS=001,PSWS=001
        OUT GPR0,WSGR           ;I/O 接口时序加 7 个写时钟,DM/PM 为 1 个写时钟
```

```
        LDP  #MCRA≫7              ;令高地址的数据存储器 DP 寻址于 MCRA
        SPLK #0000H,MCRA           ;令 PA、PB 都设置为一般 I/O 引脚
;PA for scitxd,scirxd,xint,cap1,2,3,cmp1,2
;pb for cmp3,4,5,6,t1cmp,t2cmp,tdir,tclkina
        SPLK #0FF00H,PADATDIR      ;令 PA0~PA7 为输出端口并令输出 00H
        SPLK #0000H,PBDATDIR       ;令 PB0~PB6 为输入端口并令输入 00H
        SPLK #0FF00H,MCRB          ;令 PC 为一般 I/O 引脚,PD0 为特殊功能引脚
;pc special function w/r,/bio,spi,cab,pd0 = XINT2/ADCSOC
        SPLK #0FF00H,PCDATDIR      ;令 PC0~PC7 为输出端口并令输出 00H
        SPLK #0000H,MCRC           ;令 PE7~PE0、PF7~PF0 为一般的 I/O 引脚
        SPLK #0FF00H,PEDATDIR      ;令 PE0~PE7 为输出端口并令输出 00H
        SPLK #0000H,PFDATDIR       ;令 PF0~PF6 为输入端口并令输入 00H
        LDP  #GPTCONB≫7            ;令 DP 寻址于 #GPTCONB 的高 9 位值
        SPLK #0000000000000000B,GPTCONB
        SPLK #40000,T3PERB         ;定时器 T3 的周期设置为 40 000,因此其占空比
        SPLK #00000H,T3CNTB        ;加计数模式下为 40 MHz/40 000 = 1 kHz >1 ms
        SPLK #0001000000000000B,T3CONB
;FR,SFT,X,CONT UP = 10 连续加数,PRS = 000 x/1
        SPLK #0001000001000000B,T3CONB
;T3 允许定时 = 1,CLKSR1,0 = 00 INT CLK,CNT = 0 RLD
        SPLK #0FFFFH,EVBIFRA       ;清除所有的 EVBIFRA 中断 INT T3~T6
        SPLK #0080H,EVBIMRA        ;令 T3PINT = D7 = 1 中断不屏蔽 MASK
        LDP  #IFR≫7                ;令 DP 寻址于 #IFR 的高 9 位值
        SPLK #003FH,IFR            ;清除所有的 CPU 中断标志 INT6~INT1
        SPLK #0002H,IMR            ;允许 T3 的周期中断主中断屏蔽 INTM2 = 1
        nop
        LAR  AR7,#300H             ;令 AR7 寻址于中断栈起始地址
        LAR  AR6,#100              ;AR6 定值 100 作为中断 100 次的 1 ms×100 = 0.1 s 定时
        LDP  #214H≫7               ;令 DP 寻址于 #214H 的高 9 位值
        LACL #0                    ;令 ACL = 0
        SACL 14H                   ;将 ACL 载入 214H 清除其起始值
        SACL 15H                   ;将 ACL 载入 215H 清除其起始值
        SACL 20H                   ;将 ACL 载入 222H 清除其起始值
        LAR  AR3,#230H             ;令 AR3 寻址于 230H~217H 定时器 0~7 的起始地址
        MAR  *,AR3                 ;令实时操作的 ARP = AR3
        LACL #0000                 ;令 ACL = 0
        RPT  #7                    ;将定时器设置值 230H~237H 全部清除为 0
        SACL *+
        nop
        LAR  AR3,#0230H            ;令 AR3 寻址于 230H~217H 定时器 0~7 的起始地址
        CLRC INTM                  ;允许中断总开关

STARTPCLRC SXM                     ;设置没有符号扩充运算
        LDP  #215H≫7               ;寻址 DP 为 215H 高 9 位值
;将 PI0 [215H.0]和 PI1[215H.1] 用于 AND 门控制对应输出到>P00 [214H.0]
```

	LACC 15H,1	;读取 215H 的 D1 左移 1 位到 D1 = ACL.1 ＞PI0
		;载入 ACL
	AND 15H	;ACL 与 215H 作 AND 运算,得到 ACL1 = D0[251H.0]
		;& D1[215H.1]
	AND ＃0002H	;将 ACL 与 0002H 作 AND 运算,检测其 ACL.1 是否为 0
	BCND P01H,NEQ	;ACL.1 不为 0,则启动 214H.0 = 1,故跳到 P01H 设置为 1
	LACL 14H	;因为 ACL.1 = 0,故令 214H 载入 ACL
	AND ＃0FFFEH	;将 ACL 与 0FFFEH 作 AND 运算,令 ACL.0 = P0.0
		;= 214H.0 以便输出令 OPT0 = 0
	SACL 14H	;将 ACL 写回 214H
	B NEXT2	;跳到 NEXT2 下一个机电控制逻辑操作
	P01HLACL 14H	;ACL.1 = 1,故令 214H 载入 ACL 214H｜＃0001H;
		;P0.0 = 14H.0 = 1
	OR ＃0001H	;将 ACL 与 0001H 作 OR 运算,令 ACL.0 = 1＞ 214H｜＃0001H
	SACL 14H	;将 ACL 写回 214H,令 214H.0 = X 以便输出到 OPT0 = X

;将 PI2[215H.2]与 PI3[215H.3]作 XOR 运算输出到[214H.1]＞ P01

NEXT2	LACC 15H,1	;读取 215H 的 D2 左移 1 位到 D3 = ACL.2 ＞PI0 载入 ACL
	XOR 15H	;ACL 与 215H 作 XOR 运算得到 ACL2 = D3[251H.2]&D1[215H.3]
	AND ＃0008H	;将 ACL 与 0008H 作 AND 运算检测其 ACL.3 是否为 0
	BCND P23L,EQ	;若 ACL.3 为 0,则启动 214H.1 = 0,故跳到 P23L 设置为 0
	LACL 14H	;因为 ACL.3 = 1,故令 214H 载入 ACL
	OR ＃0002H	;将 ACL 与 0002H 作 OR 运算,令 ACL.1 = 1＞ 214H｜＃0002H
	SACL 14H	;将 ACL 写回 214H
	B NEXT3	;跳到 NEXT3 下一个机电控制逻辑操作
	P23LLACL 14H	

;因为 ACL.2 = 0,故令 214H 载入 ACL 214H &＃FFFDH;P0.1 = 14H.1 = 0

	AND ＃0FFFDH	

;将 ACL 与 0FFFEH 作 AND 运算,令 ACL.1 = P0.1 = 214H.1 以便输出令 OPT1 = 0

	SACL 14H	;将 ACL 写回 214H,令 214H.1 = X 以便输出到 OPT = X1

;PI3 启动定时器 0 [230H＜100]输出到 P02[220H.0,.1 为定时器 0 的标志] NEXT3 BIT 15H,15～4

		;检测对应输入 215H.4 是否为 1 启动定时
	BCND PDTH,TC	;若 PI.4 = 1,则启动定时器跳到 PDTH;否则清除定时器及标志
	LACL 20H	;220H 载入 ACL 与 FEFEH 作 AND 运算,令 220H.8 与
		;220H.0＜0
	AND ＃0FEFEH	;若不启动定时,则令定时器启动及定时结果标志位为 0
	SACL 20H	;将 ACL 写回 220H 的定时器标志
	LACL 14H	;将输出寄存器 214H 载入 ACL
	AND ＃0FFFBH	;将 ACL 与 0FFFBH 作 AND 运算,令其 214H.2 = P02 = 0
	SACL 14H	;将 ACLH 载入 214H 输出寄存器,令 P0.2 = 0 输出
	LACL 30H	;将定时器 0 的定时值 230H 载入 ACL
	AND ＃0000H	;将 ACL 设置 0000H
	SACL 30H	;将 ACL = 0000 载入 230H 清除定时值
	B NEXT4	;跳到 NEXT4 下一个机电控制逻辑操作

;若 PI.4=1 启动定时器,则载入定时器 0 的定时值并设置及其标志

PDTH	BIT 20H,15-0	;先检测定时器是否已被启动过的标志位 220H.0
	BCND DETOV,TC	;若已被启动过,则是定时中 220H.0=1 检测是否已到
	LACL 20H	;将 220H 载入 ACL 进行 220H.0 定时器启动的检测
	OR #0001H	;未启动过,则令启动标志位 220H.0=1 启动定时(与 0001H 作 OR 运算)
	SACL 20H	;ACL 标志写回 220H>220H.0~7 启动标志 8~15 ON/OFF 标志
	LACL #0100	;未定时到而重新启动定时器,则载入定时值 ACL=100[10 s]
	SACL 30H	;将 ACL=100 载入 230H #0100
	B NEXT4	;跳到 NEXT4 下一个机电控制逻辑操作
DETOV	BIT 20H,15-8	;若已启动,则检测定时结果到的标志位 220H.8
	BCND TMON,TC	;若已定时到 220H.8=1,则跳到 TMON 令对应输出为 1
	B NEXT4	;跳到 NEXT4 下一个机电控制逻辑操作
TMON	LACC 14H	;将输出寄存器 214H 载入 ACL
	OR #0004H	;ACL 与 0004 作 OR 运算,令 ACL 载入 214H.2=PO2=1 输出
	SACL 14H	;定时已到,则令对应输出 214H.2=1 OPT2

;PI5 启动自保持电路输出到 PO3,而 PI6 为自保持的 OFF 控制

NEXT4	LACC 14H,2	;215H 的 D5=PI5 左移 2 位到 ACL.5[(PO3|PI5&/PI6)>PO3
	OR 15H	;将 ACL 与 215H 作 OR 运算得到 ACL.5<D03|PI5
	SACL 7FH,1	

;ACL 左移 1 位 ACL5>ACL6>7FH.6=PO3|PI5 7FH 临时寄存器

	LACL 15H	;将 215H 输出寄存器载入 ACL>A6=PI6
	CMPL	;将 ACL 反相令 ACL6=$\overline{PI6}$
	AND 7FH	;将 ACL 与 27FH 作 AND 运算得到 ACL6=[(PO3|PI5)]&$\overline{PI6}$
	AND #0040H	;将 ACL 与 0040H 作 AND 运算检测 ACL6 是否为 0
	BCND NOT5K,EQ	;若 ACL6 为 0,则跳到 NOT5K,令 PO3=0
	LACL 14H	;将输出寄存器 214H 载入 ACL
	OR #0008H	;ACL 与 0008 作 OR 运算,令 ACL 载入 214H.3=PO3=1 输出
	SACL 14H	;将 ACL 写回 214H
	B NEXT5	;跳到 NEXT5 下一个机电控制逻辑操作
NOT5K	LACL 14H	;将输出寄存器 214H 载入 ACL
	AND #0FFF7H	;ACL 与 FFF7 作 AND 运算,令 ACL 载入 214H.3=PO3=0 输出
	SACL 14H	;将 ACL 写回 214H

;PI7=214H.7 触发定时器 1[3 s]输出 PO4=214H.4,再触发定时器 2[2 s]输出到 PO5

NEXT5	BIT 15H,15-7	;检测对应输入 15H.7=PI7 是否为 1 启动定时
	BCND PDTH1,TC	;若 PI.7=1,则启动定时器跳到 PDTH1
	LACL 20H	;220H.1=TIM2 启动标志 220H.9 定时器已定时标志 220H>ACL
	AND #0FDFDH	;不启动定时,令定时器启动及定时结果标志位为 0>220H.1.9
	SACL 20H	;将 ACL 与 FDFD 作 AND 运算,令 ACL.1 及 ACL.8<0 载入 220H
	LACL 14H	;将输出寄存器 214H 载入 ACL
	AND #0FFEFH	;将 ACL 与 FFEFH 作 AND 运算,令对应输出 PO.4=0=214H.9=0
	SACL 14H	;将 ACL 写回 214H
	LACL #00H	;令 ACL=0

SACL 31H	;将 ACL=0 载入 231H=♯0,清除定时器 2 的定时值
B NEXT6	;跳到 NEXT6 下一个机电控制逻辑操作
PDTH1 BIT 20H,15-1	;先检测定时器 T1 是否已被启动过的标志位 220H.1
BCND DETOV1,TC	;若已被启动过,则是定时中 220H.1=1 检测是否已到
LACL 20H	;将 220H 载入 ACL,令 ACL 与 0002 作 OR 运算,令 220H.0=1
OR ♯0002H	;未被启动过,则令启动标志位 220H.1=1 启动定时
SACL 20H	;将 ACL 写回 220H 的定时器标志
LACL ♯030	;若未定时到而是重新启动定时器,则载入定时值 30>ACL
SACL 31H	;将 30 载入 231H 作定时器 2 的 3 s 定时
B NEXT6	;跳到 NEXT6 下一个机电控制逻辑操作
DETOV1 BIT 20H,15-9	;检测定时结果到的标志位 220H.9
BCND TMON1,TC	;若已定时到 220H.9=1,则跳到 TMON1,令对应输出为 1
B NEXT6	;跳到 NEXT6 下一个机电控制逻辑操作
TMON1 LACL 14H	;将输出寄存器 214H 载入 ACL
OR ♯0010H	;若定时已到,则令 ACL 与 0010H 作 OR 运算对应输出 214H.4=1
SACL 14H	;将 ACL 写回 214H
NEXT6 BIT 14H,15-4	;检测对应输入 14H.4=PO4 是否为 1 启动定时
BCND PDTH2,TC	;若 PO4=1,则启动定时器 3 跳到 PDTH2
LACL 20H	;将 220H 载入 ACL,令 ACL 与 FBFBH 作 AND 运算,清除
	;220H.2,A=0
AND ♯0FBFBH	;若不启动定时,则令定时器启动及定时结果标志位为 0
SACL 20H	;将 ACL 写回 220H 的定时器标志
LACL 14H	;将输出寄存器 214H 载入 ACL
AND ♯0FFDFH	;将 ACL 与 FFDFH 作 AND 运算,令输出 PO.5=0
SACL 14H	;将 ACL 写回 214H
LACL ♯0000H	;令 ACL=0
SACL 32H	;将 ACL=0 载入 232H=♯0,清除定时器 3 的定时值
B STARTP	;跳回 STARTP 重新循环执行
PDTH2 BIT 20H,15-2	;先检测定时器是否已被启动过的标志位 220H.2
BCND DETOV2,TC	;若已被启动过,则是定时中 220H.2=1 检测是否已到
LACL 20H	;将 220H 载入 ACL,令 ACL 与 0004 作 OR 运算设置 220H.2=1
OR ♯0004H	;未被启动过,则令启动标志位 220H.2=1 启动定时
SACL 20H	;将 ACL 写回 220H 的定时器标志
LACL ♯20	;若未定时到而是重新启动定时器,则载入定时值 20>ACL
SACL 32H	;若未定时到而是重新启动定时器,则载入定时值 2 s
B STARTP	;跳回 STARTP 重新循环执行
DETOV2 BIT 20H,15-10	;定时结果到的标志位 220H.10
BCND TMON2,TC	;若已定时到 220H.10=1,则令对应输出为 1
B STARTP	;跳回 STARTP 重新循环执行
TMON2 LACL 14H	;将输出寄存器 214H 载入 ACL
OR ♯0020H	;定时已到,则令 ACL 与 0020H 作 OR 运算对应输出
	;14H.5=1=PO5

```
        SACL 14H                    ;将 ACL 写回 214H

        B STARTP                    ;跳回 STARTP 重新循环执行
```

;定时器 1 的定时周期(0.000 1 s)到中断服务子程序扫描执行环节
;每隔 1 ms 的中断就对应将 214H 输出到对应的输出端口而读取输入端口到 215H
;并对应将中断次数计数器 AR6 作递减 1 且检测是否已减到 100 次

;若已中断 100 次,则表示 0.1 s 的单位定时开始进行各个定时器的定时操作

```
GISR2:  CALL SAVEAS                 ;SAVEAS 标志 ACL/ACH 存放于栈指针 AR7 所指的存储器
        LDP #PIVR>>7                ;令 DP 设置于#PIVR 的高 9 位寻址
        LACC PIVR                   ;将 PIVR 载入 ACL
        XOR #002FH                  ;与 002FH 作 XOR 运算,检查外设中断地址 T3PINT = 002FH [INT2]
        BCND NOTT4P,NEQ             ;假如 PIVR 不为 002FH 地址,则不是 T2PINT 中断
        LDP #EVBIFRA>>7             ;令 DP 设置于#BIFRA 的高 9 位寻址
        LACC #0080H                 ;令 ACL = 0080H
        SACL EVBIFRA                ;将 ACL = 0080H 写入 EVBIFRA,清除 T2PINT 标志
        LDP #PADATDIR>>7            ;令 DP 设置于#PADATDIR 的高 9 位寻址
        LACC PADATDIR               ;由 PADTADIR 读取 PA0~PA7 的 PLC 输入载入 ACL
        LDP #215H>>7                ;令 DP 设置于#215H 的高 9 位寻址
        IN 15H,8000H                ;读取 CPLD 外设 P(00)载入 215H
        ;SACL 15H                   ;将读取的 ACL 输入端口载入 215H
        LACL 15H                    ;将 215H 载入 ACL
        XOR #000FFH                 ;令 ACL 与 00FFH 作 XOR 运算操作
        SACL 15H                    ;输入为反相(Low 功能),故将其与 0FFH 作 XOR 运算写回 215H
        NOP
        NOP
        OUT 14H,8001H               ;将操作输出结果 214H 输出到 CPLD 的 PORT(01)
        LACL 14H                    ;读取操作结果的输出载入 ACL
        OR #0FF00H                  ;将 ACL 高 8 位载入 0FFH 值以便输出到 PEDATDIR
        LDP #PEDATDIR>>7            ;令 DP 设置于#PEDATDIR 的高 9 位寻址
        SACL PEDATDIR               ;将 ACL 写入 PEDTADIR 载入 PE0~PE7 的 PLC 输出
        NOP
        MAR *,AR6                   ;令操作 ARP = AR6 为中断次计数值>#100
        BANZ NOTT4P                 ;若 AR6 减 1 而不等于 0,则跳回 NOTT4P 不作定时操作
        CALL TIMON                  ;若 AR6 为 0 的 0.1 s 已到,则以 TIMON 作定时器的定时操作
        LAR AR6,#100                ;若 AR = 0,则令 AR6 = 100 重新计算定时次数

NOTT4P: CALL RESTORAS               ;未到 0.1 s,则以 RESTORAS 将标志和 ACL,ACH 取回
        CLRC INTM                   ;令 INTM = 0 重新允许中断总开关
        NOP
        RET                         ;回主程序
TIMON   NOP
        LDP #220H>>7                ;令 DP 寻址于#220H 的高 9 位值
CHT0
```

```
          BIT  20H,15-0          ;检测定时器 0 的启动标志 20H.0 是否已启动
          BCND CHT1,NTC          ;若 20H.0 不为 1,则未启动,故跳到 CHT1 检查下一个
          BIT  20H,15-8          ;检测定时器 0 定时标志 20H.8 是否已到
          BCND CHT1,TC           ;若 20H.8=1 定时已到,则跳到 CHT1 检测下一个
          LAR  AR3,#230H         ;20H.8=0 定时未到,令 AR3=230H 定时器 0 的定时指针
          CALL DEC1T             ;调用 DEC1T 作 0.1s 的定时递减
          BCND SET0ON,EQ         ;递减 1 定时值等于 0,跳到 SET00N 作定时器 0 的设置
          LACL 20H               ;递减 1 的定时值不等于 0,则将标志 220H 载入 ACL
          AND  #0FEFFH           ;将 ACL 的 220H 内容与 FEFFH 作 AND 运算,令 220H.8<ACL.8 设定为 0
          SACL 20H               ;将 220H.8 的定时已到标志写回 220H
          B    CHT1              ;跳回 CHT1 检测下一个定时器
          SET0ONLACL 20H         ;若定时器 0 定时已到,则将 220H 载入 ACL
          OR   #0100H            ;将 ACL 与 0100H 作 OR 运算,令 ACL.8=1>220H>D8
          SACL 20H               ;将 ACL.8=1 定时器已到标志值写回 220H
          CHT1BIT 20H,15-1       ;检测定时 1 的启动标志 20H.1 是否已启动
          BCND CHT2,NTC          ;若 20H.1 不为 1,则未启动,故跳到 CHT2 检查下一个
          BIT  20H,15-9          ;检测定时器 1 定时标志 20H.9 是否已到
          BCND CHT2,TC           ;若 20H.9=1 定时已到,则跳到 CHT2 检测下一个
          LAR  AR3,#231H         ;20H.9=0 定时未到,则令 AR3=231H 定时器 1 的定时指针
          CALL DEC1T             ;调用 DEC1T 作 0.1s 的定时递减
          BCND SET1ON,EQ         ;递减 1 定时值等于 0,则跳到 SET1ON 作定时器 0 设置
          LACL 20H               ;递减 1 的定时值不等于 0,则将标志 220H 载入 ACL
          AND  #0FDFFH           ;将 ACL 的 220H 内容与 FDFFH 作 AND 运算,令 220H.9<ACL.9 设定为 0
          SACL 20H               ;将 220H.9 的定时已到标志写回 220H
          B    CHT2              ;跳回 CHT2 检测下一个定时器
SET1ON    LACL 20H               ;若定时器 1 定时已到,则将 220H 载入 ACL
          OR   #0200H            ;将 ACL 与 0200H 作 OR 运算,令 ACL.9=1>220H>D9
          SACL 20H               ;将 ACL.9=1 定时器已到标志值写回 220H
CHT2      BIT  20H,15-2          ;检测定时器 2 的启动标志 20H.2 是否已启动
          BCND CHT3,NTC          ;若 20H.2 不为 1,则未启动,故跳到 CHT3 检查下一个
          BIT  20H,15-10         ;检测定时器 2 的定时已到的标志 20H.A 是否已到
          BCND CHT3,TC           ;若 20H.A=1 定时已到,则跳到 CHT3 检测下一个
          LAR  AR3,#232H         ;20H.A=0 定时未到,令 AR3=232H 定时器 2 的定时指针
          CALL DEC1T             ;调用 DEC1T 作 0.1s 的定时递减BCND SET2ON,EQ ;减 1 的定时值等于 0,
则跳到 SET2ON 作定时器 0 设置
          LACL 20H               ;递减 1 的定时值不等于 0,则将标志 220H 载入 ACL
          AND  #0FBFFH           ;将 ACL 的 220H 内容与 FBFFH 作 AND 运算,令 220H.A<ACL.A 设定为 0
          SACL 20H               ;将 220H.A 的定时已到标志写回 220H
          B    CHT3              ;跳回 CHT3 检测下一个定时器
SET2ON    LACL 20H               ;若定时器 2 定时已到,则将 220H 载入 ACL
          OR   #0400H            ;将 ACL 与 0400H 作 OR 作 AND 运算,令 ACL.A=1>220H>D10
          SACL 20H               ;将 ACL.A=1 定时器已到标志值写回 220H
CHT3      BIT  20H,15-3          ;检测定时器 3 的启动标志 20H.3 是否已启动
```

	BCND CHT4,NTC	;若 20H.3 不为 1,则未启动,故跳到 CHT4 检查下一个
	BIT 20H,15-11	;检测定时器 3 定时标志 20H.B 是否已到
	BCND CHT4,TC	;若 20H.B=1 定时已到,则跳到 CHT4 检测下一个
	LAR AR3,#233H	;20H.B=0 定时未到,则令 AR3=233H 定时器 3 的定时指针
	CALL DEC1T	;调用 DEC1T 作 0.1s 的定时递减
	BCND SET3ON,EQ	;减 1 的定时值等于 0,则跳到 SET3ON 作定时器 0 设置
	LACL 20H	;递减 1 的定时值不等于 0,则将标志 220H 载入 ACL
	AND #0F7FFH	;将 ACL 的 220H 内容与 F7FFH 作 AND 运算,令 220H.B＜ACL.B 设定为 0
	SACL 20H	;将 220H.B 的定时已到标志写回 220H
	B CHT4	;跳回 CHT4 检测下一个定时器
SET3ON	LACL 20H	;若定时器 3 定时已到,则将 220H 载入 ACL
	OR #0800H	;将 ACL 与 0800H 作 OR 运算,令 ACL.B=1＞220H＞D11
	SACL 20H	;将 ACL.B=1 定时器已到标志值写回 220H
CHT4	BIT 20H,15-4	;检测定时器 4 的启动标志 20H.4 是否已启动
	BCND CHT5,NTC	;若 20H.4 不为 1,则未启动,故跳到 CHT5 检查下一个
	BIT 20H,15-12	;检测定时器 0 定时标志 20H.C 是否已到
	BCND CHT5,TC	;若 20H.C=1 定时已到,则跳到 CHT5 检测下一个
	LAR AR3,#234H	;20H.C=0 定时未到,则令 AR3=234H 定时器 4 的定时指针
	CALL DEC1T	;调用 DEC1T 作 0.1s 的定时递减
	BCND SET4ON,EQ	;减 1 的定时值等于 0,则跳到 SET4ON 作定时器 0 设置
	LACL 20H	;递减 1 的定时值不等于 0,则将标志 220H 载入 ACL
	AND #0EFFFH	;将 ACL 的 220H 内容与 FEFFH 作 AND 运算,令 220H.C＜ACL.D 设定为 0
	SACL 20H	;将 220H.C 的定时已到标志写回 220H
	B CHT5	;跳回 CHT5 检测下一个定时器
SET4ON	LACL 20H	;若定时器 4 定时已到,则将 220H 载入 ACL
	OR #1000H	;220H;将 ACL 与 1000H 作 OR 运算,令 ACL.D=1＞220H＞D13
	SACL 20H	;将 ACL.D=1 定时器已到标志值写回 220H
CHT5	BIT 20H,15-5	;检测定时器 5 的启动标志 20H.5 是否已启动
	BCND CHT6,NTC	;若 20H.5 不为 1,则未启动,故跳到 CHT6 检查下一个
	BIT 20H,15-13	;检测定时器 5 定时标志 20H.D 是否已到
	BCND CHT6,TC	;若 20H.D=1 定时已到,则跳到 CHT6 检测下一个
	LAR AR3,#235H	;20H.D=0 定时未到,令 AR3=235H 定时器 5 的定时指针
	CALL DEC1T	;调用 DEC1T 作 0.1s 的定时递减
	BCND SET5ON,EQ	;减 1 的定时值等于 0,则跳到 SET5ON 作定时器 0 设置
	LACL 20H	;递减 1 的定时值不等于 0,则将标志 220H 载入 ACL
	AND #0DFFFH	;将 ACL 的 220H 内容与 DEFFH 作 AND 运算,令 220H.D＜ACL.D 设定为 0
	SACL 20H	;将 220H.D 的定时已到标志写回 220H
	B CHT6	;跳回 CHT6 检测下一个定时器
SET5ON	LACL 20H	;若定时器 0 定时已到,则将 220H 载入 ACL
	OR #2000H	;将 ACL 与 2000H 作 OR 运算,令 ACL.D=1＞220H＞D13
	SACL 20H	;将 ACL.D=1 定时器已到标志值写回 220H

CHT6	BIT 20H,15-6	;检测定时器6的启动标志20H.6是否已启动
	BCND CHT7,NTC	;若20H.6不为1,则未启动,故跳到CHT6检查下一个
	BIT 20H,15-14	;检测定时器0的定时已到标志20H.8是否已到
	BCND CHT7,TC	;若20H.E=1定时已到,则跳到CHT7检测下一个
	LAR AR3,#236H	;20H.E=0定时未到,令AR3=236H定时器6的定时指针
	CALL DEC1T	;调用DEC1T作0.1 s的定时递减
	BCND SET6ON,EQ	;减1的定时值等于0,则跳到SET6ON作定时器0设置
	LACL 20H	;递减1的定时值不等于0,则将标志220H载入ACL
	AND #0BFFFH	;将ACL的220H内容与FEFFH作AND运算,令220H.E<ACL.E设定为0
	SACL 20H	;将220H.E的定时已到标志写回220H
	B CHT7	;跳回CHT7检测下一个定时器
SET6O	NLACL 20H	;若定时器6定时已到,则将220H载入ACL
	OR #4000H	;将ACL与4000H作OR运算,令ACL.E=1>220H>D14
	SACL 20H	;将ACL.E=1定时器已到标志值写回220H
CHT7	BIT 20H,15-7	;检测定时器7的启动标志20H.7是否已启动
	BCND ENDTM,NTC	;若20H.7不为1,则未启动,故跳到ENDTM检查下一个
	BIT 20H,15-15	;检测定时器7的定时标志20H.F是否已到
	BCND ENDTM,TC	;若20H.F=1定时已到,则跳到ENDTM检测下一个
	LAR AR3,#237H	;20H.F=0定时未到,令AR3=237H定时器7的定时指针
	CALL DEC1T	;调用DEC1T作0.1 s的定时递减
	BCND SET7ON,EQ	;减1的定时值等于0,则跳到SET7ON作定时器0设置
	LACL 20H	;递减1的定时值不等于0,则将标志220H载入ACL
	AND #07FFFH	;将ACL的220H内容与7FFFH作AND运算,令220H.F<ACL.F设定为0
	SACL 20H	;将220H.F的定时已到标志写回220H
	B ENDTM	;跳回ENDTM检测下一个定时器
SET7O	NLACL 20H	;若定时器7定时已到,则将220H载入ACL
	OR #8000H	;将ACL与8000H作OR运算,令ACL.F=1>220H>D15
	SACL 20H	;将ACL.F=1定时器已到标志值写回220H
ENDTM	RET	;回主程序
	NOP	
	NOP	
DEC1T	MAR *,AR3	;令ARP=AR3作间接寻址操作
	LACL *	;将AR3所寻址的定时器值230H~237H载入ACL
	BCND TIMEND,EQ	;若ACL=0,则定时已到,跳到TIMED退出
	SUB #01	;若ACL不为0,则减1
	SACL *	;将ACL减1后的值写回*AR3
TIMEND	RET	;回主程序
SAVEAS:		
	MAR *,AR7	;令ARP=AR7作间接寻址操作
	MAR *+	;将AR7寻址的栈指针加1
	SST #1,*+	;将ST1载入*AR7并令AR7加1
	SST #0,*+	;将ST0载入*AR7并令AR7加1

```
            SACH *+              ;将 ACH 载入 *AR7 并令 AR7 加 1
            SACL *               ;将 ACL 载入 *AR7 并令 AR7 加 1
            RET                  ;回主程序
RESTORAS:
            MAR *,AR7            ;令 ARP = AR7 作间接寻址操作
            LACL *-              ;将 ACL 由 *AR7 写回并令 AR7 减 1
            ADD *-,16            ;将 ACL 加入原存 ACH 的 *AR7 写回成为 ACC 并令 AR7 减 1
            LST #0,*-            ;将 ST0 由 *AR7 写回并令 AR7 减 1
            LST #1,*-            ;将 ST1 由 *AR7 写回并令 AR7 减 1
            RET                  ;回主程序
PHANTOM:
            KICK_DOG
            B PHANTOM

GISR1:   RET
;GISR2:   RET
GISR3:   RET
GISR4:   RET
GISR5:   RET
GISR6:   RET
            .end
```

程序 11-1 PLC 机电控制的 F07PLC1.asm 程序及其对应说明

实验步骤

(1) 使用如图 11-5 所示的 PLC 接口模块 CI-53003 接线如下：

① 使用 20 引脚数据线，从 DSP 实验板的 JP7 端连接模块的插槽端（数据线红线在左）。

② 模块 +5 V、+24 V 直流电源，接主机 (CI-51001) 或 power supply（提供 1 A 以上）。

③ SN-510PP 的 25 引脚端使用 Cable 线连接计算机，14 引脚数据线端接至 DSP Chip 的 JP12(DSP-JTAG) 端。

④ 拔起 CPLD 板，检查 JP25 的 $\overline{RESET}$ 与 CNF-DN 必须用 JUMP 短路，PS78 与 PA3、PS79 与 PA4 必须用 JUMP 短路。

图 11-5 PLC 机电控制接口模块 CI-53003 实体图

⑤ 拔起 DSP 板，检查 JP5 的 GND 与 KICOM-SEL 必须用 JUMP 短路，JP1 上二排须短路，JP21 的 PS78 与 XINT1 必须用 JUMP 短路，JP23 的 JUMP 要短路。

(2) 利用 DNLD3(DNLD82) 或 DNLD10(DNLD102) 把 FPGA 的执行程序 dspioc07 为 8k (dspioc10 为 10k10) 下载到 FPGA。

(3) 等下载板启动稳定后，再执行 CCS2000。

(4) 在 Parallel Debug Manager 窗口的工具栏 Open 中选择，执行 sdgo2xx(Spectrum Digital)，如图 11-6 所示。

(5) C2XX Code Composer 窗口，选择 File 下的 Load program，执行 F07plc1.out，打开旧文

图 11-6 选择 CCS 的调试仿真方式

件,选择 RUN。CON1 的端子座由左至右依次为 PI0~PI7 及 SGND,此端子对应的 LED 为 LOW 功能(亮)。

(6) SW1 的 BIT1&BIT2 这 2 个位是作 AND 运算,拨 BIT1 及 BIT2 至 ON,对应的 PI0 及 PI1 LED 亮,则输出的 PO0 LED 为亮。

(7) BIT3&BIT4 这 2 个位为 XOR 实验。当输入为(0,1)或(1,0)时,对应的 PO1 为亮。

(8) BIT 5 为 Delay 实验。当拨 BIT5 为 ON 后,经 20 s,对应的 PO2 会亮。

(9) BIT6&BIT7 为自保持实验。当拨 BIT6 为 ON 一下,则对应的 PO3 会亮;清除则把 BIT7 拨 ON 一下,再启动 BIT6 ON,则 PO3 亮;拨 BIT6 为 OFF 后 PO3 还亮,则为自保持。

(10) BIT8 为定时器实验。当 BIT8 为 ON 时,过 10 s PO4 先亮,再过 5 s PO5 再亮。

(11) 假如此 PLC 控制不通过 CPLD 来操作,而直接改成 F2407 的 GPIO 端口,如 PA0~ PA7 作为输入,而 PE0~PE7 作为输出,试更改程序并重新编译执行如何?自行更改控制程序并进行编译,载入测试并讨论实验记录。

11.2 直流伺服电机 PWM 定位控制

恒速定位控制外设及硬件电路

对于直流电机的恒速控制,其外设可以使用 PWM 外设输出,再驱动功率放大电路驱动直流电机。TMS320F2407 电路中用具有多通道的 PWM 来直接输出驱动,直流伺服电机用 PB0= PWM3 来驱动,速度的设置可由 DSP 对应 ADC 的通道 0 所输入的 VR 值来调整设置控制,并由 4 位七段 LED 扫描输出显示监视。要达到恒速控制,必须进行速度检测反馈控制,外部 CPLD 所配置的键盘扫描可以键入电机定位设置值和电机位置检测设置值。实验中采用含有编码器的同轴直流伺服电机,将电机的编码脉冲用硬件 FTOV 转换专用芯片,将编码脉冲频率转成对应电压进行外部仿真信号反馈控制。当然,这个速度的检测反馈控制可以改由 DSP 数字读取控制,即将编码器的脉冲输入到 DSP 的捕捉器 CAP 引脚或其他中断输入端作为触发捕捉定时器值,将相邻的两个捕捉定时进行差值计算,就可得到电机运转周期,再取其倒数就是速度或 RPM;将所设置的转速与检测值相减再乘以 K_p 误差增益后直接输出到 PWM 接口输出控制电机转速。

当速度由外部的 F/V 转换电路进行恒速反馈控制时,定位的检测反馈就由编码器的 A、B 相脉冲输入 DSP 的 QEP1、QEP2 进行定位值检测并与定位值比较,输出对应的转速 PWM 输出控制电机运转,一直到设置位置才停止下来。编码器 A、B 相脉冲输入 QEP1、QEP2 端以 T1CNT 来计数定位值,读取 QEP 值与设置位置值比较后,对应输出 PWM 来驱动控制直流伺服电机,直到定位值才停止。这个取样比较控制是由 T3 定时器的 1 ms 作为周期中断来进行控制的。

CPLD 外设担任着单击键的扫描读取及噪声消除,以中断脉冲信号来触发并将单击键码输出以供 DSP 读取。同样设有 12 位的高速 PWM 以及编码脉冲产生器,以便输出仿真 QEP 的读取控制。其他则是一般的 8 位 I/O 端口、硬件键盘及 4 位七段 LED 显示扫描接口电路搭配 DSP 的 I/O 端口以及 PWM 控制接口等硬件外设,这样搭配 DSP 使用,将一颗 DSP 芯片配置成可作为机电控制的多功能多用途万用 DSP 微控制器。此接口电路涵盖有 KEYBOP.tdf 电路模块、电力控制 DPWM12.tdf 模块、键盘及 4 位七段 LED 扫描显示电路 SFTDP15.tdf 模块,再通过 DSP 的 I/O 接口译码作为三状态输入端口及输出数据锁存端口,有键盘数据读取端口 PORT(03)以及输出显示的 DET0~DET3,一般的 8 位数据输入端口 PORT(00)的 DI0~DI7 拨位开关输入端口,还有 PORT(01)的 DIL0~DIL3 输入。对于输出端口则有 8 位的 PORT(01)的 OPT10~OPT17 输出、4 位的 OPT2 为 PORT(02)有 OPT20~OPT23 等。其他硬件的键盘扫描电路 COLK[3:0]及 ROWK[3:0]等以及七段显示器驱动输出 S[6:0]端口,搭配两个阴极扫描输出 SELOUT[1:0]外部硬件译码自动数据显示扫描。4 位七段 LED 扫描显示分别由 DSP 的输出端口 PORT(05)及 PORT(06)两个 8 位输出 16 位数据自动译码扫描显示。内部 PWM 的 12 位设置由内部 PORT(03)及 PORT(04)进行输出设置控制,而外部 P21 引脚的七段 LED 显示器的小数点以 PWM 来显示监测。完整的电路外设接口 DSPSKYI7.tdf 结构描述如程序 11-2 所示。

```
function keybnp (clk,col[3..0])
         returns(row[3..0],d[3..0],strobe);
FUNCTION DPWM12(en,clock,clr,s[11..0])
returns (pwm);
function phigen (rcclk,up,go)
returns (phi1,phi0);
subdesign dspskyi7
(clk,colk[3..0],a3,a2,a1,a0,/csioa,/iostb,r/w,di[7..0],pclk,UPDN,
 dil[3..0]:input;
 rowk[3..0],s[6..0],selout[1..0],INTD,opt1[7..0],opt2[3..0],PWMOP,PHA,PHB,det[3..0]:output;
 d[7..0]:BIDIR; )

variable
sft[15..0] :dff;
key :keybnp;
PWM1:dpwm12;
SSCAL:phigen;
divd[11..0],op1[7..0],op2[3..0],op3[7..0],op4[5..0]:dff;
sel[1..0],cntout[3..0],cs5,cs6,cs0,CS1,cs3,cs,nn[7..0]:node;
dlt0:lcell;

begin
  dlt0 = /iostb;
  % dlt1 = dlt0; %
  % dlt2 = dlt0; %
  SSCAL.RCCLK = CLK;
```

```
SSCAL.UP = UPDN OR di6;
SSCAL.GO = !di7;
PHA = SSCAL.PHI0;
PHB = SSCAL.PHI1;
PWM1.CLOCK = pclk;
PWMOP = PWM1.PWM;
op3[].clk = (!/csioa & (a0&!a1&!a2&!a3)& !r/w & dlt0);   % OUTPUT 03 PWM1 HI %
OP3[].d = d[];
op4[].clk = (!/csioa & (!a0&!a1& a2&!a3)& !r/w & dlt0);  % OUTPUT 04 PWM1 LOW %
OP4[].d = d[5..0];
PWM1.s[7..0] = op3[].q;
PWM1.s[11..8] = op4[3..0].q;
PWM1.en = op45.q;
PWM1.clr = op44.q;
   cs0 = (!/csioa &(!a0&!a1&!a2&!a3) & r/w );       % PORT(00) %
   cs1 = (!/csioa &(a0&!a1&!a2&!a3) & r/w );        % PORT(01) %
   cs3 = (!/csioa &( a0&a1&!a2&!a3) & r/w );% PORT(03) %
   cs = cs0 or cs1 or cs3;
   nn[] = ((di[] & cs0 ) or ((0,0,0,0,key.d[]) & cs3 )or
       ((0,0,0,0,dil[])&cs1) );
   for j in 0 to 7 generate
   d[j] = tri(nn[j],cs);
   end generate;

op1[].clk = (!/csioa & (a0&!a1&!a2&!a3)& !r/w & dlt0);  % OUTPUT 01 %
op1[].d = d[];
opt1[] = op1[];


op2[].clk = (!/csioa & (!a0& a1&!a2&!a3)& !r/w & dlt0);  % OUTPUT 02 %
op2[].d = d[3..0];
opt2[] = op2[];


cs5 = (!/csioa & (a0&!a1&a2& !a3)& !r/w & dlt0); % OUTPUT 05 %
cs6 = (!/csioa & ( !a0& a1& a2&!a3)& !r/w & dlt0);  % OUTPUT 06 %


sft[15..8].clk = cs5;
sft[7..0].clk = cs6;
sft[15..8].d = d[];
sft[7..0].d = d[];


key.clk = divd6;
key.col[] = colk[];
rowk[0..3] = key.row[];
INTD = !key.strobe;
det[] = key.d[];
```

```
divd[].clk = pclk;
divd[] = divd[] + 1;
sel[1..0] = divd[11..10];
case sel[] is
  when 0 => selout[] = b"00";
            cntout[] = sft[15..12];
  when 1 => selout[] = b"01";
            cntout[] = sft[11..8];
  when 2 => selout[] = b"10";
            cntout[] = sft[7..4];
  when 3 => selout[] = b"11";
            cntout[] = sft[3..0];
  end case;
TABLE
     cntout[]      =>    s0,s1,s2,s3,s4,s5,s6;
       H"0"        =>    1, 1, 1, 1, 1, 1, 0;
       H"1"        =>    0, 1, 1, 0, 0, 0, 0;
       H"2"        =>    1, 1, 0, 1, 1, 0, 1;
       H"3"        =>    1, 1, 1, 1, 0, 0, 1;
       H"4"        =>    0, 1, 1, 0, 0, 1, 1;
       H"5"        =>    1, 0, 1, 1, 0, 1, 1;
       H"6"        =>    1, 0, 1, 1, 1, 1, 1;
       H"7"        =>    1, 1, 1, 0, 0, 0, 0;
       H"8"        =>    1, 1, 1, 1, 1, 1, 1;
       H"9"        =>    1, 1, 1, 0, 1, 1;
       H"A"        =>    1, 1, 1, 0, 1, 1, 1;
       H"B"        =>    0, 0, 1, 1, 1, 1, 1;
       H"C"        =>    1, 0, 0, 1, 1, 1, 0;
       H"D"        =>    0, 1, 1, 1, 1, 0, 1;
       H"E"        =>    1, 0, 0, 1, 1, 1, 1;
       H"F"        =>    1, 0, 0, 0, 1, 1, 1;
  END TABLE;
end;
```

程序 11-2 外设接口电路 DSPSKYI7.tdf 结构描述

外设接口电路 DSPSKYI7.tdf 的 CPLD 对应以 8282ALC84-4 芯片的配置引脚和对应端口地址名称如图 11-7 所示。

直流伺服电机定位或恒速控制电路如图 11-8 所示,其中的伺服电机同轴编码器为每一圈 100 个脉冲,可经过 4 倍频转为 400 周期输出。此脉冲输出接到一只 FTV 电路中将 F 频率转为 V 电压进行速度反馈。输入的仿真电压或 PWM3/PB0 控制电压,经过缓冲及 OPA 放大处理后,接到 CD4051 的多路转接选择器进行倒相与否的正逆转及停止运转控制。正逆转 FOR/REV 由 P121/PB4 引脚输入经光隔离缓冲控制,而停止运转则由 P117/PB1 输入引脚经光隔离缓冲控制。对于编码器的 4 倍频处理接到 P116/PA5/CAP 端进行周期的捕捉检测计数控制。编码器的定位 A、B 相信号由 P118/PA3 及 P119/PA4 输入进

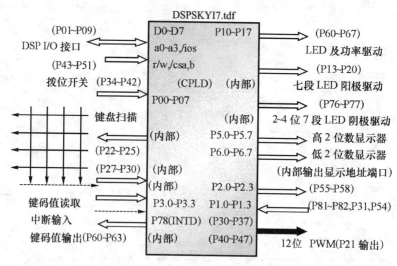

图 11-7 多功能硬件外设键盘及显示扫描 SPSKYI7.tdf 外设端口引脚寻址

行读取检测。PB3 作为增益的高低速控制,仿真或 PWM 脉冲输出到一个 OCL 或 MOFET 或 IJBT 等驱动电路进行功率驱动。

图 11-9 所示为具有限流保护的 OCL 功率驱动电路。

将 PWM 输出脉冲接到 P114/T2PWM 转接图 11-8 的 PDY1 驱动电路引脚端进行直流伺服电机的恒速控制;电机的正逆转控制经过 P121 接到 F2407 的 PB4 端进行输出控制;停止运转的 P117 引脚接到 PB1 端进行控制,而经过 4051 的方向控制输出后可接到后级的 OCL 功率驱动并具有限流保护的电路,如图 11-9 所示电路。图中电机功率驱动的增益可由 J1 以跳线插接选择为增益 1 和增益 10 的设置。Q4 及 Q5 为限流保护晶体管,当电流超过 1 A 时其 V_{be} 电压达 0.5 V 以上时,会令此正负向电源端的电流由于这两个晶体管的导通而将 Q5、Q6 或 Q8、Q9 达灵顿晶体管因其 V_{be} 的分流而下降导致 Q5、Q6 或 Q8、Q9 比较不导通或截止不通,使其输出电压下降或 OFF 而限流保护。整个直流伺服电机定位控制参考程序如下。

实验 11-2 定位值与编码器值的设置对应监视输出控制专题

SN-F2407 具有 $4\times4=16$ 个键盘自动扫描输入和 4 位七段 LED 显示及 2×20 的字形 LCD 显示接口端口,因此对应编码器的定位检测自动反馈的定位控制、定位预设值 SSPV 以及电机位置设置值 PRSV 等含正负符号,以二行 20 字形的 LCD 对应输入显示,第一行标示为 "SET POS=+ 32000"定位预设值由右向左移位输入,而第二行标示为"FEB POS=32000"电机位置检测及设置值同样由右向左移位输入。当运转执行时,会将 QEP 所检测到的 T1CNT 值检测转换成十进制及 ASCII 码显示在第二行的电机位置。另外,由 ADC 通道 0 的 VR 调整进行手动正逆转设置速度的调整控制设置,其值为 000~999,以 4 位七段 LED 自动扫描显示。

16 个键盘输入控制设置功能分别定义如表 11-1 所列。

表 11-1 中,SIGN 是编码器值或定位值的正负符号设置转换;SETPN 是显示及输入设置编码器值的设置输入;FEBDN 是电机定位值输入设置,其中若定位值会以最右边的低位数字置光标显示,则按压任意键会自动令电机停止运转控制。0~9 的数字输入数码由右端向左移位输

第 11 章 240x 控制系统专题制作实验示例 A

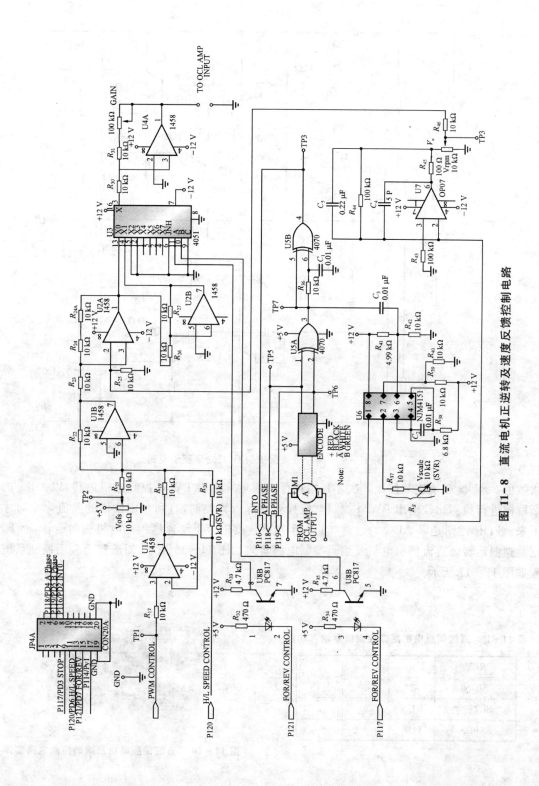

图 11-8 直流电机正逆转及速度反馈控制电路

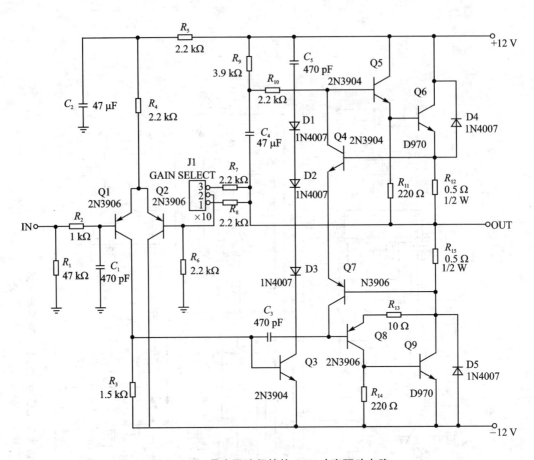

图 11-9 具有限流保护的 OCL 功率驱动电路

入数值。RUN 必须连续按压 2 次才开始进行差值运算输出 PWM 控制电机运转,以 1 ms 的中断取样进行检测比较输出 PWM 控制电机移动进行运算控制,直到当定位值的差值为 0 时才停下来。FOR 键则是以 ADC 的通道 0 的 VR 调整速度进行手动速度控制电机正向运转,而 REV 则是逆向运转。直流伺服电机及编码控制电路实体如图 11-10 所示,对应整个应用控制系统流程如图 11-11 所示。

表 11-1 直流伺服电机定位控制键盘输入功能

REV	8	4	0
SIGN	9	5	1
SETPN	RUN	6	2
FEBDN	FOR	7	3

图 11-10 直流伺服电机及编码控制电路实体

第11章 240x 控制系统专题制作实验示例 A

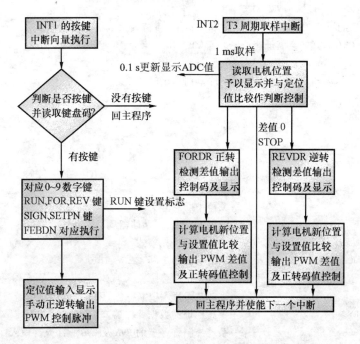

图 11 - 11　直流伺服电机定位控制系统流程图

整个系统的示例程序 DCSVM7CT.asm 及其对应功能说明如程序 11 - 3 所示。

```
            .title "2407X DCSVM7CT"
            .bss GPR0,1
            .include "x24x_app.h"
            .include "vector.h"
LCD_WIR:    .set 08600H ;A1 = R/W = 0A0 = D/I = 0OUT
LCD_RIR:    .set 08602H ;A1 = R/W = 1A0 = D/I = 0IN
LCD_WDR:    .set 08601H ;A1 = R/W = 0A0 = D/I = 1OUT
LCD_RDR:    .set 08603H ;A1 = R/W = 1A0 = D/I = 1IN
LCDDATA:    .set 0260H
LCDINST:    .set 0261H
BUSYFLG:    .set 0262H
DATABUF:    .set 0263H
FORDATA:    .set 0FF00H
REVDATA:    .set 0FF10H

;外部中断 XINT1 作为按键按压的中断由 CPLD 端口 8003H 读取
;中断 2 的 INT2 为 T3PINT 定时器作 40 000 为 1 ms 的取样中断控制
```

```
;模拟/数字转换的 ADC0 作为手动式 VR 调整读取的电机速度调整控制输入
;20×2 字形显示 LCD 屏蔽第一行为设置伺服地址显示 POS = +/- 0 0000 - 3 2000
;第二行作为检测电机操作定位的 QEP 读取值显示 FEB = +/- 0 0000 - 3 2000
;直流伺服电机 PB0 = PWM3 驱动,PB1[PWM4]>停止],PB2[PWM5]定时器 1 作 PWM 定时
;引脚 PB3[PWM6]>PWM 驱动],PB4[T1PWM]>正逆转控制],PB5[T2PWM]>高低速控制]
;引脚 PA3 = QEP1 = PHA,PA4 = QEP2 = PHB 作为同轴电机的编码地址读取计算
;PB3[为向量空间 ACTRA PWM6] DRIVER DC SVM
;PB0[PWM3][],PB1>停止的 STOP 控制,PB2[],PB3[PWM6]>直流伺服电机驱动
;PB4>正逆转控制 FOR/REV,PB5>高低速控制 H/L[T2PWM]
KICK_DOG .macro
        LDP  #WDKEY≫7              ;清除看门狗定时器
        SPLK #05555H,WDKEY
        SPLK #0AAAAH,WDKEY
        LDP  #0
        .endm
        .text
START:  LDP  #0
        SETC INTM                   ;关掉中断总开关
        CLRC CNF                    ;设置 B0 为数据存储器
        SETC SXM                    ;清除符号扩充模式
        SPLK #0000H,IMR             ;屏蔽所有的中断 INT6～INT0
        LACC IFR                    ;读取出中断标志载入 ACC
        SACL IFR                    ;将 ACC 回写入中断标志,用来清除为 1 中断标志
        LDP  #SCSR1≫7               ;令高地址的数据存储器 DP 寻址于 SCSR1
        SPLK #028CH,SCSR1           ;系统控制寄存器的 EVA 及 EVB 脉冲允许输入
;OSF,CKRC,LPM1/0,CKPS2/0,OSR,ADCK = 1,SCK,SPK,CAK,EVBK,EVAK,X,ILADR
        SPLK #006FH,WDCR            ;禁用看门狗定时功能
;0,0,00,0000,0,(WDDIS[1/DIS],WDCHK2～0[111],WDPS2～WDPS0[111])
        KICK_DOG
        SPLK #01C9H,GPR0            ;令 GPR0 设置内容 0000 0001 1100 1001
;xxxx x BVIS = 00/OFF,ISWS = 111[7W],DSWS = 001,PSWS = 001
        OUT  GPR0,WSGR              ;I/O 接口时序加 7 个写时钟,DM/PM 为 1 个写时钟
        LDP  #MCRA≫7                ;令高地址的数据存储器 DP 寻址于 MCRA
        SPLK #08FFH,MCRA            ;令 PA 设置为特殊功能引脚 PB3 = PWM6 PBX GIO
;PA for scitxd,scirxd,xint,cap1,2 = QEP1,2,APC3,cmp1,2 ;PB0～PB7 FOR I/O
        SPLK #0FF00H,PBDATDIR       ;令 PB7～PB0 为输出端口并令输出 00H
;pb for cmp3,4,5,6,t1cmp,t2cmp,tdir,tclkina ;PB4 = FAN,PB0 = PWM3,RTD = AD4
        SPLK #0FFFFH,MCRB           ;令 PC 及 PD0 为特殊功能引脚
;pc special function w/r,/bio,spi,cab,pd0 = XINT2/ADCSOC
        SPLK #0000H,MCRC            ;PE7～PE0,PF7～PF0 为一般的 I/O 引脚
        SPLK #0FF00H,PEDATDIR       ;令 PE0～PE7 为输出端口并令输出 00H
        SPLK #0000H,PFDATDIR        ;令 PF0～PF6 为输入端口并令输入 00H
        LDP  #GPTCON≫7              ;令高地址的数据存储器 DP 寻址于 GPTCON
        SPLK #0000000001001001B,GPTCON
;X,T2/1/STUS,XX,T2/1STADC,TCMEN[txpwm] = 1,XX,T2/1PIN
```

```
;T2,T1 状态可被读取定时方向 1 = 加数,0 = 减数 T2/T1 引脚 TxPWM 输出模式
    SPLK #0FFFFH,T2PR              ;令 T2 定时器周期预设值为 FFFFH 最大值
    SPLK #00000H,T2CNT             ;清除 T2 定时器内容为 0000 起始值
    SPLK #1001100000110000B,T2CON  ;FREET = 10,方向上下数 10,预分频 1/x
;10,X,方向式加减计数 11 模式,预分频值 PRS = 000,T2EN = 0,先禁用计数 TCLK1~0 = 11
    SPLK #1001100001110000B,T2CON  ;T2 ENABLE = 1 允许计数
    SPLK #0000H,CAPFIFO            ;清除捕捉状态标志
    SPLK #0110000000000000B,CAPCON ;CAPQEPN = 11 允许 QEP 禁用 CAP1~2
    SPLK #1110000000000000B,CAPCON ;CAPRES = 1 放开 QEP 的复位状态
    LDP #GPTCONB≫7                 ;令高地址的数据存储器 DP 寻址于 GPTCONB
    SPLK #0000000000000000B,GPTCONB;
;X,T4/3/STUS,XX,T2/1STADC,TCMEN[txpwm] = 1,XX,T4/3PIN
;T4/T3 STUS 状态方向 1 = 加数,0 = 减数 T2/T1 TxPWM 输出模式 MODE>[FH/L,AH/L]
    SPLK #40000,T3PERB             ;T3 周期 40 000 得到 40 MHz/40 000 = 1 kHz>1 ms 定时
    SPLK #00000H,T3CNTB            ;清除 T3 定时值
    SPLK #0001000100000000B,T3CONB
;FR,SFT,X,连续加数 = 10,预分频 = 001 x/2
    SPLK #0001000101000000B,T3CONB
;T3 允许 = 1,CLKSR1,0 = 00 内部时钟,CNT = 0 重载
    CALL INIPWMT                   ;设置 CMPR1、2、3 作为 PWM 三相驱动
    CALL ADCINI                    ;启动 ADC 模块作为定速的仿真输入设置
    CALL HALTCT                    ;令直流伺服电机停止运转
    LDP #EVBIFRA≫7                 ;令高地址的数据存储器 DP 寻址于 GPTCONB
    SPLK #0FFFFH,EVBIFRA            ;清除所有的 EVB 中断标志
    SPLK #0080H,EVBIMRA            ;1 写入令 T3 周期中断屏蔽而允许 T3PINT = D7
    LDP #XINT1CR≫7                 ;令高地址的数据存储器 DP 寻址于 XINT1CR
    SPLK #8001H,XINT1CR            ;令中断控制 XINT1 = 1(D15),XINT1 = 1(D0>HP)允许
    LDP #IFR≫7                     ;令 DP 寻址于 IFR 的高 9 位地址
    SPLK #003FH,IFR                ;将 1 写入中断标志来清除 INT6~INT1
    SPLK #0003H,IMR                ;允许 D1 = INT2 = 1,D0 = INT1 = 1
    CALL LCDM2                     ;令 2×20 的字体 LCD 显示起始屏蔽
    CALL RDSPQEP                   ;读取定位检测的 QEP 编码值显示在 LCD 屏蔽上
    LAR AR3,#216H                  ;AR3 寻址于#0216H,17H,18H,19H
    LAR AR2,#0220h                 ;AR2 寻址于#0220H
    LAR AR5,#215H                  ;AR5 寻址于#0215H
    LACL #0012H
    MAR *,AR3
    SACL *+                        ;令起始速度设置值为 *AR3 = #00123456H
    LACL #3456H                    ;存放于 216H~217H
    SACL *+
    LACL #0000H                    ;令电机定位检测始速度设置值为 *AR3 = #007890H
    SACL *+                        ;存放于 218H~219H
    LACL #7890H
    SACL *
    LACL #0
```

```
        SACL 3FH              ;令 23FH 键码模式设置为 00
        SACL 28H              ;清除 228H～22FH 载入 00 值
        SACL 29H
        SACL 2AH
        SACL 2BH
        SACL 2EH
        SACL 2FH
        LACL #0001H
        SACL 16H
        LACL #2345H           ;将定位设置的起始值设置为 SNNNNN=012345
        SACL 17H              ;存放于 216H～217H[+/-32 768]
        LACL #0001H
        SACL 10H
        LACL #3579H           ;起始设置电机编码位置值 210H～211H=13 579
        SACL 11H
        LACL #01H
        SACL 18H
        LACL #40              ;令 T3PINT=1 ms 的中断计次寄存器起始值为 40
        SACL 6FH              ;为 RDADC 的 ADC 读取用于 4 位七段 LED 显示更新时间
        LACL #02              ;26DH 载入 02 为 RUN 键的执行按压次数
        SACL 6DH
        LACL #02              ;26EH 载入 00 为 RUN 键的执行标志
        SACL 6EH
        CLRC INTM             ;INTM=0 允许中断
STARTM  NOP
        CALL LCDMDP           ;显示直流电机定位及运转位置检测值的 LCD 屏蔽
        NOP
        CALL RDSPQEP          ;读取编码器定位值检测计算载入相对寄存器内
        NOP
        NOP
        B STARTM              ;跳回 STARTTM 循环检测等待中断
        NOP
;键盘输入中断执行子程序地址由 GISR1 的向量来定义
KEYIN:  CALL SAVEAS           ;将标志 ST0、ST1 及 ACC 存入 60H～63H 存储器暂存
        LDP #PIVR≫7           ;令高地址的数据存储器 DP 寻址于 PIVR
        LACC PIVR             ;读取外设中断向量 PIVR 写入 ACC 内
        XOR #0001H            ;将 ACC 与 0001H 作 XOR 运算的外设向量判别
        BCND NXINT1,NEQ       ;PIVR 不是 01H 非 XINT1 中断跳到 NXINT1
        LDP #XINT1CR≫7        ;令高地址的数据存储器 DP 寻址于 XINT1
        SPLK #8001H,XINT1CR   ;将 8001H 的 D0=XINT1 中断标志写入,用于清除
        CALL HALTCT           ;调用将电机控制停止运转
        LDP #220H≫7           ;令 DP 寻址于 220H 的高 9 位地址的数据存储器
        IN 36H,8003H          ;读取单击键输入码的 8003H 的 I/O 地址载入 236H
        LACL 36H              ;将 @36H 存储器内所得的单击键码载入 ACL
        AND #000FH            ;将 ACL 与 000FH 作 AND 运算取低 4 位
```

	SACL 36H	;将定时的单击键码写回 236H
	SUB #0AH	;将 A 减去 0AH 数码
	BCND RUN,EQ	;若 A=0,则代表键码为 0AH 的运转执行码跳到 RUN 执行
	BCND NKEY,LT	;若 A 内容键码小于 0AH,则为 0~9 的数字码跳到 NKEY
	;执行	
	SUB #1	;将 A 减去 0AH 数码后大于 0,则再减 1
	BCND FORW,EQ	;再减 1 后为 0,则是 0BH 键码跳到 FORW 进行电机正转控制
	SUB #1	;将 A 减去 0BH 数码后大于 0,则再减 1
	BCND REVW,EQ	;若再减 1 后为 0,则是 0CH 键码跳到 REVW 进行电机逆转控制
	SUB #1	;将 A 减去 0CH 数码后大于 0,则再减 1
	BCND SIGN,EQ	;再减 1 为 0,则是 0DH 键码跳到 SIGN 定位正负值设置控制
	SUB #1	;将 A 减去 0DH 数码后大于 0,则再减 1
	BCND SETPN,EQ	;减 1 为 0,则是 0EH 键码跳到 STEPN 作定位值设置控制
	SUB #1	;将 A 减去 0DH 数码后大于 0,则再减 1
	BCND FEBDN,EQ	;减 1 为 0 是 0FH 键码,则跳到 FEBDN 进行电机反馈设置控制
NXINT1:	CALL RESTORAS	;由中断栈存储器取回标志 ST0、ST1 及 ACC
	CLRC INTM	;清除 INTM 允许下一个中断
	NOP	
	RET	;回主程序
	NOP	

;必须连续单击此 RUN 二次才确认 26EH 标志设置的开始执行电机控制运转

RUN:	LDP #26EH≫7	;令 DP 寻址于 26EH 的高 9 位地址的数据存储器
	LACL 6DH	;将 26DH 载入 ACL
	SUB #01	;将 ACL 减 1 检测是否已单击此 RUN 键二次
	SACL 6DH	;将 ACL 写回 26DH
	BCND NEXTR1,NEQ	;26DH 减 1 后是否 0,不为 0 则是第一次单击跳到 NEXTR1
	LACL #01	;若已单击二次,则令 ACL=01
	SACL 6EH	;重新将 26EH 载入 01 作为开始电机控制运转标志
	LACL #02	;令 ACL=02
	SACL 6DH	;重新将 26DH 载入 02 进行下一次的 RUN 键次数计算
NEXTR1:	LACL 16H	;将 216H~217H 的设置定位绝对值载入 262H~263H
	AND #000FH	;216H 仅取低 4 位
	SACL 62H	;载入 262H
	LACL 17H	;读取 217H 载入 ACL
	SACL 63H	;将 ACL 存入 263H
	LAR AR3,#263H	;令 AR3 寻址于 263H
	LAR AR5,#226H	;令 AR5 寻址于 226H 存放转成十六进制值以便操作
	CALL D5TOH4	;AR3 所指存储器内容转成十六进制载入 AR5 所指存储器内
	B NXINT1	;跳到 NXINT2 回主程序
	NOP	

;伺服电机的定位比较控制

SVMCTP:	LDP #226H≫7	;令 DP 寻址于 26EH 的高 9 位地址的数据存储器
	LACL 26H	;将设置的定位值由 226H 读取载入 ACL(D15 为符号)
	SACL 2AH	;将 ACL 存入 22AH 进行比较运算控制
	LDP #T2CNT≫7	;令 DP 寻址于 T2CNT 的高 9 位地址的数据存储器

```
            LACL T2CNT              ;读取 QEP 的电机操作反馈定位值[T2CNT]载入 ACL
            LDP ♯22BH≫7             ;令 DP 寻址于 22BH 的高 9 位地址的数据存储器
            SACL 2BH                ;将读取的 ACL = T2CNT 值载入 22BH
            LACL 18H                ;定位设置值符号存于 218H 载入 ACL
            AND ♯0010H              ;将 ACL 与 0010H 作 AND 操作取得正负符号
            BCND POST2N,EQ          ;若等于 0,则是正值跳到 POST2N
            LACL 2BH                ;若是负值,则将 22BH 载入 ACL
            CMPL                    ;取 ACL 的补码
            SACL 2BH                ;将绝对值写回 2BH
;若是正值,则不需要取补码绝对值载入 22BH
POST2N:     LACL 16H                ;取设置值 216H 载入 ACL
            AND ♯0010H              ;将 ACL 与 0010H 作 AND 运算取得 D4 的符号值
            SACL 2CH                ;将符号值 D4 载入 22CH
            LACC 18H,1              ;QEP 电机位置的符号值 218H[D4]左移一位载入 ACL5
            AND ♯0020H              ;将 ACL 与 0020H 作 AND 运算取得 D5 的符号值
            OR 2CH                  ;将此 ACL 与 22CH 作 OR 运算取得 D4[S]、D5[F]的符号序
            BCND PSPFCMP,EQ         ;ACL>D5,D4 = 00 都是正值定位和电机位置 QEP 值
            SUB ♯0010H              ;将 ACL 减 0010H
            BCND NSPFCMP,EQ         ;为 0 是 NS[D4 = 1]负值,PF[D5]正反馈读取值 = 10H
            SUB ♯0010H              ;再将 ACL 减 0010H
            BCND PSNFCMP,EQ         ;为 0 是 NS[D4]正值,PF[D5 = 1]负反馈读取值 PSNF = 20H
            SUB ♯0010H              ;再将 ACL 减 0010H
            BCND NSNFCMP            ;为 0 是 NS[D4 = 1]负值,PF[D5 = 1]负反馈读取值
            ;NSNF = 30H
;进行正值的定位和电机位置 QEP 值的比较定位输出 PWM 控制
PSPFCMP:
            LACL 2AH                ;读取十六进制的定位值 22AH 载入 ACL
            SUB 2BH                 ;将设置值减去电机位置值 22BH
            SACL 2DH                ;差值载入 22DH
            BCND FORDR,C            ;若差值大于 0,则跳到 FORDR 正转控制
            ABS                     ;若差值小于 0,则先取负值的绝对值
            SACL 2DH                ;差值载入 22DH
            B REVDR                 ;跳到 REVDR 逆转控制

;进行负值的定位和正值的电机位置 QEP 值比较定位输出 PWM 控制
NSPFCMP:
            LACL 2AH                ;读取十六进制的定位值 22AH 载入 ACL
            ADD2BH                  ;将设置值(负值)加上电机位置值 22BH 逆向差值
            SACL 2DH                ;差值载入 22DH
            B REVDR                 ;跳到 REVDR 逆转控制
;进行正值的定位和负值的电机位置 QEP 值比较定位输出 PWM 控制
PSNFCMP:
            LACL 2AH                ;读取十六进制的定位值 22AH 载入 ACL
            ADD2BH                  ;将设置值(正值)加上电机位置值 22BH 正向差值
            SACL 2DH                ;差值载入 22DH
```

```
                B FORDR                 ;跳到 FORDR 正转控制
;进行负值的定位和负值的电机位置 QEP 值比较定位输出 PWM 控制
NSNFCMP:
                LACL 2AH                ;读取十六进制的定位值 22AH 载入 ACL
                SUB 2BH                 ;将设置值(负值)减去电机位置值(负值)22BH 得差值
                SACL 2DH                ;差值载入 22DH
                BCND REVDR,C            ;若差值大于 0,则跳到 REVDR 逆转控制
                ABS                     ;若差值小于 0,则先取负值的绝对值
                SACL 2DH                ;差值载入 22DH
                B FORDR                 ;跳到 FORDR 正转控制

;直流伺服电机逆转定位控制
REVDR:  LDP #PBDATDIR≫7                ;令 DP 寻址于 PBDATDIR 的高 9 位地址数据存储器
        LACL #REVDATA                   ;将逆向控制的数据端口 REVDATA = 0FF10H 载入 ACL
;以端口 B 分别控制 PB0,PB1[STOP] = 0,PB2,PB3[PWM] = 0,PB4[F/R] = 1,PB5[H/L] = 0
        OR #0002H                       ;与 0002H 作 OR 运算,令 D1 = 1 = STOP 先令停止运转
        SACL PBDATDIR                   ;将控制码 ACL 载入 PBDATDIR = FF12H 输出控制
        SACL PEDATDIR                   ;将控制码 ACL 载入 PEDATDIR = FF12H 输出 LED 显示
        B RUNCMP                        ;跳到 RUNCMP 开始比较输出控制

;令电机停止运转
STOPM:  LDP #CMPR1≫7                   ;令 DP 寻址于 CMPR1 的高 9 位地址的数据存储器
        LACL #0                         ;令 ACL = 0
        SACL CMPR1                      ;将差值 ACL = 0 载入 PWM 的比较寄存器 CMPR1
        SACL CMPR2                      ;将差值 ACL = 0 载入 PWM 的比较寄存器 CMPR2
        SACL CMPR3                      ;将差值 ACL = 0 载入 PWM 的比较寄存器 CMPR3
        LDP #PBDATDIR≫7                ;令 DP 寻址于 PBDATDIR 的高 9 位地址数据存储器
        LACL #FORDATA                   ;读取正相运转控制码 FORDATA = 0FF00H
        OR #0002H                       ;将 ACL 与 02 作 OR 运算,令 D1 = 1>PB1 = STOP = 1 停止电机运转
        SACL PBDATDIR                   ;将控制码 ACL 载入 PBDATDIR = FF02H 输出控制
        SACL PEDATDIR                   ;将控制码 ACL 载入 PEDATDIR = FF02H 输出 LED 显示
        RET                             ;回主程序

;直流伺服电机正转定位控制
FORDR:  LDP #PBDATDIR≫7                ;令 DP 寻址于 PBDATDIR 的高 9 位地址数据存储器
        LACL #FORDATA                   ;正向控制的数据端口 FORDATA = 0FF00H 载入 ACL[PB4 = 0]
        OR #0002H                       ;与 0002H 作 OR 运算,令 D1 = 1 = STOP 先令停止运转
        SACL PBDATDIR                   ;将控制码 ACL 载入 PBDATDIR = FF12H 输出控制
        SACL PEDATDIR                   ;将控制码 ACL 载入 PEDATDIR = FF12H 输出 LED 显示
RUNCMP: LDP #22DH≫7                    ;令 DP 寻址于 22DH 高 9 位地址的数据存储器
        LACL 2DH                        ;读取差值 22DH 载入 ACL
        SUB #300                        ;差值减去 300 判别差值大小
        BCND NORMSP,NC                  ;若差值小于 300,则为一般的输出控制
        LACL #300                       ;若差值大于 300,则设置高速的 300 速度来运转比较控制
        SACL 2DH                        ;将最高速控制极大值写回 22DH
NORMSP: LACL 2DH                        ;读取经调整后的差值 22DH 载入 ACL
        BCND STOPM,EQ                   ;若此差值为 0,则跳到 STOPM 停止运转
```

```
            SUB #60              ;若不为0,则将速度的最小极限值60载入ACL
            BCND MINSPED,GT      ;若差值大于60,则跳到MINSPED操作
            LACL #60             ;若小于60,则将ACL载入60
            SACL 2DH             ;若差值小于60,则设置低速60载入22DH运转比较控制
        ;   SUB #04
        ;   BCND STOPM,LEQ
MINSPED:
            LDP #22DH≫7          ;令DP寻址于22DH的高9位地址数据存储器
            LACL 2DH             ;读取差值22DH载入ACL
            LDP #CMPR1≫7         ;令DP寻址于CMPR1的高9位地址的数据存储器
            SACL CMPR1           ;将差值22DH=ACL载入PWM的比较寄存器CMPR1
            SACL CMPR2           ;将差值22DH=ACL载入PWM的比较寄存器CMPR2
            SACL CMPR3           ;将差值22DH=ACL载入PWM的比较寄存器CMPR3
            LDP #PBDATDIR≫7      ;令DP寻址于PBDATDIR的高9位地址数据存储器
            LACL PBDATDIR        ;读取PBDATDIR载入ACL
            AND #0FFFDH          ;将ACL与0FFFDH作AND运算,令D1=0=PB1=STOP=0开始运转
            SACL PBDATDIR        ;将控制码ACL载入PBDATDIR输出控制
            LDP #22DH≫7          ;令DP寻址于22DH的高9位地址的数据存储器
            OUT 2DH,8001H        ;将控制差值输出到CPLD的8001H用LED输出显示
            RET                  ;回主程序
;手动式的电机以ADC读取值正转
FORW:       CALL STPMFLD         ;用STPMFLD子程序进行电机手动正转控制
            B NXINT1             ;跳到NXINT1回中断前主程序
;手动式的电机以ADC读取值逆转
REVW:       CALL STPMRLD         ;用STPMFLD子程序进行电机手动正转控制
            B NXINT1             ;跳到NXINT1回中断前主程序

;停止电机运转
HALTCT:     LDP #26EH≫7          ;令DP寻址于26EH的高9位地址的数据存储器
            LACL #0              ;令ACL=0
            SACL 6EH             ;令电机反馈的RUN键单击次数26EH归零
            LDP #PBDATDIR≫7      ;令DP寻址于PBDATDIR的高9位地址数据存储器
            LACL #FORDATA        ;读取正相运转控制码FORDATA=0FF00H
            OR #0002H            ;将ACL与02作OR运算,令D1=1>PB1=STOP=1停止电机运转
            SACL PBDATDIR        ;将控制码ACL载入PBDATDIR=FF02H输出控制
            RET                  ;回主程序
;设置为电机定位预设值的输入键
SETPN:      LDP #23FH≫7          ;令DP寻址于23FH的高9位地址数据存储器
            LACL #00             ;令ACL=0作为数字码0~9的输入模式
            SACL 3FH             ;将ACL=0载入标志23FH内
            B NXINT1             ;跳到NXINT1回中断前主程序
            NOP
;设置为电机运转位置值的输入键
FEBDN:      LDP #23FH≫7          ;令DP寻址于23FH的高9位地址数据存储器
            LACL #01             ;令ACL=1作为数字码0~9的输入模式
```

	SACL 3FH	;将 ACL = 1 载入标志 23FH 内
	B NXINT1	;跳到 NXINT1 回中断前主程序
	NOP	

;设置光标位置以显示数字的输入位置

SETCUR:	LDP ♯23FH≫7	;令 DP 寻址于 23FH 的高 9 位地址数据存储器
	LACL 3FH	;读取 23FH 内的输入模式标志
	BCND CURSP,NEQ	;若是 23FH,则不为 0
	LACL ♯08DH	;若为 0,则 ACL = 8DH,令光标显示于第一行的第 13 字形
	CALL LDWIR	;用 LDWIR 将 ACL = 0D8H 输出控制设置 LCD
	RET	;回主程序
	NOP	
CURSP:	LACL ♯0CDH	;若为 0,则 ACL = CDH,令光标显示于第二行的第 13 字形
	CALL LDWIR	;用 LDWIR 将 ACL = 0CDH 输出控制设置 LCD
	RET	;回主程序
	NOP	

;将 216H、217H 定位值转成 ASCII 码到 245H、246H、247H,并显示于 LCDM 的第一行
;将 218H、219H 编码读取值转成 ASCII 码到 248H、249H、24AH,并显示于 LCDM 第二行

LCDMDP:	LDP ♯218H≫7	;令 DP 寻址于 218H 的高 9 位地址
	CALLTASCPS	;216H、217H 转换成 ASCII 码载入 245H、246H、247H

;将 *AR3 内容数码以 HEX7S 转换成 7 段显示码载入 *AR2 = @220H – 221

	LACL ♯088H	;令 ACL = 88H 设置 LCD 屏蔽于第一行第 9 位数显示更新
	CALL LDWIR	;将 ACL = 88H 写入 LCD 模块的控制码操作
	LACC 45H,8	;将 245H 左移 8 位载入 ACC
	SACH 1FH	;将 ACH 即 245H 的 D15~D8 载入 21FH 的 D7~D0
	LACL 1FH	;读取 21FH 写回 ACL
	CALL LDWDR	;将 245H 的 D15~D8 的 ASCII 码定位值显示于 LCD
	LACC 45H	;将 245H 载入 ACC
	CALL LDWDR	;将 245H 的 D7~D0 的 ASCII 码定位值显示于 LCD
	LACC 46H,8	;将 246H 左移 8 位载入 ACC
	SACH 1FH	;将 ACH 即 246H 的 D15~D8 载入 21FH 的 D7~D0
	LACL 1FH	;读取 21FH 写回 ACL
	CALL LDWDR	;将 246H 的 D15~D8 的 ASCII 码定位值显示于 LCD
	LACC 46H	;将 246H 载入 ACC
	CALL LDWDR	;将 246H 的 D7~D0 的 ASCII 码定位值显示于 LCD
	LACC 47H,8	;将 247H 左移 8 位载入 ACC
	SACH 1FH	;将 ACH 即 247H 的 D15~D8 载入 21FH 的 D7~D0
	LACL 1FH	;读取 21FH 写回 ACL
	CALL LDWDR	;将 247H 的 D15~D8 的 ASCII 码定位值显示于 LCD
	LACL 47H	;将 247H 载入 ACC
	CALL LDWDR	;将 247H 的 D7~D0 的 ASCII 码定位值显示于 LCD
	CALLTASCFD	;218H、219H 转换成 ASCII 码载入 248H、249H、24AH
	LACL ♯0C8H	;令 ACL = C8H 设置 LCD 屏蔽于第二行第 9 位数显示更新
	CALL LDWIR	;将 ACL = C8H 写入 LCD 模块的控制码操作
	LACC 48H,8	;将 248H 左移 8 位载入 ACC

	SACH 1FH	;将 ACH 即 248H 的 D15～D8 载入 21FH 的 D7～D0
	LACL 1FH	;读取 21FH 写回 ACL
	CALL LDWDR	;将 248H 的 D15～D8 的 ASCII 码定位值显示于 LCD
	LACC 48H	;将 248H 载入 ACC
	CALL LDWDR	;将 248H 的 D7～D0 的 ASCII 码定位值显示于 LCD
	LACC 49H,8	;将 249H 左移 8 位载入 ACC
	SACH 1FH	;将 ACH 即 249H 的 D15～D8 载入 21FH 的 D7～D0
	LACL 1FH	;读取 21FH 写回 ACL
	CALL LDWDR	;将 249H 的 D15～D8 的 ASCII 码定位值显示于 LCD
	LACC 49H	;将 249H 载入 ACC
	CALL LDWDR	;将 249H 的 D7～D0 的 ASCII 码定位值显示于 LCD
	LACC 4AH,8	;将 24AH 左移 8 位载入 ACC
	SACH 1FH	;将 ACH 即 24AH 的 D15～D8 载入 21FH 的 D7～D0
	LACL 1FH	;读取 21FH 写回 ACL
	CALL LDWDR	;将 24AH 的 D15～D8 的 ASCII 码定位值显示于 LCD
	LACL 4AH	;将 24AH 载入 ACC
	CALL LDWDR	;将 24AH 的 D7～D0 的 ASCII 码定位值显示于 LCD
	CALL SETCUR	;令 LCD 显示光标
	RET	;回主程序

;将 ST0、ST1、ACH、ACL 写入 0060H～0063H 存放
SAVEAS:
	SST #1,60H	;状态标志 ST1 写入 0060H 存储器存放
	SST #0,61H	;状态标志 ST0 写入 0061H 存储器存放
	LDP #0	;令 DP = 0
	SACH 62H	;ACH 写入 0062H 存储器存放
	SACL 63H	;ACL 写入 0063H 存储器存放
	RET	;回主程序

;将 ACH、ACL 及 ST0、ST1 由 0060H～0063H 取回
RESTORAS:
	LDP #0	;令 DP = 0
	ZALH 62H	;将 ACL 归零而将 ACH 由 0062H 写回
	ADDS 63H	;0063H 存储器内加上 ACH 写回 ACC 以取回 ACL
	LST #0,61H	;由 0062H 存储器内容取回 ST0
	LST #1,60H	;由 0060H 存储器内容取回 ST1
	RET	;回主程序

;正负符号的触发设置
SIGN:	LDP #23FH≫7	;令 DP 寻址于 23FH 的高 9 位地址数据存储器
	LACL 3FH	;读取 23FH 的单击键数码输入模式
	BCND FEBDSN,NEQ	;若不为 0,则跳到 FEBDSN 作定位正负符号设置
	LDP #216H≫7	;令 DP 寻址于 216H 的高 9 位地址数据存储器
	LACL 16H	;读取定位值的符号存放寄存器 216H.4 = 符号
	XOR #0010H	;将 ACL 与 0010H 作 XOR 运算来替转换符号值
	SACL 16H	;将转换后的符号值写回 216H
	B NXINT1	;跳到 NXINT1 回主程序再次扫描键盘并显示

```
FEBDSN:   LDP #210H≫7         ;令 DP 寻址于 210H 的高 9 位地址数据存储器
          LACL 10H            ;读取电机位置的符号存放寄存器 210H.4 = 符号
          XOR #0010H          ;将 ACL 与 0010H 作 XOR 运算来更替转换符号值
          SACL 10H            ;将转换后的符号值写回 216H
          B NOADJF            ;跳到 NOADJF
;输入 0～9 数字码移入位置寄存器 216H～219H 并检测是否超过 +/-32000H 值
;(实际是十进制)
;216H、217H 转成 ASCII 存于 245H～247H;218H、219H 转成 ASCII 存于 248H～24AH
NKEY      CLRC SXM            ;SXM = 0 不进行符号扩充
          LDP #23FH≫7         ;令 DP 寻址于 23FH 的高 9 位地址的数据存储器
          LACL 3FH            ;23FH 判别定位值设置或反馈检测值的设置
          BCND FEBDNI,NEQ     ;若 23FH 不为 0,则反馈检测值设置若键码 36H = 06H
          LACC 17H,4          ;217H 显示数据左移 4 位即 1 位数载入 A 内
                              ;ACC = 123450H
          OR 36H              ;将新键入@36H 内容低 4 位与 A 内容作 OR 运算汇编成新移位值
          SACL 17H            ;将新键入移位后的数值 A 写回 217H 内 17H,18H = 123456H
          SACL 4EH            ;将新键入移位后的数值 ACL 同时载入 24EH 内
          SACH 4FH            ;将新键入移位后的数值 ACH 的高移出数载入 24FH 内
          LACL 16H            ;读取高位数及符号的 216H 载入 ACL
          AND #0010H          ;将 ACL 与 0010H 作 AND 运算,屏蔽高位数但保留 D4 符号值
          OR 4FH              ;输入新键码移位移出的万位数 24FH 与 ACL 作 OR 运算组合载入
          SACL 16H            ;新的万位数值载入 216H
          CALL CHKMAXP        ;检查新键入数值是否超过最大值[32000H]
          LACL 4EH            ;将新键入数值的低位数 24EH 载入 ACL
          OR 4FH              ;将 ACL 与 24FH 作 OR 运算辨别是否为 0 值
          BCND NOADJP,NEQ     ;若不为 00000 值,则跳到 NOADJP
          LACL #0000H         ;若为 00000 值,则令 ACL = 0
          SACL 17H            ;将 ACL = 0000 载入 217H
          LACL 16H            ;读取万位数及符号的 216H 载入 ACL
          AND #0010H          ;将 ACL 与 0010H 作 AND 运算,令万位数为 0 而保留 D4 的符号值
          SACL 16H            ;00000 值的 ACL 载入 216H
NOADJP:   CALL TASCPS         ;将 216H、217H 值转换成十六进制值以便操作
          B NXINT1            ;跳到 NXINT1 回主程序再次扫描键盘并显示
          NOP
;检查新建入值是否大于 32,000
CHKMAXP:
          LACL 4FH            ;将 24FH 的万位数值载入 ACL
          SUB #0003H          ;将 ACL 减 0003 比较
          BCND ZEROF,GT       ;若大于 30000,则跳到 ZEROF 处理
          RETC LT             ;若小于 3[2XXXX],则正常值回主程序
          LACL 4EH            ;若等于 3XXXX,则读取低位数 24EH = 0000 - 9999
          SUB #2000H          ;将 ACL 减 2000H 判别是否小于 32000[十进制]
          BCND ZEROF,GT       ;若大于 32000H,则跳到 ZEROF
          RET                 ;回主程序
```

```
                NOP
;超过 32000,则归零
ZEROF:  LACL ♯0000H              ;令 ACL = 0000
        SACL 4EH                 ;将 ACL 载入 24EH
        SACL 4FH                 ;将 ACL 载入 24EH
        RET                      ;回主程序
        NOP


;将 217H 即 216H 内容转成 ASCII 码载入 245H、246H、247H 以便 LCD 显示
TASCPS: LACL 17H                 ;将 217H 载入 ACL
        SACL 1AH                 ;将 ACL 载入 21AH
        CALLT S2ASC              ;将 21AH 内的数码以 TS2ASC 转换成 ASCII 码载入 21BH~21CH 内
        LACL 1BH                 ;读取转成的 ASCII 码 21BH 载入 ACL
        SACL 46H                 ;将 ACL 转存入 246H
        LACL 1CH                 ;读取转成的 ASCII 码 21CH 载入 ACL
        SACL 47H                 ;将 ACL 转存入 246H

        LACL 16H                 ;将 216H 内含符号及万位数载入 ACL
        AND ♯001FH               ;仅取 D4~D0 的 D4 符号 D3~D0 为万位数
        SACL 1AH                 ;将 ACL 载入 21AH
        CALL TSASCN              ;将 21AH 转成带符号的 ASCII 码值存于 21CH
        LACL 1CH                 ;读取转成的 ASCII 码 21CH 载入 ACL
        SACL 45H                 ;将 ACL 转存入 245H
        RET                      ;跳回主程序
        NOP
        NOP


;电机位置预设值输入存于 218H、219H[+/- 3 2000 转成 ASCII 载入 248H、249H、24AH
FEBDNI: LACC 11H,4               ;211H 内含显示数据左移 4 位即 1 位数载入
                                 ;ACC = 123450H
        OR 36H                   ;新键入@36H 内容低 4 位与 A 内容作 OR 运算汇编成新移位值
        SACL 11H                 ;将新键入移位后的数值 A 写回 211H 内

        SACL 4EH                 ;将新键入移位后的数值 ACL 同时载入 24EH 内
        SACH 4FH                 ;将新键入移位后的数值 ACH 的高移出数载入 24FH 内
        LACL 10H                 ;读取高位数及符号的 210H 载入 ACL
        AND ♯0010H               ;将 ACL 与 0010H 作 AND 运算,屏蔽高位数但保留 D4 符号值
        OR 4FH                   ;输入新键码移位移出的万位数 24FH 与 ACL 作 OR 运算组合载入
        SACL 10H                 ;新的万位数值载入 216H
        CALL CHKMAXP             ;检查新建入数值是否超过最大值
        LACL 4EH                 ;将新键入数值的低位数 24EH 载入 ACL
        OR 4FH                   ;将 ACL 与 24FH 作 OR 运算,辨别是否为 0 值
        BCND NOADJF,NEQ          ;若不为 00000 值,则跳到 NOADJP
        LACL ♯0000H              ;若为 00000 值,则令 ACL = 0
        SACL 11H                 ;将 ACL = 0000 载入 211H
```

	LACL 10H	;读取万位数及符号的 210H 载入 ACL
	AND #0010H	;将 ACL 与 0010H 作 AND 运算,令万位数为 0 而保留 D4 的符号值
	SACL 10H	;00000 值的 ACL 载入 210H
NOADJF:	CALL TRS2QEP	;将 210H、211H 值转换成十六进制值以便操作
	B NXINT1	;跳到 NXINT1 回主程序再次扫描键盘并显示
	NOP	

;键入十进制电机位置设置值 210H~211H 转成十六进制载入 250H~251H 并写入 T2CNT

TRS2QEP:		
	LDP #210H≫7	;令 DP 寻址于 210H 的高 9 位地址数据存储器
	LACL 10H	;读取 210H 载入 ACL
	AND #000FH	;将 ACL 与 000FH 作 AND 运算取万位数
	SACL 50H	;将万位数载入 250H
	LACL 11H	;读取 210H 内的电机位置的低 4 位数载入 ACL
	SACL 51H	;将低 4 位数载入 251H
	LAR AR3,#251H	;令 AR3 寻址于 251H~250H 存放要转换的十进制数
	LAR AR5,#258H	;令 AR3 寻址于 258H~257H 存放转换后的十六进制数
	CALL D5TOH4	;将 *AR3 内的十进制数转成十六进制写入 *AR5
	LDP #210H≫7	;令 DP 寻址于 210H 的高 9 位地址数据存储器
	LACL 10H	;读取 210H 载入 ACL
	AND #0010H	;将 ACL 与 0010H 作 AND 运算取正负符号
	BCND SETFBP,EQ	;若等于 0,则跳到 SETFBP 设置电机位置正值写入 T2CNT
	LACL 58H	;若为负值,则将 258H 载入 ACL
	CMPL	;取 ACL 的补码
	SACL 58H	;取得绝对值后再回写入 258H
SETFBP:	LACL 58H	;将绝对值 258H 载入 ACL
	LDP #T2CNT≫7	;令 DP 寻址于 T2CNT 的高 9 位地址数据存储器
	SACL T2CNT	;将 ACL 写入 T2CNT 预设电机位置 QEP
	RET	;回主程序
	NOP	

;218H,219H 内 QEP 检测值含符号转换成 ASCII 码存入 248H、249H、24AH 以便显示于 LCD

TASCFD:	LACL 19H	;将 219H 载入 ACL
	SACL 1AH	;将 ACL 存入 21AH 以便转换成 ASCII 码
	CALL TS2ASC	;21AH 数码以 TS2ASC 转换成 ASCII 码载入 21BH~21CH 内
	LACL 1BH	;读取 21BH 的 ADCII 码[高位数]载入 ACL
	SACL 49H	;将 ACL 写入 249H
	LACL 1CH	;读取 21CH 的 ADCII 码[低位数]载入 ACL
	SACL 4AH	;将 ACL 写入 24AH
	LACL 18H	;将 219H 载入 ACL
	AND #001FH	;将 ACL 与 001FH 作 AND 运算
	SACL 1AH	;仅取其万位数后载入 21AH
	CALL TSASCN	;将 21AH 数码以 TSASCN 转换成 ASCII 码载入 21CH 内
	LACL 1CH	;读取 21CH 的 ADCII 码[低位数]载入 ACL
	SACL 48H	;将 ACL 写入 248H
	NOP	
	RET	;回主程序

```
                NOP
;21AH 内容转成两个 ASCII 码存入 21BH～21CH,如 1234H 存于 31H、32H[21BH]、33H、34H[21CH]
TS2ASC:
        LDP  #21AH≫7                ;令 DP 寻址于 218H 的高 9 位地址
        LACL 1AH                    ;将 21AH 内容载入 ACL
        CALL B2ASC                  ;将 ACL 内容转成 ASCII 码写回 ACL
        SACL 1CH                    ;将低 4 位数转成 ASCII 码的 ACL 载入 21CH
        LACC 1AH,12                 ;将 21AH 内容左移 12 位载入 ACC
        SACH 1FH                    ;取高 16 位 ACH 载入 21FH 的 21FH.3～0 为 21AH.8～11
        LACL 1FH                    ;21FH 内容载入 ACL 则 ACL.3～0 为 21AH.7～4 高 4 位值
        CALL B2ASC                  ;将 ACL 内容转成 ASCII 码写回 ACL
        SACL 1FH                    ;将低 4 位数转成 ASCII 码的 ACL 载入 31FH
        LACC 1FH,8                  ;将 31FH 内的数据左移 8 位载入 ACL
        OR   1CH                    ;将 ACL 与 21CH(低 4 位的 ASCII 码)与 ACL 作 OR 运算汇编
        SACL 1CH                    ;将 ACL 内的 21AH 二位数(2 位数 8 位)载入 21CH
TS1ASCH:
        LACC 1AH,8                  ;21AH 内容左移 8 位载入 ACL ACL.19～16＜ 21AH.11～8
        SACH 1FH                    ;取高 16 位 ACH 载入 21FH 的 21FH.3～0 为 21AH.11～8
        LACL 1FH                    ;21FH 内容载入 ACL,则 ACL.3～0 为 21AH.11～8 的高 4 位值
        CALL B2ASC                  ;将 ACL 内容转成 ASCII 码写回 ACL
        SACL 1BH                    ;将低 4 位数转成 ASCII 码的 ACL 载入 31BH
        LACC 1AH,4                  ;21AH 内容左移 4 位载入 ACL ACL.19～16＜ 21AH.15～12
        SACH 1FH                    ;取高 16 位 ACH 载入 21FH 的 21FH.3～0 为 21AH.11～8
        LACL 1FH                    ;21FH 内容载入 ACL,则 ACL.3～0 为 21AH.15～12 高 4 位值
        CALL B2ASC                  ;将 ACL 内容转成 ASCII 码写回 ACL
        SACL 1FH                    ;将低 4 位数转成 ASCII 码的 ACL 载入 31FH
        LACC 1FH,8                  ;将 31FH 内的数据左移 8 位载入 ACL
        OR   1BH                    ;将 ACL 与 21BH(低 4 位的 ASCII 码)与 ACL 作 OR 运算汇编
        SACL 1BH                    ;将 ACL 内的 21AH 高二位数(2 位数 8 位)载入 21BH
        RET                         ;回主程序
TSASCN:  LDP  #21AH≫7               ;令 DP 寻址于 21AH 的高 9 位地址
        LACL 1AH                    ;将 21AH 内容载入 ACL
        CALL B2ASC                  ;将 ACL 内容转成 ASCII 码写回 ACL
        SACL 1CH                    ;将低 4 位数转成 ASCII 码的 ACL 载入 31CH
        LACC 1AH,12                 ;将 21AH 内容左移 12 位载入 ACC
        SACH 1FH                    ;取高 16 位 ACH 载入 21FH 的 21FH.3～0 为 21AH.8～11
        LACL 1FH                    ;21FH 内容载入 ACL,则 ACL.3～0 为 21AH.7～4 高 4 位值
        AND  #0001H                 ;将 ACL 与 01 作 AND 运算
        BCND POSSN,EQ               ;假如 ACL=0,则代表 21AH 的 7～4=00 正值
        LACL #2D00H                 ;将"-"符号的 ASCII 码载入 ACL=2D00H
        OR   1CH                    ;与 21CH 的 D3～D0 作 OR 运算载入 ACL 成为"+/-"N 值显示
        SACL 1CH                    ;将 ACL 载入 21CH 成为"+/-"0 0000-3 2767 值的显示
        RET                         ;回主程序
        NOP
```

```
POSSN:   LACL #2B00H;           ;将"+"符号的 ASCII 码载入 ACL = 2D00H
         OR 1CH                 ;与 21CH 的 D3～D0 作 OR 运算载入 ACL 成为"+/-"N 值显示
         SACL 1CH               ;将 ACL 载入 21CH 成为"+/-"0 0000－3 2767 值的显示
         RET                    ;回主程序
         NOP
;将 ACL 内容 8 位值的低 4 位转成 ASCII 码写回 ACL
B2ASC:   AND #000FH             ;将 ACL 与 000FH 作 AND 运算取低 4 位
         SACL 1FH               ;ACL 的低 4 位载入 21FH 内
         SUB #0AH               ;将 ACL 减去 0AH,检测是否大于或等于 0AH
         BCND ALPH,GEQ          ;若大于或等于 A,则代表是 A～F 跳到 ALPH
         LACL 1FH               ;若小于 0AH,则为 0～9 由 31FH 取写回入 ACL
         ADD #30H               ;将 ACL 加上 30H 就是 0～9 的 ASCII 码
         RET                    ;回主程序
ALPH:    ADD #37H               ;若 A～F 码为 41H～46H,因此对应加上 37H + 0X = 41H－46H
         RET                    ;则 ACL = 41H～46H 的 A～F 的转换 ASCII 码回主程序
;*将设置 00000－32768[*AR3 的十进制数转成 0000H～7FFFH][*AR5 十六进制数]
D5TOH4:  CALL DTOH4             ;将*AR3 内的 4 位数转成十六进制载入*AR5
         MAR *,AR3              ;十进制数 *AR3 0000～9999
         MAR *-                 ;*AR3-退回*AR5 的万位数 6[*AR3-]XXXX[*AR3]
         LT *,AR5               ;T = *AR3-万位数 0～6,ARP = 5
         LDP #21FH≫7            ;令 DP 寻址于 21AH 的高 9 位地址
         LACL #2710H            ;令 ACL = 2170H = 10000 载入 21FH 内
         SACL 1FH               ;21FH = #2170H = 10000
         MPY1FH                 ;将 T =[0～6]万位数乘以*2170
         LACL *                 ;取转换后的 ACL 低 4 位数 = XXXX =[0000～9999]>HEX
         APAC                   ;再加入高万位数 A = A + P = XXXX +[0～6]*2170H
         SACL *                 ;将转换得到的 4 位十六进制值载入*AR5
         RET                    ;回主程序
;*AR3 内容 4 个十进制数转成十六进制 12 位存于*AR5 输出控制 10000H>2710H
;采用右移位除 2 数码转换法调整 16 位共需移位调整 16 次
DTOH4    NOP
         MAR *,AR3
         LACC *,16,AR5          ;将十进制内容*AR3 左移 16 位载入 AH = *AR3 内 AL = 0
         LAR AR6,#15            ;令区域执行循环数为#16
ADJDTHR  MAR *,AR5
         SFR                    ;将 A 内容右移将十进制 AH 的 D0 = D16(A)右移入十六进制
;AL 的 D15 操作为 C = 0≫(D31～D16≫D15～D0)
         SACH *                 ;将右移除 2 后的 AH 载入*AR5 存储器内
;判别十进制高位数的 D7 = D15,D3 = D11 及低位数的 D7 = D7,D3 = D3 判别调整数码
         BIT *,15-11            ;令 TC 为*AR5 为十进制的高位数 D3>D11 位设置
         BCND NADJH3,NTC        ;若除 2 后的 D3>D11 不为 1,则无须调整跳到 NADJH3
         SUB #0600H,15          ;除 2 后的 D3>D11 为 1,则将其减 03H(>0300H)作调整
NADJH3   BIT *,15-15            ;令 TC 为*AR5 为十进制的高位数 D7>D15 位设置
         BCND NADJH30,NTC       ;若除 2 后的 D7>D15 不为 1,则无须调整跳到 NADJH30
```

	SUB #6000H,15	;除 2 后的 D7>D15 为 1,则将其减 30H(>03000H)进行调整
NADJH30		
	BIT *,15-3	;令 TC 为 *AR5 为十进制的低位数 D3 位设置
	BCND NADJL3,NTC	;若除 2 后的 D3 不为 1,则无须调整跳到 NADJL3
	SUB #0006,15	;若除 2 后的 D3 为 1,则将其减 03H 进行调整
NADJL3	BIT *,15-7	;令 TC 为 *AR5 为十进制的低位数 D7 位设置
	BCND ADJDTH,NTC	;若除 2 后的 D7 不为 1,则无须调整跳到 ADJDTH
	SUB #0060H,15	;若除 2 后的 D7 为 1,则将其减 030H 进行调整
ADJDTH	MAR *,AR6	;令 ARP=AR6,以便计算转换的位数完成
	BANZ ADJDTHR	;若 ARP 不为 0,则将其减 1 跳回 ADJDTHR 再进行移位转换
	NOP	
	MAR *,AR5	;若已移位转换完成,则令 ARP=AR5
	SACL *	;将调整后的十六进制码写回 *AR5
	RET	;回主程序
	NOP	
	NOP	

;*AR3 内容 4 个十六进制数转成十进制 17 位[5 位数]存于 *AR5-*AR5 输出控制

H4TOD5:		
	LACL #0	;令 ACL=0
	MAR *,AR5	;令 ARP=AR5
	SACL *,AR3	;将 ACL=0 载入 *AR5 的十进制万位数内,令 ARP=AR3
RECHK:	LACL *	;读取十六进制的 *AR3 内容载入 ACL
	SUB #2710H	;先将十六进制值减掉 2710H=1 0000 检查有几个 10000
	BCND NOTAD1,NC	;若小于 2710H,则没有万位数 CF=1 跳到 NOTAD1
	SACL *,AR5	;若大于 2710H,则将减掉的余数载入 *AR3 内 ARP=AR5
	LACL *	;再由 *AR5[要放万位数值]取得值载入 ACL
	ADD #1	;令 ACL 加 1 得到一个万位数
	SACL *,AR3	;将万位数载入 *AR5 后,令 ARP=AR3
	B RECHK	;跳回 RECHK,将余数减 2710H 直到不够减,便可得到万位数
NOTAD1:	MAR *,AR5	;令 ARP=AR5
	MAR *+	;令 AR5+1>AR5 为低的十进制数[0000~9999]
	CALL HTOD4	;以 HTOD4 将 *AR3 内小于 10000H[0000~9999]值
	RET	;转换成十进制载入 *AR5,回主程序
	NOP	

;*AR3 内容 4 个十六进制数转成[<=270FH]十进制 12 位存放于 *AR5[9999]
;采用右移位除 2 数码转换法调整 16 位,共需移位调整 16 次

HTOD4	CLRC SXM	;SXM=0 不进行符号扩充
	MAR *,AR3	;令 ARP=AR3
	LACC *,AR5	;将十进制内容 *AR3 载入 AL=*AR3 内 AH=0
	LAR AR6,#14	;令区域执行循环数为 #15[14+1]
ADJHTDR:	MAR *,AR5	;令 ARP=AR5
	CLRC C	;令 CF=0 清除进位 C 标志
	SFL	;AL 内容左移将十六进制 AL 的 D0=D16(A)左移入 AH
		;十进制 AL 的 D15 操作为 C=0≫(D31~D16≫
		;D15~D0)

```
            SACH *+                      ;将左移乘2后的AH载入*AR5存储器内
            SACL *-                      ;AR5+1存放乘2后的原值AR5-1
            LACL *                       ;AH+#03>[AR5]写回ACL
            ADD #03H                     ;将ACL加上3后写回*AR5内
            SACL *
;判别十进制高位数的D7=D15,D3=D11及低位数的D7=D7,D3=D3判别调整数码
            BIT *,15-3                   ;令TC为*AR5为十进制的高位数D3>D11位设置
            BCND NADJ3,TC                ;若乘2后的D3为1,则无须减回03调整跳到NADJ3
            SUB #03H                     ;若乘2后的D3为0,则将其减03H(>0300H)进行调整
NADJ3:      ADD #30H                     ;将左移1位的乘2运算后的ACL加上30H检测是否D7=1
            SACL *                       ;后写回*AR5内
            BIT *,15-7                   ;令TC为*AR5为十进制的高位数D3位设置
            BCND NADJ30,TC               ;若乘2后的D7为1,则无须减回30H调整跳到NADJ30
            SUB #30H                     ;若乘2后的D7为0,则将其减回30H(>0300H)进行调整
NADJ30:     ADD #300H                    ;将左移1位的乘2运算后的ACL加上300H检测是否D11=1
            SACL *
            BIT *,15-11                  ;令TC为*AR5为十进制的高位数D11位设置
            BCND NADJ3H,TC               ;若乘2后的D11不为1,则无须调整跳到NADJH3H
            SUB #300H                    ;若乘2后的D11为1,则将其减300H(>03000H)进行调整
NADJ3H:     ADD #3000H                   ;将左移1位的乘2运算后的ACL加上3000H检测是否D15=1
            SACL *                       ;后写回*AR5内
            BIT *,15-15                  ;令TC为*AR5为十进制的低位数D15位设置
            BCND NADJ3K,TC               ;若乘2后的D15不为1,则无须调整跳到NADJL3
            SUB #3000H                   ;若乘2后的D15为1,则将其减03000H进行调整
NADJ3K      SACL *                       ;存回AH>[AR5]
            LACC *+,16                   ;将*AR5内容载入AH AL=0
            ADDS *-                      ;取回[R5+1]>ACLAR5=AR5
ADJHTD      MAR *,AR6                    ;令ARP=AR6,判别移位调整的次数
            BANZ ADJHTDR                 ;检测是否AR6=0,不为0,则将其减1跳回ADJHTDR再调整
            NOP
            SFL                          ;多进行1次的左移位ACC*2
            MAR *,AR5                    ;令ARP=AR5将转换值ACH载入
            SACH *                       ;将调整后的十六进制码写回*AR5
            RET                          ;回主程序
            NOP
;读取QEP电机运转地址值载入260H并转成十进制以便显示
RDSPQEP:
            LDP #T2CNT>>7                ;令高地址的数据存储器DP寻址于T2CNT
            LACC T2CNT                   ;随时读取QEP中的T2CNT计数值
            LDP #260H>>7                 ;令高地址的数据存储器DP寻址于260H
            SACL 60H                     ;将QEP检测计数值载入260H内
            LACL #0000H                  ;令ACL=0
            SACL 65H                     ;载入265H预设正值符号
```

```
        LACL 60H                ;读取 260H 载入 ACL
        SUB #8000H              ;将 QEP=T2CNT 值与 8000H 相减进行比较
        BCND POSQD,LT           ;若 T2CNT 小于 8000H,则跳到 POSQD 正值判别
NEGQD:  LACL 60H                ;若大于 8000H,则为负值重载 260H 入 ACL
        CMPL                    ;将 ACL 转换成其补码
        SACL 60H                ;转成绝对值得 ACL 写回 260H
        LACL #0010H             ;令 ACL=0010H 设置负值符号
        SACL 65H                ;将 ACL=10H 负值符号载入 260H
POSQD:  LAR AR3,#260H           ;令 AR3 寻址于 260H 存放 QEP 的十六进制值
        LAR AR5,#218H           ;令 AR5 寻址于 218H 存放 QEP 的十进制值 218H~219H
        CALL H4TOD5             ;将 *AR3 内容转成十进制载入 *AR5
        LDP #260H≫7             ;令高地址的数据存储器 DP 寻址于 260H
        LACL 18H                ;QEP 的 T2CNT 十进制值高位数 218H 载入 ACL
        OR 65H                  ;将 ACL 与符号值 265H 作 OR 运算汇编
        SACL 18H                ;将符号合成值写回 218H
        RET                     ;回主程序
        NOP
;LCD 的启动驱动显示控制
LCDM2:
        CALL LCDINI             ;将 LCD 的模式显示进行启动
        LACC #TABLDAT1          ;令 ACC 于起始 LCD 屏蔽显示表格第一行地址
        CALL DSPTAB             ;将 ACL 所指表格地址内容进行显示
        LACC #0C0H              ;令 ACL=C0H 设置 LCD 屏蔽于第一行第 1 位数显示更新
        CALL LDWIR              ;将 ACL=C0H 写入 LCD 模块的控制码操作
        LACC #TABLDAT2          ;令 ACC 于起始 LCD 屏蔽显示表格第二行地址
        CALL DSPTAB             ;将 ACL 所指表格地址内容进行显示
        RET                     ;回主程序
;将 ACL 所寻址程序存储器内容数据显示在 LCD
DSPTAB: LAR AR7,#270H           ;令 AR7 寻址于 270H
        MAR *,AR7               ;令 ARP=AR7 实时间接寻址操作
        MAR *+                  ;将 AR7 寻址值加 1 为下一个地址
        SAR AR0,*               ;将 AR0 值载入 *AR7=[270H]存放,ARP=AR0
        LAR AR0,#19             ;AR0 定值 19 作为 LCD 屏蔽 19+1 字形显示计数
SHOWL1: PUSH                    ;将 ACL 推入栈指针所指的存储器内存放
        TBLR DATABUF            ;以 ACL 值作为 ROM 表格读取地址载入 DATABUF 内
        LACC DATABUF            ;将 DATABUF 内容载入 ACL
        CALL LDWDR              ;读取表格内的 ASCII 码输出到 LCD 模块对应显示
        POP                     ;由栈寄存器取回 ACL
        ADD #1                  ;将 ACL 的表格地址加 1
        MAR *,AR0               ;令 ARP=AR0 实时计数次数操作
        BANZ SHOWL1             ;检测 AR0 是否为 0,不为 0,则减 1 跳回 SHOWL1 再读取显示
        MAR *,AR7               ;令 ARP=AR7 实时间接寻址操作
        LAR AR0,*-              ;将 AR0 由 *AR7 内取回原值并令 AR7 减 1
        RET                     ;回主程序
```

```
;LCD 模块的起始设置
LCDINI:
        LACC #01                    ;令 ACL=01 清除 LCD 屏蔽
        CALL LDWIR                  ;将 ACL 内的控制码写入 LCD 内设置清除屏蔽
        LACC #38H                   ;ACL=38H 为 DL=1,N=1,F=1 的 8 位 2 行 5×7 字形设置
        CALL LDWIR                  ;将 ACL 内的控制码写入 LCD 内设置 LCD 显示模式
        LACC #0EH                   ;ACL=0EH 为 S/C=1 字形,R/L=1 右移设置码
        CALL LDWIR                  ;将 ACL 内的控制码写入 LCD 内设置 LCD 显示模式
        LACC #06H                   ;ACL=06H 为 D=1 字形 ON 显示及 C=1 光标显示 ON
        CALL LDWIR                  ;将 ACL 内的控制码写入 LCD 内设置 LCD 显示模式
        LACC #80H                   ;ACL=80H 为第一行的第一个字形显示地址设置
        CALL LDWIR                  ;将 ACL 内的控制码写入 LCD 内设置 LCD 显示模式
        RET                         ;回主程序
;LCD 模块的指令写入设置
LDWIR:  RPT #1                      ;延迟 2 个周期
        NOP
        LDP #LCDINST≫7              ;令高地址的数据存储器 DP 寻址于 LCDINST
        SACL LCDINST                ;将 ACL 载入 LCD 控制寄存器内 LCDINST
WAITTI: OUT LCDINST,LCD_WIR         ;将 LCDINST 输出到 LCD 的指令写入 I/O 寻址
        NOP
        CALL LDBUSY                 ;等待 LCD 指令写入是否已完成而等待
        NOP
        RET                         ;回主程序
        NOP
LDWDR:  RPT #1                      ;延迟 2 个周期
        NOP
        SACL LCDDATA                ;将 ACL 载入 LCD 数据寄存器内 LCDDATA
WAITT:  OUT LCDDATA,LCD_WDR         ;将 LCDDATA 输出到 LCD 的数据写入 I/O 寻址
        NOP
        CALL LDBUSY                 ;等待 LCD 指令写入是否已完成而等待
        NOP
        RET                         ;回主程序
        NOP
;读取 LCD 的忙线标志并等待没有忙线时
LDBUSY: IN BUSYFLG,LCD_RIR          ;由 LCD 的标志 I/O 地址读入 BUSYFLG 寄存器内
        BIT BUSYFLG,8               ;检测读取的标志 D8 作为 TC 标志
        NOP
        BCND LDBUSY,TC              ;若 D8 忙线标志为 1,则跳回 LDBUSY 等待
        NOP
        RET                         ;回主程序
        NOP
;T3 的 T3PINT 周期中断服务子程序 4000 的 1 ms 中断定时
;每隔 1 ms 根据设置控制码[26EH=0?]进行伺服直流电机定位反馈闭循环控制 SVMCTP
GISR2:  CALL SAVEAS                 ;将标志 ST0、ST1 及 ACC 载入 60H～63H 存储器内存放
        LDP #PIVR≫7                 ;令高地址的数据存储器 DP 寻址于 PIVR
```

```
        LACC PIVR                      ;读取 PIVR 载入 ACC
        XOR #002FH                     ;ACC 与 002FH 作 XOR 运算检查是否为 T3PINT=002FH 中断外设
        BCND NOTT4P,NEQ                ;若不为 002FH,则非 T3PINT 跳到 NOTT4P
        LDP #EVBIFRA≫7                 ;若是 PIVR=002FH,则 DP 寻址于 EVBIFRA 的高 9 位
        LACC #0080H                    ;令 ACC=0080H
        SACL EVBIFRA                   ;将 ACC=0080H 写入 EVBIFR,清除此 T3PINT 标志
        LDP #26EH≫7                    ;令 DP 寻址于 26EH 的高 9 位地址
        LACL 6EH                       ;读取 26EH 的电机控制执行标志载入 ACL
        BCND NOCNT,EQ                  ;若为 0,则不进行电机定位控制
        CALL SVMCTP                    ;若不为 0,则执行 SVMCTP 伺服电机定位闭循环控制
 NOCNT: LDP #26FH≫7                    ;令 DP 寻址于 26FH 的高 9 位地址
        LACL 6FH                       ;读取中断计次的 26FH 载入 ACL
        BCND ENDSP,EQ                  ;若 26FH=0,则表示计次时间到,进行 RDADC 显示
        SUB #01                        ;将 ACL 减 1
        BCND ENDSP,EQ                  ;若减 1 后为 0,则跳到 ENDSP
        SACL 6FH                       ;若不为 0,则将 ACL 存回 26FH
NOTT4P: CALL RESTORAS                  ;将标志 ST0、ST1 及 ACC 由 60H~63H 存储器内取回
        CLRC INTM                      ;令中断允许
        NOP
        RET                            ;回主程序
ENDSP:  LACL #100                      ;将 100 载入 ACL
        SACL 6FH                       ;将 ACL 载入 26FH 作为下一次的重新计数
        CALL RDADC4                    ;读取手动设置的 ADC 值显示于七段 LED
        B NOTT4P                       ;跳到 NOTT4P 回主程序
;电机手动正向运转控制
STPMFLD:
        LDP #PBDATDIR≫7                ;令 DP 寻址于 PBDATDIR 的高 9 位地址
        LACL #FORDATA                  ;将定值 0FF00H 载入 ACL
;PB0,PB1[STOP 停止]=0,PB2,PB3[PWM]=0,PB4[F/R 正逆转]=1,PB5[H/L 高低速]=0
        SACL PBDATDIR                  ;将 ACL 值写入 PBDATDIR
        SACL PEDATDIR                  ;将 ACL 值写入 PEDATDIR 输出显示
MANOPT:
        CALL RDADC                     ;读取 VR 调整的模拟/数字转换的 ADC 通道 0[24DH]
        LDP #24DH≫7                    ;令 DP 寻址于 24DH 的高 9 位地址
        LACL 4DH                       ;将 ADC 值的 24DH 载入 ACL
        LDP #CMPR1≫7                   ;令 DP 寻址于 CMPR1 的高 9 位地址
        SACL CMPR1                     ;将手控速度 ACL 载入 PWM1 的 CMPR1 进行 PWM 的速度控制
        SACL CMPR2                     ;将手控速度 ACL 载入 PWM2 的 CMPR2 进行 PWM 的速度控制
        SACL CMPR3                     ;将手控速度 ACL 载入 PWM3 的 CMPR3 进行 PWM 的速度控制
        LDP #24DH≫7                    ;令 DP 寻址于 24DH 的高 9 位地址
        out 4Dh,8003H                  ;将定速 24DH 输出 CPLD 的 8003H 4 位七段 LED 显示
        RET                            ;回主程序
;电机手动逆向运转控制
STPMRLD:
        LDP #PBDATDIR≫7                ;令 DP 寻址于 PBDATDIR 的高 9 位地址
```

```
         LACL  #REVDATA                    ;将定值 0FF10H[D4=F/R]=1 载入 ACL
         SACL  PBDATDIR                    ;将 ACL 值写入 PBDATDIR
         SACL  PEDATDIR                    ;将 ACL 值写入 PEDATDIR 输出显示
         B     MANOPT
INIPWMT:
         LDP   #ACTR≫7
         SPLK  #0000011001100110B,ACTR
;SVDIR,D2~D0,CMPC/B/A/9/8/7/,1,0 79BH/8AC/L CMPC-7[0110,0110,0110]
;向量空间 SVDIR=0,D2~D0 向量空间码=000,PWM 输出比较极性
;HI/LO 驱动令 PWM12、PWM10、PWM8 输出低有效,而 PWM11、PWM9、PWM7 输出高有效
         SPLK  #0000001111100000B,DBTCON
;XXXX,DBT3~0[tm],EDB3~1[111]允许所有迟滞带,DBTPS2~0[100,x/16],XX
;令 DBT3~DBT0=0100 及 DBTPS2~DBTPS0=100,故迟滞时间为 6.4 μs
         SPLK  #000,CMPR1                  ;设置比较寄存器 1A 为 000 比较值
         SPLK  #000,CMPR2                  ;设置比较寄存器 2A 为 000 比较值
         SPLK  #000,CMPR3                  ;设置比较寄存器 3A 为 000 比较值
         SPLK  #0000001000000000B,COMCON
;CEN=0,CLD1/0,SVEN,ACTRLD1/0,FCOMPOE=1,X---cenable=0
;禁用比较,cld1/0=00 比较值在 T3CNT=0 时重载,禁用向量空间 PWM actrld1/0=00
;令 ACTRB 在 T3CNT=0 时重载,fcompoe=0 禁用 PWM 时输出处于高阻
         SPLK  #1000001000000000B,COMCON;重新允许比较单元 CEN=1
         SPLK  #0000000001001001B,GPTCON
;X,T2/1/STUS,XX,T2/1STADC,TCMEN[txpwm]=1,XX,T4[2]/3PI
;GPTCON 定时器 1/2 设置 T1/T2 PIN 强迫为 00 输出不启动 ADC 转换
;T2、T1 状态可被读取得知方向 DIR 1=UP 加数,0=DOWN 减数 T2/T1 的 TxPWM 输出模式
         SPLK  #2000,T1PR ;设置定时器 1 的周期值为 2 000×2×50 ns=200 μs
         SPLK  #1000,T1CMPR ;T1 的比较器设置为 1 000 成为对称周期输出
         SPLK  #0000,T1CNT
;清除 T1CNT=0Fclk/PRS=40 MHz/001=20 MHz PWMT=1 000×2×50 ns
;Tpwm=2 000×2×25 ns[40 MHz]=200 μs Fpwm=5 kHz
;TMD=10 连续加减数,时钟预分频 PRESCLK=001/FCLK/2,.[TMD=11 EXT TxDIR PIN Cntlrl]
         SPLK  #1000100000000010B,T1CON
;FRE,SOF,X,TMD1/0,TPS2/0,T4SWT3,TEN=0,TCKS1/0,FRE,SOF=10/ICE 调试不影响
;TMD=10 连续加减数,预分频 TPS=100,X/1,T1=0,TEN=0/[1]不定时
;TCK=00 内部时钟定时 TCLD1/0,TECMPR,SELT3PR
         SPLK  #1000100001000010B,T1CON;D6=TEN=1 允许定时
         SPLK  #1000,T1CMPR                ;令 TI 的比较器值 T1CMPR=1000 对称周期输出
         RET                               ;回主程序
ADCINI:
         LDP   #ADCL_CNTL2≫7               ;高地址数据存储器 DP 寻址于 ADCL_CNTRL2
         SPLK  #0000000000000000B,ADCL_CNTL2 ;不中断,不进行 EV 触发
;evb_soc_seq,rst_seq,soc_seq1,seq1_bzy,int_ena_seq1[2],int_flg_seq1,
;eva_soc_seq1,
;ext_soc_seq,rst_seq,soc_seq2,seq2_bzy,int_ena_seq2[2],int_flg_seq2,
;eva_soc_seq2,
```

```
            SPLK  #0111001100010000B,ADCL_CNTL1  ;复位 ADC (D14 = 1)
;x,RES,SOF FREE >11 空闲继续操作,ACQ3~0 = 0011 预分频 8,CPS = 0,CONT_RUN(1)连续操作
;INT_PRI,SEQ_CAS(0)双转换,CAL_en(0)不进行校准,VBRG_ENA,VHL,STS_
            SPLK  #0011001100010000B,ADCL_CNTL1   ;不复位并设置串接 SEQ
            SPLK  #01,MAXCONV                    ;设置 4 通道的 SEQ ADC 排序转换
            SPLK  #3210H,CHSELSEQ1               ;令第一轮通道序为 0,1,2,3
            SPLK  #7654H,CHSELSEQ2               ;令第二轮通道序为 4,5,6,7
            SPLK  #0BA98H,CHSELSEQ3              ;令第三轮通道序为 8,9,A,B
            SPLK  #0FEDCH,CHSELSEQ4              ;令第二轮通道序为 C,D,E,F
            LDP   #ADCL_CNTL2>>7                 ;高地址数据存储器 DP 寻址于 ADCL_CNTRL2
            SPLK  #0010000000000000B,ADCL_CNTL2  ;D13 = SOC_SEQ1 软件启动 ADC
            RET                                  ;回主程序
;手动控制电机运转速度由仿真 VR 通过 ADC 转成数字值来任意设置
;由 4 位七段 LED 屏蔽来显示手动的电机转速设置值
RDADC4: CALL RDADC                               ;读取 ADC 通道 1 的仿真设置输入值载入 24DH
            CALL DSPADC                          ;将 ADC 值 24DH 显示于 CPLD 的 I/O 4 位七段 LED
            RET                                  ;回主程序
            NOP
RDADC:
            LDP   #ADCL_CNTL2>>7                 ;高地址数据存储器 DP 寻址于 ADCL_CNTRL2
            SPLK  #0010000000000000B,ADCL_CNTL2  ;用软件重新启动 SEQ 转换
            nop
REDETV: BIT ADCL_CNTL2,BIT12;12;令 TC = SEQ1_BSY = D12 作为检测位
            BCND  REDETV,TC                      ;若 TC = 1,则 SEQ 处于忙线跳回 REDETV 再测
            LACC  ADC_RESULT0,10                 ;ADC_RESULT0 转换结果值右移 10 位载入 ACC
            LDP   #24DH>>7                       ;分支到 CHKADCN,输出到 I/O 显示
            SACH  4DH                            ;将 ACH 存入 24DH
            RET                                  ;回主程序
            NOP
DSPADC:
            LACL  4DH                            ;将 24DH 载入 ACL
            LAR   AR3,#24DH                      ;令 AR3 寻址于 24DH 存放十六进制值
            LAR   AR5,#26AH                      ;令 AR5 寻址于 26AH 存放十进制值
            CALL  HTOD4                          ;将 *AR3 内的十六进制值转成十进制载入 *AR5
            LDP   #26AH>>7                       ;令高地址的数据存储器 DP 寻址于 26AH
            OUT   6AH,8006H                      ;将 ADC 设置值的低 8 位值输出到 8006H 显示
            LACC  6AH,8                          ;将 ADC 设置值左移 8 位载入 ACC 内
            SACH  6BH                            ;将 ACH 载入 261H 内
            OUT   6BH,8005H                      ;将 ADC 设置值高 8 位值输出到 8005H 显示
            RET                                  ;回主程序

;七段 LED 显示码存放地址及其内容
SEVSEG:
            .word 0003FH ;0
            .word 00006H ;1
```

```
              .word 0005BH  ;2
              .word 0004FH  ;3
              .word 00066H  ;4
              .word 0006DH  ;5
              .word 0007DH  ;6
              .word 00007H  ;7
              .word 0007FH  ;8
              .word 0006FH  ;9
              .word 00077H  ;A
              .word 0007CH  ;B
              .word 00039H  ;C
              .word 0005EH  ;D
              .word 00079H  ;E
              .word 00071H  ;F
pcode         .word 00073H  ;P
;起始固定LCD屏蔽显示键表值存放
TABLDAT1：.byte "SET POS = "
TABLDAT2：.byte "FEB POS = "
;88/C8H
THMSADJ：.word 2710H
PHANTOM：KICK_DOG
        B PHANTOM
GISR1：  B KEYIN
GISR3：  RET
GISR4：  RET
GISR5：  RET
GISR6：  RET
        .end
```

程序11－3　程序 DCSVM7CT.asm 及其对应功能说明

实验程序

(1) 本示例使用的 FPGA 下载板为 8K 或 10K10。

(2) 示例文件名：FPGA 8K 为 dspskyi7, FPGA 10K10(144PIN)为 dspskyi10, DSP 为 CSVM7CT(电机定位实验)。

(3) 接线方式：

① 使用20芯数据线，从 DSP 实验板的 JP17 端连接模块 JP4A 的插槽端(数据线红线在左)。

② 须连接 OCL 放大器(CI－51001 或 CI－53006)。

　　CI－51001 或 CI－53006CI－53001

　　OUT => AMP OUT

　　IN   => AMP IN

　　GND => GND

③ 把 LCD20X2 插至实验板的 JP24 端。

④ 模块＋5 V、＋12 V、－12 V 直流电源，接主机(CI－51001)或电源(提供1 A 以上)。

⑤ SN－510PP 的25引脚端使用电缆线连接计算机，14引脚数据线端接至 DSP 芯片的

JP12(DSP-JTAG)端。

⑥ 拔起 CPLD 板,检查 JP25 的 $\overline{\text{RESET}}$ 与 CNF-DN 必须用跳线短路,PS78 与 PA3、PS79 与 PA4 必须用跳线短路。

⑦ 拔起 DSP 板,检查 JP5 的 GND 与 KICOM-SEL 必须用跳线短路,JP1 上二排须短路, JP21 的 PS78 与 XINT1 必须用跳线短路,JP23 的跳线须短路。

(4) 简易测试操作方式:

① 利用 DNLD3(DNLD82)或 DNLD10(DNLD102)把 FPGA 8k 的执行程序 dspskyi7 (dspskyi10 为 10k10)下载到 FPGA。

② 等下载板启动稳定后,再执行 CCS2000。

③ 在 Parallel Debug Manager 窗口的工具栏 Open 下选择,执行 sdgo2xx(Spectrum Digital),如图 11-12 所示。

图 11-12 软件模式选择

④ 在 C2XX Code Composer 窗口,选择 File 下的 Load program,执行 CSVM7CT.out,打开旧文件。

⑤ 选择 RUN,调整 DSP 实验器的 R17,使七段显示器的显示值为 80 左右。

⑥ 模块上的 VR(Vofs、Gain、Vrpm)要调整到适当位置。例如:请调整 Vofs=0(左转到底)、Gain 的 VR 由左向右调整约 70°处(依电机特性非固定),Vrpm 的 VR 由左向右调整约 75°处(依电机特性非固定),按 B 键及 C 键看电机是否以非常慢的速度转动(有可能电机正反转速度不一致)。

⑦ 键盘设置为 A=RUN(按两下,一下按完再按一下要延时几秒钟)。
　　　　　　　B=正转(顺时针、值递增)。
　　　　　　　C=逆转(逆时针、值递减)。
　　　　　　　D=设置值的正、负值设置键(实验请只作正值)。
　　　　　　　E=定位值设置,在 LCD 显示。
　　　　　　　F=设置值设置,在 LCD 显示。

⑧ 此实验定位值与设置值,差值大时电机转得快,差值小时转得慢,在两值相等时电机停止。

⑨ 定位值不可设超过 32 000,否则电机会失控。

⑩ 设置值大于定位值电机逆转,反之则正转。

不继续执行程序时,先单击 Halt 一下再关闭画面,千万不可直接关闭画面。

(5) 实验测试:

① 设置断点,单步执行各子程序及中断服务子程序,彻底了解各程序功能,试讨论测试记录。

② 定位电机的高低速转换低值程序示例中如何?试进行更改,对于电机的定位执行是否会

改变其精度或无法定位于设置值,或处于不稳定状态?试讨论测试记录。

③ 更改程序中的定位设置值,反复进行定位设置的执行如何?试讨论测试记录。

④ 更改程序中的定位设置值,而改以预先存放于 ROM 建表的变化值来执行,取样变化时间依次为 10 ms、100 ms 或 1 s,以 T3PINT 中断次数来设置其定位值时,电机定位改变执行如何?定位 ROM 值为单一阶梯上升脉冲[00000～32000]的线性变化值,电机定位运转如何?一次将 T1CNT[QEP]计数值记录存放于 ROM 一段时间后,利用波形窗口观察设置定位值与电机运转定位值比较如何?如何改善?将电机定位差值进行 PID 参数运算控制,则反应又如何?试讨论测试实验记录。

⑤ 若定位 ROM 值改成对数的加速(a^-)来设置,则将电机定位差值用 PID 参数运算控制,如何才可以达到最佳控制?试讨论测试实验记录。

(6) 讨论:

采用简单的直流电机桥式 PWM 驱动时,电路如图 11-13 所示,实体结构电路如图 11-14 所示。其中直流电机同轴具有一个简易的四象限编码器产生 QEP 信号,借此可对应进行直流电机的闭循环定位控制,其驱动接口是以 F2407 的 PWM1(PA6)来控制电机的转速及定位,而以 PWM2(PA7)控制电机运转方向,电机同轴的四象限编码器产生 QEP 信号输入 QEP1(PA3)及 QEP2(PA4)进行定位检测。参考控制程序与上述 CSVM7CT.asm 相似,仅指示控制输出的 PA6、PA7 不同。控制程序如本书光盘所附的 DCSVM8C.asm 程序。由于电机驱动电源由 VPW 提供,PWM 控制值会影响到电机的运转比率速度,因此首先必须以手动来设置在此 VPW 电源下电机所需运转的最低运转 PWM 值。确定好后,必须在程序起始端定义的 MINSPD:.set 01000 进行修改后,重新编译、载入并讨论测试实验记录。

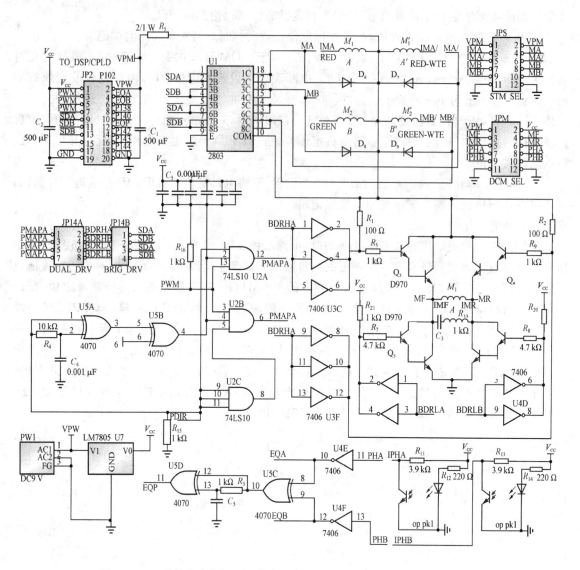

图 11-13 简易步进电机及同轴编码器的简易直流电机和桥式驱动原理图

图 11-14 简易步进电机及同轴编码器的简易直流电机和桥式驱动实体电路

第 12 章
240x 控制系统专题制作实验示例 B

本章主要列举 PWM 温度简易反馈控制及与其他 MCU 的连线控制及数据传输应用示例。

12.1 实验 12-1 PWM 温度简易反馈控制专题

用 PWM 输出控制加热器负载,是 F2407 最佳控制。由其对应于模拟的温度检测,必须将其检测反馈接到 DSP 模拟/数字转换 ADC 端进行闭循环控制是相当便捷的。

接口原理说明

简易温度控制接口模块电路实体应用接口模块如图 12-1 所示。

简易温度控制模块电路如图 12-2 所示,AD 590 是一个良好的温度对电流转换的温度感测元件,其转换线性良好,转换率为 1 μA/K。

图 12-2 所示为 AD 590 转换电路,其输出转换率有 10 mV/K 和 100 mV/℃ 两种。由于 AD 590 的转换率为 1 μA/K,且因运算放大器 U3 具有极高的输入阻抗及极小的输入电流特性,使得 AD 590 电流完全流过 R_8,故 U3 的输出电压为 1 μA/K × R_8,即 10 mV/K。

图 12-1 简易温度控制接口电路模块实体

因有些场合使用摄氏温度为单位较适合,故本转换电路也可以摄氏温度为单位。而绝对温度与摄氏温度的关系为 K 数 = ℃ 数 + 273.2,所以 273.2 K 等于 0 ℃;也就是说,273.2 K 时,转换电路 U3 的输出电压为 2.732 V,而 U4 的输出电压必须为零。因此将 U3 的输出电压扣除 U5 的输出电压 2.732 V,即可将绝对温度转换成摄氏温度。

为了得到稳定的 2.732 V,由 R_{14}、R_{15}、D2、VR2、R_{16} 及 U5 组成一稳压电路。调整 VR1 可使 U5 的输出为 2.732 V,而 U4 的输出电压为 4 × 10 mV/℃ = 40 mV/℃。经转换后的直流电压再由 A/D 转换器 ADC0804 转成 8 位的数字输出,或输入 2407 内部的 ADC 模块转换。

CI-53003 电路中 R_2、R_3 分别为 AC 负载及 DC 负载,都是代表一个简易实验加热器。由于 SSR(固状态继电器)为零点的无节点开关,不但不会产生节点火花,且由于是零点开关,在大电流的转接开/关就不会产生 RFI 干扰,因此安全性佳,便用它来作大电流的 AC 加热器控制开关。AC LED 及 DC LED 是用于加热显示的。AC LED 亮,则表示 AC 加热器正在加热中;DC LED

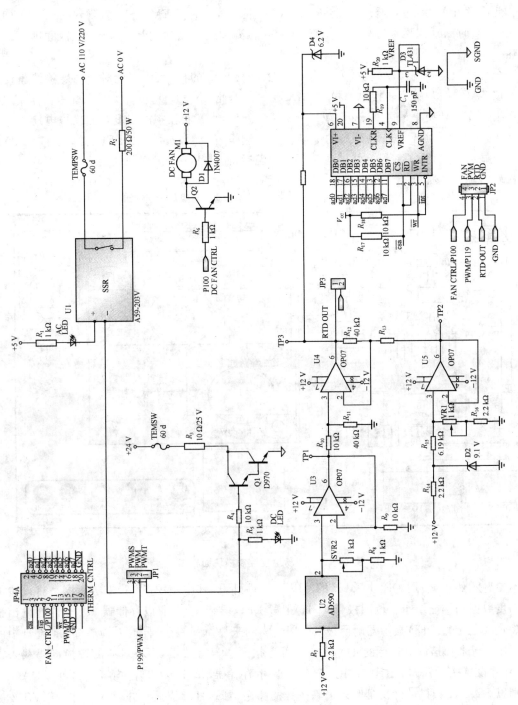

图 12-2 简易温度控制模块原理图

亮,则表示 DC 加热器正在加热中。TEMP SW(温度开关)的使用是为避免加热过久而造成负载烧毁。此温度开关为 60 ℃断开型,当 R_2 或 R_3 的温度过高时,TEMP SW 感测到 R_2、R_3 表面温度起到 60 ℃时断开,起到保护作用。当 AD 590 感测到的温度达到某一设置值时,立即启动风扇散热。

这个简易温度控制实验模块,为了搭配其他没有 ADC 的控制器,因此对于温度检测就使用一个 8 位 SAC 模拟/数字转换电路模块 ADC0804。但此 SN-DSP2407 实验系统中由于 F2407 具有双组 8 通道转换率最高 0.5 μs 的 10 位 ADC 外设,直接将模拟的温度检测模拟电压接系统的 ADCIN00 端,再搭配 CPLD 外设的键盘输入控制设置及对应的七段 LED 显示器或 LCD 模块来对应显示,同时为了使温度快速达到预设的温度,而使用一个风扇来加快温度的下降。此模块面板如图 12-3 所示。

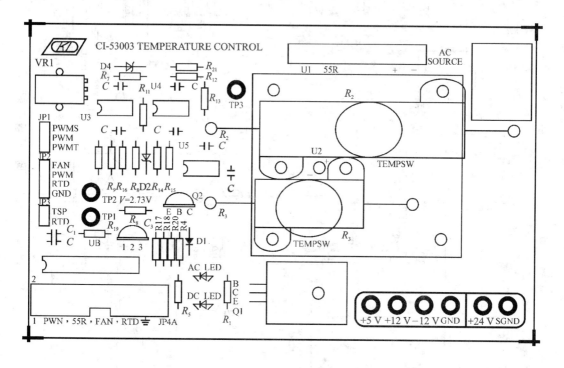

图 12-3　简易温度控制模块面板图

本专题示例中,使用 DPIO07.tdf 的 CPLD 硬件外设,其中使用 SCAN1 子程序来将设置的比率温度数据扫描显示于 4 位阳极(8003H)七段 LED 屏蔽上,对应以存储器 233H 内容输出控制 I/O 的 4 位七段 LED 显示器的阴极(8002H)驱动来显示每一位,同时对应将 4×4 键盘中的(8004H)一行来扫描读取这行的 4 个按键是否有按压。若有按压,则将对应的扫描键码载入寄存器中,并设置按键标志。主程序中一直扫描显示存储器 221H~222H 内容。另外,SCAN 子程序则以 SCAN1 扫描并计次延时来消除按键的噪声,且一直扫描显示并读取按键,直到有按键才回主程序。

键盘扫描中除了 0~9 为温度设置输入外,其他功能键如下:

A=执行(只加热);
B=风扇(只散热);

C=闭循环温度比较控制；

D=停止操作；

E=清除设置值。

以 2407 的 10 位 ADC 来读取模块电路中的 AD590 的模拟温度，并与键盘所设置的温度值比较，对应输出成比率的差值输出到 2407 的 PWM 引脚端，控制电阻加热器的功率进而控制其温度。ADC 读取的温度值高 8 位输出到 PE0～PE7 显示。而低的 2 位则输出到 I/O 的 8001H 的 LED 显示。按键所设置的温度值必须以 HEX7S 子程序转成七段显示码以便显示，而闭循环的比较控制因 ADC 为十六进制值，因此设置值也必须以 DTOH4 转成十六进制来进行比较控制。

闭循环比较差值以 OUTPWM 输出到 CMPR1、2、3 及 T1CMPR 进行对应的输出（对应模块时，则以 T1PWM 输出）控制加热器的加热平均电压值控制温度，对应风扇电机的控制则由 PB4 输出来控制，而 PB5 则输出控制 SSR 的零点开/关。

对应上述功能的程序 PWMTDL7.tdf 如下：

```
        .title "2407X PWM7TDL"
        .bss GPR0,1
        .include "x24x_app.h"
        .include "vector.h"
KICK_DOG .macro
        LDP  #WDKEY≫7          ;清除看门狗定时的微程序
        SPLK #05555H,WDKEY
        SPLK #0AAAAH,WDKEY
        LDP  #0
        .endm

        .text
START:  LDP  #0
        SETC INTM               ;关掉中断总开关
        CLRC CNF                ;设置 B0 为数据存储器
        SETC SXM                ;清除符号扩充模式
        SPLK #0000H,IMR         ;屏蔽所有的中断 INT6～INT0
        LACC IFR                ;读取出中断标志载入 ACC
        SACL IFR                ;将 ACC 回写入中断标志,用来清除为 1 的中断标志
        LDP  #SCSR1≫7           ;令高地址的数据存储器 DP 寻址于 SCSR1
        SPLK #008CH,SCSR1       ;系统控制寄存器的 EVA 及 EVB 脉冲允许输入
;OSF,CKRC,LPM1/0,CKPS2/0,OSR,ADCK=1,SCK,SPK,CAK,EVBK,EVAK,X,ILADR
        SPLK #006FH,WDCR        ;禁用看门狗定时功能
;0,0,00,0000,0,(WDDIS[1/DIS],WDCHK2~0[111],WDPS2~WDPS0[111])
        KICK_DOG;引入            ;清除看门狗定时的微程序
        SPLK #01C9H,GPR0        ;令 GPR0 设置内容 0000 0001 1100 1001
;xxxx x BVIS=00/OFF,ISWS=111[7W],DSWS=001,PSWS=001
        OUT  GPR0,WSGR          ;I/O 接口时序加 7 个写时钟,DM/PM 为 1 个写时钟
        LDP  #MCRA≫7            ;令高地址的数据存储器 DP 寻址于 MCRA
```

```
        SPLK #03FFFH,MCRA          ;令 PA、PB7~PB6 都设置为特殊功能引脚
;PA 为 scitxd,scirxd,xint,cap1,2,3,cmp1,2 ;PB4~PB5 为 I/O
        SPLK #0C000H,PBDATDIR      ;令 PB7~PB6 为输出端口并令输出 00H
;pb 为 cmp3,4,5,6,t1cmp,t2cmp,tdir,tclkina ;PB4 = FAN,PB0 = PWM3,RTD = AD4
        SPLK #0FFFFH,MCRB          ;令 PC 及 PD0 为特殊功能引脚
;pc special function w/r,/bio,spi,cab,pd0 = XINT2/ADCSOC
        SPLK #0000H,MCRC           ;PE7~PF0,PF7~PF0 为一般的 I/O 引脚
        SPLK #0FF00H,PEDATDIR      ;令 PE0~PE7 为输出端口并令输出 00H
        SPLK #0000H,PFDATDIR       ;令 PF0~PF6 为输入端口并令输入 00H
        CALL INIPWMT               ;调用 PWM 的初始化子程序
        CALL ADCINI                ;调用 ADC 模块的初始化子程序
        LDP #24AH≫7                ;令 DP 寻址于 24AH 的高 8 位页
        LACL #0                    ;令 ACL = 0
        SACL 4AH                   ;令执行温度控制的启动标志 24AH = 0
        LAR AR3,#213H              ;AR3 寻址于 #0213H
        LAR AR2,#0220H             ;AR2 寻址于 #0220H
        LAR AR5,#215H              ;AR5 寻址于 #0215H
        LACL #1234H                ;令 ACL = #1234H
        MAR *,AR3                  ;将起始温度设置值 1234H 载入 0213H
        SACL *                     ;令起始温度设置值为 *AR3 = #1234H
        CALL HEX7S                 ;*AR3 内容转换成七段显示码载入 *AR2 内
        NOP
        NOP
;键码 0AH 为温度开始比较控制执行键 RUN,键码 0BH 为风扇控制 FAN
;键码 0CH 为闭循环控制标志设置 RUNLOP 键
;键码 0DH 为停止控制 STOP 键,键码 0EH 为清除设置为 0000 的 CLEAR 键
        STARTTCALL SCAN            ;调用 SCAN 扫描显示及读取按键直到有按键时
        CALL TRSTAB                ;有按键时,将所按的键码转成面板的设置码
        LACL 36H                   ;将@36H 存储器内所得的按键码载入 A
        SUB #0AH                   ;将 A 减去 0AH 数码
        BCND RUN,EQ                ;A = 0,则代表键码为 0AH 的温度执行码跳到 RUN 执行
        BCND NKEY,LT               ;A 键码小于 0AH,则为 0~9 的数字码跳到 NKEY 执行
        SUB #1                     ;将 A 减去 0AH 数码后大于 0,则再减 1
        BCND FAN,EQ                ;再减 1 后为 0,则是 0BH 键码跳到 FAN 进行风扇冷却控制
        SUB #1                     ;将 A 减去 0BH 数码后大于 0,则再减 1
        BCND RUNLOP,EQ             ;减 1 为 0 是 0CH 键码,跳到 RUNLOP 进行闭循环控制
        SUB #1                     ;将 A 减去 0CH 数码后大于 0,则再减 1
        BCND STOP,EQ               ;若再减 1 后为 0,则是 0DH 键码,跳到 STOP 进行停止控制
        SUB #1                     ;将 A 减去 0DH 数码后大于 0,则再减 1
        BCND CLEAR,EQ              ;减 1 为 0,是 0EH 键,跳到 CLEAR 清除功率设置控制
        LACL 4AH                   ;读取 24AH 内容载入 ACL
        BCND LOPRUN,NEQ            ;24AH 不为 0,则跳到 LOPRUN 执行闭循环控制
        B STARTT                   ;若不是上述的数码键,则不予理会,跳回 START
        NOP
        NOP
```

;将所设置输入的十进制数 * AR3 内容转成 12 位的十六进制输出控制 PWM
;并令显示器的 4 个小数点亮标显示温度控制中

```
        RUNLOP LACL #1          ;令 ACL = 1
        SACL 4AH                ;载入 24AH 的温度闭循环运转标志允许
        CALL DTOH4              ;DTOH4 将 * AR3 内十进制值转为十六进制置于 * AR5 内
        CALL SETDP              ;设置显示器的 4 位小数点亮
        B STARTT                ;跳回 START,再扫描键盘并显示 * AR2 = @220H～221H 内容
        nop
        nop
```

;功率值清除为 0 并停止操作,但原设置的 PWM 值不进行输出改变

```
        CLEAR LACL #0           ;令 ACL = 0000 设置清除值
        MAR *,AR3               ;令 ARP = AR3 作为操作寄存器
        SACL *                  ;令温度设置值 * AR3 内容为 0000
        SACL 42H                ;温度控制寄存器@42H 为 #00H,即 D3 = FAN = 0,D2 = SSR = 0
        SACL 4AH                ;令闭循环温度控制标志为 0 而禁止
        LDP #PBDATDIR≫7         ;令 DP 寻址于 PBDATDIR 地址的高 9 位值
        LACL PBDATDIR           ;读取 PBDATDIR 的温度控制端口载入 ACL
        AND #03FFFH             ;令运转控制 PB4、PB5 为 #00H,即 D4 = FAN = 0,D5 = SSR = 0
        SACL PBDATDIR           ;存储器@42H 内容控制码输出到 PORT(01)控制电机
        LDP #242H≫7             ;令 DP 寻址于 242H 地址的高 9 位值
        B DSPT                  ;DSPT 显示新温度设置值并清除小数点停止运转的标志
        NOP
        NOP
```

;PWM 温度输出值清除为 0 并停止操作,但原设置的 PWM 值不改变

```
STOP    LACL #0                 ;令 ACL = 0000 设置清除值
        LDP #242H≫7             ;令 DP 寻址于 242H 地址的高 9 位值
        SACL 42H                ;温度控制寄存器@42H 为 #00H,即 D3 = FAN = 0,D2 = SSR = 0
        SACL 4AH                ;令闭循环温度控制标志为 0 而禁止
        LDP #PBDATDIR≫7         ;令 DP 寻址于 PBDATDIR 地址的高 9 位值
        LACL PBDATDIR           ;读取 PBDATDIR 的温度控制端口载入 ACL
        AND #0FF3FH             ;令运转控制 PB4、PB5 为 #00H,即 D6 = FAN = 0,D7 = SSR = 0
        SACL PBDATDIR           ;存储器@42H 内容控制码输出到 PORT(01)控制电机
        LDP #242H≫7             ;令 DP 寻址于 242H 地址的高 9 位值
        LACL #0                 ;令 ACL = 0000 设置清除值
        SACL 4FH                ;令控制温度的十六进制为 PWM 值 * AR5 = 24FH 内容为 0000H
        CALL OUTPWM
```

;将 * AR5 = 0000 的 PWM 控制温度值输出到 PWM 端进行停止运转控制

```
        B DSPT                  ;跳到 DSPT 显示新速度设置值清除小数点停止运转的标志
        NOP
        NOP
FAN     LACL #0                 ;令 ACL = 0
        LDP #242H≫7             ;令 DP 寻址于 242H 地址的高 9 位值
        SACL 42H                ;将 ACL = 0 载入 242H 内
        SACL 4AH                ;设置闭循环无效
```

```
        LDP  #PBDATDIR≫7            ;令 DP 寻址于 PBDATDIR 地址的高 9 位值
        LACL PBDATDIR               ;读取 PB0～PB7 载入 ACL
        AND  #0FF3FH                ;令运转控制内的为 D6=FAN=0,D7=SSR=0
        OR   #0040H;D6=1
        SACL PBDATDIR               ;存储器@42H 内的控制码输出到 PORTB 控制电机
        LDP  #242H≫7                ;令 DP 寻址于 242H 地址的高 9 位值
        B STARTT
;跳回 START,继续执行按键码检测设置控制但不影响小数点的标识运转
        NOP
        NOP
;输入 0～9 数字码移入温度寄存器*AR3 并检测是否超过 4096H 值(实际是十进制)
NKEY    MAR  *,AR3                  ;令 ARP=AR3
        LDP  #236H≫7                ;令 DP 寻址于 236H 地址的高 9 位值
        LACC *,4                    ;将*AR3 内容显示数据左移 4 位即一位数载入 A 内
        OR   36H                    ;键入数据@36H 内容低 4 位与 A 作 OR 运算汇编成新移位值
        SACL *                      ;将新键入移位后的数值 A 写回*AR3 内
        CALL CHKFUL                 ;检查输入数是否超过 4096H 的 12 位(16 进位)
DSPT    CALL HEX7S
;将*AR3 内容数码以 HEX7S 转换成七段显示码载入*AR2=@220H～221H 内
        LACL #0                     ;ACL=0
        LDP  #236H≫7                ;令 DP 寻址于 236H 地址的高 9 位值
        SACL 4AH                    ;将 ACL=0 载入 24AH
        B STARTT                    ;跳回 START,再扫描键盘并显示*AR2=@220H～221H 内容
;将键盘输入的十进制数*AR3 内容转成十六进制输出控制 PWM
;并令显示器的 4 个小数点亮标识温度控制中
RUN     CALL DTOH4                  ;DTOH4 将*AR3 内的实际值转为十六进制置于*AR5 内
        LACL #0                     ;令 ACL=0
        SACL 4AH                    ;将 ACL=0 载入闭循环操作标志 24AH
        CALL SETDP                  ;设置显示器的 4 位小数点亮
        MAR  *,AR5                  ;令 ARP=AR5
        LACL *                      ;将所设置的开循环控制值*AR5 载入 ACL
        CALL OUTPWA                 ;将*AR5=ACL 内的 PWM 速度控制码输出
        CALL RDADC4                 ;读取 VR1 的模拟设置值转成数字读取输出 LED 显示
        BSTARTT                     ;跳回 START,再扫描键盘并显示*AR2=@220H～221H 内容
        NOP
SCAN:   NOP
        LAR  AR6,#04                ;令 AR6 设置检测键盘按压放开次数 4 次
        waitr CALL SCAN1            ;调用扫描显示的七段 LED 显示及键盘扫描
        LACL 34H                    ;将是否有按键的标志@234H 载入 A 判别
        BCND SCAN,NEQ               ;A=@34H 不为 0 键未放开仍按压着跳回 SCAN
;若@34=0 按键放开,则放开的抖动用 SCAN1 计数次数加 1,用于噪声延迟消除定时
        MAR  *,AR6                  ;若噪声消除的 SCAN1 执行次数已达 4 次的延迟,则 TC=1
        BANZ waitr                  ;若未达 4 次,则跳回 WAITR 再确认按键是否已放开
WAITP   CALL SCAN1                  ;执行 4 次 SCAN1 扫描检测且按键都已放开,则再次执行
```

```
;SCAN1 开始检测新的按键是否来临
        LACL 34H              ;将是否有按键的标志@34H 载入 A 判别
        BCND WAITP,EQ         ;若 A=@34H 为 0 代表没有按键,则跳回 WAITP 等待
        LACL 36H              ;若 A=@34H 不为 0 代表有按键,则将键码@36H 载入 A 中
        RET                   ;回主程序
        NOP
;将 220H~221H 内容 4 位七段显示码输出扫描显示并读取扫描键盘
;并以标志@34H 内容标识是否有按键
SCAN1   LDP ♯235H≫7          ;令 DP 寻址于 235H 地址的高 9 位值
        LACL ♯0               ;令 ACL=0
        SACL 35H              ;令键盘扫描码@35H 内容起始码为♯00
        SACL 36H              ;令@236H 键盘输入码值为 00H
        SACL 34H              ;@234h 内容是否有按键值,没按键则@34H=0 标识
        LACL ♯0003H           ;将 ACL 载入♯0003H 为第一位数阴极扫描
        SACL 33H              ;将 AL 内容载入@233H 寄存器内
        OUT 33H,8002H
;将扫描码@33H 内容输出到端口 PORT(02)=P76~P79 进行七段 LED 阴极扫描
        LACL ♯0001H           ;令 AL=01
        SACL 33H              ;AL 内容♯01 载入@33H 寄存器内,以便扫描读取第一行键盘
        OUT 33H,8004H         ;扫描码作为键盘扫描码输出到 PORT(04)=P22~P25
        OUT 21H,8003H         ;@221H 输出 8003=P0.0~P0.7 七段 LED 阳极
        call tdelay           ;调用延迟子程序(不可用 delay 保留字)令显示一段时间
        call detk             ;调用检测此行的 4 个按键码是否有按键
        LACL ♯0002H           ;令 AL=02
        SACL 33H              ;将 AL 内容♯02 载入@33H 寄存器内,以便扫描第二行
        OUT 33H,8002H         ;扫描码@33H 输出端口 PORT(8002)七段 LED 阴极扫描
        LACL ♯0002H           ;令 AL=02
        SACL 33H              ;将 AL 内容♯02 载入@33H,以便扫描读取第二行键盘
        OUT 33H,8004H         ;扫描码也作为键盘扫描输出到 PORT(8004)
        LACC 21H,8            ;将输出显示@21H 右移 8 位为下一个高位码载入 AH
        SACH 30H              ;将 AH 内容载入@30H,以便输出显示
        OUT 30H,8003H         ;将对应@22H 输出到 PORT(8003)七段 LED 的阳极
        call tdelay           ;调用延迟子程序(不可用 delay 保留字)令显示一段时间
        call detk             ;调用检测此行的 4 个按键码是否有按键
        LACL ♯0001H           ;令 AL=01
        SACL 33H              ;将 AL 载入@33H 寄存器内,以便扫描第三行
        OUT 33H,8002H         ;扫描码@33H 输出端口 PORT(8002)七段 LED 阴极扫描
        LACL ♯0004H           ;令 AL=04
        SACL 33H              ;将 AL 内容♯04 载入@33H,以便扫描读取第三行键盘
        OUT 33H,8004H         ;扫描码也作为键盘扫描码输出到 PORT(04)=P22~P25
        OUT 20H,8003H         ;对应@20H 内第三及第四位数码输出到 PORT(8003)
        call tdelay           ;调用延迟子程序(不可用 delay 保留字)令显示一段时间
        call detk             ;调用检测此行的 4 个按键码是否有按键
        LACL ♯00              ;令 AL=01
        SACL 33H              ;将 AL 载入@33H 寄存器内,以便扫描第四行
```

```
        OUT 33H,8002H          ;将@33H输出端口PORT(8002)进行七段LED阴极扫描
        LACL #0008H            ;令AL = 08
        SACL 33H               ;将AL内容#08载入@33H,以便扫描读取第四行键盘
        OUT 33H,8004H          ;将扫描码也作为键盘扫描码输出到PORT(04)
        LACC 20H,8             ;@20H内容右移8位为下一个高位显示码载入AH
        SACH 30H               ;将AH内容载入@30H,以便输出显示
        OUT 30H,8003H          ;@20H高位数输出PORT(8003)七段LED阳极
        call tdelay            ;调用延迟子程序(不可用delay保留字)令显示一段时间
        call detk              ;调用检测此行的4个按键码是否有按键
        LDP #24AH≫7           ;令DP寻址于24AH地址的高9位值
        LACL 4AH               ;读取24AH载入ACL
        BCND DMT,EQ            ;自动反馈控制标志24AH被清除,则跳到DMT不执行
        CALL LOPRUN            ;自动反馈控制标志24AH被设置,则执行闭循环控制
        nop
        nop
        DMT ret                ;回主程序
        NOP
;将*AR3内容4位数码转换成8位七段显示码于*AR2及*AR2+1内
HEX7S:  CLRC SXM               ;清除SXM不进行符号扩充
        LDP #27FH≫7           ;令DP寻址于27FH地址的高9位值
        MAR *,AR3              ;令ARP = AR3
        LACC *,4,AR2           ;*AR3左移4位最高4位移到AH低4位载入A
        SACH 7FH               ;将AH = *AR3内的D15~D12载入27FH的D3~D0
        LACL 7FH               ;读取27FH载入ACL
        AND #000FH             ;将A与000FH作AND运算取低4位
        ADD #SEVSEG            ;A与SEVSEG七段显示器地址相加取得七段显示值
        TBLR *,AR3             ;令*AR3于A所寻址的七段码地址内容载入*AR2

        LACC *,8,AR2           ;将*AR3内容左移8位将D15~D8载入AH
        SACH 7FH               ;将AH = *AR3内的D15~D12载入27FH的D7~D0
        LACL 7FH               ;读取27FH载入ACL
        AND #000FH             ;将A与000FH作AND运算取低4位D12~D8
        ADD #SEVSEG            ;A与SEVSEG的七段显示器地址相加取得七段显示值
        TBLR 7FH               ;令*AR3寻址于A所寻址的七段码地址内容载入@27FH
        LACC *,8               ;将转换所求得七段码右移8位载入A[,*AR2] A = S1XX
        OR 7FH                 ;新七段码存于A的D15~D8内与*AR2内容作OR运算汇编A = S1S2
        SACL *+,AR3            ;新汇编转换所得新七段显示码AL载入*AR2内AR2+1
        LACC *,12,AR2          ;*AR3左移12位将高4位移到低4位载入A
        SACH 7FH               ;将ACH = XXXX D15~D4 = *AR3载入27FH
        LACL 7FH               ;读取27FH载入ACL
        AND #000FH             ;将A与000FH作AND运算取最低4位
        ADD #SEVSEG            ;A与SEVSEG的七段显示器地址相加取得七段显示值
        TBLR *,AR3             ;将新汇编转换所得的新七段显示码AL载入*AR2+1内
        LACL *,AR2             ;将*AR3内容载入A ARP = AR2
        AND #000FH             ;将A与000FH作AND运算取最低4位
```

```
          ADD  #SEVSEG           ;A 与 SEVSEG 的七段显示器地址相加取得七段显示值
          TBLR 7FH               ;令 AR3 寻址于 A 所寻址的相对七段码写入@27FH 内
          LACC *,8               ;将转换所求得七段码*AR2 内容左移 8 位载入 A
          AND  #0FF00H           ;将 A 与 0FF00H 作 AND 运算取最高 16 位
          OR   7FH               ;新的七段码存于 A 的 D15～D0 内与@27FH 内容作 OR 运算汇编
          SACL *-,AR3            ;将新汇编所得新七段显示码 AL 载入*AR2+1 内 AR2-1
          RET                    ;回主程序
          NOP
          NOP

;检查是否超过最大值 1 024
CHKFUL    MAR  *,AR3             ;ARP = AR3
          LACL *                 ;读取键盘输入数值*AR3 载入 ACL
          SUB  #1024H            ;将 ACL 与 1 024 相减并比较
          BCND NORMD,LEQ         ;若小于或等于 0,则跳到 NORMD 正常值
          LACL #0                ;若大于 1 024,则令 ACL = 0
          SACL *                 ;载入*AR3 归零
NORMD     RET                    ;回主程序
          NOP
          NOP
;*AR3 内容 4 个十进制数转成十六进制 12 位存于*AR5[24FH]内输出控制
;采用右移位除 2 数码转换法调整 16 位,共需移位调整 16 次
DTOH4     NOP
          MAR  *,AR3             ;令 ARP = AR3 作为当前的 ARX 操作寄存器
          LACC *,16,AR5          ;十进制内容*AR3 左移 16 位载入 AH =*AR3 内 AL = 0
          LAR  AR6,#15           ;令区域执行循环数为#16
ADJDTHR   MAR  *,AR5             ;令 ARP = AR5 作为当前的 ARX 操作寄存器
          SFR                    ;将 A 内容右移,将十进制 AH 的 D0 = D16(A)右移入十六
                                 ;进位 AL 的 D15 操作为 C = 0≫(D31～D16≫D15～D0)
          SACH *                 ;将右移除 2 后的 AH 载入*AR5 存储器内
;判别十进制高位数 D7 = D15,D3 = D11 及低位数的 D7 = D7,D3 = D3 判别调整数码
          BIT  *,15-11           ;令 TC 的*AR5 为十进制的高位数 D3＞D11 位设置
          BCND NADJH3,NTC        ;除 2 的 D3＞D11 不为 1,则无须调整跳到 NADJH3
          SUB  #0600H,15         ;除 2 后的 D3＞D11 为 1,则将其减 03H(＞0300H)进行调整
NADJH3    BIT  *,15-15           ;令 TC 的*AR5 为十进制的高位数 D7＞D15 位设置
          BCND NADJH30,NTC       ;除 2 的 D7＞D15 不为 1,则无须调整跳到 NADJH30
          SUB  #6000H,15         ;除 2 后的 D7＞D15 为 1,则将其减 30H(＞03000H)进行调整
NADJH30
          BIT  *,15-3            ;令 TC 的*AR5 为十进制的低位数 D3 位设置
          BCND NADJL3,NTC        ;若除 2 后的 D3 不为 1,则无须调整跳到 NADJL3
          SUB  #0006H,15         ;若除 2 后的 D3 为 1,则将其减 03H 进行调整
NADJL3    BIT  *,15-7            ;令 TC 的*AR5 为十进制的低位数 D7 位设置
          BCND ADJDTH,NTC        ;若除 2 后的 D7 不为 1,则无须调整跳到 ADJDTH
          SUB  #0060H,15         ;若除 2 后的 D7 为 1,则将其减 030H 进行调整
ADJDTH    MAR  *,AR6             ;令 ARP = AR6 作为当前的 ARX 操作寄存器
```

```
        BANZ ADJDTHR           ;ARP = 15 + 1 移位转换次数不为 0,则减 1 跳到 ADJDTHR
        NOP
        MAR  *,AR5             ;令 ARP = AR6 作为当前的 ARX 操作寄存器
        SACL *                 ;将调整后的十六进制码写回 *AR5
        RET                    ;回主程序
        NOP
        NOP
;令显示缓冲存储器@20H、@21H 内容的 D15、D8 设置为 1 使小数点亮
SETDP   LACL 20H               ;将 220H 载入 ACL
        OR #8080H              ;显示存储器@20H 与 #8080H 作 OR 运算,令 D15、D8 = 1 点亮小数点
        SACL 20H               ;将 ACL 写回 220H
        LACL 21H               ;将 221H 载入 ACL
        OR #8080H              ;显示存储器@21H 与 #8080H 作 OR 运算,令 D15、D8 = 1 点亮小数点
        SACL 21H               ;将 ACL 写回 221H
        RET                    ;回主程序
        NOP
        NOP
tdelay
        LAR AR0,#00A0H         ;令 AR4 = #00A0H 作为主循环的次数
DT2:    CALL DLYT              ;调用单位延时子程序 DLYT
        MAR *,AR0              ;令 ARP = AR0 所指地址
        NOP                    ;无效
        BANZ DT2               ;若 AR0 不等于 0,则减 1 跳回 DT2 再递减
        RET                    ;若 AR0 等于 0,则回主程序
DLYT:   LAR AR1,#0060H         ;令 AR1 等于数据 0060H
        NOP                    ;无效
        NOP                    ;无效
DT1:    MAR *,AR1              ;令 ARP = AR1 所指地址
        NOP                    ;无效
        NOP                    ;无效
        BANZ DT1               ;若 AR1 不等于 0,则跳回 DT1 再递减
        NOP                    ;无效
        RET                    ;若 AR1 等于 0,则回主程序
        NOP
        NOP
;闭循环温度比较自动控制子程序
LOPRUN  CLRC SXM               ;清除标志 SXM
        CALL RDADC4            ;读取 ADC 温度值的模拟转数字值 24DH 显示于 LED
        MAR *,AR5              ;ARP = AR5
        LACL *                 ;将键盘所设置的温度值 *AR5[十六进制]
        LDP #24DH≫7            ;令 DP 寻址于 24DH 地址的高 9 位值
        SUB 4DH                ;将设置值与温度工作值相减
        SACL 4FH,3             ;将差值左移 3 位载入 24FH
        BCND NEGT,NC           ;若 NC,则跳到 NEGT 进行降温控制
POST:   SUB #20H               ;将差值与 20H 相减并比较
```

```
          BCND NOCHG,LEQ          ;若小于或等于 0,则跳到 NOCHG 自然升温控制
          LDP  #PBDATDIR≫7        ;令 DP 寻址于 PBDATDIR 地址的高 9 位值
          LACL PBDATDIR           ;读取 PBDATDIR 载入 ACL
          AND  #0FF3FH            ;令运转控制 PB4、PB5 为 #00H,即 D4 = FAN = 0,D5 = SSR = 0
          SACL PBDATDIR           ;将 ACL 内的控制码输出到 PBDATDIR(01)控制电机
          LDP  #242H≫7            ;令 DP 寻址于 242H 地址的高 9 位值
          NOP
          NOP
NORMP     LACL 4FH                ;读取差值 24FH 载入 ACL
          NOP
          CALL OUTPWA             ;将 ACL 内的 PWM 控制码输出
          NOP
NOCHG:    RET                     ;回主程序
          NOP
;若差值为负,则代表超过设置值须降温
NEGT:     ABS                     ;取差值的绝对值
          SUB  #20H               ;将差值与 20H 相减并比较
          BCND NOCHG,LEQ          ;若差值小于 20H,则自然降温而跳到 NOCHG
DOWNT     LDP  #PBDATDIR≫7        ;令 DP 寻址于 PBDATDIR 地址的高 9 位值
          LACL PBDATDIR           ;读取 PBDATDIR 载入 ACL
          AND  #0FF3FH            ;令运转控制 PB4、PB5 为 #00H,即 D6 = FAN = 0,D7 = SSR = 0
          OR   #0040H             ;将 ACL 与 0040H 作 OR 运算,令 PB6 = 1 风扇降温
          SACL PBDATDIR           ;将 ACL 内的控制码输出到 PBDATDIR(01)控制电机
          LDP  #242H≫7            ;令 DP 寻址于 242H 地址的高 9 位值
          LACL #0                 ;ACL = 0
          SACL 4FH                ;将 ACL = 0 载入 24FH,令 PWM 输出为 0
          CALL OUTPWA             ;将 ACL 内的 PWM 控制码输出
          RET                     ;回主程序
          NOP
;检查一行键盘中的 4 条输入键盘码
detk:     PUSH                    ;将 AQCL 推入栈保存
          LDP  #24CH≫7            ;令 DP 寻址于 24CH 地址的高 9 位值
          IN   4CH,8001H          ;由 PORT(8001)读取扫描键码入 24CH 内
          CLRC C                  ;令 C 标志为 0
          LAR  AR7,#03            ;总共需要检查 4 条按键数,故令 AR7 = 3 + 1 为 4
          MAR  *,AR7              ;ARP = AR7
nextk:
          LACL 4CH                ;读取键盘输入线 24CH 载入 ACL
          SFR                     ;将 ACL 内容键盘的读取码与 C 标志右移 1 位,将 D0 载入 C
          SACL 4CH                ;右移后的 ACL 载入 24CH,则准备检查下一条线
          BCND nokey,NC           ;移入 C 的 D0、D1、D2 或 D3 不是 1,则无按键跳到 nokey
          LACL #01                ;若为 1,则代表此键被按压,令 ACL = 1 标志
          SACL 34H                ;C = 1,此行 4 个按键有一个被按压,令按键标志@34H = #01 标记
          LACL 35H                ;将此按键的按键扫描码@35H 载入 A 内
          SACL 36H                ;将 A 内的键码值写回@36H 存储器内
```

```
nokey   LACL 35H                ;将下一个键盘扫描码@35H 载入 A
        ADD #01                 ;将下一个键盘扫描码 A 加 1
        SACL 35H                ;将下一个键盘扫描码 A 写回@35H 内
        NOP
detk1   BANZ nextk              ;若 ARP = AR7 不为 0,则减 1 跳回 nextk;若为 0,则不跳回
        POP                     ;由栈指针所指的存储器取回 AL
        NOP
        ret                     ;回主程序
        nop
;将@36H 内容键盘码转换成对应按键功能码存回@36H 内
TRSTAB  LDP #236H≫7             ;令 DP 寻址于 236H 地址的高 9 位值
        LACL 36H                ;将@36H 键码内容载入 A
        ADD #KEYTAB             ;A 值与键码转换表的存储器起始地址#KEYTAB 相加
        TBLR 36H                ;取按键码转换表的相对地址后由 A 寻址取的数据载入@36H
        RET                     ;回主程序
        NOP
;将 24FH 内容十六进制 12 位的 PWM 温度控制值输出到 CMPR1～3 控制
OUTPWM  LDP #24FH≫7             ;令 DP 寻址于 24FH 地址的高 9 位值
        LACL 4FH                ;将十六进制的温度控制值 24FH 内容载入 ACL
OUTPWA
        LDP #CMPR1≫7            ;令 DP 寻址于 CMPR1 地址的高 9 位值
        SACL CMPR1              ;将 ACL 值载入 CMPR1 控制 PWM1 输出
        SACL CMPR2              ;将 ACL 值载入 CMPR2 控制 PWM2 输出
        SACL CMPR3              ;将 ACL 值载入 CMPR3 控制 PWM3 输出
        SACL T1CMPR             ;ACL 值载入 T1CMPR1 控制 T1PWM1 输出控制温度
        LDP #24FH≫7             ;令 DP 寻址于 24FH 地址的高 9 位值
        ret                     ;回主程序
        NOP
ADCINI:
        LDP #SCSR1≫7            ;高地址数据存储器 DP 寻址于 SCSR1
        SPLK #008cH,SCSR1       ;系统控制寄存器 EVA 及 EVB 脉冲允许输入
;OSF,CKRC,LPM1/0,CKPS2/0,OSR,ADCK,SCK,SPK,CAK = 1111,EVBK = 1,EVAK = 1,X,ILADR
        SPLK #000Fh,SCSR2       ;令 CPU 为 MP 模式,SRAM 为 DM 及 PM 映射
;xxxxxxxx xx,WDO,XMIF_Z = 0,/BOT_EN = 1,MP/MC = 1,DON,PON = 11 SRAM DM&PM
        LDP #ADCL_CNTL2≫7       ;高地址数据存储器 DP 寻址 ADCL_CNTRL2
        SPLK #0000000000000000B,ADCL_CNTL2 ;不中断,端口进行 EV 触发
;evb_soc_seq,rst_seq,soc_seq1,seq1_bzy,int_ena_seq1[2],int_flg_seq1,eva_soc_seq1,
;ext_soc_seq,rst_seq,soc_seq2,seq2_bzy,int_ena_seq2[2],int_flg_seq2,eva_soc_seq2,
        SPLK #0111001100000000B,ADCL_CNTL1 ;复位 ADC (D14 = 1)
;x,RES,SOF = 11 不管空闲继续操作,FREE,ACQ3～0 = 0011 预分频 8,CPS = 0,CONT_RUN(1)连续操作,
;INT_PRI,SEQ_CAS(0)双转换,CAL_en(0)不进行校准,VBRG_ENA,VHL,STS_
        SPLK #0011001100010000B,ADCL_CNTL1 ;不复位并设置串接 SEQ
        SPLK #01,MAXCONV        ;设置 4 通道的 SEQ ADC 排序转换
        SPLK #1234H,CHSELSEQ1   ;令第一轮通道序为 0、1、2、3
        SPLK #7654H,CHSELSEQ2   ;令第二轮通道序为 4、5、6、7
```

```
        SPLK  #0BA98H,CHSELSEQ3           ;令第三轮通道序为 8、9、A、B
        SPLK  #0FEDCH,CHSELSEQ4           ;令第二轮通道序为 C、D、E、F
        LDP   #ADCL_CNTL2≫7              ;高地址数据存储器 DP 寻址 ADCL_CNTRL2
        SPLK  #0010000000000000B,ADCL_CNTL2 ;D13 = SOC_SEQ1 软件启动 ADC
        RET                               ;回主程序
;手动控制温度由仿真 VR 通过 ADC 转成数字值来任意设置
;将对应输出到 PE 及 CPLD 的 I/O 端口 8001H 的 LED 来显示手动的设置值
RDADC4:
        LDP   #ADCL_CNTL2≫7              ;高地址数据存储器 DP 寻址 ADCL_CNTRL2
        SPLK  #0010000000000000B,ADCL_CNTL2 ;用软件重新启动 SEQ 转换
REDETV: BIT   ADCL_CNTL2,BIT12;12         ;令 TC = SEQ1_BSY = D12 作为检测位
        BCND  REDETV,TC                   ;若 TC = 1,则 SEQ 处于忙线,跳回 REDETV 再测
        LACC  ADC_RESULT1,10              ;ADC_RESULT0 转换值右移 10 位载入 ACC
        LDP   #24DH≫7                    ;分支到 CHKADCN,输出到 I/O 显示
        SACH  4DH                         ;将 ACH 载入 24DH
        LACL  4DH                         ;将 24DH 载入 ACL
        AND   #00FFH                      ;将 ACL 与 #00FFH 作 AND 运算取低 8 位
        OR    #0FF00H                     ;将 ACL 与 0FF00H 作 OR 运算,保留 FFH 的 I/O 输出控制码
        LDP   #PEDATDIR≫7                ;令 DP 寻址于 PEDATDIR 地址的高 9 位值
        SACL  PEDATDIR                    ;将 ACL 值输出到 PEDATDIR 显示
        LDP   #24DH≫7                    ;令 DP 寻址于 24DH 地址的高 9 位值
        NOP                               ;D9、D8
        LACC  4DH,8                       ;将 24DH 的高位左移 8 位载入 ACC
        SACH  4CH                         ;ACH 的 XXXX XXXX XXXX XXD9D8 载入 24CH
        LACL  4CH                         ;读取 24CH 载入 ACL
        AND   #0003H                      ;将 ACL 与 0003H 作 AND 运算,取低 3 位的 D9、D8 值
        SACL  4CH                         ;将 ACL 值载入 24CH
        OUT   4CH,8001H                   ;将 24CH 值输出到 CPLD 的 8001H 进行 I/O 输出显示
        RET                               ;回主程序
INIPWMT:
        LDP   #ACTR≫7
        SPLK  #0000011001100110B,ACTR
;SVDIR,D2~D0,CMPC/B/A/9/8/7/,1,0 79BH/8AC/L
;SVDIR = 0,D2~D0 向量空间码 = 000,PWM 输出比较极性 CMPC - 7[0110,0110,0110]
;HI/LO 驱动 PWM12、PWM10、PWM8 输出低电平有效,而 PWM11、PWM9、PWM7 输出高电平有效
        SPLK  #0000001111100000B,DBTCON
;XXXX,DBT3~0[tm],EDB3~1[111],DPS2~0[100,x/16],XX
;XXXX,DBT3~0[tm],EDB3~1[111]允许所有迟滞,DBTPS2~0[100,x/16],XX
;令 DBT3~DBT0 = 0100 及 DBTPS2~DBTPS0 = 100,故迟滞时间为 6.4 μs
        SPLK  #500,CMPR1                  ;设置比较寄存器 1 为 000 比较值
        SPLK  #500,CMPR2                  ;设置比较寄存器 2 为 000 比较值
        SPLK  #500,CMPR3                  ;设置比较寄存器 3 为 000 比较值
        SPLK  #0000001000000000B,COMCON
;CEN = 0,CLD1/0,SVEN,ACTRLD1/0,FCOMPOE = 1,X - - -
;cenable = 0 先禁用比较,cld1/0 = 00 比较值在 T3CNT = 0 时重载,禁用向量空间 PWM
```

;actrld1/0 = 00 令 ACTRB 在 T3CNT = 0 重载,fcompoe = 0 禁用 PWM 输出高阻
    SPLK #1000001000000000B,COMCON;CEN = 1 允许比较单元 CEN = 1
    SPLK #0000000001001001B,GPTCON
;X,T2/1/STUS,XX,T2/1STADC,TCMEN[txpwm] = 1,XX,T4[2]/3PI
;通用定时器 1/2 设置 T1/T2 引脚强迫为 00 输出,不启动 ADC 转换
;T2、T1 被读取得知 DIR 1 = UP 加数,0 = DOWN 减数 T2/T1 的 TxPWM 输出模式
    SPLK #1000,T1PR   ;定时器 1 的周期值为 1 000×2×50 ns = 100 μs
    SPLK #500,T1CMPR   ;T1 的比较器设置为 500 成为对称周期输出
    SPLK #0000,T1CNT
;T1CNT = 0Fclk/PRS = 40 MHz/001 = 20 MHz PWMT = 1 000×2×50 ns
;Tpwm = 1 000×2×25 ns[40 MHz] = 100 μs Fpwm = 10 kHz
;TM;D = 10 连续的加减计数,时钟预分频 PRESCLK = 001/FCLK/2,..
;[TMD = 11 EXT TxDIR PIN Cntlrl]
    SPLK #1000110100000010B,T1CON
;FRE,SOF,X,TMD1/0,TPS2/0,T4SWT3,TEN = 0,TCKS1/0,
;FRE,SOF = 10/ICE 调试不影响 TMD = 10 连续加减数,预分频 TPS = 100,X/1,T1 = 0,
;TEN = 0/[1]不定时,
;TCK = 00 内部时钟定时 TCLD1/0,TECMPR,SELT3PR
    SPLK #1000110101000010B,T1CON ;D6 = TEN = 1 允许定时
    SPLK #500,T1CMPR   ;设置比较寄存器 T1CMPR 为 500 比较值
    RET   ;回主程序

    ;七段 LED 显示码存放地址及其内容
SEVSEG:
    .word 0003FH   ;0
    .word 00006H   ;1
    .word 0005BH   ;2
    .word 0004FH   ;3
    .word 00066H   ;4
    .word 0006DH   ;5
    .word 0007DH   ;6
    .word 00007H   ;7
    .word 0007FH   ;8
    .word 0006FH   ;9
    .word 00077H   ;A
    .word 0007CH   ;B
    .word 00039H   ;C
    .word 0005EH   ;D
    .word 00079H   ;E
    .word 00071H   ;F
    code.word 00073H;P

;键盘的按键码转换表
KEYTAB.word 0000H ;0
    .word 0004H ;1

```
            .word 0008H ;2
            .word 000CH ;3
            .word 0001H ;4
            .word 0005H ;5
            .word 0009H ;6
            .word 000DH ;7
            .word 0002H ;8
            .word 0006H ;9
            .word 000AH ;A
            .word 000EH ;B
            .word 0003H ;C
            .word 0007H ;D
            .word 000BH ;E
            .word 000FH ;F
PHANTOM: KICK_DOG
         B PHANTOM

GISR1:   RET
GISR2:   RET
GISR3:   RET
GISR4:   RET
GISR5:   RET
GISR6:   RET
         .end
```

实验测试

(1) 本示例使用的 FPGA 下载板可为 8K 或 10k10。

(2) 示例文件名：FPGA8K 为 dspio07 FPGA，10K10(144PIN) 为 dspio10，DSP 为 pwm7TdL。

(3) 接线方式：

① 连线方式。使用 4 条单引脚连接线，把 DSP 与模块串接起来。

实验板的 JP17 的 T1R 连接模块 JP2 的 FAN；

实验板的 JP17 的 T1PM 连接模块 JP2 的 PWM；

实验板的 JP17 的 GND 连接模块 JP2 的 GND；

实验板的 JP29(2×2 排针)的左上铜针连接模块 JP2 的 RTD。

② 模块上 JP1 的 PWM 与 PWMT 要用 2 引脚的跳线短路起来。

③ 模块+5 V、+12 V、-12 V、+24 V 直流电源,接主机(CI-51001)或电源供应器(提供 1 A 以上)。

④ 实验板的 R_{20} 可调电阻要向逆时针方向转到底。

⑤ SN-510PP 的 25 引脚端使用电缆线连接计算机,14 引脚数据线端接至 DSP 芯片的 JP12(DSP-JTAG)端。

⑥ 拔起 CPLD 板,检查 JP25 的 $\overline{RESET}$ 与 $\overline{CNF-DN}$ 必须用跳线短路,PS78 与 PA3、PS79 与 PA4 必须用跳线短路。

⑦ 拔起 DSP 板,检查 JP5 的 GND 与 KICOM-SEL 必须用跳线短路,JP1 上二排须短路,JP21 的 PS78 与 XINT1 必须用跳线短路,JP23 的跳线须短路。

(4) 操作方式:

① 利用 DNLD3(DNLD82)或 DNLD10(DNLD102)把 FPGA 8k 的执行程序 dspio07(10k10 为 dspio10)下载到 FPGA。

② 等下载板启动稳定后,再执行 CCS2000。

③ 在 Parallel Debug Manager 窗口的工具栏 Open 下选择,执行 sdgo2xx(Spectrum Digital),如图 11-12 所示。

④ 在 C2XX Code Composer 窗口,选择 File 下的 Load program 执行 pwm7TdL.out,打开旧文件。

⑤ 然后选择 RUN,一开始七段显示器显示 1234。

⑥ 4×4 键盘设置。0~9 温度设置(十进制不可超过 0500)。实验时先设置 0400,但因硬件上有 60 ℃ 温度开关,所以当设置温度上升至温度开关功能温度时,温度开关即断开(可能尚未执行至 0400 设置值),这会与外在的散热环境有很大关系。

A=执行(只加热);

B=风扇(只散热);

C=温度比较;

D=停止;

E=清除;

C=温度比较会从加热到散热,然后维持温度在 2 ℃ 范围内摆动,因程序有差值 100H 设置。

⑦ 模块上 PCB 背面的 SVR2 出厂时已调整使 TP1 电压约为 3 V(28 ℃),作为实验室温的起始值,用户可依实际室温状态自行调整,而模块上的 VR1 要调到 TP2=2.73 V。

⑧ 不继续执行程序时,先单击一下 Halt 再关闭画面,千万不可直接关闭画面。

(5) 讨论:

本实验的温度控制仅执行比率 P 控制。对应温度变化的反应,应加上比率和积分等 PI 的操作,或 PID(比率、积分、微分)等的设置。试在比较差值时编写 PID 运算控制程序,重新编辑、载入并讨论测试分析记录。

12.2 2407 与 MCU 通过 UART 进行 RTC 传输控制

Atmel 公司的 AVR 是性能相当优良的一系列 MCU。以 AT90S8515(见表 12-1)或 ATmega 162 特性为例,当 DSP 要处理的运算控制极为繁杂时,若要 DSP 如同温度控制一样来执行键盘扫描读取以及七段 LED 的扫描显示,DSP 将不胜负荷。前几章介绍的是以 CPLD 外设 DSPSKYI7.tdf 的硬件扫描来操作,但是若连接一个廉价的 MCU 来分摊 DSP 的运算控制,则运算控制会灵活、快速得多。本实验专题主要是将 UART 与 AVR 单芯片微控制器连接,键盘的扫描读取、LED 或 LCD 的输出显示以及扩充的 GPIO 等都可由此 AVR 来分摊。

表 12-1 AT90S8515 芯片介绍

项目	功能	项目	功能
Flash ROM	8 KB	SPI 接口	有
EEPROM	512 字节	中断	有
SRAM	512 字节	比较	有
UART	有	A/D	无
看门狗	有	I/O 引脚	32
RTC	无	V_{CC}	2.7~6 V
PWM	2	速度	8 MHz
定时器/计数器	2	芯片内部振荡	无
ISP 接口	有	封装	DIP 40

(1) 每一指令只需一个时钟即可完成,内部不需要分频,最高可支援 130 个超强功能 RISC 指令。

(2) 主存储器全系列为 Flash ROM,可重复刻录 1 000 次,更可通过 ISP 接口进行 PCB 上直接刻录或更新。

(3) 内部 EEPROM 节省板材,且绝对保密,Flash ROM 保密性绝佳,不怕被解密造成损失。

(4) 32 组寄存器,支持中断、看门狗、定时器。

(5) 支持省电模式、空闲模式及睡眠模式。

12.2.1 AVR 的接口原理说明

1. AVR 的串行传输端口 UART 及传输外设 SPI 的简介

(1) 串行传输端口 UART 部分。

AVR 的 UART 是全双多路转接的异步串行发送及接收端口,具有下列主要特性:

① 波特率产生器可产生任意的波特率(独立的波特率产生器不占用定时器)。

② 可设置为 8 或 9 位的数据传输(标准整数 1 作为频率即可)。

③ 低的工作频率也可产生高的波特率。

④ 具有噪声消除滤波器。

⑤ 具有过度执行检测控制。

⑥ 具有传输结构错误的检测。

⑦ 具有错误的启动位检测。

⑧ 具有 3 个独立的中断源,发送完成的 TX 标志、接收数据完成的 RX 标志以及发送的存放数据寄存器空的标志 UDRE。

UART 的 I/O 寄存器有 UDR(Uart Data Register)=0x0B 存放要发送的数据及接收进来的串行数据。

UART 的接收及发送的启动允许 RXEN 和 TEXN,对应的中断允许 RXCIE 和 TXCIE,第 9 位的发送 TXB8、接收 RXB8 及其 8 或 9 位传输设置 CHR9 等的 UART 控制寄存器 UCR (Uart Control Register)=0x0A 寻址。

UART 控制传输的状态有状态寄存器 USR(Uart Status Register)=0x0B 进行检测。对应 UART 的波特率传输设置则以 UBRR(Uart Baud Rate Register)=0x09 的 I/O 寄存器提供

设置,因此 UART 的 I/O 寄存器共有 4 组:UDR＝0x0B,UCR＝0x0A,USR＝0x0B,UBRR＝0x09。

（2）串行外设接口 SPI 部分。

串行外设接口 SPI（Serial Peripheral Interface）在 AVR 控制系统中如 AT90S8515 或 ATmega 162 相互间的传输可达极高速的同步数据传输。对应 AT90S8515 或 ATmega 162 的 SPI 接口具有下列特点：

① 全多路转接 3 线式同步数据传输。

② 为主/从（Master/Slave）工作模式。

③ 传输频率可达 5 Mbps。

④ 可任意设置由最低位 LSB 或最高位 MSB 开始传输。

⑤ 4 种可定义的位传输率。

⑥ 具有传输中止的中断标志。

⑦ 具有写入数据冲突的标志进行数据保护。

⑧ 仅在从模式下,当 AVR 处于睡眠省电状态时,因 SPI 接收数据而唤醒工作。

同步全多路转接主/从 3 线式串行传输 SPI 控制寄存器有 SPDR（SPI Data Register）＝0x0F 作为 SPI 的数据传输寄存器。

SPI 的传输状态及模式设置等则由 SPI 控制寄存器 SPCR（SPI Control Register）＝0x0E 加以设置。

SPI 的传输状态则以 SPSR（SPI Status Register）＝0x0D 对应设置而可读取判别检测 SPI 的传输状态,因此 SPI 共有 3 组 I/O 寄存器：SPDR＝0x0F,SPCR＝0x0E,SPSR＝0x0D。

SPI 外设同时可作为 AVR 程序 Flash 存储器的 ISP 烧写擦除及读取或锁码控制的外设端口,其对应于 I/O 引脚端的 PB7＝SCK,PB6＝MISO,PB5＝MOIS,而 PB4＝$\overline{SS}$（Slave Select Input）则可作为从端口选择输入设置端,作为控制而不作一般 I/O 引脚使用。

⑨ ATmega 162 为新制改良程序的 ATS8515 增加线上 JTAG 的调试 ICE 及烧写功能。

2. LCD 显示器接口模块简介

LCD 显示器接口模块有 5×10 或 5×7 点 LCD 共 12×16＝192 种 CG 显示字体及 2 组 8 个可自由利用软件设置的 5×8 点阵字体,因此除了内部固定 192 种字体外,再加上这 16 个可自由设置的点阵字体共计 208 种字图形。因 5×8 个点输入设置,故 5 个点仅占用数据 D4～D0 这 5 位,而 D7～D5 则可为任意值。第 8 行值为光标地址,因此共 8 个地址形成一个字体及标示光标地址,总共有 8 个设置字图形,因此 $8\times8＝64＝2^6$ 地址,CG 地址设置值为 D5～D0。

引脚说明如下：

（1）V_{SS}　电源供应地端。

（2）V_{DD}　电源供应＋5 V 端。

（3）VLC　LCD 驱动电源 0 V～V_{DD} 控制亮度。

（4）RS（Register Select）　寄存器选择。

（5）RS＝0　指令寄存器 IR 写入（Write）。

① 忙线标志（Busy Flag）读取（Read）。

② 地址计数器（Addresss Counter）AC 读取。

RS＝1　数据寄存器（Data Register）读取及写入。

(6) R/W 读/写控制　R/W＝1,读取;R/W＝0,写入。
(7) E(Enable)　开始允许数据读/写控制。
第 7～14 引脚为 DB0～DB7 共 8 位数据传输信号线,三状态双向。当作为 4 位传输时,应令 DL＝0,以 DB4～DB7 传输,将 8 位数据分 2 次传输。

3. KEYBOARD – DISPLAY 部分简介

此部分由于 AVR 端口输出电流较大,因此在驱动负载时倾向于负向驱动。因可吸入(Sink)20 mA 电流,且单一端口吸入电流可达 40 mA,故将 AVR 的 PD2～PD7 或 PA2～PA7 通过 PTD0～PTD7 选择转接。PTD2～PTD7 分别直接控制扫描 6 位共阴极的七段 LED 共阴极端。若小数点不加入扫描,则 PC7 或 PB7 可作为开关输入。

4. 电源电路部分简介

由于所选用的 LCD 显示器极为省电,整个的耗电量小于 15 mA,可使用电池供应,用 4 节 3 号电池作为 6 V 直流电源输入。低差压、低耗电的 PWM 稳压 IC 2950 输入端只需 5.6 V 以上即可,且此晶体的稳压电流输出可达 100 mA,为一极佳的稳压 IC。

5. 面板位置图

面板位置图如图 12 - 4 所示。

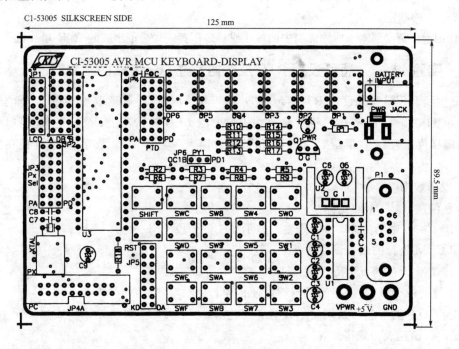

图 12 - 4　面板位置图

6. AVR 外设功能的测试

(1) 电源部分:

接上 AC 到 DC 电源转换器,检查 PWR LED 是否点亮;测量＋5 V 端应有＋5 V 电压输出, V_{PWR} 端点约有＋7.5 V 电压输出。

(2) 键盘扫描、LED 及 AVR 的串行传输端口 UART 与传输外设 SCI 的测试。

① 键盘功能名称的对应图:

SHIFT	C	8	4	0
RESET	D	9	5	1
	E	A	6	2
	F	B	7	3

② 以 8 引脚的跳线对 JP2 选择 PA,JP3 选择 PD,JP4 选择 PD 及 JP5 将 KD 接 DA。

③ 通过 9 引脚一公一母的 RS-232 将模板与计算机连接。

④ 将模板接上电源,则 6 位的 LED 应出现 SN-AVR 的七段码字样。

⑤ 在计算机上执行指令 C:\AVRB>AVR232。

在计算机上输入 0、1、2、3、4、5、6、7、8、9、A、B、C、D、E、F(注意英文字母须大写)。

⑥ LED 应由右至左依次显示 1、2、3、4、5、6、7、8、9、A、b、C、D、E、F;若输入其他数值,则会退出程序,跳回 C:\AVRB> 的模式下。

⑦ 当按 Enter 键时,计算机指令列会自动跳行。

⑧ 此时改由模板输入,依照键盘功能名称输入数值,查看计算机指令列是否依所标示的键盘功能显示,如输入 0、1、2、3、4、5、6、7、8、9、A、B、C、D、E、F。当输入 F 时,计算机指令列会跳回由计算机输入的状态。

⑨ 详细程序请参照本书所附光盘中的程序或参照作者编写全华出版的 AVR 单片机两本书。

12.2.2 实验 12-2 将所设置 RTC 及数据通过 SCI 传输控制专题

DSP 主要利用键盘来设置 RTC 接口芯片的万年历时钟,将其读取显示在 LCD 的 20×2 屏蔽上;以 0CH 键作为密码设置,将其显示在 4 位七段 LED 显示器上;RTC 的设置则以 0BH 键码,以光标移位作为 LCD 屏蔽对应 RTC 值的设置输入。除了 0~9 数字键外,其他功能键定义如下:

A=发送数据(至模块);

B=移位键(LCD 上的光标);

C=ID Code(密码为 3651)密码输入显示在 4 位七段 LED 上;

D=LCDM 上行的闹铃设置;

E=LCDM 上行的万年历设置;

F=4 位七段 LED 显示器的数据键以便传输。

设置 LCD 作为万年历及闹铃的设置并对应显示于 LCDM 内的显示模式如下所示,此图示的起始显示可由建表格式得知。

TABLDAT1: .byte "03:12:25:23:59:59:W7"

TABLDAT2: .byte "YR:MN:DY:22:00:00:AL"

9	9	:	1	2	:	3	1	:	2	3	:	5	9	:	5	9	:	W	7
Y	R	:	M	N	:	D	Y	:	2	3	:	5	9	:	5	9	:	A	L

其中上一行为 RTC 的万年历"年、月、日、时、分、秒、星期",以 D 键作为此行的设置,而以 B 键来移位,分别以 LCDM 的光标来标示哪个时钟要设置。下一行的闹铃为"时、分、秒、星期",以

E 键作为此行的设置，同样以 B 键来移位，分别以 LCDM 的光标来标示哪个闹铃要设置。

当一切设置好后，若对应的 C 键输入密码与预先设置数码相同，则按 0AH 键会将 LCD 上所显示的 RTC 值连同 4 位七段 LED 显示数码通过 UART 传输到 AVR 的接口进行同样的显示。发送完成后，若在 AVR 模块的对应键盘上按对应的键盘数码，则将通过 UART 传回 DSP 执行，等同于 DSP 实验模块上的键盘操作功能，参考 DSP 的操作程序。

RTCUART.asm 程序如下：

```
                .title "2407X RTCUART"
                .bss GPR0,1
                .include "x24x_app.h"
                .include "vector.h"
;.def _c_int0
;DSP 2407 UART
LCDDATA:        .set 0320H
LCDINST:        .set 0321H
BUSYFLG:        .set 0322H
DATABUF:        .set 0323H
TEMP:           .set 0324H
RTC_RGA:        .set 0325H  ;UIP,DV2～DV0,RS3～RS0 = 20H
RTC_RGB:        .set 0326H  ;SET,PIE,AIE,UIE,SQW,DM,24/12,DSE
ADC_DATA:       .set 0327H
ADC_DATB:       .set 0328H
LCDAMT:         .set 0329H
RTC_RDD:        .set 032AH

TXDBUF:         .set 03E9H
RXDBUF:         .set 03EAH

TEMPB:          .set 03E0H
TEMPSP:         .set 03E1H
LCDMADR:        .set 03E2H
LCDMDAT:        .set 03E3H
LCDMCNT1:       .set 03E4H
LCDMCNT2:       .set 03E5H
LCDMCNT3:       .set 03E6H
LCDMCNT4:       .set 03E7H
LCDMCNT5:       .set 03E8H

LCD_WIR:        .set 08600H ;A1 = R/W = 0A0 = D/I = 0OUT
LCD_RIR:        .set 08602H ;A1 = R/W = 1A0 = D/I = 0IN
LCD_WDR:        .set 08601H ;A1 = R/W = 0A0 = D/I = 1OUT
LCD_RDR:        .set 08603H ;A1 = R/W = 1A0 = D/I = 1IN
;LCDM12864 R/W = A4,D/I = A0E = LCDM2,CS1 = A1,CS2 = A2,A3 = /RST = HI
A3 = 1,CS2,CS1,D/I,R/W
```

```
LCDM_WIR1:      .set 0840AH    ; A4 = R/W = 0, A3 = /RST = 1, A2 = CS2 = 0, A1 = CS1 = 1, A0 = D/I = 0
LCDM_RIR1:      .set 0841AH    ; A4 = R/W = 1, A3 = /RST = 1, A2 = CS2 = 0, A1 = CS1 = 1, A0 = D/I = 0
LCDM_WDR1:      .set 0840BH    ; A4 = R/W = 0, A3 = /RST = 1, A2 = CS2 = 0, A1 = CS1 = 1, A0 = D/I = 1
LCDM_RDR1:      .set 0841BH    ; A4 = R/W = 1, A3 = /RST = 1, A2 = CS2 = 0, A1 = CS1 = 1, A0 = D/I = 1

RTC_AS:         .set 08A00H
RTC_RD:         .set 08C00H
RTC_WR:         .set 08E00H
KICK_DOG        .macro
                LDP #WDKEY≫7
                SPLK #05555H,WDKEY
                SPLK #0AAAAH,WDKEY
                LDP #0
                .endm

                .text
START:          LDP #0                    ;DP = 0
                SETC INTM                 ;关掉中断总开关
                CLRC CNF                  ;设置 B0 为数据存储器
                SETC SXM                  ;清除符号扩充模式
                SPLK #0000H,IMR           ;屏蔽所有的中断 INT6～INT0
                LACC IFR                  ;读取出中断标志载入 ACC
                SACL IFR                  ;将 ACC 回写入中断标志,用来清除为 1 的中断标志
                LDP #SCSR1≫7              ;令高地址的数据存储器 DP 寻址于 SCSR1
                SPLK #02CCH,SCSR1         ;系统控制寄存器的 EVA 及 EVB 脉冲允许输入
;OSF,CKRC,LPM1/0,CKPS2/0,OSR,ADCK = 1,SCK,SPK,CAK,EVBK,EVAK,X,ILADR
                SPLK #006FH,WDCR          ;禁用看门狗定时功能
;0,0,00,0000,0,(WDDIS[1/DIS],WDCHK2～0[111],WDPS2～WDPS0[111]
                KICK_DOG
                SPLK #01C9H,GPR0          ;令 GPR0 设置内容 0000 0001 1100 1001
;xxxx x BVIS = 00/OFF,ISWS = 111[7W],DSWS = 001,PSWS = 001
                OUT GPR0,WSGR             ;I/O 接口时序加 7 个写时钟,DM/PM 为 1 个写时钟
                LDP #MCRA≫7               ;令高地址的数据存储器 DP 寻址于 MCRA
                SPLK #0ffFFH,MCRA         ;令 PA 设置为特殊功能引脚 PB3 = PWM6 PBX GIO
;PA 为 scitxd,scirxd,xint,cap1,2 = QEP1,2,APC3,cmp1,2 ;PB0～PB7 为 I/O
                SPLK #0FF00H,PBDATDIR     ;令 PB7～PB0 为输出端口并令输出 00H
;pb 为 cmp3,4,5,6,t1cmp,t2cmp,tdir,tclkina ;PB4 = FAN,PB0 = PWM3,RTD = AD4
                SPLK #0FFFFH,MCRB         ;令 PC 及 PD0 为特殊功能引脚
;pc special function w/r,/bio,spi,cab,pd0 = XINT2/ADCSOC
                SPLK #0000H,MCRC          ;PE7～PE0,PF7～PF0 为一般的 I/O 引脚
                SPLK #0FF00H,PEDATDIR     ;令 PE0～PE7 为输出端口并令输出 00H
                SPLK #0000H,PFDATDIR      ;令 PF0～PF6 为输入端口并令输入 00H
                LDP #GPTCONB≫7            ;高地址存储器 DP 寻址于 GPTCON
                SPLK #0000000000000000B,GPTCONB
;X,T4/3/STUS,XX,T4/3STADC,TCMEN[txpwm] = 1,XX,T4/3PIN
```

```
;T4、T3 状态可被读取定时方向 1 = 加数,0 = 减数 T4/T3 引脚 TxPWM 输出模式
        SPLK #40000,T3PERB      ;T3 周期设置为 40 MHz/40 000 = 1 kHz
        SPLK #00000H,T3CNTB     ;清除 T3 定时器内容为 0000 起始值
        SPLK #0001001000000000B,T3CONB ;FREET = 10,方向加减数 10,预分频 1/x
;10,X,方向式加减计数 11 模式,预分频值 PRS = 000,T3EN = 0,先禁用计数 TCLK1,0 = 11
        SPLK #0001001001000000B,T3CONB
;T3ENABLE = 1,CLKSR1,0 = 00INT CLK,CNT = 0 RLD
        NOP
        LDP #EVBIFRA≫7          ;高地址存储器 DP 寻址于 EVBIFRA
        SPLK #0FFFFH,EVBIFRA    ;清除所有 EVB 中断 INT T3~T6
        SPLK #0080H,EVBIMRA     ;1 写入令 T3 周期中断屏蔽而允许 T3PINT = D7
        LDP #XINT1CR≫7          ;令高地址的数据存储器 DP 寻址于 XINT1CR
        SPLK #8001H,XINT1CR     ;中断控制 XINT1 = 1(D15),XINT1 = 1(D0>HP)允许
        LDP #XINT2CR≫7          ;令高地址的数据存储器 DP 寻址于 XINT2CR
        SPLK #8001H,XINT2CR     ;中断控制 XINT2 = 1(D15),XINT2 = 1(D0>HP)允许
        LDP #IFR≫7              ;令 DP 寻址于 IFR 的高 9 位地址
        SPLK #003FH,IFR         ;将 1 写入中断标志来清除 INT6~INT1
        SPLK #0011H,IMR         ;允许 INT1 = 1,INT5 = 1,中断 XX01 0001
        LDP #30FH≫7             ;令 DP 寻址于 30FH 的高 9 位地址
        LACL #0                 ;ACL = 0
        SACL 3FH                ;令键码输入模式寄存器 33FH = 0 为 N 数码输入
        SACL 0FH                ;数码键输入位置移位值的 30FH 设置为 0
        LACL #1234H             ;将 ACL 载入 1234H 值
        SACL 49H                ;将 ACL = 1234H 起始值载入 349H
        LACL #3651H             ;系统操作密码存放于 34BH 为 3651
        SACL 4BH
;令存储器 310H~313H 写入起始值 0312H,2523 5958H
        LACL #0312H             ;将 ACL 载入 0312H 值
        SACL 10H                ;将 ACL = 0312H 起始值载入 310H
        LACL #2523H             ;将 ACL 载入 2523H 值
        SACL 11H                ;将 ACL = 2523H 起始值载入 311H
        LACL #5958H
        SACL 12H                ;将 ACL = 5958H 起始值载入 312H
        LACL #0001H
        SACL 13H                ;将 ACL = 0001H 起始值载入 313H
;令存储器 314H~315H 写入起始值 1300H,0000H
        LACL #1300H             ;ACL = 1300H
        SACL 14H                ;将 ACL = 1300H 载入 314H 存储器
        LACL #0000H             ;ACL = 0000H
        SACL 15H                ;将 ACL = 0000H 载入 315H 存储器
        LACL #30                ;ACL = 0030
        SACL 7EH                ;令 37EH 起始值载入 30
        CALL LCDM2              ;令 2×20 的字体 LCD 显示起始屏蔽
        CALL IniRTC             ;初始化 RTC 芯片并将起始密码写入 RTC 的 NVRAM
        CLRC INTM               ;中断总开关允许
```

```
                CALL INISCI                 ;初始化 UARTN 模块
REDSP:          CALL DSPTRSD                ;执行将读取的 RTC 的时钟及闹铃转成 ASCII 码显示
                LDP #37EH>>7                ;令 DP 寻址于 37EH 的高 9 位进行页设置
                LACL 7EH                    ;每执行一次循环就将 37EH 寄存器内容减 1
                SUB #01                     ;ACL = @37EH 内容减 1
                SACL 7EH                    ;减 1 的 ACL 写回 @37EH
                BCND NOTIMDSP,NEQ           ;循环减 1 不为 0 表示未执行 30 次,不进行时间更新显示
                CALL LCDMDP                 ;若已循环执行 30 次,则以 LCDMDP 更新 RTC 并进行显示
                LACL #30                    ;新的循环计数值 30 = ACL
                LDP #37EH>>7                ;令 DP 寻址于 37EH 的高 9 位进行页设置
                SACL 7EH                    ;新的循环计数值 30 = ACL 写回 37EH
NOTIMDSP:
                CALL DSPCURS                ;数码输入的光标 LCD 移位显示
                B REDSP                     ;跳回 REDSP 再次执行
                NOP
;若将 RTC 的闹铃中断接到 2407 的 XINT2 端进行闹铃中断控制,则将令定时器 PWM 输出对应时钟控制
NXINT2:         LDP #XINT2CR>>7             ;令 DP 寻址于 XINT2CR 的高 9 位进行页设置
                SPLK #8001H,XINT2CR         ;令 XINT2 = 1(F),XINT1 = 0(HP)
                CALL ALARM                  ;令 T1CNT 开始定时比较输出 PWM 控制
                B NXINT1                    ;跳到 NXINT1 存寄存器并回主程序
                NOP
ALARM:          LDP #T1CON>>7               ;令 DP 寻址于 T1CON 的高 9 位进行页设置
                SPLK #1000100001000010B,T1CON;TEN = 1 开始定时
;FRE,SOF = 10/ICE TMD = 01 连续加减数,预分频 TPS = 000,X/1,T1 = 0,TEN = 0/[1]定时
;TCK = 00 内部时钟定时 TCLD1/0,TECMPR,SELT3PR
                LDP #RTC_RGA>>7             ;令 DP 寻址于 RTC_RGA 的高 9 位进行页设置
                LACL #0CH                   ;令 ACL = #0CH 进行 RTC 芯片寻址
                SACL RTC_RGA                ;将 ACL = #0C 写入 RTC_RGA 存储器
                OUT RTC_RGA,RTC_AS          ;将 RTC_RGA 输出到 RTC_AS 进行 RTC 寻址
                INRTC_RDD,RTC_RD            ;读取 RTC 的 0CH 中断标志以便清除
                RET                         ;回主程序
                NOP
;若以 T3 的周期来定时,则对应产生中断来进行 RTC 的读取并进行 LCDM 的显示
TIMSAMP:        CALL DATAPUSH               ;DATAPUSH 将 ACC、ST0、ST1 及 AR0~AR7 存放保留
                LDP #PIVR>>7                ;令 DP 寻址于 PIVR 的高 9 位进行页设置
                LACC PIVR                   ;读取外设中断向量值 PIVR 载入 ACC
                XOR #002FH                  ;与 2FH 作 XOR 运算,检测是否为 INT2 的 T3 周期定时产生 T3PINT
                BCND NXINT1,NEQ             ;若不为 2FH,则跳到 NXINT1 回主程序
                CALL LCDMDP                 ;若是 T3 定时中断,则执行读取 RTC 并显示于 LCDM
                LDP #EVBIFRA>>7             ;令 DP 寻址于 EVBIFRA 的高 9 位进行页设置
                LACC #0080H                 ;令 ACC = #0080H
                SACL EVBIFRA                ;将 ACC = #0080H 写入 EVBIFRA 以便清除标志
                NOP
                B NXINT1                    ;跳到 NXINT1 存寄存器并回主程序
```

```
                NOP
;接收到 UART 的数据时将产生中断(低优先级的 INT5)
SCIRXI:         CALL DATAPUSH           ;DATAPUSH 将 ACC、ST0、ST1 及 AR0～AR7 存放保留
                LDP #PIVR≫7             ;令 DP 寻址于 PIVR 的高 9 位进行页设置
                LACC PIVR               ;读取外设中断向量值 PIVR 载入 ACC
                XOR #0006H              ;与 06H 作 XOR 运算,检测是否为 INT1 的 SCIRXI 产生中断
                BCND NXINT2,NEQ         ;若不为 06H,则跳到 NXINT2,检测是否为外部 INT2
                LDP #SCIRXBUF≫7         ;令 DP 寻址于 SCIRXBUF 的高 9 位进行页设置
                LACL SCIRXBUF           ;读取 SCI 的接收寄存器 SCIRXBUF 内容载入 ACL
                LDP #336H≫7             ;令 DP 寻址于 336H 的高 9 位进行页设置
                AND #000FH              ;将读取的接收数据 ACL 与 000FH 作 AND 运算取低 4 位
                SACL 36H                ;将接收数据 SCIRXBUF 内容 0～F 值载入 336H 寄存器内
                B CHKTRSD               ;跳到 CHKTRSD,将接收数据的中断如同内部按键输入处理
                NOP

KEYIN:          CALL DATAPUSH           ;DATAPUSH 将 ACC、ST0、ST1 及 AR0～AR7 存放保留
                LDP #PIVR≫7             ;令 DP 寻址于 PIVR 的高 9 位进行页设置
                LACC PIVR               ;读取外设中断向量值 PIVR 载入 ACC
                XOR #0011H              ;与 11H 作 XOR 运算,检测是否为 INT1 的 XINT2 产生中断
                BCND NXINT2,EQ          ;若不为 06H,则跳到 NXINT2,检测是否为外部 INT2
                LACC PIVR               ;读取外设中断向量值 PIVR 载入 ACC
                XOR #0001H              ;与 01H 作 XOR 运算,检测是否为 INT1 的 XINT1 产生中断
                BCND NXINT1,NEQ         ;若不为 01H,则跳到 NXINT1,以便回中断主程序
                LDP #XINT1CR≫7          ;令 DP 寻址于 XINT1CR 的高 9 位进行页设置
                SPLK #8001H,XINT1CR     ;XINT1(D8)=1(标志清除),并令 XINT1=1 允许下一个中断
                LDP #T1CON≫7            ;令 DP 寻址于 T1CON 的高 9 位进行页设置
                SPLK #1000100000000010B,T1CON ;令 T1EN=0 禁止 T1 定时
                LDP #330H≫7             ;令 DP 寻址于 330H 的高 9 位进行页设置
                IN 36H,8003H            ;有按键时由 I/O 外设 8003H 读取键码
                LACL 36H                ;将@36H 存储器内所得的按键码载入 A
                AND #000FH              ;将 ACL 与 000FH 作 AND 运算取低 4 位的数码
                SACL 36H                ;将确认的键码 ACL 写回 336H
CHKTRSD:
                SUB #0AH                ;将 ACL 减去 0AH 数码
                BCND RUNTRS,EQ          ;若 ACL=0,则代表键码为 0AH 的运转执行码跳到 RUN 执行
                BCND NKEY,LT            ;若 ACL 内含键码小于 0AH,则为 0～9 的数字码,跳到 NKEY 执行
                SUB #1                  ;若将 ACL 减去 0AH 数码后大于 0,则再减 1
                BCND SFTR,EQ            ;若再减 1 后为 0,则是 0BH 键码,跳到 FAN 控制风扇冷却
                SUB #1                  ;若将 ACL 减去 0BH 数码后大于 0,则再减 1
                BCND SECURDN,EQ         ;若减 1 为 0,则是 0CH 键码,跳到 RUNLOP 进行闭循环控制
                SUB #1                  ;若将 ACL 减去 0CH 数码后大于 0,则再减 1
                BCND ALARMN,EQ          ;若再减 1 后为 0,则是 0DH 键码,跳到 STOP 进行停止控制
                SUB #1                  ;若将 ACL 减去 0DH 数码后大于 0,则再减 1
                BCND SETMN,EQ           ;减 1 为 0,是 0EH 键码,跳到 CLEAR 进行清除功率设置控制
                SUB #1                  ;将 ACL 减去 0FH 数码
```

```
              BCND TRSDATN,EQ        ;减 1 为 0,是 0FH 键码,跳到 TRSDATN 进行 SCI 发送控制

NXINT1:       CALL DATAPOP           ;DATAPOP 子程序将 ACC、ST1、ST0 及 AR0~AR7 由存储器取回
              CLRC INTM              ;清除 INTM 允许中断总开关
              NOP
              RET                    ;回主程序
              NOP
;将操作模式的 33FH 内容设置为 04
RUNTRS:       CALL CHKSECU           ;检查所设置的密码是否与 RTC 内 7EH、7FH 内预存码相同
              BCND NXINT1,NEQ        ;若不相同,则跳到 NXINT1 以便回主程序
              CALL UARTN             ;调用 SCI 的 UART 的模式设置
              CLRC INTM              ;清除 INTM 允许中断总开关
              LDP #33FH>>7           ;令 DP 寻址于 33FH 的高 9 位进行页设置
              LACL #4                ;将 ACL 载入 4
              SACL 3FH               ;将 ACL = 4 载入 33FH
              B NXINT1               ;跳到 NXINT1 存寄存器并回主程序
              NOP
CHKSECU:      LDP #35EH>>7           ;令 DP 寻址于 35EH 的高 9 位进行页设置
              LAR AR7,#35DH          ;令 AR7 寻址于 35DH 地址
              MAR *,AR7              ;ARP = AR7 作为当前的 ARx 操作读取 RTC 内存的密码
              LACL #7EH              ;令 ACL = 7EH
              SACL 5FH               ;将 ACL = 7EH 密码高字地址写入 35FH 内
              CALL RDRTCH            ;读取 35FH 内容的 RTC 寻址位置数据载入 *AR7[35DH]
              LACL #7FH              ;令 ACL = 7FH
              SACL 5FH               ;将 ACL = 7FH 密码低字地址写入 35FH 内
              CALL RDRTCL            ;读取 35FH 内容的 RTC 寻址位置数据载入 *AR7[35DH]
              LACL 5DH               ;将 RTC 读取的密码值[RTC 7EH,7FH]>35DH 载入 ACL
              XOR 4BH                ;将 ACL 与密码键入值 34BH 作 XOR 运算并比较
              RET                    ;回主程序
              NOP

;310H~313H 为 RTC 时钟读取或设置缓冲存储器设置输入模式的 33FH = #00
SETMN:        LDP #33FH>>7           ;令 DP 寻址于 33FH 的高 9 位进行页设置
              LACL #00               ;令 ACL = #0
              SACL 3FH               ;将 ACL 的模式 00 写入 33FH
              B NXINT1               ;跳到 NXINT1,以便取回原寄存器值而回主程序
              NOP
;314H~315H 为 RTC 的闹铃读取或设置缓冲存储器设置输入模式的 33FH = #01
ALARMN:       LDP #33FH>>7           ;令 DP 寻址于 33FH 的高 9 位进行页设置
              LACL #01               ;令 ACL = #01
              SACL 3FH               ;将 ACL 的模式 01 写入 33FH
              B NXINT1               ;跳到 NXINT1,以便取回原寄存器值而回主程序
              NOP
;设置为数据或密码数码输入的 02H>[33FH]模式,并令 CPLD 的 PWM 输出 Low 值
TRSDATN:      LDP #33FH>>7           ;令 DP 寻址于 33FH 的高 9 位进行页设置
```

```
            LACL #02              ;令 ACL = #02
            SACL 3FH              ;将 ACL 的模式 02 写入 33FH
            LACL #00              ;令 ACL = #0
            SACL 25H              ;将 ACL 的模式 00 写入 325H
            OUT 25H,8003H         ;将 325H 内容 00 值输出到 CPLD 的 PWML 控制
            LACL #30H             ;令 ACL = #30H,允许 PWM 且不清除 PWM
            SACL 25H              ;将 ACL 的模式 30H 写入 325H
            OUT 25H,8004H         ;将 325H 内容 30H 值输出到 CPLD 的 PWMH 控制
            B NXINT1              ;跳到 NXINT1,以便取回原寄存器值而回主程序
            NOP
;34BH 存放密码数值的输入模式的 33FH = #03,令 PWM 输出最大值
SECURDN:    LDP #33FH≫7           ;令 DP 寻址于 33FH 的高 9 位进行页设置
            LACL #03              ;令 ACL = #03
            SACL 3FH              ;将 ACL 的模式 02 写入 33FH
            LACL #0FFH            ;令 ACL = #0FFH
            SACL 25H              ;将 ACL 的模式 0FFH 写入 325H
            OUT 25H,8003H         ;将 325H 内容 00 值输出到 CPLD 的 PWML 控制
            LACL #3FH             ;令 ACL = #3FH,允许 PWM 且不清除 PWM
            SACL 25H              ;将 ACL 的模式 03FH 写入 325H
            OUT 25H,8004H         ;将 325H 内容 3FH 值输出到 CPLD 的 PWML 控制
            B NXINT1              ;跳到 NXINT1,以便取回原寄存器值而回主程序
            NOP
;时钟的输入设置模式执行 310H～313H/340H～348H[30EH]进行移位输入数码设置
;闹铃的输入设置模式执行 314H～315H/350H～353H[30FH]
SFTR:       LDP #33FH≫7           ;令 DP 寻址于 33FH 的高 9 位进行页设置
            LACL 3FH              ;读取 33FH 内容载入 ACL 判别数码输入模式
            BCND TMSFT,EQ         ;若 33FH 内容为 0,则跳到时钟输入移位设置
            XOR #01               ;将 ACL[33FH]与 #01 作 XOR 运算
            BCND ALSFT,EQ         ;若 33FH 内容为 1,则跳到闹铃输入移位设置
            B NXINT1              ;跳到 NXINT1,以便取回原寄存器值而回主程序
            NOP
;调整或输入闹铃的移位设置键码为 30FH,寄存器右移递加 1
ALSFT:      LACL 0FH              ;读取 30FH 内容数码输入字的移位计数值载入 ACL
            ADD #01               ;将 ACL 加上 #01
            SACL 0FH              ;将 ACL 回写入 30FH
            SUB #03               ;将 ACL 减 3,判别是否又移到程序的尾端
            BCND RSALMS,LT        ;若小于 03,则跳到 RSALMS 回主程序
            LACL #00              ;若大于或等于 03,则归零
            SACL 0FH              ;将 ACL 回写入 30FH
RSALMS:     B NXINT1              ;跳到 NXINT1,以便取回原寄存器值而回主程序
            NOP
;调整或输入时钟的移位设置键码为 30EH,寄存器右移递加 1
TMSFT:      LACL 0EH              ;读取 30EH 内容数码输入字的移位计数值载入 ACL
            ADD #01H              ;将 ACL 加上 #01
            SACL 0EH              ;将 ACL 回写入 30EH
```

```
              SUB  #07H              ;将ACL减7,判别是否又移到程序的尾端
              BCND RSTMS,LT          ;若小于07,则跳到RSTMS回主程序
              LACL #00               ;若大于或等于07,则归零
              SACL 0EH               ;将ACL回写入30EH
RSTMS:        B NXINT1               ;跳到NXINT1,以便取回原寄存器值而回主程序
              NOP
;@33FH控制着LCDM及4位七段LED显示数据的模式
;为3时显示键入的密码,为4则不进行LED显示,其他则作为349H内容数据显示
DSPTRSD:      LDP #349H≫7            ;令DP寻址于349H的高9位进行页设置
              LACL 3FH               ;读取数据显示模式33FH内容载入ACL
              XOR #03                ;ACL与03作XOR运算,进行是否为03的检测
              BCND SECUDSP,EQ        ;若为0,则33FH为03值,跳到SECUDSP密码显示
              LACL 3FH               ;读取数据显示模式33FH内容载入ACL
              XOR #04                ;ACL与04作XOR运算,进行是否为04的检测
              RETCEQ                 ;若为0,则33FH为04值,进行LCDM显示,跳回主程序
              OUT 49H,8006H          ;将349H传输数据内的低8位值输出到8006H显示
              LACC 49H,8             ;将349H值左移8位载入ACC内
              SACH 4AH               ;将ACH载入34AH内
              OUT 4AH,8005H          ;将349H的高8位值输出到8005H显示
              RET                    ;回主程序
              NOP
;存放于@34BH的键入密码显示于4位七段LED屏蔽上
SECUDSP:      OUT 4BH,8006H          ;将34BH的低8位值输出到8006H显示
              LACC 4BH,8             ;将34BH值左移8位载入ACC内
              SACH 4AH               ;将ACH载入34AH内
              OUT 4AH,8005H          ;将34A=34B的高8位值输出到8005H显示
              RET                    ;回主程序
              NOP


;"03:12:25:23:59:58:W7"
;"YR:MN:DY:23:59:58:AL"
;时间数据存于310H~313H转ASCII码于340H~347H并显示于LCDML1
;闹铃数据存于314H~315H转ASCII码于350H~352H并显示于LCDML2
LCDMDP:       LACC #0CH              ;令ACC=#0CH显示ON及光标ON
              CALL LDWIR             ;将ACC=#0CH写入LCD指令控制
              LAR AR3,#310H          ;令AR3寻址于310H
              LDP #34EH≫7            ;令DP寻址于34EH的高9位进行页设置
              CALL RDTIMER           ;读取RTC的时钟值载入310H~312H存储器
              LAR AR3,#310H          ;令AR3寻址于310H
              LAR AR5,#340H          ;令AR5寻址于340H
              CALLAR4ASC8            ;将310H~313H数码转成ASCII码存于340H~342H
              LACL #080H             ;令ACC=#080H
              CALL LDWIR             ;ACC=#80H写入LCD,设置LCD显示位置为第1行第1个位置
              CALL LCDML1            ;将对应ASCII码340H~347H显示于对应的LCD屏蔽第1行
              LACL #92H              ;令ACC=#092H
```

	CALL LDWIR	;ACC=♯92H 写入 LCD,设置 LCD 显示位置第 1 行第 19 个位置
	LACL ♯"W"	;令 ACL 载入 W 的 ASCII 码
	CALL LDWDR	;将 ACL="W"写入对应的 LCD 显示位置第 1 行第 19 个位置
	MAR *,AR5	;令 ARP=AR5 寻址于 347H
	LACL *+	;读取 347H 的星期 ASCII 码数据 AR5+1>AR5
	CALL LDWDR	;将 ACL=星期写入对应的 LCD 显示位置第 1 行第 20 个位置
	CALL RDALARM	;读取 RTC 的时钟闹铃值载入 314H~315H 存储器
	LAR AR3,♯314H	;令 AR3 寻址于 314H
	LAR AR5,♯350H	;令 AR5 寻址于 350H
	CALLAR2ASC4	;将 314H~315H 数码转成 ASCII 码存于 350H~357H
	LACL ♯0C9H	;令 ACC=♯0C9H 第 2 行第 0+9=10 地址开始显示闹铃
	CALL LDWIR	;ACC=♯C9H 写入 LCD,设置 LCD 显示位置为第 2 行第 10 个位置
	CALL LCDML2	;将对应 ASCII 码 340H~347H 显示于对应的 LCD 屏蔽第 1 行
	RET	;回主程序

;"03:12:25:23:59:58:W7">3033H,3132H;3235H;3233H,3539H;3538H

LCDML1:	LAR AR5,♯340H	;令 AR5 寻址于 340H 作为时钟的 ASCII 码存放起始地址
	LAR AR4,♯06	;令 AR4 定值为 06 作为 7 次数据的写入计数
	CALL LCDSPL	;执行将 *AR5 内容 AR4+1 数据依次写入 LCD 显示
	RET	;回主程序
	NOP	

;"YR:MN:DY:23:59:58:AL">3233H,3539H;3538H

LCDML2:	LAR AR5,♯350H	;令 AR5 寻址于 350H 作为闹铃的 ASCII 码存放起始地址
	LAR AR4,♯01	;令 AR4 定值为 01 作为 2 次(350~1H)数据的写入计数
	CALL LCDSPL	;执行将 *AR5 内容 AR4+1 数据依次写入 LCD 显示
	MAR *,AR5	;令 ARP=AR5 寻址于 352H
	LACL *,+	;读取 353H 的"秒"ASCII 码数据 AR5+1>AR5=353H
	LACC *,8	;读取 353H 的高 8 位"秒"ASCII 码数据
	SACH 4FH	;将 ACH 写入 34FH 暂存
	LACL 4FH	;读取 34FH 载入 ACL
	CALL LDWDR	;将 ACL 内容写入 LCDM
	LACC *	;读取 353H 的低 8 位"时"ASCII 码数据
	CALL LDWDR	;将 ACL 内容写入 LCDM
	LACL ♯":"	;令 ACL=":"的 ASCII 码值
	CALL LDWDR	;将 ACL 内容写入 LCDM
	LACL ♯"A"	;令 ACL="A"的 ASCII 码值
	CALL LDWDR	;将 ACL 内容写入 LCDM
	LACL ♯"L"	;令 ACL="L"的 ASCII 码值
	CALL LDWDR	;将 ACL 内容写入 LCDM
	RET	;回主程序
	NOP	

;将 AR5 所寻址的 ASCII 码共 AR4+1 个字写入 LCD 显示

LCDSPL:	MAR *,AR5	;令 ARP=AR5 寻址
	LACC ,8	;读取 *AR5 的高 8 位 ASCII 码数据载入 ACC
	SACH 4FH	;将 ACH 写入 34FH 暂存
	LACL 4FH	;读取 34FH 载入 ACL

	CALL LDWDR	;将 ACL 内容写入 LCDM
	LACC *+,AR4	;读取 *AR5 内容载入 ACL,并令 AR5+1,ARP=AR4
	CALL LDWDR	;将 ACL 内容写入 LCDM
	LACL #":"	;令 ACL = ":"的 ASCII 码值
	CALL LDWDR	;将 ACL 内容写入 LCDM
	BANZ LCDSPL	;若 AR4=0,则不跳;否则 AR4-1 并跳回 LCDSPL
	RET	;回主程序
	NOP	

;将光标显示于 LCDM,以便得知要输入设置的数码地址及内容
TABLDAT1: .byte "03:12:25:23:59:59:W7"
TABLDAT2: .byte "YR:MN:DY:22:00:00:AL"
DSPCURS:

	LACC #0EH	;令 ACL = #0EH,D[显示 ON/OFF]=1,C[光标 ON/OFF]=1,0
	CALL LDWIR	;将 ACL = #0EH 写入 LCDM 的控制
	LDP #33FH≫7	;令 DP 寻址于 33FH 的高 9 位进行页设置
	LACL 3FH	;读取 33FH 内容的时钟闹铃模式值载入 ACL
	BCND SETCURA,NEQ	;若不等于 0,则跳到 SETCURA 闹铃移位光标

SETCURT:

	NOP	;光标移位为 0 时
	LDP #30FH≫7	;令 DP 寻址于 30FH 的高 9 位进行页设置
	LACC 0EH,1	;读取 30EH 内容的时钟移位键值左移乘以 2 载入 ACL
	ADD 0EH	;将 ACL 加上原移位值
	ADD #81H	;移位光标值乘以 2 加上原值再加上 81H 的第 1 行 LCD 寻址
	CALL LDWIR	;将运算后的光标位置写入 LCDM 设置显示
	RET	;回主程序
	NOP	

SETCURA:

	LDP #30FH≫7	;令 DP 寻址于 30FH 的高 9 位进行页设置
	LACC 0FH,1	;读取 30EH 内容的闹铃移位键值左移乘以 2 载入 ACL
	ADD 0FH	;将 ACL 加上原移位值
	ADD #0CAH	;移位光标值乘以 2 加上原值再加上 CAH 第 2 行 LCD 寻址
	CALL LDWIR	;将运算后的光标位置写入 LCDM 设置显示
	RET	;回主程序
	NOP	

;将 314H~315H(*AR3)内容 HEX 码值转换成 ASCII 码存放于(*AR5) 350H~353H AR2ASC4:

	LAR AR6,#02	;令 AR6 = #02 进行 3 个字转换
	B B2ASCN	;跳到 B2ASCN 转换
	NOP	

;将 310H~313H(*AR3)内容 HEX 码值转换成 ASCII 码存放于(*AR5) 340H~347H
AR4ASC8:

	LAR AR6,#03	;令 AR6 = #03 进行 4 个字转换
B2ASCN:	LDP #31AH≫7	;令 DP 寻址于 31AH 的高 9 位进行页设置
RET2ASC:		
	MAR *,AR3	;令 ARP = AR3 作为当前 ARx 的操作
	LACL *+,AR5	;读取 *AR3[310H-313H]载入 ACL,并令 ARP = AR5

		;AR3 + 1
	SACL 1AH	;将读取的 ACL 数码载入 31AH
	CALL TS2ASC	;将 31AH 内容转成 2 个字的 ASCII 码载入 31BH、31CH
	LACL 1BH	;读取出 31BH 内容载入 ACL
	SACL * +	;将其存放回 * AR5[340H~347H],并令 AR5 + 1
	LACL 1CH	;读取出 31CH 内容载入 ACL
	SACL * + ,AR6	;将其存放回 * AR5[340H~347H],并令 AR5 + 1,ARP = AR6
	BANZ RET2ASC	;检测 ARP = AR6 是否为 0,不为 0,则减 1 跳回 RET2ASC 执行
	RET	;回主程序
	NOP	

;21AH 转成 2 个 ASCII 码存入 21BH~21CH,如 1234H > 31H,32H[21BH],33H,34H[21CH]
;31AH[0312] > 31BH[3033H],31CH[3132H] USE 31FH

TS2ASC:	LDP #31AH≫7	;令 DP 寻址于 31AH 的高 9 位地址
	LACL 1AH	;将 21AH 内容载入 AC
	CALL B2ASC	;将 ACL 内容转成 ASCII 码写回 ACL
	SACL 1CH	;将低 4 位数转成 ASCII 码的 ACL 载入 31CH
	LACC 1AH,12	;将 21AH 内容左移 12 位载入 ACC
	SACH 1FH	;取高 16 位 ACH 载入 21FH 成为 21FH.3~0 为
		;21AH.8~11
	LACL 1FH	;21FH 内容载入 ACL 则 ACL.3~0 为 21AH.7~4 高 4 位值
	CALL B2ASC	;将 ACL 内容转成 ASCII 码写回 ACL
	SACL 1FH	;将低 4 位数转成 ASCII 码的 ACL 载入 31FH
	LACC 1FH,8	;将 31FH 内的数据左移 8 位载入 ACL
	OR 1CH	;将 ACL 与 21CH(低 4 位的 ASCII 码)作 OR 运算汇编
	SACL 1CH	;将 ACL 内的 21AH 高 2 位数(2 位数,8 位)载入 21CH
TS1ASCH:		
	LACC 1AH,8	;21AH 内容左移 8 位载入 ACL,ACL.19~16＜21AH.11~8
	SACH 1FH	;取高 16 位 ACH 载入 21FH 成为 21FH.3~0 为
		;21AH.11~8
	LACL 1FH	;21FH 内容载入 ACL,则 ACL.3~0 为 21AH.11~8 的高 4 位值
	CALL B2ASC	;将 ACL 内容转成 ASCII 码写回 ACL
	SACL 1BH	;将低 4 位数转成 ASCII 码的 ACL 载入 31BH
	LACC 1AH,4	;21AH 内容左移 4 位载入 ACL,ACL.19~16＜21AH.15~12
	SACH 1FH	;取高 16 位 ACH 载入 21FH 成为 21FH.3~0 为
		;21AH.11~8
	LACL 1FH	;21FH 内容载入 ACL,则 ACL.3~0 为 21AH.15~12 高 4 位值
	CALL B2ASC	;将 ACL 内容转成 ASCII 码写回 ACL
	SACL 1FH	;将低 4 位数转成 ASCII 码的 ACL 载入 31FH
	LACC 1FH,8	;将 31FH 内的数据左移 8 位载入 ACL
	OR 1BH	;将 ACL 与 21BH(低 4 位的 ASCII 码)作 OR 运算汇编
	SACL 1BH	;将 ACL 内的 21AH 高 2 位数(2 位数,8 位)载入 21BH
	RET	;回主程序
	NOP	

;将 ACL 内容 8 位值的低 4 位转成 ASCII 码写回 ACL

```
B2ASC:      AND #000FH              ;将 ACL 与 000FH 作 AND 运算取低 4 位
            SACL 1FH                ;ACL 的低 4 位载入 21FH 内
            SUB #0AH                ;将 ACL 减去 0AH,检测是否大于或等于 0AH
            BCND ALPH,GEQ           ;若大于或等于 A,则代表是 A~F 字数码跳到 ALPH
            LACL 1FH                ;若小于 0AH,则为 0~9 由 31FH 取写回入 ACL
            ADD #30H                ;将 ACL 加上 30H 就是 0~9 的 ASCII 码
            RET                     ;回主程序

ALPH:       ADD #37H                ;若 A~F 码为 41H~46H,因此对应加上 37H+0X=41H~46H
            RET                     ;则 ACL=41H~46H 的 A~F 的转换 ASCII 码回主程序
            NOP

;读取 RTC 的十位数值存入 *AR7[35DH]的高 8 位
RDRTCH:     CALL RDRTCB1            ;将 35FH 寻址的 RTC 的时钟或闹铃值读取载入 35EH 内
            LACC 5EH,8              ;将读取 35EH 值左移 8 位载入 ACC 内
            AND #0FF00H             ;将 ACL 与 0FFH 作 AND 运算取得 RTC 的高位数值
            SACL *                  ;将 ACL 写回 *AR7[35EH]寄存
            RET                     ;回主程序
            NOP

;读取 RTC 的个位数值存入 *AR7[35DH]的低 8 位
RDRTCL:     CALL RDRTCB1            ;将 35FH 寻址的 RTC 的时钟或闹铃值读取载入 35EH 内
            LACL 5EH                ;将读取 35EH 值载入 ACC 内
            AND #00FFH              ;将 ACL 与 00FFH 作 AND 运算取得 RTC 的低位数值
            ADD *                   ;将 ACC 与原取的 *AR7[35DH]高 8 位相加组成 16 位值
            SACL *+                 ;将 ACL 写回 *AR7[35DH]并令 AR7+1>AR7
            RET                     ;回主程序

;读取 RTC 万年历时钟数据汇编写入 35DH~35EH,35FH 内
RDTIMER:    LAR AR3,#0310H          ;令 AR3 寻址于 310H[310H~313H]存放 Y、M、D、H、M、S、W
            MAR *,AR3               ;ARP=AR3
            LDP #35FH>>7            ;令 DP 寻址于 35FH 的高 9 位进行页设置
            LACL #09                ;"年"值存放于 RTC 的 #09 地址"年"地址
            SACL 5FH                ;将 #09 写入 35FH 内作为 RTC 读取的寻址
RTCRDW:     CALL RDRTCH             ;将 35FH 内的 RTC 寻址读取值载入 *AR3[310H]字
            LACL #08                ;"月"值存放于 RTC 的 #08 地址"月"地址
            SACL 5FH                ;将 #08 写入 35FH 内作为 RTC 读取的寻址
            CALL RDRTCL             ;将 35FH 内的 RTC 寻址读取值载入 *AR3[310H]低字
            LACL #07                ;"日"值存放于 RTC 的 #07 地址"日"地址
            SACL 5FH                ;将 #07 写入 35FH 内作为 RTC 读取的寻址
            CALL RDRTCH             ;将 35FH 内的 RTC 寻址读取值载入 *AR3[311H]高字
            LACL #04                ;"时"值存放于 RTC 的 #04 地址"时"地址
            SACL 5FH                ;将 #04 写入 35FH 内作为 RTC 读取的寻址
            CALL RDRTCL             ;将 35FH 内的 RTC 寻址读取值载入 *AR3[311H]低字
            LACL #02                ;"分"值存放于 RTC 的 #02 地址"分"地址
            SACL 5FH                ;将 #02 写入 35FH 内作为 RTC 读取的寻址
            CALL RDRTCH             ;将 35FH 内的 RTC 寻址读取值载入 *AR3[312H]高字
            LACL #00                ;"秒"值存放于 RTC 的 #02 地址"秒"地址
```

```
            SACL  5FH                    ;将#00写入35FH内作为RTC读取的寻址
            CALL  RDRTCL                 ;将35FH内的RTC寻址读取值载入*AR3[312H]低字
            LACL  #06                    ;"星期"值存放于RTC的#02地址"星期"地址
            SACL  5FH                    ;将#06写入35FH内作为RTC读取的寻址
            CALL  RDRTCB1                ;将35FH内的RTC寻址读取值载入[35EH]低字
            LACL  5EH                    ;读取35EH内容载入ACL
            AND   #00FFH                 ;将ACL与0FFH作AND运算取低8位
            SACL  *                      ;将ACL写入*AR3[313H]内
            RET                          ;回主程序
            NOP

RDALARM:    LAR   AR3,#0314H             ;令AR3寻址于314H,以便读取写入314H~315H[H,M,S]
            MAR   *,AR3                  ;ARP = AR3
            LDP   #35FH>>7               ;令DP寻址于35FH的高9位进行页设置
            LACL  #05                    ;闹铃"时"值存放于RTC的#05地址"时"地址
            SACL  5FH                    ;将#05写入35FH内作为RTC读取的寻址
RTCRDW1:    CALL  RDRTCH                 ;将35FH内的RTC寻址读取值载入*AR3[314H]高字
            LACL  #03                    ;闹铃"分"值存放于RTC的#05地址"分"地址
            SACL  5FH                    ;将#03写入35FH内作为RTC读取的寻址
            CALL  RDRTCL                 ;将35FH内的RTC寻址读取值载入*AR3[314H]低字
            LACL  #01                    ;闹铃"秒"值存放于RTC的#05地址"秒"地址
            SACL  5FH                    ;将#01写入35FH内作为RTC读取的寻址
            CALL  RDRTCB1                ;将35FH内的RTC寻址读取值载入[35EH]低字
            LACL  5EH                    ;读取35EH内容载入ACL
            AND   #00FFH                 ;将ACL与0FFH作AND运算取低8位
            SACL  *                      ;将ACL写入*AR3[315H]内
            RET                          ;回主程序
            NOP

;读取35FH所寻址的RTC内容写入35EH内
RDRTCB1:
            OUT   5FH,RTC_AS             ;将35FH内容RTC寻址输出到I/O的RTC_AS寻址设置
            NOP
            IN    5EH,RTC_RD             ;输入35FH所寻址的RTC内容写入35EH内
            RET                          ;回主程序
            NOP

;输入0~9移入寄存器35AH,检测是否超过RTC时限值(实际是十进制)再对应写入
NKEY        CLRC  SXM                    ;清除扩充符号位SXM
            LDP   #33FH>>7               ;令DP寻址于33FH的高9位进行页设置
            LACL  3FH                    ;读取33FH内容的按键数码输入模式载入ACL判别
            BCND  TIMDNI,EQ              ;若33FH内容为0,则是时钟设置输入数码
            SUB   #01                    ;将ACL减1
            BCND  ALARMNI,EQ             ;若33FH = 01,则是闹铃时钟的设置输入
            SUB   #01                    ;将ACL再减1
            BCND  TRSDNI,EQ              ;若33FH = 02,则是发送数据的设置输入
```

```
                SUB #01                 ;将 ACL 再减 1
                BCND SECUDNI,EQ         ;若 33FH=03,则是密码数据的设置输入
;其他模式全部设置为时钟设置输入数码
TIMDNI:         LDP #35AH>>7            ;令 DP 寻址于 35AH 的高 9 位进行页设置
                LACC 0EH                ;将 30EH 内容移位键值载入 ACL
                BCND YEARN,EQ           ;若数码输入移位键值为 0,则是"年"的设置输入
                SUB #01                 ;将 ACL 再减 1
                BCND MONTHN,EQ          ;若数码输入移位键值为 1,则是"月"的设置输入
                SUB #01                 ;将 ACL 再减 1
                BCND DAYN,EQ            ;若数码输入移位键值为 2,则是"日"的设置输入
                SUB #01                 ;将 ACL 再减 1
                BCND HOURN,EQ           ;若数码输入移位键值为 3,则是"时"的设置输入
                SUB #01                 ;将 ACL 再减 1
                BCND MINUTN,EQ          ;若数码输入移位键值为 4,则是"分"的设置输入
                SUB #01                 ;将 ACL 再减 1
                BCND SECONDN,EQ         ;若数码输入移位键值为 5,则是"秒"的设置输入
                SUB #01                 ;将 ACL 再减 1
                BCND WEEKN,EQ           ;若数码输入移位键值为 6,则是"星期"的设置输入
;310H 内"年、月"数据中的高 8 位"年"数据新移入设置数码写入
YEARN:                                  ;若超过 6,则设置为年的输入
                LACC 10H                ;读取 310H 存储器所存放旧的"年、月"数据载入 ACC
                SACL 5AH                ;将其载入 35AH 内存放作为移位新输入数码值
                CALL SFTHI              ;将新键入的设置数码高 8 位左移入一位数载入 35BH 内
                LACL 10H                ;读取 310H 存储器所存放旧的"年、月"数据载入 ACL
                AND #00FFH              ;将 ACL 与 00FFH 作 AND 运算,取低 8 位的原来"月"数码
                OR 5BH                  ;将 ACL"月"数据与 35BH 内的新移入"年"数码作 OR 运算汇编
                SACL 10H                ;将新的"年、月"数据写回 310H
                CALL WRITYR             ;执行将 ACL 内的高 8 位数据写入 RTC 芯片内设置
                B NXINT1                ;跳回中断的回主程序 NXINT1 地址
                NOP

WRITYR:         LACL #09H               ;令 ACL=#09 作为 RTC 的年存储器数据地址设置
                SACL RTC_RGA            ;将 ACL 存入同页的 RTC_RGA 存储器 325H 内
                OUT RTC_RGA,RTC_AS      ;将 RTC_RGA 内容输出到 RTC_AS 的地址设置端口
                LACC 10H,8              ;将 310H 左移 8 位载入 ACL,令 ACH 内容为高 8 位"年"数据
                SACH RTC_RGA            ;将 ACH 的低 8 位年数据写入 RTC_RGA 暂存
                OUT RTC_RGA,RTC_WR      ;将 RTC_RGA 内容输出到 RTC_WR 数据写入端口
                RET                     ;回主程序
;310H 内"年、月"数据中的低 8 位"月"数据新移入设置数码写入
;310H 内"年、月"数据中的低 8 位"月"数据新移入设置数码写入
MONTHN: LACL 10H                        ;读取 310H 存储器所存放旧的"年、月"数据载入 ACC
                SACL 5AH                ;将其载入 35AH 内存放作为移位新输入数码值
                CALL SFTLO              ;将新键入的设置数码低 8 位左移入一位数载入 35BH
                LACL 10H                ;读取 310H 存储器所存放旧的"年、月"数据载入 ACL
                AND #0FF00H             ;将 ACL 与 0FF00H 作 AND 运算取高 8 位的原来"年"数码
```

```
            OR 5BH                    ;将ACL"年"数据与35BH内的新移入"月"数码作OR运算汇编
            SACL 5BH                  ;将新的"年、月"数据写入35BH
            CALL CHKMON               ;检查是否超过"月"的最大值而将其归零
            LACL 5BH                  ;将新的"年、月"数据35BH写回ACL
            SACL 10H                  ;将新的"年、月"数据写回310H
            LACL #08H                 ;令ACL=#08H作为RTC的月存储器数据地址设置
            SACL 5AH                  ;将RTC写入的地址设置码载入35AH内以便设置
            CALL WRITIML              ;将35BH内的低8位月数据写入35AH寻址的RTC内设置
            B NXINT1                  ;跳回中断的回主程序NXINT1地址
            NOP
;将35BH内高8位数据写入35AH所寻址的RTC内
WRITIMH:
            LACL 5AH                  ;将35AH内的RTC寻址载入ACL
            SACL RTC_RGA              ;将ACL存入同页的RTC_RGA存储器325H内
            OUT RTC_RGA,RTC_AS        ;将RTC_RGA内容输出到RTC_AS的地址设置端口
            LACC 5DH,0                ;将35BH左移8位载入ACL,令ACH内容为高8位数据
            SACH RTC_RGA              ;将ACH的低8位年数据写入RTC_RGA暂存
            OUT RTC_RGA,RTC_WR        ;将RTC_RGA内容输出到RTC_WR数据写入端口
            RET                       ;回主程序
;将35BH内高8位数据写入35AH所寻址的RTC内
WRITIML:
            LACL 5AH                  ;将35AH内的RTC寻址载入ACL
            SACL RTC_RGA              ;将ACL存入同页的RTC_RGA存储器325H内
            OUT RTC_RGA,RTC_AS        ;将RTC_RGA内容输出到RTC_AS的地址设置端口
            LACL 5BH                  ;将35BH载入ACL,令ACL内容为8位数据
            SACL RTC_RGA              ;将ACH的低8位年数据写入RTC_RGA暂存
            OUT RTC_RGA,RTC_WR        ;将RTC_RGA内容输出到RTC_WR数据写入端口
            RET                       ;回主程序

;311H内高8位的"日"数据左移入新设置数码写回0311H
DAYN:       LACC 11H                  ;读取311H存储器所存放旧的"日、时"数据载入ACC
            SACL 5AH                  ;将其载入35AH内存放作为移位新输入数码值
            CALL SFTHI                ;将新键入的设置数码高8位左移一位数据载入35BH内
            LACL 11H                  ;读取311H存储器所存放旧的"日、时"数据载入ACL
            AND #00FFH                ;将ACL与00FFH作AND运算,取低8位的原来"时"数码
            OR 5BH                    ;将ACL"月"数据与35BH内的新移入"日"数码作OR运算汇编
            SACL 5BH                  ;将新的"日、星期"数据载入35BH
            CALL CHKDAY               ;检查是否超过"日"的最大值而将其归零
            LACL 5BH                  ;将新的"日、时"数据35BH写回ACL
            SACL 11H                  ;将新的"日、时"数据写回311H
            LACL #07H                 ;令ACL=#07作为RTC的"日"存储器数据地址设置
            SACL 5AH                  ;将RTC写入的地址设置码载入35AH内以便设置
            CALL WRITIMHL             ;将35BH内高8位"日"数据写入35AH寻址的RTC内设置
            B NXINT1                  ;跳回中断的回主程序NXINT1地址
            NOP
```

;311H 内低 8 位的"时"数据左移入新设置数码写回 0311H

HOURN:	LACL 11H	;读取 311H 存储器所存放旧的"日、时"数据载入 ACC
	SACL 5AH	;将其载入 35AH 内存放作移位新输入数码值
	CALL SFTLO	;将新键入的设置数码低 8 位左移入一位数载入 35BH 内
	LACL 11H	;读取 311H 存储器所存放旧的"日、星期"数据载入 ACL
	AND #0FF00H	;将 ACL 与 0FF00H 作 AND 运算,取高 8 位的原来"日、时"数码
	OR 5BH	;将 ACL"月"数据与 35BH 内的新移入"时"数码作 OR 运算汇编
	SACL 5BH	;将新的"日、时"数据载入 35BH
	CALL CHKHOR	;检查是否超过"时"的最大值而将其归零
	LACL 5BH	;将新的"日、时"数据 35BH 写回 ACL
	SACL 11H	;将新的"日、时"数据写回 311H
	LACL #04	;令 ACL=#04 作为 RTC 的"时"存储器数据地址设置
	SACL 5AH	;将 RTC 写入的地址设置码载入 35AH 内以便设置
	CALL WRITIMLL	;将 35BH 内低 8 位"时"数据写入 35AH 寻址的 RTC 内设置
	B NXINT1	;跳回中断的回主程序 NXINT1 地址
	NOP	

;312H 内高 8 位的"分"数据左移入新设置数码写回 0312H

MINUTN:	LACC 12H	;读取 312H 存储器所存放旧的"分、秒"数据载入 ACC
	SACL 5AH	;将其载入 35AH 内存放作为移位新输入数码值
	CALL SFTHI	;将新键入的设置数码高 8 位左移入一位数载入 35BH 内
	LACL 12H	;读取 312H 存储器所存放旧的"分、秒"数据载入 ACL
	AND #00FFH	;将 ACL 与 00FFH 作 AND 运算,取低 8 位的原来"分"数码
	OR 5BH	;将 ACL"月"数据与 35BH 内的新移入"分"数码作 OR 运算汇编
	SACL 5BH	;将新的"分、秒"数据载入 35BH
	CALL CHKNM	;检查是否超过"分"的最大值而将其归零
	LACL 5BH	;将新的"分、秒"数据 35BH 写回 ACL
	SACL 12H	;将新的"分、秒"数据写回 311H
	LACL #02H	;令 ACL=#02 作为 RTC 的"分"存储器数据地址设置
	SACL 5AH	;将 RTC 写入的地址设置码载入 35AH 内以便设置
	CALL WRITIMHL	;将 35BH 内高 8 位"分"数据写入 35AH 寻址的 RTC 内设置
	B NXINT1	;跳回中断的回主程序 NXINT1 地址
	NOP	

;312H 内低 8 位的"秒"数据左移入新设置数码写回 0312H

SECONDN:	LACL 12H	;读取 312H 存储器所存放旧的"分、秒"数据载入 ACC
	SACL 5AH	;将其载入 35AH 内存放作为移位新输入数码值
	CALL SFTLO	;将新键入的设置数码低 8 位左移入一位数载入 35BH 内
	LACL 12H	;读取 312H 存储器所存放旧的"分、秒"数据载入 ACL
	AND #0FF00H	;将 ACL 与 0FF00H 作 AND 运算取高 8 位的原来"分"数码
	OR 5BH	;将 ACL"分"数据与 35BH 内的新移入"秒"数码作 OR 运算汇编
	SACL 5BH	;将新的"分、秒"数据载入 35BH
	CALL CHKNS	;检查是否超过"秒"的最大值而将其归零
	LACL 5BH	;将新的"分、秒"数据 35BH 写回 ACL
	SACL 12H	;将新的"分、秒"数据写回 311H
	LACL #00	;令 ACL=#04 作为 RTC 的"秒"存储器数据地址设置
	SACL 5AH	;将 RTC 写入的地址设置码载入 35AH 内以便设置

```
          CALL WRITIML           ;将 35BH 内低 8 位"秒"数据写入 35AH 寻址的 RTC 内设置
          B NXINT1               ;跳回中断的回主程序 NXINT1 地址

WEEKN:    LACL 36H               ;读取新键入数码 336H 载入 ACL
          BCND MONDAY,EQ         ;若 ACL = 0,则是星期一,跳到 MONDAY 执行
          SUB ♯08                ;将 ACL 减 08 是否超过此值
          BCND SUNDAY,GEQ        ;若大于或等于 8,则是星期日,跳到 SUNDAY 执行
          LACL 36H               ;读取新键入数码 336H 载入 ACL
          SETW: SACL 5BH         ;将键码值写入 35BH 内
          SACL 13H               ;将 ACL 写入 313H 的"星期"寄存器内
          LACL ♯06H              ;令 ACL = ♯06 是 RTC 的"星期"存放地址
          SACL 5AH               ;将 RTC 的寻址值 ACL 写入 35AH 内
          CALL WRITIML           ;依照 35AH 的寻址将 35BH 内容写入 RTC
          B NXINT1               ;跳回中断的主程序 NXINT1 地址
          NOP

SUNDAY:   LACL ♯07               ;星期天的定值为 07,将其载入 ACL
          B SETW                 ;跳到 SETW,执行 ACL 写入
          NOP

MONDAY:   LACL ♯01               ;星期一的定值为 01,将其载入 ACL
          B SETW                 ;跳到 SETW,执行 ACL 写入
          NOP

;将新键入 4 位数码左移到 35AH 内原值的高 8 位中
SFTHI:    LACC 5AH,12            ;35AH 值左移 12 位,将原来高 12 位转为 ACH 低 12 位
          SACH 5BH               ;将 ACH 写入 35BH,例如 0312H> 0031H = 5BH0X31 2000H
          LACL 5BH               ;读取 35BH 载入 ACL
          AND ♯00F0H             ;将 ACL 与 00F0H 作 AND 运算,仅取原 D7~D4 位 A = 0030H
          OR 36H                 ;新键入数据@36H 内容低 4 位与 A 内容作 OR 运算汇编成新移位值
          SACL 5BH               ;将汇编后的 ACL 写回 35BHA = 003N = 5BH
          LACC 5BH,8             ;35BH 值左移 8 位,将原来高 8 位转为 ACH 低 8 位
          SACL 5BH               ;将 ACL = 3N00H 值写回 35BH
          RET                    ;回主程序

;将新键入 4 位数码左移到 35AH 内原值的低 8 位中
SFTLO:    LACC 5AH,4             ;35AH 值左移 4 位,将原来高 4 位转为 ACH 低 4 位
          SACL 5BH               ;将 ACL = XXX0 值写入 35BH0312H> 3120H = 5BH
          AND ♯00F0H             ;将 ACL 与 00F0H 作 AND 运算,仅取原 D7~D4 位 A = 0030H
          OR 36H                 ;新键入数据@36H 内容低 4 位与 A 内容作 OR 运算汇编成新移位值
          SACL 5BH               ;将新的 ACL = 003N 写回 35BH
          RET                    ;回主程序

;检查 RTC 的"月"设置输入是否超过其最大值 12H
CHKMON:   AND ♯00FFH             ;将 ACL 内容新的"月"设置值与 00FFH 作 AND 运算取低 8 位
          SUB ♯13H               ;将 ACL 减 ♯13H 进行检测
          BCND ZEROMN,C          ;若 C = 1,则表示超过 13H 值,跳到 ZEROMN 归零
          RET                    ;回主程序
ZEROMN:   LACL 5BH               ;读取 35BH 载入 ACL
```

```
                AND  #0FF00H       ;将 ACL 与 0FF00H 作 AND 运算,保存其高 8 位而归零低 8 位
                SACL 5BH           ;将归零值写回 35BH
                RET                ;回主程序
;检查 RTC 的"日"设置输入是否超过其最大值 31H
CHKDAY:         AND  #0FF00H       ;将 ACL 内容新的"日"设置值与 0FF00H 作 AND 运算取高 8 位
                SUB  #3200H        ;将 ACL 减 #3200H 进行检测
                BCND ZERODY,C      ;若 C=1,则表示超过 3200H 值,跳到 ZERODY 归零
                RET                ;回主程序
ZERODY:         LACL 5BH           ;读取 35BH 载入 ACL
                AND  #00FFH        ;将 ACL 与 00FFH 作 AND 运算,保存其低 8 位而归零高 8 位
                SACL 5BH           ;将归零值写回 35BH
                RET                ;回主程序
                NOP
;检查 RTC 的"时"设置输入是否超过其最大值 24H
CHKHOR:         AND  #00FFH        ;将 ACL 内容新的"时"设置值与 00FFH 作 AND 运算取低 8 位
                SUB  #24H          ;将 ACL 减 #24H 进行检测
                BCND ZEROHR,C      ;若 C=1,则表示超过 24H 值,跳到 ZEROHR 归零
                RET                ;回主程序
                NOP
ZEROHR:         LACL 5BH           ;读取 35BH 载入 ACL
                AND  #0FF00H       ;将 ACL 与 0FF00H 作 AND 运算,保存其高 8 位而归零低 8 位
                SACL 5BH           ;将归零值写回 35BH
                RET                ;回主程序
                NOP
;检查 RTC 的"分"设置输入是否超过其最大值 60H
CHKNM:          AND  #0FF00H       ;将 ACL 内容新的"时"设置值与 0FF00H 作 AND 运算取高 8 位
                SUB  #6000H        ;将 ACL 减 #6000H 进行检测
                BCND ZEROMS,C      ;若 C=1,则表示超过 6000H 值,跳到 ZEROMS 归零
                RET                ;回主程序
                NOP
ZEROMS:         LACL 5BH           ;读取 35BH 载入 ACL
                AND  #00FFH        ;将 ACL 与 00FFH 作 AND 运算,保存其低 8 位而归零高 8 位
                SACL 5BH           ;将归零值写回 35BH
                RET                ;回主程序
                NOP
;检查 RTC 的"秒"设置输入是否超过其最大值 60H
CHKNS:          AND  #000FFH       ;将 ACL 内容新的"时"设置值与 000FFH 作 AND 运算取低 8 位
                SUB  #60H          ;将 ACL 减 #60H 进行检测
                BCND ZEROSS,C      ;若 C=1,则表示超过 60H 值,跳到 ZEROSS 归零
                RET                ;回主程序
                NOP
ZEROSS:         LACL 5BH           ;读取 35BH 载入 ACL
                AND  #0FF00H       ;将 ACL 与 0FF00H 作 AND 运算,保存其高 8 位而归零低 8 位
                SACL 5BH           ;将归零值写回 35BH
                RET                ;回主程序
```

```
            NOP
;检查 RTC 的"星期"设置输入是否为 1~8
CHKWK:      BCND ZEROWK,EQ        ;若 ACL 值为 0,则代表星期日而跳到 ZEROWK
            SUB #08H              ;将 ACL 减 #08H 进行检测
            BCND ZEROWK,C         ;若 C=1,则表示超过 08H 值,跳到 ZEROWK 转 01
            RET                   ;回主程序
            NOP
ZEROWK:     LACL #01              ;令 ACL=#01
            SACL 5BH              ;将 ACL=#01 写入 35BH
            RET                   ;回主程序
            NOP
;检查 RTC 的"时"设置输入是否超过其最大值 24H
CHKAHOR:    AND #0FF00H           ;将 ACL 内容新的"时"设置值与 0FF00H 作 AND 运算取高 8 位
            SUB #2400H            ;将 ACL 减 #2400H 进行检测
            BCND ZEROAHR,C        ;若 C=1,则表示超过 2400H 值,跳到 ZEROAHR 归零
            RET                   ;回主程序
            NOP
ZEROAHR:    LACL 5BH              ;读取 35BH 载入 ACL
            AND #00FFH            ;将 ACL 与 000FFH 作 AND 运算,保存其低 8 位而归零高 8 位
            SACL 5BH              ;将归零值写回 35BH
            RET                   ;回主程序
            NOP
;RTC 闹铃的"时"设置输入;314H~315H 为 YR,MN[310H],DY,H[311H],M,S[312H],W[313H]
ALARMNI:    LDP #35AH≫7           ;令 DP 寻址于 35AH 的高 9 位进行页设置
            LACC 0FH              ;读取 30FH 的闹铃设置移位键值载入 ACC
            BCND AHOURN,EQ        ;若移位键为 0,则是闹铃"时"的移位新值
            SUB #01               ;将 ACL 减 1
            BCND AMINUTN,EQ       ;若移位键为 1,则是闹铃"分"的移位新值
            SUB #01               ;将 ACL 减 1
            BCND ASECOND,EQ       ;若移位键为 2,则是闹铃"秒"的移位新值
AHOURN:     LACL 14H              ;读取 314H 内容闹铃"时、分"旧值载入 ACL
            SACL 5AH              ;将旧值 314H 写入 35AH
            CALL SFTHI            ;执行将新键入值 336H 值左移入 35AH 内的高 8 位端
            LACL 14H              ;读取 314H 内容闹铃"时、分"旧值载入 ACL
            AND #00FFH            ;将 ACL 与 00FFH 作 AND 运算,保留原低 8 位的"分"值归零"时"
            OR 5BH                ;将 ACL 与新移位的高 8 位"时"作 OR 运算组成新的"时、分"
            CALL CHKAHOR          ;检测新键入的"时"值是否超过最大值而归零调整
            LACL 5BH              ;读取新的"时、分"值 35BH 载入 ACL
            SACL 14H              ;将 ACL 新的"时、分"值写入 314H 更新
            LACL #05              ;令 ACL=#05 作为 RTC 的闹铃"时"的寻址
            SACL 5AH              ;将 RTC 寻址 ACL 写入 35AH
            CALL WRITIMH          ;将 35BH 的新数据写入 35AH 所寻址的 RTC 内
            B NXINT1              ;跳回中断的回主程序 NXINT1 地址
            NOP
;RTC 闹铃的"分"值设置输入;314H~315H 为 YR,MN[310H],DY,H[311H],M,S[312H],W[313H]
```

AMINUTN:	LACC 14H	;读取 314H 内容闹铃"时、分"旧值载入 ACL
	SACL 5AH	;将旧值 314H 写入 35AH
	CALL SFTLO	;执行将新键入值 336H 值左移入 35AH 内的低 8 位端
	LACL 14H	;读取 314H 内容闹铃"时、分"旧值载入 ACL
	AND #0FF00H	;将 ACL 与 0FF00H 作 AND 运算,保留原高 8 位的"时"值归零"分"
	OR 5BH	;将 ACL 与新移位的低 8 位"分"作 OR 运算,组成新的"时、分"
	CALL CHKNS	;检测新键入的"分"值是否超过最大值而归零调整
	LACL 5BH	;读取新的"时、分"值 35BH 载入 ACL
	SACL 14H	;将 ACL 新的"时、分"值写入 314H 更新
	LACL #03H	;令 ACL = #03 作为 RTC 的闹铃"分"的寻址
	SACL 5AH	;将 RTC 寻址 ACL 写入 35AH
	CALL WRITIML	;将 35BH 的新数据写入 35AH 所寻址的 RTC 内
	B NXINT1	;跳回中断的回主程序 NXINT1 地址
	NOP	

;RTC 闹铃的"秒"值设置输入

ASECOND:	LACC 15H	;读取 315H 内容闹铃"秒"旧值载入 ACL
	SACL 5AH	;将旧值 315H 写入 35AH
	CALL SFTLO	;执行将新键入值 336H 左移入 35AH 内的低 8 位端
	LACL 15H	;读取 315H 内容闹铃"秒"旧值载入 ACL
	AND #0000H	;将 ACL 与 0000H 作 AND 的"秒"值归零
	OR 5BH	;将 ACL 与新移位的低 8 位"秒"作 OR 运算组成新的"秒"
	CALL CHKNS	;检测新键入的"分"值是否超过最大值而归零调整
	LACL 5BH	;读取新的"秒"值 35BH 载入 ACL
	SACL 15H	;将 ACL 新的"秒"值写入 315H 更新
	LACL #01H	;令 ACL = #01 作为 RTC 的闹铃"秒"的寻址
	SACL 5AH	;将 RTC 寻址 ACL 写入 35AH
	CALL WRITIML	;将 35BH 的新数据写入 35AH 所寻址的 RTC 内
	B NXINT1	;跳回中断的回主程序 NXINT1 地址
	NOP	

;设置 RTC 为 SQW = 0 不输出方波,DM = 0 一般日期,24/12 = 0 为 12 小时格式,DSE = 0
;并检查是否 PF3 = 1,将密码写入 RTC 的 NVRAM(7EH,7FH)内

IniRTC:	LACL #0AH	;将 ACL 载入 0AH 作为控制寄存器 A 的寻址
	LDP #RTC_RGA≫7	;DP 设置于 RTC_RGA 寄存器寻址 A15～A7
	SACL RTC_RGA	;将 ACL 写入 DM 存储器 RTC_RGA 寄存器内
	OUT RTC_RGA,RTC_AS	;将 RTC_RGA 输出到 RTC_AS(A)设置地址
	LACL #20H	;令 ACL = UIP,DV2～DV0 = 010(OSC = ON),
		;RS3～RS0 = 00H 关掉方波
	SACL RTC_RGA	;将 ACL 写入 DM 存储器 RTC_RGA(A)寄存器内
	OUT RTC_RGA,RTC_WR	;RTC_RGA 值输出到 RTC_WR 写入数据
	LACL #0BH	;将 ACL 载入 0BH 作为控制寄存器 B 的寻址
	SACL RTC_RGA	;将 ACL 写入 DM 存储器 RTC_RGA 寄存器内
	OUT RTC_RGA,RTC_AS	;将 RTC_RGA 输出到 RTC_AS(B)设置地址
	LACL #0A2H	;令 SET = 1(停止定时),PIE,AIE = 1,UIE,SQW,DM,
		;24/12 = 1DSE = 0
	SACL RTC_RGA	;将 ACL 写入 DM 存储器 RTC_RGA 寄存器内

```
            OUT RTC_RGA,RTC_WR      ;将 RTC_RGA 输出到 RTC_AS(B)设置地址
            LACL ♯0BH               ;将 ACL 载入 0BH 作为控制寄存器 B 的寻址
            SACL RTC_RGA            ;将 ACL 写入 DM 存储器 RTC_RGA 寄存器内
            OUT RTC_RGA,RTC_A       ;将 RTC_RGA 输出到 RTC_AS(B)设置地址 S
            LACL ♯22H
;SET = 0(允许定时 EN),PIE,AIE = 1,UIE(EN) = 0,SQW = 0,DM,24/12 = 1,DSE = 0
            SACL RTC_RGA            ;将 ACL 写入 DM 存储器 RTC_RGA 寄存器内
            OUT RTC_RGA,RTC_WR      ;将 RTC_RGA 输出到 RTC_AS(B)设置地址
            LACL ♯0CH               ;令 SET = 0(计时),PIE,AIE = 0,UIE,SQW = 1,DM = 1,
                                    ;24/12 = 0,DSE = 0
            SACL RTC_RGA            ;将 ACL 写入 DM 存储器 RTC_RGA 寄存器内
            OUT RTC_RGA,RTC_AS      ;将 RTC_RGA 输出到 RTC_AS(B)设置地址
;检查是否 PF3 = 1,将 ♯INISECUD 内 2 个 8 位密码写入 RTC 的 NVRAM(7EH,7FH)内
            INRTC_RDD,RTC_RD        ;读取 0BH 控制寄存器内容载入 RTC_RDD 内
            LDP ♯PFDATDIR≫7         ;令 DP 寻址于 PFDATDIR 的高 9 位值
            LACL PFDATDIR           ;读取 PF0~PF6 载入 ACL
            LDP ♯35CH≫7             ;令 DP 寻址于 35CH 的高 9 位值
            SACL 5CH                ;将 ACL 写入 35CH
            BIT 5CH,15 - 3          ;检测 35CH 的 D3 = PF3 载入 TC 标志
            RETC NTC                ;若 PF3 = TC 不为 1,则跳回主程序
            LACL ♯7EH               ;将 ACL 载入 7EH 作为 RTC 内的 NVRAM 存储器的寻址
            SACL RTC_RGA            ;将 ACL 写入 DM 存储器 RTC_RGA 寄存器内
            OUT RTC_RGA,RTC_AS      ;将 RTC_RGA 输出 RTC_AS(7EH)的 NVRAM 设置地址
            LACC ♯INISECUD          ;令 ACC 寻址于 INISECUD 地址
            TBLR 7DH                ;将 ACL 的 INISECUD 地址内容建表值载入 7DH
            LACC 7DH,8              ;7DH 左移 8 位,将 7DH 的高 8 位移入 ACH 低 8 位
            SACH RTC_RGA            ;将 ACH 写入 DM 存储器 RTC_RGA 寄存器内
            OUT RTC_RGA,RTC_WR      ;RTC_RGA 写到 RTC_WR,写入对应 RTC_AS(7EH)内
            LACL ♯7FH               ;将 ACL 载入 7FH 作为 RTC 内的 NVRAM 存储器的寻址
            SACL RTC_RGA            ;将 ACL 写入 DM 存储器 RTC_RGA 寄存器内
            OUT RTC_RGA,RTC_AS      ;RTC_RGA 输出到 RTC_AS(7FH)的 NVRAM 设置地址
            LACL 7DH                ;读取 37DH 的低 8 位载入 ACL
            SACL RTC_RGA            ;将 ACL 写入 DM 存储器 RTC_RGA 寄存器内
            OUT RTC_RGA,RTC_WR      ;RTC_RGA 写到 RTC_WR,写入对应 RTC_AS(7FH)内
            RET                     ;回主程序
;将键入数码 336H 内容与数据存放的 349H 内容左移入新键入的数据
TRSDNI:     LDP ♯349H≫7             ;令 DP 寻址于 349H 的高 9 位值
            LACC 49H,4              ;将 349H 内容左移 4 位载入 ACC
            AND ♯0FFF0H             ;将 ACC 与 0FFF0H 作 AND 运算,屏蔽低 4 位
            OR 36H                  ;将 ACC 与 336H 内的低 4 位作 OR 运算汇编
            SACL 49H                ;将新的移位值 ACC 写回 349H 内
            B NXINT1                ;跳回中断的回主程序 NXINT1 地址
            NOP
;将键入数码 336H 内容与密码存放的 34BH 内容左移入新键入的数据
SECUDNI:    LDP ♯34BH≫7             ;令 DP 寻址于 34BH 的高 9 位值
```

```
            LACC 4BH,4              ;将 34BH 内容左移 4 位载入 ACC
            AND  #0FFF0H            ;将 ACC 与 0FFF0H 作 AND 运算,屏蔽低 4 位
            OR   36H                ;将 ACC 与 336H 内的低 4 位作 OR 运算汇编
            SACL 4BH                ;将新的移位值 ACC 写回 349H 内
            B    NXINT1             ;跳回中断的回主程序 NXINT1 地址
            NOP
;将服务程序中会破坏到的存储器或寄存器及标志 ACC 等存放于存储器以免破坏
DATAPUSH:   NOP
            SST  #0,70H             ;将标志 ST0 存放于 0070H 存储器
            SST  #1,71H             ;将标志 ST1 存放于 0071H 存储器
            LDP  #0                 ;令直接寻址的页 DP = #0
            SAR  AR7,72H            ;将 AR7 的寻址值存放于 0072H 存储器内
            LAR  AR7,#330H          ;令 AR7 寻址于 374H 作为指针寻址的 SP 栈存放
            MAR  *,AR7              ;令 ARP = AR3 作为当前的辅助寄存器操作
            SACH *+                 ;将 AH 存放于 *AR7 的 330H 存储器 AR7 + 1 成为 331H
            SACL *+                 ;将 AL 存放于 *AR7 的 331H 存储器 AR7 + 1 成为 332H
            SAR  AR0,*+             ;将 AR0 存放于 *AR7 的 332H 存储器 AR7 + 1 成为 333H
            SAR  AR1,*+             ;将 AR1 存放于 *AR7 的 333H 存储器 AR7 + 1 成为 334H
            SAR  AR2,*+             ;将 AR2 存放于 *AR7 的 334H 存储器 AR7 + 1 成为 335H
            SAR  AR3,*+             ;将 AR3 存放于 *AR7 的 335H 存储器 AR7 + 1 成为 336H
            SAR  AR4,*+             ;将 AR4 存放于 *AR7 的 336H 存储器 AR7 + 1 成为 337H
            SAR  AR5,*+             ;将 AR5 存放于 *AR7 的 337H 存储器 AR7 + 1 成为 338H
            SAR  AR6,*+             ;将 AR6 存放于 *AR7 的 338H 存储器 AR7 + 1 成为 339H
            RET                     ;回主程序
;将服务程序中被暂存的 ST0、ST1 由存储器 0070H、0071H 取回原值
;而 AH、AL 及 AR0~AR7 和 ST0、ST1 由存储器 330H~338H 取回原值
DATAPOP:    NOP
            LAR  AR7,#330H          ;令 AR7 寻址于 330H 作为指针寻址的 SP 栈存放
            MAR  *,AR7              ;令 ARP = AR3 作为当前的辅助寄存器操作
            LACC *+,16              ;*AR7 的[330H]内容 AH 值左移 16 位读回 ACC,AR7 + 1
            LACL *+                 ;将 *AR7 内寻址的[331H]内容 AL 值读回 ACC,AR7 + 1 = 332H
            LAR  AR0,*+             ;*AR7 内寻址[332H]内容 AR0 值读回 ACC,AR7 + 1 = 333H
            LAR  AR1,*+             ;*AR7 内寻址[333H]内容 AR1 值读回 ACC,AR7 + 1 = 334H
            LAR  AR2,*+             ;*AR7 内寻址[334H]内容 AR2 值读回 ACC,AR7 + 1 = 335H
            LAR  AR3,*+             ;*AR7 内寻址[335H]内容 AR3 值读回 ACC,AR7 + 1 = 336H
            LAR  AR4,*+             ;*AR7 内寻址[336H]内容 AR4 值读回 ACC,AR7 + 1 = 337H
            LAR  AR5,*+             ;*AR7 内寻址[337H]内容 AR5 值读回 ACC,AR7 + 1 = 338H
            LAR  AR6,*+             ;*AR7 内寻址[338H]内容 AR6 值读回 ACC,AR7 + 1 = 339H
            LDP  #0                 ;令直接寻址的页 DP = #0
            LAR  AR7,72H            ;将预存于 0072H 存储器的 AR7 写回 AR7
            LST  #0,70H             ;将存储器 0070H 内容标志 ST0 写回 ST0
            LST  #1,71H             ;将存储器 0071H 内容标志 ST1 写回 ST1
RET ;回主程序

;LCD 的启动驱动显示控制
```

```
LCDM2:
        CALL LCDINI            ;启动 LCD 的模式显示
        LACC #TABLDAT1         ;令 ACC 在起始 LCD 屏蔽显示表格第一行地址
        CALL DSPTAB            ;将 ACL 所指表格地址内容进行显示
        LACC #0C0H             ;令 ACL = C0H 设置 LCD 屏蔽于第一行第一位数显示更新
        CALL LDWIR             ;将 ACL = C0H 写入 LCD 模块的控制码操作
        LACC #TABLDAT2         ;令 ACC 于起始 LCD 屏蔽显示表格第二行地址
        CALL DSPTAB            ;将 ACL 所指表格地址进行显示
        RET                    ;回主程序
;将 ACL 所寻址程序存储器数据显示在 LCD 上
DSPTAB: LAR AR7,#270H          ;令 AR7 寻址于 270H
        MAR *,AR7              ;令 ARP = AR7 为当前间接寻址操作
        MAR *+                 ;将 AR7 寻址值加 1 为下一个地址
        SAR AR0,*              ;将 AR0 值载入 *AR7 = [270H]存放,ARP = AR0
        LAR AR0,#19            ;AR0 定值 19 作为 LCD 屏蔽 19 + 1 字体显示计数
SHOWL1: PUSH                   ;将 ACL 推入栈指针所指的存储器内存放
        TBLR DATABUF           ;以 ACL 值作为 ROM 表格读取地址载入 DATABUF 内
        LACC DATABUF           ;将 DATABUF 内容载入 ACL
        CALL LDWDR             ;读取表格内的 ASCII 码输出到 LCD 模块对应显示
        POP                    ;由栈寄存器取回 ACL
        ADD #1                 ;将 ACL 的表格地址加 1
        MAR *,AR0              ;令 ARP = AR0 为当前计数次数操作
        BANZ SHOWL1            ;检测 AR0 是否为 0,若不为 0,则减 1 跳回 SHOWL1 再读取显示
        MAR *,AR7              ;令 ARP = AR7 为当前间接寻址操作
        LAR AR0,*-             ;将 AR0 由 *AR7 内取回原值并令 AR7 减 1
        RET                    ;回主程序
;LCD 模块的起始设置
LCDINI: LACC #01               ;令 ACL = 01 清除 LCD 屏蔽
        CALL LDWIR             ;将 ACL 内控制码写入 LCD 内设置清除屏蔽
        LACC #3CH              ;3CH 为 DL = 1,N = 1,F = 1,C = 1 光标 8 位 2 行 5×7 字形设置
        CALL LDWIR             ;将 ACL 内控制码写入 LCD 内设置 LCD 显示模式
        LACC #0CH              ;ACL = 0CH 为 S/C = 1,字形,R/L = 1 右移设置码
        CALL LDWIR             ;将 ACL 内控制码写入 LCD 内设置 LCD 显示模式
        LACC #06H              ;ACL = 06H 为 D = 1 字形 ON 显示及 C = 1 光标显示 ON
        CALL LDWIR             ;将 ACL 内控制码写入 LCD 内设置 LCD 显示模式
        LACC #80H              ;ACL = 80H 为第一行的第一个字形显示地址设置
        CALL LDWIR             ;将 ACL 内控制码写入 LCD 内设置 LCD 显示模式
        RET                    ;回主程序
;LCD 模块的指令写入设置
LDWIR:  RPT #1                 ;延迟 2 个周期
        NOP
        LDP #LCDINST≫7         ;令高地址的数据存储器 DP 寻址于 LCDINST
        SACL LCDINST           ;将 ACL 载入 LCD 控制寄存器内 LCDINST
WAITTI: OUT LCDINST,LCD_WIR    ;将 LCDINST 输出到 LCD 的指令写入 I/O 寻址
        NOP
```

```
                CALL LDBUSY              ;等待 LCD 指令写入是否已完成而等待
                NOP
                RET                      ;回主程序
                NOP
LDWDR:          RPT #1                   ;延迟 2 个周期
                NOP
                SACL LCDDATA             ;将 ACL 载入 LCD 数据寄存器内 LCDDATA
WAITT:          OUT LCDDATA,LCD_WDR      ;将 LCDDATA 输出到 LCD 的数据写入 I/O 寻址
                NOP
                CALL LDBUSY              ;等待 LCD 指令写入是否已完成而等待
                NOP
                RET                      ;回主程序
                NOP
;读取 LCD 的忙线标志并等待没有忙线时
LDBUSY:         IN BUSYFLG,LCD_RIR       ;由 LCD 的标志 I/O 地址读入 BUSYFLG 寄存器内
                BIT BUSYFLG,8            ;检测读取的标志 D8 作为 TC 标志
                NOP
                BCND LDBUSY,TC           ;若 D8 忙线标志为 1,则跳回 LDBUSY 等待
                NOP
                RET                      ;回主程序
                NOP
INIPWMT:
                LDP #ACTR>>7             ;令高地址的数据存储器 DP 寻址于 ACTR
                SPLK #0000011001100110B,ACTR
;向量空间 SVDIR=0,D2~D0=000,PWM 输出比较极性 CMP6~0[0110,0110,0110]
;HI/LO 驱动令 PWM5、PWM3、PWM1 输出低电平有效,而 PWM6、PWM4、PWM2 输出高电平有效
                SPLK #0000001111110000B,DBTCON
;XXXX,DBT3~0[0011tm],EDB3~1[111],DPS2~0[000,x/1],XX

                SPLK #5000,CMPR1         ;设置比较寄存器 1 为 5000 比较值
                SPLK #5000,CMPR2         ;设置比较寄存器 2 为 5000 比较值
                SPLK #5000,CMPR3         ;设置比较寄存器 3 为 5000 比较值
                SPLK #0000001000000000B,COMCON
;CEN=0,CLD1/0,SVEN,ACTRLD1/0,FCOMPOE=1,X---
;cenable=0 先禁用比较,cld1/0=00 比较值在 T1CNT=0 时重载,禁用向量空间 PWM
                SPLK #0000000001001001B,GPTCON
;X,T2/1/STUS,XX,T2/1STADC,TCMEN[txpwm]=1,XX,T4[2]/3PI
;通用定时器 1/2 设置 T1/T2 引脚强迫为 00 输出,T2 不启动 ADC 转换
;T2,T1 状态可读取得知,DIR 1=UP 加数,0=DOWN 减数 T2/T1 的 TxPWM 输出模式
                SPLK #10000,T1PR         ;令 T1PR 的周期定时值为 10000
;T1 Periode=1000 MAX IF T3CNT=0000-600 RHEN UP/DN
                SPLK #5000,T1CMPR        ;令 T1CMPR 的本身比较器值 5000
                SPLK #0000,T1CNT         ;T1CNT=0 清除定时值
                SPLK #1000100000000010B,T1CON
;FRE,SOF=10/ICE,TMD=01 连续加减数,预分频 TPS=000,X/1,T1=0,TEN=0/[1]不定时,
```

```
;FRE,SOF = 10/NOT AFFECT TMD = 10 CU/DN,TPS = 100,X/1,T4 = 0,TEN = 0/[1],TCK = 00 INTER
;TCLD1/0,TECMPR,SELT3PR
;SPLK #100010 0001000010B,T1CON      ;D6 = TEN = 1 允许定时
          SPLK #5000,T1CMPR           ;令 T1CMPR 的本身比较器值 5000
          RET                         ;回主程序
          NOP

;起始设置 SCI 的波特率 9 600 及其模式
INISCI:   LDP #SCSR1≫7                ;令 DP 寻址于 #SCICTL2 的高 9 位
          SPLK #02CCH,SCSR1           ;允许 SCI 模块的输入时钟
;OSF,CKRC,LPM1/0,CKPS2/0,OSR,ADCK,SCK(1),SPK,CAK,EVBK,EVAK,X,
          LDP #MCRA≫7                 ;令 DP 寻址于 #MCRCA 的高 9 位
          SPLK #0FFFFH,MCRA           ;设置 PA,PB 特殊端口的功能引脚
          LDP #SCICCR≫7               ;令 DP 寻址于 #SCICCR 的高 9 位
          SPLK #07H,SCICCR            ;不进行回接测试
;STP,E/OP,PE,LPBK[1],ADR/IDL,SCICHR2~0 = 111 为 8 位数据传输
          SPLK #0003H,SCICTL1         ;令 RTXEN 及 RXEN = 1 允许接收及发送
;X,RXE - I,SWR,X,TXWK,SLP,TXEN,RXEN[1,1] 0003H
          SPLK #0000H,SCICTL2         ;令接收及发送中断允许为 0 而禁用
;TXRDY,TXEMP,XXXX,RX/BK/INTEN[1],TX/INTEN
          SPLK #0001H,SCIHBAUD        ;令 BAUD15~BAUD8 = 01,则 $F_{CLK}$ = 10 MHz × 2 = 20 MHz
          SPLK #0004H,SCILBAUD        ;设置 SCI 为 9 600 bps
;BAUD7~BAUD0 BAUD RATE = FCLK/[(BAUD + 1)×8] = 9 600
          LDP #SCICCR≫7               ;令 DP 寻址于 #SCICCR 的高 9 位
          SPLK #0023H,SCICTL1         ;软件清除 SCI,令 TXEN = 1,RXEN = 1,允许传输
;X,RXEI[0],SWR[1],X,TXWK,SLP,TXEN,RXEN[1,1]
          SPLK #0030H,SCIPR           ;设置 SCITXP 及 SCRXP = 0 的中断低优先级
I;X,SCTXP,SCRXP[1],SCI/SOFT/FREE[10],XXX Low Priority
          SPLK #0002H,SCICTL2         ;允许 D1 = RX/BK/INTEN 接收中断控制
;TXRDY,TXEMP,XXXX,RX/BK/INTEN[1],TX/INTEN 中断为 INT5 [PIVR = 0006H]
          RET                         ;回主程序
          NOP
;PF0 = 1,开始 SCI 传输;PF1 = 1,执行外部回接 ACSII 码。PF2 = 0,为内部回接的 HEX 码
UARTN:
          LAR AR1,#SCITXBUF           ;令 AR1 寻址于 SCITXBUF 的 SCI 发送数据缓冲外设
          LAR AR2,#SCIRXBUF           ;令 AR2 寻址于 SCIRXBUF 的 SCI 接收数据缓冲外设
          LDP #SCICCR≫7               ;令高地址的数据存储器 DP 寻址于 SCICCR
          SPLK #0023H,SCICTL1         ;X,RXEI[0],SWR[1],X,TXWK,SLP,TXEN,RXEN[1,1]
;不进行中断及软件复位,TXWAKE = 0 及禁用 SLEEP,但允许 TXENA 及 RXENA
          LAR AR4,#TXDBUF             ;AR4 寻址于 TXDBUF 存放发送数据 03E9H
          LAR AR3,#RXDBUF             ;AR3 寻址于 RXDBUF 存放接收数据的 03EAH
          LAR AR5,#3C0H               ;令 AR5 寻址于 3C0H 位置
          SETC INTM                   ;允许中断总开关
WAITTXD:  MAR *,AR5                   ;令当前操作为 AR5
          LDP #PFDATDIR≫7             ;令 DP 寻址于 PFDATDIR 的高 9 位值
```

```
              LACL PFDATDIR       ;读取 PF 输入值载入 ACL 内
              SACL *              ;将 ACL 值写入 AR5 所寻址的 3C0H 存储器内
              BIT *,15            ;检测 AR5 寻址内容 PF 值的 PF0 作为 TC 值
              NOP
              BCND WAITTXD,NTC    ;TC = PF0 = 0,跳回 WAITTXD,等 PF0 = 1 启动

;一直核对密码。若不同,则回主程序;若相同,则读取 RTC 的时间值及七段 LED 的设置值由 SCI 发送出
              LDP #SCICCR≫7      ;令 DP 寻址于 #SCICCR 的高 9 位
              SPLK #07H,SCICCR    ;STP,E/OP,PE,LPBK[?],ADR/IDL,
                                  ;SCICHR2~0 = 111,8 位
;一个停止位,奇位,没有同位,不回接 LPBK[INT]传输,空闲模式 8 个字长
              CALL CHKSECU        ;核对密码是否相同
              RETC NEQ            ;若核对不等,则不进行传输而回主程序
              nop
              CALL RDTIMER        ;调用读取 RTC 的万年历数据存放于 310H~313H
              LAR AR4,#310H       ;令 AR4 寻址于 310H
              LAR AR6,#02         ;令 AR6 定值于 2 的 3 组(310H~313H)发送
              LAR AR3,#34AH       ;令 AR3 寻址于 34AH
NEXTTXD:      MAR *,AR4           ;令 ARP = AR4
              LACC *,4,AR3        ;将 AR4 寻址的存储器 310H 内容左移 4 位载入 ACL
              SACH *              ;将 ACH 内高位值写入 AR3 寻址 34AH 存储器内
              LACL *,AR1          ;将 *AR3 内容写回 ACL,ARP = AR1 寻址于 SCITXBUF
              AND #000FH          ;ACL 与 000FH 作 AND 运算,以便显示时钟的千位数值
              NOP
              SACL *,AR4          ;将读取的 RTC 数据写入 *AR1 = [SCITXBUF]以便发送
              CALL XMITRDY        ;开始由 SCI 发送
              LACC *,8,AR3        ;将 AR4 寻址的存储器 310H 内容左移 8 位载入 ACL
              SACH *              ;将 ACH 内高位值写入 AR3 寻址 34AH 存储器内
              LACL *,AR1          ;将 *AR3 内容写回 ACL,ARP = AR1 寻址于 SCITXBUF
              AND #000FH          ;ACL 与 000FH 作 AND 运算,以便显示时钟的百位数值
              SACL *,AR4          ;将读取的 RTC 数据写入 *AR1 = [SCITXBUF]以便发送
              CALL XMITRDY        ;开始由 SCI 发送
              LACC *,12,AR3       ;将 AR4 寻址的存储器 310H 内容左移 12 位载入 ACL
              SACH *              ;将 ACH 内高位值写入 AR3 寻址 34AH 存储器内
              LACL *,AR1          ;将 *AR3 内容写回 ACL,ARP = AR1 寻址于 SCITXBUF
              AND #000FH          ;ACL 与 000FH 作 AND 运算,以便显示时钟的十位数值
              SACL *,AR4          ;将读取的 RTC 数据写入 *AR1 = [SCITXBUF]以便发送
              CALL XMITRDY        ;开始由 SCI 发送
              LACL *+,AR1         ;将 AR4 内容写回 ACL,ARP = AR1 寻址于 SCITXBUF(AR4+1)
              AND #000FH          ;ACL 与 000FH 作 AND 运算,以便显示时钟的各位数值
              SACL *,AR6          ;将读取的 RTC 数据写入 *AR1 = [SCITXBUF]以便发送
                                  ;ARP = AR6
              CALL XMITRDY        ;开始由 SCI 发送
              NOP
              BANZ NEXTTXD        ;检测 AR6 是否为 0。共需要读取 3 * AR3 内 12 次 RTC 数据发送
```

```
            MAR *,AR4              ;设置 ARP = AR4
            LACL *,AR1             ;*AR4 内 4 位七段 LED 数据载入 ACL,令 AR1 寻址 SCITXBUF
            AND #000FH             ;ACL 与 000FH 作 AND 运算,以便显示时钟的各位数值
            SACL *,AR6             ;将读取的数据写入 *AR1 =[SCITXBUF]以便发送
            CALL XMITRDY           ;开始由 SCI 发送
            NOP
            CALL TRSDAT            ;调用 TRSDAT 将 349H 内 4 位密码值发送
            CLRC INTM              ;允许中断总开关
            RET                    ;回主程序
            NOP
;发送数据,每次为 4 位,依次将 349H 内容进行发送
TRSDAT:     LAR AR7,#349H          ;令 AR7 寻址于 349H
            MAR ,AR7               ;令 ARP = AR7 执行 *AR7 的操作
            LACC ,4,AR3            ;*AR7[349H]左移 4 位,将 *AR7 高 4 位转到 ACH 低 4 位
            SACH *                 ;将 ACH 载入 *AR3[34AH]内取得 *AR7 的高 4 位载入
            LACL *,AR1             ;读取 *AR3 写回 ACL,并令 ARP = AR1 寻址于 SCITXBUF
            AND #000FH             ;将 ACL 与 000FH 作 AND 运算取得其低 4 位值
            SACL *,AR7             ;将 ACL 值写入 *AR1 的 SCITXBUF 通过 SCI 发送,ARP = AR7
            CALL XMITRDY           ;等状态 SCI 发送的标志检测
            LACC *,8,AR3           ;*AR7[349H]左移 8 位,将 *AR7 次高 4 位转到 ACH 低 4 位
            SACH *                 ;将 ACH 载入 *AR3[34AH]内取得 *AR7 的次高 4 位载入
            LACL *,AR1             ;读取 *AR3 写回 ACL,并令 ARP = AR1 寻址于 SCITXBUF
            AND #000FH             ;将 ACL 与 000FH 作 AND 运算取得其低 4 位值
            SACL *,AR7             ;将 ACL 值写入 *AR1 的 SCITXBUF 通过 SCI 发送,ARP = AR7
            CALL XMITRDY           ;等状态 SCI 发送的标志检测
            LACC *,12,AR3          ;*AR7 左移 12 位,将 *AR7 次低 4 位转到 ACH 低 4 位
            SACH *                 ;将 ACH 载入 *AR3[34AH]内取得 *AR7 的次低 4 位载入
            LACL *,AR1             ;读取 *AR3 写回 ACL,并令 ARP = AR1 寻址于 SCITXBUF
            AND #000FH             ;将 ACL 与 000FH 作 AND 运算取得其低 4 位值
            SACL *,AR7             ;将 ACL 值写入 *AR1 的 SCITXBUF 通过 SCI 发送,ARP = AR7
            CALL XMITRDY           ;等状态 SCI 发送的标志检测
            LACL *,AR1             ;读取 *AR3 写回 ACL,并令 ARP = AR1 寻址于 SCITXBUF
            AND #000FH             ;将 ACL 与 000FH 作 AND 运算取得其低 4 位值
            SACL *,AR7             ;将 ACL 值写入 *AR1 的 SCITXBUF 通过 SCI 发送,ARP = AR7
            CALL XMITRDY           ;等状态 SCI 发送的标志检测
            RET                    ;回主程序
            NOP
XMITRDY:
            LDP #SCICTL2≫7         ;令 DP 寻址于 #SCICTL2 的高 9 位
            BIT SCICTL2,BIT7       ;检测 D7 = TXRDY 对应 TC = 1>? 判断是否为 1,若为 1,则 TX 发送完成
            NOP
            BCND XMITRDY,NTC       ;若 TC = TXRDY = 0,则跳回 XMITRDY 等待
            RET                    ;回主程序
            NOP
```

```
;SCI 的接收中断服务程序
GISRX1:     LDP  #00E0H              ;令 DP = #00E0H70XXH
            LACL PIVR                ;读取外设中断的向量值 ACL 来自于 PIVR = 701EH
            SUB  #0006H              ;将 ACL 减 RXINT = 0006,检测是否为 RECVINT 的中断
            BCND START_RCV,EQ
;若 PIVR = 0006,则分支到 START_RCV 程序段进行中断接收处理
            NEXT_RXD
            CLRC INTM                ;若不是 RECV INT,则允许中断总开关
            CALL DSPUARTN            ;执行显示接收寄存器的 HEX 码
            CALL DATAPOP             ;执行中断服务程序的数据或寄存器内容写回子程序
            RET                      ;回主程序
;每次接收到 SCI 数据产生中断,开始进行数据的读取并存放于 *AR3[#RXDBUF]
;并以 DSPUSRTN 将最近的接收数据显示在 4 位七段 LED 屏蔽上
;若是 0DH 控制码,则表示接收完成,同时关掉中断总开关停止中断接收
            START_RCV:
            CALL DATAPUSH            ;执行中断服务程序数据或寄存器内容存储子程序
            LDP  #379H>>7            ;令 DP 寻址于 379H 的高 9 位值
            LAR  AR3,79H             ;将 379H 内容载入 AR3
            LAR  AR2,#SCIRXBUF       ;令 AR2 寻址于 SCIRXBUF 寄存器寻址
            MAR  *,AR2               ;令 ARP = AR2 = #SCIRXBUF
            LACC *,AR3               ;读取 AR2 = #SCIRXBUF 载入 ACC 并令 ARP = AR3 = RXDBUF
            SACL *+                  ;将读取的 AR2 = #SCIRXBUF 内容载入 AR3 * = RXDBUF
            SAR  AR3,75H             ;将 AR3 暂存于 375H
            SUB  #0DH                ;将接收的数据与 0DH 相减,比较是否为 0DH 的控制码
            BCND TXD_DONE,EQ         ;若接收到"0DH" CR 码,则跳到 TXD_DONE 退出传输
            LAR  AR0,#RXDBUF+20      ;令 AR0 载入 #RXDBUF + 20 地址值
            CMPR 01                  ;若 AR3<AR0,则 TC = 1
            BCND NEXT_RXD,TC         ;若 TC = 1 即 AR3<AR0,则跳到发送完成的处理
            TXD_DONE
            SETC INTM                ;令 INTM = 1 关断中断总开关
            CALL DSPUARTN            ;将接收到的 HEX 数据显示在 CPLD 的 4 位七段 LED 上
            CALL DATAPOP             ;调用将 ACH、ACL、ST0、ST1 及 AR0~AR7 由存储器取回原值
            RET                      ;回主程序
;将接收数据存储器内容[RXDBUF]的 0~F 数码转换成二进制码显示
;AR3 寻址 RXDBUF 及 RXDBUF-1 内容输出到 I/O 地址 8006H/8005H 输出显示
DSPUARTN:   LDP  #0                  ;DP 寻址于 0 页
            SAR  AR2,7CH             ;将 AR2 暂存于 007CH
            SAR  AR3,7DH             ;将 AR3 暂存于 007DH
            MAR  *,AR3               ;令 ARP = AR3 作为当前的辅助寄存器操作
            MAR  *-                  ;令 AR3 寻址于上一次数据地址
            LAR  AR2,#35DH           ;AR2 寻址于 35DH 作为 HEX 显示码数据存放寻址
            LACL *-,AR2              ;*AR3 载入 ACL,令 ARP = AR2 及 AR3-1 上两次数据寻址
            SACL *-,AR3              ;ACL 载入 AR2 显示寄存器 35DH 地址令 AR2 = 35CH,
                                     ;ARP = AR3
            LACL *+,AR2              ;*AR3 接收数据载入 ACL,令 ARP = AR2 及 AR3+1
```

```
            SACL  * +                 ;将 ACL 内容载入 AR2 显示寄存器 35CH 地址,AR2 = 35DH
            LAR AR3,#35CH             ;AR3 寻址 AR3 = 35CH 作为 HEX 显示码数据存放寻址
            MAR  *,AR3                ;令 ARP = AR3 作为当前的辅助寄存器操作
            OUT  * +,8005H            ;* AR3 内容输出 8006H 接口硬件外设进行七段 LED 显示
            OUT  * -,8006H            ;* AR3 + 1 输出 8005H 接口硬件外设进行七段 LED 显示
            CALL DELAYT               ;显示传输数据一段时间
            LAR AR2,7CH               ;将 AR2 由 007CH 存储器取回
            LAR AR3,7DH               ;将 AR3 由 007DH 存储器取回
            RET                       ;回主程序
            NOP

ASC2HEX:    CALL ASC2HEX2
;将 * AR3 二个 ASCII 码转成一个 8 位的 HEX 码载入 * AR2
            CALL ASC2HEX2
;* AR3 + 二个 ASCII 码转成一个 8 位 HEX 码载入 * AR2 +
            RET                       ;回主程序
            NOP
ASC2HEX2:   MAR  *,AR3                ;令 ARP = AR3 作为当前的辅助寄存器操作
            CALL ASC2HEX1
;将一个 * AR3 内容 ASCII 码转成一个 4 位 HEX 载入 ACL
            SACL *,AR3                ;将 ACL 载入 * AR2 暂存
            CALL ASC2HEX1
;将下一个 * AR3 内容 ASCII 码转成一个 4 位 HEX 载入 ACL
            RPT #3                    ;下列指令重复执行 3 + 1 次
            SFL                       ;将 ACC 左移 4 位 ACL = X0
            AND #0F0H                 ;将 ACL 与 0F0H 作 AND 运算取 ACL 高 4 位
            OR  *                     ;将 ACL 与 *(AR3)作 OR 运算,则 ACL = X0 | AL = XY
            SACL * -,AR3              ;二个 4 位转成一个 8 位 ACL 写入 * AR2 = XY [35DH]
            RET                       ;回主程序

ASC2HEX1:   LAR AR7, *                ;将当前的辅助寄存器的内容载入 AR7
            MAR  *,AR7                ;令 ARP = AR7 作为当前的辅助寄存器操作
            LAR AR0,#30H              ;令 AR0 = #30H 作 ASCII 码的转换差值
            CMPR 1                    ;[ARP]< AR0? 比较 [ARP = AR7]是否小于 AR0 = 30H,是否为非数码
            BCND NOTUMB,TC            ;[ARP = AR7]小于 AR0,则 TC = 1,跳到 NOTUMB
            LAR AR0,#39H              ;若是大于 30H 的数码则,令 AR0 = 39H
            CMPR 2                    ;[ARP]>AR0? 比较 [ARP = AR7]是否大于 AR0 = 39H(0~9),是否为数字码
            BCND ALPHCOD,TC
;若大于 39H,则非 0~9 数字,跳到 ALPHCOD 检测字母码
            MAR  *,AR3                ;若是大于 30H 且小于或等于 39H 的 0~9 数字,则令 ARP = AR3
            LACC * -,AR2
;读取 * AR3 内容 ASCII 码载入 ACL 内,并令 AR3 + 1 令 ARP = AR2
            SUB #30H                  ;将 ACL = [30H~39H]减去 30H 成为 0~9 的数字码
            AND #0FH                  ;将 ACL 与 0FH 作 AND 运算取低 4 位值
            RET                       ;回主程序
```

```
ALPHCOD:    LAR AR0,#41H        ;令 AR0 为 41H 的 A~F 的 41H~46H 码减 41H 码
            CMPR 1              ;*AR3 < AR0? 比较[ARP=AR7]是否小于 AR0=41H,是否为非数码
            BCND NOTUMB,TC      ;若 ARP=AR7 小于 41H,则跳回 NOTNUMB
            LAR AR0,#46H        ;令 AR0 为 46H 的 A~F 的 41H~46H 码减 46H 码
            CMPR 2
;[ARP]>AR0? 比较[ARP=AR7]是否大于 AR0=46H(F),是否为字母码
            BCND NOTUMB,TC      ;若大于 46H,则非 A~F 数字,跳到 NOTUMB 非 0~F 码
            MAR *,AR3           ;若是大于 46H 且小于或等于 41H 的 A~F 的数码,令 ARP=AR3
            LACC *-,AR2
;读取 *AR3 内容 ASCII 码载入 ACL 内,并令 AR3-1,ARP=AR2
            SUB #37H            ;将 ACL=[41H~46H]减去 37H 成为 A~F 的数字码
            AND #0FH            ;将 ACL 与 0FH 作 AND 运算取低 4 位值
            RET                 ;回主程序
NOTUMB:     LACC #0FH           ;令 ACL=#0FH
            MAR *,AR3           ;令 ARP=AR3 作为当前的辅助寄存器操作
            MAR *-,AR2          ;将 AR3 寻址值减 1 回到上一个 ASCII 数码寻址
            RET                 ;回主程序
DELAYT:     LAR AR6,#0FFFFH     ;AR6 定值于 0FFFFH 作为循环延时的定时
D_LOOP:     RPT #00FFH          ;重复执行 NOP 指令 255 次作为延时操作
            NOP
            RPT #00FFH          ;重复执行 NOP 指令 255 次作为延时操作
            NOP
            KICK_DOG            ;执行清除看门狗定时微程序
            KICK_DOG            ;执行清除看门狗定时微程序
            MAR *,AR6           ;令当前操作为 AR6 作为延时循环的计数
            nop
            BANZ D_LOOP         ;若 AR6 不为 0,则减 1,跳回 D_LOOP 再次延迟
            RET                 ;若 AR6 为 0,则退出延迟而回主程序
            NOP


TABLDAT1:   .byte "03:12:25:23:59:59:W7"
TABLDAT2:   .byte "YR:MN:DY:22:00:00:AL"
TABLDAT3:   .word 07H,01H,02H,03H,04H,05H,06H,07H,08H,09,0AH,0BH,0CH,
            0DH,0EH,0FH,00,00
TABLDAT4:   .byte "232E 456789"
TABLTEST:   .byte 0AAH
.word 00H,00H
INISECUD:   .word 03651H


PHANTOM:    KICK_DOG
            B PHANTOM
GISR1:      B KEYIN             ;当 CPLD 外设的矩阵键盘按键被按时产生 XINT1 中断
GISR2:      RET
GISR3:      RET
GISR4:      RET
```

```
GISR5:      B SCIRXI        ;UART 接收到信号将产生接收中断
GISR6:      RET
            .end
```

实验测试

(1) 本示例使用的 FPGA 下载板为 8k 或 10k10。

(2) 示例文件名：FPGA 8k 为 dspskyi7；FPGA 10k10(144Pin)为 dspskyi10；DSP 为 rtcuart。

(3) 接线方式如下：

① 从 DSP 实验板上的 P2 端(RS-232)，使用 9 引脚 LL3 线(公-公)，与模块的 RS-232 端连接起来。

② 把 LCD20X2 插至实验板的 JP24 端。

③ 模块＋5 V 直流电源，接主机(CI-51001)或电源供电器(提供 1 A 以上)；VPWR 不用接。

④ 模块上的 AVR8515 须事先烧写 AVR7SSK 程序(一般出厂时已烧写)。模块上的 16 引脚(2×8)跳线,JP2 的左二排、JP3 的右二排、PTD 的右二排、JP5 须用 16 引脚跳线短路,PY1 的右二引脚须用 2 引脚跳线短路。

⑤ SN-510PP 的 25 引脚端使用电缆线连接计算机,14 引脚数据线端接至 DSP 芯片的 JP12(DSP-JTAG)端。

⑥ 拔起 CPLD 板,检查 JP25 的 $\overline{RESET}$ 与 CNF-DN 必须用跳线短路,PS78 与 PA3、PS79 与 PA4 必须用跳线短路。

⑦ 拔起 DSP 板,检查 JP5 的 GND 与 KICOM-SEL 必须用跳线短路,JP1 上二排须短路, JP21 的 PS78 与 XINT1 必须用跳线短路,JP23 的跳线须短路。

(4) 操作方式如下：

① 利用 DNLD3(DNLD82)或 DNLD10(DNLD102)把 FPGA 8k 的执行程序 dspskyi7 (dspskyi10 为 10k10)下载到 FPGA。

② 等下载板启动稳定后,再执行 CCS2000。

③ 在 Parallel Debug Manager 窗口的工具栏 Open 下选择,执行 sdgo2xx(Spectrum Digital),如图 11-12 所示。

④ 在 C2XX Code Composer 窗口,选择 File 下的 Load program 执行 rtcuart.out,打开旧文件。

⑤ DSP 实验板上 SW12 的 bit1 拨至 ON。

⑥ 键盘设置为如下：

    A＝发送数据(至模块)；

    B＝移位键(LCD 上的光标)；

    C＝ID Code(密码为 3651)；

    D＝LCDM 下行闹铃设置；

    E＝LCDM 上行的万年历设置；

    F＝七段显示器的数据键。

⑦ 选择 RUN 后,可先以 B 移位键对应 E 键的 LCDM 上行的万年历设置或 D 键的 LCDM

下行闹铃设置来设置 LCD 上的时间、闹铃、万年历,在发送数据到模块前(A 键),请先键入密码(C 键)才可发送,也可在发送前按 F 键先键入一些数字数据一并发送。

⑧ 发送后在模块的 6 位七段显示器上,由左至右会显示 LCD 的"秒"的末 1 码、"星期"的末 1 码数字以及在 DSP 七段显示器上显示的末 4 码数据,共 6 码。

⑨ 完成后,可由模块上的键盘键入数字,会同时在模块的七段显示器上显示,DSP 的七段显示器显示所键入的数字,成为互控模式。

⑩ 若有死机的情况发生,则按一下 DSP2407 机板的 RESET,再从第⑥步开始操作即可。

⑪ 调整时钟或闹铃时间,当闹铃时间到时,2407 的 PWM 及 CPLD 的 PWM 输出如何?试讨论实验测试记录。

第 13 章

SPVC 三相电力控制专题应用示例

13.1 SPVC 三相电力驱动电路简介

TMS320F2407 芯片中,除了 CAN 系统外,另一个重要的特殊功能就是空间向量控制 SPVC 的三相电力控制,可使用 IGBT 或 MOSFET 来驱动。驱动电路如图 13-1 所示,为专用的三相电机 PWM 驱动模块,分成三大部分说明。

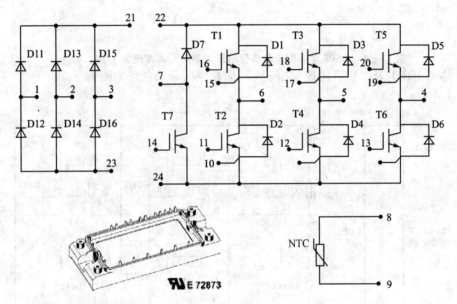

图 13-1 西德 IXYS 公司 MUBW 25-12 A7 三相 PWM 换流、变流及刹车模块

(1) 换流器(Converter 三相整流器):最大额定耐压为 1 600 V,平均额定耐流为 25 A,最大瞬间电流为 300 A。

(2) 变流器(三相 Inverter):最大额定耐压 V_{ces} 为 1 200 V,平均额定耐流为 35 A(80 ℃),额定耐压 $V_{ges}=\pm 20$ V,瞬间额定功率为 225 W(25 ℃)。

(3) DC 刹车(DC Brake):最大额定耐压 V_{ces} 为 1 200 V,平均额定耐流为 20 A(80 ℃),额定耐压为 $V_{ges}=\pm 20$ V,瞬间额定功率为 105 W(25 ℃)。

此驱动模块使用于成品比较方便,但在初期进行设计、实验和测试时,若不小心损坏一个

IGBT/CMOS 或二极管,则必须整块更换,这样会提高成本,因此作者重新以单体的 IGBT 及二极管来组装。单体 IGBT 特性如图 13-2 所示。

图 13-2　IXGH 24N60CD1 单体 IGBT 耐压 600 V,额定电流 24 A(110 ℃)

单体双二极管整流器 DSP8-12 特性如图 13-3 所示。

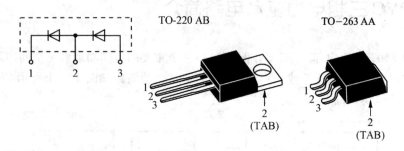

图 13-3　DSP8 单体整流二极管耐压 1 200 V,额定电流 17 A(100 ℃)

以单体的 IGBT 及二极管构成三相 PWM 向量空间驱动电路如图 13-4 所示。

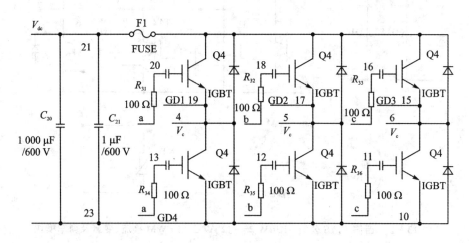

图 13-4　单体的 IGBT 及二极管组装成三相 PWM 向量空间驱动电路

13.2　三相电力控制实验模块电路简介

三相或单相的交流或直流负载元件,如电机或加热器等,必须用图 13-1 所示的功率驱动电路来控制,内含负载过载保护、二相的负载电流检测限幅电路以及 IGBT 的光隔离驱动器等,如图 13-5 所示。

第 13 章　SPVC 三相电力控制专题应用示例

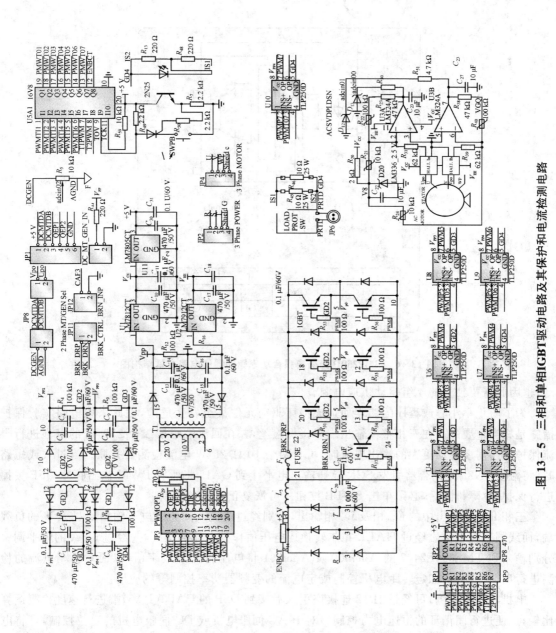

图 13-5　三相和单相 IGBT 驱动电路及其保护和电流检测电路

以 JP3 的 20 引脚插槽与 SN-DSP2407 实验开发系统的 JP17 直接对应连接控制。其中 PWM1~PWM7(PA6、PA7 及 PB0~PB3)连接到 GAL16V8 进行驱动及保护控制,其对应输出 PWMTO1~PWMTO6 连接到光隔离耦合驱动芯片 TLP250D,以负相来驱动 IGBT 进行 PWM 的 ON/OFF 控制。TLP250D 最大输出驱动电流 2 A 足以驱动 IGBT 输出 10 A 的负载。此光隔离驱动器供应电压为 10~35 V,转状态速度达 0.5 μs(最大),因此极适合驱动达 50 kHz 的 PWM 控制。TLP250D 方框结构电路如图 13-6 所示。另一个 PWM7 由 JP3 的 T1PWM= PB4 同样通过 GAL 输出 PWMTO7,加到 U10 的 TLP250D 来驱动 DC 刹车的 IGBT 进行控制。这 7 个独立的 IGBT 驱动器由于驱动电平以及为了防止干扰及误功能,因此需要进行光隔离驱

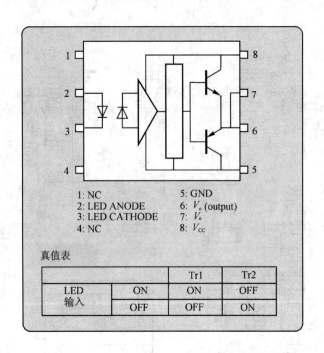

图 13-6　TLP250D 光隔离耦合功率驱动器的电路方框结构图

动,也因此需要独立的 4 组驱动供应电源。

　　为了防止不小心或程序的错误而造成损坏驱动元件甚至发生危险,因此采取电路实验保护措施是相当重要的。在三相整流输出端串接保险丝,并在回流端串接二个 250 W 的灯泡进行限流保护。当需要驱动更大的输出电流时,可将两个 10 Ω/25 W 电流检测器并联。当过载或短路时,将触发 2N25 光耦合器引发 SCR 导通输出电平接到 GAL,将所有 PWM 输出脉冲 OFF 关掉进行保护;故障排除后,必须单击 SWPB 按钮才可恢复正常驱动控制。

　　三相 PWM 输出中的 U_{po} 相及 V_{po} 相输出,分别经过电流线圈感应电流输出到 U 及 V 的负载端,而线圈感应电流磁经过 HALL 霍尔转换成电压值作为电流的检测,并经过 OPA 的电平调整分别输入到 TMS320F2407 的 Adcin00 及 Adcin01 将电压转换成数字值,以便对各相电流的检测进行反馈控制,例如定转距电机控制或定电流的变频器功率控制等的应用。

　　电机转速的检测,可经过 JP12 连接座引入后接到 DSP 的 CAP3(PA5)端进行速度检测运算比较,以便进行闭循环的恒速电力控制。对于 AC 伺服电机或 DC 伺服电机的定位控制,可将电机同轴编码器(Encoder)或光学尺检测 QEP1/QEP2 信号接到 JP1 进行反馈输入的闭循环控制;同时 JP1 可将单相电机或 DC 电机的 DCMTDA 及 DCMTDB 线圈端引入进行 PWM 驱动控制。DCMTDA 和 DCMTDB 可通过 JP8 选择接到 IGBT 驱动的 V_{po} 及 U_{po} 端控制驱动,或改由电机同步的直流发电机 DCGEN/AGND 通过 R_5 的 VR 分压调整电平接到 Adcin02 端进行模拟速度反馈检测控制。

　　图 13-5 的实体面板电路如图 13-7 所示。模块的三相电源可由面板端的专用接线引入,或者接线到 JP2 的 R、S、T 及接地线 Shield G 端。三相负载同样可由 JP4 的 U、V、W 及 Shield G 端引出控制。

　　本驱动模块原则上可驱动定额约为 3 A 的负载。当驱动电流超过时,可在 JP22 端接上一个

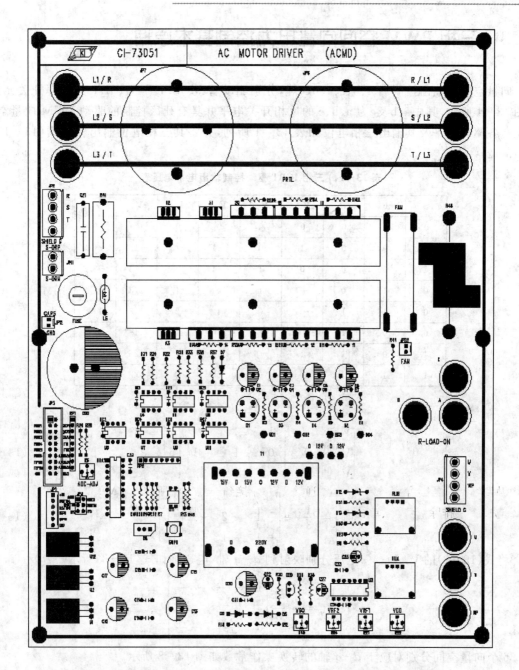

图 13-7 三相和单相 IGBT 驱动电路及其保护和电流检测电路实验面板图

DC 12 V 的散热风扇,便可降低 IGBT 的温度而提高其驱动功率和对应电流达 10 A 左右。第 7 个 IGBT 连接成单极的开集电极驱动,且并接反向二极管保护。当三相 PWM 驱动的是交流电机时,此 IGBT 可作为单向 PWM 的 DC 刹车控制,其驱动功率及耐压等特性与其他 IGBT 相同。DC 驱动负载可由 JP11 接入控制。

注意:当使用此功率驱动模块时,在控制系统没有确认时,必须将串接 250 W×2 的 JP6、JP7 负载灯泡接上,并以跳线接到 AC 端进行保护测试。当一切正常且需要较大的驱动负载时,才可用跳线接到 AB 端,形成 5 Ω/50 W 的负载保护。

13.3 三相 PWM 空间向量电力控制基本原理

向量空间的输出控制端 a、b、c、$\bar{a}$、$\bar{b}$、$\bar{c}$ 等，分别驱动着 MOSFET 或 IGBT 大功率开关元件，如图 13-4 所示，其中 $\bar{a}$、$\bar{b}$ 及 $\bar{c}$ 为 a、b、c 的反相开关电平并具有死区控制的驱动 PWM 向量空间电位。各驱动电平及其输出三相电位如表 13-1 所列，并将其三相电位输出转成式(13-1)及式(13-2)。

表 13-1 三相 IGBT 驱动控制输出电平电压表

a	b	c	V_{ab}	V_{bc}	V_{ca}	V_a	V_b	V_c
0	0	0	0	0	0	0	0	0
1	0	0	1	0	−1	2/3	−1/3	−1/3
1	1	0	0	1	−1	1/3	1/3	−2/3
0	1	0	−1	1	0	−1/3	2/3	−1/3
0	1	1	−1	0	1	−2/3	1/3	1/3
0	0	1	0	−1	1	−1/3	−1/3	2/3
1	0	1	1	−1	0	1/3	−2/3	1/3
1	1	1	0	0	0	0	03	0

$$\begin{bmatrix} V_{ab} \\ V_{bc} \\ V_{ca} \end{bmatrix} = V_{dc} \begin{bmatrix} 1 & -1 & 0 \\ 0 & 1 & -1 \\ -1 & 0 & 1 \end{bmatrix} \begin{bmatrix} a \\ b \\ c \end{bmatrix} \tag{13-1}$$

$$\begin{bmatrix} V_a \\ V_b \\ V_c \end{bmatrix} = \frac{1}{3} V_{dc} \begin{bmatrix} 2 & -1 & -1 \\ -1 & 2 & -1 \\ -1 & -1 & 2 \end{bmatrix} \begin{bmatrix} a \\ b \\ c \end{bmatrix} \tag{13-2}$$

将式(13-2)的 V_a、V_b、V_c 电压分别映射到 d-q 轴，电压则如式(13-3)所示。

$$T_{abc-dq} = \sqrt{\frac{2}{3}} \begin{bmatrix} 1 & -\frac{1}{2} & -\frac{1}{2} \\ 0 & \frac{\sqrt{3}}{2} & -\frac{\sqrt{3}}{2} \end{bmatrix} \tag{13-3}$$

6 个向量空间分别对应于 d-q 轴的转换操作常数如图 13-8 所示。

在图 13-8 中，在任意空间向量($S=1\sim6$)所需要设置的 U_{out} 值，将其映射到各向量空间的边沿驱动 T_1 及 T_2 向量比率值，如式(13-4)及式(13-5)所示。

$$\frac{1}{T}\int_{nT}^{(n+1)T} U_{out} = \frac{1}{T}(T_1 U_X + T_2 U_{X\pm 60}) \quad n=0,1,2,\cdots, T_1+T_2 \leqslant T \tag{13-4}$$

$$\frac{1}{T}\int_{nT_{pwm}}^{(n+1)T_{pwm}} U_{out} = T_{pwm} U_{out} = (T_1 U_X + T_2 U_{X\pm 60}) \quad n=0,1,2,\cdots, T_1+T_2 \leqslant T_{pwm} \tag{13-5}$$

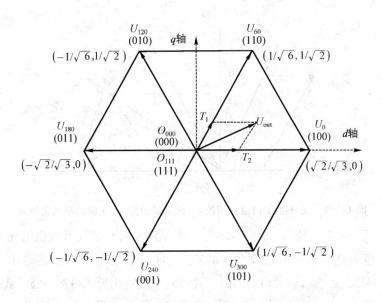

图 13-8　6 个向量空间分别对应于 d-q 轴的转换操作常数示意图

由于定义 $T_{pwm}=T_1+T_2+T_0$ 且 T_{pwm} 极小时,将式(13-5)化成式(13-6)

$$T_{pwm}U_{out}=T_1U_X+T_2U_{X\pm60}+T_0(000 \text{ 或 } 1111) \tag{13-6}$$

$U_{out(max)L}$ 设置的向量线对线电压最大值为整流输出 V_{dc} 的 $1/\sqrt{2}$,因此如式(13-7)所示。

$$U_{out(max)L}=V_{dc}/\sqrt{2} \tag{13-7}$$

$U_{out(max)n}$ 设置的向量线对中心电压最大值为整流输出 V_{dc} 的 $1/\sqrt{6}$,因此如式(13-8)所示。

$$U_{out(max)n}=V_{dc}/\sqrt{6} \tag{13-8}$$

由于 $\sqrt{2}U_{out(max)L}=V_{dc}=\sqrt{6}U_{out(max)n}$,因此 $U_{out(max)n}=2/\sqrt{3}U_{out(max)L}$,因此负载的额定电压为 $V_{dc}=1/\sqrt{2}V_{rate}$。

由于设置 U_{out} 值后,必须计算出处于对应的哪个向量空间,对应任何向量空间 U_X 及其相邻的向量空间值 $U_{X\pm60}$ 的解分向量后,可比较容易地计算出三个 PWM 的输出控制电压值,进而运算出其所需要对应 PWM 输出脉冲宽度所需产生的各相电压值。由已知的 $T_{pwm}U_{out}$ 设置正弦波各相角值时,对应映射向量空间 T_1 及 T_2 值的运算,可由式(13-6)解出式(13-9),便可进一步计算出控制三个 PWM 的比较值来输出控制。

$$[T_1 \quad T_2]^Z=T_{pwm}[U_X \quad U_{X\pm60}]^{-1}U_{out} \tag{13-9}$$

以更简易的方式来说明分解向量的比率参数值如下:

若正弦波 PWM 输出处于第一个向量空间的 U_0 值,如图 13-9 所示,以分向量解析图解,其中的 T 为 PWM 在任何向量空间的驱动周期值,而 T_1 是映射到 d 轴的 PWM 驱动值,T_2 是映射到 q 轴的 PWM 驱动值。

图 13-9 将 U_0 值映射到 d 轴值为 U_X,而映射到 q 轴值为 U_Y,关系式如下:

$$U_X=\frac{T_1}{T}|U_0|+\frac{T_2}{T}|U_{60}|\cos 60°=\frac{T_1}{T}|U_0|+\frac{T_2}{T}|U_{60}|\frac{1}{2} \tag{13-10}$$

$$U_Y=\frac{T_2}{T}|U_{60}|\cos 30°=\frac{T_2}{T}|U_{60}|\frac{\sqrt{3}}{2} \tag{13-11}$$

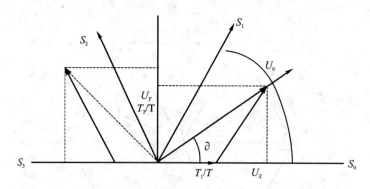

图 13-9　处于第 1 向量空间的 U_0 分解映射到 d-q 轴的参数值图解

变流器中三相整流输出电压值为 $V_{dc}=V_{max}$,因此所要设置的正弦波有效值电压 $U_{out(max)L}$ 的向量线对线电压最大值为整流输出 V_{dc} 的 $1/\sqrt{2}$,则 $V_{dc}=\sqrt{2}U_{out(max)L}$,因此将上述的 $|U_0|$、$|U_{60}|$ 转换值为 $|U_0|=|U_{60}|=\sqrt{2}U_{out(max)L}$,将式(13-10)及式(13-11)转化为式(13-12)及式(13-13)。

$$U_X = \frac{T_1}{T}\sqrt{2} + \frac{T_2}{T}\sqrt{2}\frac{1}{2} = \frac{T_1}{T}\sqrt{2} + \frac{T_2}{T}\frac{1}{\sqrt{2}} \tag{13-12}$$

$$U_Y = \frac{T_2}{T}|U_{60}|\frac{\sqrt{3}}{2} = \frac{T_2}{T}\sqrt{2}\frac{\sqrt{3}}{2} = \frac{\sqrt{3}}{2}\frac{T_2}{T} \tag{13-13}$$

设置 $t_1=\frac{T_1}{T}$ 及 $t_2=\frac{T_2}{T}$ 时,将式(13-12)及式(13-13)解得式(13-14)及式(13-15)值。

$$t_1 = \frac{T_1}{T} = \frac{1}{\sqrt{2}}U_X - \frac{T_2}{T}\frac{1}{\sqrt{2}}\frac{1}{\sqrt{2}} = \frac{1}{\sqrt{2}}U_X - \frac{\sqrt{2}}{\sqrt{3}}\frac{1}{2}U_Y = \frac{1}{\sqrt{2}}U_X - \frac{1}{\sqrt{6}}U_Y \tag{13-14}$$

$$t_2 = \frac{T_2}{T} = \frac{\sqrt{2}}{\sqrt{3}}U_Y \tag{13-15}$$

从上述的解析式子可以很容易地看出,对应产生 PWM 正弦波,当处于第 1 向量空间的 U_0 绝对振幅值及其角度 θ 时,便可以很容易地算出对应 d-q 轴的 U_X 及 U_Y 值,进而经过式(13-14)和式(13-15)就可以计算出此时所需要驱动 t_1 及 t_2 的对应 PWM 脉冲比率宽值,也可以算出向量空间对应 CMPRx、CMPRy 和 CMPRz 的设置控制值了。

当处于第二向量空间时,如图 13-10 所示的分向量解析如下。

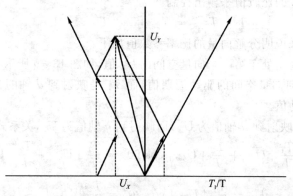

图 13-10　处于第 2 向量空间的 U_1 分解映射到 d-q 轴的参数值图解

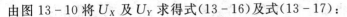

由图13-10将U_X及U_Y求得式(13-16)及式(13-17):

$$U_X = \frac{T_2}{T}|U_{120}|\cos 60° - \frac{T_1}{T}|U_{60}|\cos 60° = \frac{T_2}{T}|U_{120}|\frac{1}{2} - \frac{T_1}{T}|U_{60}|\frac{1}{2} =$$

$$\frac{T_2}{T}\sqrt{2}\frac{1}{2} - \frac{T_1}{T}\sqrt{2}\frac{1}{2} = \frac{T_2}{T}\frac{1}{\sqrt{2}} - \frac{T_1}{T}\frac{1}{\sqrt{2}} \tag{13-16}$$

$$U_Y = \frac{T_2}{T}|U_{120}|\cos 30° + \frac{T_1}{T}|U_{60}|\sin 60° = -\frac{T_2}{T}|U_{120}|\frac{\sqrt{3}}{2} + \frac{T_1}{T}|U_{60}|\frac{\sqrt{3}}{2} =$$

$$-\frac{T_2}{T}\sqrt{2}\frac{\sqrt{3}}{2} + \frac{T_1}{T}\sqrt{2}\frac{\sqrt{3}}{2} = \frac{T_2}{T}\frac{\sqrt{3}}{\sqrt{2}} + \frac{T_1}{T}\frac{\sqrt{3}}{\sqrt{2}} \tag{13-17}$$

将式(13-16)的U_X乘以$\sqrt{3}$后减掉U_Y得到式(13-18):

$$\sqrt{3}U_X - U_Y = \frac{\sqrt{3}}{\sqrt{2}}\left(\frac{T_2}{T} - \frac{T_1}{T}\right) - \frac{\sqrt{3}}{\sqrt{2}}\left(\frac{T_2}{T} + \frac{T_1}{T}\right) = -\sqrt{6}\frac{T_1}{T}$$

$$t_1 = -\frac{1}{\sqrt{2}}U_X + \frac{1}{\sqrt{6}}U_Y \tag{13-18}$$

将式(13-16)的U_X乘以$\sqrt{3}$后加上U_Y得到式(13-19):

$$\sqrt{3}U_X + U_Y = \frac{\sqrt{3}}{\sqrt{2}}\left(\frac{T_2}{T} - \frac{T_1}{T}\right) + \frac{\sqrt{3}}{\sqrt{2}}\left(\frac{T_2}{T} + \frac{T_1}{T}\right) = \sqrt{6}\frac{T_2}{T}$$

$$t_2 = \frac{1}{\sqrt{2}}U_X + \frac{1}{\sqrt{6}}U_Y \tag{13-19}$$

上述式中的t_1及t_2分别为在S_0向量空间及S_1的向量空间所需的导通操作时间比率,U_X及U_Y则分别为所设置向量空间三相电压值U_{out}的映射X、Y值cos及sin向量绝对值。

在$|U_{out}|$设置三相PWM绝对值命令下,若负载处于第1及第2向量空间所需要推动各向量空间t_1、t_2驱动PWM时间值,对应$U_X=U_{out}\times\cos\theta$及$U_Y=U_{out}\times\sin\theta$所需的转换值分别有3个参数值,将其定义为:

$$X = \frac{\sqrt{2}}{\sqrt{3}}U_Y \tag{13-20}$$

$$Y = \frac{1}{\sqrt{2}}U_X + \frac{1}{\sqrt{6}}U_Y \tag{13-21}$$

$$Z = -\frac{1}{\sqrt{2}}U_X + \frac{1}{\sqrt{6}}U_Y \tag{13-22}$$

根据同样原理来取分向量计算出第3向量空间(U_{120},U_{180})的t_1、t_2及T_1、T_2对应于U_{out}及U_X和U_Y值,t_1对等于X值而t_2对等于$-Y$值。第4向量空间(U_{180},U_{240})的t_1、t_2及T_1、T_2对应于U_{out}及U_X和U_Y值,t_1对等于$-X$值,而t_2对等于Z值。第5向量空间(U_{240},U_{300})对应于U_{out}及U_X和U_Y值,t_1对等于$-Y$值,而t_2对等于$-Z$值。第6向量空间(U_{300},U_{360})对应于U_{out}及U_X和U_Y值,t_1对等于Y值,而t_2对等于$-X$值。将t_1、t_2对应于6个向量空间U_X及U_Y值的转换运算参数如图13-8所列,并建表如表13-2所列。

对应要求产生正弦波的PWM驱动控制时间比率值,上述的重要关系式及其对应所处的各向量空间所需的转换常数是很有帮助的。也就是说,设置出要产生的PWM正弦波的频率后,若

PWM 驱动频率也已设置好,则可得知每个 PWM 取样频率所需的正弦波移变化角度,依次对应移角度及其弦波的峰值或 RMS 绝对电压值后,求得所处的象限及空间向量,再依据表 13-2 的转换值分别求出 t_1 及 t_2 驱动脉冲宽度值后,可求出要控制向量空间的 3 个比较器值,即可对应移角度而输出三相的 PWM 正弦波驱动时钟。

表 13-2　各向量空间的 t_1 及 t_2 对应于 U_X 及 U_Y 转换参数值表

向量空间区段	$U_{00},U_{60}S_1$	$U_{60},U_{120}S_2$	$U_{120},U_{180}S_3$	$U_{180},U_{240}S_4$	$U_{240},U_{300}S_5$	$U_{300},U_{360}S_6$
$t_1 = T_1/T$	$-Z$	Z	X	$-X$	$-Y$	Y
$t_2 = T_2/T$	X	Y	$-Y$	Z	$-Z$	$-X$

图 13-4 所示三相 PWM 电路模块产生正弦波的 a、b、c 驱动控制波形有两种方式:一种是利用 F2407 向量空间 ACTR 中的硬件自动产生时序输出控制;另一种是本例所列举的软件驱动 a、b、c 时钟加以控制。常用的驱动波形如图 13-11 所示。

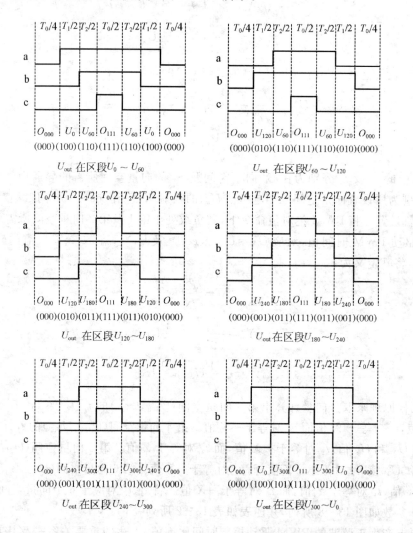

图 13-11　软件决定 SV-PWM 向量空间正弦波输出的各向量空间波形图

由图 13-11 中可见，每一个向量空间中都有一个向量处于 U_{111} 不导通 OFF 状态，这样对功率驱动元件 IGBT 或 MOSFET 可减少转状态频率，进而增加其使用寿命，降低故障和损坏的可能性。当然，控制 PWM 电压的大小与 U_{000} 的不导通状态的时间即负荷周期值成比例。

对应图 13-11 的各向量空间导通控制状态中，当向量空间的转变以正弦波的变化量改变时，将形成图 13-12 所示的对应三相相差 120°的正弦波输出。

图 13-12 中第 1 个向量空间 S_0 区的 V_{ca} 电压达到负最大值，因此处于图 13-12 的 S_0 所标示电压产生区，期间 V_{ab} 及 V_{bc} 都是正值。接着 V_{ab} 电压渐下降，而 V_{bc} 渐增，V_{ca} 则负值渐小，一直到第 2 向量空间 S_1 时 V_{bc} 到达正峰值，V_{ab} 转为负值递增，而 V_{ca} 则负值渐减。接着到第 3 向量空间 S_2 时 V_{ab} 达到负峰值，而 V_{cb} 则正值递减，V_{ca} 转升到正值。当转换到第 4 向量空间 S_3 时 V_{ca} 达正的峰值，V_{ab} 负值递减而 V_{bc} 转为负值。到达第 5 向量空间 S_4 时，V_{cb} 降到负的峰值，而 V_{ab} 转升为正值，V_{ca} 则正值渐减。第 6 向量空间 S_5 时，V_{ab} 上升到正峰值，V_{bc} 负值递减，V_{ca} 则降到负值。回到第 1 向量空间 S_0 时 V_{ab} 由正峰值下降，V_{bc} 又转升到正值，V_{ca} 则降到负峰值。循环产生典型的三相 PWM 正弦波输出，以上的变化量是正弦波值。

根据产生正弦波电源所运转而处于弦波的 θ 角度值，对应找到其所处的向量空间，并计算出各变化的 t_1 及 t_2 驱动值时，对应以第 1 向量空间波形如图 13-13 所示计算出各向量空间 PWM 所需要的 3 组比较器设置控制值，简单说明如下。

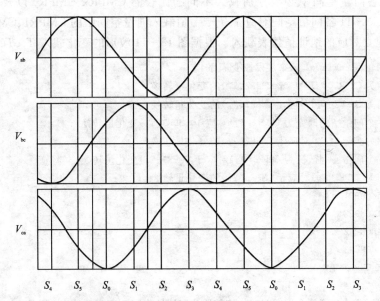

图 13-12 三相正弦波对应于图 13-11 的各向量空间 $S_0 \sim S_5$ 产生的波形图

上述所计算求得的 t_1 及 t_2 分别对应图 13-13 的 $2d_X$ 及 $2d_Y$ 值，其中 d_0 为 U_{000} 而 d_7 为 U_{111}。实际上，SV-PWM 所需载入的是图 13-13 的 T_a、T_b 和 T_c 值，其计算关系式如下：

$$T_a = (T - d_X - d_Y)/2 \qquad (13-23)$$

$$T_b = d_X + T_a \qquad (13-24)$$

$$T_c = T - T_a \qquad (13-25)$$

注意：图 13-13 中的 T_a 是各向量空间的最大导通时钟，而 T_b 则是较小的导通时钟，T_c 就成为 U_{111} 的不导通向量时钟，这可导引出当各向量空间中已求得 t_1 及 t_2 值后，必须再经过

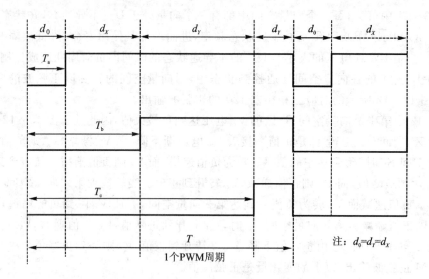

图 13-13 第 1 个向量空间驱动时的半波形

图 13-13 及式(13-23)~式(13-25)的运算后取得比较器的载入控制值 T_a、T_b 及 T_c 值。但是 T_a、T_b、T_c 值在各向量空间中必须分别载入不同的比较器 CMPRx、CMPRy 以及 CMPRz 比较值中,故必须对图 13-11 各向量空间对应于 T_a、T_b 值载入向量空间中的 CMPR1、CMPR2 或 CMPR3(事件处理 A)建立对应的地址值建表载入。根据图 13-11 波形的变化载入 T_a、T_b 值如下所示:

```
;依据向量空间的角度 THETA(U_out)来触发改变顺序
;第 1 个向量空间为 CMPR1(T_a)对应于 CMPR2(T_b)的变化量转换
;第 2 个向量空间为 CMPR2(T_a)对应于 CMPR1(T_b)的变化量转换
;向量空间在第 3 个向量空间改变为 CMPR2(T_a)对应于 CMPR3(T_b)变化量转换
;第 4 个向量空间为 CMPR3(T_a)对应于 CMPR2(T_b)的变化量转换
;向量空间在第 5 个向量空间改变为 CMPR3(T_a)对应于 CMPR1(T_b)变化量转换
;第 6 个向量空间为 CMPR1(T_a)对应于 CMPR3(T_b)的变化量转换
first_    .WORD CMPR1
          .WORD CMPR2
          .WORD CMPR2
          .WORD CMPR3
          .WORD CMPR3
          .WORD CMPR1
;对应比较寄存器所要改变第二个周期改变的比较器建表地址值序
;依据向量空间的角度 THETA(U_out)来触发改变顺序
second_   .WORD CMPR2
          .WORD CMPR1
          .WORD CMPR3
          .WORD CMPR2
          .WORD CMPR1
          .WORD CMPR3
```

已知第一及第二 PWM 控制地址在 T_a(CMPRx)及 T_b(CMPRy)比较器值载入后,第三个载入 T_c 值为 CMPRz=CMPR1+CMPR2+CMPR3−CMPRx−CMPRy。

由上可知,设置三相正弦波 PWM 的频率时,当 PWM 的取样频率固定后(例如 20 kHz),就可以决定 U_s 的角度变化 $d\theta$,以控制正弦波电源的供应输出频率,同时设置其电源振幅大小后,对应在每一个向量空间的 θ 角度值,就可以分别求出其 U_X 及 U_Y 值。根据此值及表 13-2 的对应向量空间转换运算参数,即可求出其各向量空间的对应 t_1 及 t_2 (图 13-4 中的 a、b、c 相中的其中二个)导通时间,进而算出另一个的 t_3 导通时间;接着再转换成向量空间 PWM 各控制比较器的比较值载入,就可以连续根据运转的角度求出其所处的象限(因计算 U_X 及 U_Y 的正弦波值只需建表 $0°\sim 90°$,也就是其绝对值)求出 U_X 及 U_Y 的象限正负值;接着计算求出此 θ 角度所处的向量空间($S_0 \sim S_5$)后,以建表方式依据表 13-2 找到其转换的参数,就可以算出 t_1 及 t_2 值,进而求得各向量空间 PWM 的三个比较器值,即可连续产生正弦波的三相 PWM 输出控制。

13.4 三相 PWM 空间向量恒定 V/Hz 比例电机转速控制基本原理

三相感应电机对应所加电压及其产生磁通的关系式如式(13-26)所示:

$$V \approx j\omega \Lambda \tag{13-26}$$

V 为三相电机的定子电压向量值,Λ 为三相电机的定子磁通向量。由于 $V \approx \omega \Lambda$,V 及 Λ 为其绝对值大小,故将式(13-26)化简成式(13-27):

$$\Lambda \approx \frac{V}{\omega} = \frac{1}{2\pi}\frac{V}{f} \tag{13-27}$$

若 V/f 保持恒定的常数值,则改变转动频率 f 时,就必须随着改变其定电压值 V,此时的定子磁通值为 Λ,转距将与设置的转速无关,也就是设置任何频率都不会影响转距。从另一种简单的概念来说明恒定 V/f 驱动控制三相感应电机的主要原因。当感应电机转动频率 f(同步于其供应的电源频率)低时,其动态的负载会由于其主要电感性而降低其阻抗,因此必须降低其供应的电压 V,否则会造成过高的负载电流而损坏。当转动频率高时,则必须提高供应电压才足以产生相当的负载电流而维持其转距。

对于交流感应电机的速度及其恒定转距,有许多不同的驱动方式,甚至各种不同型号的电机各有其驱动特性,例如 AC 伺服电机等。而控制方式则有开循环及闭循环控制两种模式。在此先以上述的 V/f 恒定开循环控制感应电机进行简单的示例程序进行说明,并用实验进行测试。

对于需要产生一个可变频率以及其振幅的正弦波 PWM 供应电源,是此三相交流感应电机的主要控制来源。设置电机的转速,本例是经过一个仿真 VR 可变电压的设置调整或由 PC 通过 UART 来传输设置,输入 F2407 的 Adcin00 端来读取其设置值。一个简易的产生控制程序示例步骤说明如下:

(1) 设置电机运转的速度,并对应电机特性所设置的 V/F 参数比求得三相 PWM 正弦波的峰值电压。

(2) 根据电机运转的速度求得取样频率(20 kHz)的对应角度变化 $d\theta$ 后,随着角度变化,判别象限及向量空间($S_0 \sim S_5$),并以设置的峰值电压 $|U_{out}|$ 求得其 U_X 及 U_Y 分向量值。

(3) 取得 U_X 及 U_Y 映射 d-q 轴分向量后,对应所处的向量空间,取得 $t_1 = dX, t_2 = dY$ 值后,根据图 13-13 的图解计算出对应 T_a、T_b 及 T_c 值。

(4) 已知 T_a、T_b 及 T_c 值后,再根据所处的空间向量如图 13-11 所示的 T_a 及 T_b 值以建表方式求得对应要载入的 CMPR1、7 或 CMPR2、8 或 CMPR3、9 的寻址,并算出 T_c 要载入所剩下尚未载入 CMPRz 的 PWM 比较器值。

（5）完成载入 CMPRx、CMPRy 及 CMPRz 后,对应新进的三相 PWM 正弦波输出,回到第(1)步等待下一个取样时间来临,再重复第(1)～(5)步来连续产生三相 PWM 正弦波。三相感应电机对应于三相 PWM 正弦波的 6 个空间向量转子运转如图 13-14 所示。

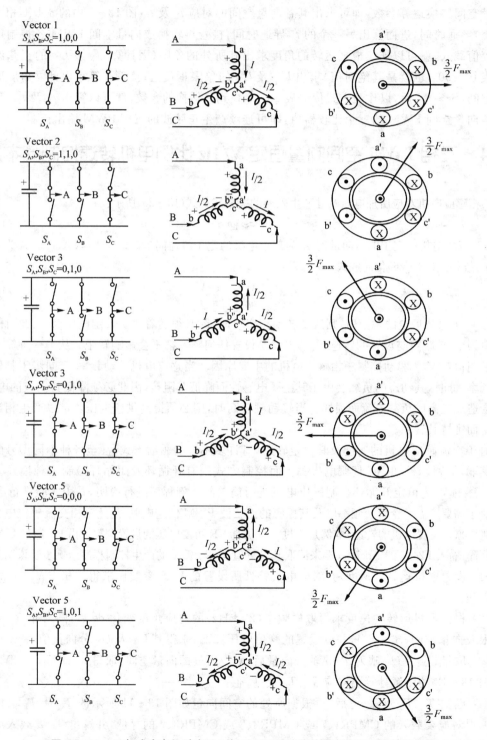

图 13-14　三相感应电机对应于三相 PWM 正弦波的 6 个空间向量转子运转

定点运算器的模数刻度运算

F2407是一个定点运算器,因此对应上述的各种运算采取Q(X)或D(Y)的运算模式,以便取得最佳的有效数,达到较精确的运算值。为了方便观察整数的有效数值,在此采用D(Y)模式,其间Q(X)=D(15−Y),D(Y)表示小数点是处于(15−Y)的位数,而整数值最大为Y位的2的Y次方值。例如,角度θ处于$0\sim2\pi=0\sim6.238$,可见最大的整数值为6,取其最小的2次方数值为3成为$2^3=8$最大整数值,故取D3模数。例如θ_x值取D3模数,则将θ_x乘以$2^{(15-3)}=2^{12}=4096$即是其D3模数值。可见其最大数值仍维持于+32 767及−32 768间的数值。对于比较小的数值又要取得较佳的精度运算时,Y值可以设置为负值。例如,D(−3)=Q[15−(−3)]=Q18表示其数值范围是−0.124 99~+0.124 99,也就是将Q15的最大及最小数码需要再右移3位(即除以8)。对应D(X)的运算关系式与浮点运算方式相同,如式(13−28)所示。

$$D(X) \cdot D(Y) = D(X+Y) \quad (13-28)$$

例如式(13−29):

$$X = a \cdot Y + b \cdot Z \quad (13-29)$$

若a为0.124,b为0.4常数,而变量Y及Z分别可能的数值为0~7.999及0~9.999时,则采用固定的Q15模数运算,精密度将会大大降低。因此采用不同的D(X)模数运算,$b=0.4$,采用D(−1)(±0.49 999)模数,而Z则采用D(0)(±0.99 999),对应Y变量采用D(3)(±8.99 999)最佳数模,a常数取用D(−3)模数。首先运算$a \cdot Y=$D(−3)·D(3)=D(0)就成为D(0)模数结果,而$b \cdot Z=$D(−1)·D(0)=D(−1)模数后,要进行$a \cdot Y$值与$b \cdot Z$值相加前。由于$a \cdot Y$值的相加可能造成X值的溢位,因此必须将其右移1位(除2)成为D(−1)模数,再与$b \cdot Z$的同样D(−1)模数相加,就可以得到相当精确的X运算值。

13.5 实验13−1 PWM正弦波进行恒定V/Hz三相感应电机速度控制专题

根据上述原理说明、运用技巧等的描述以及F2407芯片的特性,搭配图13−5的驱动接口电路来组装此PWM正弦波进行恒定V/Hz的三相感应电机速度控制。其程序流程如图13−15所示。而实际程序及其对应说明如程序13−1所示。其中主程序循环的编写执行必须小于系统的PWM取样周期。因此在20 kHz的PWM取样操作频率下,这个主循环周期不可超过50 μs,否则会造成系统混乱甚至损坏驱动器并造成不可预测的危险。若F2407系统执行频率为20 MHz(50 ns),则此50 μs仅可执行约1 000个指令执行周期。因此程序的编写必须精简,一些参数必须在循环外先建表,读取后载入操作寄存器中(这个功能为2字指令2个执行周期100 ns),循环主程序中对应常数的操作就可以转为与寄存器内容的操作(1字指令的1个执行周期50 ns)。根据流程图的定义,其对应程序说明如下。

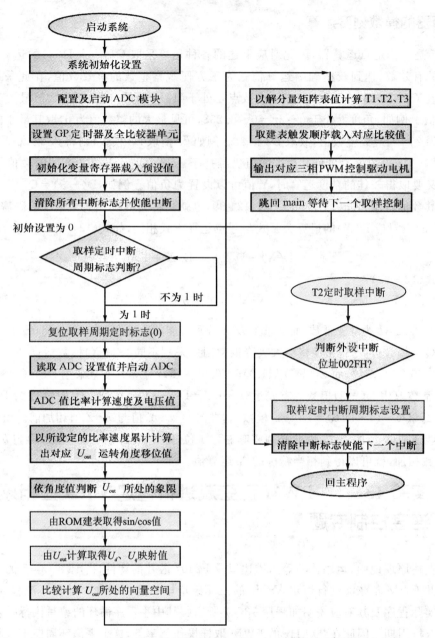

图 13-15 PWM 正弦波进行恒定 V/Hz 的三相感应电机速度控制流程图

程序 13-1

```
.title "2407X ACMHV"
.include "x24x_app.h"
.include "vector.h"
;BLK_B1: .bss > origin = 00300H, length = 00100H
.bss GPR0,1
.bss one,1
.bss period_flag,1          ;取样周期执行的标志寄存器
```

```
        .bss adc0_7,1              ;ADC0 转换的通道 7 内数据 CH0.7 DATA
        .bss adc0_6,1              ;ADC0 转换的通道 6 内数据 CH0.6 DATA
        .bss adc0_5,1              ;ADC0 转换的通道 5 内数据 CH0.5 DATA
        .bss adc1_15,1             ;ADC1 转换的通道 15 内数据 CH1.15 DATA
        .bss adc1_14,1             ;ADC1 转换的通道 14 内数据 CH1.14 DATA
        .bss adc1_13,1             ;ADC1 转换的通道 13 内数据 CH1.13 DATA
        .bss A_W,1;D10[Q15-10=Q5]
;D0 = 32768,16384,8192,4096,2048,1024,512,256[D7]
        .bss A_U,1
;D1,[16384]设置角速度对应于 ADC 设置值的比率寄存器 128,64,32,16[D10]
        .bss S_W,1                 ;D11[32]模数设置角速度寄存器
        .bss min_W,1               ;最低设置的频率值寄存器(FRQ)
        .bss S_U,1                 ;D2[8096]正常化设置电压寄存器
        .bss max_U,1               ;D2,模数,设置 U 轴值的上限寄存器
        .bss min_U,1               ;D2,模数,设置 U 轴值的下限寄存器
        .bss T_sample,1            ;取样周期寄存器 D-9
        .bss THETAH,1              ;D3[4096]运转频率的角度高位寄存器
        .bss THETAL,1              ;D3[4096]运转频率的角度低位寄存器
        .bss theta_r,1             ;D3[4096]运转频率的角度 THETAH 的循环值
        .bss theta_m,1             ;D3,THEATA 的映射第一象限值寄存器
        .bss theta_1stent,1        ;运转频率角度的第一个表格值取样寄存器
        .bss SS,1                  ;D15(Q0)正弦波 sin 符号值(象限)的修饰寄存器
        .bss SC,1                  ;D15(Q0)余弦波 cos 符号值(象限)的修饰寄存器
        .bss SP,1                  ;D15(Q0)正弦波的建表值输入点地址寄存器
        .bss SIN_1stent,1          ;正弦波的建表值起始点输入寄存器
        .bss SIN_lastent,1         ;正弦波的建表值最后点输入寄存器
        .bss sin_theta,1           ;D1,正弦波 sin(THETA)值存放寄存器
        .bss cos_theta,1           ;D1,余弦波 cos(THETA)值存放寄存器
        .bss Ud,1                  ;D1[16384] d 轴的映射电压值寄存器 $U_d$
        .bss Uq,1                  ;D1[16384] q 轴的映射电压值寄存器 $U_q$
        .bss S,1                   ;D15,U 电压值所处的象限值
        .bss theta_60,1            ;D3,角度 60 的存放寄存器
        .bss theta_90,1            ;D3,角度 90 的存放寄存器
        .bss theta_120,1           ;D3,角度 120 的存放寄存器
        .bss theta_180,1           ;D3,角度 180 的存放寄存器
        .bss theta_240,1           ;D3,角度 240 的存放寄存器
        .bss theta_270,1           ;D3,角度 270 的存放寄存器
        .bss theta_300,1           ;D3,角度 300 的存放寄存器
        .bss theta_360,1           ;D3,角度 360 的存放寄存器
        .bss decpar_1stent,24      ;D10[16]解矩阵列的 SP 表格向量寄存器
        .bss cmp_1,1               ;第一个基本 SP 向量分量值寄存器
        .bss cmp_2,1               ;第二个基本 SP 向量分量值寄存器
        .bss cmp_0,1               ;第一个基本 SP 向量 0 轴分量值寄存器
        .bss CL,1                  ;通道第一向量触发寄存器
        .bss CM,1                  ;通道第二向量触发寄存器
```

```
            .bss CMP0,1              ;向量空间的比较器 0 的比较值存放寄存器
            .bss CMP1,1              ;向量空间的比较器 1 的比较值存放寄存器
            .bss CMP2,1              ;向量空间的比较器 2 的比较值存放寄存器
            ;B2
ST0_save    .set 060H                ;存放状态标志 ST0 的寄存器
ST1_save    .set 061H                ;存放状态标志 ST1 的寄存器
ACCH        .set 62H                 ;存放 ACH 的寄存器
ACCL        .set 63H                 ;存放 ACL 的寄存器
BSRS        .set 64H                 ;save BSR
WSTORE      .set 65H
;用来作为程序调试替换 ADC 设置值运算控制
debug_dat.set 01AAH
;01AA5H[25 Hz],354BH[50 Hz],6A9DH[100 Hz],7FE0H[120 Hz]
;ADC 设置值对应于角频率转换比率值为:120 Hz>[120×2×π/7FE0H[D0]]
; = 0.023 032 204×32 768[D0] = 754.719 26×32>D10 =
;7FE0(32 736 最高设置值)对应于 120 Hz 的设置值 (754.719 26)×32[D10] = 24 151
adc_to_afrequency .set 24151         ;D10Q15>0.PPPPQ14 >1.PP
A_W_ .set adc_to_afrequency          ;D10>Q5 1 024.64 ADC 对频率转换比存放寄存器
min_afrequency .set 0                ;D11 最低频率值设置为 0
min_W_ .set min_afrequency           ;D11 最低频率值存放寄存器
;ADC 电机驱动 PWM 负荷周期比率参考电压转换比率值
1.0/sqrt(2)/ADC(60)D0
;电机额定在 60 Hz 时代表负荷周期达到 60 Hz 的比值
adc_to_voltage .set 11630            ;D2Q13>xx.819 2
A_U_ .set adc_to_voltage             ;D2
;最大的参考电压值 60 Hz 为最高频率
```
;$1.0/\text{sqrt}(2) \times F_{max}/60 \text{ Hz} = 1.0/\text{sqrt}(2) \times 60 \text{ Hz}/60 \text{ Hz} = 1.0/\text{sqrt}(2)$
```
max_voltage .set 5792                ;D2 (1/1.414)×8 192 = 5 792
max_U_ .set max_voltage              ;D2
;最小的参考电压值
```
;$1.0/\text{sqrt}(2) \times \min\_f/60 \text{ Hz} = 1.0/\text{sqrt}(2) \times 0 = 0$
```
min_voltage .set 0                   ;D2
min_U_ .set min_voltage              ;D2
;定时器 1 的 T1 周期设置值即 PWM 的频率设置 500×2×50 ns = 20 kHz
T1_period_ .set 500
```
;$T_p = 2 \times 500 \times 50 \text{ ns} = 50 \text{ μs}>20 \text{ kHz}$
;定时器 2 的设置作为向量空间转速的取样控制速度 20 kHz[取样率]
```
T2_period_ .set 500
```
;$T_s = 2 \times 500 \times 50 \text{ ns} = 50 \text{ μs}>20 \text{ kHz}$
;对称式 PWM 的最大周期值 D = 1 = 500/500
```
max_cmp_ .set 500
;取样周期值
T_sample_ .set00346H;D-9,Ts = 50 μs,Fs = 20 kHz
            .data
;FRQ 作为检测相角 THEATA 比较的特殊角度值
```

;这个角度值用来计算其运转角度所处的象限及6个向量空间所处的向量位置
;下列顺序及其对应值不可以被改变
```
angles_.word 010C1H          ;π/3×D3[4096]
       .word 01922H          ;π/2×D3[4096]
       .word 02183H          ;2×π/3×D3[4096]
       .word 03244H          ;π×D3[4096]
       .word 04035H          ;4×π/3×D3[4096]
       .word 04B66H          ;3×π/2×D3[4096]
       .word 053C7H          ;5×π/3×D3[4096]
       .word 06488H          ;2×π×D3[4096]
```
;分解 d、q 轴值的转换运算参数索引,根据6个空间向量(SECTOR)位置
;及象限角度(U_{out})来取参数值,如表13-2等的运算导出
;Mdec = [Ux,Ux+/-60]^-1
```
       .word 19595           ;D10
       .word -11314
       .word 0
       .word 22627           ;D10


       .word -19595
       .word 11314
       .word 19595           ;D10
       .word 11314


       .word 0
       .word 22627           ;D10
       .word -19595
       .word -11314


       .word 0
       .word -22627          ;D10
       .word -19595
       .word 11314


       .word -19595          ;D10
       .word -11314
       .word 19595
       .word -11314


       .word 19595           ;D10
       .word 11314
       .word 0
       .word  22627
```
;对应比较寄存器所要改变第一个周期改变的比较器建表地址值序
;依据向量空间的角度 THETA(U_{out})来触发改变顺序

;向量空间在第1个向量空间改变如 PWM 变化时序中可见第一个向量空间为
;CMPR1 对应于 CMPR2 的变化量转换
;第2个空间为 CMPR2 对应于 CMPR1 的变化量转换
;向量空间在第3个向量空间改变为 CMPR2 对应于 CMPR3 的变化量转换
;第4个空间为 CMPR3 对应于 CMPR2 的变化量转换
;向量空间在第5个向量空间改变为 CMPR3 对应于 CMPR1 的变化量转换
;第6个空间为 CMPR1 对应于 CMPR3 的变化量转换
first_.WORD CMPR1
    .WORD CMPR2
    .WORD CMPR2
    .WORD CMPR3
    .WORD CMPR3
    .WORD CMPR1
;对应比较寄存器所要改变第二个周期改变的比较器建表地址值序
;依据向量空间的角度 THETA(U_{out})来触发改变顺序
second.WORD CMPR2
    .WORD CMPR1
    .WORD CMPR3
    .WORD CMPR2
    .WORD CMPR1
    .WORD CMPR3

KICK_DOG .macro
    LDP #WDKEY≫7
    SPLK #05555H,WDKEY
    SPLK #0AAAAH,WDKEY
    LDP #0
    .endm
;主程序开始
    .text
START:
    LDP #0
    SETC INTM   ;禁用所有中断
    CLRC CNF   ;令 CNF = 0 设置 B1 存储器寄存器
    SPLK #0000H,IMR   ;屏蔽所有的中断
    LACC IFR
    SACL IFR   ;清除所有的中断标志
    LDP #SCSR1≫7   ;令高地址的数据存储器 DP 寻址于 SCSR1
    SPLK #028CH,SCSR1   ;系统控制寄存器的 EVA 及 EVB 脉冲允许输入
;OSF,CKRC,LPM1/0,CKPS2/0,OSR,ADCK = 1,SCK,SPK,CAK,EVBK,EVAK,X,ILADR
    SPLK #006FH,WDCR;0,0,00,001(4/2[2]/1.3/.8/.66/.57/.5),0000000
    KICK_DOG
    SPLK #01C9H,GPR0   ;设置 I/O 外设为 7 个等待周期
;外部存储器 DM、PM 则为一个等待周期 WSGR = xxxx xxx1 11 00 1 001 = 01C9H
    OUT GPR0,WSGR   ;external address space 0 10 010 010 = 092

```
        LDP  #MCRA≫7              ;令高地址的数据记录
;MCRA/OCRA = 7090H MCRB/OCRB = 7092H
;SCITXD,SCITRXD,XINT1(PA2),CAP1/QEP1,[CAP2/QEP2,CAP3,CMP1,CMP2IOPA
;CMP3,CMP4,CMP5,CMP6,T1CMP,T2CMP,TDIR,TCLKINA[IOPB](D15)
        SPLK  #0001111111111111B,MCRA  ;设置 I/O 引脚 PB5,PB6,PB7 = GPIO
;TMS2,TMS,TDO,TDI,TCK,EMU1,EMU0,XINT2/ADCSOC(PD0)
;CANRX,CANTX,SPISTE,SPICLK,SPISO,SPISI,/BIO,R/W[IOPC]
        SPLK  #0A000H,PBDATDIR
;令 PB7、PB5 为输出端口 PB6 为输入端口,并令输出 PB5、PB7 = 00 STOP 80
;R15 - 10,XINT2,IOPD,CANRX,CANTX,SPISTE,SPICLK,SPISOMI,SPISIMO,IOPC1 - 0/XF,BIO
        SPLK  #0111111000000000B,MCRB  ;IOPC FOR GPIO
;pc sPEcial function w/r,/bio,spi,cab,pd0 = XINT2/ADCSOC
        SPLK  #0000H,MCRC          ;PE7~PE0、PF7~PF0 为一般的 I/O 引脚
        SPLK  #0FF00H,PEDATDIR     ;令 PE0~PE7 为输出端口并令输出 00H
        SPLK  #0000H,PFDATDIR      ;令 PF0~PF6 为输入端口并令输入 00H
        LDP  #GPTCON≫7             ;令高地址的数据存储器 DP 寻址于 GPTCON
        SPLK  #0,T1CON             ;先清除 T1CON 控制寄存器
        SPLK  #0,T2CON             ;先清除 T2CON 控制寄存器
        SPLK  #0,DBTCON            ;先清除 DBCON 死区控制寄存器
        SPLK  #0,COMCON            ;先清除 COMCON 比较控制寄存器
        SPLK  #0,CAPCONA           ;先清除 APCONA 捕捉控制寄存器
        SPLK  #0,T1CNT             ;先清除 T1CNT 计数值寄存器
        SPLK  #0,T2CNT             ;先清除 T2CNT 计数值寄存器
        LDP  #GPTCONB≫7            ;令高地址的数据存储器 DP 寻址于 GPTCONB
        SPLK  #0,T3CONB
        SPLK  #0,DBTCONB
        SPLK  #0,COMCONB
        SPLK  #0,CAPCONB
        SPLK  #0,T3CNTB
        SPLK  #500,T3PERB
        SPLK  #200,T3CMPB
        LDP  #GPTCON≫7
        SPLK  #0000000001001001B,GPTCON
;X,T2/1/STUS,XX,T2/1STADC,TCMEN[txpwm] = 1,XX,T4[2]/3PI
;T4,T3 DIR 1 = UP,0 = DOWN T2/T1 TxPWM 模式
        SPLK  #0500,T2PR           ;令 T2 定时器周期预设值为 FFFFH 最大值
        SPLK  #00000H,T2CNT        ;清除 T2 定时器内容为 0000 起始值
;FR,SF = 10,X,TM = 01/CNT,TPS = 000/1,T1EN,T2EN = 0,INTCK[00],TCLD = 00,TECMP = 1,
        SPLK  #1000100000000010B,T2CON  ;10,连续加减数 01,预分频 1/x[000]
;10,X,连续加减计数 01 模式,预分频值 PRS = 000,T2EN = 0,先禁用计数 TCLK1,0 = 11
        SPLK  #1000100001000010B,T2CON  ;T2 ENABLE = 1 允许计数
        SPLK  #0500,T1PR           ;令 T1 定时器周期预设值为 FFFFH 最大值
        SPLK  #00000H,T1CNT        ;清除 T1 定时器内容为 0000 起始值
;FR,SF = 10,X,TM = 01/CNT,TPS = 000/1,T1EN,T2EN = 0,INTCK[00],TCLD = 00,TECMP = 1
        SPLK  #1000100010000010B,T1CON  ;FREET = 10,连续加减数 01,预分频 1/x
```

;10,X,连续加减计数 01 模式,预分频值 PRS = 000,T1EN = 0,先禁用计数 TCLK1,0 = 11
        SPLK #1000100010000010B,T1CON   ;T1 ENABLE = 1 允许计数
        SPLK #500,CMPR1   ;向量空间 3 个 PWM 比较值分别设置为 500
        SPLK #500,CMPR2   ;令起始的负荷周期为 50%
        SPLK #500,CMPR3
        SPLK #200,T1CMPR   ;T1PWM 比较值 200 作交流电机 DC 刹车控制
        SPLK #200,T2CMPR   ;T2 本身 PWM 比较值设置为 200
        SPLK #0000100110011001B,ACTR
;令 ACTR 设置为上桥 LOW(01)有效,下桥为 HI(10)有效
;D15 :0 > DIR = CCW D14～D12 :000 > D2,D1,D0(N/C)
;D11～D10 :10 > CMP6 ACTION HI;6 个向量空间的 PWM 驱动输出控制设置
;D9 ～ D8 :01 > CMP5 ACTION LO
;D7～D6 :10 > CMP4 ACTION HI
;D5～D4 :01 > CMP3 ACTION LO
;D3～D2 :10 > CMP2 ACTION HI
;D1～D0 :01 > CMP1 ACTION LO
        SPLK #0000000000000000B,COMCON   ;D15 = CEN = 0 关掉 PWM 比较器
        SPLK #1000000000000000B,COMCON   ;CEN = 1 允许 PWM 比较器
;D15:CEN = 0 DIS NEXT CEN = 1 ENABLE
;D14～D13 :CLD1,CLD0 = 00 T1CNT = 0(UNDERFLOW) RELOAD CMPRx
;D12:SVEN = 0 Dis
;D11～D10 :ACTRLD1～ACTRLD0 = 00 当 T1CNT = 0(欠位) ACTR 重载
;D9:FCOMPOE = 0 PWM 处于高阻
;D8～D0 XXXXX
        SPLK #0000H,CAPFIFO   ;清除捕捉器的 FIFO
        SPLK #0110000000000000B,CAPCONA
;令 D15 = CAPRES = 1,复位捕捉器,并令 CAPQEPN = 11,允许 QEP,禁用 CAP1、2
        SPLK #1110000000000000B,CAPCONA ;CAPRES = 1,放开 QEP 复位状态
        LDP #GPTCONB≫7
        SPLK #0000000000000000B,GPTCONB
        SPLK #1000,T3PERB   ;T3 周期值 1000,故 20 MHz/1 000 = 20 kHz>50 μs
        SPLK #00000H,T3CNTB   ;清除 T3CNTB 计数值
        SPLK #0001000000000000B,T3CONB   ;设 T3 为加数,预分频值为 000 = 1/X
        CALL INIPWMT   ;初始化向量空间 PWM
        CALL ADCINI   ;初始化 ADC 并启动 ADC
        LDP #EVBIFRA≫7
        SPLK #0FFFFH,EVBIFRA   ;清除 EVB 中断标志 EVBIFRA INT T3～T6
        SPLK #0080H,EVBIMRA   ;令 T3PINT = D7 = 1,允许中断
        LDP #GPTCONB≫7
        SPLK #0001000001000000B,T3CONB
;T3 允许 1,CLKSR1,0 = 00 内部时钟,CNT = 0 RLD
        LDP #IFR≫7
        SPLK #003FH,IFR   ;清除所有的中断 INT6～INT1
        SPLK #0003H,IMR   ;允许 INT1 = 1 及 INT2 = 1
        CLRC INTM   ;允许中断总开关 INTM = 0

第13章 SPVC三相电力控制专题应用示例

```
;初始化所有操作寄存器,载入起始值,以便运算时与寄存器运算而不必与直接的参数运算。若与直接的参数
;运算,则指令将需要2个周期执行;会令运算速度减慢而无法在高速的PWM操作。因循环的运算必须在PWM的
;操作频率20 kHz = 50 μs = 1 000[50 ns]个指令周期下完成指令循环操作
        LDP #6
        SPLK #1,one              ;将1载入寄存器 one<#1
        SPLK #T_sample_,T_sample
;将#T_sample = 346H 载入 T_sample 寄存器;D-9,T_s = 50 μs,F_s = 20 kHz
        SPLK #A_W_,A_W
;将设置值#A_W(adc_to_afrequency)写入 A_W 寄存器 .set 24222
        SPLK #A_U_,A_U
;将#A_U(adc_to_voltage)写入 A_U 寄存器 .set 11630>xx.8192
        SPLK #min_W_,min_W       ;将#min_W(0)写入 min_W 寄存器
        SPLK #max_U_,max_U       ;#max_voltage(5792)写入 max_voltage 暂存器
        SPLK #min_U_,min_U       ;将#min_voltage(0)写入 min_voltage 寄存器
        SPLK #0,THETAL           ;起始设置角度高字为0
        SPLK #0,THETAH           ;起始设置角度低字为0
;将设置的建表地址值#theta_60 + 31 共 32 个值载入寄存器[@theta_60 ~ +31]内
        LAR AR0,#theta_60        ;令 AR0 寻址于 #theta_60
        LAR AR1,#(32-1)          ;令 AR1 定值于 31(32-1)的 32 计数值
        LACC #angles_            ;角度地址值#angles_载入 ACC (π/3-2π)60°目的值
        LARP AR0                 ;令 ARP 定指于 AR0
INITB
        TBLR *+,AR1              ;ACC 寻址读取表值载入 *AR0[#theta_60]并令
                                 ;ARP = AR1
        ADD one                  ;表格地址值加 1 TABLE + 1 >TABLE
        BANZ INITB,0             ;AR1-1>AR1 共 32 个值[angles_+31]载入
                                 ;[@theta_60 ~ +31]
        SPLK #TB_TH,theta_1stent
;正弦波角度建表起始地址(#TB_TH)载入 theta_1stent 寄存器
        SPLK #1,SP               ;令正弦波点寄存器 SP 为 1 作弦波函数建表递增的寻表
        SPLK #TB_S,SIN_1stent
;正弦波函数值建表起始地址(#TB_S)载入 SIN_1stent 寄存器
        SPLK #(TB_S+180),SIN_lastent
;正弦波函数值建表起始地址+180 载入 SIN_lastent 寄存器
WAITS:
        CALL RDADC4
;ADC 软件启动(取样周期)并读取 ADC0 的通道 0 值(ADC_RESULT0)
        LAR AR5,#027FH           ;令 AR5 定指于 27FH
        MAR *,AR5                ;ARP 的操作设置为 AR5
        LDP #PFDATDIR>>7
        SPLK #0A000H,PBDATDIR
;令 PB7 为输出端口,并令输出 PB7、PB5 = 00,停止 PWM 的输出
        LACL PFDATDIR            ;读取 PF0~PF6 的拨位开关输入设置
        SACL *                   ;将读取的 PF6~PF0 写入 *AR5(27FH)存储器内
        BIT *,15                 ;检测 *AR5 内的 D0(15-15)即 PF0 是否为 1
```

```
            BCND WAITS,NTC          ;PF0 = 0,跳回等待;PF0 = 1,启动三相 PWM 控制操作
MAIN:
            LDP  #PBDATDIR≫7
            SPLK #0A0A0H,PBDATDIR
;令 PB7、PB5 为输出端口,PB6 为输入端口,并令输出 PB5、PB7 = 11 启动 PWM
            LDP  #6
            w_sampleLACC period_flag;检测取样周期中断标志是否为 period_flag = 1
            BZw_sample              ;不为 1,代表未达取样周期跳回 w_sample 等待
            SPLK #0,period_flag
;若取样时间已到并执行中断,则会令 w_sample = 1,再将其清除
            LDP  #ADC_RESULT0≫7
            LACL ADC_RESULT0
;读取 ADC0.0 的 VR 设置电压作为三相电机的频率及电压比率值控制
            SPLK #0010000000000000B,ADCL_CNTL2
;重新令 D13 = SOC_SEQ1 软件启动 ADC 作为下次的读取
            LDP  #6
            SFR                     ;读 ADC0.0 的 ACL 右移一位(SPM = 1)转成(D0 = Q15)模数
            SACL adc0_7             ;将设置值转载入 adc0_7 寄存器内
;SPLK #debug_data,adc0_7            ;要调试校准可将#debug_data 载入
            LT adc0_7               ;将 adc0_7 内容设置值载入 T 寄存器以便运算 D0
;A_W＜adc_to_afrequency = 120×2×π/7FE0[D0] = 05721018 转换比率值
;7FE0H ＞ 120 Hz [754.3512 rad/Sec] = 24222[D10] = 5E9EH
            MPY A_W
;将 T 值乘以电压转换频率的比率寄存器值 A−W＞(T)D0×D10(A_W) = D11
            PAC                     ;将乘积值载入累加器 ACC 内 ＞ACC = P
            SACH S_W
;将运算好的频率设置值 ACH(取有效高 16 位)载入 S_W 寄存器内 D11
            SUBH min_W
;将 ACH 内容与最小频率设置值相减比较 min_W = 0 Min_FRQ
            BGZ W_in_limit          ;若大于最小值,则跳到 W_in_limit 执行程序
            LACC min_W              ;若小于最小值,则将最小值 min_W 载入 ACC
            SACL S_W                ;将 ACC 内的 min_W 载入频率设置值寄存器 S_W 内
;计算出设置 ADC 比率值对频率在 V/Hz 恒定值下所需要的三相控制电压 $U_{out}$
;A_U 对 adc_to_voltage 比率值 1.0/SQR2/ADC[60 Hz 电机额定速度] = 11630[D2]
W_in_limit
            MPY A_U
;将上述 ADC 内比率设置值 T = adc0_7(D0)与电压比率值寄存器[A_U]D1 相乘
            PAC                     ;将乘积值载入累加器 ACC 内 ＞ACC = P
            SACH S_U
;将运算好的频率设置值 ACH(取有效高 16 位)载入 S_U 寄存器内 D1
            SUBHmax_U
;将 ACH 内容与最大 PWM 电压设置值相减比较 max_U = 1.0/sqrt(2) = 5 792
            BLEZ U_in_uplimit       ;若小于最大值,则跳到 U_in_uplimit 执行程序
            LACC max_U              ;若大于最大值,则将最大值 max_U 载入 ACC
            SACL S_U                ;ACC 的 max_U 载入电压设置值寄存器 S_U 内
```

```
                U_in_uplimit
        LACCS_U                     ;将所设置的 PWM 电压值 S_U 载入 ACC 内
        SUB min_U                   ;将 ACL 内容与最小电压设置值相减比较 min_U = 0
        BGEZ U_in_lolimit           ;若大于或等于最小值,则跳到 U_in_lolimit 执行程序
        LACC min_U                  ;若小于最小值,则将最小值 min_U 载入 ACC
        SACL S_U                    ;将 ACC 内的 min_U 载入频率设置值寄存器 S_U 内
;读角度值 theta($U_{out}$ 相位值)并以 32 位递增角速度[由 adc 设置]也就是转速
;theta_r 为小于 360°的"角度值",而 theta_m 为判别"象限的小于 90°值"
;每次以所设置的角速度"递增"来判别需要进入哪个向量(1~4)及其空间($S_1$~$S_6$)
;然后判别所需要的转矩 T0、T1、T2 来设置 ACTR 的 CMPRx 改变值
;及其变化向量进行向量空间 PWM 控制
        U_in_lolimit
        LTS_W
;S_W 频率[几个 n 取样周期](转速)设置值载入 T 寄存器以便运算 D11
        MPY T_sample
;将 T 与取样周期时间(J46II)相乘(D_9×D11)-D(2+1)得到转接角度值
        PAC                         ;将乘积值载入累加器 ACC 内 >ACC = P
        ADD STHETAL
;将积值 ACL 加上一个的操作角度值 THETAL(起始为 = 0)
        ADD HTHETAH
;将积值 ACH 加上一个的操作角度值 THETAH(起始为 = 0)
        SACHTHETAH
;将变化后新的电机操作角度高字值 ACH 值写回 THETAH
        SACLTHETAL
;将变化后新的电机操作角度低字值 ACL 值写回 THETAL D3 + D3 = D3
        SUBH theta_360              ;新运转角度值 ACH 与最大角度 theta_360 相减比较
        BLEZ Theta_in_limit         ;若小于最大值,则跳到 Theta_in_limit 执行程序
        SACH THETAH                 ;若大于 360°即 2π,则将其减去 theta_360 回到象限值
        Theta_in_limit
        ZALRTHETAH
;若在象限范围内,则取高的 16 位 THETAH 载入(OAD)ACH,并令 ACL = 0(Zero)
        ADD THETAL                  ;加回原先的低字值 THETAL
        ADD one,15                  ;将 ACC 加 1 并左移 15 位进行舍位进位运算
        SACHtheta_r
;有效的新操作角度 ACH 载入 theta_r(0°~360°值)寄存器内
;在此判别 theta_r 是在哪个象限内(0~3)
;假定是在第一象限 SS,SC = [1,1]
        LACC one                    ;先将 1 载入 ACC 内作为符号值(正的)sin(THETA)
        SACL SS                     ;将 SS 正弦波符号(Sign of Sine)寄存器载入 ACC = 1 = SS
        SACL SC
;将 SC 余弦波符号(Sign of Cos)寄存器载入 ACC = 1 = SC = SS 第一象限
        LACC theta_r                ;将 theta_r 角度值寄存器载入 ACC 内
        SACL theta_m
;将 ACL = theta_r 角度值寄存器载入象限角度值 theta_m 寄存器
        SUB theta_90
```

;将 ACC 与第一象限的最大值寄存器 theta_r_90 相减比较
        BLZ E_Q
;若是第一象限,则将小于 90°的 theta_r 角度载入 theta_m 跳到 EQ 执行
;若是大于 90°(theta_90),则假定是在第二象限 SS,SC = [1,-1]
        SPLK ♯-1,SC
;先将-1 载入 SC 内作为符号值(负的)cos(THETA),则 SS,SC = [1,-1]
        LACC theta_180
;将 180°的角度值 theta_180 寄存器载入 ACC[>90]
        SUB theta_r   ;将 ACC = theta_180 减角度值 theta_r 寄存器内容
        SACL theta_m
;若是第二象限,则将相减后小于 90°的 ACL 角度载入 theta_m
        BGEZ E_Q
;若 ACC = theta_180 - theta_r 大于或等于 0,则确定第二象限跳到 EQ 执行
;若大于 180°(theta_180),则假定是在第三象限 SS,SC = [-1,-1]
        SPLK ♯-1,SS
;将-1 载入 SS 内作为符号值(负的) cos(THETA),则 SS,SC = [-1,-1]
        LACC theta_r   ;将 theta_r 角度值寄存器载入 ACC 内
        SUB theta_180
;将 ACC 与第三象限的最大值寄存器 theta_r_180 相减比较 > theta_m
        SACL theta_m   ;将 ACL = theta_r - theta_180 差值载入 Jtheta_m
        LACC theta_270
;将 270°的角度值 theta_270 寄存器载入 ACC[>180]
        SUB theta_r   ;将 ACC = theta_270 减角度值 theta_r 寄存器内容
        BGEZ E_Q
;若 ACC = theta_270 - theta_r 大于或等于 0,则确定第三象限跳到 EQ 执行
;若大于 270°(theta_270),则假定是在第四象限 SS,SC = [-1,1]
;此必定小于 360°[先前已检查过]
        SPLK ♯1,SC
;先将 1 载入 SC 内作为符号值(正的)COS(THETA),则 SS,SC = [-1,1]
        LACC theta_360
;将 360°的角度值 theta_360 寄存器载入 ACC[>270]
        SUB theta_r   ;将 ACC = theta_360 减角度值 theta_r 寄存器内容
        SACL theta_m
;若是第四象限,则将相减后小于 90°的 ACL 角度载入 theta_m
        E_Q
;得到各象限判别值(SS,SC)及小于 90°的绝对角度值 theta_m
;开始由♯TB_TH 取三角函数角度分割地址值(0.5°为一个分割)90°共 180 个点
;第一个 0.5°值为([0.5/360]×2π)×4 096×N = 35.74>36[D3]n = 0~180
;递增角度值 theta_m(频率或转速对应值)必须以 0.5°递增角度建表值♯TB_TH
;比较找到最接近建表角度值,以便由其弦波函数值得到正弦波及余弦波函数值
        LACC theta_1stent
;令 ACC 定值于三角函数的建表起始值[theta_1stent = ♯TB_TH]
        ADD SP   ;将 ACC 与递加 1 的 SP 寄存器相加(Ini SP = 1)
        TBLR GPR0   ;以 ACC 的表地址值来读取函数波建表值载入 GPR0
        LACC theta_m   ;将角度值 theta_m 载入 ACC 内

```
          SUB GPR0            ;ACC = theta_m 与角度表值相减比较是否大于 TAB 值
          BZ look_end         ;若刚好相等,则跳到 look_end 执行找到角度值
          BGZ inc_SP
;若 ACC = theta_m 大于或等于表值 GPR0,则跳到 inc SP 找下一个表值比较
;将表地址 SP 递减 1 比较,找到最接近的建表角度值
          dec_SP LACC SP      ;若 theta_m 小于表值 GPR0,则将 SP 表地址值写回 ACC
          SUB one             ;将 ACC = SP 值减 1 往上查找
          SACL SP             ;将 SP-1>ACC 值写回 SP 寄存器
          ADD theta_1stent    ;新 SP 值加上角度建表地址寄存器 theta_1stent
          TBLR GPR0           ;以 ACC 的表地址值来读取函数波建表值载入 GPR0
          LACC theta_m        ;将角度值 theta_m 载入 ACC 内
          SUBGPR0
;将 ACC = theta_m 与角度建表值相减,比较角度是否大于 TAB 值
          BLZ dec_SP
;若 ACC = theta_m 小于或等于表值 GPR0,则跳到 dec_SP,往上找下一个表值比较
          Blook_end
;若 ACC = theta_m 大于 GPR0 但小于下一个表值,则跳到 look_end,找到最近的角度值
;若 theta_m 大于表值 GPR0,将 SP 表地址递加 1 比较,找到最接近的建表角度值
          inc_SP LACC SP      ;若 theta_m 大于表值 GPR0,则将 SP 表地址值写回 ACC
          ADD one             ;将 ACC = SP 值加 1 往下查找
          SACL SP             ;将 SP+1>ACC 值写回 SP 寄存器
          ADD theta_1stent    ;新 SP 值加上角度建表地址寄存器 theta_1stent
          TBLR GPR0           ;以 ACC 的表地址值来读取函数波建表值载入 GPR0
          LACC theta_m        ;将角度值 theta_m 载入 ACC 内
          SUBGPR0             ;theta_m 与角度表值相减,比较角度是否大于 TAB 值
          BGZ inc_SP
;若 ACC = theta_m 大于或等于表值 GPR0,则跳到 inc_SP,往下找下一个表值比较
;theta_m 小于表值 GPR0 但大于上一个表值,则为 look_end 执行找到最接近的角度值
          look_end
;对应 SP 表基地址对应查找 theta TB_S 得到 $d-q$ 轴的正弦及余弦函数分向量值
;以 SP 得到正弦波值,而以 0.5° 分割成 180 个表值尾端递减为 cos 表起始值
          LACC SIN_1stent
;令 ACC 载入正弦波函数值的建表起始地址 SIN_1stent (theta TB_S)
          ADDSP               ;ACC 加上对应函数基地址 SP 得到对应正弦波值
          TBLR sin_theta      ;ACC 表格地址将其读取载入 sin_theta 寄存器内
;以 SS 来判别正弦波的象限函数符号值
          LTSS                ;令 T 寄存器载入 SS[1 或 -1]
          MPYsin_theta
;将 T 与绝对正弦波函数值相乘得到带符号的对应 theta_r 正弦函数值
          PAC                 ;将积值载入 ACC 内
          SACL sin_theta      ;带符号的正弦波函数值载入 sin_theta 寄存器内
;以表值尾端 SIN_lastent 地址递减为 cos 表起始值得到 cos(theta)
          LACC SIN_lastent
;ACC 载入正弦波函数值的建表尾端地址 theta TB_S + 180 = SIN_lastent
          SUBSP
```

```
;将 ACC 减去对应的函数值基地址值 SP 得到要找的对应余弦波值
        TBLR cos_theta          ;ACC 表格地址将其读取载入 cos_theta 寄存器内
;以 SC 来判别余弦波的象限函数符号值
        LTSC;令 T 寄存器载入 SC[1 或 -1]
        MPYcos_theta
;将 T 与绝对余弦波函数值相乘得到带符号的对应 theta_r 余弦函数值
        PAC                     ;将积值载入 ACC 内
        SACL cos_theta          ;带符号的余弦波函数值载入 cos_theta 寄存器内
;得到正弦与余弦的角度函数值后开始计算 U_out 的分向量 U_d & U_q 电压值
        LTS_U                   ;令 T 寄存器载入 S_U(U_ref)的比率电压设置值寄存器
        MPY cos_theta
;将 T = S_U[U_ref]与余弦函数值 cos(theta)相乘:D2 × D1 = D3 + 1
        PAC                     ;将积值载入 ACC
        SACH Ud
;高 16 位 ACH 载入 U_out 的 d 轴 U_d 寄存器内 ACH = U_ref × cos(theta) = U_d
        MPY sin_theta
;T = S_U[U_ref]与正弦函数值 sin(theta)相乘:U_ref × sin(theta)
        PAC                     ;将积值载入 ACC
        SACH Uq
;高 16 位 ACH 载入 U_out 的 q 轴 U_q 寄存器内 ACH = U_ref × sin(theta) = U_q
;以角度值 theta_r 来判别三相电机要运转所处的向量空间位置值 S = 1~6
        MAR *,AR0               ;令 ARP = AR0 进行运算
        LAR AR0,#1              ;令 AR0 为 1 值的第一个向量空间 S = 1
        LACC theta_r            ;将 theta_r 角度值(0°~360°)寄存器载入 ACC 内
        SUB theta_60
;将 ACC = theta_r 与 theta_60°的第一个向量空间的极值相减比较
        BLEZ E_S                ;小于 60°,则跳到 E_S 执行代表为此第一个向量空间
        MAR * +                 ;大于 60°值,则令 AR0 加 1,假定是 S = 2 第二个向量空间
        LACC theta_r            ;将 theta_r 角度值(0°~360°)寄存器载入 ACC 内
        SUB theta_120
;将 ACC = theta_r 与 theta_120°第二个向量空间的极值相减比较
        BLEZ E_S                ;小于 120°大于 60°,则跳到 E_S 执行第二个向量空间
        MAR * +                 ;大于 120°,则令 AR0 加 1,假定是 S = 3 第三个向量空间
        LACC theta_r            ;将 theta_r 角度值(0°~360°)寄存器载入 ACC 内
        SUB theta_180
;将 ACC = theta_r 与 theta_180°的第三个向量空间的极值相减比较
        BLEZ E_S                ;小于 180°大于 120°,则跳到 E_S 执行第三个向量空间
        MAR * +                 ;大于 180°,则令 AR0 加 1,假定是 S = 4 第四个向量空间
        LACC theta_r            ;将 theta_r 角度值(0°~360°)寄存器载入 ACC 内
        SUB theta_240
;将 ACC = theta_r 与 theta_240°的第四个向量空间的极值相减比较
        BLEZ E_S                ;小于 240°大于 180°,则跳到 E_S 执行第四个向量空间
        MAR * +                 ;大于 240°令 AR0 加 1,假定是 S = 5 第五个向量空间
        LACC theta_r            ;将 theta_r 角度值(0°~360°)寄存器载入 ACC 内
        SUB theta_300
```

```
;将 ACC = theta_r 与 theta_300°的第五个向量空间的极值相减比较
        BLEZ E_S              ;小于 300°大于 240°,则跳到 E_S 执行第五个向量空间
        MAR * +               ;大于 300°值,令 AR0 加 1,假定是 S = 6 第六个向量空间
;最多是大于 300°小于 360°的第六向量空间
E_S
        SAR AR0,S             ;将向量空间值 AR0 载入 S 寄存器内
```
;计算 T_1 & T_2 的分向量电压值 T_{pwm} $U_{out} = V_1 \times T_1 + V_2 \times T_2$
;$[T_1, T_2] = T_{pwm}[V_1\ V_2]$
;$[0.5T_1\ 0.5T_2] = T_p[V_1\ V_2]U_{out}$
;$= M_{dec}[S]\ U_{out}$
;$M_{dec}(S) = T_p[V_1\ V_2]$
;$U_{out} = T_{rans}([U_d\ U_q])$
;M_{dec} 由预先的建表参数值取得来运算 $T_p = 1/2PWM = 0.5\ T_{pwm}$
;比较 PWM 值的计算为 cmp_1 = $U_d \times M_{dec}[+0]/[1,1] + U_q \times M_{dec}[+1]/[1,2]$ = Tdx
;cmp_2 = $U_d \times M_{dec}[+2]/[2,1] + U_q \times M_{dec}[+3]/[2,2]$ = Tdy
;计算出 cmp_1 及 cmp_2 后再计算出 cmp_0 值如下 $T_a = 1/2(T - Tdx - Tdy)$ - cmp_0
;cmp_0 = 0.5 (cmp_max - cmp_1 - cmp_2) 必须是大于或等于 0,否则归为 0 值

```
        LACC #(decpar_1stent-4)   ;因 S = 1~6,故将地址起始值减 4
;令 ACC 定值于 #(decpar_1stent-4) 解分量的参数值,D10
        ADD S,2
;每个向量空间有 4 个参数,故 ACC 与 S 值左移 2 位乘 4 相加为对应参数表地址
        SACL GPR0
;将解分向量的参数寻址 S 空间的起始值 ACC 载入 GPR0 寄存器内
        LAR AR0,GPR0          ;GPR0 寄存器载入 AR0 作存储器参数表寻址
        LT Ud                 ;将 d 轴的分向量 $U_d$ 内容载入 T 寄存器计算 $0.5T_1$ 值
        MPY * +
```
;将 T 内容 U_d 值与参数的表值相乘 $M(1,1)\ U_d \times [* AR0 = M_{dec}(K)]:D(14+1)$,表址加 1
```
        PAC                   ;将积值 ACC = $U_d * M_{dec}$[解分向量参数]载入 ACC 内
        LT Uq                 ;将 q 轴的分向量 $U_q$ 内容载入 T 寄存器
        MPY * +
```
;将 T 内容 U_q 值与参数的表值相乘 $M(1,2)\ U_q \times [* AR0 = M_{dec}(K+1)]:D(14+1)$
```
        APAC;ACC = $U_d(\cos) \times M(k) + U_q(\sin) \times M(k+1)$
```
;将积值与 ACC 相加载入 ACC 内 = $0.5T_1 = U_d \times M_{dec}(K) + U_q \times M_{dec}(K+1)$
```
        BGEZ cmp1_big0
```
;若 ACC 大于或等于 0,则跳到 cmp1_big0 得到 cmp_1 值 $U_d \times M_{dec}(K) + U_q \times M_{dec}(K+1)$
```
        ZAC                   ;若小于 0,则取最小值 ACC = 0
cmp1_big0  SACH cmp_1   ;ACH = $U_d \times M_{dec} + U_q \times M_{dec}(K+1)$ 载入 cmp_1 寄存器
        LT Ud                 ;计算 $0.5T_2$;将 q 轴的分向量 $U_q$ 内容载入 T 寄存器
        MPY * +
```
;将 T 内的 U_d 值与参数的表值相乘得到 $M(2,1) U_d [* AR0 = M_{dec}(K+2)]$ 表址加 1
```
        PAC
```
;将积值 ACC = $U_d \times M_{dec}(K+2)$[解分向量参数]载入 ACC 内 $U_d \times M_{dec}(K+2) >$ ACC
```
        LT Uq                 ;将 q 轴的分向量 $U_q$ 内容载入 T 寄存器
        MPY * +               ;T 内的 $U_q$ 值与参数表值相乘 $U_q \times [* AR0 = M_{dec}(K+3)]$ 表址加 1
        APAC                  ;$U_d(\cos) \times M(K+2) + U_q(\sin) \times M(K+3)$
```

;将积值与 ACC 相加载入 ACC 内 = $0.5T_2 = U_d \times M_{dec}(K) + U_q \times M_{dec}(K+3)$
   BGEZ cmp2_big0
;若 ACC 大于或等于 0,则跳到 cmp2_big0 得到 cmp_2 值 $U_d \times M_{dec}(K+2) + U_q \times M_{dec}(K+3)$
   ZAC ;若小于 0,则取最小值 ACC = 0
cmp2_big0 SACH cmp_2
;以上计算出 dx(cmp_1)及 dy(cmp_2)的信号电压值
;将 ACH = $U_d \times M_{dec}(K+2) + U_q \times M_{dec}(K+3)$ 载入 cmp_2 寄存器内
;$T_a = (T_m - dx - dy)/2$
;计算 cmp_0 值 T_0 = cmp_0 = $0.5(T_p[\max\_cmp] - *T_1 \text{cmp}\_1 - *T_2 \text{cmp}\_2)$ >;D15
   LACC ♯max_cmp_ ;PWM 比较最大比较值 $T_p[\♯\max\_cmp]$ 载入 ACC 内
   SUB cmp_1 ;♯max_cmp_ = 500 最大周期值减去 cmp_1 寄存器默认值
   SUB cmp_2 ;ACC 减去 cmp_2,得到 ACC = max_cmp - cmp_1 - cmp_2
   BGEZ cmp0_big0 ;若 ACC 大于或等于 0,则跳到 cmp0_big0 得到 cmp_0 值
   ZAC ;若小于 0,则取最小值 ACC = 0
   cmp0_big0SACL cmp_0 ;ACH = max_cmp - cmp_1 - cmp_2 载入 cmp_0 内
   LACC cmp_0,15 ;将 cmp_0 寄存器左移 15 位载入 ACC
   SACH cmp_0 ;将 ACH = 0.5 cmp_0 载入 cmp_0 内得到 $0.25T_0$
;已根据所决定的转动频率运算出在 V/Hz 控制下向量空间的 3 个三相 PWM 比
;较器值 cmp_0、1、2,这时就必须根据电机的向量空间 S 值来决定是哪个 PWM 的
;比较值(CMPRx)随着 PWM 正弦波三相电压在产生。因此以 6 个向量空间的哪二个
;PWM 值需要改变,以建表方式进行 CMPRx 寻址来复位 CMPRx 设置输出控制
;找到要复位并要改变的 CMPRx 地址后,载入个别的 cmp_x 进行弦波 PWM 控制
;CMPRx 为各向量空间最大输出电压(Low 有效的最小 T_a 比较值)但会渐减
;CMPRy 为各向量空间的中间值输出电压(Low 有效的中间 T_b 比较值)但会渐增
;CMPRz 为各向量空间的最小输出电压(Low 有效的最大 T_c 比较值)是不变的

   LACC ♯(first_-1) ;因 S = 1~6,故起始地址减 1
;ACC 载入空间向量第一个的三相 PWM 改变 PWM 顺序表值 CMP1、2、2、3、3、1
   ADD S ;S = 1~6
;将第一个改变 CMPRx 的建表寻址加上空间向量位置 S 得到 CMPRx 地址
   TBLR CL ;建表读取对应的 CMPRx 寻址值载入 CL 寄存器内
   LAR AR0,CL ;将此 CL 内含寻址值 CMPRx 载入 AR0 寻址
   LACC cmp_0 ;cmp_0 寄存器内容载入 ACC 为第一个变化量寻址
   SACL * ;ACC = cmp_0 的 PWM 载入 CMPRx 改变 PWM 宽度设置
   SACL CMP0 ;将 ACC = cmp_0 的 PWM 值载入 CMP0 寄存器内
   LACC ♯(second_-1)
;ACC 载入空间向量第二个的三相 PWM 改变 PWM 顺序表值 CMP2、1、3、2、1、3
   ADD S
;将第二个改变 CMPRx 的建表寻址加上空间向量位置 S 得到 CMPRx 地址
   TBLR CM ;建表读取对应的 CMPRx 寻址值载入 CM 寄存器内
   LAR AR0,CM ;将此 CM 内容寻址值 CMPRx 载入 AR0 寻址
   LACC cmp_0 ;读取 cmp_0 寄存器内容载入 ACC 为第二个变化量寻址
;$T_b = T_a + dx$ Low ACTIVE 比较器的上桥为 Low 有效
   ADD cmp_1 ;将 ACC = cmp_0 加上 cmp_1 得到 $t_0 + t_1 = T_1$
   SACL *

;将 ACC = cmp_0 + cmp_1 的 PWM 值载入 CMPRy 改变 PWM 宽度的设置
```
        SACL CMP1               ;ACC = cmp_0 + cmp_1 的 PWM 值载入 CMP1 寄存器内
        LACC #CMPR3             ;令 ACC 载入比较寄存器 #CMPR3 寻址值
        SUB CL                  ;令 ACC = CMPR3 - CMPRx
        ADD #CMPR2              ;令 ACC = CMPR3 - CMPRx + CMPR2
        SUB CM                  ;令 ACC = CMPR3 - CMPRx + CMPR2 - CMPRy
        ADD #CMPR1
```
;其余为未更新的 CMPRz = CMPR3 - CMPRx + CMPR2 - CMPRy + CMPR1
```
        SACL GPR0
```
;ACC = CMPRz = CMPR3 + CMPR2 + CMPR1 - CMPRx - CMPRy 载入 GPR0
```
        LAR AR0,GPR0            ;将 GPR0 = CMPRz 载入 AR0 寻址
```
;$T_c = T_a + dx + dy$ 第三个 PWM 是不变动的 CMPRz[最小的脉冲宽度]
```
        LACC cmp_0              ;令 ACC = cmp_0 值
        ADD cmp_1               ;令 ACC = cmp_0 + cmp_1
        ADD cmp_2               ;令 ACC = cmp_0 + cmp_1 + cmp_2
        SACL *                  ;ACC = 1/2[Tm + cmp_1 + cmp_2]
```
;将 ACC = cmp_0 + cmp_1 + cmp_2 载入对应的 CMPRz 第三个 PWM 比较值
```
        SACL CMP2               ;将 ACC = cmp_0 + cmp_1 + cmp_2 载入 CMP2 寄存器内
        LDP #PBDATDIR≫7
        SPLK #08000H,PBDATDIR
```
;令 PB7 为输出端口并令输出 PB7 = 0,启动三相弦波 PWM 输出
```
        KICK_DOG                ;清除看门狗定时
        CLRC XF                 ;令 XF 输出为 0 表示已计算完成
        B MAIN
```
;跳回 MAIN,再次执行循环控制三相弦波 PWM 的 V/Hz 电机转速控制
```
INIPWMT:
        LDP #ACTR≫7
; SPLK #00001100110011001B,ACTR
```
;SVDIR,D2~D0,CMPC/B/A/9/8/7/,1,0 79BH/8AC/L
```
        SPLK #00000110011100110B,ACTR
```
;SVDIR,D2~D0,CMPC/B/A/9/8/7/,1,0 79BH/8AC/L
;DBT7~0 (d15~d8) DB periode EDBT3~0(d7~d5) ENable DBTPS2~0 (DB Timer Prscale x/1~ x/32)
SPLK #00000101111101000B,DBTCON ;DeadBand 5×8×50 ns = 2 μs 7415H
;XXXX D11~D8 = DBT3~0 = 0101 = 5 D7~D5 = EDBT3~0 = 111,DBTPS2~0 = 011 XXD & 3[*8] = 2 s
;SPLK #0000001100001000B,DBTCON
;XXXX,DBT3~0[tm = 0011],EDB3~1[111],DPS2~0[100,x/16],XX
```
        SPLK #000,CMPR1 ;向量空间的 3 个比较寄存器 CMPR1、2、3 为 000H 值
        SPLK #000,CMPR2
        SPLK #000,CMPR3
        SPLK #0000001000000000B,COMCON
```
;CEN = 0 禁用比较器,CLD1/0,SVEN,ACTRLD1/0,FCOMPOE = 1,X - - -
```
        SPLK #1000001000000000B,COMCON ;CEN = 1 允许比较器
        SPLK #0000000001001001B,GPTCON
```
;X,T2/1/STUS,XX,T2/1STADC,TCMEN[txpwm] = 1,XX,T4[2]/3PI
;T4,T3 STUS 状态 DIR 1 = UP,0 = DOWN T2/T1 设置 TxPWM 引脚模式

```
            SPLK  #500,T1PR              ;T1 周期为 500
            SPLK  #500,T1CMPR            ;T1 比较寄存器 T1CMPR=500
            SPLK  #0000,T1CNT
;T1 计数值 T1CNT=0 T1 CLK=$F_{clk}$/PRS=40 MHz/001=20 MHz PWMT=500×2×50 ns
;$T_{pwm}$=500×2×50 ns[20 MHz]=50 $\mu s$ $F_{pwm}$=20 kHz
            SPLK  #1000100000000010B,T1CON
;FRE,SOF,X,TMD1/0,TPS2/0,T4SWT3,TEN=0,TCKS1/0,
;FRE,SOF=10/不影响 TMD=10 连续加减数,TPS=100;X/1,T4=0,TEN=0 禁用计数
;TCK=00 内部计数 TCLD1/0,允许比较器 TECMPR=1,SELT3PR
            SPLK  #1000100001000010B,T1CON
;FRE,SOF,X,TMD1/0,TPS2/0,T4SWT3,TEN=1 允许计数
;TCKS1/0,TCLD1/0=00 IF CNT=0 RELOAD,TECMPR=0 DIS[TXPWM],SEL
            SPLK  #1000,T1CMPR           ;T1 比较寄存器 T1CMPR=1000
            RET                          ;回主程序

ADCINI:
            LDP   #ADCL_CNTL2≫7          ;高地址数据存储器 DP 寻址于 ADCL_CNTRL2
            SPLK  #0000000000000000B,ADCL_CNTL2 ;不中断,不进行 EV 触发
;evb_soc_seq,rst_seq,soc_seq1,seq1_bzy,int_ena_seq1[2],int_flg_seq1,eva_soc_seq1,
;ext_soc_seq,rst_seq,soc_seq2,seq2_bzy,int_ena_seq2[2],int_flg_seq2,eva_soc_seq2,
            SPLK  #0111001100010000B,ADCL_CNTL1 ;复位 ADC(D14=1)
;x,RES,SOF=11 空闲继续操作,FREE,ACQ3~0=0011 预分频 8,CPS=0,(1)连续操作
;INT_PRI,SEQ_CAS(0)双转换,CAL_en(0)不进行校准,VBRG_ENA,VHL,STS_
            SPLK  #0011001100010000B,ADCL_CNTL1 ;不复位并设置串接 SEQ
            SPLK  #01,MAXCONV            ;设置 1 个通道的 SEQ_ADC 排序转换
            SPLK  #3210H,CHSELSEQ1       ;令第一轮通道序为 0、1、2、3
            SPLK  #7654H,CHSELSEQ2       ;令第二轮通道序为 4、5、6、7
            SPLK  #0BA98H,CHSELSEQ3      ;令第三轮通道序为 8、9、A、B
            SPLK  #0FEDCH,CHSELSEQ4      ;令第二轮通道序为 C、D、E、F
            LDP   #ADCL_CNTL2≫7          ;高地址数据存储器 DP 寻址于 ADCL_CNTRL2
            SPLK  #0010000000000000B,ADCL_CNTL2
;D13=SOC_SEQ1 软件启动 ADC
            RET                          ;回主程序

RDADC4:     CALL  RDADC                  ;调用读取 ADC0 的转换启动读值
            CALL  DSPADC                 ;将读取值载入 34DH 显示于 4 位七段 LED 显示接口
            RET                          ;回主程序
            NOP
RDADC:
            LDP   #ADCL_CNTL2≫7          ;高地址数据存储器 DP 寻址于 ADCL_CNTRL2
            SPLK  #0010000000000000B,ADCL_CNTL2  ;用软件重新启动 SEQ 转换
            nop
REDETV:     BIT   ADCL_CNTL2,BIT12       ;令 TC=SEQ1_BSY=D12 作为检测位
            BCND  REDETV,TC              ;若 TC=1,则 SEQ 处于忙线,跳回 REDETV 再测
            LACC  ADC_RESULT0,10         ;ADC_RESULT0 值右移 10 位载入 ACC
```

```
            LDP ♯34DH≫7              ;DP 寻址于 34DH 的高 9 位地址
            SACH 4DH                 ;将 ACH 值载入 34DH 以便显示
            RET                      ;回主程序
            NOP
DSPADC:
            LACL 4DH                 ;读取 24DH 内的 ADC 值载入 ACL
            LAR AR3,♯34DH            ;令 AR3 寻址于 34DH
            LAR AR5,♯36AH            ;令 AR5 寻址于 36AH
            CALL HTOD4               ;以 HTOD4 将 *AR3 含转换成十进位值载入 *AR5 内
            LDP ♯36AH≫7              ;DP 定值于 36AH 的高 9 位值
            OUT 6AH,8006H            ;36AH 含 ADC 十进位低 8 位值输出到 8006H 显示
            LACC 6AH,8               ;将 36AH 含 ADC 十进位值左移 8 位载入 ACC 内
            SACH 6BH                 ;将 ACH 载入 26BH 内
            OUT 6BH,8005H            ;36AH 含 ADC 十进位高 8 位值输出到 8005H 显示
            RET                      ;回主程序
```

;*AR3 内的 4 个十六进位数转成[<=270FH]十进位 12 位存于 *AR5[9999]
;采用右移位除 2 数码转换法进行调整,16 位共需移位调整 16 次

```
            HTOD4CLRC SXM            ;令符号扩充 SXM=0
            MAR *,AR3                ;ARP=AR3
            LACC *,AR5               ;十进制 *AR3 载入 AL=*AR3 内 AH=0
            LAR AR6,♯14              ;令区域执行循环数为♯15
ADJHTDR:    MAR *,AR5                ;ARP=AR5 进行间接寻址或 ARx 的操作
            CLRC C                   ;清除 C 标志
            SFL                      ;将 AL 内容左移,将十六进位 AL 的 D0=D16(A)左移入 AH 十进位
```
;AL 的 D15 操作为 C=0≫(D31-D16≫D15-D0)
```
            SACH *+                  ;将左移乘 2 后的 AH 载入 *AR5 存储器内
            SACL *-                  ;AR5+1 存放乘 2 后的原值 AR5-1
            LACL *                   ;AH+♯03>[AR5]
            ADD ♯03H                 ;将 ACC 值加上 3H 作为进位标识
            SACL *                   ;将此 ACC 值载入 ARP=*AR5 内
```
;判别十进位高位数 D7=D15,D3=D11 及低位数的 D7=D7,D3=D3 作为判别调整数码
```
            BIT *,15-3               ;令 TC 为 *AR5,为十进位的高位数,D3>D11 位设置
            BCND NADJ3,TC            ;若乘 2 的 D3>D11 为 1,则无须减回 03H 调整跳到 NADJ3
            SUB ♯03H                 ;若乘 2 后的 D3>D11 为 0,则将其减 03H(>0300H)进行调整
NADJ3:      ADD ♯30H                 ;将 ACC 值加上 30H 作为进位标识
            SACL *                   ;将此 ACC 值载入 ARP=*AR5 内
            BIT *,15-7               ;令 TC 为 *AR5,为十进位的高位数,D3>D11 位设置
            BCND NADJ30,TC           ;若乘 2 的 D3>D11 为 1,则无须减回 03 调整跳到 NADJ3
            SUB ♯30H                 ;若乘 2 后的 D7>D11 为 0,则将其减 030H(>0300H)进行调整
NADJ30:     ADD ♯300H                ;将 ACC 值加上 300H 作为进位标识
            SACL *                   ;将此 ACC 值载入 ARP=*AR5 内
            BIT *,15-11              ;令 TC 为 *AR5,为十进位的高位数,D7>D15 位设置
            BCND NADJ3H,TC           ;若乘 2 的 D7>D15 不为 1,则无须调整跳到 NADJH30
            SUB ♯300H                ;若乘 2 后的 D7>D15 为 1,则将其减 30H(>03000H)进行调整
NADJ3H:     ADD ♯3000H               ;将 ACC 值加上 3000H 作为进位标识
```

```
        SACL *                  ;将此 ACC 值载入 ARP = * AR5 内
        BIT *,15-15             ;令 TC 为 * AR5 为十进位的低位数 D3 位设置
        BCND NADJ3K,TC          ;若除 2 后的 D3 不为 1,则无须调整跳到 NADJL3
        SUB #3000H              ;若乘 2 的 D3 为 1,则将其减 03H 进行调整
NADJ3K  SACL *                  ;存回 AH > [AR5]
        LACC *+,16              ;将 * AR5 内容载入 AH AL = 0
        ADDS *-                 ;取回 [R5+1] > ACL AR5 = AR5

ADJHTD  MAR *,AR6               ;ARP = AR6 作为移位调整的位数计数
        BANZ ADJHTDR            ;若 AR6 不为零,则值减 1 跳回 ADJHTDR 再执行
        NOP
        SFL                     ;ACC 左移 1 位乘以 2
        MAR *,AR5               ;ARP = AR
        SACH *                  ;将调整后的十六进位码写回 * AR5
        RET                     ;回主程序
        NOP

EV_isr_B
        SST #0,ST0_save         ;将 ST0 标志存入 ST0_save = 60H 存储器内
        SST #1,ST1_save         ;将 ST1 标志存入 ST1_save = 61H 存储器内
        LDP #0                  ;DP 设置为 0 页
        SACH ACCH               ;将 ACH 载入 ACCH = 62H 存储器内
        SACL ACCL               ;将 ACL 载入 ACCH = 63H 存储器内
        LDP #PIVR>>7            ;令 DP 寻址于 PIVR 的高 9 位值
        LACC PIVR               ;将 PIVR 外设中断向量寄存器载入 ACC 内
        XOR #002FH              ;ACC 与 002FH 作 XOR 运算判别 T3PINT = 002FH [INT2]
        BCND NOTT4P,NEQ
;PIVR = 002FH 为 T3PINT = 002FH,则不跳到 NOTT4P
        LDP #EVBIFRA>>7         ;令 DP 寻址于 EVBIFR 的高 9 位值
        LACC #0080H             ;令 ACC = 0080H
        SACL EVBIFRA            ;将 ACC 写入 EVBIFR 清除 EVBIFR.7 标志
        LDP #6                  ;令 DP = 6 设置 300H~37FH 页
        SPLK #1,period_flag
;将 T3PINT 的定时取样中断标志 period_flag 写入 1 作为标志

NOTT4P: LDP #0                  ;DP 设置为 0 页
        ZALH ACCH               ;ACCH = 62H 存储器内容写回将 ACH 并令 ACL = 0
        ADDS ACCL               ;将 ACCL = 63H 存储器写入 ACL 内
        LST #1,ST1_save         ;将 ST1_save = 61H 存储器内写回标志 ST1 内
        LST #0,ST0_save         ;将 ST0_save = 60H 存储器内写回标志 ST0 内
        EINT                    ;允许中断总开关
        RET                     ;回主程序
        NOP
        NOP

PHANTOM
        SST #0,ST0_save         ;将 ST0 标志存入 ST0_save = 60H 存储器内
        SST #1,ST1_save         ;将 ST1 标志存入 ST1_save = 61H 存储器内
```

```
        LDP  #0                    ;DP 设置为 0 页
        SACH ACCH                  ;将 ACH 载入 ACCH = 62H 存储器内
        SACL ACCL                  ;将 ACL 载入 ACCH = 63H 存储器内
        LDP  #0                    ;DP 设置为 0 页
        SPLK #00BADH,B2_SADDR+15   ;B2_SADDR+15 存储器写入 0BADH 值
        LDP  #0                    ;DP 设置为 0 页
        ZALH ACCH                  ;ACCH = 62H 存储器内容写回将 ACH 并另 ACL = 0
        ADDS ACCL                  ;将 ACL 载入 ACCH = 63H 存储器内
        LST  #1,ST1_save           ;将 ST1_save = 61H 存储器内写回标志 ST1 内
        LST  #0,ST0_save           ;将 ST0_save = 60H 存储器内写回标志 ST0 内
        EINT                       ;允许中断总开关
        RET                        ;回主程序

TB_TH:  .word0
        .word36                    ;([0.5/360]×2π)×4 096×N=35.74>36D3 n=0~180
        .word71
GISR1:  RET
GISR2:  B EV_isr_B                 ;PWM 的取样定时中断
GISR3:  B PHANTOM
GISR4:  RET
GISR5:  RET
GISR6:  RET
```

13.5.1 实验程序

(1) 编写上述程序 13-1,编译后载入 SN-DSP2407 主实验模板中。

注意：本实验的 CPLD 外设使用 DSPSKYI7.tdf 必须预先载入。

(2) 将 PF0 的对应拨位开关设置于 LOW 位置,开始执行程序,调整 SN-DSP2407 实验模板中的 Adcin00 转换 VR 对应的 4 位七段显示器来观察,令其显示设置于 600H 的三相 PWM 正弦波输出频率对应值。设置好后,将 PF0 的对应拨位开关转拨到 HI 位置,程序就会开始依照所设置的频率输出三相 PWM 正弦波。注意：PF0 开关转拨到 HI 后要转拨回 LOW,以便紧急时按压 F2407 的系统复位开关而关掉 PWM 的输出控制。

(3) 先使用一般双轨示波器或四轨示波器,分别记录观察对应于 SN-DSP2407 主实验板 JP17 端的 PWM1、PWM3、PWM5 信号并加以测量。正常操作时,对应于高频率及低频率的设置,利用逻辑分析仪测量其 PWM1~PWM6 端的对应波形如图 13-16 所示。

(4) 分别单步执行各个程序及子程序,记录执行的结果并进行分析讨论。

(5) 当一切测量波形都正常时,关掉电源,使用 20 线的数据线将 SN-DSP2407 与三相 PWM 驱动模块的 JP3 连接。这时将三相三线式的 R、S、T 接入驱动模块电路 ACMD 的 L1/R、L2/S 及 L3/T 等引入,并将二个 250 W/220 V 的保护灯泡接入,而负载 U、V、W 端则可接到一个三相感应电机或假负载电阻端。将 AC 电压加入时,必须先测量三相整流输出的直流电压值如何? 低压的三组整流供应电源 V_{pp1i}、V_{pp2i}、V_{pp3i} 和 V_{pp4i} 等供应电源是否正常? 稳压的 $+V_{CC}=12\ V$ 及 $-V_{EE}=-12\ V$ 和 $+5\ V$ 电源供应是否正常?

(6) ACMD 驱动模块的电源供应都正常后,测量 U5A1 的 16V8 输出端 PWMTO1~PWM-

TO6 驱动信号如何？为什么？将拨位开关的 PF0 设置为 HI 时，启动 SN‑DSP2407 的 PWM1～PWM6 输出连接到 ACMD 驱动电路中，重测 PWMTO1～PWMTO6 信号如何？测量 IGBT 驱动元件的各驱动信号如何？试讨论记录。

（7）记录串接的保护灯泡亮度如何？总负载电流如何？若灯泡全亮，则相当危险，必须先关掉电源，重复上述第(5)、(6)步的测量。

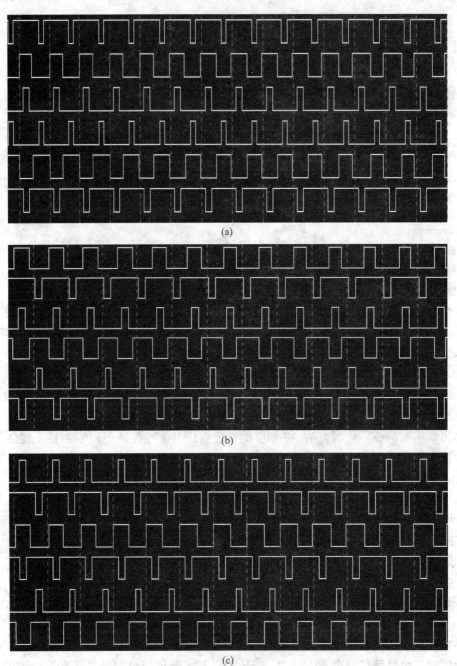

图 13‑16　逻辑分析仪测量其 PWM1～PWM6 端的对应波形

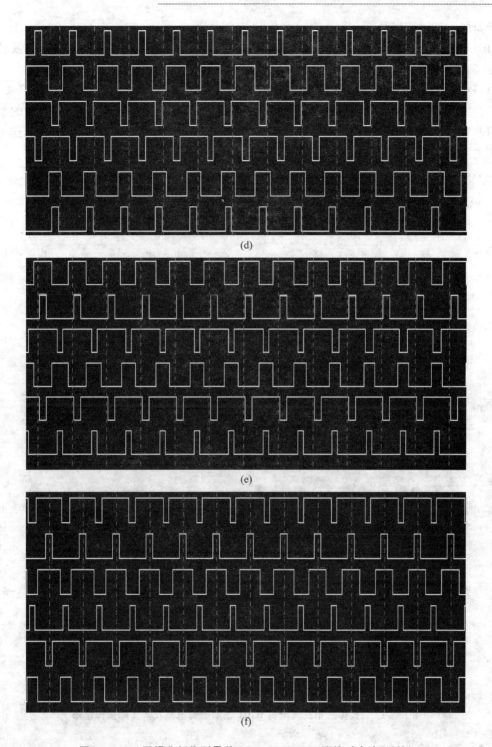

图 13-16　逻辑分析仪测量其 PWM1～PWM6 端的对应波形(续)

(8) 串接的保护灯泡微亮,则三相交流感应电机运转正常,试测量电机运转速度以及三相 V_{ab}、V_{bc} 和 V_{ca} 电压峰值及有效值。

(9) 改变 ADC 的 VR 调整电机的转速,最低及最高转速分别如何? 对应的驱动电压及其转速分别如何？试讨论记录。

（10）以可变负载的涡流动力计加载并与 PC 连线，测量三相交流感应电机的转速及其转距等特性变化。输出马力或功率如何？三相输出波形及其变化如何？

（11）将负载改成电阻假负载，分别并联适当的电容，测量三相输出波形。试讨论记录。

（12）若负载电流超过 2 A，且一切操作正常，则可使用跳线将灯泡负载与 4～5 Ω 的电流检测电阻并联，得以产生最大约 10 A 负载控制。当然，必须适当调整此电流检测电阻值，这可将电流感测电阻外接到 AC 接插端进行控制。

（13）实体三相交流电机 IGBT 驱动控制电路及其实际操作情形如图 13-17 所示。

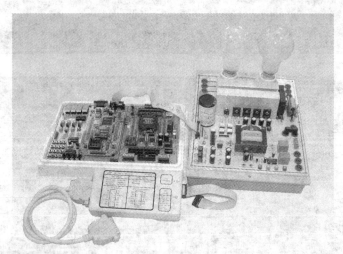

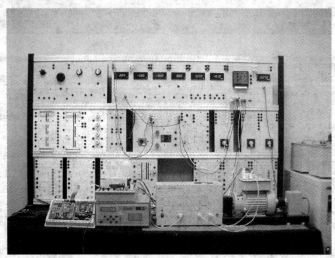

图 13-17　实体三相交流电机 IGBT 驱动控制电路及其实际操作情形

13.5.2　讨　论

（1）要特别注意：当操作电路驱动模块时，若要测量 ACMD 模块任何点的电压或波形，则最好是接入保护的灯泡，示波器最好使用专用的电力示波器或差动式测试棒（Diffential Probe）来测量。注意场地的接地状况必须十分良好，以避免发生危险。

(2) 程序 13-1 的空间向量 $S=1\sim 6$ 的计算也可以采用将 theata_r$(0\sim 2\pi)$ 除以 $\pi/3$，也就是乘以 $3/\pi$ 后所得的值取其整数值加 1 便可得到向量空间 S 数。试重新编辑、编译程序后载入并讨论实验测试记录。

(3) 试将程序 13-1 的电机转速设置改成可正逆转的控制。此正逆转可由 PB7 的 TCK 输出端加以控制。注意，交流感应电机在高速转时，不可以任意改变其运转方向，否则将造成瞬间的大电流而损坏驱动器或电机而发生危险。必须等电机静止下来后才改变其运转方向。改变运转方向由 GAL 的 16V8 控制将 PWM3、4 与 PWM5、6 交替连接，就可以改变驱动 PWM 相位而进行不同方向的运转控制。

(4) 交流电机同轴配置霍尔或光编码器常用于速度的检测，由 F2407 的 CAP3 捕捉其运转时钟周期，进而运算出其 RPM 转速的检测。取闭循环的控制程序，试重新编辑、编译程序后载入并讨论实验测试记录。

(5) 以建表方式，将控制三相电机的运转速度及方向分别建立在程序表中，最高的绝对速度值是 7000H(D0 模数)而方向则由最高位 D15 设置。建表的速度分别由正转低速爬升到最高速后又降回低速，再转成逆向低速运转再爬升到极速后，又下降速度，回到正转而循环控制。每个速度运转基本单位时间为 120 s，再搭配速度的 D14～D12 三位作为其对应速度运转时间。试重新编辑、编译程序后载入并讨论实验测试记录。

(6) 用软件方式产生三相 PWM 时钟为程序 13-1 主要的产生操作，若换成 F2407 内部硬件控制 ACTRA/B 的 D15=SVDIR 及 D2～D0 等位控制产生，这时对应 COMCONA/B 的 D12=SVENABLE 必须设置为 1，并令 D15=CENABLE=1 允许比较器，则其对应的(D2～D0)值所形成的 6 个向量空间输出操作波形如图 13-18 所示。对应图 13-18 所产生的 PWM 驱动脉冲，是否也对应产生如图 13-19 所示的三相弦波输出？试重新编辑、编译程序后载入并讨论实验测试记录。

(7) 上述的程序功能，若用 C 语言编辑程序，可能其主循环的取样操作控制程序会过长而超过 PWM 的取样时间，这时必须降低 PWM 的取样频率，当然也会降低其控制电压及频率的分辨率。试编辑、编译程序后载入并讨论实验测试记录。

AC Inductn Motor Control Using Constant V Hz Principle Space.pdf

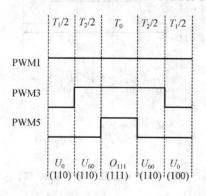

U_{out} 中的 U_0、U_{60}
SVRDIR=0,$(D_2\ D_1\ D_0)$=(001)

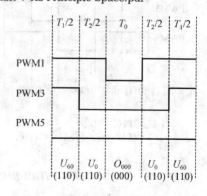

U_{out} 中的 U_0、U_{180}
SVRDIR=1,$(D_2\ D_1\ D_0)$=(011)

图 13-18　以 F2407 硬件 SVDIR 及 D2～D0 控制产生三相 PWM 正弦波输出波形

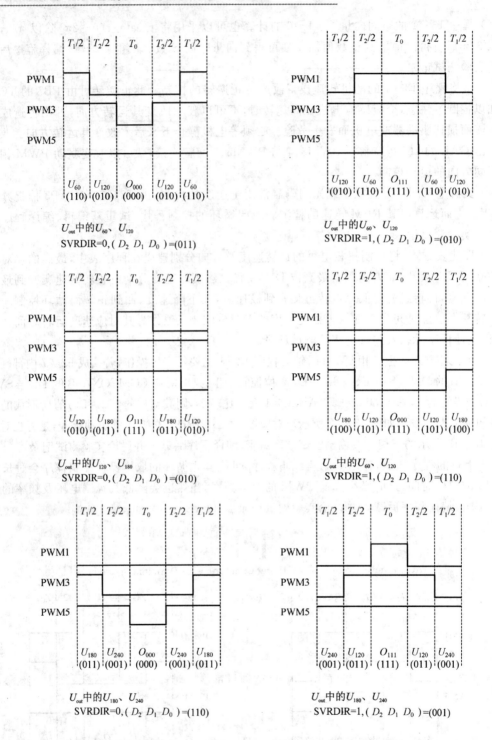

图 13 - 18 以 F2407 硬件 SVDIR 及 D2～D0 控制产生三相 PWM 正弦波输出波形(续)

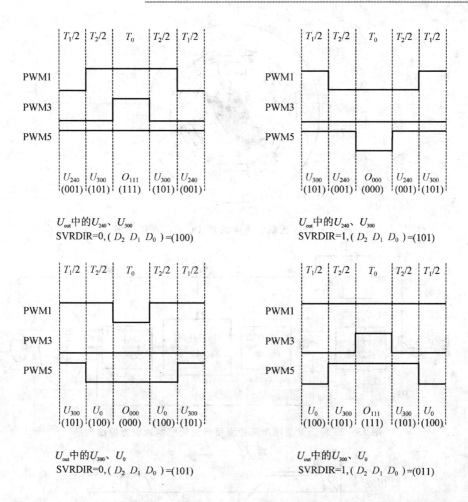

图 13-18 以 F2407 硬件 SVDIR 及 D2~D0 控制产生三相 PWM 正弦波输出波形(续)

(8) 改写上述第(2)~(7)步的程序,可参照本书所附光盘 MOTOR 目录中的 SPRA524.pdf 及下列参考文件取得。

(9) 无刷直流电机 BLDC,实际上是一个转子为久磁式,而定子为绕线式的 AC 同步电机。定子为三组绕线式,其简易结构如图 13-19 所示。基本上其控制的驱动电路也是采用本系统的 SN-DSP2407 及 ACMD 模块来控制的。其主要控制运转原理是,每次只有二个相电流导通,如图 13-19 所示的 A、B 相电流导通时的转子运转位置;接着 B、C 相电流导通。转子会顺时针转到 B、C 位置;接着又令 C、A 相电流导通,又顺时针运转到 C、A 定子线圈间的位置;接着又令反向的 A、B、BC、CA 顺序控制寻址的导通相电流即可依次顺时针运转。在图 13-19 所示位置时,若换成[A,C]、[C,B]、[B,A]、[A,C]、[C,B]、[B,A]等顺序相导通,则转子会逆时针运转。具有速度及相电流检测反馈驱动控制系统方框结构如图 13-20 所示。在重要的电流检测反馈控制中,在每二个相电流转换极性变化的零交叉点区间,是不可以有电流导通的。I_a 及 I_c 二相导通的控制驱动电流状态如图 13-21 所示,这也就是为什么此 BLDC 电机控制中必须对应所有的三相电流进行检测反馈控制。当然,总电流的控制可以调整此电机的驱动转距。控制驱动程序可参考本书所附光盘中的 SPRA064.pdf 文件加以应用。

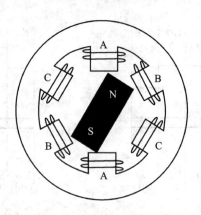

图 13-19　无刷直流电机 BLDC 的简易结构图

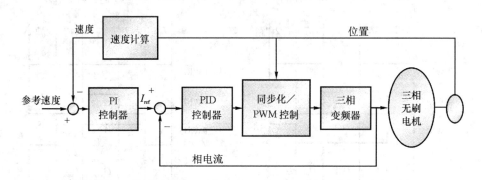

图 13-20　速度及相电流检测反馈驱动控制系统方框结构

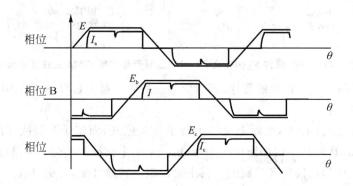

图 13-21　对应 BLDC 电机的 I_a 及 I_c 二相导通控制驱动电流状态图

　　(10) 其他如交流负载的功率因素自动调整控制,电场指向(Field Orient)的三相感应电机及其对应恒定转距的控制等应用(SPRA073.pdf)相当多,可参考所附光盘内的文件,也可参考作者编写的一篇 ACSEVP.asm 作为电场指向三相感应电机及其恒定转距的控制参考示例。若读者有需要,也可与作者本人联系。

　　(11) 根据上述的 PWM 正弦波产生控制原理,也可以延伸将一个 DC 的低电压源,使用三个桥式 PWM 单相交流电源控制电路进行串接,就可以输出升压到将近 3 倍的峰值电源。其主控制结构电路如图 13-22 所示,刚好使用一个 F2407 的 PWM1～PWM12 共 12 组上下桥控制产生 3 个叠加的正弦波交流电源。若 DC 为电池式 50 V,则交流信号电源峰值为 150 V。将输出

第 13 章　SPVC 三相电力控制专题应用示例

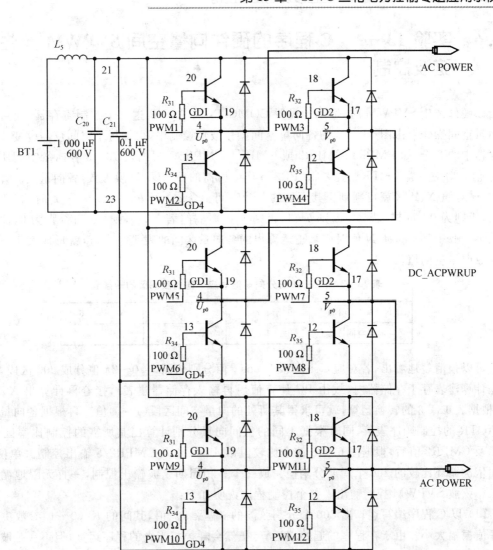

图 13-22　三个桥式单相 PWM 正弦波变频交流信号叠加电源产生主控电路

电压作 ADC 检测反馈时，其电压大小及频率是可变的，并可进行此 AC 电源的稳压控制，这非常具有商业使用价值。该电路可应用于电动车控制交流电机运转。读者不妨自行连接电路，并编写程序测试实验。

(12) 由 PC 的终端机的 UART(RS-232)端口与 DSP 的 2407 的 SCI 接口连接，对应三相电机的转速 rpm 下命令控制此应用程序仅是将 ACMHV.asm 中的 ADC 输入 VR 调整电压进行设置，改由中断式的 SCI 总线的 UART 由 PC 传输设置控制。此程序可参考光盘所附的 ACMHVR.asm 加以编译、实验测试、记录并讨论。

13.6 实验 13-2 C 程序的硬件向量空间 SVPWM 产生三相弦波控制

以硬件产生 SVPWM 时,适当地设置 COMCON 及 ACTR 这二个控制寄存器,便可控制硬件向量空间操作。由图 13-18 的各向量空间操作波形控制中,得知每个空间仅需改变 3 个比较寄存器中的 2 个,如 CMPR1、CMPR2 或 CMPR4、CMPR5。根据表 13-2 各向量空间所对应 t_1 及 t_2 值来对应设置 CMPR1/4 及 CMPR2/5 产生所需的 U_X、U_Y 转换参数,各向量空间计算取得的 t_1、t_2 对照 X、Y、Z 就可判别出其所处的向量空间。令 $a=X$,$b=-Z$,$c=-Y$ 时,若 $X>0$,则 $a=1$;否则为 0。同样,若 $Z>0$,则 $b=1$;否则为 0。同样,若 $Y>0$,则 $c=1$;否则为 0,此时其关系式 $N=4c+2b+a$,此 N 值对应真正运算出的各向量区间的表 13-2 值,就形成表 13-3 区段转换成向量空间值。

表 13-3 三相弦波分向量值对应于向量空间区的转换表

$N=4c+2b+a$	1	2	3	4	5	6
向量空间区	1	5	0	3	2	4

可以很清楚地看出,若对应 $U\sin\theta$ 及 $U\cos\theta$ 值分别依照 $\theta=0\sim2\pi$ 值分成 200 区段,由 DSP 预先计算建表存于存储器内(或由 PC 计算值后再输入存储器建表),接着再计算出 X、Y、Z 值后,根据表 13-3 的转换运算,就可求得其所处的向量空间区段(1~6)值。再根据各向量空间取得 ACTR 的控制顺序表值,同时根据不同的空间向量分别计算出其所需的控制比率区间 CMPR1 及 CMPR2 值后,根据图 6-18 的全比较值 CMPR1/4 及 CMPR2/5 输出控制。单位 PWM 时间依次循环比较的 200 个周期分割便完成一个三相周期弦波输出控制,一直无限地循环就产生三相弦波 SVPWM 控制输出。整个控制程序说明如下:

(1) 以 C 程序编写运算出 200 个分割弦波的 u_{alfa} 及 u_{beta} 值,其间的 $K_P(0\sim1)$ 参数决定弦波的峰值振幅大小。由于在程序的起始端运算,虽然会耗掉相当大的程序运算,但不在弦波操作控制输出循环内,因此并不影响其 SVPWM 的操作输出速率。运算后的 $200\times2=400$ 个弦波点值预存于存储器内,对应于 $i=0\sim199$ 参数索引取值,作为 X、Y、Z 值的运算,此弦波函数运算则以 calu() 子程序编辑。

(2) 操作循环中对应于 X、Y、Z 值的运算同时,必须判别所处的空间向量区段,因此编写 sector() 子程序对应于参数索引 i 来计算出区段值。

(3) 主程序中需要初始设置 CPU 的工作状态及 SVPWM 相关控制寄存器,此时定时器 T1 或 T3 的周期值 T_P 则影响并控制此三相弦波的输出频率,必须根据循环操作所需的时间来决定其最高的弦波 SVPWM 操作控制输出,此段程序控制为 initial()。

(4) PWM 单位周期的判别操作,不采用中断模式而采用一直检测 EVBIFRA 的设置标志进行分支控制,同时对应于 PE0=1 输入开关设置,并以 PB7、PB6 进行硬件的启动允许 PWM 输出控制。

整个主控程序 SVPWM3.c 如下:

```c
/*********SWPWM3.c******SVPWM 硬件向量空间三相电路控制范例*****/
/*功能:依照 Tp 设置频率及 Kp 决定最大峰值产生三相弦波 PWM 桥式驱动控制*/
/*步骤:(1)以 T1 作 TI 模块的硬件 PWM1~PWM6 的向量空间操作*/
/*     (2)调整 Tp 及 Kp 控制三相桥式 PWM 弦波输出控制三相感应电机驱动*/
/*     (3)观察三相桥式各驱动 PWM 脉冲及对应滤波后的三相电压及相位值*/
/********************************************************/
#include    "f2407regs.h"
#include    "SN2407.H"
#include    "float.h"          //引入浮点运算值
#include    "math.h"           //引入数学运算函数
float       ualfa[200],ubeta[200];
//存储电压向量 Uout 的(α,β)轴分量 ualfa、ubeta 的阵列
int         sector[200];       //定义存储磁区数的阵列
#define     PI2      2*3.1415926    //定义 2π 的值
#define     DETA     PI2/200        //定义相邻两个 Uout 之间的电角度的差值
#define     INIA     3.1415926/100  //定义 Uout 的初始电角度
#define     TP       1200
      //t1 的周期寄存器的值,其值等于 SVPWM 调制周期 T 的一半
      //因为在该程序中 2π 电角度内 Uout 的点数一定,故改变此值
      //可以改变输出的三相正弦交流电压的频率
#define     KP       0.7
      //定义 Uout 的标尺值,Kp 值在 0 和 1 之间,改变此值可以
      //改变桥式 PWM 输出电压的最大振幅值
//屏蔽中断子程序
void inline disable()
{
    asm(" setc INTM");
}
//系统初始化子程序
void   initial()
{
    IFR = 0xFFFF;              //清除所有的中断标志
    IMR = 0x0;                 //屏蔽所有中断
    SCSR1 = 0x0044;   /* 0000 0000 0100 0100
           14       CLKSRC = 0 CPU CLK OUT
           13~12    LPM = 00
           11~9     CLK_PS2~0 = 000    CPUCLK = 外频×4 倍 = 40 MHz = 25 ns
           8        RES      .
           7        ADC_CLKEN = 0      禁用 ADC 模块时钟
           6        SCI_CLKEN = 1
           5        SPI_CLKEN = 0
           4        CAN_CLKEN = 0
           3        EVB_CLKEN = 0
           2        EVA_CLKEN = 1      允许 EVA 模块时钟 */
```

```c
    WDKEY = 0x5555;                        //清除看门狗定时
    WDKEY = 0xAAAA;
    GPTCONA = 0x0049;
    T1PR = TP;
//通用定时器1的周期=PWM的周期/指令周期/2
    T1CON = 0x00;
    T1CON = 0x0802;
//设置通用定时器1为连续加减模式,以产生对称的PWM
//且为了便于调整,使仿真器一旦启动时钟计数就停止运行
    ACTRA = 0x666;
// PWM1、3、5输出高电平操作,PWM2、4、6输出低电平操作
    COMCONA = 0x9200;                      //允许PWM输出和比较功能
    EVBIMRA = 0x00;                        //禁止EVA和时钟及比较有关的中断
    DBTCONA = 0x05E8;
//D11~D8 = 0101 = 5×8×25 ns = 1 μs,D7~D5 = EDBT = 111,D4~D2 = DBTPS = 010
    T1CNT = 0x00;                          // T1的计数器清0
    EVBIFRA = 0x0FFFF;                     //清除EVA相对应的中断标志
    MCRA = MCRA | 0x1FFF;
// PWM1~PWM6 输出允许,允许PA及PB(4~0)设特殊I/O功能,PB5~PB7为GPIO
    PBDATDIR = 0x0A00;
//PB7、PB5为输出端口,PB6为输入端口,且PB7、PB5 = 00停止PWM输出
    MCRC = 0x000;                          // PE、PF为GPIO
    PEDATDIR = 0x0FF00;                    //PE为输出端口设置起始值为00
    PFDATDIR = 0x00000;                    //PF为输入端口设置起始值为00
    while (PFDATDIR & 0x0001 = = 0)        //若PE = 0,则等待直到PE0 = 1启动操作
continue;
    PBDATDIR = 0x0A0A0;                    //若要启动,则令PB5、PB7 = 11启动PWM
    WSGR = 0x01C9;                         //设置所有的等待状态
}
//根据 $U_{out}$ 的标定值 $K_P$ 计算 $u_{alfa}$、$u_{beta}$ 子程序
void  calu()
{
    int  i;
    for(i = 0;i<200;i + +)
    {
    ualfa[i] = KP * cos(INIA + i * DETA);
//运算出三相的正弦和余弦波向量值并存于存储器
    ubeta[i] = KP * sin(INIA + i * DETA);
//以便作为三相电压的 $U_x$、$U_{x+60}$ 的分向量值
    }
}
//各点的向量空间区(1~6)判别并与设置存入存储器作为函数表值子程序
void  SECTOR()
{
    int   i,a,b,c;
    float  vref1,vref2,vref3;
    for(i = 0;i<200;i + +)
```

```
            vref1 = ubeta[i];
            vref2 = ( - ubeta[i] + ualfa[i] * 1.732051)/2;
            vref3 = ( - ubeta[i] - ualfa[i] * 1.732051)/2;
//计算确定空间向量区数需要的3个参考量
// vref1、vref2、vref3
            if(vref1>0)      a = 1;
            elsea = 0;
            if(vref2>0)      b = 1;
            elseb = 0;
            if(vref3>0)      c = 1;
            elsec = 0;
            a = 4 * c + 2 * b + a;
            switch(a){
      case 1:sector[i] = 1;break;
            case 2:sector[i] = 5;break;
            case 3:sector[i] = 0;break;
            case 4:sector[i] = 3;break;
            case 5:sector[i] = 2;break;
            case 6:sector[i] = 4;break;
            default:break;
      }//根据相应的关系确定各个 U_{out} 所在的空间向量区
        }
}
//主程序
main()
{
int anticlk[6] = {0x1666,0x3666,0x2666,0x6666,0x4666,0x5666};
//逆时针移的6个基本向量
int i,k = 0,cmp1,cmp2;
float x,y,z;
    disable();                          //屏蔽所有中断
    initial();                          //系统初始化
    calu();                             //计算 u_{alfa}、u_{beta} 的值
    SECTOR();
//确定各点的磁区,在实际应用时应该由当前的 u_{alfa} 和 u_{beta} 算出
while(1){
    for(i = 0;i<200;i++)  {
        ACTRA = anticlk[sector[i]];     //重新配置 ACTRA
        x = ubeta[i];
        y = (1.732051 * ualfa[i] + ubeta[i])/2;
        z = ( - 1.732051 * ualfa[i] + ubeta[i])/2;
//以上3组根据表13-2计算出3个相应的参考量
        switch(sector[i])  {
            case 0 :cmp1 = (int)( - z * TP),cmp2 = (int)(x * TP);break;
```

```
            case 1 :cmp1 = (int)(y * TP),cmp2 = (int)(z * TP);break;
            case 2 :cmp1 = (int)(x * TP),cmp2 = (int)( - y * TP);break;
            case 3 :cmp1 = (int)(z * TP),cmp2 = (int)( - x * TP);break;
            case 4 :cmp1 = (int)( - y * TP),cmp2 = (int)( - z * TP);break;
            case 5 :cmp1 = (int)( - x * TP),cmp2 = (int)(y * TP);break;
            default : break;
                    }
//以上根据 u_out 所处的向量区段计算相应的 cmp1 和 cmp2 的值
            CMPR1 = cmp1;              //比较寄存器 1 设置值进行控制
            CMPR2 = cmp1 + cmp2;       //比较寄存器 2 设置值进行控制
            if((i + k) = = 0)          T1CON = T1CON|0x040;
//若 i + k = 0,则为三相弦波的周期启动而启动一次定时器
while(1) {
                    k = EVBIFRA&0x0200;
                    if(k = = 0x0200)   break;
//如果 T1 中断标志设置,表示 T1PR 周期定时到,则停止等待,跳到循环起始再执行
                    }
            }
    }
//如果由于干扰引起中断,则执行此中断服务程序直接返回程序
void interrupt nothing()
{       return;
}
```

程序 14 - 2   C 语言的硬件设置 SVPWM 三相电源产生控制程序 SVPWM3.c

实验程序

(1) 编写程序 14 - 2,编译后载入 SN - DSP2407 主实验模板中。

注意:本实验的 CPLD 外设使用 DSPSKYI7.tdf 必须预先载入。

(2) 将 PF0 的对应拨位开关设置于 LOW 位置,开始执行程序调整 SN - DSP2407,将 PF0 的对应拨位开关转拨到 HI 位置,程序就会开始依照所设置的频率输出三相 PWM 正弦波。注意:PF0 开关拨到 HI 后要转拨回 LOW,以便紧急时按压 F2407 的系统复位开关而关掉 PWM 的输出控制。

(3) 先使用一般双轨示波器或四轨示波器分别记录观察对应于 SN - DSP2407 主实验板 JP17 端的 PWM1、PWM3、PWM5 信号并测量。正常操作时对应于各种 K_P 及 T_P 的设置,用逻辑分析仪测量其各 PWM1~PWM6 端的对应波形,试讨论记录。

(4) 系统中三相 PWM 电源频率如何?最高阀值电压多少?可以改变 T_P 周期令三相电源频率升高吗?最高频率是多少?为什么?试讨论记录。

(5) 系统程序中,载入 CC 或 CCS 并以 Mixed Mode 模式来单步或设置断点执行时,观察记录并分析其操作功能。

(6) 主程序中的 CALU 是浮点运算,相当复杂且占用程序存储器空间,但是不在主程序循环中,并不影响 SVPWM 的操作速度,若将 u_{alfa} 及 u_{belta} 以建表方式先由计算器计算好后,以阵列

函数建立,试重新编辑编译程序后载入并讨论实验测试记录。

(7) 当一切测量波形都正常时,关掉电源,使用 20 线的数据线将 SN-DSP2407 与三相 PWM 驱动模块的 JP3 连接,这时将三相三线式的 R、S、T 接入驱动模块电路 ACMD 的 L1/R、L2/S、L3/T 等引入,并将二个 250 W/220 V 的保护灯泡接入,而负载 U、V、W 端则可接到一个三相感应电机或假负载电阻端。将此 AC 电压加入时,必须先测量三相整流输出的直流电压值如何? 低压的三组整流供应电源 V_{pp1i}、V_{pp2i}、V_{pp3i} 和 V_{pp4i} 等供应电源是否正常? 稳压的 $+V_{CC}=12$ V 及 $-V_{EE}=-12$ V 和 $+5$ V 电源供应是否正常?

(8) ACMD 驱动模块的电源供应都正常后,测量 U5A1 的 16V8 输出端 PWMTO1~PWMTO6 信号如何? 为什么? 将拨位开关的 PF0 设置为 HI 时,启动 SN-DSP2407 的 PWM1~PWM6 输出连接到 ACMD 驱动电路中,重测 PWMTO1~PWMTO6 信号如何? 测量 IGBT 驱动元件的各驱动信号如何? 试讨论记录。

(9) 记录串接的保护灯泡亮度、总负载电流。若灯泡全亮,则相当危险,必须先关掉电源,重复上述第(5)、(6)步的测量。

(10) 串接的保护灯泡微亮,则三相交流感应电机运转正常。试测量电机运转速度以及三相 V_{ab}、V_{bc} 及 V_{ca} 电压峰值及有效值。

第 14 章
CCS 及 F240x 的 Flash 程序数据 ISP 烧写

14.1 简 介

　　CCS(Code Composer Studio)比免费的 CC(Code Composer)多出许多的功能。例如,执行 C 语言时只能对 C 程序单步执行,若要执行 C 转译的汇编语言,则 CC 必须以断点一步一步来执行。CCS 则可同时选择 C 程序单步执行,或 C 转译的汇编语言内单步执行,以便了解所编写 C 语言功能是否有误,并进行调试。另一个更重要的功能是,对应 F240x 系列内部 Flash 程序的烧写,CCS 构建了一个相当简洁、方便的自动烧写附加程序。只要载入编译后的.coef 程序,就可以在窗口上直接设置烧写功能中的"擦除(Erase)"或"清除(Clear)"或"验证(Verify)",或要"烧写(Program)"的区段、被读取所需的"锁(Lock)密码"设置以及"时钟结构(Clock Configuration)"的设置等来进行自动烧写。设置好后,CCS 会自动将设置的参数编辑成各对应的程序并分段载入 F240x 的 8000H～87FFH 区段执行各段程序的烧写等操作功能,不像 CC 必须在 MS-DOS 下分别对应执行程序,且需要设置参数再一一载入执行。本章将进行简单介绍。

14.2 CCS 的单步调试执行

　　安装程序与 CC 相同,但是打开或建立工程(Project)时,CCS 主程序中的工程不像 CC 以.mak 来操作,而改成较灵活的.pjt 操作。若读取原先的 *.mak 文件,则会自动将其建立 *.pjt 文件。类似于 CC,再打开一个主题 *.ptj,并将其原始的 C 程序 *.c 或汇编语言程序 *.asm 或 *.cmd 或 *.h 等一一打开。当重新编译没有错误时,可在 File 菜单下选择 Load Program 载入程序。起始的复位向量 0000H 可在 Debug 上执行 Go Main 直接进入主程序,或设置断点于汇编语言的"Call IniCPU,*"程序段,或以汇编语言单步执行观察 rst.lib 的操作情形{建立数据及表格}。执行到主程序时,操作情形如图 14-1 及图 14-2 所示。其中 C 语言单步执行以黄色的 Source-Single Step 或 Source Step Over 操作,并搭配汇编语言单步执行慢速/低速的 Assembly-Single Step 或 Assembly-Step Over 操作,如图 14-3 所示。

　　对于 C 语言及汇编语言混合式的调试时,CCS 极为方便,可在 C 语言屏蔽上选择 Source Mode 或 Mixed Mode,或在 View 选项中选择 Mixed Source/ASM,对应地将出现如图 14-3 所

第14章 CCS及F240x的Flash程序数据ISP烧写

示的C语言及其对应编译成的汇编语言,以黄色的Source – Single Step或Source Step Over操作,或慢速/低速的Assembly – Single Step或Assembly – Step Over选择操作。

图14-1 黄色的单步执行Source – Single Step或Source Step Over操作

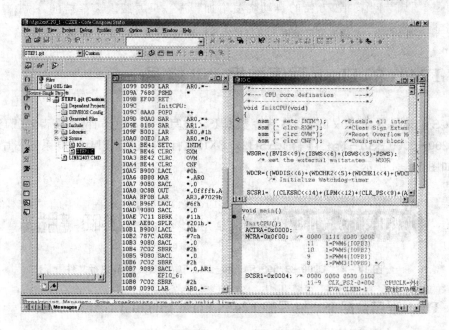

图14-2 慢速/低速的单步执行Assembly – Single Step或Assembly Step Over操作

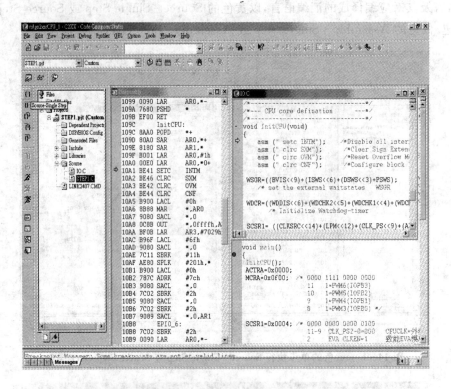

图 14-3 C 语言及汇编语言混合式的 Source Mode 或 Mixed Mode 调试操作

14.3 F240x 的 Flash 程序数据 ISP 烧写

在 CCS 的环境下,F240x 的 Flash 程序数据 ISP 烧写可在 TI 公司网站获得,或购买 CCS 软件中的 C200-2.00-SA-to-TI-FLASH2x.EXE 执行文件进行 TI C2000 系列芯片的烧写执行程序,如图 14-4 所示。

图 14-4 C200-2.00-SA-to-TI-FLASH2x.EXE 执行文件

14.3.1 Flash 程序数据 ISP 烧写的 F24xx Flash Plugin V1.10.1 安装

双击如图 14-4 所示的执行程序后,进行如图 14-5~图 14-9 所示的安装步骤。

第 14 章　CCS 及 F240x 的 Flash 程序数据 ISP 烧写

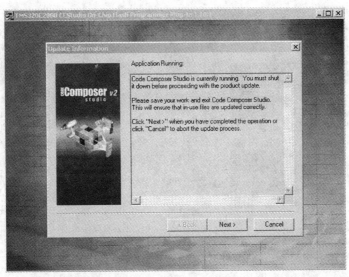

图 14-5　执行安装的 F24xx Flash Plugin V1.10.1 起始画面单击 Next 按钮继续执行

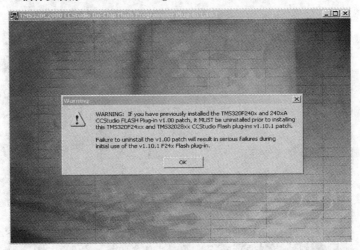

图 14-6　对应先前已安装 V 1.00 的 ISP 烧写时必须先移除警示画面

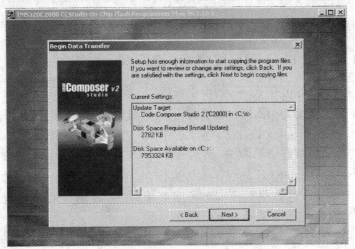

图 14-7　安装 F24xx Flash Plugin V1.10.1 的路径及所需的存储器空间

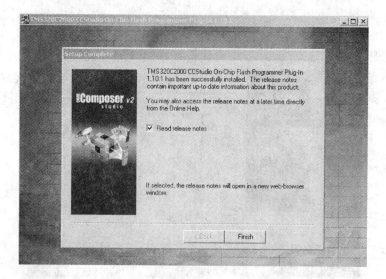

图 14-8　完成安装 F24xx Flash Plugin V1.10.1 的画面单击 Finish 按钮

图 14-9　完成安装 F24xx Flash Plugin V1.10.1 的 CCS 进行处理更新操作

14.3.2　F240x 系列的 Flash 程序数据 ISP 烧写

安装完成后，执行 CCS 可在 Tools 选项中选择 On Chip Flash Programmer 进行 Flash 的程序数据 ISP 烧写。但要注意，对应 F240x 系列芯片，在加电源前，必须先将芯片的 MP/MC 引脚（SN-2407 主机板上的 JP11）设置为 LOW 的 MC 模式才可进行烧写，因此在加电源或进行 F240x 的复位前必须先设置好 MC 模式，然后再执行 CCS 如图 14-10 所示的操作。在 MC 模式下，仅可对应于 8000H～87FFH 的程序载入操作，其他的内部 Flash 存储器程序是无法进行载入调试及仿真操作的。但是执行 Flash 程序刻录时，会将烧写的相关程序载入 8000H～87FFH 进行操作，因此会破坏原先所载入的程序数据。

在图 14-10 中，选择 On Chip Flash Programmer 后会出现如图 14-11 所示使用此烧写功

第 14 章 CCS 及 F240x 的 Flash 程序数据 ISP 烧写

能的一些相关说明。若使用 JTAG 端口进行连线烧写，则所烧写的芯片为 TI 公司的 F240x 设备芯片，并设置于起始的对应清除(Clear)、擦除(Erase)及进行对应所选的 *.coff 文件烧写等操作。接着出现如图 14-12 所示的芯片选择及数据载入操作功能，单击 OK 按钮后，出现如图 14-13 所示的烧写功能，可选择 Flash 的区段程序、擦除、清除及烧写等汇编或单独操作及其对应的时钟操作设置，并对应程序数据的读取进行密码的设置输入及锁存等功能操作。

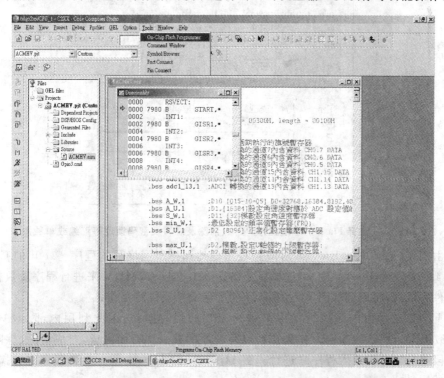

图 14-10　在 Tools 选项下选择 On Chip Flash Programmer 的操作

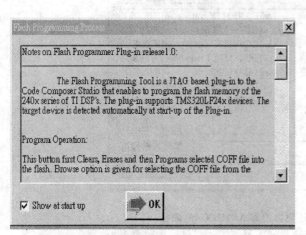

图 14-11　使用 On Chip Flash Programmer
烧写功能的一些相关说明

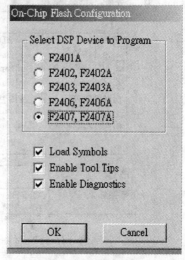

图 14-12　选择要烧写的 240x
系列芯片及其功能

·579·

图 14-13 选择 Flash 的区段程序、擦除、清除及烧写及密码锁定等汇编或单独操作

接着由图 14-13 中的 Browse 对应路径正确地选择所需烧写的程序 *.out 的 COFF 文件码,如图 14-14 及图 14-15 所示,选择三相马达电力控制 ACMHV 来进行程序及数据的烧写。在选择文件完成后,将回到如图 14-16 所示的确认文件及烧写工作。

由于 F240x 必须以内部执行程序来进行 ISP 的烧写操作,因此利用内部 SRAM 空间的 8000H~87FFH(设置 PON=0)作为执行烧写程序的载入执行而完成,对应清除、擦除、验证以及烧写区段等分别分段载入程序来进行。图 14-16~图 14-18 所示为各程序进行操作时对应显示信息的属性。

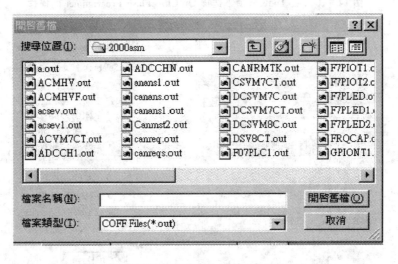

图 14-14 选择三相马达电力控制 ACMHV.out 路径

第 14 章 CCS 及 F240x 的 Flash 程序数据 ISP 烧写

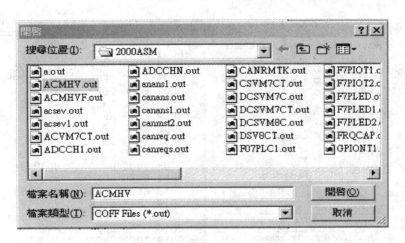

图 14-15 选择三相马达电力控制 ACMHV.out 载入的确认及执行

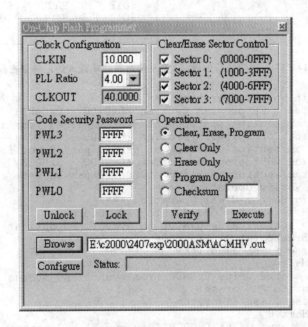

图 14-16 选择好三相马达电力控制 ACMHV.out 文件后回烧写程序画面

当烧写完成后,必须断开 CCS 的烧写程序及 CCS,关掉 F240x 的电源后再接上电源,或者单击 F240x 的复位按钮进行复位操作,则 F240x 会自动执行内部已烧写好的程序来操作。

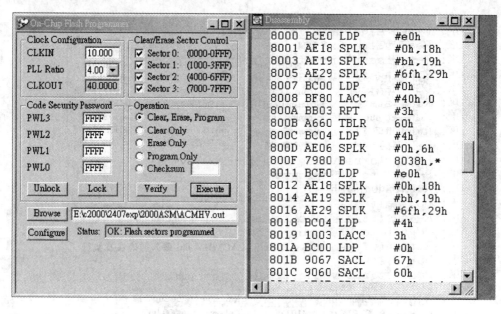

图 14-17　对应执行擦除、清除及烧写等程序载入的汇编语言操作

```
**** Begin Verify Operation ***
- Verifying COFF program section (0x0100 - 0x04F2)
OK: program section starting at 0x0100 passed verification
- Verifying COFF program section (0x2800 - 0x282B)
OK: program section starting at 0x2800 passed verification
- Verifying COFF program section (0x0000 - 0x003F)
OK: program section starting at 0x0000 passed verification
**** End Verify Operation ****
**** Begin Sector Clear Operation ****
OK: Flash Algorithm loaded into DSP memory
OK: Write sector value 0x000f to symbol PRG_options
OK: Set Breakpoint at PRG_stop
OK: Running flash algorithm
OK: DSP Halted
OK: Read status value 0x0000 from symbol PRG_status
OK: PC set to PRG_erase
OK: Running flash algorithm
OK: DSP Halted
OK: Read status value 0x0000 from symbol PRG_status
**** End Flash Operation ****
**** Begin Sector Erase Operation ****
OK: Flash Algorithm loaded into DSP memory
OK: Write sector value 0x000f to symbol PRG_options
OK: Set Breakpoint at PRG_stop
OK: Running flash algorithm
OK: DSP Halted
OK: Read status value 0x0000 from symbol PRG_status
OK: PC set to PRG_erase
OK: Running flash algorithm
OK: DSP Halted
OK: Read status value 0x0000 from symbol PRG_status
**** End Flash Operation ****
```

图 14-18　对应执行擦除、清除及烧写等功能的操作信息

```
**** Begin Program Code Operation ****
OK: Flash Algorithm loaded into DSP memory
OK: Read value 0x01f4 from symbol PRG_bufsize
OK: Set Breakpoint at PRG_stop
OK: Running flash algorithm
OK: DSP Halted
OK: Read status value 0x0000 from symbol PRG_status
OK: PC set to PRG_init
OK: Running flash algorithm
OK: DSP Halted
OK: Read status value 0x0000 from symbol PRG_status
OK: PC set to PRG_program
OK: Running flash algorithm
OK: DSP Halted
OK: Read status value 0x0000 from symbol PRG_status
OK: PC set to PRG_program
OK: Running flash algorithm
OK: DSP Halted
OK: Read status value 0x0000 from symbol PRG_status
OK: PC set to PRG_program
OK: Running flash algorithm
OK: DSP Halted
OK: Read status value 0x0000 from symbol PRG_status
OK: PC set to PRG_program
OK: Running flash algorithm
OK: DSP Halted
OK: Read status value 0x0000 from symbol PRG_status
OK: PC set to PRG_program
OK: Running flash algorithm
OK: DSP Halted
OK: Read status value 0x0000 from symbol PRG_status
OK: Flash sectors programmed
**** End Flash Operation ****
```

图 14-18　对应执行擦除、清除及烧写等功能的操作信息(续)

```
**** Begin Program Code Operation ****
OK: Flash Algorithm loaded into DSP memory
OK: Read value 0x01f4 from symbol PRG_bufsize
OK: Set Breakpoint at PRG_stop
OK: Running flash algorithm
OK: DSP Halted
OK: Read status value 0x0000 from symbol PRG_status
OK: PC set to PRG_init
OK: Running flash algorithm
OK: DSP Halted
OK: Read status value 0x0000 from symbol PRG_status
OK: PC set to PRG_program
OK: Running flash algorithm
OK: DSP Halted
OK: Read status value 0x0000 from symbol PRG_status
OK: PC set to PRG_program
OK: Running flash algorithm
OK: DSP Halted
OK: Read status value 0x0000 from symbol PRG_status
OK: PC set to PRG_program
OK: Running flash algorithm
OK: DSP Halted
OK: Read status value 0x0000 from symbol PRG_status
OK: PC set to PRG_program
OK: Running flash algorithm
OK: DSP Halted
OK: Read status value 0x0000 from symbol PRG_status
OK: PC set to PRG_program
OK: Running flash algorithm
OK: DSP Halted
OK: Read status value 0x0000 from symbol PRG_status
OK: Flash sectors programmed
**** End Flash Operation ****
```

图 14-18 对应执行擦除、清除及烧写等功能的操作信息(续)

北京航空航天大学出版社 单片机与嵌入式系统 图书推荐

(2007年6月后出版图书)

书名	作者	定价	出版日期
嵌入式系统教材			
嵌入式系统设计与实践	杨刚	45.0	2009.03
ARM嵌入式程序设计	张喻	28.0	2009.01
ARM嵌入式系统基础教程(第2版)	周立功	39.5	2008.09
嵌入式系统软件设计中的数据结构	周航慈	22.0	2008.08
嵌入式系统中的双核技术	邵贝贝	35.0	2008.08
ARM9嵌入式系统设计基础教程	黄智伟	45.0	2008.08
ARM&Linux嵌入式系统教程(第2版)	马忠梅	34.0	2008.08
嵌入式系统——使用HCS12微控制器的设计与应用	王宜怀	39.5	2008.03
嵌入式Linux系统设计	郑灵翔	32.0	2008.03
ARM体系结构及其嵌入式处理器	任哲	38.0	2008.01
ARM9嵌入式系统设计技术——基于S3C2410和Linux	徐英慧	36.0	2007.08
嵌入式原理与应用——基于XScale处理器与Linux操作系统	石秀民	36.0	2007.08
ARM、SoC设计、IC设计及其他嵌入式系统综合类			
嵌入式软件设计之思想与方法	张邦术	32.0	2009.01
ARM Cortex-M3权威指南(含光盘)	宋岩	49.0	2009.01
嵌入式微控制器S08AW原理与实践	王威	39.0	2009.01
嵌入式SoC系统开发与工程实例(含光盘)	包海涛	49.0	2009.01
嵌入式Internet TCP/IP基础、实现及应用(含光盘)	潘琢金译	75.0	2008.10
ARM Linux入门与实践(含光盘)	程昌南	49.5	2008.10
ARM9嵌入式系统开发与实践(含光盘)	王黎明	69.0	2008.10
基于MDK的STM32处理器开发应用	李宁	56.0	2008.10
SOPC系统设计与实践(含光盘)	王晓迪	32.0	2008.08
STM32系列ARM Cortex-M3微控制器原理与实践(含光盘)	王永虹	49.0	2008.08
ARM处理器与C语言开发应用	范书瑞	32.0	2008.08
Linux中TCP/IP协议实现及嵌入式应用	张曦煌	39.0	2008.07
嵌入式网络系统设计——基于Atmel ARM7系列(含光盘)	焦海波	49.0	2008.04
ARM开发工具RealView MDK使用入门	李宁	45.0	2008.04
ARM程序分析与设计	王宇行	32.0	2008.03
嵌入式软件概论	沈建华	42.0	2007.10
DSP			
TMS320F240X DSP汇编及C语言多功能控制应用	林容益	65.0	2009.05
TMS320C6000DSP结构原理与硬件设计	于凤芹	48.0	2008.09
TMS320C55x DSP应用系统设计	赵洪亮	36.0	2008.08

书名	作者	定价	出版日期
TMS320X281xDSP应用系统设计(含光盘)	苏奎峰	42.0	2008.05
TMS320C672x系列DSP原理与应用	刘伟	42.0	2008.06
TMS320X281x DSP原理及C程序开发(含光盘)	苏奎峰	48.0	2008.02
DSP开发应用技术	曾义芳	85.0	2008.02
DSP应用系统设计实例	郑红	36.0	2008.01
TMS320C54x DSP结构、原理及应用(第2版)	戴明帧	28.0	2007.09
TMS320X240x DSP原理及应用开发指南	赵世廉	38.0	2007.07
单片机			
教材与教辅			
单片机应用系统设计(含光盘)	冯先成	35.0	2009.01
单片机快速入门(含光盘)	徐玮	36.0	2008.05
单片机项目教程(含光盘)	周竖	28.0	2008.05
51单片机基础教程	宁凡	24.0	2008.03
单片机应用设计培训教程——理论篇	张迎新	29.0	2008.01
单片机应用设计培训教程——实践篇	夏继强	22.0	2008.01
80C51嵌入式系统教程	肖洪兵	28.0	2008.01
单片机教程习题与解答(第2版)	张俊谟	26.0	2008.01
51单片机原理与实践	高卫东	23.0	2007.11
单片机原理与应用设计	蒋辉平	22.0	2007.10
单片机基础(第3版)	李广弟	24.0	2007.06
51系列单片机其他图书			
感悟设计:电子设计的经验与哲理	王玮	32.0	2009.05
51单片机工程应用实例(含光盘)	唐继贤	39.0	2009.01
匠人手记:一个单片机工作者的实践与思考	张俊	39.0	2008.04
80C51单片机实用技术	久朋	24.0	2008.04
单片机入门与趣味实验设计	肖婧	20.0	2008.04
单片机原理及串行外设接口技术	李朝青	28.0	2008.01
从0开始教你用单片机	赵星寒	22.0	2009.01
从0开始教你学单片机	赵星寒	25.0	2008.01
手把手教你学单片机C程序设计(含光盘)	周兴华	36.0	2007.09
单片机基础与最小系统实践	刘同法	32.0	2007.06
电动机的单片机控制(第2版)	王晓明	26.0	2007.08
手把手教你学单片机(第2版)(含光盘)	周兴华	29.0	2007.06

书 名	作者	定价	出版日期
PIC 单片机			
dsPIC 数字信号控制器入门与实战——入门篇（含光盘）	石朝林	49.0	2009.01
PIC 单片机 C 程序设计与实践	后闲哲也	39.0	2008.07
其他公司单片机			
Freescale 08 系列单片机开发与应用实例（含光盘）	何此昂	39.0	2009.01
MSP430 系列 16 位超低功耗单片机原理与实践（含光盘）	沈建华	48.0	2008.07
ST7 单片机 C 程序设计与实践（含光盘）	梁海波	36.0	2008.06
HT48Rxx I/O 型 MCU 在家庭防盗系统中的应用	吴孔松	32.0	2008.06
HT46xx AD 型 MCU 在厨房小家电中的应用	杨 斌	35.0	2008.06
HT46xx 单片机原理与实践（含光盘）	钟启仁	55.0	2008.09
AVR 单片机入门与实践	李 泓	38.0	2008.04
AVR 单片机原理及测控工程应用——基于 ATmega 48/ATmega 16	刘海成	39.0	2008.03
MSP430 单片机基础与实践（含光盘）	谢兴红	28.0	2008.01
AVR 单片机嵌入式系统原理与应用实践（含光盘）	马 潮	52.0	2007.10
HCS12 微控制器原理及应用	王 威	26.0	2007.10
总线技术			
圈圈教你玩 USB（含光盘）	刘 荣	39.0	2009.01
ET44 系列 USB 单片机控制与实践	董胜源	39.0	2008.09
8051 单片机 USB 接口 VB 程序设计	许永和	49.0	2007.10
现场总线 CAN 原理与应用技术（第 2 版）	饶运涛	42.0	2007.08
其 他			
短距离无线通信详解——基于 CYWM6935 芯片	喻金钱	32.0	2009.01
FPGA/CPLD 应用设计 200 例（上、下）	张洪润	92.0	2009.01

书 名	作者	定价	出版日期
Verilog HDL 入门（第 3 版）	夏宇闻译	39.0	2008.10
SystemC 入门（第 2 版）（含光盘）	夏宇闻译	36.0	2008.10
Verilog 数字系统设计教程（第 2 版）	夏宇闻	40.0	2008.06
Altium Designer 快速入门	徐向民	45.0	2008.11
Profel DXP 2004 电路设计与仿真教程	李秀霞	33.0	2008.03
数字信号处理的 SystemView 设计与分析（含光盘）	周润景	29.0	2008.01
传感器技术大全（上）、（中）、（下）	张洪润	78.0 / 76.0 / 82.0	2007.10
计算机系统结构	胡越明	32.0	2007.10
EDA 实验与实践	周立功	34.0	2007.09
高职高专规则教材——传感器与测试技术	李 娟	22.0	2007.08
EDA 技术与可编程器件的应用	包 明	45.0	2007.07
传感器与单片机接口及实例	来清民	28.0	2008.01
基于 MCU/FPGA/RTOS 的电子系统设计方法与实例	欧伟明	39.0	2007.07
无线发射与接收电路设计（第 2 版）	黄智伟	68.0	2007.07
电子技术动手实践	崔瑞雪	29.0	2007.06
数字电子技术	靳孝峰	38.0	2007.09
ZigBee 网络原理与应用开发	吕治安	35.0	2008.02
无线单片机技术丛书——CC1110/CC2510 无线单片机和无线自组织网络入门与实战	李文仲	29.0	2008.04
无线单片机技术丛书——ARM 微控制器与嵌入式无线网络实战	李文仲	55.0	2008.05
无线单片机技术丛书——ZigBee 2006 无线网络与无线定位实战	李文仲	42.0	2008.01
无线单片机技术丛书——CC1010 无线 SoC 高级应用	李文仲	41.0	2007.07
无线 CPU 与移动 IP 网络开发技术	洪 利	56.0	2008.03
电子设计竞赛实训教程	张华林	33.0	2007.07

注：表中加底纹者为 2008 年后出版的图书。

以上图书可在各地书店选购，或直接向北航出版社书店邮购（另加 3 元挂号费）邮购电话：010-82316936
地址：北京市海淀区学院路 37 号北航出版社书店 5 分箱　邮购部收　邮编：100083　邮购 Email：bhcbssd@126.com
投稿联系电话：010-82317035、82317022　传真：010-82317022　投稿 Email：emsbook@gmail.com